D1723315

Handbuch Feuerverzinken

Herausgegeben von

Peter Maaß und
Peter Peißker

Beachten Sie bitte auch weitere interessante Titel aus unserem Buchprogramm

Handbuch Feuerverzinken

Herausgegeben von
Peter Maaß und Peter Peißker

Dritte, vollständig überarbeitete Auflage

WILEY-VCH Verlag GmbH & Co. KGaA

Herausgeber

Dr. Peter Maaß
Alte Beuchaer Str. 92
04683 Naunhof

Dr. Peter Peißker
Dahlienstr. 5
04209 Leipzig

1. Auflage 1970
Deutscher Verlag für Grundstoffindustrie, Leipzig
2., stark überarbeitete Auflage 1993
Deutscher Verlag für Grundstoffindustrie, Leipzig
3., vollständig überarbeitete Auflage 2008
Wiley-VCH Verlag, Weinheim

Bibliografische Information der Deutschen Nationalbibliothek
Die Deutsche Nationalbibliothek verzeichnet diese Publikation in der Deutschen Nationalbibliografie; detaillierte bibliografische Daten sind im Internet über < http://dnb.d-nb.de > abrufbar.

Printed in the Federal Republic of Germany

Gedruckt auf säurefreiem Papier

Satz primustype Hurler GmbH, Notzingen
Druck Strauss GmbH, Mörlenbach
Bindung Litges & Dopf Buchbinderei GmbH, Heppenheim

ISBN: 978-3-527-31858-2

Inhaltsverzeichnis

Handbuch Feuerverzinken. Herausgegeben von Peter Maaß und Peter Peißker

ISBN: 978-3-527-31858-2

Vorwort zur zweiten Auflage

Von der Erfindung des Verfahrens Feuerverzinken im Jahre 1742 durch den Franzosen *Malouin* bis zur praktischen Anwendung im Jahre 1836 durch den Franzosen *Sorel* über Jahrzehnte der Alchimie und handwerklichen Könnens hat sich bis heute eine leistungsfähige Industrie entwickelt.

Die zunehmende Bedeutung des Stahlbaus und seiner vielseitigsten Einsatzgebiete einerseits und die sich daraus ergebenden Anforderungen an einen über Jahre wartungsarmen bzw. wartungsfreien Korrosionsschutz andererseits haben dazu geführt, dass auch die Verfahrens- und Anlagentechnik des Feuerverzinkens, vor allem im letzten Jahrzehnt, eine bedeutende Entwicklung genommen hat.

Von grundlegenden wissenschaftlichen und praktischen Erkenntnissen des Nestors der Verfahrenstechnik, Prof *Bablik*, im Jahre 1941, veröffentlicht im Buch „Das Feuerverzinken", über die 1. Auflage „Handbuch Feuerverzinken" im Jahre 1970 bis zu dieser 2. Auflage hat jeder Leser und Anwender die Möglichkeit, die Entwicklung nachzuvollziehen und in der Praxis zur Anwendung zu bringen.

Die Korrosion und der Korrosionsschutz, also auch die Feuerverzinkung, sind heute fester Bestandteil der Qualitätssicherung der Erzeugnisse und des Umweltschutzes. Korrosion hat ihre Ursachen in der Umwelt. Mit der Einschränkung und Verhinderung der Korrosion entlastet der Korrosionsschutz durch Feuerverzinken die Umwelt in vielfältiger Art und Weise, indem er

- Ressourcen schont,
- Werte erhält,
- Lebensqualität erhöht sowie
- Sicherheit schafft,

und auch als Korrosionsschutz ab Werk umweltfreundlich durchgeführt wird. Diesem Anliegen trägt die vorliegende 2. Auflage des Buches Rechnung. Konnten früher noch diese Fachbücher von Einzelpersonen verfasst werden, so ist es heute aufgrund der Komplexität der Verfahrens- und Anlagentechnik nur mit einer Vielzahl von Autoren der entsprechenden Fachgebiete möglich. Daraus könnten sich kritische Hinweise der Leser ergeben, die wir dankend entgegennehmen. Besonderen Dank möchten wir dem Verlag aussprechen, der uns in jeder Hinsicht unterstützte.

Leipzig, Juli 1993

Peter Maaß
Peter Peißker

Handbuch Feuerverzinken. Herausgegeben von Peter Maaß und Peter Peißker

ISBN: 978-3-527-31858-2

Vorwort zur dritten Auflage

Da die 1993 erschienene zweite Auflage des „Handbuches Feuerverzinken" seit geraumer Zeit vergriffen ist, wurde eine dritte, inhaltlich überarbeitete Auflage notwendig. Diese liegt nun vor und wir bedanken uns bei allen, z.T. neu gewonnenen Autoren für ihre Mitarbeit.

Gegenüber der zweiten Auflage ergeben sich u.a. folgende Änderungen bzw. Erweiterungen:

- Die neu in Kraft getretenen Euro- und ISO-Normen wurden berücksichtigt, insbesondere DIN EN ISO 1461.
- Die Oberflächenvorbereitung wurde um Verfahren erweitert, die dem gegenwärtigen Trend zu umweltschonenden Technologien Rechnung tragen.
- Die Schichtbildung wurde auf der Basis von Untersuchungen des Instituts für Korrosionsschutz Dresden und des Instituts für Stahlbau Leipzig vollständig neu erklärt, wobei auch die Hochtemperaturverzinkung einbezogen ist.
- Die Ausführungen zur Technischen Ausrüstung wurden aktualisiert, ebenso zur konstruktiven Gestaltung und zum Arbeitsschutz sowie zur Qualitätssicherung.
- Hinsichtlich der zusätzlichen Beschichtung von Zinküberzügen wurde das immer mehr Marktanteile gewinnende Pulverbeschichten aufgenommen.
- Der erweiterten Anwendungspalette, z. B. für LKW-Rahmenteile, wurde durch Aufnahme relevanter Aussagen in allen Kapiteln Rechnung getragen.
- Nach fast 8-jähriger intensiver Zusammenarbeit mit den entsprechenden Ministerien, Wirtschaftsverbänden und der IG Metall ist es gelungen, dass das Verfahren des Feuerverzinkens seit August 2005 in das neue Berufsbild Oberflächenbeschichter integriert ist. Damit besteht erstmals ein bundesweit anerkannter Ausbildungsberuf für Feuerverzinker.

Wir hoffen, dass die dritte Auflage des Handbuches seit 1970 das Interesse der Fachwelt weiterhin finden wird und die Feuerverzinkungsindustrie mit diesem Buch wieder ein aktuelles Nachschlagewerk erhält.

- Kritische Hinweise, die dem Inhalt des Buches förderlich sein könnten, werden gerne entgegengenommen.
- Besonderen Dank möchten wir dem Verlag aussprechen, insbesondere den Herren Dr. Ottmar und Dr. Münz, die uns in unserem Anliegen, die 3. Auflage erscheinen zu lassen, wohlwollend unterstützt und auch Arbeiten der Herausgeber unbürokratisch übernommen haben.

Dezember 2007

Peter Maaß
Naunhof

Peter Peißker
Leipzig

Autorenliste

Autoren der zweiten Auflage

Dipl.-Ing. Hans-Jörg Böttcher
Düsseldorf (Kapitel 4 und 9)

Ing. Werner Friehe
Mühlheim (Kapitel 9)

Dipl.-Chem. Lothar Hörig
Leipzig (Kapitel 3)

Dr. Dietrich Horstmann
Erkrath (Kapitel 9)

Dipl.-Ing. Jens-Peter Kleingarn
Düsseldorf(Kapitel 11)

Dr. Rolf Köhler
Haan (Abschnitte 6.1 bis 6.3)

Dr. Carl-Ludwig Kruse
Dortmund (Kapitel 9)

Dr. Peter Maaß
Leipzig (Kapitel 1, 2, 12 und 13)

Dipl.-Ing. Jürgen Marberg
Düsseldorf(Abschnitt 6.4 bis 6.7 und Kapitel 7, 8 und 12)

Dipl.-Ing. Rolf Mintert
Hagen (Kapitel 5)

Dr.-Ing. Peter Peißker
Leipzig (Kapitel 3)

Dipl.-Chem. Andreas Schneider
Leipzig (Kapitel 10)

Dr. Wolf-Dieter Schulz
Leipzig (Abschnitt 3.6)

Prof. Dr. Wilhelm Schwenk
Duisburg (Kapitel 9)

Für die dritte Auflage wurden alle Kapitel neu bearbeitet durch

Dr. Gunter Halm
Dorsten (Kapitel 8)

Dipl.-Ing. Mark Huckshold
Düsseldorf (Kapitel 7)

Dr. Christian Kaßner
Hattingen (Kapitel 6)

Dr. Peter Maaß
Naunhof (Kapitel 1, 2, 11, 12 und 13)

Dipl.-Ing. Rolf Mintert
Halver (Kapitel 5)

Dr.-Ing. Peter Peißker
Leipzig (Kapitel 3 und 5)

Ing. Gerhard Scheer
Rietberg (Kapitel 7)

Dipl.-Chem. Andreas Schneider
Leipzig (Kapitel 10)

Dr. Wolf-Dieter Schulz
Dresden (Kapitel 4 und 9)

Dipl.-Chem. Marc Thiele
Dresden (Kapitel 4)

Handbuch Feuerverzinken. Herausgegeben von Peter Maaß und Peter Peißker

ISBN: 978-3-527-31858-2

1
Korrosion und Korrosionsschutz

P. Maaß

1.1
Korrosion

1.1.1
Ursache der Korrosion

Alle Werkstoffe bzw. die daraus hergestellten Erzeugnisse, Anlagen, Konstruktionen und Gebäude unterliegen bei ihrer Anwendung der materiellen Abnutzung.

Eine allgemeine Übersicht der Abnutzungsarten, die durch mechanische, thermische, chemische, elektrochemische, mikrobiologische, elektrische und strahlungsbedingte Einflüsse hervorgerufen werden, zeigt (Abb. 1.1) .

Die technische und wirtschaftliche Beherrschung der materiellen Abnutzung ist schwierig, da sich mehrere Ursachen überlagern und gegenseitig beeinflussen. In der Wechselwirkung mit bestimmten Medien der Umwelt treten bei den Werkstoffen unbeabsichtigte Reaktionen auf, die zum Korrodieren, Verwittern, Verrotten, Verspröden und Faulen führen.

Während mechanische Reaktionen zum Verschleiß führen, verursachen chemische und elektrochemische Reaktionen die Korrosion. Diese Vorgänge gehen von der Oberfläche der Werkstoffe aus und führen zu Veränderungen der Werkstoffeigenschaften bzw. zu ihrer Zerstörung. Nach DIN EN ISO 8044 ist Korrosion definiert:

„Physikalische Wechselwirkung zwischen einem Metall und seiner Umgebung, die zu einer Veränderung der Eigenschaften des Metalls führt und die zu erheblichen Beeinträchtigungen der Funktion des Metalls, der Umgebung oder des technischen Systems, von dem diese einen Teil bilden, führen kann."

■ Anmerkung: ***Diese Wechselwirkung ist oft elektrochemischer Natur.***

Handbuch Feuerverzinken. Herausgegeben von Peter Maaß und Peter Peißker

ISBN: 978-3-527-31858-2

Aus der dieser Norm umfassenden Definition ergeben sich weitere Begriffe:

- *Korrosionssystem:* System, das aus einem oder mehreren Metallen und jenen Teilen der Umgebung besteht, die die Korrosion beeinflussen.
- *Korrosionserscheinung:* durch Korrosion verursachte Veränderung in einem beliebigen Teil des Korrosionssystems.
- *Korrosionsschaden:* Korrosionserscheinung, die die Beeinträchtigung der Funktion des Metalls, der Umgebung oder des technischen Systems, von dem diese einen Teil bilden, verursacht.
- *Korrosionsversagen:* Korrosionsschaden, gekennzeichnet durch den vollständigen Verlust der Funktionsfähigkeit des technischen Systems.
- *Korrosionsbeständigkeit:* Fähigkeit eines Metalls, die Funktionsfähigkeit in einem gegebenen Korrosionssystem beizubehalten.

Wird unlegierter oder legierter Stahl ohne Korrosionsschutz der Atmosphäre ausgesetzt, so verfärbt sich die Oberfläche bereits nach kurzer Zeit rotbraun. Es hat sich Rost gebildet, der Stahl korrodiert. Bei Stahl verläuft der Korrosionsprozess vereinfacht chemisch nach folgender Gleichung:

$$Fe + SO_2 + O_2 \rightarrow FeSO_4 \qquad \text{Gl. 1.1}$$

$$4Fe + 2\,H_2O + 3O_2 \rightarrow 4FeOOH \qquad \text{Gl. 1.2}$$

Die Korrosionsprozesse laufen ab, wenn ein angreifendes Mittel auf einen Werkstoff einwirkt. Da die unedlen Metalle (energiereich), die durch metallurgische Prozesse aus in der Natur vorkommenden Erzen (energiearm) gewonnen werden, das Bestreben haben, sich in ihre ursprüngliche Form zurückzuverwandeln, spielen sich auf der Werkstoffoberfläche chemische und elektrochemische Reaktionen ab.

Es werden zwei Korrosionsreaktionen unterschieden:

- *chemische Korrosion*
  Korrosion, die keine elektrochemische Reaktion beinhaltet,
- *elektrochemische Korrosion*
  Korrosion, die mindestens eine anodische und eine kathodische Reaktion beinhaltet.

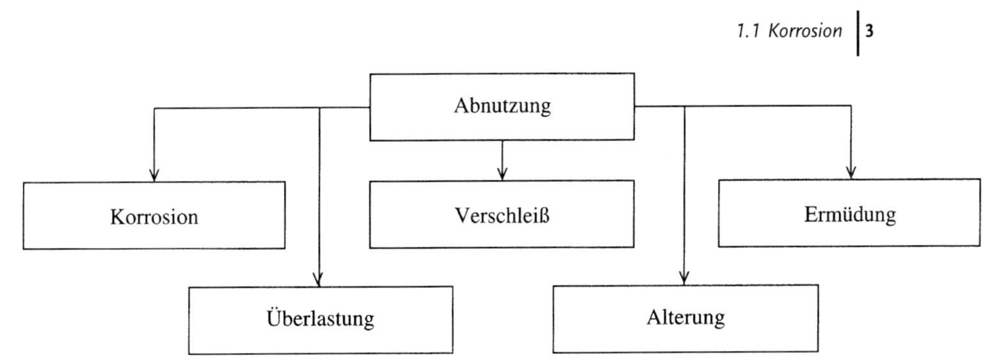

Abb. 1.1 Abnutzungsarten an Werkstoffen

1.1.2 Korrosionsarten

Die Korrosion tritt nicht nur als Linearabtrag, sondern in vielfältigen Erscheinungsformen auf. Für unlegierten bzw. legierten Stahl sind wichtige Erscheinungsformen nach DIN EN ISO 8044:

- gleichmäßige Flächenkorrosion
  Allgemeine Korrosion, die mit nahezu gleicher Geschwindigkeit auf der gesamten Oberfläche abläuft.
- *Muldenkorrosion*
  Korrosion mit örtlich unterschiedlicher Abtragsrate; die Ursache ist das Vorliegen von Korrosionselementen.
- *Lochkorrosion*
  Örtliche Korrosion, die zu Löchern führt, d. h. zu Hohlräumen, die sich von der Oberfläche in das Metallinnere ausdehnen.
- *Spaltkorrosion*
  Örtliche Korrosion im Zusammenhang mit Spalten, die in bzw. unmittelbar neben einem Spaltbereich abläuft, der sich zwischen der Metalloberfläche und einer anderen Oberfläche (metallisch oder nichtmetallisch) ausgebildet hat.
- *Kontaktkorrosion*
  Tritt an Berührungsstellen unterschiedlicher Metalle auf; der beschleunigt korrodierende metallische Bereiche ist die Anode des Korrosionselements.
- *Interkristalline Korrosion*
  Korrosion in oder neben den Korngrenzen eines Metalls.

In o. g. Norm werden insgesamt 37 Korrosionsarten beschrieben.

Diese Korrosionsarten führen zu Korrosionserscheinungen.

1.1.3 Korrosionserscheinungen

EN ISO 8044 definiert Korrosionserscheinung durch korrosionsverursachende Veränderung in einem beliebigen Teil des Korrosionssystems.

Wichtige Korrosionserscheinungen sind:

- *gleichmäßiger Flächenabtrag*
  Korrosionsform, bei der der metallische Werkstoff von der Oberfläche her annähernd gleichförmig abgetragen wird. Diese Form ist auch die Grundlage für die Berechnung des Masseverlustes [g m^{-2}] bzw. der Ermittlung der Korrosionsgeschwindigkeit [µm a^{-1}].
- *Muldenfraß*
  Korrosionsform in ungleichmäßigem Flächenabtrag unter Bildung von Mulden, deren Durchmesser wesentlich größer als ihre Tiefe ist.
- *Lochfraß*
  Korrosionsform, bei der kraterförmige, die Oberfläche unterhöhlende oder nadelstichartige Vertiefungen auftreten. Die Tiefe der Lochfraßstellen ist in der Regel größer als ihr Durchmesser.

Zwischen Muldenfraß und Lochfraß ist keine Abgrenzung möglich.

1.1.4 Korrosionsbelastungen

Nach DIN EN ISO 12944–2: Alle Umgebungsfaktoren, welche die Korrosion fördern.

1.1.4.1 Atmosphärische Korrosion

Die Korrosionsgeschwindigkeit in der Atmosphäre ist unbedeutend, wenn die relative Luftfeuchte an der Stahloberfläche 60% nicht überschreitet. Die Korrosionsgeschwindigkeit nimmt zu, insbesondere bei mangelnder Belüftung,

- mit steigender relativer Luftfeuchte,
- wenn sich Kondenswasser bildet (Oberflächentemperatur < Taupunkt),
- bei Anwesenheit von Niederschlagswasser,
- mit zunehmender Verunreinigung der Atmosphäre durch Schadstoffe, welche die Stahloberfläche beeinflussen und/oder sich darauf ablagern können. Schadstoffe sind Gase, insbesondere Schwefeldioxid, und Salze, insbesondere Chloride, Sulfate. In Verbindung mit Feuchte fördern Ablagerungen auf Stahloberflächen, wie Ruß, Stäube, Salze usw., die Korrosion.

Die Temperatur beeinflusst ebenfalls den Korrosionsverlauf. Zum Abschätzen der Korrosionsbelastung sind folgende Kriterien maßgebend:

- Klimagebiete
  - kaltes Klima
  - gemäßigtes Klima

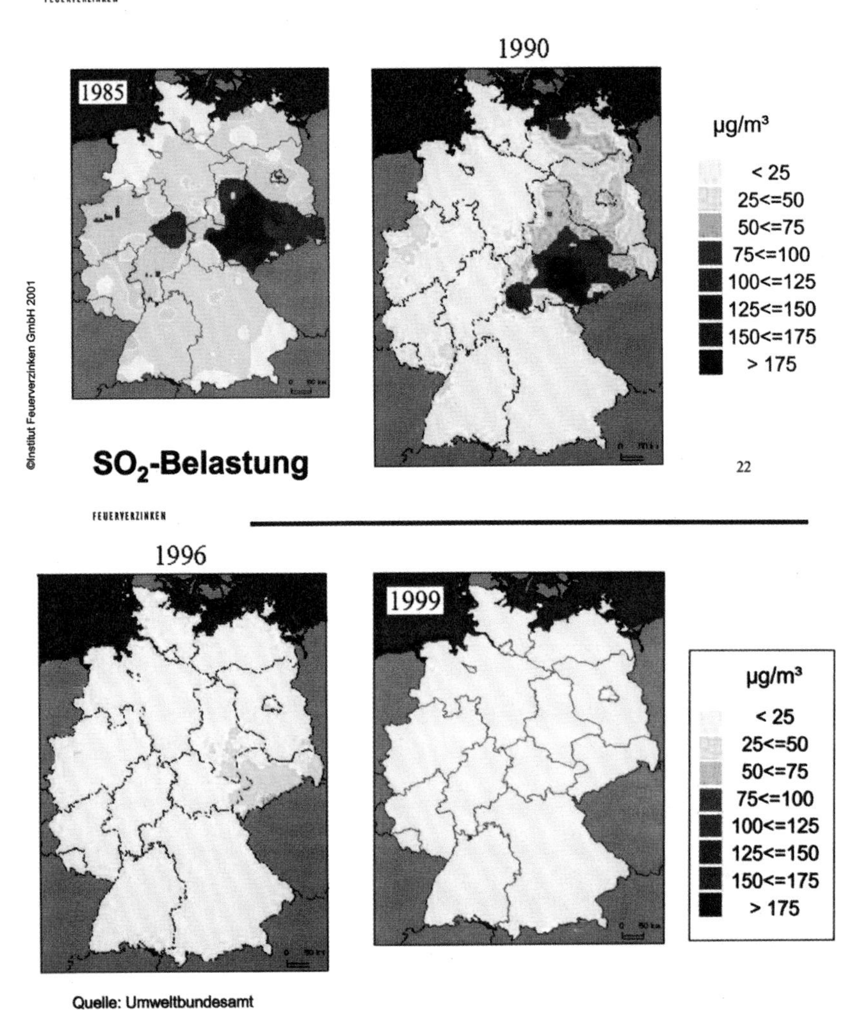

Abb. 1.2 Die Reduzierung der SO_2-Belastung für Deutschland in den letzten 20 Jahren führte dazu, dass sich die Zinkabtragswerte wesentlich reduziert haben (vgl. Tab. 1.1).

- trockenes Klima
- feuchtwarmes Klima
- Meeresklima

- Ortsklima
  Als Ortsklima wird bezeichnet, was im Umkreis des Objektes (bis zu 1000 m Abstand) herrscht. Das Ortsklima und der Schadstoffgehalt sind die Grundlage für die Einordnung in Atmosphärentypen.

- Atmosphärentypen
  - Raumatmosphäre
  - Landatmosphäre
  - Stadtatmosphäre
  - Industrieatmosphäre
  - Meeresatmosphäre
- Kleinstklima
  Das Kleinstklima, frühere Bezeichnung Mikroklima, ist das Klima unmittelbar am einzelnen Bauteil. Die örtlichen Gegebenheiten, wie Einflüsse der Luftfeuchte, Taupunktunterschreitungen, örtliche Befeuchtungen und deren Dauer, besonders in Verbindung mit auftretenden Schadstoffen am Standort beeinflussen wesentlich die Korrosion.

Tabelle 1.1 zeigt die Korrosionsbelastung der atmosphärischen Korrosion bei unterschiedlichen Atmosphärentypen und Korrosivitätskategorien nach DIN EN ISO 12944–2.

Tab. 1.1 Korrosionsbelastung – Einteilung der Umgebungsbedingungen nach DIN EN ISO 12944–2

Korrosivitäts-kategorie	Dickenverlust* im 1. Jahr (μm)		Beispiele typischer Umgebungen	
	C-Stahl	Zink	Freiluft	Innenraum
C 1 unbed.	≤1,3	≤0,1	–	gedämmte Gebäude ≤60% rel. Luftfeuchtigkeit
C 2 gering	>1,3–25	>0,1–0,7	gering verunreinigte Atmosphäre, trockenes Klima, z. B. ländliche Bereiche	ungedämmte Gebäude mit zeitweiliger Kondensation, z. B. Lager, Sporthallen
C 3 mäßig	>25–50	>0,7–2,1	S- und I-Atmosphäre mit mäßiger SO_2-Belastung oder gemäßigtes Küstenklima	Räume mit hoher rel. Luftfeuchtigkeit und etwas Verunreinigungen, z. B. Brauereien, Wäschereien, Molkereien
C 4 stark	>50–80	>2,1–4,2	I-Atmosphäre und Küstenatmosphäre mit mäßiger Salzbelastung	Chem. Produktionshallen, Schwimmbäder
C 5 sehr stark I	>80–200	>4,2–8,4	I-Atmosphäre mit hoher rel. Luftfeuchtigkeit und aggressiver Atmosphäre	Gebäude oder Bereiche mit nahezu ständiger Kondensation und starker Verunreinigung
C 5 sehr stark M	>80–200	>4,2–8,4	Küsten- und Offshorebereiche mit hoher Salzbelastung	

* auch als Masseverlust ausgewiesen

1.1.4.2 Korrosion im Boden

Das Korrosionsverhalten wird durch die Beschaffenheit des Erdbodens und zusätzlich durch elektrochemische Einflussgrößen bestimmt, wie Elementbildung mit anderen Bauteilkomponenten, Gleichstrom- und Wechselstrombeeinflussung. Die Korrosionsbelastung wird wesentlich bestimmt durch

- die Zusammensetzung des Bodens,
- die Veränderung der Bodenbeschaffenheit am Objekt durch im Boden befindliche Ablagerungen,
- zusätzliche elektrochemische Parameter.

Weitere Einzelheiten siehe EN 12501–1.

1.1.4.3 Korrosion im Wasser

Wesentliche Korrosionsbelastungen im Wasser sind

- Zusammensetzung der Wässer, wie Sauerstoffgehalt, Art und Menge der gelösten Stoffe im Süßwasser, Brackwasser und Salzwasser,
- mechanische Belastungen,
- elektrochemische Einflussgrößen.

Die DIN EN ISO 12944–2 unterscheidet dabei die Unterwasserzone, die Wasserwechselzone und die Spritzwasserzone sowie die Feuchtzone.

1.1.4.4 Sonderbelastungen

Korrosionsbelastungen am Standort, im Einsatzgebiet oder durch produktionsbedingte Einflüsse sind Sonderbelastungen, die die Korrosion wesentlich beeinflussen. Vorwiegend sind es chemische Belastungen, wie betriebsbedingte Immissionen (Säuren, Laugen, Salze, organische Lösemittel, aggressive Gase und Stäube u. a. m.). Sonderbelastungen sind aber auch mechanische Belastungen, Belastungen durch Temperaturen und kombinierte Belastungen – gleichzeitige mechanische und chemische Belastung – die die Korrosion verstärken.

1.1.4.5 Vermeidung von Korrosionsschäden

Um einen Korrosionsschaden zu verhindern, sind folgende grundsätzliche Ermittlungen notwendig:

- Ermittlung der Korrosionsbeanspruchungen für das Erzeugnis, die Anlage, die Konstruktion oder des Gebäudes,
- Kenntnis der Nutzungsdauer: Zeitabschnitt, in dem das Korrosionssystem die Anforderungen an die Funktionsfähigkeit erfüllt (EN ISO 8044),
- Kenntnis der Schutzdauer: Erwartete Standzeit eines Beschichtungssystems bis zur ersten Teilerneuerung (EN ISO 12944–1).

Die Ermittlung der Korrosionsbeanspruchung ist relativ problematisch, denn sowohl die Einflüsse der Klimagebiete, des Ortsklimas, der Atmosphärentypen bis zum Kleinstklima sind zu berücksichtigen.

Es muss jeweils der Korrosionsschutz ermittelt werden, dessen Schutzdauer der Nutzungsdauer nahe kommt, damit der Aufwand für aufwendige Wiederholschutzmaßnahmen minimiert wird.

1.2 Korrosionsschutz

1.2.1 Verfahren

Alle Methoden, Maßnahmen und Verfahren mit dem Ziel Korrosionsschäden zu vermeiden, werden als Korrosionsschutz bezeichnet. Veränderungen eines Korrosionssystems derart, dass Korrosionsschäden verringert werden.

Eine Übersicht zeigt Abb. 1.3.

1.2.1.1 Aktive Verfahren

Die Korrosion wird beim aktiven Korrosionsschutz vermieden, bzw. reduziert durch Eingriff in den Korrosionsvorgang, durch Werkstoffauswahl und das korrosionsschutzgerechte Projektieren, Konstruieren und Fertigen. Es ist aber auch wesent-

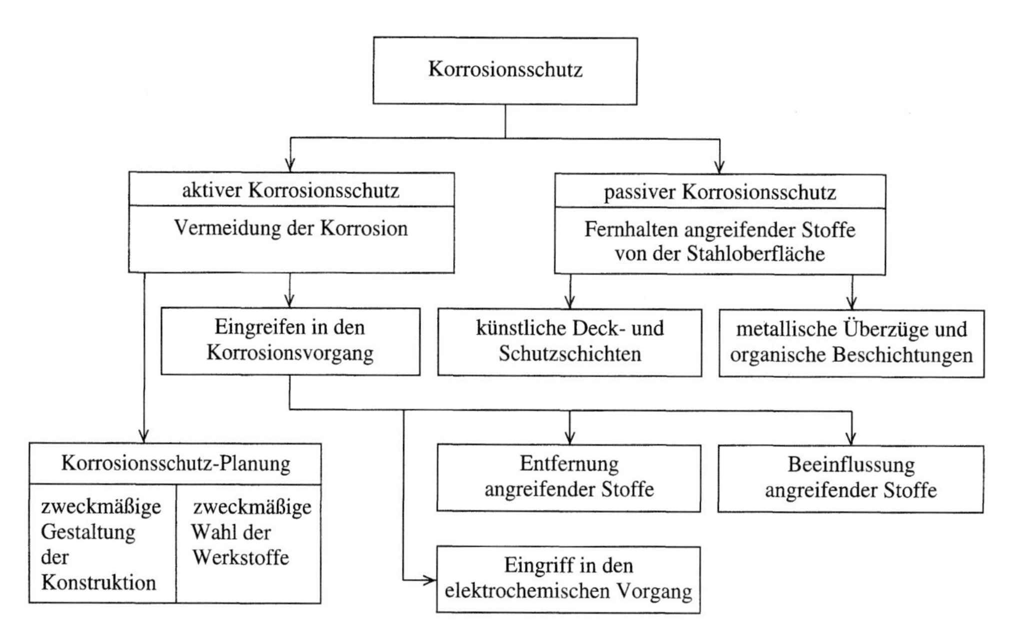

Abb. 1.3 Methoden, Maßnahmen und Verfahren des Korrosionsschutzes (*von Oeteren*, Korrosionsschutz-Fibel)

liche Voraussetzung für das Wirksamwerden passiver Korrosionsschutzverfahren. Insoweit werden betrachtet:

1.2.1.1.1 Konstruktive Forderungen Die grundlegenden konstruktiven Forderungen zur korrosionsschutzgerechten Gestaltung von Stahlbauten sind in der DIN EN ISO 12944–3 festgelegt:

- Korrosionsschutz von Stahlbauten durch Beschichtungssysteme
- Grundregeln zur Beschichtung
- EN ISO 14713
- Schutz von Eisen- und Stahlkonstruktionen vor Korrosion – Zink- und Aluminiumüberzüge.

Sie gelten im übertragenen Sinne auch für andere Erzeugnisse, soweit diese nicht durch Festlegungen in entsprechenden DIN konkrete Forderungen enthalten. Der Konstrukteur muss die Korrosionsbelastungen, die die Korrosionsarten und Korrosionserscheinungen hervorrufen, beim Konstruieren berücksichtigen. Er hat die konstruktive Lösung aufzuzeigen, die eine wirtschaftliche Schutzdauer bei optimaler Qualität erwarten lässt.
Wesentlich dabei sind:

- Werkstoffeinsatz
  Kenntnis der Eigenschaften und ihres Korrosionsverhaltens sind erforderlich.
- Oberflächengestaltung
  Vorzug den Bauteilen, die eine geringe korrosionsgefährdete Oberfläche aufweisen.
- Profileinsatz
  Den Profilen ist der Vorzug zu geben, die die wenigsten Ecken bilden. Es rangiert das Winkelprofil vor dem U-Profil, das U-Profil vor dem I-Profil.
- Bauteilanordnung
  Bauteile und Konstruktionen sind so anzuordnen, dass die Einwirkung aggressiver Medien verhindert oder so gering wie möglich gehalten wird bzw. eine ungehinderte Luftzirkulation gewährleistet ist.
- Bauteil Verbindungen
  Für das Verbinden von Bauteilen gilt die Forderung nach möglichst glatten, geschlossenen Oberflächen. Verbindungsmittel müssen den gleichen Korrosionsschutz wie die Konstruktionen erhalten bzw. einen gleichwertigen bezüglich der Schutzdauer.
- Fertigungstechnische Forderungen
  Beim Einsatz eines passiven Korrosionsschutzverfahrens sind die fertigungstechnischen Kriterien schon bei der Konstruktion zu berücksichtigen.

  Aus der Festlegung für ein Korrosionsschutzverfahren ergeben sich die Forderungen u. a. nach beschichtungsgerechter, feuerverzinkungsgerechter, spitzmetallisiergerechter, emailliergerechter, galvanisiergerechter Konstruktion.

- instandhaltungsgerechte Forderungen
  Das korrosionsschutzgerechte Konstruieren muss die Möglichkeiten der wirtschaftlichen Instandhaltungsmaßnahmen berücksichtigen. Da zwischen der Nutzungsdauer von Bauteilen, Konstruktionen, Erzeugnissen, Anlagen und Bauwerken und der Schutzdauer des Korrosionsschutzes Unterschiede bestehen, sind Wiederholschutzmaßnahmen notwendig.

1.2.1.2 Passive Verfahren

Die Korrosion wird beim passiven Korrosionsschutz durch Trennung des metallischen Werkstoffs vom korrosiven Mittel durch aufgebrachte Schutzschichten verhindert bzw. zumindest verzögert. Technische Voraussetzungen, die an eine Korrosionsschicht gestellt werden, sind:

- die Schutzschicht muss porenfrei sein,
- sie muss fest auf dem Grundwerkstoff haften,
- sie muss gegenüber äußeren mechanischen Beanspruchungen beständig sein,
- sie muss eine gewisse Formbarkeit haben (Duktilität),
- sie muss korrosionsbeständig sein.

Wesentliche Voraussetzungen für das Wirksamwerden von Korrosionsschutzschichten sind:

- Oberflächenvorbereitung mit dem Erreichen des Oberflächenvorbereitungsgrades Sa 2,5 bzw. Sa 3 (Strahlen) bzw. Be (Beizen),
- Qualitätsgerechte Ausführung des Korrosionsschutzes.

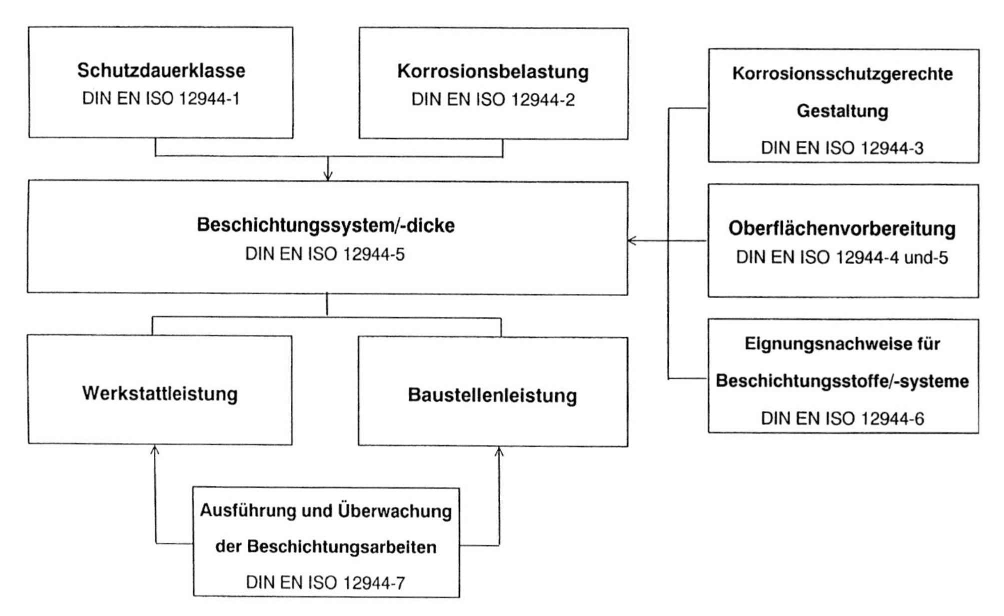

Abb. 1.4 Kurzalgorithmus für die Spezifikation von Beschichtungssystemen in Anlehnung an DIN EN ISO 12944

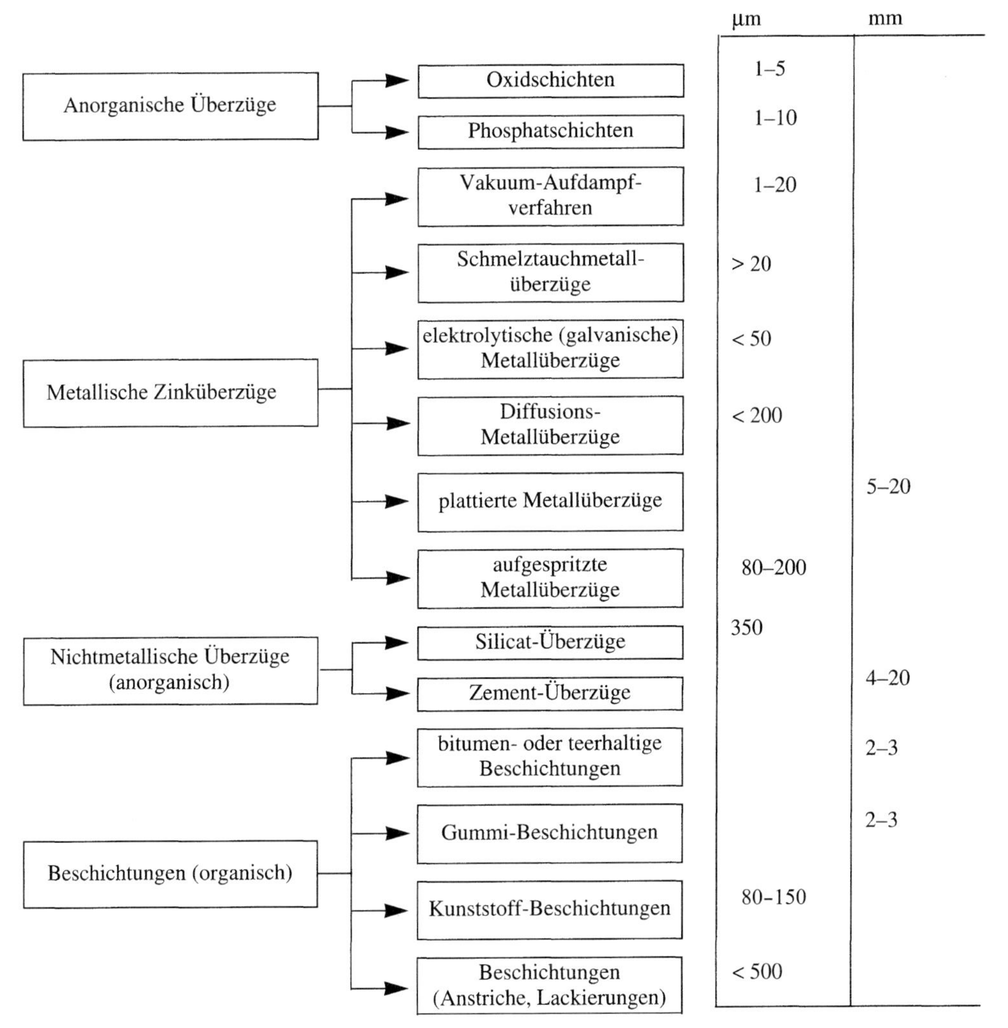

Abb. 1.5 Übersicht der Verfahren des passiven Korrosionsschutzes *(von Oeteren,* **Korrosionsschutz-Fibel)**

Den logischen Aufbau der DIN EN ISO 12944 zeigt Abb. 1.4.
Eine Übersicht über die Verfahren des passiven Korrosionsschutzes zeigt Abb. 1.5.
Erstmalig werden Schutzdauer in Jahren festgelegt (vgl. **Tab. 1.2**).
Für Erzeugnisse aus Stahl, die über Jahrzehnte Korrosionsbelastungen ausgesetzt sind, werden

- Beschichtungen, wie Anstriche, Lackierungen,
- metallische Überzüge, wie Schmelztauchüberzüge, Überzug durch thermisches Spritzen
- sowie das Duplexsystem – Feuerverzinken plus Beschichtung

angewendet.

Tab. 1.2 Schutzdauer für Beschichtungssysteme nach DIN EN ISO 12944–1 und -5

Schutzdauer	
Klasse	**Jahre**
kurz	2–5
mittel	5–15
lang	>15

Die Schutzdauer ist für ein in Abhängigkeit von der Korrosionsbelastung ausgewähltes Beschichtungssystem die erwartete Standzeit bis zur ersten Instandsetzung.
Sofern nicht anders vereinbart, ist die erste Teilerneuerung aus Korrosionsschutzgründen notwendig, wenn das Beschichtungssystem den Rostgrad Ri 3 nach DIN ISO 4628–3 erreicht hat.
Die Schutzdauer ist keine „Gewährleistungszeit“, sondern ein technischer Begriff, der dem Auftraggeber helfen kann, ein Instandsetzungsprogramm festzulegen.

Während Abb. 1.5 eine Übersicht der Verfahren des passiven Korrosionsschutzes gibt, sind in Tabelle **1.3** die Korrosionsschutzverfahren für Stahl mit Zink dargestellt. Als wesentliche Entscheidungshilfen für die Auswahl eines Korrosionsschutzverfahrens dienen:

- wichtige Parameter der Korrosionsschutzverfahren für Stahl mit Zink (Tab. 1.4) ,
- Vor- und Nachteile verschiedener Verfahren der metallischen Beschichtung (Tab. 1.5) ,
- Einsatzgrenzen der Verfahren, bestimmt durch die Eigenschaften der Verfahren (Tab. 1.6).

Tab. 1.3 Korrosionsschutzverfahren

Feuerverzinken

a) Stückverzinken
Diskontinuierliches Schutzverfahren, bei welchem die zu verzinkenden Teile einzeln in schmelzflüssiges Zink getaucht werden (Stückverzinken nach DIN EN ISO 1461/Rohrverzinken nach DIN EN ISO 10240).

b) Durchlaufverfahren
Schutzverfahren für kontinuierlich feuerverzinktes Blech und Band aus weichen Stählen zum Kaltumformen 78 (DIN EN 10142) und kontinuierlich feuerverzinktes Blech und Band aus Baustählen (DIN EN 10147) sowie Draht (DIN EN ISO 10244–2), welche in automatisch betriebenen Anlagen einen Zinküberzug im Durchlaufverfahren durch schmelzflüssiges Zink erhalten.

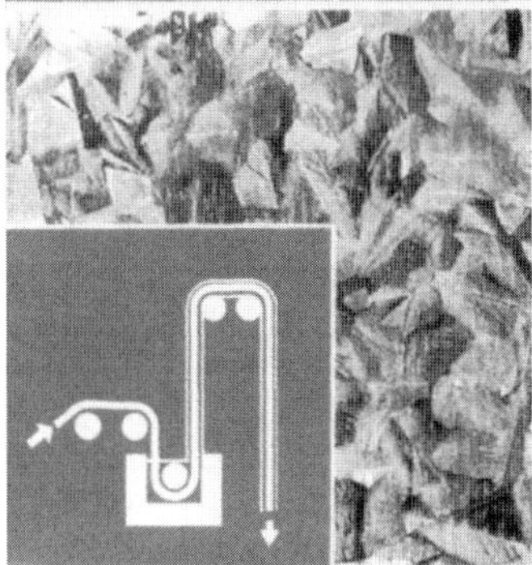

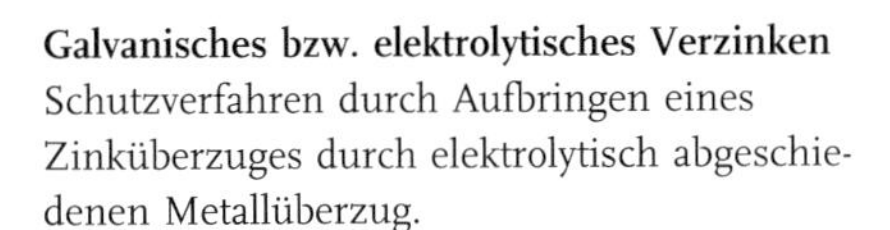
Galvanisches bzw. elektrolytisches Verzinken
Schutzverfahren durch Aufbringen eines Zinküberzuges durch elektrolytisch abgeschiedenen Metallüberzug.

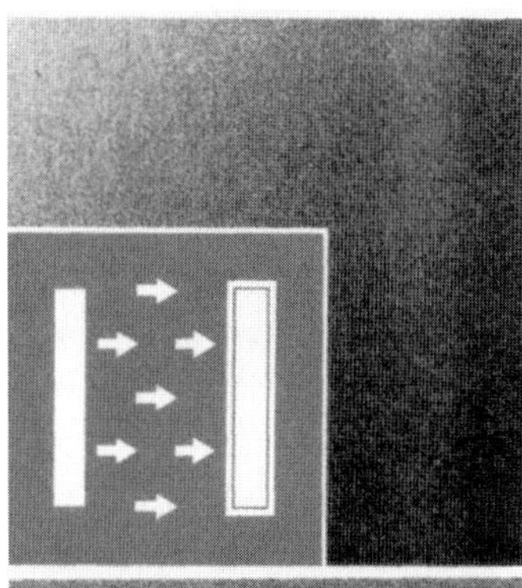

Thermisches Spritzen mit Zink- bzw. Spritzverzinken (DIN EN 1403, s. Literaturverzeichnis)
Schutzverfahren, bei dem auf die zu schützende Metalloberfläche das geschmolzene Überzugsmetall aufgespritzt wird.
Verfahren sind Drahtflammspritzen, Pulverflammspritzen, Lichtbogenspritzen und Plasmaspritzen
DIN EN 22063

Metallische Überzüge mit Zinkstaub
(Mechanisches Plattieren/Sheradisieren)
Schutzverfahren unter Verwendung von Zinkstaub, mit denen mechanisch (Mechanical Plating/Mechanisches Plattieren) oder durch Diffusion (Sheradisieren) Zinküberzüge bzw. Fe + Zn-Legierungsschichten auf geeigneten Werkstücken erzielt werden.
DIN EN ISO 12683

Zinkstaubbeschichtungen
Schutzverfahren, bei dem zinkstaubpigmentierte Beschichtungsstoffe als Schutzschichten auf Stahlbauteile appliziert werden.

Kathodischer Korrosionsschutz
Schutzverfahren für Stahl durch Kontakt mit einer Anode aus Zink bei Gegenwart eines Elektrolyten. Dabei geht das unedlere Metall (= Opferanode aus Zink) in Lösung, während der Stahl (als Kathode) nicht angegriffen wird.

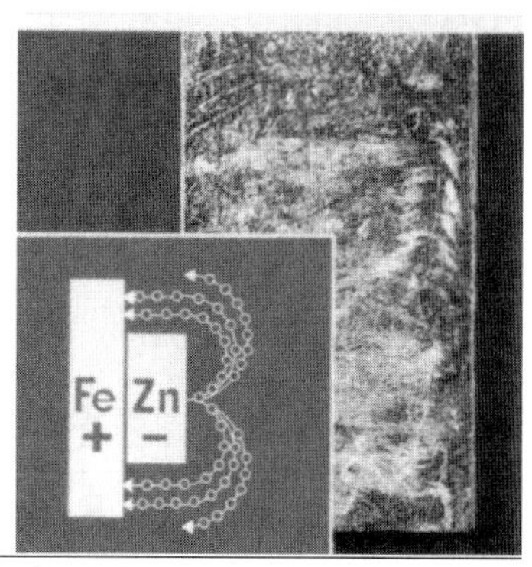

Tab. 1.4 Wichtige Parameter der Korrosionsschutzverfahren für Stahl und Zink (Beratung Feuerverzinken)

Verfahren	Übliche Dicke des Überzugs bzw. der Beschichtung in μm	Legierung mit dem Untergrund	Aufbau und Zusammensetzung des Überzugs bzw. der Beschichtung	Verfahrenstechnik	Nachbehandlung	
					üblich	**möglich**
A Überzüge						
Feuerverzinken						
a) diskontinuierlich						
• Stückverzinken DIN 50976	> 20	ja	Eisen-Zink-Legierungsschichten am Stahluntergrund, in der Regel mit einer darüberliegenden Zinkschicht	Eintauchen in flüssiges Zink	–	Beschichten sowie in geringem Umfang aus Galvannealen[1)]
• Rohrverzinken DIN 2444	> 50	ja			–	
b) kontinuierlich						
• Bandverzinken DIN 17162	15...25	ja		Durchlaufen durch flüssiges Zink	Chromatieren	
• kontinuierliches Feuerverzinken von Bandstahl	20...40	ja			–	
• Drahtverzinken DIN 1548	5...30	ja			–	
Thermisches Spritzen						
Spritzverzinken DIN 8565	80...200	nein	Überzug aus Zink	Aufspritzen von geschmolzenem Zink	Versiegeln durch penetrierende Beschichtung	Beschichten
Galvanisches bzw. elektrolytisches Verzinken				Zinkabscheidung durch elektrischen Strom in wässrigen Elektrolyten		
• Einzelbäder DIN 50961	< 50	nein	lamellarer Zinküberzug		Chromatieren	Beschichten
• Durchlaufverfahren	2,5...5	nein				

Verfahren	Übliche Dicke des Überzugs bzw. der Beschichtung in µm	Legierung mit dem Untergrund	Aufbau und Zusammensetzung des Überzugs bzw. der Beschichtung	Verfahrenstechnik	Nachbehandlung	
					üblich	möglich
Metallische Überzüge mit Zinkstaub						
a) sheradisieren	15...25	ja	Eisen-Zink-Legierungsschichten	Diffusion Stahl-Zink unterhalb Zn-Schmelztemperatur	–	Beschichten
b) mechanisches Plattieren	10...20	nein	homogener Zinküberzug, ggf. auf Kupfer-Zwischenschichten	Aufhämmern von Zinkpulver durch Glaskugeln	z. T. Chromatieren	Beschichten
B Beschichtung						
Zinkstaubbeschichtung	dünnschichtig 10...20 normalschichtig 40...80 dickschichtig 60–-120	nein	Zinkstaubpigment in Bindemittel	Auftragen durch Streichen, Rollen, Spritzen, tauchen	Deckbeschichtung auf Grundbeschichtung	–
C Kathodischer Korrosionsschutz	Zink-Anoden hoher Reinheit (99,995%) zur Verhinderung der Eigenpolarisierung sind selbstregulierend und optimal wässrige Elektrolyten mittlerer und hoher Leitfähigkeit. Fremdstromanlagen erfordern begrenztes Schutzpotenzial und Sicherung gegen Übersteuerung. Die Stromkapazität je dm^2 Zinkanode von etwa 5300 A h ermöglicht kleine Anoden mit geringem Strömungswiderstand. Die erforderliche Stromdichte ist vom Zustand und den äußeren (Bewegungs-)Bedingungen abhängig. Optimal ist der aktiv in den Korrosionsprozess eingreifende kathodische Schutz in Verbindung mit einer Beschichtung.					

[1]Umwandeln eines Zinküberzugs durch gezielte Wärmebehandlung, besonders beim Bandverzinken.

Tab. 1.5 Vor- und Nachteile verschiedener Verfahren der metallischen Überzüge

Bewertungskriterien	**Feuer** 1	**Galv** 2	**Spritz** 3	**Diff** 4	**Zinkstaubbeschichtung**[1])
Legierungsbildung mit dem Stahl durch Diffusion	++	– –	– –	++	– –
Haftfestigkeit	++	++	+...++	++	+...++
Dichte der Gesamtschicht	++	+	+	+	+
Gleichmäßigkeit der Schicht	++	++	+...++	++	+...++
dekoratives Aussehen	+	++	–	– –	–
Oberflächenhärte	++	++	++	++	–
Verschleißwiderstand	++	+	++	+	+
Biegefestigkeit	– –...++	– –...+	– –	– –	+
Korrosionsschutz in Abhängigkeit von der wirtschaftlich erreichbaren Schichtdicke	++	–	–...++	+	+
Wasserbeständigkeit	++	+	+...++	– –	+
technische Sicherheit des Verfahrens	++	++	+	+	+
praktische Prüf- und Kontrollmöglichkeit	++	++	++	–	++
Beschränkung durch Abmessung und Masse	+	–	++	– –	++
Möglichkeit einer Verformung	–...++	–...++	– –	– –	+
Ausbesserungsmöglichkeiten	+	+	++	– –	++
Möglichkeiten zur Automatisierung	++	++	++	+	++

Feuerverzinken
galvanisches Verzinken
Spritzverzinken
Diffusionsverzinken (Sheradisieren)

++ sehr gut, besonders geeignet, sehr günstig
+ gut, brauchbar, günstig
– mäßig, weniger geeignet, ungünstig
– – sehr schlecht, ungeeignet, sehr ungünstig

[1]) zum Vergleich

Tab. 1.6 Einsatzgrenzen der Verfahren, bestimmt durch die Eigenschaften der Verfahren (vgl. **Tab. 1.3**)[2])

Konstruktionselemente	Feuer 1	Galv 2	Spritz 3	Diff 4	Zinkstaubbeschichtung[1])
endlose Bänder, Drähte usw.	++	++	– –	– –	–
Bleche	++	–	+	– –	+
Rohre innen und außen, Flansche und dgl.	++	– –	– –	+	– –
profilierte Teile, Hohlkörper und dgl.	++	– –	– –	– –	– –
gefalzte Teile	+	– –	– –	– –	– –
Gitterroste und dgl.	++	– –	– –	– –	– –
Schrauben und andere Massenteile für Außenbeanspruchung	++	– –	– –	+	– –
Schrauben und andere Massenteile für normale Beanspruchung	++	++	– –	+	– –
Kühlwagenauskleidungen	++	– –	+	– –	– –
Anlagen für Landwirtschaft, Gewächshäuser usw.	++	– –	+	– –	+
Anlagen für Luft- und Kältetechnik	++	– –	–	– –	+
Stahlbau- und Metallleichtbauteile	++	– –	+	– –	+
Wärmeaustauscher	++	– –	– –	– –	– –
Haushaltsgeräte	++	++	– –	– –	+
dünne Blechteile, die sich durch Wärmeeinwirkung verziehen, nicht stark profiliert	– –	++	– –	– –	+
Massenteile für geringe Korrosionsbeanspruchung, die 0,5 m^2 nicht überschreiten	+	++	– –	++	– –
Neuanfertigung und Reparatur an Brücken und Geländern, Dächern usw. (Wiederholschutz)	– –	– –	++	– –	+

[1]) zum Vergleich

[2]) Erläuterungen s. Tab. 1.5

1.2.2
Volkswirtschaftliche Bedeutung

Die Forderungen, die an Bauteile, Konstruktionen, Erzeugnisse, Anlagen und Bauwerke aus Stahl gestellt werden , sind u. a.

- hohe Funktionstüchtigkeit,
- lange Nutzungsdauer,
- gute dekorative Gestaltung,
- hohe Korrosionsbeständigkeit,
- hohe Leistungsfähigkeit sowie
- hohe Umweltverträglichkeit.

Ständige Aufgabe dabei ist die Verringerung von Materialeinsatz, Baugröße, einmaligem und laufendem Aufwand.

Dieses Ziel bestimmt den Einsatz der Korrosionsschutzverfahren sowie die Entwicklungstendenz und -richtung des Korrosionsschutzes.

Der Korrosionsschutz ist kein Selbstzweck, sondern Bestandteil der Erzeugnisentwicklung, -herstellung und -nutzung, ja z. T. ist er schon Bestandteil des Grundmaterials bzw. der Halbzeuge. Angesichts der Korrosionsschäden, die in der Volkswirtschaft der Bundesrepublik Deutschland jährlich in Höhe von 50 Mrd. Euro entstehen, nicht eingerechnet die Korrosionsschäden im privaten Bereich, sind bei Anwendung der Erkenntnisse über den Korrosionsschutz und seine konsequentere Nutzung jährlich Reduzierungen von ca. 15 Mrd. Euro möglich. Die ständige Aufklärungsarbeit hat dabei das Ziel, Korrosionsschutz nicht so gut wie möglich, sondern so gut wie nötig durchzusetzen.

Für die Wirtschaftlichkeit des Korrosionsschutzes sind nicht die Erstschutzkosten, sondern unter Berücksichtigung der Schutzdauer des jeweiligen Korrosionsschutzsystems und der Nutzungsdauer der Erzeugnisse die jährlichen oder spezifischen Korrosionsschutzkosten entscheidend.

Der zwischen der Erzeugnisentwicklung, Erzeugnisqualität, Materialwirtschaft, Instandhaltung, Umweltschutz und Korrosionsschutz bestehende Zusammenhang, der schon bei der Projektierung und Konstruktion u. a. die Sicherheit gegen Korrosionsschäden – trotz aller Einflussfaktoren – genau so berücksichtigt werden sollte, wie die statische Sicherheit gegen Bruch, die Standsicherheit von Gebäuden, wie auch die Betriebssicherheit in Bezug auf Leistung und Nutzungsdauer, ist mehr als bisher zu beachten.

1.2.3
Korrosionsschutz und Umweltschutz

Die Korrosion hat ihre Ursachen in der Umwelt. Mit der Einschränkung und Verhinderung der Korrosion entlastet der Korrosionsschutz die Umwelt in vielfältiger Art und Weise und wird selbst zu einer entscheidenden Maßnahme des Umweltschutzes, ja man kann sagen – Korrosionsschutz ist Umweltschutz.

Wenn Stahl durch Feuerverzinken oder durch das Duplex-System vor Korrosion geschützt wird, dann erfolgt dies besonders effektiv, dauerhaft über Jahrzehnte und wirtschaftlich im Vergleich zu anderen Verfahren, sowie vor allem als praktische Korrosionsschutzmaßnahme, denn Verminderung der Korrosion bedeutet nicht nur Verhinderung des materiellen Verlustes von Stahl, sondern dient der Ressourcenschonung und auch der Abfallvermeidung. Stahl, bzw. feuerverzinkter Stahl ist nach seiner Nutzung Recycling-Werkstoff. Die Wiederverwertung von Werkstoffen ist ein wichtiger Beitrag zum Umweltschutz.

Korrosionsschutz ab Werk, wie es durch das Feuerverzinken praktiziert wird, kommt unter dem Aspekt des Umweltschutzes eine entscheidende Bedeutung zu. Die Verfahrenstechnik ist mess-, prüf- und kontrollierbar. Belastete in früheren Jahren die Feuerverzinkungsindustrie noch die Umwelt, so haben die Gesetze zum Schutz der Umwelt, aber auch die Einsicht in die Notwendigkeit, dazu beigetragen, dass diese Industrie in den letzten Jahren durch Einhausungen, Filteranlagen, Gewässerschutz usw. erhebliche Investitionen getätigt hat, um durch die Verfahrenstechnik keine belastenden Emissionen in die Umwelt gelangen zu lassen.
„Es kann nur Korrosionsschutz als Umweltschutz verkaufen, wer nicht selbst die Umwelt ruiniert.“(Seppeler, K.: Feuerverzinken, Faszination der Zukunft – Zeitschrift „Feuerverzinken“ 18 (1989) 3, S. 34).
Dieses Leitmotiv sollte Zielstellung einer Branchenpolitik sein, die Imagepflege und die ständige Qualifizierung der Mitarbeiter einschließt.

Literaturverzeichnis

Grundlagennormen für den Korrosionsschutz von Stahlbauten

Korrosion von Metallen und Legierungen

EN ISO 8044 Grundbegriffe und Definitionen

DIN EN 150 12944 Beschichtungsstoffe – Korrosionsschutz von Stahlbauten durch Beschichtungssysteme

Teil 1: Allgemeine Einleitung
- Schutzdauer von Beschichtungssystemen
- Allgemeine Aussage zum Gesundheitsschutz, zur Arbeitssicherheit und zum Umweltschutz

Teil 2: Einteilung der Umgebungsbedingungen
- Korrosivitätskategorien in der Atmosphäre
- Kategorien der Umgebungsbedingungen in Wasser oder Erdreich
- Korrosive Sonderbelastungen

Teil 3: Grundregeln zur Gestaltung
- Behandlung von Spalten, Verbundbau
- Vorkehrungen gegen Ablagerungen und Ansammlung von Wasser
- Hohlkästen und Hohlbauteile
- Kanten, Aussparungen, Versteifungen
- Vermeidung von Kontaktkorrosion
- Handhabung, Transport und Montage

Teil 4: Arten von Oberflächen und Oberflächenvorbereitung
- Arten der Oberflächen und Oberflächenvorbereitungsverfahren
- Oberflächenvorbereitungsgrade und deren Prüfung

Teil 5: Beschichtungssysteme
- Grundtypen von Beschichtungsstoffen
- Beispiele für Beschichtungssysteme in Abhängigkeit von Korrosivitätskategorie und geplanter Schutzdauer

Teil 6: Laborprüfungen zur Bewertung von Beschichtungssystemen

Teil 7: Ausführung und Überwachung der Beschichtungsarbeiten
- Allgemeines über die Ausführung der Beschichtungsarbeiten

- Verfahren für die Applikation von Beschichtungsstoffen
- Überwachen der Beschichtungsarbeiten, Herstellen von Kontrollflächen

Teil 8: Erarbeitung von Spezifikationen für Erstschutz und Instandsetzung

DIN 55928 Korrosionsschutz von Stahlbauten durch Beschichtungen und Überzüge

Teil 8: Korrosionsschutz von tragenden dünnwandigen Bauteilen

Teil 9: Zusammensetzung von Bindemitteln und Pigmenten

Vorbereitung von Stahloberflächen vor dem Auftragen von Beschichtungsstoffen – Rauheitkenngrößen von gestrahlten Stahloberflächen

DIN EN ISO 8503

Teil 1: Anforderungen und Begriffe für ISO-Rauheitsvergleichsmuster zur Beurteilung gestrahlter Oberflächen

Teil 2: Verfahren zur Prüfung der Rauheit von gestrahltem Stahl – Vergleichsmusterverfahren

Teil 4: Tastschnittverfahren

ISO 8501-1 und ISO 8501-2

Visuelle Beurteilung der Oberflächenreinheit (Rostgrade, Vorbereitungsgrade)

2
Geschichtliche Entwicklung der Feuerverzinkung

P. Maaß

Geschichte hat die Aufgabe *„die Vergangenheit zu erforschen, um die Gegenwart zu begreifen und die Zukunft beherrschen zu können"* [2.1].

Anhand der Entwicklung von Eisen und Stahl, der Herausbildung des Korrosionsbegriffes, der Entdeckung des Zinks bis zur Erfindung des Feuerverzinkens und seiner heutigen Bedeutung soll dies nachvollzogen werden.

Die Eisen- und die sich daraus im 18. Jahrhundert entwickelnde Stahlindustrie ist eine der bedeutendsten und der Tradition nach ältesten Produktionszweige. Seit vor etwa 3000 Jahren das Metall Eisen zu einer materiellen Grundlage der menschlichen Kultur und Zivilisation geworden ist, bestimmten bzw. bestimmen die aus Eisen und Stahl hergestellten Endprodukte wesentlich

- den technischen Fortschritt,
- das wirtschaftliche Wachstum und
- die Verbesserung der Lebensqualität.

Während der erste flüssige Stahl im Jahre 1740 in England nach dem sogenannten Tiegelstahlverfahren erschmolzen wurde, in Deutschland erst zu Anfang des 19. Jahrhunderts, begann das Zeitalter der Massenstahlerzeugung im Jahre 1855 durch *Henry Bessemer*. Seit der Verwendung metallischer Werkstoffe wurde die Menschheit auch mit ihrer Zerstörung konfrontiert.

Erstmals in einer englischen Literaturangabe wird der Korrosionsbegriff der heutigen Bedeutung nach erwähnt. Eine Reisebeschreibung von den Karibischen Inseln 1667 verwendet den Begriff „corroded« zur Beschreibung des desolaten Zustandes eiserner Kanonen einer Festung auf Jamaika, die fast wie Bienenwaben löcherig korrodiert seien. [2.3]

Im Jahre 1669 taucht erstmals das Substantiv „corrosion" in der Beschreibung eines englischen Heilbades durch *J. Clanvill* [2.4] auf. Der Bericht schildert einen starken Angriff des heißen Badewassers auf Silbermünzen, bedingt durch einen Gehalt des Mineralwassers an komplexen Thioverbindungen.

In China, Indien und Persien war Zink schon in Altertum bekannt. Griechen und Römer verschmolzen carbonatisch-oxidische Zinkerze (Galmie) zusammen mit Kupfer zu Messing. In Deutschland gelang *A. S. Marggraf* 1746 durch Erhitzen von

Handbuch Feuerverzinken. Herausgegeben von Peter Maaß und Peter Peißker

ISBN: 978-3-527-31858-2

Zinkoxid mit Kohle unter Luftabschluss die Herstellung von metallischem Zink, doch erst 1820 erlangte es industrielle Bedeutung.

Die Erfindung der Feuerverzinkung gelang 1742 dem französischen Chemiker *Malouin,* indem er die Möglichkeit entdeckte, Eisen- und Stahlteile in flüssiges Zink mit einem Überzug aus diesem Metall zu versehen. Er beschrieb das Verfahren so, wie es auch heute noch bei der Nassverzinkung ausgeführt wird. Eine industrielle Anwendung war jedoch noch nicht möglich, da es noch kein preisgünstiges Verfahren zur Reinigung von Eisen- bzw. Stahloberflächen gab. Die praktische Anwendung des Feuerverzinkens gelang 1836 dem in Paris tätigen Ingenieur *Stanislaus Sorel,* nachdem er ein Verfahren zum Reinigen von Eisen- und Stahloberflächen entdeckt hatte, das Beizen, und er erhielt am 10. 5. 1837 ein Patent für das Verfahren Eisen- und Stahlteile nach der Reinigung der Oberflächen durch Eintauchen in geschmolzenes Zink gegen Korrosion zu schützen.

Welche Bedeutung die Oberflächenvorbereitung, d. h. die Reinigung der Oberflächen von Eisen und Stahl, für die weitere Entwicklung der Feuerverzinkung hatte, beweisen die nachfolgenden Literaturangaben.

1843 erschien ein „Bericht der französischen Marinekommission zu Brest über die Verzinkung des Eisens", in dem über ein den Metallangriff verminderndes Beizverfahren berichtet wird [2.5]:

„Die Reinigung des Eisens von Rost erfordert viel Aufmerksamkeit. Während es unumgänglich nötig ist, das der angewandten Säure ausgesetzte Eisen vollständig vom Rost auf der Oberfläche zu befreien, darf man auch die Oberfläche des Eisens von der Säure nicht zu stark angreifen lassen, sondern muss sorgfältig auf den rechten Augenblick Acht haben, wo das Eisen aus dem sauren Bade zurückzuziehen ist."

In einer weiteren Mitteilung [2.6] heißt es:

„Zur Entfernung des Rostes wendet man nicht mehr verdünnte Schwefelsäure oder Salzsäure an, sondern das in Ölraffinerien abfallende Sauerwasser, das wegen seines Gehaltes an Glyzerin nicht das metallische Eisen selbst, sondern nur das darauf vorhandene Oxyd auflöst."

Während die Erforschung der Korrosion und der Wirkprinzipien des Korrosionsschutzes zur Naturwissenschaft, speziell der Chemie und Metallkunde, gehören, hat der Korrosionsschutz seine Wurzel in der Technik, denn Korrosionsschutz ist ein technologischer Prozess bei der Herstellung eines metallenen Gegenstandes oder wird durch dessen Behandlung im Gebrauch gewährleistet.

Nach 1820 war so viel Zink auf dem Markt, dass 1826 der „Verein zur Beförderung des Gewerbefleißes in Preußen" einen Preis für die Auffindung einer Massenanwendung des Zinks ausgesetzt hatte [2.6]. Nachdem 1835 die erste deutsche Eisenbahnstrecke zwischen Nürnberg und Fürth in Betrieb gegangen war, ergab der zügige Ausbau des Streckennetzes einen großen Bedarf an Eisen und Stahl.

Zum Schutz gegen Rost musste ein Verfahren angewendet werden, das die stählernen Anlagenteile – Signalanlagen, Werkstätten, Bahnhofshallen – vor dem raschen Verfall schützt. Bleiweiß und Mennige waren bekannt, aber giftig und teuer.

Zinkweißfarben gaben zwar der deutschen Anstrichindustrie eine enorme Entwicklung, doch wurden die Erwartungen der Eisenbahn mit diesen Zinkfarben in bezug auf den Rostschutz nicht voll erfüllt [2.7]. Eine andere Methode, Eisen vor dem Rost zu schützen, war schon lange bekannt: Die Anwendung metallischer Überzüge, vor allem von Zinn. Aus dem 150 Jahre alten Handbuch von *F. Releaux* [2.8] wird zitiert:

„Hiernach lag der Gedanke nahe, das Eisen zu verzinken, da Zink sich gegen alle anderen Metalle positiv verhält und diese also durch Berührung mit ihm geschützt werden, während er selbst oxydiert wird. ... Man verzinkt denn auch in ziemlicher Ausdehnung Telegraphendrähte, Seildraht, Schrauben und Nägel, Steinklammern, Bleche, Kanonenkugeln usw.“

Um 1840 entstehen die ersten Feuerverzinkereien für Blechwaren und Geschirre, wie Eimer, Gießkannen, Badewannen, Drähte und Eisenkonstruktionen. Die Feuerverzinkung wurde als Handwerk durchgeführt, mit Zange und Rechen von Hand, die Beheizung der Verzinkungskessel erfolgte mit Holzkohle, Kohle oder Koks. Eine Regelung der Temperaturen und des Wärmebedarfes erfolgten nur bedingt, Hilfs- und Betriebsstoffe wurden nach geheimen Rezepten selbst hergestellt [2.9]. Bis etwa 1920 erfolgte das Feuerverzinken noch *„in den Bahnen abergläubigster Empirie“* [2.10], ja man kann sagen es war Alchimie. Nach *Bablik* [2.11] wurde speziell bis 1940 auch das Feuerverzinken immer mehr einer wissenschaftlichen Betriebsführung unterstellt.

Der Weg von der handwerklichen Feuerverzinkung zur industriellen Entwicklung dieses Korrosionsschutzverfahrens in den letzten Jahrzehnten ist geprägt von äußeren und inneren Entwicklungen.
Äußere Entwicklungen waren u. a.:

- Die Weltstahlproduktion wuchs im Zeitraum von 1950 bis 1990 von 192 Mio. t auf 770 Mio. t.
- Für den gleichen Zeitraum wuchs sie in Deutschland von 14 Mio. t auf 52 Mio. t.
- Der Stahlbau entwickelte sich quantitativ und qualitativ, neue Stahlsorten, neue Einsatzgebiete und der Leichtbau stellten an den Korrosionsschutz erhöhte Anforderungen, so z. B. bei Hochspannungsmasten, Schutzplanken, Gewächshäusern, Industriehallen usw.
- Die Umweltbelastung einerseits, aber auch das mit der Zeit sich entwickelnde Umweltbewusstsein andererseits stellten u. a. auch höhere Anforderungen an den Korrosionsschutz, nicht zuletzt an die Feuerverzinkung.
- Das Korrosionsbewusstsein in der Öffentlichkeit, bei Behörden, der Wirtschaft, den Verbänden und dem Handwerk, aber auch im privaten Sektor hat zugenommen.
  Aufklärungsbedarf ist aber hier noch vorhanden, denn es ist eine ständige Aufgabe.

Innere Entwicklungen waren u. a.:

- Grundlagenforschung der Verfahrenstechnik des Feuerverzinkens,
- technologische Forschung, aber auch produktbezogene und anwendungstechnische Gemeinschaftsforschung,
- Vergrößerung der Kesselabmessungen bis zu ca. 17,2 m Länge,
- Umstellung auf flüssige und gasförmige Energieträger sowie ihre Regelbarkeit,
- Einsatz von Transportsystemen in Abstimmung mit den größeren Kesselabmessungen und demzufolge höheren Stückgewichten,
- Einsatz von Hilfsanlangen, nicht zuletzt zur Verbesserung des Umweltschutzes, so z. B. in den 60er-Jahren die Randabsaugung und in den 80er-Jahren die Einhausung am Verzinkungskessel,
- Öffentlichkeitsarbeit durch den VDF und GAV sowie ständige Qualifizierung der Mitarbeiter in den Feuerverzinkereien.

Von der Alchimie bis zum vereinigten Europa war ein weiter Weg. Aus der Isolierung und Geheimhaltung heraus, über handwerkliche Tätigkeiten des Feuerverzinkens bis zu einer modernen umweltfreundlichen Industrie – dieser Weg gelang und gelingt nur über organisierte Gemeinschaftsarbeit zum Wohle der Wirtschaft, aber auch der beteiligten Unternehmen der Feuerverzinkungsindustrie. Die Integration dieser Industrie mit dem Stahlbau, der metallverarbeitenden Industrie und dem Handwerk sowie ihrer Verbände und Einrichtungen ist folgerichtig ein weiterer Schritt in die Zukunft und sollte verstärkt werden. Feuerverzinkung kann sich nicht selbst darstellen, sondern immer nur in Verbindung mit Erzeugnissen, Anlagen und Gebäuden.

Für die weitere Entwicklung der Feuerverzinkung sollten folgende Überlegungen angestellt werden:

1. Da nur Stahl feuerverzinkt werden kann, spielt der Anteil, der von der Gesamtproduktion feuerverzinkt (kontinuierlich und diskontinuierlich) wird, für marktstrategische Aufgaben eine wichtige Rolle:

Weltproduktion	1940	1990	2006
Stahl	110,2 Mio. t	770,0 Mio. t	1000 Mio. t
feuerverzinkter Stahl	7,0 Mio. t [2. 12]	35,0 Mio. t	50 Mio. t
prozentualer Anteil	6,3	4,5	2

2. Die deutsche Stahlbauproduktion hatte 1991 eine Kapazität von 2,5 Mio. t mit einem Gesamtwert von 15,5 Mrd. DM. Damit stieg der Umsatz des deutschen Stahlbaues um 12% 1991 gegenüber 1990. [2.13]
3. Ein oft in der Vergangenheit vergessener Grundsatz von Bablik aus dem Jahre 1941 [2.14] zum Duplex-System besagt: „Da der Farbanstrich den Angriff auf das Zink verhindert, ist nach Verschleiß des Anstriches immer noch ein ausgezeichnet gut streichbarer Untergrund vorhanden. Gestrichene Feuerverzinkung ist daher heute der verlässlichste und dauerhafteste Rostschutz für Stahlkonstruktionen."

Dieses System als optimales Verfahren des passiven Korrosionsschutzes bei langlebigen Erzeugnissen anzuwenden – zu dem es zurzeit keine Alternative gibt – ist eine wichtige Aufgabe für die Zukunft.

4. Da die Begriffe der Korrosion und des Korrosionsschutzes nicht mehr die Aufgabe eines Kreises von Experten bleiben, sondern in der heutigen Zeit weltweit über Korrosionsschäden und ihre Folgen berichtet wird, ist es ebenso die Aufgabe auch der Feuerverzinkungsindustrie, nicht zuletzt aufgrund ihres Alters von 265 Jahren (seit 160 Jahren in der Praxis bewährt), auf Beispiele der Korrosionsbeständigkeit feuerverzinkten Stahls hinzuweisen und zu publizieren.

Zeittafel über die Entwicklung des Feuerverzinkens und tangierender Entdeckungen und Erfindungen

um 1500 v. Chr.	Verwendung von Eisen
Altertum bis 17. Jh.	Herstellung von Messing unter Verwendung von Kupfer und des Zinkerzes Galmei
1420	Der Erfurter Mönch *Valentinus* verwendet erstmalig das Wort Zink und vermutete hierunter ein „halbmetallisches Produkt".
1448	Entwicklung der Salzsäure durch den Alchemisten *Valentinus*
1667	Verwendung des Begriffes „corroded"
1669	Verwendung des Substantivs „corrosion"
16. und 17. Jh.	Zink ist als Handelsartikel aus China und Ostindien in Europa auf dem Markt.
1742	Erfindung der Feuerverzinkung durch den Franzosen *Malouin*
1746	*A. S. Marggraf* gelang die Herstellung von Zink in Deutschland
um 1800	Entwicklung des Beizens mit Mineralsäuren. Zinkgewinnung erlangt industrielle Bedeutung
1836	*Stanislaus Sorel* entdeckt ein Verfahren zum Reinigen von Eisen und Stahl
10. 5. 1837	Patentanmeldung für das Verfahren Eisen- und Stahlteile in geschmolzenem Zink vor Korrosion zu schützen an *Sorel*
nach 1840	Die ersten Feuerverzinkereien entstehen in Frankreich, England und Deutschland.
1846	Patentanmeldung zur Feuerverzinkung von Halbzeug, insbesondere Blechtafeln

Zeittafel über die Entwicklung des Feuerverzinkens und tangierender Entdeckungen und Erfindungen

1860	Patentanmeldung zur Feuerverzinkung von Draht im kontinuierlichen Durchlauf
1880	Entwicklung von galvanotechnischen Verfahren zum Schutz gegen das Rosten von Stahl und Eisen
1990	Erfindung des Sheradisieren durch *Sherard Cowper-Coler*. Die Welt-Zinkproduktion beträgt 47900 t.
1911	Erfindung des Spritzverzinkens durch *M. K. Schoop*
1920 bis 1930	Intensive Forschungs- und Entwicklungsarbeit auf dem Gebiet des Feuerverzinkens
1936	Feuerverzinkung von Bändern kontinuierlich durch *Th. Sendzimir* in Polen
1950	1. Internationale Verzinkertagung in Kopenhagen
1958	Gründung des Verbandes der deutschen Feuerverzinkungsindustrie e. V. (VDF)
1963	Gründung der Beratung Feuerverzinken
1990	Weltweit werden ca. 7 Mio. t. Zink erzeugt. Etwa ein Drittel davon wird für den Korrosionsschutz durch Feuerverzinken verwendet.

Kunst und Korrosionsschutz von 1918

Feuerverzinkter Stahl in der Kunst
Im Auftrag der Erfurter Firma Johann Adam Johnen hat Heinrich Zille 7 Karikaturen für Werbungszwecke – was für diese Zeit erstaunlich ist – geschaffen. Zille als „Werbemanager“ ist so nicht bekannt.

Die Bilder zeigen typische Erzeugnisse der Feuerverzinkung der damaligen Zeit, die nach dem Verfahren des Nassverzinkens hergestellt wurden.

Die Bilder befinden sich im Angermuseum in Erfurt. Die Fotos stammen von Constantin Beyer, Weimar und wurden in der Zeitschrift „Feuerverzinken“ Nr. 4, Dezember 1991 veröffentlicht.

Gasthof Waldhaus

H. Zille.

Literaturverzeichnis

[2.1] *Bemal, J.-D.:* Die Wissenschaft in der Geschichte. Berlin: Deutscher Verlag der Wissenschaften 1961, S. 16

[2.2] Philosophical Transactions 2 (1667), S. 493–500

[2.3] *Clanvill, J.:* Philosophical Transactions I (1665/72), (abridzed 1809), S. 364 [2.4] Polytechnisches Zentralblatt, Neue Folge, 1. Bd. 308, Leipzig 1843 [2.5] Bulletin du musee de J'Industrie 11, 119 (1846); daraus: Polytechnisches Zentralblatt, Neue Folge, l, 960 (1847)

[2.6] *Greiling, W.:* Chemie erobert die Welt, Econ Verlag 1950, Seite 67

[2.7] *Winterhager, H.:* Der Zinck – seine Benutzungsarten in Naturwissenschaft und Technik im Laufe der Zeiten, Aus: 25 Jahre (1951–1976) Gemeinschaftsausschuß Verzinken e. V., Ausgabe 1977, S. 34

[2.8] *Releaux, F.:* Das Buch der Erfindungen, Gewerbe und Industrie IV: Die Behandlung der Rohstoffe (1836), Verlag O. Spaner

[2.9] *Kleingarn, J. P.:* Korrosionsschutz durch Feuerverzinken gestern, heute und morgen, Industrie-Anzeiger 97. Jg., Nr. 60 vom 25. 07. 1975

[2.10] *Bablik, H.:* Das Feuerverzinken. Wien: Verlag von Julius Springer 1941, Teil III (Vorwort) [2.11] *Bablik, H.:* a. a. O. (Vorwort) [2.12] *Bablik, H. .-a. a. O., S. 3*

[2.13] *Goldbeck, O.:* Die Situation der deutschen Stahlbau-Industrie; Stahlbau Nachrichten 3, 1992, S. 7

[2.14] *Bablik, H.:* a. a. O., S. 250

3 Technologie der Oberflächenvorbereitung

P. Peißker

Voraussetzung für die Erzeugung qualitätsgerechter Zinküberzüge nach DIN EN ISO 1461 ist eine metallisch blanke Oberfläche (Oberflächenvorbereitungsgrad „Be" nach DIN EN ISO 12944–4). Unter Oberflächenvorbereitung von Stahloberflächen für die Durchführung von Korrosionsschutzmaßnahmen versteht man die Reinigung der Stahloberfläche von allen arteigenen und artfremden Verunreinigungen **(Tab. 3.1)** und das Herstellen einer auf die Korrosionsschutzmaßnahme abgestimmten Rauheit. Derartige auf der Metalloberfläche verbleibende Verunreinigungen wirken als Trennschicht zwischen Metall und Beschichtung und beeinträchtigen oder verhindern die Haftung des Zinküberzuges.

Man unterscheidet drei unterschiedliche Verfahren der Oberflächenvorbereitung [3.2]:

- Reinigen mit Wasser, Lösemitteln sowie mit Chemikalien, z. B. Hochdruckwasserreinigung, Dampfstrahlen, aber auch Beizen mit Säuren.
- Mechanische Oberflächenvorbereitung einschließlich Strahlen.
- Flammstrahlen.

Tab. 3.1 Mögliche Verunreinigungen auf Metalloberflächen [3.1]

Deckschichten arteigene Auflagen	Fremdschichten artfremde Auflagen		
	durch Adsorption aus Umgebung	Konservierungsmittel	Stanz- und Ziehhilfsmittel
Rost, Zunder, Reaktionsschichten	Wasser, Staub, Schmutz, Flugasche, Materialreste	Wachse, Silikone, Öle, Fette, Überzugslacke	Schmierseifen, Emulsionen, Öle, Fette, Graphit, Molybdändisulfid

Handbuch Feuerverzinken. Herausgegeben von Peter Maaß und Peter Peißker

ISBN: 978-3-527-31858-2

Die Einteilung der Verfahren kann nach Abb. 3.1 vorgenommen werden. Die Auswahl ist abhängig von den Substratmaterialien (Metalle, Keramiken, Kunststoffe), ihren Verunreinigungen und der Oberflächentopographie (Ebenheit, Welligkeit, Rauheit) [3.1].

Als wirtschaftliches Verfahren hat sich in der jahrelangen Verzinkungspraxis die nasschemische Oberflächenvorbereitung (Entfetten, Spülen, Beizen, Spülen, Fluxen) bewährt. Zur Betriebsweise der konventionellen alkalischen und sauren Reiniger, Salzsäurebeizen, Flussmittellösungen und Zinkschmelzen sowie deren Wechselwirkungen liegen in einem Umfang Erfahrungen vor, die eine wirtschaftliche Voraussetzung zum Aufbringen qualitätsgerechter Zinküberzüge gewährleisten [3.2 bis 3.6]. Durch eine komplexe stoffwirtschaftliche Betrachtung – Konstruktion und Anlieferungszustand der Stahlteile, Prozessoptimierung (abwasserfreie Technologie), Verwertung bzw. Entsorgung der Reststoffe soll bei niedrigsten Betriebskosten und hoher Qualität der geringste Abproduktanfall gewährleistet werden [3.3 bis 3.14].

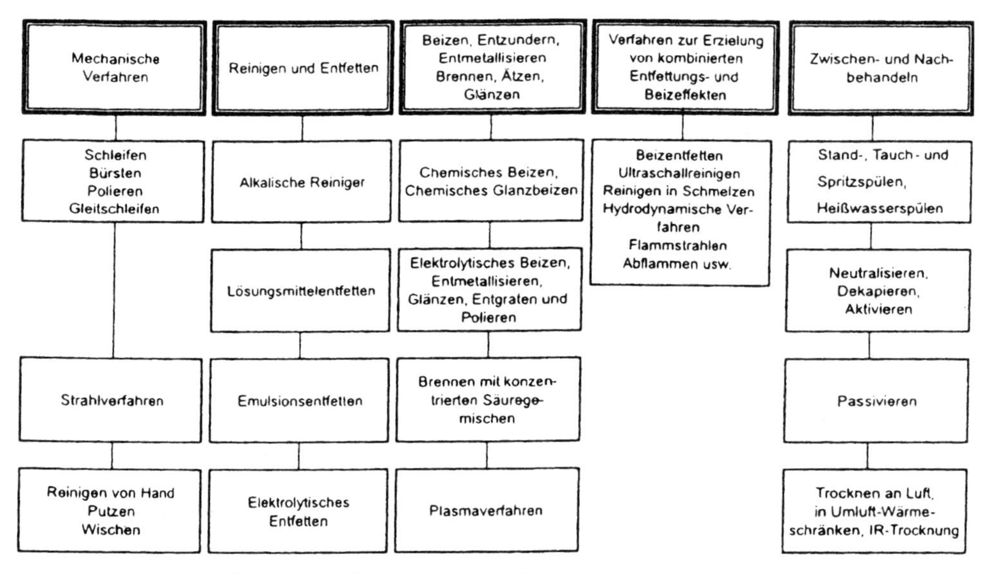

Abb. 3.1 Übersicht zu den wichtigsten Verfahren der Oberflächenvorbereitung und Nachbehandlung [3.1]

3.1
Anlieferungszustand

3.1.1
Grundwerkstoff

Stahlzusammensetzung
Nach DIN EN ISO 1461 sind unlegierte Baustähle, niedriglegierte Stähle sowie Gusseisen (Stahl, Stahlguss und Grauguss) zum Feuerverzinken geeignet. In seltenen Fällen werden auch Kupfer und Messing verzinkt, z. B. Wärmeaustauscher (Kupfer- oder Messingrohre mit aufgezogenen Stahllamellen). Hohe Kohlenstoffgehalte im Stahl, insbesondere bei gusseisernen Werkstoffen sowie daran haftende Sandrückstände weisen beim Beizen ein inertes Verhalten auf. Diese Verunreinigungen werden durch Strahlen und/oder Beizen in flusssäurehaltigen Beizen entfernt. Inwieweit andere Stähle zum feuerverzinken geeignet sind kann überwiegend nur durch Probeverzinkungen festgestellt werden. Kommt es zur Ausführung des Auftrages sollte eine Probe unbedingt als Rückstellmuster aufbewahrt werden (kann bei späteren Reklamationen hilfreich sein). Schwefelhaltige Automatenstähle sind normalerweise zum Feuerverzinken ungeeignet.

Hochfeste Schrauben sowie Feinkornbaustähle nach DIN EN ISO 10025–3 (2005–02) mit höheren Streckgrenzen erfordern wegen der möglichen Wasserstoffversprödung spezielle Verfahrensparameter bei der Oberflächenvorbereitung.

3.1.2
Oberflächenbeschaffenheit

Nach DIN EN ISO 1461 sollte die Oberfläche der Stahlteile vor dem Eintauchen in die Zinkschmelze metallisch blank sein. Beizen in Säure ist die empfohlene Methode zur Oberflächenvorbereitung. Für die Oberflächenvorbereitung gelten die Festlegungen in DIN EN ISO 12944–4 „Walzhaut/Zunder, Rost und Rückstände sind vollständig entfernt, Beschichtungen müssen vor dem Beizen mit Säure mit geeigneten Mitteln entfernt werden“ in Verbindung mit DIN EN ISO 8501 und DIN EN ISO 8502. Gussteile sollten von Oberflächenporen und Lunkern weitgehend frei sein. Diese können während des Verzinkungsprozesses zum Ausgasen aufgenommener Verfahrenslösungen und zu Fehlbeschichtungen führen. In diesem Fall sollte die Oberflächenvorbereitung durch Strahlen oder ein anderes geeignetes Verfahre erfolgen.

Arteigene Verunreinigungen
Hierbei handelt es sich um die Reaktionsprodukte des Eisens in Form von Zunder und Rost.

Deren Anfall und Zustand auf der Oberfläche der Stahlteile enthält die DIN EN ISO 8501–1 bis -2 (**Tab. 3.2**). Vor dem Feuerverzinken sind grundsätzlich alle 4 Rostgrade zulässig. Näheres dazu wird in Abschnitt 3.5.1 beschrieben.

Tab. 3.2 Ausgangszustände (Rostgrade) von bisher unbeschichteten Stahloberflächen (Rostgrad) nach DIN EN ISO 8501–1, 8501–2 bzw. DIN 55928

Rostgrad	Charakteristik
A	Stahloberfläche weitgehend mit festhaftendem Zunder[1)] bedeckt, aber im Wesentlichen frei von Rost.
B	Stahloberfläche mit beginnender Rostbildung und beginnen der Zunderabblätterung.
C	Stahloberfläche, von der der Zunder abgerostet ist oder sich abschaben lässt die aber nur ansatzweise für das Auge sichtbare Rostnarben aufweist.
D	Stahloberfläche, von der der Zunder abgerostet ist und die verbreitet für das Auge sichtbare Rostnarben aufweist.
	Andere Oberflächenzustände sind durch ergänzende Angaben zu beschreiben (z. B. „D mit Schichtrost")

[1)] Zunder oder Beschichtungen gelten als festhaftend, wenn sie sich nicht durch Unterfahren mit einer Taschenmesserklinge abheben lassen

Artfremde Verunreinigungen

Die Oberfläche der angelieferten Stahlteile muss frei sein von Verunreinigungen, die mit der in den Feuerverzinkereien zur Anwendung kommenden üblichen chemischen Verfahren nicht entfernt werden können, z. B. Anstrichreste, Brünierschichten, Spachtel, Teer, Schweiß- und Glühschlacke, Formmasse, Graphit, Signierungen (außer mit Schulkreide ausgeführte Signierungen) Ziehhilfsmittel und in einem gewissen Umfang Wachse, Öle und Fette [3.11], sowie Rost und Zunder, der in einer Salzsäurelösung mit 10 bis 15 g/l HCI, 40 bis 80 g/l Fe und T = 18 bis 20 °C in 1,5 bis 2 Stunden nicht zum Oberflächenvorbereitungsgrad „Be" nach DIN EN ISO 12944–4 führt **(Tab. 3.3 und 3.4)**. Anderenfalls besteht die Gefahr der Wasserstoffversprödung und Beeinflussung der Topographie (unebene, raue Oberfläche).

Obwohl eine breite Palette von chemischen Industriereinigern zur Verfügung steht, können wegen der unterschiedlichsten, oft starken Verunreinigungen aus Umweltschutz- und Kostengründen nur wenige alkalische Reiniger in einer Feuerverzinkerei betrieben werden. Überwiegend kommen saure Beizentfetter zum Einsatz. Vor der Anlieferung der Stahlteile sollten die technologischen Zusammenhänge abgestimmt werden, die zwischen den Fertigungshilfsmitteln der spanenden und spanlosen Bearbeitung sowie der temporären Korrosionsschutzstoffe einerseits und einer effektiven Reinigung und Entfettung der Stahloberfläche andererseits bestehen [3.5, 3.6, 3.9, 3.10, 3.12 bis 3.18]. Der Transport und das Zwischenlagern der vorbereiteten Stahlteile im Freien vor dem Feuerverzinken sollte kurz bemessen sein, damit eine erneute Korrosion und Verschmutzung der Stahloberfläche weitgehend ausgeschlossen wird.

Tab. 3.3 Vorbereitungsgrade für die primäre Oberflächenvorbereitung nach DIN EN ISO 12944–4

Oberflächen-vorbereitungsgrad	Verfahren	Beschreibung
Sa 1	Strahlen	Lose Walzhaut/loser Zunder, loser Rost, lose Beschichtungen und lose artfremde Verunreinigungen sind entfernt
Sa 2		Nahezu alle Walzhaut/aller Zunder, nahezu aller Rost, nahezu alle Beschichtungen und nahezu alle artfremden Verunreinigungen sind entfernt. Alle verbleibenden Rückstände müssen fest haften
Sa 2 1/2		Walzhaut/Zunder, Rost, Beschichtungen und artfremde Verunreinigungen sind entfernt. Verbleibende Spuren sind allenfalls noch als leichte, fleckige oder streifige Schattierungen zu erkennen
Sa 3		Walzhaut/Zunder, Rost, Beschichtungen und artfremde Verunreinigungen sind entfernt. Die Oberfläche muss ein einheitliches metallisches Aussehen besitzen
St 2	Hand-/maschin. Vorbereitung	Lose Walzhaut/loser Zunder, loser Rost, lose Beschichtungen und lose artfremde Verunreinigungen sind entfernt
St 3		Lose Walzhaut/loser Zunder, loser Rost, lose Beschichtungen und lose artfremde Verunreinigungen sind entfernt. Die Oberfläche muss jedoch viel gründlicher bearbeitet sein als für St 2, sodass sie einen vom Metall herrührenden Glanz aufweist
Fl	Flamm-Strahlen	Walzhaut/Zunder, Rost, Beschichtungen und artfremde Verunreinigungen sind entfernt. Verbleibende Rückstände dürfen sich nur als Verfärbung der Oberfläche (Schattierungen in verschiedenen Farben) abzeichnen
Be	Beizen	Walzhaut/Zunder, Rost und Rückstände von Beschichtungen sind vollständig entfernt, Beschichtungen müssen vor dem Beizen mit Säure mit geeigneten Mitteln entfernt werden

Die Bewertung der vorbereiteten Oberflächen erfolgt durch repräsentative fotografische Vergleichsmuster nach DIN EN ISO 8501–1

Tab. 3.4 Vorbereitungsgrade für die sekundäre Oberflächenvorbereitung nach DIN EN ISO 12944–4

Oberflächen-vorbereitungsgrad	**Verfahren**	**Beschreibung**
P Sa 1	partielles Strahlen	Fest haftende Beschichtungen müssen intakt sein. Von der Oberfläche der anderen Bereiche sind lose Beschichtungen und nahezu alle Walzhaut/aller Zunder, nahezu aller Rost, nahezu alle Beschichtungen und nahezu alle artfremden Verunreinigungen entfernt. Alle verbleibenden Rückstände müssen fest haften
P Sa 2 1/2		Fest haftende Beschichtungen müssen intakt sein. Von der Oberfläche der anderen Bereiche sind lose Beschichtungen und Walzhaut/Zunder, Rost und artfremde Verunreinigungen entfernt. Verbleibende Spuren sind allenfalls noch als leichte, fleckige oder streifige Schattierungen zu erkennen
P Sa 3		Fest haftende Beschichtungen müssen intakt sein. Von der Oberfläche der anderen Bereiche sind lose Beschichtungen und Walzhaut/Zunder, Rost und artfremde Verunreinigungen entfernt. Die Oberfläche muss ein einheitliches metallisches Aussehen besitzen
P Ma	partielles masch. Schleifen	Fest haftende Beschichtungen müssen intakt sein. Von der Oberfläche der anderen Bereiche sind lose Beschichtungen und Walzhaut/Zunder, Rost und artfremde Verunreinigungen entfernt. Verbleibende Spuren sind allenfalls noch als leichte, fleckige oder streifige Schattierungen zu erkennen
P St 2	partielle Hand- oder maschin. Vorbereitung	Fest haftende Beschichtungen müssen intakt sein. Von der Oberfläche der anderen Bereiche sind lose Walzhaut/loser Zunder, loser Rost, lose Beschichtungen und lose artfremde Verunreinigungen entfernt
P St 3		Fest haftende Beschichtungen müssen intakt sein. Von der Oberfläche der anderen Bereiche sind lose Walzhaut/loser Zunder, loser Rost, lose Beschichtungen und lose artfremde Verunreinigungen entfernt. Die Oberfläche muss jedoch viel gründlicher bearbeitet sein als für P St 2, sodass sie einen vom Metall herrührenden Glanz aufweist

Die Bewertung der vorbereiteten Oberflächen erfolgt durch repräsentative fotografische Vergleichsmuster nach DIN EN ISO 8501–1

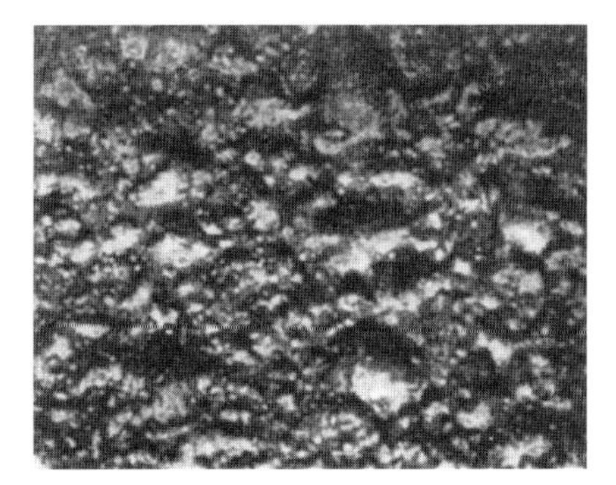

Abb. 3.2 Beizblasen im Stahlblech

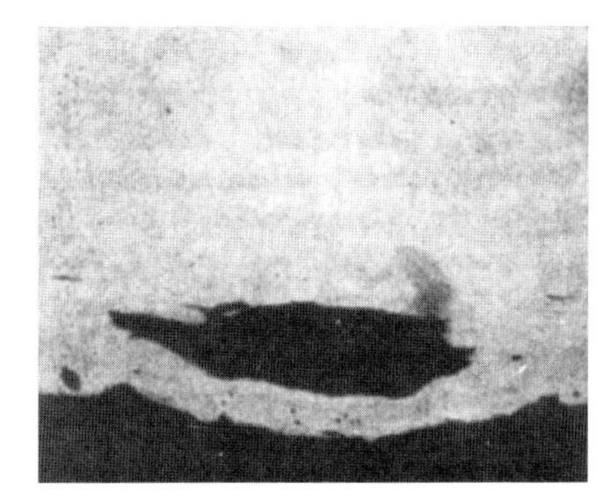

Abb. 3.3 Schlackenzeile im Stahl als Ursache für Beizblasen

Fehlstellen in der Stahloberfläche
In der oberflächennahen Schicht der Stahlteile befindliche Fehlstellen, z. B. Überlappungen, Narben, Riefen, Einschlüsse u. a. werden nach dem Feuerverzinken deutlich sichtbar. Abb. 3.2 zeigt Beizblasen einer in Abb. 3.3 dokumentierten Schlackenzeile. Im Gegensatz zur Wasserstoffversprödung des Stahls kann dieser Fehler nicht kompensiert werden. Das Auftreten von „Riefen" im Zinküberzug von Profilen erklärt man durch kritische Silizium und/oder Phosphorgehalte in der Oberflächenzone des Stahls [3.18]. Nach nochmaligem Beizen und dem damit verbundenen Materialabtrag kann die Qualität des Zinküberzuges in einigen Fällen verbessert werden.

3.1.3 Rauheit der Stahloberfläche

Mit zunehmender Rauheit der Stahloberfläche wird das Reinigen in alkalischen Entfettungslösungen erschwert [3.14, 3.15]. Außerdem kann mit zunehmender Rauheit ($R_{y5} > 40\,\mu m$) die Dicke, Struktur und das Aussehen des Zinküberzuges negativ beeinflusst werden, indem es während des Verzinkungsprozesses zu höheren Wachstumsgeschwindigkeiten des Zinküberzuges kommt und damit dickere, zum Teil auch raue, graue Zinküberzüge entstehen können, verbunden mit einem höheren Zinkverbrauch (abhängig von der Zusammensetzung des Stahls, der Zinkschmelze sowie deren Temperatur) [3.4, 3.8, 3.11,c 3.19 bis 3.26].

Stahlteile mit inhomogener Oberfläche, die Schalen, Schuppen, Risse, Dopplungen, Zunder- und Rostnarben usw. aufweisen, sollten bereits vor der Oberflächenvorbereitung aussortiert werden. Sie können in den üblichen chemischen Verfahrenslösungen einer Feuerverzinkerei nicht entfernt werden und bleiben daher nach der Beschichtung im Zinküberzug erkennbar bzw. können dadurch erst sichtbar oder aber verstärkt sichtbar werden.

Brennschnitte verändern die Stahlzusammensetzung und Struktur des Stahls in der Wärmeeinflusszone in der Weise, dass die nach DIN EN ISO 1461 geforderten Schichtdicken mitunter nur schwer erreicht werden können. Zur Sicherstellung der geforderten Schichtdicken im Bereich der Brennschnittflächen sollten diese vor dem Verzinken bearbeitet werden.

3.2 Mechanische Oberflächenvorbereitungsverfahren

In Feuerverzinkereien werden mechanische Vorbereitungsverfahren vor allem zum Entfernen von Schweißschlacke, starken Rost- und Zunderschichten, sowie Sand- und Graphitrückständen angewendet. Durch entsprechende Parameterwahl beim Strahlmittel und der Strahlanlage (vor allem Strahlmitteldurchmesser und dessen Abwurfgeschwindigkeit) kann die Rauheit der Stahloberfläche (Rys) so beeinflusst werden, dass diese nicht über 40 µm ansteigt [3.5, 3.11, 3.20].

3.2.1 Reinigungsstrahlen

Nach DIN 8200 sind Strahlverfahren Fertigungsverfahren, bei denen Strahlmittel (als Werkzeuge) in Strahlgeräten unterschiedlicher Strahlsysteme beschleunigt und zum Aufprall auf die zu bearbeitende Oberfläche eines Werkstückes, des so genannten Strahlgutes, gebracht werden. Strahlverfahren werden durch Angabe des verwendeten Strahlmittels, der Beschleunigungsart (Strahlsystem) und nach dem Ziel des Strahlvorgangs (Strahlzweck) eingeteilt und benannt. Am gebräuchlichsten ist die Einteilung nach dem Strahlzweck. Als wirtschaftliche Verfahren haben sich das Strahlen in Schleuderrad- und Druckluftstrahlanlagen (DIN EN ISO 8504–2) mit metallischen oder mineralischen Strahlmittel nach DIN EN ISO 11124–1 bis -4 bzw. DIN EN ISO 11126–1, -3 bis -8 bewährt.

Für die Wirtschaftlichkeit sind vor allem die Wahl des Strahlmittels (Hartguss, Stahlguss, Stahldrahtkorn, NE-Metalle) und des Strahlsystems ausschlaggebend (Druckluftstrahlen, Schleuderradstrahlen), wobei letzteres das effektivste ist. Die Reinigungsleistung kann nach der Formel $k = \frac{m}{2} v^2$ berechnet werden. Die Formel zeigt, dass die Geschwindigkeit v mit dem Quadrat und die Masse m nur einfach in die kinetische Energie k eingeht und damit die Strahlleistung vor allem durch die

Tab. 3.5 Flächenleistung verschiedener Verfahren zum Entrosten und Entzundern von unlegiertem Walzstahl[3.2]

Oberflächenvorbereitungsverfahren	Leistung pro Arbeitskraft in m^2/h
Handentrostung mit Drahtbürste	0,5–3
Entrosten und Entzundern mit mechanischen Werkzeugen	0,5–8
Druckluftstrahlen an stationären Stahlkonstruktionen	2–8
Schleuderstrahlen	15–100
Flammstrahlen	0,5–4
Beizen	6–500

Abwurf- und Auftreffgeschwindigkeit und weniger durch den Durchmesser des Strahlmittels beeinflusst wird. Mit Schleuderrädern kann eine wesentlich höhere Abwurfgeschwindigkeit des Strahlmittels und damit eine höhere Reinigungsleistung erreicht werden als mit Druckluft.

Die Parameter Strahlsystem, Strahlmittelart, -korngröße, Abwurfgeschwindigkeit des Strahlmittels sind von mehreren Faktoren abhängig, wie geforderte Leistung/Stunde, Art und Geometrie der Stahlteile, geforderter Reinheitsgrad, Art und Belagsdichte der Oberflächenverunreinigungen. In den letzten Jahren wurden vor allem leistungsstärkere Schleuderräder und Strahldüsen entwickelt (Turboschleuderräder, veränderte Düsenformen mit Strahlmittelbeschleunigung), die zu einer wesentlichen Steigerung des Durchsatzes und Erhöhung der Qualität führten [3.27 bis 3.31].

In der Praxis sollten vor allem Stahlteile einem mechanischen Reinigungsverfahren unterzogen werden, bei denen die Beizzeit zum Erreichen des geforderten Oberflächenreinheitsgrades „Be“ wesentlich über 1,5 Stunden liegt (Gefahr der Wasserstoffversprödung) **(Tab. 3.3)**. Bei einem anschließenden Beizen ist ein Strahlen bis zum Oberflächenvorbereitungsgrad „Sa 2“ ausreichend **(Tab. 3.3)**, jedoch ohne artfremde Verunreinigungen, die durch das anschließende Reinigen und Entfetten sowie Beizen nicht entfernt werden können und nicht den geforderten Oberflächenreinheitsgrad „Be“ gewährleisten, z. B. Reste von Beschichtungen. Das wirtschaftlichste Verfahren ist das Reinigen in Schleuderradstrahlanlagen mit im Kreislauf geführten metallischen Strahlmitteln.

Die Härte des Strahlmittels muss annähernd der des Strahlgutes entsprechen. Anderenfalls ist mit einem höheren Strahlmittelverschleiß und längeren Strahlzeiten zu rechnen. Die Korngröße muss so gewählt werden, dass die Rauheit Rys = 40 µm nicht wesentlich überschritten wird und an den Stahlteilen keine Verformungen auftreten. Letzteres kann auch versuchsweise durch Reduzierung der Abwurfgeschwindigkeit ausgeschlossen werden. In Abhängigkeit von der Anzahl, Profilierung, Bedeckungsdichte u. a. Einflussfaktoren können auch andere Verfahren zur Anwendung kommen, die zum gleichen Ergebnis führen. Die Wirtschaftlichkeit der einzelnen Verfahren ist vor allem abhängig vom Rostgrad **(Tab. 3.2)**, sowie von der Art (metallische, nichtmetallische Strahlmittel) und den Eigenschaften (Verschleißfestigkeit) des Strahlmittels ab. In **Tab. 3.5** sind bezüglich der Leistungsfähigkeit der mechanischen Reinigungsverfahren besonders wichtige Kennziffern zusammengestellt [3.2].

Vor dem Feuerverzinken sind die gestrahlten Teile zur Säuberung von Strahlstaub und Aktivierung der Oberfläche in einer 4- bis 6-prozentigen Beize zu spülen, anderenfalls würde das Flussmittel unnötig mit Eisen angereichert.

3.2.2 Gleitschleifen

Für das Reinigen, Entzundern, Entrosten, Entgraten und Beizen von kleinen und mittelgroßen Werkstücken bietet das Gleitschleifen leistungsfähige Verfahren und Anlagen, die auch verkettet und automatisiert werden können. Die Bearbeitung erfolgt im Wasser, dem entsprechend dem Werkstoff und der Form des Bauteiles sowie dem gewünschten Endzustand der Oberfläche chemische Zusätze (Compounds) und keramisch oder kunstharzgebundene Schleifkörper (Chips) mit unterschiedlicher Geometrie und Schleifwirkung zugesetzt werden. Durch Vibration wird die Relativbewegung zwischen Teil und Chip intensiviert. Dazu stehen je nach Bauteillänge Rund- und Trogvibratoren zur Verfügung. Für bestimmte Werkstücke können Fliehkraft-, Gleitschliff- bzw. Schleppschleifanlagen mit erhöhter Leistung eingesetzt werden. Das Gleitschleifen ist gegenüber der konventionellen Trommelbehandlung bezüglich der Bearbeitungszeit, des Handling, der Produktivität und des möglichen breiteren Teilsortimentes überlegen.

Ein schwieriges Problem war bisher die Behandlung der mit Metallabrieb, emulgierten Ölen, Tensiden, Schwebeteilen und anderen Wasserschadstoffen belasteten Abwässer; dazu liegen nun sichere Verfahren vor, ebenso ist eine Kreislaufführung des Wassers möglich [3.7, 3.32 bis 3.34].

3.3 Chemisches Reinigen und Entfetten

Das Ziel der Reinigung besteht in der Beseitigung von Anhaftungen und Verschmutzungen der betreffenden Teile. Hierzu zählen u. a. natürliche und synthetische Fette, Öle und Wachse, aber auch Späne, Löt- und Schweißrückstände, Staub, Ruß, Salze, Sand, Algen, Pilze und Bakterien. Für die vielfältigen Reinigungsaufgaben können die unterschiedlichsten Techniken unter Verwendung verschiedenster Reinigungsmittel zur Anwendung gelangen. Dabei sind die chemisch-physikalischen Reinigungsmittel auf Basis Wasser und organischer Lösungsmittel von großer Wichtigkeit und werden am häufigsten eingesetzt **(Tab. 3.6)** [3.1].

Beim Entfetten werden die auf der Oberfläche der Teile haftenden Öle, Fette und Wachse, die eine direkte Wechselwirkung von Beschichtungen mit der Oberfläche der betreffenden Teile verhindern, verseift, emulgiert und dispergiert

Die Praxis der Feuerverzinkung zeigt, dass der Prozess „Reinigen und Entfetten“ keine zusätzlichen Kosten verursacht. Im Gegenteil, die Kosten werden durch

Tab. 3.6 Wirkung von Reinigungs- und Entfettungsmitteln [3.1]

Verschmutzung	Entfettungsmittel	Funktionsweise
Fette, Öle, Wachse	Kohlenwasserstoffe	Vereinzelung und Verteilung der Fett- und Ölmoleküle im Lösungsmittel
Fettsäureester natürliche Fette	alkalische Lösung (oft Abkochentfettung)	Verseifung, es entsteht ein Alkohol und das Salz der Fettsäure, beide sind wasserlöslich
Fettsäureester synthetische Fette	Tenside: hochmolekulare Alkohole, Glykole, Sulfonate	Bildung feinster Tropfen (Emulsion), die durch Wasser abspülbar sind
Graphit, Metallabrieb, Schleif- und Poliermittelreste	Na-Salze der Polycarbonsäuren, Alkylnaphthalinsulfansäuren	bewirken das Bilden einer Dispersion, welche je nach Dichte an der Oberfläche schwimmt oder als Bodenschlamm absinkt

nachfolgend aufgeführte Effekte reduziert und die Qualität der Zinküberzüge erhöht. Das sind vor allem:

- Gleichmäßigerer sowie schnellerer Angriff der Beize und damit Verkürzung der Beizzeit sowie Reduzierung der Gefahr der Wasserstoffversprödung.
- Erhöhung der Qualität der Oberflächenvorbereitung und Zinküberzüge durch Minimierung der Fettanreicherung auf der Oberfläche der Verfahrenslösungen und Reduzierung der Fehlverzinkungen.
- Minimierung der Kosten für Luftfiltereinsätze und deren Entsorgung durch eine mindestens doppelte Erhöhung der Standzeit durch Minimierung der im Abgasluftstrom mitgeführten verbrannten Fette und Öle, die anderenfalls auf der Oberfläche des Filtermaterials kondensieren und diese zusetzen.
- Kein Überschreiten des Grenzwertes für Dioxin, das beim Verbrennen von Öl und Fett bei den Temperaturen der Zinkschmelze entsteht.

Eine Reinigungs- und Entfettungslösung muss folgende Kriterien erfüllen [3.3, 3.7]:

- Weitestgehende Reduzierung der Oberflächen- und Grenzflächenspannung Komplexbindevermögen für Härtebildner und Metallionen,
- hohes Schmutztragevermögen,
- Wasserabspülbarkeit.

In Feuerverzinkereien kommen überwiegend folgende chemische Oberflächenvorbereitungsverfahren zur Anwendung:

Verfahren 1 mit alkalischer Reinigung

- Alkalische Reinigung und Entfettung (Behälter 1) entspr. Abschnitt 3.3.1.
- Spülen mit Wasserüberführung zum Behälter 1, damit werden die Verdunstungs- und Verschleppungsverluste ersetzt (Abschnitt 3.4.3).
- Beizen in einer Salzsäurelösung (Abschnitt 3.5.2).
- Kaskadenspülung (Abschnitt 3.4.2), zwei, besser 3 Spülbehälter zwischen Beiz- und Flussmittelbehälter. Damit kann der den Verzinkungsprozess nachteilig beeinflussende Gehalt an Eisen im Flussmittel unter 10 g/1 bzw. 5 g/1 gehalten werden.

  Der Aufwand zahlt sich in kurzer Zeit mehrfach aus durch:

  - Verlängerung der Standzeit des Flussmittels und Reduzierung der Entsorgungskosten, glattere, heller und duktilere Zinküberzüge;
  - Reduzierung der Fehlverzinkungen sowie des Hartzinkanfalls und damit Einsparung des immer kostenintensiveren Zinks.
  - Das Wasser aus dem ersten Spülbehälter wird zum Ersetzen der Verdunstungs- und Verschleppungsverluste sowie für Neuansätze der Beizen verwendet
- Flussmittelbehandlung.

Verfahren 2 mit saurer Beizentfettung

- Beizentfetten in einer Salzsäurelösung mit entfettungswirksamen Zusätzen (Behälter 1) entspr. Abschnitt 3.3.3.
- Spülen mit Wasserüberführung zum Behälter 1 (Abschnitt 3.4.3), keinesfalls in die nachfolgenden Beizen, Gefahr der Ölverunreinigung! Das auf der Oberfläche der Beizlösung schwimmende Öl benetzt beim Ausheben der Teile deren Oberfläche. Die Folgen sind Verunreinigung des Flussmittels, höhere Entsorgungskosten, Fehlverzinkungen.
- Beizen, Spülen und Flussmittelbehandlung wie in Verfahren 1 beschrieben.

Zur Oberflächenvorbereitung und Feuerverzinkung werden die Stahlteile an Anschlagmittel angehängt (z. B. Andrahten an Traversen, Kettengehänge für schweren Stahlbau und Großteile) und mit Elektrozuglaufkatzen, Kränen, automatisch gesteuerten Förderern u. dgl. in die Verfahrenslösungen – Entfetten, Spülen, Beizen, Spülen, Fluxen – sowie Zinkschmelze ein- und ausgebracht. Zur Optimierung der Oberflächenvorbereitung sind an eine Traverse bzw. Charge möglichst nur Teile mit nahezu gleichen Expositionszeiten anzubringen, damit ein Überbeizen vermieden wird. Dabei sind die Stahlteile so an die Anschlagmittel anzubringen, dass diese so schnell wie möglich in die Verfahrenslösungen und

Zinkschmelze eintauchen sowie ausgehoben werden können und die zuletzt aus den Medien austauchende Fläche so gering wie möglich ist. Zum Teil sind dazu ausreichend große Freischnitte sowie Ein- und Auslaufbohrungen, zusätzlich anzubringende Anschlagösen u. dgl. erforderlich. Diese müssen ausreichend groß genug gewählt werden damit vorgenannte Forderungen erfüllt werden können. Bei zu langen Eintauchzeiten kann das Flussmittel während des Eintauchens der Teile in die Zinkschmelze auf der Oberfläche verbrennen (Fehlverzinkung), bei zu großer austauchender Fläche entstehen an dieser mehr oder weniger große Zinkanhäufungen, die zu einem hohen Zeitaufwand für das Verputzen führen.

Der verwendete Bindedraht sowie alle verwendeten Anschlagmittel müssen den geltenden Vorschriften für „Anschlagmittel" entsprechen. Der dafür zur Anwendung kommende Stahl muss eine hohe Resistenz gegenüber Wasserstoffversprödung und Materialabtrag besitzen.

Das ständige Bücken der Arbeiter beim Anbringen der Bauteile an Traversen, Kettengehänge u. dgl. kann z. B. durch hydraulisch angetriebene Hubtische oder/und Traversenaufnahmen, die die Bauteile auf Arbeitshöhe heben, auf ein Mindestmaß reduziert werden.

3.3.1 Alkalischer Reiniger

3.3.1.1 Zusammensetzung

Die Zusammensetzung des Industriereinigers bestimmt für die angesetzte Lösung den pH-Wert, die Arbeitstemperatur, die zulässige Intensiät einer Bewegung, den entfernbaren Schmutz und weitere Gebrauchseigenschaften. Als robuste, universell einsetzbare Entfettungsmittel zeichnen sich die preiswerten stark alkalischen Reiniger mit einem pH-Wert 11 bis 14 aus. Das Entfettungsmittel besteht aus einem abgestimmten, synergetisch wirkenden Gemisch anorganischer Salze (Builder) und organischer Verbindungen [3.7, 3.10, 3.14, 3.35]. Als wesentliche Grundchemikalien werden Natriumhydroxid, Natriumcarbonat (Soda), Silicate und Natriumphosphate eingesetzt; sie dienen der Alkalisierung, der Verseifung natürlicher Fette und Öle, zum Dispergieren von unlöslichem Schmutz und zur Wasserenthärtung. Die organischen Substanzen haben Oberflächen- bzw. grenzflächenaktive Eigenschaften mit einem bestimmten Emulgier-Dismulgier-Verhalten (Tenside, Netzmittel [3.36]) oder sie sind Komplexbildner. Charakteristisch für nichtionogene Tenside ist ihr negativer Löslichkeitskoeffizient, der bei Temperaturerhöhung am sog. Trübungspunkt zu seiner Ausscheidung aus der wässrigen Phase führt. In der Nähe des Trübungspunktes besitzt der Nonionic seine höchste Wirksamkeit; u. a. werden nach diesem Aspekt die Tenside für Hoch- und Niedrigtemperatur-Reiniger ausgewählt. Verschiedene Tenside schäumen wässrige Lösungen stark auf, sodass sie bei Anlagen mit einer intensiven Umwälzung nicht eingesetzt werden können bzw. dem Industriereiniger muss zusätzlich eine schaumbremsende Substanz zugegeben werden. Aufgrund der möglichen Umweltbelastung der anionischen und nichtionogenen Tenside wird von den zum Einsatz gelangenden Stoffen eine biologische Abbaubarkeit von durchschnittlich mindestens 90% verlangt [3.37]. In die Entfettungslösung gelangen neben den funktionsbedingten Tensiden des

Reinigungsmittels über den Eintrag emulgatorhaltiger Fette, Öle, Gleit- und Schmierstoffe weitere Substanzen mit Grenzflächenaktivität, die im Zusammenwirken fördernd oder hemmend sind [3.17].

Industriereiniger stehen als Pulver bzw. in flüssiger Form gebrauchsfertig zur Verfügung **(Tab. 3.7)**. Die Flüssigkeiten bieten ein einfaches Handling beim Ansetzen und Regenerieren; in der kalten Jahreszeit sind bei ihrer Lagerung Bedingungen für eine Gefrier-/Tau-Stabilität zu gewährleisten [3.38]. Die Auswahl eines Entfettungsverfahrens erfolgt primär nach Kosten-Leistungskriterien beim Reinigen, jedoch muss gleichzeitig der Aspekt der Standzeitverlängerung und der Abwasserbehandlung [3.39] einbezogen werden, da diese Bereiche die Gesamtkosten erheblich beeinflussen. Für eine rationelle Entfettung bleiben u. U. Experimente nicht aus oder man bezieht den Lieferer des Industriereinigers in die Optimierung ein. Die Arbeitslösungen werden mit einer Konzentration von 40–60 g/l bezogen auf den Feststoff hergestellt.

Eine Besonderheit in der Feuerverzinkung ist die Zinkanreicherung in dem stark alkalischen Reiniger: bei einem *pH-Wert* über 11 wird dieses Metall von bereits verzinkten Gestellen, Körben und etwaiger Nacharbeit gelöst, ebenso wird es aus dem von Traversen abfallenden Spratzgut aufgenommen.

Tab. 3.7 Beispiele für die Zusammensetzung alkalischer Reiniger

Bestandteil	**Zusammensetzung in g**		
	Beispiel 1 (1)	**Beispiel 2 (2)**	**Beispiel 3 (3) [3.1]**
Na_2CO_2	10–20	10–15	20–30
Na_3PO_4	20–30	20–25	10–20
NaOH	30–40	10–20	–
$Na_4P_2O_7$	–	–	5–15
Na_2SiO_3	10–20	–	–
Komplexbildner	–	–	2–4 (EDTA)
Tenside	Natriumlaurylsulfat	–	0,2 (nichtionogen)
Arbeitsbedingungen			
pH-Wert	13–14	12	10–11
Temperatur in °C (x)	80–90	80–90	70–85
Expositionszeit in min (x)	10–15	10–20	5–15

(1) besonders geeignet für schwere Verschmutzungen auf Stahl

(2) geeignet für Stahl

(3) geeignet für leichte Verschmutzungen auf Stahl sowie für Kupfer und Kupferlegierungen

(x) bei Bewegung der Stahlteile und/oder Verfahrenslösung kann, wenn erforderlich, mit einer niedrigeren Temperatur gearbeitet werden

Tab. 3.8 Wasserhärtebereiche

Härtegrad °dH	Eigenschaften
0–4	sehr weich
4–8	weich
8–12	mittelhart
12–18	ziemlich hart
18–30	hart
> 30	sehr hart

3.3.1.2 Wasser

Der Ansatz der Entfettungslösung erfolgt üblicherweise mit nicht aufbereitetem Wasser **(Tab. 3.8)**.

Die Wasserhärte wird in „Grad Deutscher Härte“ (°dH) angegeben, für die folgende Äquivalenzen gelten:

1 °dH $= 10{,}00\,\text{mg/l CaO} \triangleq 7{,}15\,\text{mg/l Ca}^{++} \triangleq 0{,}357\,\text{mval/l}$,
$= 7{,}19\,\text{mg/l MgO} \triangleq 4{,}34\,\text{mg/l Mg}^{++} \triangleq 0{,}357\,\text{mval/l}$.

Mit der Gesamthärte *(GH)* wird der Gehalt aller Calcium- und Magnesiumverbindungen angegeben [3.23]. Ihrem Verhalten nach unterscheidet man in

- Carbonathärte *(KH)* = temporäre bzw. vorübergehende Härte, die sich aus den Carbonaten und Hydrocarbonaten dieser Elemente ergibt und
- Nichtcarbonathärte *(NKH)* = permanente bzw. bleibende Härte, die sich aus den Sulfaten, Chloriden und Nitraten dieser Elemente errechnet.

Als Alternative zu dem höheren Verbrauch an Entfettungschemikalien werden betrachtet:

- Senkung der Arbeitstemperatur; dadurch wird jedoch das Rückführen von Spülwasser und damit schließlich das abwasserfreie Feuerverzinken behindert,
- Verwendung von enthärtetem Wasser, falls gegeben von Kondensaten oder von gereinigtem Regenwasser.

3.3.1.3 Arbeitsbedingungen

Temperatur

Hohe Temperaturen bewirken eine starke Erniedrigung der Viskosität der Öle und Fette, bei Vertretern mit einer natürlichen Herkunft eine schnellere Verseifung und insgesamt eine Intensivierung des Prozesses. Die rapide steigenden Verdunstungsverluste des Wassers (Abschnitt 3.4.3) sind u. a. ein Ausdruck für den gleichzeitig einsetzenden hohen Energiebedarf zum Heizen, der zur Kritik an den Hochtemperaturreinigern *(HT)* führte und dem die Niedrigtemperaturreiniger *(NT)* gegenübergestellt wurden. Die letzten enthalten ein Gemisch an anionaktiven und nichtionogenen Tensiden mit einem niedrigen Trübungspunkt, bei ihnen ist mit etwas längerer Expositionszeit zu rechnen [3.7, 3.16, 3.32–3.40]. Die Praxis hat

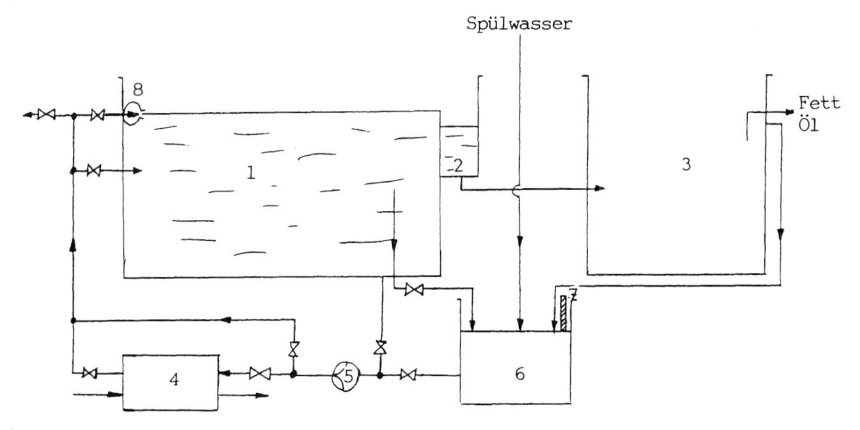

Abb. 3.4 Technologisches Fließschema für alkalische Reiniger
1 Arbeitsbehälter, *2* Überlaufabteil, *3* Ölabscheider, *4* Wärmetauscher, *5* Pumpe, *6* Pufferbehälter, *7* Flüssigkeits-Messeinrichtung, *8* Oberflächenreinigung

gezeigt, dass die NT-Reiniger (T = 50–70 °C) in Abhängigkeit von der Art der Befettung durchaus den HT-Reinigern (T = 90–95 °C) gleichgesetzt werden können, zum Teil sogar bei gleicher Expositionszeit.

Die Entscheidung über die zu wählende Temperatur ist ein Kompromiss zwischen den geschilderten gegensätzlichen Argumenten, wobei die Art und Menge der Verunreinigung auf den Bauteilen und die zur Verfügung stehende Anlagenkapazität ausschlaggebend sind. Dieser Kompromiss ist insofern tragbar, da die Kosten zur Beheizung der Entfettung unter 0,76 % der gesamten Verzinkungskosten liegen [3.40]; zum anderen ist anzustreben, die Abwärme des Verzinkungskessels an dieser Stelle einzusetzen. Die festzulegende Temperatur muss über dem Schmelzpunkt der jeweiligen Befettung liegen.

Bis zu einer Temperatur von 50 °C kann eine Abluftabsaugung am Entfettungsbehälter entfallen.

Bewegung

Für die Effektivität des Reinigens ist die Relativbewegung Werkstück – Lösung von bestimmender Bedeutung.

Ein reines Tauchen in eine ruhende Lösung war nur bei dem früher üblichen Abkochentfetten vertretbar, da hier die aufsteigenden Dampfblasen für eine Durchwirbelung sorgten.

Bei niedrigeren Temperaturen muss durch Umpumpen der bzw. durch Lufteinblasen in die Entfettungslösung und/oder Bewegung der Stahlteile durch Traversen ein Flüssigkeitsaustausch an der Metalloberfläche herbeigeführt werden. Mit der Intensität der Bewegung ist das Schaumverhalten des einzusetzenden Reinigers abzustimmen.

Zweckmäßig ist beim Umpumpen der Lösung eine Kopplung von Heizen, Fluten und Oberflächenreinigung entsprechend der Abb. 3.4. Ein zeitweiliges An- bzw.

Ausheben der mit Werkstücken besetzten Traversen ist die technisch einfachste, jedoch mit zusätzlichem manuellen Aufwand verbundene Lösung zur Beschleunigung des Entfettens.

Exposisionszeit

Der Abschluss einer Entfettung wird durch die vollständige Benetzung der Metalloberfläche mit Wasser angezeigt (Wasserbruchtest). Die dazu erforderliche Zeit ist abhängig von folgenden Parametern, die im Interesse eines maximalen Durchsatzes zu optimieren sind:

- der Form sowie Art und Größenordnung der Befettung der betreffenden Teile und den verwendeten Chemikalien,
- der Konzentration, Temperatur und Fremdstoffgehalt der Lösung,
- der Bewegung der Stahlteile und/oder Verfahrenslösung.

Die qualitätssichernde Expositionszeit sollte mit der Taktzeit des technologischen Ablaufs übereinstimmen. Trotz verlängerter Expositionszeit können Pigmente, Graphit u. dgl. hartnäckig auf der Stahlteiloberfläche haften bleiben. In diesem Fall hilft oft nur ein Abspülen, Trocknen und partielles Behandeln oder Strahlen (Abschnitt 3.2.1, 3.3.4).

3.3.1.4 **Analytische Kontrolle, Standzeit, Recycling**

Für die abwassererzeugende Feuerverzinkung besteht die Anforderung, die Verfahrenslösungen mit einer möglichst langen Standzeit zu betreiben [3.32]. Bei einer abwasserfreien Fertigung zwingen die hohen Kosten für die Entsorgung verbrauchter Lösungen zu dem gleichen Standpunkt. Das zu installierende Recycling ist mit folgenden Merkmalen zu beschreiben:

- bezogen auf den Durchsatz wird die geringste Chemikalienmenge zum Reinigen eingesetzt,
- der Wasserbedarf erreicht ein Minimum,
- mit einem robusten und leicht beherrschbaren Verfahren erfolgt die Trennung in wässrigen Reiniger, Öl/Fett und Ungelöstes in Form von Schlamm,
- es fällt ein verwertbarer (verbrennbarer) Reststoff an,
- durch die ständige analytische Kontrolle und kontinuierliche Regenerierung der Wirkchemikalien wird eine nahezu konstante Arbeitsweise beim Entfetten erreicht.

Analytische Kontrolle

Für das Feuerverzinken genügt zur Überwachung der Entfettungslösung die Bestimmung der Gesamtalkalität durch Titration mit Salzsäure oder die Ermittlung der Dichte bei 20 °C mit einem fein graduierten Aräometer. Zur Auswertung der Ergebnisse werden die „Normwerte“ eines Neuansatzes zugrunde gelegt. Zur Durchführung der Bestimmungen und zur Berechnung der zuzusetzenden Chemikalien in g/l stellen die Lieferfirmen Vorschriften zur Verfügung, bzw. diese kann man an Hand von Fachliteratur selbst erarbeiten [3.23]. Vor der Entnahme der

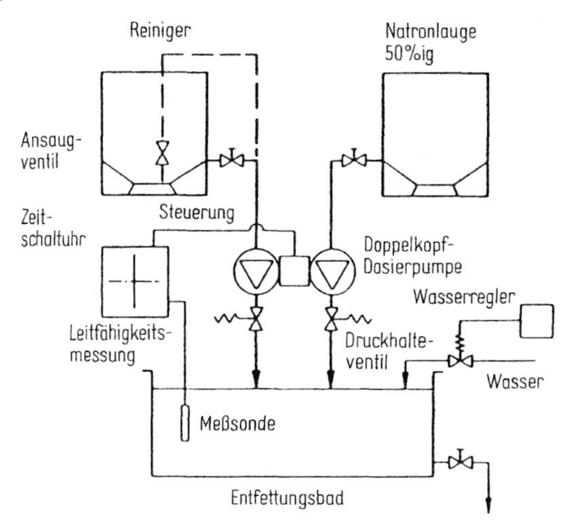

Abb. 3.5 Analytische Überwachung der Entfettungslösung und Schaltung für die Dosierung eines Zwei-Komponenten-Reinigers [3.38]

Analysenprobe muss gewährleistet sein, dass der Füllstand dem Sollwert entspricht und die Lösung homogen durchmischt ist.

Je nach der Belastung und der Verschleppung des Reinigers sowie der Häufigkeit der Kontrollen schwankt die Zusammensetzung der Lösung mehr oder weniger stark. Für große Flüssigkeitsvolumen wird daher eine automatische Überwachung wirtschaftlich. Diese lässt sich mit einer automatischen Dosierung der Regenierchemikalien ergänzen (Abb. 3.5); beide bewirken eine Einsparung an Chemikalien und Reduzierung der Expositionszeit. Als Messgröße bietet sich die elektrische Leitfähigkeit der stark dissoziierten Alkalilösung mit einer spezifischen Leitfähigkeit von 60–20 mS/cm an. Die Vierelektrodenmethode bzw. Messfühler mit dem induktiven Prinzip besitzen eine ausreichende Betriebsrobustheit für die verschmutzten Lösungen [3.7, 3.38, 3.41–3.43]. Die angebotenen Geräte sind mit einer Temperaturkorrektur ausgestattet. Für die Zuverlässigkeit des Mess- und Dosiersystems ist durch ständiges Umpumpen der Lösung eine Homogenität zu gewährleisten.

Standzeitverlängerung ohne Recycling

Die Standzeit einer Entfettungslösung ist von der Art und Menge der eingetragenen Befettung, der Fett/Öl-Belastbarkeit des Reinigers in g/l und von Maßnahmen zur Regenerierung abhängig [3.1, 3.3]. Eine technisch einfache Lösung zur Verlängerung der Standzeit stellt die zwei- und dreistufige Reinigung in einem Kaskadensystem gemäß Abb. 3.6 dar. Hierbei wird auf eine periphere Technik verzichtet, jedoch müssen die Stahlteile ein- bis zweimal zusätzlich transportiert werden. Diese Ausführung ist besonders dann von Vorteil, wenn aus Kapazitätsgründen ohnehin mehrere Behälter erforderlich sind.

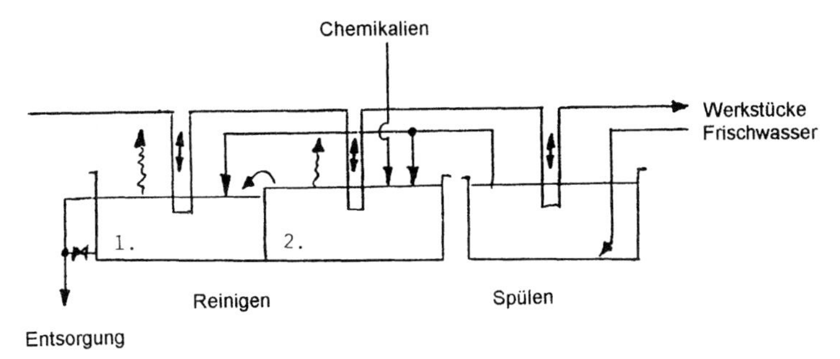

Abb. 3.6 Zweistufiges Reinigen im Gegenstrom der Entfettungslösung und Rückführung des Spülwassers

In diesem Fall ist ein Industriereiniger mit einer hohen Ölaufnahme, d. h. mit starken Emulgatoren einzusetzen. Das Ablassen der mit Öl gesättigten Lösung aus dem ersten Behälter kann kontinuierlich in kleinen Mengen (nach mehrstündiger Beruhigung vom Behälterboden mit der Schlammphase) oder vollständig ausgeführt werden. Bei der erstgenannten Variante wird der Entfettungsprozess mit dem geringsten Chemikalienbedarf bei nahezu konstantem Leistungsvermögen gefahren [3.38]. Das fehlende Volumen wird aus dem zweiten Behälter übergeleitet. Der Einbau einer Oberflächenreinigung entsprechend Abb. 3.4 am ersten Behälter ist vorteilhaft.

Die mehrstufige Technologie mit Spülwasserrückführung bietet den nachfolgenden Arbeitsstufen die geringste Kontamination mit Fett/Öl. Nach diesem Prinzip wurden Feuerverzinkereien im Zwei- und Dreischichtbetrieb über ein Jahr ohne Neuansatz betrieben. Eine über zweijährige Standzeit einer Entfettungslösung ohne einen generellen Neuansatz (Never-Dump-Betrieb) ist aus einer französischen Feuerverzinkung bekannt [3.16]. Hier wird das Spülwasser nicht zurückgeleitet; man strebt bewusst die Ausschleppung des Reinigers über den Spüler sowie dessen kontinuierliche Ergänzung im Entfettungsbehälter an. Da die von den Rohteilen eingebrachte Schmutzmenge und die Verschleppung von Entfettungslösung von einander unabhängige Größen sind, ist deren Kopplung ein richtiger, jedoch – wie im vorliegenden Fall –vereinfachter Schritt. Bei dieser Verfahrensweise ist nicht gewährleistet, dass die Entfettungschemikalien bis zur Grenzbelastung ausgenutzt werden.

Zu einer rationellen und kostengünstigen Regenerierung gelangt man durch die Bestimmung des täglich auszutauschenden Volumens an Entfettungslösung. Diese Betrachtung ist bei einem Neuansatz erst nach dessen Einarbeitung anzuwenden. In einer ergänzenden Rechnung ist evtl. das rückzuführende Spülwasser einzubeziehen [3.38].

Standzeitverlängerung mit Recycling

Eine andere Variante der Standzeitverlängerung stellt die wiederholte Abtrennung der öligen Verunreinigungen und der festen Bestandteile von der funktionsfähigen Lösung dar. Dieser Weg ist besonders bei stark verschmutzten Rohteilen, d. h. bei hohem täglichen Öleintrag bzw. großem täglich auszutauschenden Badvolumen wirtschaftlich. Das Spülwasser kann hier ebenfalls in den Reiniger gegeben werden. Für diese Technologie wurden Industriereiniger mit einer Tensidkombination entwickelt, die zwar eine gute Benetzung, jedoch nur eine mäßige Emulgierung besitzen und daher das Fett/Öl leicht aufrahmen lassen.

Aus einer Vielzahl vorgeschlagener Trennverfahren sind für die in Feuerverzinkereien zur Anwendung kommenden Verfahrenslösungen nur die Schwerkraftabscheider und mechanischen Filter von Bedeutung. Zentrifugalseparatoren sind wegen des hohen Anlagenpreises von 25–50 T€ nur für hohe Durchsatzleistungen wirtschaftlich [3.7, 3.33, 3.41–3.45]. Bei einer Optimierung aller Verfahrensschritte, beginnend bei den Fertigungsprozessen der Teile bis zur Entfettung kann sogar das beim Recycling anfallende Öl wieder in der Fertigung eingesetzt werden. Die Ausführungen in Abschnitt 3. zur Standzeitverlängerung der Entfettungslösungen und zum wirtschaftlichen Spülen zeigen mehrere rationelle und umweltfreundliche Technologien auf, wozu **Tab. 3.9** eine Hilfe zur Auswahl bietet.

3.3.2
Biologische Reinigung

In den letzten zehn Jahren kommen in Feuerverzinkereien auch biologische Reinigungsverfahren zur Anwendung. Bei diesem Verfahren kommt im Anschluss an eine alkalische Entfettung eine biologische Entfettungsspüllösung zur Anwendung. Der Behälter mit dieser Spüllösung stellt einen Bioreaktor dar, in dem die Spülwasserqualität durch die Aktivität von Mikroorganismen erhalten wird, sodass weder die Entfettungslösung noch ein ölhaltiger Schlamm zu entsorgen ist. Hierbei werden die Kenntnisse der Betreiber von Erdölförderstätten genutzt [3.46, 3.47, 3.48].

Die in die biologische Entfettungsspüllösung eingetragenen organischen Verunreinigungen (Fette, Öle, Tenside) werden von Mikroorganismen weitgehend verzehrt. Feststoffe (Eisenoxide, Kieselsäure, Biomasse) werden aus der Verfahrenslösung über eine kontinuierliche, parallel geschaltete Abscheideanlage (Lamellenklärer) ausgetragen und von Zeit zu Zeit in einer Kammerfilterpresse aufkonzentriert.

Voraussetzung für den Betrieb der biologischen Entfettungsspüllösung ist das Einhalten konstanter verfahrenstechnischer Parameter, wie:

- Temperatur, Regelung über Thermostate,
- pH-Wert, Einstellung mit saurer, bzw. alkalischer „BIO-Lösung“. Diese enthält auch die für die Mikroorganismen notwendigen Nährstoffe.
- Sauerstoffgehalt, Versorgung durch Eindüsen von Luft (z. B. mittels Seitenkanalverdichter).

Die Praxis hat gezeigt, dass die alkalische Vorentfettung und die biologische Spülung zusammen eine Entfettungskaskade ergeben. Neben dem Abbau der aus der alkalischen Vorentfettung abgelösten und emulgierten Fette findet durch das

Tab. 3.9 Entscheidungskriterien für die Auswahl einer Entfettungs- und Spültechnologie

Parameter		Bemerkungen
Grundlagen		
Durchsatz	*m^2/h*	
Verunreinigung	*g/m^2*	*bezogen auf Werkstückoberfläche*
Schmutzeintrag	*g/h*	
Anzahl Chargen	*Char*	
Personalkosten	*€/h*	
Wasser /Abwasser	*€/m^3*	
Betriebszeit	*h/Tag*	*meist identisch mit Heizzeit*
Arbeitstage	*Tage*	
Verfahren		
Tauchzeit	*min/Char*	*bezogen auf das Reinigen*
Temperatur	*°C*	*im Reiniger*
Zeitaufwand	*min/Char*	*für Ein- und Ausfahren einschließlich Spülen*
Ölaufnahme	*g/l*	*spezifisch für Reiniger*
Standzeit des Reinigers	*Monate*	
Chemikalienbedarf	*€/a*	
Wasserbedarf	*m^3/h*	
Entsorgung	*€/a*	
Analytikaufwand	*h/Monat*	
Anlagen		
Anzahl Behälter	*Stck*	*für Reinigen und Spülen*
Anschaffung Behälter	*€/Stck*	*für Reinigen und Spülen*
Anteil Baukörper	*€/Stck*	*für Reinigen und Spülen*
Zubehör Behälter	*€/Stck*	*Bewegen, Heizung, Absaugung, BMSR usw.*
Recyclinganlage	*€*	*Anschaffung*
Recyclinganlage, Betriebskosten	*€/h*	
Wartung	*€/h*	*Personal, Verschleiß*
Energie	*€/h*	

biologische Spülen der Werkstücke eine weitere Oberflächenreinigung statt [3.46–3.48].

Die wesentlichen Vorteile der biologischen Reinigung sind:

- Verkürzung der Beizzeit und Erhöhung der Beizqualität. Die öl- und fettfreie Oberfläche gewährleistet ein gleichmäßiges und effektives Beizen.
- Es gibt kaum eine Verschleppung von Öl und Fett in die nachfolgenden Vorbehandlungslösungen (Beizen, Spülen, Fluxen) und somit keine Rückbefettung beim Ausheben der betreffenden Teile.
- Reduzierung der Fehlbeschichtungen beim Verzinken durch eine reine öl- und fettfreie Oberfläche und damit Senkung von Nacharbeit und des Zinkverbrauches – Vermeidung von ölhaltigen Schlämmen.

- Einsparung an Chemikalien durch Verlängerung der Standzeit der Entfettungs-, Beiz- und Fluxlösung und damit wesentliche Reduzierung der Entsorgungskosten.

Den Vorteilen stehen folgende Nachteile gegenüber:
- Höherer Energie- und Wasserverbrauch als beim Beizentfetten in einer Salzsäurelösung resultierend aus den höheren Temperaturen der Verfahrenslösungen.
- Höherer Arbeitsaufwand.

Die Investitionskosten sind abhängig vom Durchsatz und sollen sich in 1 bis 1,5 Jahren amortisieren (schätzungsweise 100–150 T€, je nach Anlagenkapazität).

3.3.3
Beizentfetten

Ziel des Beizentfettens ist das Vereinigen der zwei Prozessstufen Reinigen/Entfetten und Beizen zu einer Prozessstufe in der arteigene und artfremde Verunreinigungen entfernt werden. Als Säuren kommen vor allem verdünnte Salz- oder Schwefelsäure mit entfettungswirksamen Zusätzen zum Einsatz. Die Beizentfettung ist überwiegend zum Entfernen geringfügiger arteigener und artfremder Verunreinigungen geeignet. Anderenfalls wird das Verfahren unwirtschaftlich **(Tab. 3.10)**.

In Feuerverzinkereien wird das Beizentfetten überwiegend an Stelle einer alkalischen Reinigung und Entfettung vor dem Beizen eingesetzt. Zur Erzielung einer langen Standzeit der Beizentfetterlösung sollte diese so angesetzt und betrieben werden, dass in ihr nur eine Reinigungs- sowie Entfettungswirkung und möglichst keine Beizwirkung erzielt wird. Bei einer Eisenanreicherung von 100–120 g/l sind die emulgier- und dispergierenden Eigenschaften der entfettungswirksamen Substanzen erschöpft und der Beizentfetter muss verworfen sowie entsorgt werden, ein Nachschärfen mit Tensiden bringt keinen Erfolg (Abschnitt 3.5.2.4). Das Beizen sollte aus wirtschaftlichen Gründen deshalb grundsätzlich in entsprechenden Beizlösungen vorgenommen werden. Eine Feuerverzinkerei sollte über eine ausreichende Anzahl, wenigstens über 6 Beizbehälter, verfügen. Bei Beiztemperaturen > 22 °C kann die Zahl entsprechend reduziert werden.

Bewährt haben sich Beizentfetter auf Basis Salzsäure mit entfettungswirksamen Zusätzen.

Zusammensetzung und Arbeitsbedingungen:
- HCl-Gehalt: 6–10% = 60–100 g/l
- Dichte: 1,03–1,05 g/ml
- Tenside: 1–2% (nach Angaben des Herstellers)
- Wasserqualität: Frischwasser, kein Spülwasser wegen Fe-Anreicherung
- pH-Wert: < 1
- Arbeitstemperatur: 30–45 °C unter Beachtung der Tab. 3.13.

Tab. 3.10 Vor- und Nachteile der Reinigung und Entfettung in Beizentfettungslösungen auf Basis Salzsäure gegenüber in alkalischen Verfahrenslösungen

Verfahrenstechnische Parameter	Salzsäure-Beizentfettungslösungen	Alkalische Verfahrenslösungen
Anlieferung	30–33%ige HCl	Salz oder flüssig
Dichte	1,16 g/cm³	
Transport und Lagerung	• Stahlbehälter • ausgekleidet mit Kunststoff, Hartgummi • Zusatz von Inhibitoren • Behälter aus Kunststoff, glasfaserverstärktem Polyester	
Arbeitsbedingungen:		
Arbeitstemperatur	25–50 °C	70–95 °C
Konzentration		3–6%
T_{max} ohne Absaugung	40–50 °C	50 °C
• HCl	7–10%	
• entfettungswirksame inhibierende Substanz	1,5–2%	
Reinigungs- und Entfettungswirkung	gut bis sehr gut	gut bis sehr gut
maximal zulässiger Eisengehalt	90–110 g/l	kein Eisenangriff
Metallangriff	gering	kein Eisenangriff
Behandlung der verbrauchten Verfahrenslösung	Entsorgung durch zugelassenen Fachbetrieb	Neutralisation oder Entsorgung durch zugelassenen Fachbetrieb
Anlagekosten	niedrig	hoch (Absaugung erforderlich, bei T > 50 °C)
Heizkosten	niedrig	hoch
Investitionskosten	niedrig, wenn Beiznebel nicht abgesaugt werden müssen	hoch, für Absaugung der Nebel bei T > 50 °C

- Bewegung der Teile oder/und Beizlösung: vorteilhaft (Gebläseluft 2–4 Nm^3/m^2h) Expositionszeit: 5–20 min, stark abhängig von der Art, Größenordnung, Zusammensetzung der Öl- und Fettschicht, sowie Temperatur und Bewegung
- Nachschärfen mit konz. HCl: bei < 8% HCl, sofern Lösung noch nicht verbraucht ist (Öl und Fett darf noch nicht aufschwimmen)
- Entsorgung: s. Abschnitt 3.5.2.4

Zum Einsatz kommen nichtionogene und anionenaktive Oxide. Letztere bewirken eine starke Inhibierung und Dispergierung an der Metalloberfläche. In Abhängigkeit von der Temperatur der Beizentfetterlösung wird die Öl- und Fettschicht mehr oder weniger stark verflüssigt, verdrängt emulgiert und dispergiert sodass bei der Entnahme keine Öl-/Fettschichten u. a. auf der Oberfläche der Teile haften, anderenfalls ist die Beizentfettungslösung verbraucht und muss gegebenenfalls entsorgt werden. Ein Nachschärfen mit Säure ist dann meistens unwirksam, da die entfettungswirksamen Zusätze keine artfremden Verunreinigungen mehr aufnehmen, ein Zusatz dieser die Standzeit meistens nicht wesentlich verlängert und ein Neuansatz oft wirtschaftlicher ist. Nach dem Beizentfetten sollten die Teile gut gespült werden, damit keine mit Öl und Fett beladenen Tenside in die Beizlösungen gelangen (Gefahr des Aufschwimmens von Öl und Fett an die Oberfläche).

Wegen des Nichtvorhandenseins eines Behälters (aus Unkenntnis oder Platzmangel) wird teilweise auf das Spülen verzichtet. Das Spülwasser sollte zum Ersetzen der Verschleppungs- und Verdunstungsverluste aus dem Beizentfettungsbehälter verwendet und wegen der Öl- und Fettbelastung nicht in die Salzsäurebeize gegeben werden.

3.3.4
Weitere Reinigungsverfahren

Partielle Verschmutzungen auf der Oberfläche der Stahlteile können teilweise durch vorgenannte Reinigungsverfahren nicht entfernt werden und Schwierigkeiten bereiten.

Möglichkeiten zur Reinigung derartiger Teile:

- Abstrahlen mit einem Hochdruckreiniger mit erwärmten Wasser, dem nichtschäumende Reiniger zugesetzt werden.
- Abwaschen mit einem handelsüblichen nichttoxischen, nichtbrennbaren Lösungsmittel.
- Bestreichen und Bearbeiten (reiben) mit einer wässrigen Aufschlämmung eines Entfettungsbreies und Abspülen mit Wasser. Ein derartiger Brei kann aus Soda, Trinatriumphosphat, leichtem Scheuermittel (Schlämmkreide oder Bimsmehl) und einem Netzmittel selbst hergestellt oder über den Handel bezogen werden.

Neutralreiniger mit einem pH-Wert von 7–10 liegen im Preis ungünstiger als die unter Kap. 3.3.1 genannten Reiniger. Ihre Haupteinsatzgebiete sind Spritzanlagen und Hochdruckreiniger. Halogenierte Kohlenwasserstoffe (HKW) dürfen wegen ihrer Gesundheitsgefährdung und Waschbenzin wegen der Brandgefährdung nur in dafür zugelassenen Anlagen und Räumen eingesetzt werden (hohe Investitionskosten) und werden daher in Feuerverzinkereien kaum eingesetzt [3.49, 3.50].

3.4
Spülen der Teile

Das Spülen ist mit dem zunehmenden Umweltbewusstsein zu dem Prozess geworden dem die größte Aufmerksamkeit gewidmet wird, zumal er für eine abwasser- und abfallfreie Technologie entscheidend ist [3.7, 3.41]. Nicht qualitätsgerechtes Spülen kann durch eingetragene Fette und Fe in die nachfolgenden Verfahrenslösungen zu Fehlverzinkungen, Reduzierung der Standzeit und höheren Entsorgungskosten, höherem Hartzinkanfall, Zusetzen der Filter sowie Dioxinbildung führen (vgl. auch Abschnitt 3.3 und 3.3.2). Zur optimalen Lösung ist der zu einem Spüler zugehörige Stofffluss zu untersuchen. Dazu stehen bewährte mathematische Rechenmethoden zur Verfügung [3.7, 3.33, 3.44].

Durch das Spülen wird ein Verdünnen des aus der Verfahrenslösung auf Teileoberfläche haftenden Flüssigkeitsfilmes erreicht. Dazu ist eine ausreichende Menge Wasser einzusetzen, jedoch nicht mehr als nötig, um eine erfolgreiche Spülwasserrückführung gewährleisten zu können.

Wesentliche Maßnahmen zur optimalen Wassereinsparung:

- Minimierung der Verschleppung von Verfahrenslösungen in den Spüler, Tauchzeit 40–60 s (Abschnitt 3.4.1).
- Spülwasserberechnung und Bestimmung der geeigneten Technologie (Abschnitt 3.4.2).
- Bilanzierung der Volumenströme (Abschnitt 3.4.3 und Abb. 3.11).

3.4.1
Verschleppung

Oberflächenangabe

Zur Verschleppung einer Prozesslösung tragen alle benetzten Oberflächen (Bauteile, Traversen, Befestigungen, Trommeln, Körbe) bei. Sie wird in l/m^2 angegeben, deshalb ist mit einem vertretbaren Aufwand der Flächendurchsatz, zweckmäßig in m^2/h ausgewiesen, für den Spüler zu ermitteln. Für den auf Tonnage-Angaben eingestellten Fachmann werden folgende Orientierungsgrößen zur Umrechnung gegeben:

schwerer Stahlbau	20–30 m2/t
Schmiedestücke	80–90 m^2/t
Gitterroste, leichter Stahlbau	90 m^2/t
Wärmeübertrager	100–150 m^2/t

Mithilfe von Abb. 3.7 kann bei Stahlblechen die Umrechnung vorgenommen werden; für die Vielzahl von Profilen empfiehlt sich die Verwendung geeigneter Tabellenbücher [3.51].

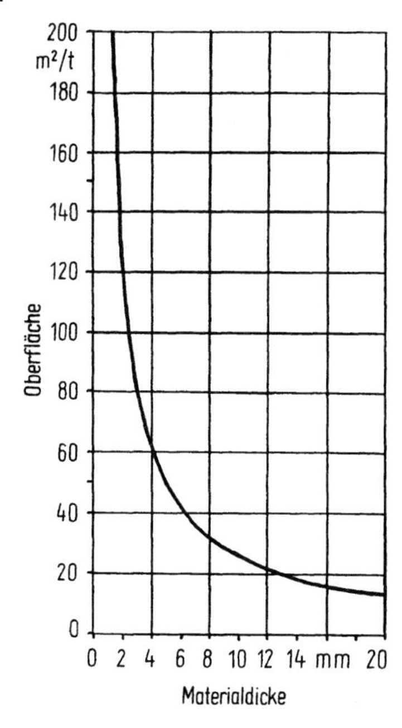

Abb. 3.7 Diagramm zur Bestimmung der Oberfläche bei Stahlblech bis 20 mm Materialdicke

Ausheben, Abtropfen
Die Aushubgeschwindigkeit der bestückten Traversen bzw. des gefüllten Korbes aus den Verfahrenslösungen wirkt sich merklich auf die Verschleppungsmenge aus. Sie soll daher unter 15, besser noch unter 10 cm/s liegen [3.52]. Die in Abschnitt 3.3 gegebenen Hinweise sind zu beachten (genügend große Ein- und Auslaufbohrungen usw.).

Die Abtropfzeit soll beim Stückverzinken mindestens 10 s und bei Massenteilen in Körben und Trommeln 20 s betragen. Günstig wirkt sich ein Rütteln über der Badoberfläche aus oder man stoppt die Traverse beim Ausheben am höchsten Punkt schlagartig. Beides setzt eine stabile Befestigung der Werkstücke voraus, und es dürfen keine schädlichen Erschütterungen auf die Krananlage übertragen werden. Je nach der Form der Teile und deren Befestigung muss mit einem Umherspritzen der Flüssigkeit gerechnet werden.

Verschleppung
Durch Temperaturerhöhung wird die Viskosität der Flüssigkeiten gesenkt, sodass man aus einer erwärmten Lösung weniger heraus trägt. Da die Dichte ebenfalls einen Einfluss ausübt, ergibt sich schließlich auch ein lösungsspezifischer Faktor für den Austrag [3.53]. Dieser Parameter muss vom Feuerverzinker als wenig beeinflussbar betrachtet werden.

Als Richtwerte für die spezifische Verschleppung wurden bei einer Abtropfzeit von 10 s in der Praxis ermittelt:

großflächige und glatte Bauteile, günstige Aufsteckung	0,040–0,080 l/m^2
leicht profilierte Konstruktion	0,080–0,120 l/m^2
stark profilierte Konstruktion, Teile mit rauer Oberfläche (Guss) oder Kleinteile	0,120–0,200 l/m^2.

Werden bei handbedienten Anlagen die Traversen sofort nach dem Ausheben aus den Verfahrenslösungen weitergefahren, können sich die genannten Werte bis zum Doppelten erhöhen. Die Verschleppung lässt sich am Arbeitsbehälter durch Abnebeln der Werkstücke mit rückzuführendem Spülwasser während des Aushubs mindern. Es steht jedoch nur das Volumen der Verdunstung, beim Entfetten zusätzlich das der Verschleppung zur Verfügung.

3.4.2
Berechnung von Spülprozessen

Für das Feuerverzinken kommen bevorzugt die folgenden Spültechnologien zur Anwendung:
einstufiges Spülen gemäß Abb. 3.8
Die Berechnung der erforderlichen Wassermenge Q erfolgt nach der Formel

$$Q = DVR \qquad \text{Gl. 3.1}$$

Q Wassermenge (l/h)
D Warendurchsatz (m^2/h)
V Verschleppte Prozesslösung (l/m^2)
R Konzentration c
c Konzentration Wirkstoff in Prozesslösung (g/l)
c_x höchstzulässige Konzentration an Wirkstoff im letzten Spüler (g/l)
Anzahl der Kaskadenstufen.

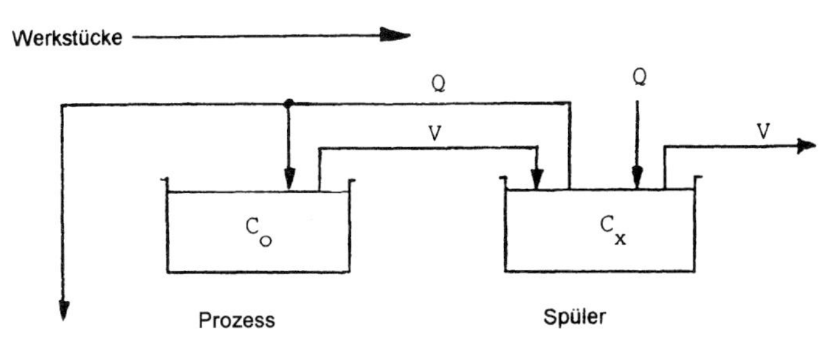

Abb. 3.8 Technologisches Fließschema an einem einstufigen Spüler

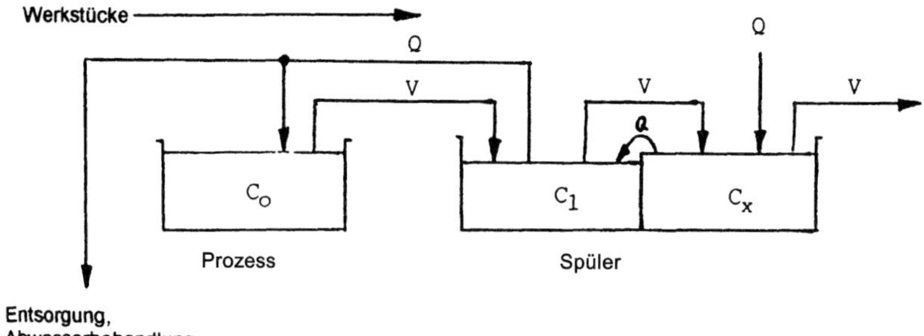

Abb. 3.9 Technologisches Fließschema an einem zweistufigen Gegenstromspüler

mehrstufiges Spülen gemäß Abb. 3.9
Die Berechnung der erforderlichen Wassermenge erfolgt gemäß der Formel

$$Q = DV\sqrt[n]{R}$$

Nach dem Entfetten vor dem Beizen ist ein Spülkriterium *R* von mindestens 20 einzusetzen. Für das Spülen nach dem Beizen wird in der **Tab. 3.11** der Zusammenhang zwischen verschiedenen Spülkriterien *R* und der Konzentration von Eisen in g/l im letzten Spüler für drei Eisengehalte in der Salzsäurebeize dargestellt. Im Flussmittel wird ein Eisengehalt von 5 bis 10 g/l toleriert (s. Abschnitt 3.6.1), aber selbst bei Konzentrationen bis 13 g/l fand man keine Beeinträchtigung der Qualität der Zinküberzüge [3.2], jedoch steigt der Hartzinkanfall und damit der Metallverlust merklich [3.6, 3.54]. Um den zulässigen Eisengehalt im Flussmittel nicht zu übersteigen und die sonst notwendige Eisenfällung zu vermeiden, muss sein Gehalt im eingeschleppten Spülwasser darunterliegen (in **Tab. 3.11** sind optimale Werte unterstrichen), sodass in der Praxis je nach dem angestrebten maximalen Metallgehalt in der Salzsäurebeize ein Spülkriterium *R* von 20 bis 30 anzuwenden ist. Zieht man die zwangsläufig mit ablaufende Anreicherung von Salzsäure im Flussmittel in Betracht, dann muss auf die Neutralisation mit Ammoniumhydroxid oder die Auflösung von Zink hingewiesen werden; in beiden Fällen entstehen funktionsnotwendige Chemikalien. Das letzte Spülwasser besitzt einen solchen Säuregehalt, dass es als „Zwischensäuern" vor einer Nassverzinkung genutzt werden kann [3.55].

Das vorgenannte Spülkriterium *R* von 20 bis 30 gilt auch für flusssäurehaltige Beizen (s. Abschnitt 3.5.3), zumal das Fluoridion das Fluxen fördert [3.55]. Dagegen wirkt das Sulfation störend [3.55], sodass nach einer Schwefelsäurebeize mit einem *R* von 200 bis 400 sauberer zu spülen ist. Nach dem Entzinken von Nacharbeit in einer separaten Salzsäure kann direkt in das Flussmittel umgehangen werden, jedoch soll man bei einem zu hohen Gehalt an Salzsäure bzw. bei sichtbaren Schmantschichten auf der Oberfläche der Stahlteile einmal spülen. Zur Demonstration des großen Einflusses der Spültechnologie auf den Wasserbedarf gibt die **Tab. 3.11** Werte für eine Beispiel-Anlage mit einem stündlichen Durchsatz von 400 m^2 und einer mittleren Verschleppung von 0,080 l/m^2 wieder. Die Entscheidung für die

Tab. 3.11 Konzentration c_x für Eisen im letzten Spüler bei verschiedenen Ausgangskonzentrationen c_0 in Salzsäurebeizen

Spülkriterien	**Eisengehalt c_x(g/l) im Endspüler nach HCl-Beizen mit Eisengehalt (g/l) von**		
R	**75**	**100**	**125**
10	7,5	10	12,5
15	5	6,7	8,3
20	**3,8**	5	6,3
25	3	**4**	5
30	2,5	3,3	**4,2**
40	1,9	2,5	3,1
50	1,5	2	2,5

technisch-ökonomische Variante ist unter Berücksichtigung der Kosten für Behälter, umbauten Raum, Wasser und evtl. Abwasser, Entsorgung und Rückführbarkeit zu fällen. Bei den beschriebenen Spülprozessen ist es unwesentlich, ob der Wasserzulauf und -ablauf kontinuierlich oder taktweise in kurzen Zeitabständen erfolgt.

Bei Beizanlagen mit einer Abluftabsaugung kann das nachfolgende Spülwasser zur Gaswäsche in eine Abgasreinigung gespritzt werden.

3.4.3
Spülwasserrückführung

Bei einer abwasserfreien Technologie ist aus wirtschaftlichen Gründen die Wasserrückführung notwendig. Das ist unter folgenden Bedingungen möglich:

- Bei erwärmten Prozesslösungen findet gemäß Abb. 3.10 in Abhängigkeit von der Temperatur und einer Abluftabsaugung eine Verdunstung statt, deren stündliche Menge in l/m^2 Flüssigkeitsoberfläche angegeben wird. Die jeweilige Arbeitstemperatur limitiert danach die Rückführmenge. Der Betrag erhöht sich um das Verschleppungsvolumen. Liegt die Größe unter dem für ein qualitätsgerechtes Spülen erforderlichen Wasserbedarf, dann ist entweder die Temperatur zu erhöhen, ein zusätzlicher Verdunster zu installieren oder die Spültechnologie zu ändern.
- Das Spülwasser sollte zum Ersetzen der Verdunstungsverluste oder Ansatz der entsprechenden Verfahrenslösungen genutzt werden.

Abb. 3.11 demonstriert für eine Entfettungsanlage nach dem Kaskaden-Gegenstrom-Prinzip mit anschließendem Gegenstromspülen (Durchsatz $400\,m^2/h$, Verschleppung $0{,}080\,l/m^2$) anhand von Volumenströmen in l/h eine ausgeglichene Wasserbilanz für das *abwasserfreie* Spülen. Das Rückführen des Wassers kann bei günstig geformten Bauteilen durch Vernebeln während des Aushubs, also taktweise

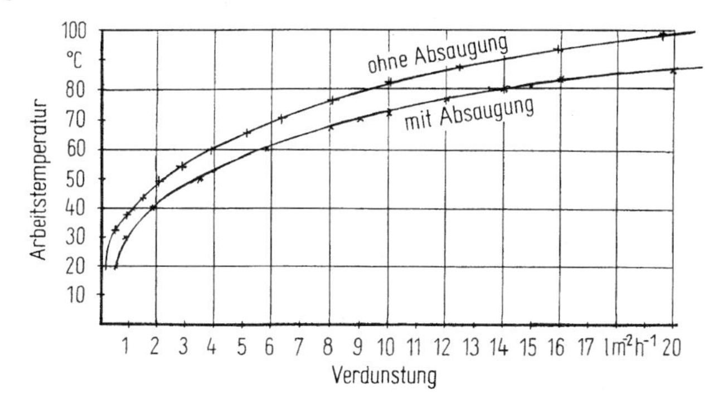

Abb. 3.10 Abhängigkeit der Verdunstung des Wassers von der Arbeitstemperatur und Abluftabsaugung

Tab. 3.12 Wasserbedarf bei verschiedenen Spülprozessen (D = 400 m^2/h, V = 0,080 l/m^2, 5%ige Entfettungslösung. Salzsäurebeize mit 125 g/l Fe und < 50 g/l HCl

Spültechnologie	**Spültechnologie Wasserbedarf Q in l/h nach dem**	
	Entfetten mit R = 20	**Beizen mit R = 30**
einstufiges Spülen	640	960
zweistufiges Gegenstromspülen	143	175
dreistufiges Gegenstromspülen	68	75

erfolgen. Dazu stehen Düsen mit einem Wasserbedarf um 3 l/min zur Verfügung. Legt man den bisher gewählten Anwendungsfall weiterhin zugrunde, dann sind bei einer Behälterlänge von 15 m (2 × 29 = 58 Düsen) und einer Aushubzeit von 20 s ca. 60 l Wasser pro Charge zu vernebeln. Diese Größenordnung gestattet das Versprühen stündlich nur bei 2 bis 3 Chargen. Durch das vernebelte Wasser wird die Verschleppung an den Außenflächen der Werkstücke um 15 bis 40% vermindert.

Bei der bei Raumtemperatur arbeitenden Beize hängt die rückzuführende Spülwassermenge von der Standzeit des erstgenannten Mediums bzw. primär von der Eiseneintragsgeschwindigkeit ab. Beträgt in dem als Praxisfall betrachteten Anlagentyp (D = 400 m^2/h, V = 0,080 l/m^2 Verschleppung) die aufgelöste Metallmenge mehr als durchschnittlich 110 g/m^2 Oberfläche der Stahlteile, dann würden 350 > 350 l Altbeize mit einem Eisengehalt von 125 g/l ausscheiden müssen. Die im gleichen Zeitraum bei dem zweistufigen Gegenstromspülen anfallenden 175 l/h Wasser (s. **Tab. 3.12**) können zu einem 1:1-Neuansatz der Salzsäurebeize restlos eingesetzt werden. Auch in diesem Fall wird das *abwasserfreie* Spülen gewährleistet. In der Praxis muss stets ein leerer Beizbehälter oder Tank zur Zwischenbevorratung des kontinuierlich oder schubweise abgegebenen Abwassers bereitstehen.

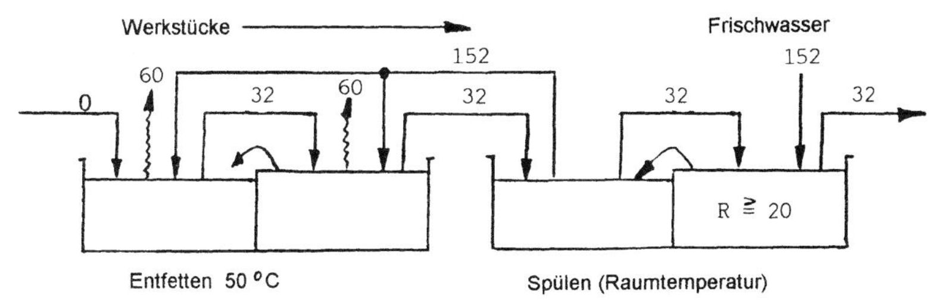

Abb. 3.11 Volumenströme in l/h für Wasser bzw. Entfettungslösung beim Entfetten und anschließenden Spülfolgen in einer Gegenstromspülkaskade (Inhalt: 80 m^3/ Behälter), D = 400 m^2/h, V = 0,080 l/m^2

3.5 Beizen

Beizen ist für die Feuerverzinkung das wichtigste und wirtschaftlichste Verfahren zur Oberflächenvorbereitung. Während des Beizvorganges werden die arteigenen Verunreinigungen wie Rost und Zunder von der Oberfläche der Stahlteile entfernt und der für das Feuerverzinken notwendige Oberflächenvorbereitungsgrad „Be"-erzeugt **Tab. 3.3**. Zu diesem Zweck werden überwiegend Salzsäurebeizen eingesetzt, Schwefelsäure- und Phosphorsäurebeizen kommen kaum zum Einsatz. Das Beizen in diesen Säuren bringt die Gefahr des Eintrages von Fremdionen (SO bzw. PO^3) in das chloridhaltige Flussmittel mit sich. Diese erhöhen den Schmelzpunkt des Flussmittels und erniedrigen die Fließeigenschaften des schmelzflüssigen Zinks. In **Tab. 3.13** werden die Eigenschaften von Salz- und Schwefelsäure gegenübergestellt. Zum Beizen von gusseisernen Teilen (Entfernen von Sand) haben sich Flusssäure- und Flusssäure-Salzsäure-Beizlösungen bewährt.

Letztere sind besser beherrschbar [3.55, 3.56]. Das Abbeizen (Entzinken) von Teile mit fehlerhaften Zinküberzügen erfolgt ebenfalls in einer Salzsäurelösung (Abschnitt 3.5.4).

Tab. 3.13 Gegenüberstellung wesentlicher Eigenschaften von Salz- und Schwefelsäure

Eigenschaften	**Salzsäure (HCl)**	**Schwefelsäure (H_2SO_4)**
Masse-% im konz. Zustand	30–33	94–96
Dichte im konz. Zustand in g/cm^3	1,16	1,84
Transport und Lagerung der konzentrierten Säure	Behälter aus Stahl mit Kunststoffauskleidung, aus Kunststoff oder Keramik	Behälter aus Stahl, ungeschützt oder aus Keramik
Säurenebel im konz. Zustand	schon bei Raumtemperatur	nicht flüchtig
Beizbedingungen:		
Ansatz im Ma-%	13–15	15–25
Arbeitstemperatur in °C	20–25 (bei > 25 Absaugung erforderlich)	45–80 (Absaugung erforderlich)
Maximal zulässiger Fe-Gehalt in g/l Fe^2	90–160	80–100
Metallangriff	gering	stark
Zunderangriff	stark, löst alle drei Eisenoxide	gering, vor allem Fe wird angegriffen, H-Sprengwirkung
Beizfehler	treten selten auf	häufig
Löslichkeit der Eisensalze	gut	weniger gut
Bildung von Beizschlamm	wenig	viel
Aussehen der Stahloberfläche	silbrighell bis hellgrau	matt bis dunkelgrau
Beizgeschwindigkeit	gut	weniger gut
Abspülbarkeit der Säure von der Stahloberfläche	gut	weniger gut
Einfluss zurückbleibender Beizlösung auf der Stahloberfläche	Cl-Ionen haben keinen störenden Einfluss, da Flussmittel auf Basis Zink-Ammoniumchlorid aufgebaut ist	SO_4-Ionen wirken sich nachteilig auf das Flussmittel und den Verzinkungsprozess aus
Werkstoffe für Beizgestelle u. dgl.	Baustahl, Stahl gummiert, X8 NiCrMoCuTi18.11	X5 NiCrMoCuTi20 18. 1. 4506 u. a. hochlegierte Stähle, Bronzen
Verbrauch an Säure in kg/t Beizgut		
• ohne Regeneration	ca. 45	ca. 20
• mit Regeneration	ca. 27	ca. 10

3.5.1
Werkstoff und Oberflächenzustand

Struktur der Oxidschicht
Der Zunder ist, wie Abb. 3.12 zeigt, ein Gemisch der Eisenoxide

FeO	Wüstit, gut in Salzsäure löslich,
$FeO \cdot Fe_2O_3$	Magnetit, in Salzsäure löslich,
Fe_2O_3	Hämatit, in Salzsäure löslich.

Das zutreffende Mischungsverhältnis ist von der Stahlzusammensetzung und vor allem von seinen Verarbeitungsbedingungen (Glühen, Walzen, Ziehen, Abkühlen) abhängig. Begleitelemente des Stahles sind in dieser Schicht mit enthalten. Die Zunderschichten liegen in einer Auflage von 44 bis ca. 100 mg/m^2 und bei einer Dicke von 8 bis 20 μm vor. Innerhalb eines Bandes oder einer Blechtafel können erhebliche Unterschiede auftreten. Neben der inneren Struktur des Zunders beeinflusst auch die Porosität das Beizverhalten. Eine dünne, aber dichte Schicht kann eine längere Beizzeit als eine porige, dicke erfordern. Der Rost bildet sich an normaler feuchter Atmosphäre, wobei Industrieabgase den Vorgang beschleunigen. Frischer Rost bildet locker aufliegende Schichten unterschiedlicher Zusammensetzung; die allgemeine Formel wird mit FeO(OH) angegeben. Bei Alterung entstehen gut haftende kompakte Rostschichten mit einer Masse von ca. 300 bis 590 g/m^2. Rost ist in Mineralsäuren löslich [3.3, 3.55–3.61].

Sind auf der Oberfläche der Stahlteile unterschiedliche Walz-, Glüh-, Rost- und Bearbeitungszustände, kann nach dem Beizen eine fleckige Oberfläche auftreten. Diese kann zu einem ungleichmäßigen farblichen Aussehen des Zinküberzuges führen (glänzend silbrig bis matt grau).

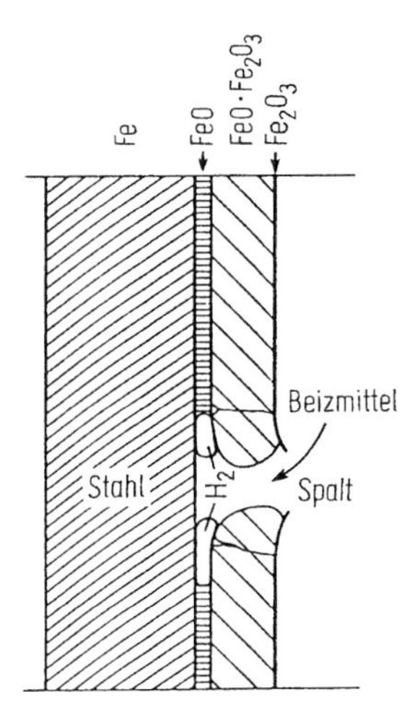

Abb. 3.12 Die Oxidformen des Eisens in einer Zunderschicht [3.61]

Werkstoff Stahl

Für das Beiz- und Verzinkungsverhalten der Stahlteile hat die chemische Zusammensetzung der Stahloberfläche im Mikrometerbereich, die vom Stahlkern abweichen kann, einen großen Einfluss [3.18, 3.60–3.65]. Die Praxis hat gezeigt, dass z. B. Zinküberzüge mit einem rauen, streifigen, grauen Aussehen durch ein- oder mehrmaliges Ent- und Verzinken zu ansehnlichen Zinküberzügen führen können. Das gleiche Ergebnis kann auch durch mechanisches Entfernen der Oberflächenschicht vor dem Verzinken erreicht werden. Auch Schnittkanten werden von der Salzsäurebeize besonders stark angegriffen. Während reines, nicht verzundertes Eisen in Mineralsäuren nur langsam angegriffen wird, wirken sich Legierungselemente unterschiedlich aus (s. **Tab. 3.14**). Folgende Bearbeitungsverfahren des Stahls aktivieren die Oberfläche und beschleunigen dadurch die Eisenauflösung:

- Eine Wärmebehandlung des Stahls führt zur Heterogenität im Gefüge, eine Kaltbearbeitung zur Verfestigung des Stahls.
- Mechanische Bearbeitungsverfahren, wie Drehen, Fräsen, Schleifen, Schnittkanten, auch Brennschnitte haben einen großen Einfluss und führen zu einem ungleichmäßigen, teilweise lochfraßartigen Angriff.

Tab. 3.14 Einfluss der Stahlbegleiter auf das Beizverhalten des Eisens

Element	Wirkung, Bemerkung
Mangan (Automatenstahl)	bereits ab 0,2% leichter löslich
Kupfer	Rost- und Zunderschichten sind dichter und haften besser, sodass das Beizen erschwert wird. Bei gleichzeitigem P- und S-Gehalt wird das Beizverhalten stärker vermindert
Chrom	geringe Gehalte ohne Einfluss
Nickel	erhöht Beständigkeit gegenüber Mineralsäuren, Verlängerung der Beizzeit
Wolfram, Molybdän, Vanadium	erhöhen bei geringen Gehalten die Löslichkeit; erst bei höheren Gehalten tritt Schutzwirkung ein
Kohlenstoff	mit zunehmendem Gehalt steigt die Löslichkeit. Bereits bei C-Gehalten von 0,069% lassen sich nach dem Beizen C-Rückstände auf der Oberfläche nachweisen [3.64]
Phosphor, Schwefel	erhöhen (bei Abwesenheit von Kupfer) die Löslichkeit; Schwefel begünstigt die Wasserstoffversprödung (s. Abschnitt 3.5.2.3)
Silicium	In beruhigten Stählen sind 0,2–0,9%, in Guss bis 3% Si. Geringe Gehalte sind ohne Wirkung, höhere inhibieren.

Tab. 3.15 Rautiefe unterschiedlich vorbehandelter Oberflächen von Stahlproben mit Siliciumgehalten von 0,08 und 0,12% [3.56]

Si-Gehalte Gew.-%	Oberflächenvorbehandlung		Rautiefe Rt in µm
0,08	Beizen		12
	Strahlen:	Mikroglaskugeln	20
		Feinkorund	21
		Grobkorund	75
0,12	Beizen		9
	Strahlen:	Mikroglaskugeln	16
		Feinkorund	21
		Grobkorund	65

Topographie

Einen besonderen Einfluss auf das Beizverhalten haben neben der Gefügeausbildung des Stahls die Oberflächenrauheit, Poren und Risse in der Zunder- und Rostschicht, sowie aktive Zentren. Die Beizgeschwindigkeit ist an den aktiven Zentren der Stahloberfläche am intensivsten und höchsten.

Durch das Beizen wird das Mikroprofil der Stahloberfläche vergrößert, die Rauheit bleibt jedoch deutlich unter den Werten einer üblichen mechanischen Vorbehandlung [3.25, 3.67] (**Tab. 3.15**). Der durch das Beizen erreichte Oberflächenvorbereitungsgrad „Be" (**Tab. 3.3**) und das Mikroprofil ergeben die besten Voraussetzungen zum Erreichen qualitätsgerechter Zinküberzüge nach DIN EN ISO 1461. Demgegenüber können Stähle mit glatter Oberflächen Schwierigkeiten bereiten. Partielle Zunder- und Rostnarben geben der Stahloberfläche örtlich ein abweichendes Profil, das durch Beizen nicht beseitigt werden kann [3.21, 3.65–3.76].

3.5.2 Salzsäurebeize

In Feuerverzinkereien wird zum Beizen der Stahlteile auf Grund der in **Tab. 3.13** genannten Vorteile nahezu ausschließlich konzentrierte technische Salzsäure eingesetzt (30–32 Gew.-% = 345–372 g HCI/I, Dichte: 1,15–1,16 g/ml), s. **Tab. 3.16**. Aus Preisgründen wird auch Abfallsäure aus der chemischen Industrie eingesetzt. Diese sollte aber vorher bezüglich ihres Gehaltes an HCI und enthaltene Verunreinigungen geprüft werden, die den Beizprozess und das Einhalten der MAK-Werte (s. VDI-Richtlinie 2579) nachteilig beeinflussen können. So kann diese z. B. Essigsäure enthalten und zu starken Geruchsbelästigungen führen.

3.5.2.1 Zusammensetzung

Der Ansatz der Beize und damit die Konzentration an HCI muss bei Anlagen ohne Absaugung der in der VDI-Richtlinie 2579 ausgewiesenen temperaturabhängigen Höchstgehalte erfolgen (Abb. 3.13). Danach beträgt bei 20 °C die maximale Konzentration an HCI 160 g/1 = 15 Gew.-%. Zur Berechnung des Ansatzes einer

Tab. 3.16 Dichte und Konzentrationsangaben zu Salzsäure

Dichte g/ml	HCl Gew.-%	HCl g/l	Dichte g/ml	HCl Gew.-%	HCl g/l
1,000	0,12	2	1,115	22,86	255
1,005	0,15	12	1,120	23,82	267
1,010	2,15	22	1,125	24,78	279
1,015	3,12	32	1,130	25,75	291
1,020	4,13	42	1,135	26,70	302
1,025	5,15	53	1,140	27,66	315
1,030	6,15	63	1,142	28,14	321
1,035	7,15	74	1,145	28,61	328
1,040	8,16	85	1,150	29,57	340
1,045	9,16	96	1,152	29,95	345
1,050	10,17	107	1,155	30,55	353
1,055	11,18	118	1,160	31,52	366
1,060	12,19	129	1,163	32,10	373
1,065	13,19	140	1,165	32,49	379
1,070	14,17	152	1,170	33,46	391
1,075	15,16	163	1,171	33,65	394
1,080	16,15	174	1,175	34,42	404
1,085	17,13	186	1,180	35,39	418
1,090	18,11	197	1,185	36,31	430
1,095	19,06	209	1,190	37,23	443
1,100	20,01	220	1,195	38,16	456
1,105	20,97	232	1,200	39,11	469
1,110	21,92	243			

Beize bzw. zur evtl. Korrektur bedient man sich des Mischungskreuzes (Schema 3.1):

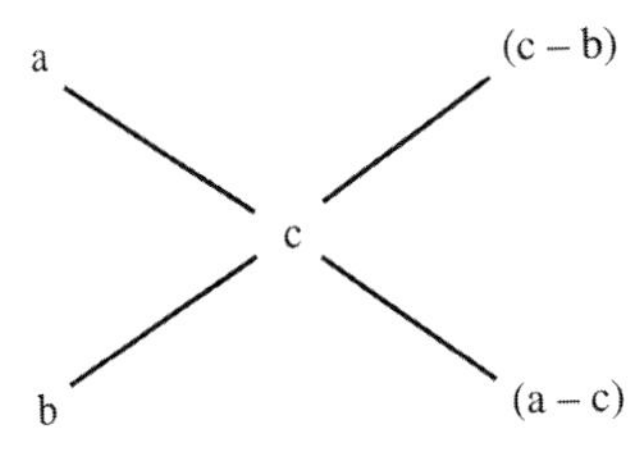

Schema 3.1 Mischungskreuz

Um aus einer *a*-prozentigen und einer *b*-prozentigen Lösung eine *c*-prozentige Lösung zu erhalten ($a > b$) muss man (a-c) Teile der *a*-prozentigen Lösung mischen.

„Teile" bedeuten dabei Masseteile, wenn die Konzentration in Masseprozent angegeben ist oder Volumenteile, wenn die Konzentration in Volumenprozent vorgegeben wird. Bei der Größe „*b*" ist der Säuregehalt des rückzuführenden Spülwassers zu berücksichtigen (s. Abschnitt 3.4.3).

Ansatz:

Salzsäure HCl:	140–160 g/l = 13–15% Ma-% (höchstzulässiger HCI-Gehalt bei 20 °C nach VDI-Richtlinie 2579)
Dichte bei 20 °C:	1,065–1,075 g/ml
Eisen (Fe):	60–65 g/l (wirkt als Katalysator)
Zink (Zn):	< 0,2 g/l
Inhibitor:	1–2% (siehe Abschnitt 3.5.2.3)
pH-Wert:	< 1

Für den Neuansatz wird das Beizspülwasser verwendet. Wird der Fe-Gehalt von 60–65 g/1 nicht erreicht, kann auch Beizlösung aus einer Beize zugegeben werden. Das Eisen dient als Katalysator, damit verkürzen sich die Beizzeiten bei einem Neuansatz. Zinkgehalte bis 5 g/l haben auf das Beizergebnis keinen signifikanten Einfluss, dasselbe trifft für einen Zinkgehalt von 12 g/1 in 7,5–10 Gew.-% HCI zu [3. 71]. Jedoch hat der Zinkgehalt für die wirtschaftliche Entsorgung einen außerordentlich großen Einfluss (siehe Abschnitt 3.5.2.4 Recycling).

Während des Beizens wird die Beizlösung mit Fe angereichert und HCL wird verbraucht (Abb. 3.20). Zur Konstanthaltung optimaler Beizbedingungen sollte nach Durchsätzen von 50–100 m^{2}Oberfläche/1 HCI die Dichte, der HCI- und Fe- Gehalt analytisch bestimmt werden. Bei fehlendem HCI-Gehalt ist die Beize mit Frischsäure bis zu einem Punkt auf der Arbeitslinie nachzuschärfen, aber nur bis zu einem Umfang, dass bei Entsorgung der Beize (Fe = 150–200 g/l) der HCI-Gehalt nur noch 20 g/1 = 2 Gew.-% beträgt. Bei dieser Arbeitsweise wird die Salzsäure zu 75–90% ausgenutzt. Die verlängerte Beizzeit mit zunehmendem Fe-Gehalt kann bei einem HCI-Gehalt < 70 g/1 durch Temperaturerhöhung der Beize bis 40 °C kompensiert werden, ohne den Gefahrenpunkt zu überschreiten (s. Abb. 3.13).

Die Löslichkeit des Eisen(II)-chlorids in salzsauren Medien in Abhängigkeit von der Temperatur zeigt Abb. 3.14. In Abb. 3.15 wird die Beziehung zur Dichte

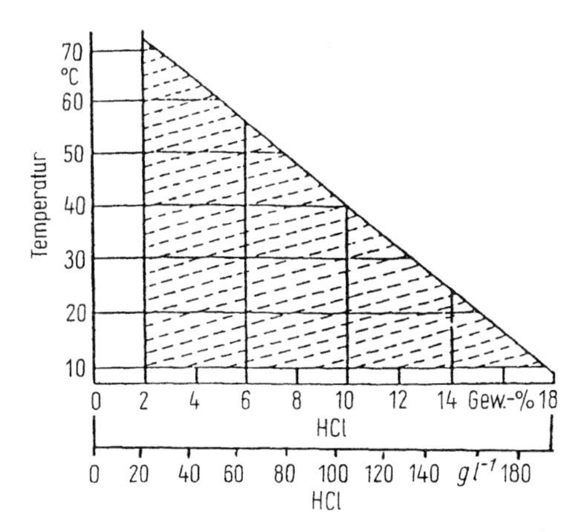

Abb. 3.13 Grenzkurve für den Betriebspunkt von Salzsäurebeizen nach VDI-Richtlinie 2579

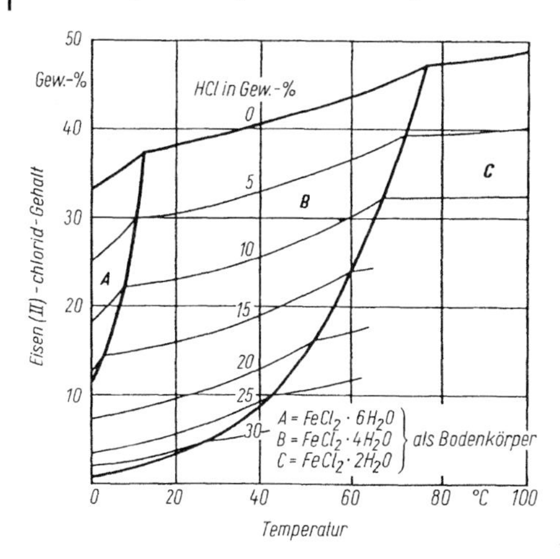

Abb. 3.14 Löslichkeit von Eisen (II)-chlorid in Salzsäure bei verschiedenen Temperaturen [3.58]

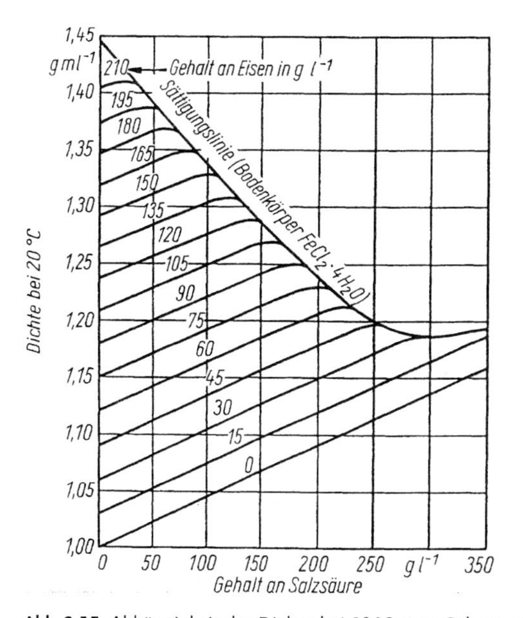

Abb. 3.15 Abhängigkeit der Dichte bei 20 °C vom Salzsäure- und Eisen(II)-chlorid-Gehalt [3.70]

demonstriert, während mit der Abb. 3.16 eine Umrechnung von Gew.-% in g/1 möglich ist (1 g Fe/l =2,27 g $FeCI_2$/l). In allen Fällen ist eine größere Zinkanwesenheit unberücksichtigt. Das Eisen liegt in der HCI-Beize nahezu vollständig zweiwertig vor, da dreiwertige lonen bei Kontakt mit metallischem Eisen nach Gleichung 3.7 reagieren. Bei Zutritt von Luftsauerstoff oxidiert es jedoch wieder zum dreiwertigen Eisenion.

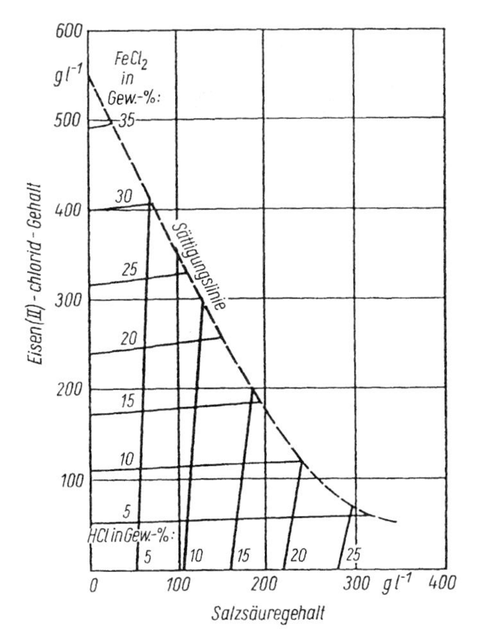

Abb. 3.16 Umrechnung der Gehaltsangaben Gew.-% und g/l einer Salzsäurelösung bei 20 °C [3.58]

3.5.2.2 **Beizbedingungen**

Die in diesem Abschnitt erläuterten Parameter des Beizvorganges sind überwiegend Erfahrungen aus der Stahlindustrie, die für Salzsäurebeizen in Feuerverzinkereien mit einem niedrigen Zinkgehalt uneingeschränkt übertragen werden können, während bei höheren Konzentrationen eine Überprüfung notwendig ist. Weiter muss darauf hingewiesen werden, dass Verfahrensdaten nur für den jeweiligen Stahl und die zugehörigen Beizbedingungen gültig sind, jedoch sind in den meisten Fällen Verallgemeinerungen in Form von Tendenzbeschreibungen vertretbar.

Wesentliche Parameter, die das Beizergebnis und die Beizzeit beeinflussen:

- Die Stahlzusammensetzung (Legierungsbestandteile im Stahl).
- Die vorangegangenen Fertigungsstufen [3.78]: Walzen, Ziehen, Glühen, Stanzen, Gießen, Zuschnitt, Brennschneiden u. a.
- Der Ausgangszustand der Oberfläche: In welcher Art und Weise bedecken Rost und Zunder die Oberfläche der Teile, liegt eine fettfreie Oberfläche vor?
- Beizzusätze wie Inhibitoren und Beizbeschleuniger.
- Die Arbeitsbedingungen (Konzentration an HCl und Fe, Temperatur, Bewegung der Stahlteile oder/und der Beizlösung).

Zusammensetzung, Temperatur, Beizzeit

Nach Untersuchungen über die Zeit zum Abbeizen von Zunder auf warmgewalzten, beruhigt vergossenen SM-Stahl bestehen folgende Zusammenhänge [3.58] (Abb. 3.17a–c):

- bei eisenfreien Beizen sinkt die Beizzeit mit steigendem Salzsäuregehalt bedeutend,
- ein zunehmender Eisengehalt erhöht bis zu einem Grenzbereich, der von der Salzsäurekonzentration abhängig ist, die Auflösegeschwindigkeit,
- da sich oberhalb dieser Eisen-Grenzbereiche die Beizzeiten erheblich verlängern und eine Salzsäurezugabe fast wirkungslos ist, kann aus Kapazitätsgründen die Beize nicht mehr betrieben werden,
- der Temperatureinfluss auf die Beizzeit ist signifikant. Die mittleren Beizzeiten verhalten sich bei 20, 40 und 60 °C wie 12,3 : 3:1.

In die Grafiken wurden die durch die VDI-Richtlinie 2579 vorgegebenen höchstzulässigen Salzsäuregehalte mit verstärkten Linien darstellt. Es lässt sich dadurch leicht finden, dass der Prozess durch eine Temperatursteigerung wesentlich mehr als durch die Salzsäurekonzentration intensiviert und die Kapazität der Anlage erhöht wird. In Umkehrung dazu führt eine Beiztemperatur unter 20 °C zu unvertretbar langen Zeiten. Den Einfluss der chemischen Zusammensetzung der Beize und der Temperatur auf den Abtrag von Eisen gibt Abb. 3.18a–c wieder.

Zur Intensivierung es Beizprozesses können der Beize Beizbeschleuniger zugesetzt werden. Das sind Tenside, die benetzende, emulgierende, suspendie-

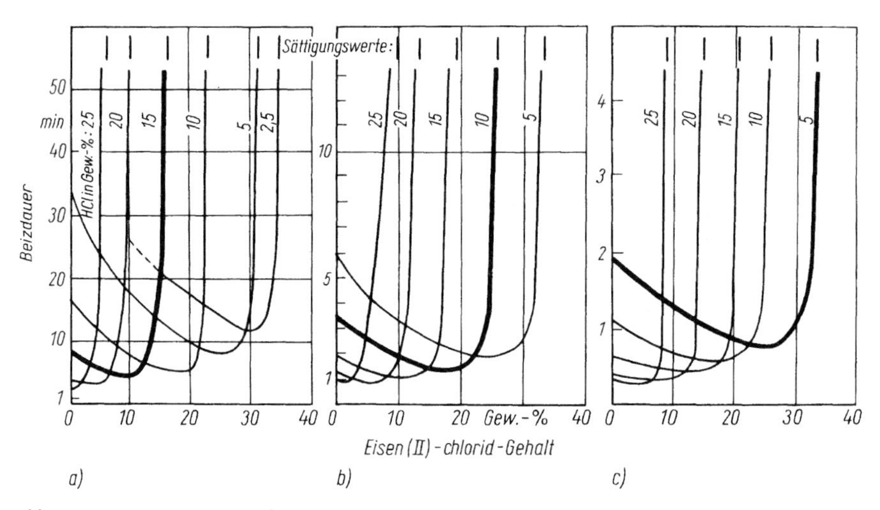

Abb. 3.17a–c Beizzeit zur Entfernung von Zunder in Salzsäurebeize unterschiedlicher Zusammensetzung [3.58]
a Badtemperatur: 20 °C b Badtemperatur: 40 °C
c Badtemperatur: 60 °C

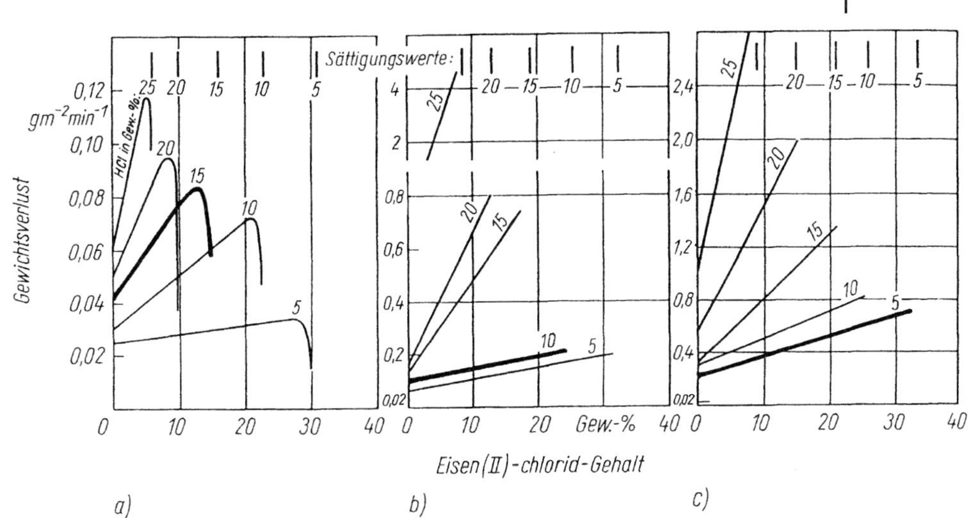

Abb. 3.18a–c Abhängigkeit des Eisenabtrages von derZusammensetzung der Salzsäurebeize [3.58] **a** Badtemperatur: 20 °C **b** Badtemperatur: 40 °C **c** Badtemperatur: 60 °C

rende sowie grenzflächen- und oberflächenspannungserniedrigende Wirkungen erzeugen. Sie erfüllen in der Beize folgende Aufgaben:

- schnelleres Eindringen der Beizlösung in den Zunder und Rost (Verkürzung der Beizzeit von 20–40%),
- Bildung kleiner Wasserstoffbläschen, die den Rost und Zunder absprengen, schnell zur Oberfläche aufsteigen sowie austreten und damit die Gefahr der Wasserstoffversprödung reduzieren,
- Bildung stabiler Emulsionen von Inhibitoren,
- Verringerung der Ausschleppverluste aus der Beizlösung durch Reduzierung der Oberflächenspannung,
- Inhibierende Wirkung, indem diese auf der Metalloberfläche und nicht auf den Oxidschichten haften.

Änderung der chemischen Zusammensetzung
Während des Beizens laufen die folgenden chemischen Reaktionen ab:

$$FeO + 2\ HCl \rightarrow FeCl_2 + H_2O \qquad \text{Gl. 3.2}$$

$$Fe_2O_3 + 6\ HCl \rightarrow 2\ FeCl_3 + 3\ H_2O \qquad \text{Gl. 3.3}$$

$$Fe_3O_4 + 8\ HCl \rightarrow FeCl_2 + 2\ FeCl_3 + 4\ H_2O \qquad \text{Gl. 3.4}$$

$$2\ FeO(OH) + 6\ HCl \rightarrow 2\ FeCl_3 + 4\ H_2O \qquad \text{Gl. 3.5}$$

$$Fe + 2HCl \rightarrow FeCl_2 + H_2 \qquad \text{Gl. 3.6}$$

Als Sekundärreaktion treten auf:

$$2FeCl_3 + Fe \rightarrow 3\ FeCl_2 \qquad \text{Gl. 3.7}$$

$$2FeCl_3 + 2\,H \rightarrow 2\ FeCl_2 + 2\ HCl \qquad \text{Gl. 3.8}$$

In der Hauptreaktion (3.4) werden zur Auflösung von 1 g Magnetit Fe_3O_4 (= 0,72 g Fe) 1,26 g HC 1 benötigt, aus denen letztendlich 2,18 g FeO_2 (= 0,96 g Fe) entstehen. Während bereits die Abb. 3.17a–c und Abb. 3.18a–c die beschleunigende Wirkung von Eisen(II)-chlorid auf die Zunder- und Eisenauflösung belegen, demonstriert Abb. 3.19 die überragende Aktivierung des dreiwertigen Eisenions in einer inhibitorfreien Beize mit 7,5 bzw. 10 Gew.-% HC 1 und damit einen Eisen- und Säureverlust. Während die Bildung des dreiwertigen Eisenions nach den Gln. 3.3–3.5 unvermeidbar ist, kann seine Entstehung durch Oxidation der zweiwertigen Form durch Luftsauerstoff eingeschränkt werden.

Abb. 3.20 zeigt bei abnehmendem Salzsäure- und steigendem Eisengehalt deutlich die einhergehende Verlängerung der Beizzeit. Diese negative Auswirkung kann durch folgende Maßnahmen kompensiert werden:

- Temperaturerhöhung der Beize (Abb. 3.17a–c): nur möglich, wenn durch geeignete Maßnahmen keine HCI-Dämpfe in den Arbeitsbereich gelangen können, z. B. durch Einhausung der Beizanlage, Beachtung der VDl-Richtlinie 2579 (Abb. 3.13).
- Nachschärfen der Beize durch Zugabe von konzentrierter HCl: Geringste Beizzeiten erreicht man, indem die Beize HCl-Gehalte aufweist, die nicht wesentlich von der Arbeitskurve abweichen (Abb. 3.20). HCI-Gehalte unter oder über der Arbeitskurve führen zur Verlängerung der Beizzeit.
- Optimale Beizbedingungen werden durch die Realisierung beider Maßnahmen erreicht.

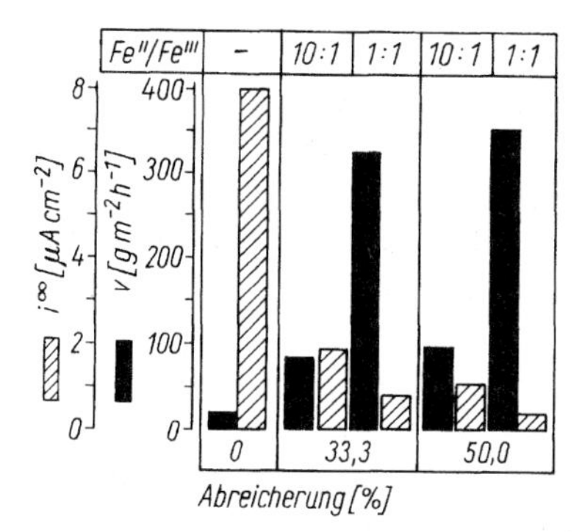

Abb. 3.19 Abhängigkeit der abgetragenen Eisenmenge v und des H-Permeationsstromes i^{∞} in einer inhibitorfreien angereicherten 15 Gew.-%igen HCl bei verschiedenen Fe(II)/Fe(III)-Verhältnissen an unlegiertem Stahl bei Raumtemperatur [3.71]

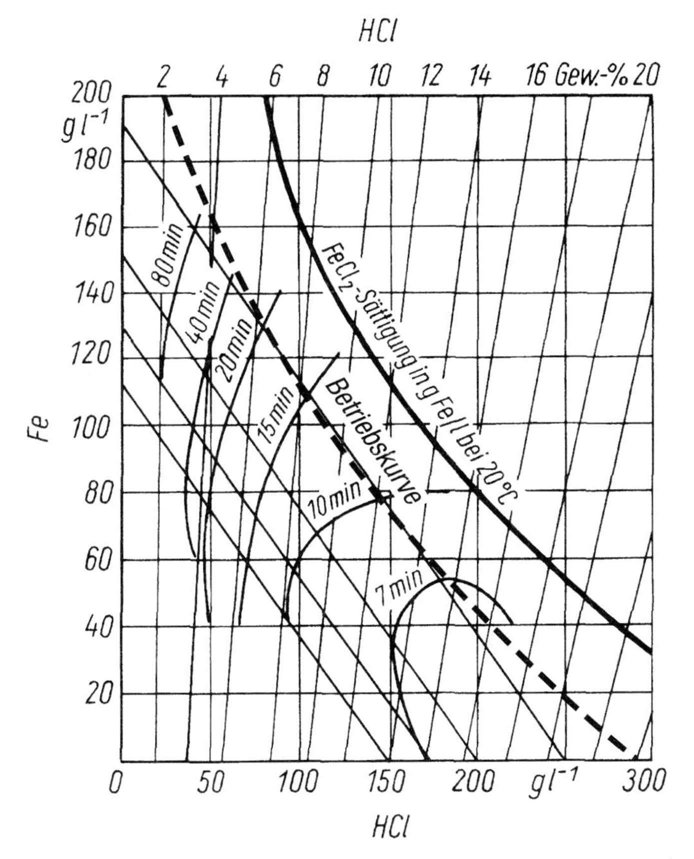

Abb. 3.20 Abhängigkeit der Beizzeit von der Zusammensetzung der Salzsäurebeize bei 20 °C [3.73]

Werkstoffe, die zur Wasserstoffversprödung neigen (s. Abschnitt 3.5.2.3) und deshalb so kurz wie möglich zu beizen sind, sollten in einer eingearbeiteten Beizlösung mit optimalen Beizbedingungen oder in einer Zweistufen-Beize gebeizt werden [3.64]. Bei dieser Verfahrensweise kann die Beize in Abhängigkeit von den Beizbedingungen bis zu 200 (< 170) g Fe/l und 70 g HCI/I betrieben werden. Bei Verwendung von Stahlbehältern für inhibierte Beizen zählt der Klammerwert [3.55].

Bewegung
Die Relativbewegung Werkstück – Beize ist ein Parameter, der in herkömmlichen Tauchanlagen immer noch unterschätzt wird, obwohl seit langem bekannt ist, dass damit das Absetzen von Beizschlamm auf den Teilen vermindert, der Angriff an der Oberfläche durch Vermeidung eines Über- bzw. Unterbeizens gleichmäßiger abläuft und der Prozess beschleunigt wird. Jüngere Literatur weist auf den Vorteil der Vibration beim Beizen hin: Verringerung der Beizzeit bis zu 70%, Reduzierung der Verschleppung um etwa 50% (s. Abschnitt 3.4.1) sowie sauberes und glatteres Endaussehen. Wenn auch die beim Drahtbundbeizen gefundenen interessanten

Werte nicht formal auf Stückverzinken übertragen werden können, so bleibt die generell positive Tendenz gültig [3.74, 3.75].

Als Alternativen zur Vibration sind die energiearme Schaukelmechanik und das Umpumpen der Beize zu nennen. Rohr und Hohlprofile sind längs ihrer Achse zu fluten. Vor allem bei Körben mit der dichten Packung an Werkstücken ist eine Bewegung erforderlich, während Kleinteile in einer rotierenden Trommel einen guten Flüssigkeitsaustausch erhalten. Abzulehnen ist die Luftbewegung der Beize, da nach der Gleichung

$$4FeCl_2 + O_2 + 4HC1 \rightarrow 4FeCl, + 2\,H_2O \qquad \text{Gl. 3.9}$$

unter zusätzlichem Verbrauch von Salzsäure dreiwertige Eisenionen entstehen, die gemäß Gl. (3.7) zu weiteren Materialverlusten beitragen. In ruhenden Beizen bildet sich eine obere sauerstoffreichere Schicht, die hier zu einem stärkeren Abtrag an den Werkstücken führt [3.69]. Eine Bewegung bietet die Verdrängung von Luftsäcken an ungünstig geformten Bauteilen als weiteren Vorteil.

3.5.2.3 Inhibition und Wasserstoffversprödung

Grundlagen

Die Gleichung 3.6 stellt die Auflösung des Eisens in Salzsäure summarisch in einer vereinfachten Form dar. Zum tieferen Verständnis des Ablaufes sei erläutert, dass innerhalb des elektrochemischen Korrosionsprozesses die Teilvorgänge

$$Fe \rightarrow Fe^{++} + 2\,e^{-} \qquad \text{Gl. 3.10}$$

und

$$2\,H^{+} + 2e^{-} \rightarrow 2\,H \qquad \text{Gl. 3.11}$$

zwar nebeneinander existieren, jedoch nach verschiedenen Reaktionsmechanismen ablaufen. Das bedeutet, dass die der Beize zugesetzten bzw. aus dem Stahl gelösten Substanzen jeden Teilschritt unterschiedlich blockieren (inhibieren) oder aktivieren (promovieren) können. Für den nach Gl. 3.11 gebildeten atomaren Wasserstoff entscheiden die jeweiligen Milieubedingungen in der Grenzschicht Beize/Werkstoff, ob er sich zu Molekülen zusammenlagert und als Gasblase aus der Beize entweicht, oder ob er in das Eisen diffundiert. Im letzten Fall bildet er mit dem Eisen Einlagerungsmischkristalle, die ihm eine hohe Diffusionsgeschwindigkeit im Gefüge vermitteln. An Gitterstörstellen (Korngrenzen, Schlackeneinschlüssen, Lunker) entstehen nichtdiffundierende Wasserstoffmoleküle, die in der eingeschlossenen Gasblase erhebliche Drücke erzeugen können und zu den bekannten Beizblasen (Abb. 3.1 und 3.2) führen [3.77]. Bei Stählen mit einer Zugfestigkeit über 1000 N/mm^2 tritt bei örtlicher Anreicherung von atomaren Wasserstoff und plötzlicher Zugbeanspruchung besonders an scharfkantigen Stellen, z. B. an den Köpfen von HV-Schrauben, die wasserstoffinduzierte Spannungsrisskorrosion, vereinfacht Wasserstoffsprödigkeit, auf. Der Sprödbruch wird von dem Feuerverzinker gefürchtet und es bestehen lebhafte Bemühungen, diesen zu vermeiden; dabei wird die Verminderung des unerwünschten Eisenabtrages eingeschlossen.

Inhibition der Eisenauflösung

Die Inhibition des Eisenabtrages in einer Mineralsäure durch organische Zusätze (sog. Sparbeizen) ist bereits seit langem technisch eingeführt [3.3, 3.5, 3.60, 3.62], und es sind zahlreiche wirkungsvolle Stoffe vorgeschlagen worden. Trotzdem sind die Kenntnisse zum Verhalten der Inhibitoren unter den praktischen Bedingungen, z. B. bei Gegenwart von Fe(II)- und Fe(III)-lonen oder der Stahlbegleiter Schwefel und Phosphor recht lückenhaft.

Abbildung 3.21 demonstriert an ausgewählten Inhibitoren den erheblichen Einfluss der HCl-Konzentration auf die Senkung des Metallabtrages in einer eisenfreien Beize. In Gegenwart von gelöstem Eisen, insbesondere von dreiwertigen Eisenionen, wird der Hemmschutz stark gemindert, oder die Substanzen werden wirkungslos. Abbildung 3.22 belegt dieses Verhalten; die in Abb. 3.21 genannten weiteren Zusätze zeigen qualitativ eine ähnliche Erscheinung [3.71]. In Anwesenheit von Schwefelwasserstoff H_2S, z. B. aus sulfidischen Bestandteilen des Stahls, wird die Auflösungsgeschwindigkeit bei unlegiertem Stahl in einer inhibitorfreien 16 Gew.-%igen Salzsäure bis zum Doppelten erhöht. Das Verhalten von zugesetzten Inhibitoren ist unterschiedlich; deren Hemmwert kann gegenüber einer H_2S-freien Säure unbeeinflusst bleiben, aber auch eine bis zu 7,5 höhere Löserate zulassen [3.76].

Für die Auswahl eines geeigneten Inhibitors und zu dessen Überwachung im Betrieb bleiben gezielte Untersuchungen nicht aus. Beizinhibitoren sind u. a. Verbindungen aus Alkohol, Schwefel, Tanin, Leim. In [3.3, 3.7, 3.78] sind weitere Inhibitoren sowie Prüfverfahren zur Bewertung des Wasserstoffgefährdungspotenzials und der Inhibitoren beschrieben. Ein Inhibitor sollte folgende Forderungen erfüllen:

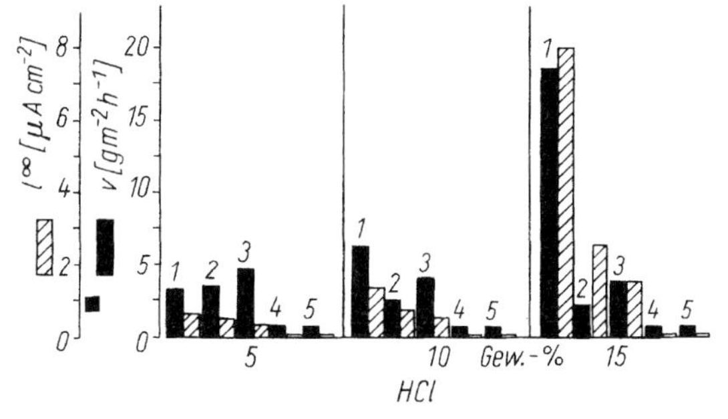

Abb. 3.21 Einfluss der Säurekonzentration auf die Wirkung von Dibenzylsulfoxid (DBSO), Dihexylsulfid (DHS), l-Octin-3-ol (Octinol) und Naphtylmethylchinoliniumchlorid (NMCC) in metallsalzfreien HCl-Beizen an unlegiertem Stahl bei Raumtemperatur [3.71]
Inhibitor 5 mmol/l:
1 **ohne** *2* **DBSO** *3* **DHS** *4* **Octinol** *5* **NMCC**

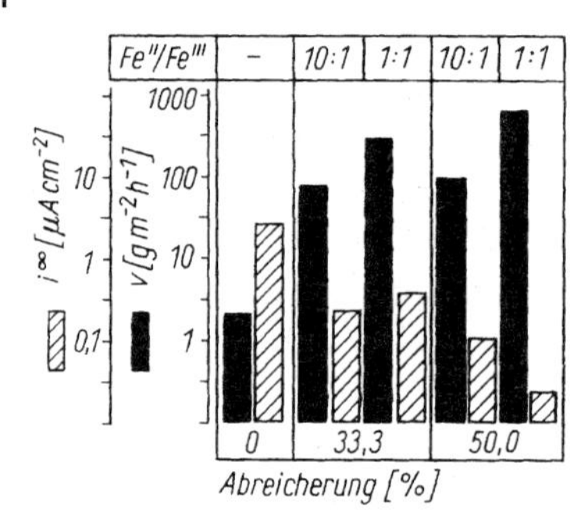

Abb. 3.22 Einfluss der Anwesenheit von Fe(II) und Fe(III) auf die Wirkung von 5 mmol/1 DBSO in einer abgereicherten Salzsäurebeize mit Ausgangskonzentration von 15 Gew.-% HCl an unlegiertem Stahl bei Raumtemperatur [3.71]

- Wirkungsbereich vom Neuansatz der Beize bis zur Sättigung mit Eisen.
- Keine Beeinträchtigung des Regenerationsverfahren.
- Funktionsfähigkeit bei 15 bis mindestens 40 °C.
- Keine wesentliche Beizzeitverlängerung zur Zunder- und Rostauflösung.
- Leichte Entfernbarkeit beim anschließenden Spülen und keine nachteilige Beeinträchtigung des Flux- und Verzinkungsprozesses.
- Während des Beizbetriebes dürfen sich keine Reaktionsprodukte bilden, die den Beizprozess stören (Bildung von Wasserstoffpromotoren) oder zu Geruchs- und Umweltbelastungen führen (Bildung von „adsorbierbaren organischen Halogenverbindungen" AOX) [3.7].

Wasserstoffinduzierte Spannungsrisskorrosion

Die Menge des in das Stahlgefüge diffundierenden Wasserstoffs ist u. a. von folgenden Faktoren abhängig [3.3, 3.7, 3.55, 3.71, 3.77, 3.78]:

- Korrosionsrate des Eisens gemäß Gl. (3.6), d. h., dass bei deren Inhibition prinzipiell weniger atomarer Wasserstoff vorliegt,
- Gehalt an HCl, Fe(II)- und Fe(III)-Ionen (Abb. 3.19 und 3.22),
- der Stahlzusammensetzung (Abb. 3.23) [3.62, 3.70, 3.71],
- der Gegenwart von Promotoren, insbesondere von Schwefel (Abb. 3.24) bzw. von Inhibitoren der Wasserstoffdiffusion.
- von etwaigen Werkstoffpaarungen an Schweißstellen.

Der Einfluss des Zinks in der Beize kann vernachlässigt werden [3.71, [3.81. Die in den Stahl diffundierende Wasserstoff menge wird durch Messung des Wasserstoff-Permeationsstromes bestimmt. Mit dem gleichen Prinzip kann die Wirkung von Inhibitoren auf die Diffusion bewertet werden; auf dieser Basis strebt man eine betriebliche Überwachung der Beizen an. Aus den Abbildungen 3.19, 3.21 bis 3.23 ist zu entnehmen, dass sich die abgetragene Eisenmenge und die H-Permeationsstromdichte bei Änderung der Arbeitsbedingungen in unterschiedlichem Sinne und verschiedener Größenordnung ändern können [3.71], [3.81]. Durch eine Verminderung der Eisenauflösung durch Salzsäure nach Gl. (3.6) wird nicht gleichzeitig ausgeschlossen, dass die verbleibende atomare Wasserstoff menge bei etwaiger Einlagerung im Stahl für einen späteren Sprödbruch ausreichend ist.

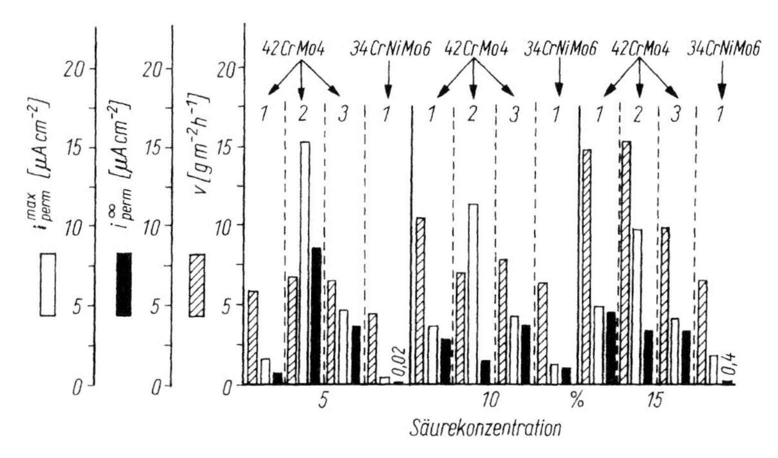

Abb. 3.23 Einfluss der Werkstoffzusammensetzung von niedriglegierten Vergütungsstählen auf den Abtrag und die H-Permeation in metallsalzfreier Salzsäure unterschiedlicher Konzentration bei Raumtemperatur [3.71]

Werkstoff-Bezeichnung	**Schmelze Nr.**	**Analysenwerte Masse-%**			
		Cr	NI	S	P
42CrMo4	1	0,96	–	0,024	0,010
42CrMo4	2	1,1	–	0,028	0,018
42CrMo4	3	0,81	–	0,007	0,010
34CrNiMo6	1	1,66	1,6	0,007	0,016

Bei der Oberflächenvorbereitung hochfester Stähle ist deshalb der einzusetzende Inhibitor bezüglich Metallabtrag und Wasserstoffpermation zu prüfen und zu bewerten [3.76]. Der gegenwärtige Kenntnisstand lässt folgende Empfehlungen zu:

- Salzsäurekonzentration: 8–10 Gew.-% = 85–105 g HCI/I, Fe-Gehalt: 40–120 g/1.
- Gesondertes Beizen für hochfeste und andere Stahlsorten.
- Einsatz von Inhibitoren, die den Eisenabtrag vermindern und die Wasserstoffpermation senken, zumindest nicht aktivieren.
- Der Schwefelgehalt des Stahls soll niedrig sein.

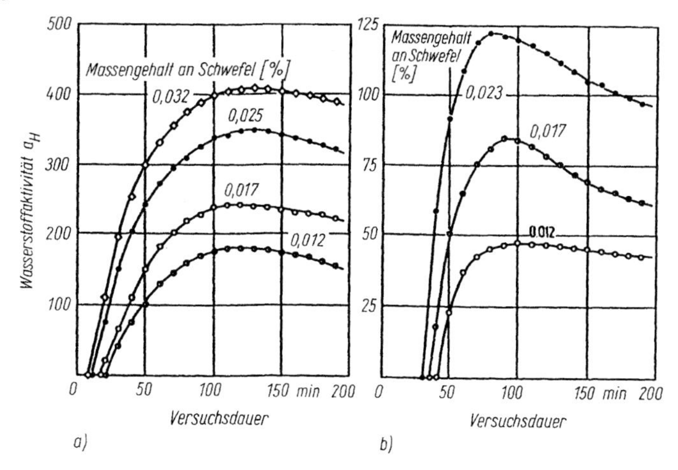

Abb. 3.24 Einfluss des Schwefelgehaltes von niedriglegierten Vergütungsstählen auf die Wasserstoffaktivität in inhibitorfreier 1 mol HCl (36,5 g HCl/1) bei Raumtemperatur [3.79]
a) 42CrMo4
b) 34CrNiMo6

- Beizzeit: 30 min, sie ist durch geeignete Maßnahmen so zu optimieren, dass diese nicht wesentlich überschritten wird (Fettfreiheit der Stahloberfläche, Temperatur, Bewegung der Beizlösung und/oder der Stahlteile).

Sollte die Wasserstoffdiffusion in Größenordnungen liegen die die Stahlteile beeinträchtigen, so kann diesen der Wasserstoff durch Tempern bei 180 bis 240 °C entzogen werden (ist in der Galvanotechnik üblich). Der im Stahl befindliche molekulare Wasserstoff kann auch erst nach längerer Zeit unter hohem Druck aus dem Werkstoff austreten und den Zinküberzug abheben. Besonders beizempfindlich sind höher gekohlte und unberuhigte Stähle und siliziumhaltige Automatenstähle [3.7, 3.80–3.82].

3.5.2.4 **Analytische Kontrolle, Recycling, Reststoffverwertung**

Analytische Kontrolle

Zur Überwachung der Beize bestimmt man im allgemeinen die Dichte bei 20 °C und titriert den Gehalt an freier Salzsäure [3.5, 3.23, 3.28]. Aus beiden Größen wird mithilfe des Nomogrammes in Abb. 3.25 der Eisengehalt ermittelt. Zur Berechnung der für eine etwaige Regenerierung erforderlichen Salzsäuremenge bedient man sich des Mischungskreuzes (Abschnitt 3.5.2.1). Anderenfalls beauftragt man damit ein Labor, aber auch die Salzsäurelieferanten und Entsorgungsfirmen führen derartige Analysen aus, meistens sogar kostenlos.

Zur Überwachung der Salzsäurebeize wird auch die Messung der spezifischen elektrischen Leitfähigkeit vorgeschlagen [3.70, 3.84] (Abb. 3.26). Bei deren Anwendung und gleichzeitiger Dichtebestimmung kann auf nasschemische

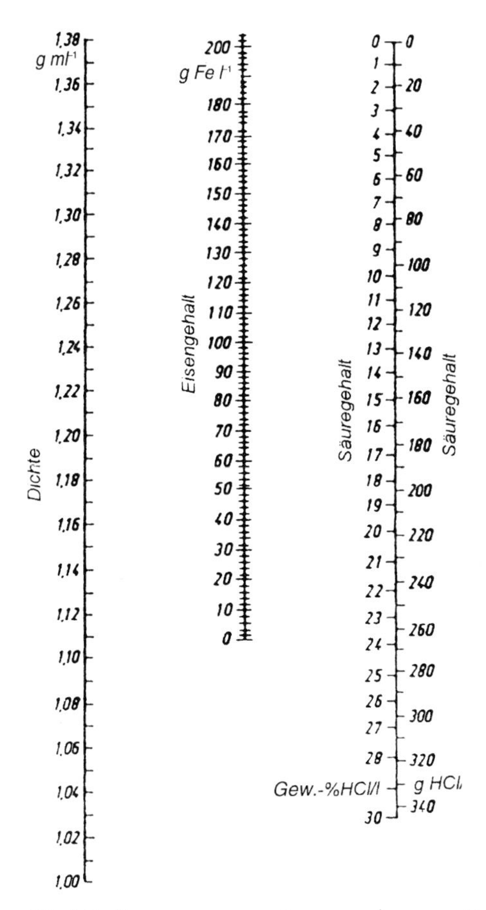

Abb. 3.25 Nomogramm zum Zusammenhang von Dichte, Eisen- und Salzsäuregehalt bei 20 °C

Methoden verzichtet werden. In Abbildung 3.27 werden die Beziehungen zwischen den relevanten Größen hergestellt. Während beim Stückverzinken die Überwachung der Beize turnusmäßig durchzuführen ist, lohnt sich bei großem Durchsatz eine automatische Kontrolle, die mit gleichzeitiger Salzsäuredosierung gekoppelt ist [3.64].

Internes Recycling

Das interne Recycling, d. h., die Salzsäurerückgewinnung erfolgt vor Ort bei der Feuerverzinkerei, stellt technologisch die optimale Variante dar. Sie ist aber nur bei einem großen Durchsatz (ab ca. 80000 t/a Beizgut bzw. $3 \cdot 10^6$ m^2 Oberfläche) und bei kontinuierlicher Auslastung rentabel. Bei jeder Regenerierung wird die Betriebsstätte mit einer Verfahrenstechnik ausgestattet, die dem Wesen nach in dieser fremd ist. Diese Randbedingungen bestärken den Trend zu einer externen zentralen Aufbereitung, wobei nicht ausgeschlossen ist, dass diese Funktion auch von einer Feuerverzinkerei für mehrere Betriebe ausgeführt werden kann.

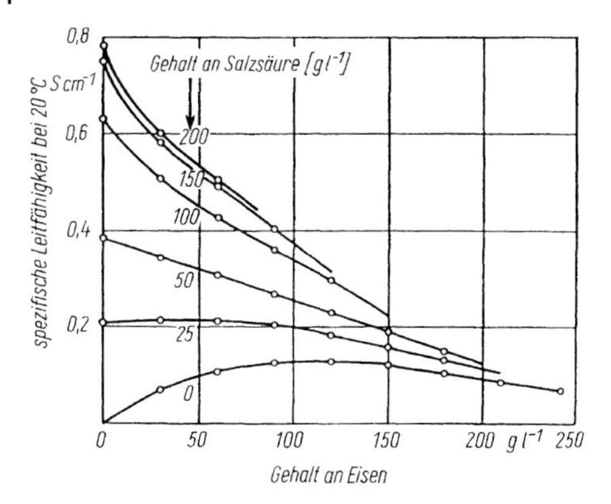

Abb. 3.26 Netztafel für die spezifische Leitfähigkeit von Salzsäure-Eisen(II)-chlorid-Lösungen bei 20 °C [3.70]

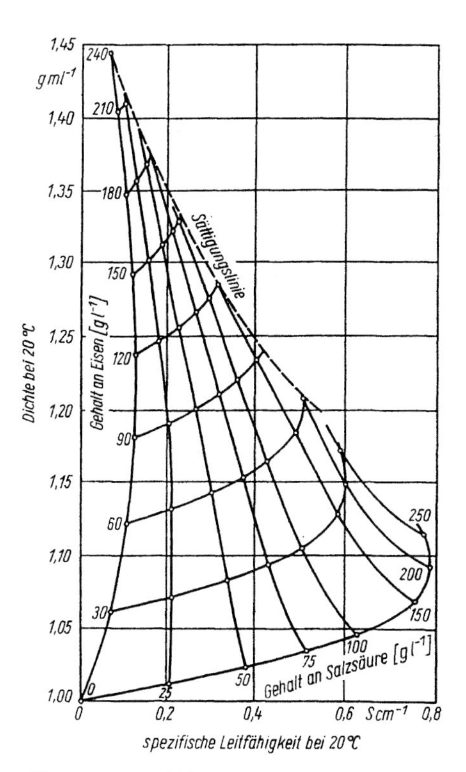

Abb. 3.27 Netztafel für die Dichte und spezifisch Leitfähigkeit von Salzsäure-Eisen(II)-chlorid-Lösungen bei 20 °C [3.70]

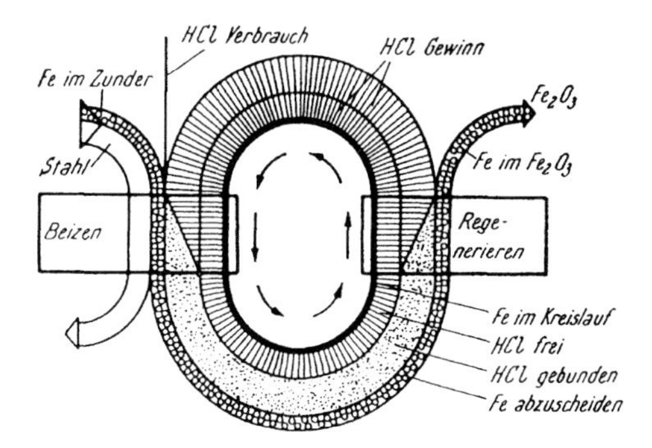

Abb. 3.28 Stofffluss bei einer totalen Rückführung von Salzsäure durch thermische Reaktion [3.85]

Als klassisches Verfahren zum kontinuierlichen Recycling von Beizlösungen und konzentrierter Spülwässer gilt die thermische Spaltung in Salzsäure und Eisenoxid. Abbildung 3.28 zeigt den Stoffkreislauf mit der vollständigen Rückführung der freien und gebundenen Salzsäure.

Zur Anwendung gelangten verschiedene Anlagentypen [3.33, 3.44, 3.73, 3.85], von denen gestattet das Sprühröstverfahren ein Eisen-/Zinkverhältnis von > 10 : 1 [3.69]. Die Kopplung Beizanlage/Regenerationsanlage ermöglicht das ständige Beizen unter optimalen Beizbedingungen (Temperatur, HCl- und Fe-Gehalt) (Abb. 3.20).

Wegen der hohen Kosten für die Investition und das Betreiben rechnet sich das für die üblichen Stückgutverzinkereien nicht. Derartige Anlagen werden von Breitband- und Drahtverzinkereien sowie von Recyclingfirmen betrieben. Auch das Verfahren der Solventextraktion soll zum Einsatz kommen [3.69]. Ionenaustauschverfahren kommen aus wirtschaftlichen Gründen kaum zum Einsatz.

Bei der in einer Stückgutverzinkerei üblichen abwasserfreien Oberflächenvorbereitung – Einsatz eines salzsauren Beizentfetters, Verwendung des Spülwassers für Neuansätze zum Ergänzen der Verdunstungsverluste – fallen ausschließlich saure eisen- und zinkhaltige Beiz- und Entfettungslösungen an. Am wirtschaftlichsten ist es, mit der Entsorgung eine speziell dafür zugelassenen Recyclingfirma zu beauftragen. Die zur Anwendung kommenden Recyclingverfahren erfordern das Einhalten von Grenzwerten für Zink, Öl und Fett. Anderenfalls erhöhen sich die Kosten für das Entsorgen. Deshalb ist jede Verzinkerei daran interessiert, diese nicht zu überschreiten. Gegenwärtig sind folgende Grenzwerte bekannt (sowohl die Grenz- bzw. Sollwerte sowie die Kosten, bzw. Erlöse sollten stets vorher mit der Entsorgungsfirma ausgehandelt und festgeschrieben werden):

1. Beizentfettungslösungen
   - Öl-, Fett und dgl. dürfen nur im gebundenen Zustand vorliegen und nicht sichtbar auf der Oberfläche schwimmen
   - Fe: 100–130 g/1
   - Zink: wie unter 2.
   - Schwermetalle (Ni, Pb u. dgl.): in Spuren
   - Beizschlamm: wird gesondert entsorgt (höherer Preis)

2. Beizlösung
   - Öl-, Fett, organische Verunreinigungen und dgl.: in Spuren
   - Schwermetalle: wie unter 1.
   - Beizschlamm: wie unter 1.
   - Fe: bis 200 g/1
   - Zink: < 1 g/l, anderenfalls erhöhen sich die Entsorgungskosten entsprechend der folgenden Qualitätseinstufungen:

1	2	3	4
< 1 g/l Zn	1,1–3 g/l Zn	3,1–8 g/l	> 8 g/l (Mischsäure
Die dafür anfallenden Entsorgungskosten verhalten sich ungefähr wie 1,0 : 1,3 : 2,5 : 3,5			

3. Mischbeize
   - Öl, Fett, organische Verunreinigungen u. a. in bestimmten Größenordnungen zulässig (ist eine Frage des Preises für das Entsorgen)
   - Zink: wenn > 8 g/l
   - Fe und Schwermetalle wie unter l.
4. Entzinkungslösung
   - Öl-, Fett, Schlamm, organische Verunreinigungen u. dgl.: in Spuren
   - Zink.: 160–200 g/l = 335–420 g $ZnCl_2$/l
   - HCl: 2–3% = 20–30 g/l
   - Fe (abhängig vom Zn-Gehalt): Zn : Fe > 8 : 1; Zn : Fe < 8 : 1 zählt als Mischbeize. Je niedriger das Verhältnis Zn : Fe, desto niedriger der Erlös.

3.5.3 Vorbereitung von Gusswerkstoffen

Unter Gusswerkstoffen versteht man zahlreiche Sorten von Gusseisen mit 2 bis 4,5% C und Stahlguß mit < 2% C [3.77, 3.86]. Die Oberfläche der Werkstücke besteht aus einer bis 3 mm dicken Haut aus Eisenoxiden und den in Salzsäure schwer bzw. unlöslichen Eisensilicaten sowie Formsand, Graphit und Temperkohle. Die genannten Stoffe benetzen im Flussmittel und in der Zinkschmelze nicht, sodass sie fehlerhafte Überzüge verursachen [3.64]. Bereits bei der Herstellung der Gussformen (Porosität und Feuchtigkeit der Form, getrocknete Kerne) kann man auf die spätere Feuerverzinkung günstig Einfluss nehmen. Bei einer Serienfertigung empfiehlt sich zwischen der Gießerei und der Feuerverzinkerei eine technologische Abstimmung der Parameter.

Zur Oberflächenvorbehandlung kommen das Strahlen (s. Abschnitt 3.2.1) oder das Beizen bzw. beides in Kombination zur Anwendung. Das Strahlen ist bei Werkstücken mit einer starken Gusshaut oder sichtbaren Graphitbelägen einzu-

setzen, jedoch kann es bei kompliziert geformten Teilen nur bedingt wirken. Die Entfernung von Formsand aus Lunkern und Poren bereitet ebenfalls Schwierigkeiten. Wird durch Strahlen auf der Stahlteiloberfläche der Oberflächenvorbereitungsgrad Sa 3 **(Tab. 3.3)** erzielt, können die Teile nach Absaugen des Staubes direkt in das Flussmittel und die Zinkschmelze eingebracht werden. Die Zeit nach dem Strahlen und Fluxen darf 15 min nicht überschreiten. Anderenfalls tendiert das durch das Strahlen erreichte und für den Verzinkungsprozess notwendige Aktivierungspotenzial der Stahloberfläche soweit gegen 0 mV, dass eine Diffusion Zn-Fe-Zn gestört oder nicht abläuft und keine qualitätsgerechten Zinküberzüge erreicht werden. Wegen des Aufwandes für die Ausrüstungen und der Zeit für das Absaugen des Staubes von der Gussteiloberfläche schaltet man eine Beize in einem Salzsäure-Flußsäure-Gemisch nach und erreicht damit den Oberflächenvobereitungsgrad „Be" **(Tab. 3.3)**. Die flußsäurehaltige Salzsäure löst silicatische Bestandteile gut auf, und die Fluoridionen greifen eine Magnetithaut rasch an [3.56], ohne das Eisen wesentlich abzutragen. Die Zusammensetzung der Beize ist unter der Maßgabe einer kurzen Beizzeit und unter Anpassung an den Ausgangszustand der Gussoberfläche innerhalb des folgenden Bereiches zu wählen:
Gehalt Salzsäure 35–140 g HCl g/1 ≙ 3,15–13,2 Gew.-%
Gehalt Flusssäure 20–50 g HF g/1.

Reaktion der Flusssäure:

$$SiO_2 + 6HF \rightarrow H_2SiF_6 + 2\,H_2O \qquad \text{Gl. 3.12}$$

(H_2SiF_6 = Hexafluorwasserstoffsäure, wasserlöslich)

Die Metalloxide der Zunderschicht werden zu Metallfluorid umgesetzt und der Kohlenstoff (Graphit) fällt als Schlamm im Beizbehälter aus [3.78].
Angesetzt wird mit technisch reinen Chemikalien; die Flusssäure wird 40–50%ig gehandelt, ihre Dichte ist der Abb. 3.29 zu entnehmen. Zur analytischen Überwachung der Flusssäure-Salzsäure-Beize stehen Vorschriften zur Verfügung [3.23]. Das Beizen erfolgt bei Raumtemperatur, und es ist die kürzestmögliche Zeit einzuhalten, um Zerklüftungen des Werkstoffes zu vermeiden. Wenn es die Form und Größe der Werkstücke erlauben, sind diese in einer rotierenden Trommeln zu behandeln. Nach dem Beizen ist aufgrund der Porosität des Grundmaterials mindestens 1 min in einem luftbewegten Spülwasser oder in der rotierenden Trommel zu reinigen.

Während die Flusssäure bei dem oben beschriebenen Beizen von Gusseisen ausschließlich zum Lösen der silicatischen Bestandteile in einem Konzentrationsbereich > 2%, in dem Hautkontakte gefährlich sind, verwendet wird, könnte sie bei Gehalten unter dem genannten Wert (hier ist die Gesundheitsgefährdung gering) in einer Salzsäure bei unlegierten Stählen zur beschleunigten Zunderauflösung beitragen [3.56].

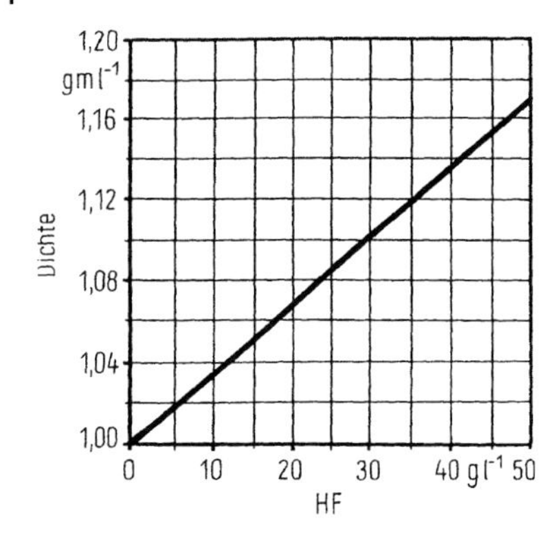

Abb. 3.29 Dichte vom System Flusssäure-Wasser bei 20 °C

3.5.4 Entzinken

Stahlteile mit fehlerhaften Zinküberzügen werden in einer Salzsäurelösung entzinkt.

Zusammensetzung und Arbeitsbedingungen:

- HCl: 3–5% = 30–50 g/1
- Dichte: 1,015–1,025 g/ml
- Dichte der $ZnCI_2$-Lösung: s. Abb. 3.30
- Fe: Zn : Fe > 8 : 1, s. Abschnitt 3.5.2.4 unter Recycling
- Inhibitor: 0,5–2% (nach Angaben des Herstellers)
- pH-Wert: < 1
- Temperatur: 17–20 °C
- Beizgeschwindigkeit bei 30 g HCl/l, T = 20 °C: 50–70 g/m^2h
- Entsorgung: s. Abschnitt 3.5.2.4

Im Interesse einer kostengünstigen Entsorgung ist die Belastung der Entzinkungslösung mit für die Aufarbeitung störenden Verunreinigungen (z. B. Eisen, Öl, Fett) so gering wie möglich zu halten.

Dazu folgende Hinweise:

- Einsatz eines wirkungsvollen, nichtschäumenden und entsorgungsfreundlichen Inhibitors für Eisen (sollte mit Entsorgungsfirma abgestimmt werden). Damit wird gleichzeitig einer möglichen Wasserstoffversprödung vorgebeugt.
- Sofortige Entnahme der Teile nach Abschluss des Entzinkungsprozesses.
- Für Kleinteile können Körbe aus den gleichen Werkstoffen wie zur Oberflächenvorbereitung eingesetzt werden (Reinnickel, Nickel-Kupfer-Legierung, Eisen-Silizium-Legierung [3.87] Titan [3.79], PVC, Polypropylen, Stahllegierung X8CrNiMoTi 18.11).

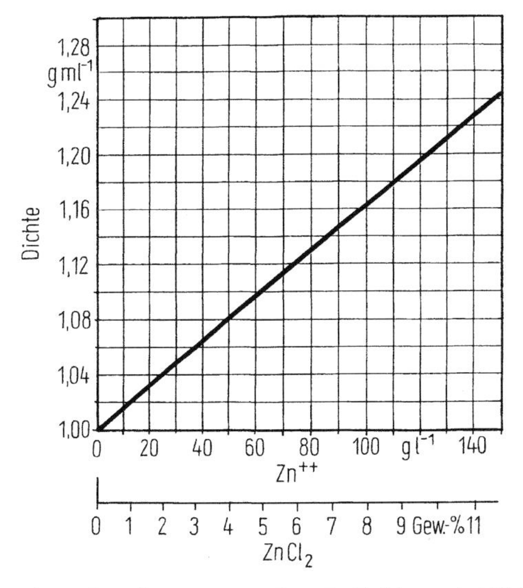

Fig. 3.30 Dichte einer wässrigen $ZnCl_2$-Lösung bei 20 °C

Die Reaktion $Zn + 2HCl \rightarrow ZnCl_2 + H_2$ist mit einer heftigen Wasserstoffentwicklung verbunden. Deshalb sind hierbei, aber auch generell in der Beizerei alle Zündquellen auszuschließen, die zu einer Explosion führen können. Auch über dem Behälter angeordnete Fahrleitungen für Kräne können durch Funkenbildung das Auslösen eines Brandes verursachen. So kam es in einer Feuerverzinkerei zu einer ca. 1 m langen Stichflamme mit nachfolgendem Brand, als Funken von der Fahrleitung in einen Entzinkungsbehälter mit einer ca. 50 cm dicken Schaumdecke gefallen sind, unter der sich Wasserstoff angesammelt hatte. Zum Abbrechen des Brandes muss die Wasserstofferzeugerquelle ausgeschaltet werden indem die zu entzinkenden Teile sofort aus der Entzinkungsbeize ausgebracht werden.

3.6 Flussmittel zum Feuerverzinken

Bei jeder Art der Feuerverzinkung von Stückgut sind zum einwandfreien Ablauf der Verzinkungsreaktion Flussmittel notwendig. Diese haben die Aufgabe, das gebeizte und gespülte Verzinkungsgut so zu aktivieren, dass dieses schnell und auf die Oberfläche bezogen homogen mit der Zinkschmelze reagieren kann. Flussmittel stellen also eine Art abschließende Feinbeize dar.

3.6.1
Flussmittel auf Basis $ZnCl_2/NH_4Cl$

So lange industriell feuerverzinkt wird, dienen Salzgemische der chemischen Zusammensetzung $ZnCl_2/NH_4Cl$ als Flussmittel. Das Schmelzverhalten derartiger Flussmittel kann dem bekannten Zustandsdiagramm von *Hachmeister* [3.80] entnommen werden (Abb. 3.31). Danach erniedrigt sich der Schmelzpunkt des $ZnCl_2$ von ca. 280 °C bei NH_4Cl-Zugabe auf ca. 230 °C bei etwa 12 Masse-% NH_4Cl, die Schmelztemperatur des so genannten ersten Eutektikums E_1. Ein weiteres Eutektikum E_2 mit einem Schmelzpunkt von ca. 180 °C liegt bei 26 bis 27 Masse-% NH_4Cl. In der Praxis finden Salzgemische beider Eutektika Anwendung.

Kennzeichnend für Salzgemische des Eutektikums E_1 sind ihre gute Benetzungsfähigkeit. Die Vorteile von Salzgemischen des Eutektikums E_2 sind größere Unempfindlichkeit gegenüber einem Unterschreiten der Trockentemperatur beim Trocken verzinken, die leichtere Kristallwasserabgabe und die bessere Beizwirkung. Nachteilig gegenüber Salzschmelzen des Eutektikums E_1sind die geringere Benetzungsfähigkeit des Schmelzflusses und die stärkere Rauchentwicklung infolge des höheren NH_4Cl-Gehaltes.

Prinzipiell beruht die Flussmittelwirkung von $ZnCl_2/NH_4Cl$-Salzgemischen auf zwei Effekten. Beim Trocknen bilden sich auf einem flussmittelbehandelten Teil zunächst Clorhydroxozinksäuren, die bis ca. 200 °C dominieren und die so genannte *1. Beizstufe* sichern, was besonders bei der Nassverzinkung wichtig ist. Bei höheren Temperaturen – etwa ab 200 °C – entsteht aus dem sich bildenden Doppelsalz $ZnCl_2 \cdot 2NH_4Cl$ durch thermische Spaltung HCl, das die *2. Beizstufe* bewirkt. Diese 2. Beizstufe ist besonders beim Trockenverzinken wichtig. Die Auflösung von Zinkoxidresten auf der Zinkschmelze erfolgt nach analogem Mechanismus.

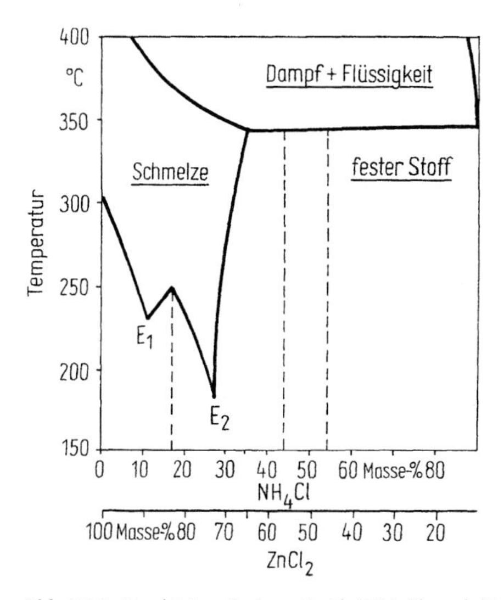

Abb. 3.31 Das binäre System $ZnCl_2/NH_4Cl$ nach Hachmeister [3.80]

Trockenverzinken

Beim Trockenverzinken wird das flussmittelbehandelte Teil bei etwa 120–150 °C getrocknet und im trockenen Zustand in die Zinkschmelze getaucht. Temperaturen von über 100 °C, gemessen auf der Werkstückoberfläche, sollten nicht wesentlich überschritten werden, da anderenfalls das Flussmittel verbrennt und damit die Wirksamkeit reduziert wird. Die als Aktivierung zu bezeichnende Feinbeize durch das Flussmittel beginnt während des Trockenvorganges durch die komplexen Chlorhydroxozinksäuren und erfolgt dann durch das beim Eintauchen infolge der höheren Temperatur entstehende HCl.

Wichtig für den Prozess ist die Konzentration des Flussmittels. Diese sollte für die wässrige Flussmittellösung zwischen 10 und 45 Masse-% liegen. Während 10% die absolute Mindestkonzentration bei $ZnCl_2/NH_4Cl$-Gemischen darstellt und nur bei ideal gestalteten Teilen und bester Vorbehandlung zum Erfolg führt, dürfen 45% nicht überschritten werden, weil sich oberhalb dieser Konzentration bereits im Flussmittelbad Chlorhydroxozinksäuren bilden, die zu einem starken Eisenangriff und damit verstärkter Eisenanreicherung im Flussmittel führen. Die Flussmittellösung kann bei Raumtemperatur betrieben werden, jedoch wirken sich höhere Temperaturen günstig auf die Trocknungsdauer aus, und sie vermindern die Oxydation der Stahloberfläche während des Weitertransportes. Anderenfalls ist eine negative Beeinflussung der Fluxschicht und des Zinküberzuges möglich. Der Eisengehalt im Flussmittel sollte gering sein, d. h., 5–10 g/l nicht übersteigen.

Die anschließende Trocknung hat schnell und zügig zu erfolgen, um den Eisenangriff und damit die Bildung von Eisen(III)-Verbindungen gering zu halten, da diese das Schmelzverhalten des Flussmittelgemisch negativ beeinflussen. Kommen Eisen(III)-Verbindungen in merklicher Menge in die Zinkschmelze, so führt das zusätzlich zu einer Erhöhung der Hartzinkbildung, der Hauptanteil der Eisenverbindungen wird aber in der entstehenden Zinkasche angereichert und mit dieser entfernt. Das flussmittelbehandelte, gut getrocknete Teil muss mit einer optimalen Geschwindigkeit in die Zinkschmelze getaucht werden, damit das Flussmittel seine Beizwirkung einerseits voll entfalten kann, andererseits aber auch nicht infolge von Verdampfung von Ammoniumchlorid zu einer unwirksamen Schmelzmasse „verbrennt". Von besonderer Wichtigkeit ist ferner, dass NH_4Cl-haltige Flussmittel stark mit Aluminium reagieren. Das entstehende Aluminiumoxid bildet auf der Oberfläche des zu verzinkenden Teiles einen dünnen, weißlichen, krümeligen Film, der durch weiteres Flussmittel nicht beseitigt werden kann und zu Fehlverzinkungen führt. Beim Trockenverzinken soll der Aluminiumgehalt um 0,009 Masse-% liegen und 0,02 Masse-% nicht übersteigen.

Nassverzinken

Beim Nassverzinken wird mit einer etwa 5 cm dicken Flussmitteldecke auf der Zinkschmelze gearbeitet. Diese besteht aus NH_4Cl und $ZnCl_2$ etwa im Verhältnis 1:2 sowie deren Zersetzungsprodukten. Bedingt durch die schlechte Wärmeleitfähigkeit der Flussmitteldecke besteht in dieser ein starkes Temperaturgefälle, d. h., gegenüber der Zinkschmelztemperatur von etwa 450–460 °C liegt die Temperatur im Inneren der Flussmittelschicht deutlich tiefer. Auf der Oberfläche beträgt sie maximal 100–150 °C. Damit können sich im Flussmittel einmal komplexe

Chlorhydroxozinksäuren bilden, die eine starke Beizwirkung haben, zum anderen spaltet sich bei den herrschenden Temperaturen etwa ab 200 °C aber auch HCl aus dem Flussmittel ab, das auf dem nicht getrockneten, nass eintauchenden und zu verzinkenden Teil eine besonders hohe Beizwirkung entfaltet. Die Flussmitteldecke stellt dabei zusätzlich einen Spritzschutz dar, wodurch das Eintauchen nichtgetrockneter, nasser Teile in die Zinkschmelze überhaupt erst möglich wird. Aufgrund der ständigen Berührung der Flussmitteldecke mit der Zinkschmelze darf die Schmelze nur einen maximalen Aluminiumgehalt von 0,02 Masse-% aufweisen. In manchen Verzinkereien wird dem Flussmittel beim Nassverzinken ein Gemisch aus Natriumchlorid und Kaliumchlorid zugegeben. Die Wirkung dieser Salze besteht darin, dass der Schmelzpunkt des Flussmittels gesenkt wird, was zu einer besseren Benetzung des zu verzinkenden Teiles führt.

Flussmittelseitig kann der Unterschied zwischen Trocken- und Nassverzinkung etwa wie folgt zusammengefasst werden. Die Trockenverzinkung ist technisch einfach zu handhaben und analytisch gut zu kontrollieren, sie setzt allerdings vor dem Eintauchen in die Schmelze gut getrocknete, d. h. auch konstruktiv relativ einfache Teile (z. B. Profile) voraus, gestattet aber das Arbeiten mit schwach Al-legierten Zinkschmelzen. Der Anfall an Zinkasche (und Hartzink) ist relativ gering. Bei der Nassverzinkung entfällt eine separate Flussmittelbehandlung, die Teile können und müssen nass durch die Flussmitteldecke in die Zinkschmelze eingefahren werden, können dadurch komplizierter in der Form sein (z. B. Hohlkörper) und stellen an die Beize infolge sehr guter Flussmittelwirkung nicht solche hohen Anforderungen wie die Trockenverzinkung. Das Arbeiten mit merklich mit Aluminium legierten Schmelzen ist allerdings unmöglich, die entstehenden Zinkschichten sind dicker und spröder und die Überwachung des Flussmittels für einen stabilen Betrieb ist analytisch aufwendiger.

3.6.2
Das System $ZnCl_2/NaCl/KCl$

Da NH_4Cl-haltige Flussmittel mehr oder minder stark zur Rauchentwicklung neigen und somit wenig umweltfreundlich sind, außerdem empfindlich auf Aluminium in der Zinkschmelze reagieren, wird immer wieder versucht, andere Salzgemische als Flussmittel einzusetzen. Als teilweise geeignet haben sich dabei Flussmittel auf der Basis $ZnCl_2/NaCl/KCl$ erwiesen [3.81].

Der Schmelzpunkt dieses 3-Stoff-Gemisches liegt zwischen 210–300 °C. Das System besitzt eine niedrige Dichte, geringe Oberflächenspannung, damit gute Benetzungseigenschaften und die Neigung zur Bildung stark saurer Chlorozinksäuren, wodurch die 1. Beizstufe gesichert wird. $ZnCl_2/NaCl/KCl$-Flussmittel werden meist als Salzschmelzen in der kontinuierlichen Feuerverzinkung von Draht eingesetzt, da dabei relativ leicht zu verzinkende Oberflächen vorliegen.

In der Praxis werden so genannte raucharme Flussmittel auf der Basis des 4-Komponenten-Systems $ZnCl_2/NH_4Cl/NaCl/KCl$ angeboten. Flussmittel dieser Art vereinen alle positiven und negativen Eigenschaften der beiden Flussmittelgruppen in sich, sie sind also sowohl rauchärmer als reine $ZnCl_2/NH_4Cl$-Flussmittel, aber auch weniger aggressiv als diese, sodass letztendlich immer der Ausgangszustand des zu verzinkenden Gutes, dessen Art und Vorbehandlung über die anzuwendende Flussmittelmischung entscheiden.

3.6.3 Flussmittelbedingte Reststoffe

Beim Feuerverzinken entsteht durch Reaktion der Zinkschmelze mit anderen reaktiven Stoffen, vorzugsweise aus dem Flussmittel, die so genannte Zinkasche (beim Trockenverzinken) bzw. Salmiakschlacke (beim Naß verzinken). Beides sind unerwünschte Reststoffe, die aus Zink, Zinkoxid, Zinkchlorid, Blei- und Eisenverbindungen sowie Resten von Ammoniumchlorid bestehen. Eine wesentliche Ursache für die Entstehung dieser Abprodukte ist das Flussmittel und dabei insbesondere dessen Chloridanteil. Nach [3.89] gelangen ungefähr 70–90% des verbrauchten Flussmittels in die Zinkasche. Der dominierende Einfluss des Flussmittels auf die Zinkaschebildung geht auch aus Abb. 3.32 hervor [3.90]. So sind Temperatur, Luftsauerstoff, Schadstoffe aus der Beizerei sowie Zinkasche beim Trockenverzinken relativ unbedeutend gegenüber dem Einfluss des direkt eingetragenen Flussmittels. Dieses hat in der Regel die 10- bis 15-fache Wirkung gegenüber allen anderen Einflussgrößen. Der jeweilige konkrete Flussmitteleintrag bestimmt absolut die Menge der bildenden Zinkasche. Auch aus diesem Grund ist also prinzipiell mit einer möglichst niedrigen Flussmittelkonzentration zu arbeiten [3.90].

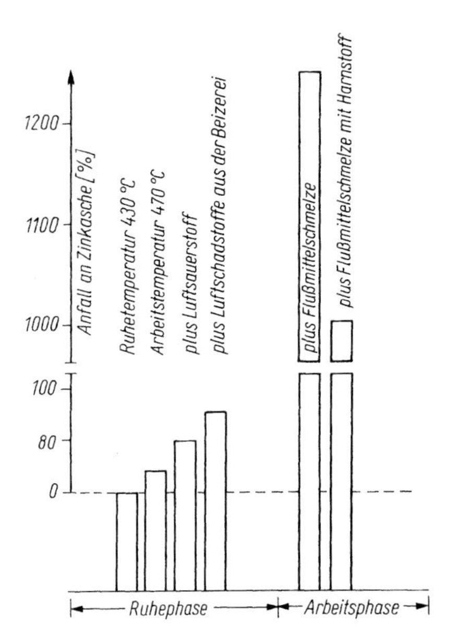

Abb. 3.32 Relation der Zinkaschebildung [3.83]

Literaturverzeichnis

[3.1] *Hofmann, H., Spindler,J.*:Verfahren der Oberflächenvorbereitung; Fachbuchverlag Leipzig 2004

[3.2] Merkblatt 405: „Korrosionsschutz von Stahlkonstruktionen durch Beschichtungssysteme". Ausgabe 2005, ISSN 0175–2006. Stahl-Informations- Zentrum Düsseldorf

[3.3] Vorlesung Über Korrosion und Korrosionsschutz von Werkstoffen; Teil II: Korrosionsschutz, Vorlesung 6/1 Oberflächenvorbereitung/-vorbehandlung, Institut für Korrosionsschutz Dresden, TAW_Verlag, Wuppertal 1997

[3.4] *Katzung, W., Schulz, W-D.*: Zum Feuerverzinken von Stahlkonstruktionen – Ursachen und Lösungsvorschläge zum Problem der Rißbildung. Sonderdruck aus Fachzeitschrift „Stahlbau" 74(2005)4

[3.5] *Maaß, P.*, und *Peißker, P.*: Korrosionsschutz, Oberflächenvorbehandlung und metallische Beschichtung. Leipzig: Deutscher Verlag für Grundstoffindustrie 1989

[3.6] *Schmidt, G.-H.*: Schadstoffarmes Feuerverzinken hat Vorrang, Z. Korrosion 22 (1991) l, S. 35–40

[3.7] *Gaida, B., Andreas,B., Aßmann,K.*: Galvanotechnik in Frage und Antwort. 6., aktualisierte Auflage, Eugen G. Leuze Verlag 2007–05–1

[3.8] Neue Forschungsergebnisse zum Feuerverzinken, Gemeinschaftsveranstaltung Institut für Korrosionsschutz Dresden und Technische Akademie Wuppertal 24. 10. 2001

[3.9] *Ternes, H., Winkel, E., und Winzer, H.*: Erfahrungen mit der Kreislaufführung von salzsauren Beizereispülwässern in einer Feinblech-Verzinkerei, Z. Stahl und Eisen 83 (1963) 14, S. 856–859

[3.10] *Germscheid, H. G.*: Die Entwicklung von Reinigungs- und Entfettungsmitteln für die Metallindustrie, Z. Metalloberfläche 29 (1975) 3, S. 101–106; 4, S. 183–187

[3.11] *Peißker, P.*: Volkswirtschaftliche Notwendigkeit und Möglichkeiten der Senkung des Zinkverbrauches beim Feuerverzinken, Neue Hütte 27 (1982) 3, S. 99–104

[3.12] *Stieglitz, U.*:Voraussetzungen zur Stoffkreislaufschließung beim Feuerverzinken-Spülverfahren. Institut für Korrosionsschutz Dresden GmbH 2001

[3.13] *Meyer,D.*: Problematik chemischer Analysen konzentrierter Vorbehandlungslösungen. Institut für Korrosionsschutz Dresden 2001

[3.14] *Lutter, E.*: Die Entfettung, 2. Aufl. Saulgau/Württ: Eugen G. Leuze Verlag 1992

[3.15] *Kresse, J.*: Physikalisch-chemische Grundlagen zur Reinigung von technischen Oberflächen in wäßrigen und organischen Systemen, in *Kresse, J.*: Säuberung technischer Oberflächen: Ehningen bei Böblingen: expert verlag 1988

[3.16] *Jansen, G.*: Niedrig-Temperatur-Reinigung, Z. Metalloberfläche 42 (1988) l, S. 9–13

[3.17] *Rossmann, C.*: Die Entfettung metallischer Oberflächen mit wäßrigen Lösungen in Abhängigkeit vom Befettungsmittel und vom Grundmetall, Jahrbuch Oberflächentechnik Bd. 29 (1973), S. 68–87

[3.18] *Hansel, G.*: Unregelmäßigkeiten im Zinküberzug auf feuerverzinkten Profilen, Vortrags- und Diskussionsveranstaltung 1990 des GAV, S. 91–114; Hrsg.: Gemeinschaftsausschuß Verzinken e. V. Düsseldorf, 1991

[3.19] *Thiele,M., Schulz, W.-D., Schubert,P.,*: Schichtbildung beim Feuerverzinken zwischen 435 °C und 620 °C in konventionellen Zinkschmelzen – eine ganzeinheitliche Darstellung. Sonderdruck aus Z. „Materials und Corrosion" 57 (2006) 11, Bericht Nr.:154, Gemeinschaftsausschuß Verzinken e. V., GAV – Nr.: FC 21

[3.20] *Peißker, P., und Aretz, H.*: Einfluß der Rauheit und des Siliciumgehaltes des Stahles sowie der Verzinkungsdauer auf die Dicke der Zinkschicht und den Eisenverlust beim Feuerverzinken. Leipzig: Z. Informationen des Metalleichtbaukombinat 22 (1983), S. 2–9

[3.21] *Peißker, P.*: Erhöhung der Effektivität des Reinigungsstrahlens von Stahl in Schleuderradanlagen, Z. Neue Hütte 24 (1979) 12, S. 47 1–475

[3.22] *Horowitz, I.*:Oberflächenbehandlung mittels Strahlmitteln, Bd. I., Die Grundlagen der Strahltechnik, 2. Aufl. Essen: Vulkan-Verlag

[3.23] *Maaß, P.*, und *Peißker, P.*: Oberflächenvorbehandlung u. metallische Beschichtung – Analytik, Prüfmethoden. Leipzig: Deutscher Verlag für Grundstoffindustrie 1985

[3.24] *Halbartschlager, J.*: Möglichkeiten und Grenzen verschiedener Entlackungsverfahren, Z. Metalloberfläche 44 (1990) 3, S. 127–130

[3.25] *Bablik, H., Götzl, F., und Neu, E.*: Die Rauhigkeit verschiedener vorbehandelter Oberflächen und ihre Bedeutung für das Feuerverzinken, Z. Metalloberfläche, 9 (1955) 5, S. 69–71 (A)

[3.26] *Spielvogel, E.*: *Strahlmittel*, heute so aktuell wie gestern, Z. Draht 41 (1990)2,8. 119–122; 4

[3.27] Neue Strahlanlagen, erweiterte Produktion. Z. Bleche, Rohre, Profile 02 (2003) 46

[3.28] Strahltechnik für perfekte Oberflächen. Z. Bleche, Rohre, Profile 06 (2004) 34

[3.29] Mehr Leistung beim Strahlen. Z. Bleche, Rohre, Profile 03 (2003) 54

[3.30] *Wohlfahrt, H., Kroll, P.*: Mechanische Oberflächenvorbehandlung. Wiley-VCH Weinheim 2000

[3.31] *Krieg, M.*, Berlin: Kein alter Hut, Strahlverfahren in der Reinigungs- und Strahltechnik 61 (2007) 3, S. 4

[3.32] *Rodenkirchen, M.*: Compounds im Abwasser, Z. Metalloberfläche 44 (1990) 5, S. 253–257

[3.33] *Hartinger, L.*: Handbuch der Abwasser- und Recyclingtechnik, 2. Aufl. München/Wien: Carl Hanser Verlag 1991

[3.34] *Böttcher, E.-J.*: Feuerverzinkung, Jahrbuch Oberflächentechnik, Bd. 45, 1989, S. 290

[3.35] *Kresse, J.*: Silikathaltige Produkte für die industrielle Reinigung, Jahrbuch Oberflächentechnik, Bd. 44, 1988, S. 14–47

[3.36] *Stäche, H.*: Tensid-Taschenbuch, 3. Aufl. München/Wien: Carl Hanser Verlag 1990

[3.37] Wasch- und Reinigungsmittelgesetz vom 5. März 1987 (BGB11, S. 875) und Tensidverordnung vom 30. Januar 1977, geändert durch VO vom 18. Juni 1980, vorn 4. August 1983 und vom 4. Juni 1986; siehe auch *Roth, H.*: Waschmittelgesetz. 3. Aufl. Berlin: Erich Schmidt Verlag 1989

[3.38] *Rossmann, C.*: Rationelle Vorbehandlung durch kontinuierlichen Betrieb von Entfettungsbädern, Z. Metalloberfläche 39 (1985) 2, S. 4 1–44

[3.39] *Rossmann, C.*: Untersuchungen zur Entsorgung und Regenerierung von alkalischen Entfettungslösungen, Z. Galvanotechnik 71 (1980) 8, S. 824–833

[3.40] *Jansen, G.*, und *Tervoort, J.*: Die alkalische Niedrigtemperatur-Entfettung, Z. Galvanotechnik 73 (1982) 6, S. 580–588

[3.41] *Böttcher, H.-J.*: Feuerverzinkung, Jahrbuch Oberflächentechnik, Bd. 40 (1984), S. 245

[3.42] *Wittel, K.*: Die Automatische Regelung von Vorbehandlungsbädern, Z. Metalloberfläche 40 (1986) 12,8.507–510

[3.43] *Wermke, A.*: *4-Elektroden-Technik bietet Vorteile, Z. Chemieanlagen + Verfahren 1991, H. 5*

[3.44] *Winkel, P.*: Wasser und Abwasser, 2. Aufl. Saulgau/Württ.: Eugen G. Leuze Verlag 1992

[3.45] *Kiechle, A.*: Methoden der Standzeitverlängerung wäßriger Reiniger, Z. JOT 31 (1991) 9, S. 62–68

[3.46] Camex Engineering AB, Norrköping, Schweden, Firmenschriften

[3.47] Projektbericht – Reststoffvermeidung durch ein biologisches Entfettungsspülbad in einer Feuerverzinkerei. Projektträger: Henssler GmbH & Co. KG, Feuerverzinkerei Beilstein

[3.48] *Amot, H.*, Rinsing and cleaning method fo industrial goods. Europ. Patentanmeldung 0588282

[3.49] *Schmid, H. R.*, und *Leonbacher, W.*: Reinigung und Korrosionschutz mit Neutralreinigern, Z. Oberfläche + JOT 1990, 6, S. 45–48

[3.50] *Stiefel, R.*: Halogenierte Kohlenwasserstoffe im Betrieb und in der Umwelt, Z. Metalloberfläche 41 (1987)3,5. 109–113

[3.51] *Langhammer, E.*: Beschichtungsflächen-Tabellen, 3. Aufl. Düsseldorf: Verlag Stahleisen mbH 1990

[3.52] *Süß, M.*: Technologische Maßnahmen zur Minimierung von Ausschleppverlusten, Z. Galvanotechnik 81 (1990) 11, S. 3873–3877

[3.53] *Süß, M.*: Bestimmung elektrolytspezifischer Ausschleppverluste, Z. Galvanotechnik 83 (1992) 2, S. 462–465

[3.54] *Sjoukes, F.*: Die Rolle des Eisens beim Feuerverzinken, Z. Metall 31 (1977) 9, S. 981–986

[3.55] W. Pilling Kesselfabrik Gmbh & Co. KG, Stahlbehälter für die chemische Oberfächenvorbehandlung in Feuerverzinkungsanlagen (April 2000), 5. Inhibitoren

[3.56] *Spillner, F.*: Die reaktionsbeschleunigende Wirkung von Fluoriden beim Beizen verzunderter Eisenteile, Z. Werkstoff u. Korrosion 18 (1967) 9, S. 784–793

[3.57] *Espenhahn, M.*, *Neier, W.*, *Büchel, E.*, und *Lohau, K.*: Zunderaufbau und Beizverhalten von Warmbreitband in Schwefelsäure, Z. Archiv Eisenhüttenwesen 47 (1976) 11, S. 679–684

[3.58] *Meuthen, B.*, *von Arnesen, J.-H.*, und *Engeil, H.-J.*: Das System Salzsäure-Eisen(II)-chlorid-Wasser und das Verhalten von warm gewalztem Stahlband beim Beizen in derartigen Lösungen, Z. Stahl und Eisen 85 (1965) 26, S. 1722–1729

[3.59] *Dahl, W.*: Einfluß der Walzbedingungen auf den Zunderaufbau und die Beizbarkeit von Warmband, Jahrbuch der Oberflächentechnik 15. Jg., 1959, S. 113–123

[3.60] *Machu, W.*: Oberflächenvorbehandlung von Eisen- und Nichteisenmetallen, 2. Aufl. Leipzig: Akademische Verlagsgesellschaft Geest & Portig K.-G. 1957

[3.61] Lexikon der Korrosion, Bd. l, 1971, Hrsg.: Mannesmannröhren-Werke

[3.62] *Vogel, O.*: Handbuch der Metallbeizerei, Bd. II, 2. Aufl. Weinheim/Bergstr.: Verlag Chemie GmbH 1951

[3.63] *Katzung, W:*, *Rittig, R.*:Zum Einfluss von Si und P auf das Verzinkungsverhalten von Baustählen. Z. Materialwissenschaften und Wekstofftechnik 28 (2997), S. 575–587

[3.64] *Nieth, F.*: Unregelmäßigkeiten im Zinküberzug auf feuerverzinkten Profilen, s. [3.18], S. 31–63

[3.65] *Horstmann, D.*: Fehlererscheinungen beim Feuerverzinken, 2. Aufl. Düsseldorf: Verlag Stahleisen mbH 1983

[3.66] *Fetter, F.*: Der Einfluß einer mechanischen Oberflächen-Vorbehandlung durch Strahlen auf das Verzinkungsverhalten siliziumhaltiger Stähle, Z. Metall 30 (1976) 4, S. 339–342

[3.67] *Hansel, G.*: Beitrag zur Feuerverzinkung von aluminiumberuhigten, unlegierten Stählen, Z. Metall 37(1987)9,5. 883–890

[3.68] *Hansel, G.*: Zum Einfluß der Topographie der Stahloberfläche auf die Ausbildung der Legierungsschichten bei der Feuerverzinkung. Z. Metalloberfläche 38 (1984) 8, S. 347–351

[3.69] *Kemey, U.*: Verwertungsmöglichkeiten für zinkhaltige Mischsäuren aus Feuerverzinkereien, Z. Metall 46 (1992) 9, S. 907–911

[3.70] *von der Dunk, G.*, und *Meuthen, B.*: Die Anwendung von chemischen und physikalischen Verfahren bei der Überwachung von schwefelsauren und salzsauren Beizbädern, Z. Stahl und Eisen, 82 (1962) 25, S. 1790–1796

[3.71] *Schmitt, G.*: H-induzierte Spannungsrißkorrosions-Inhibition der Beize und deren Kontrolle, Vertrags- und Diskussionsveranstaltung 1990 des GAV, 1991, 1. Aufl., Hrsg.: Gemeinschaftsausschuß Verzinken e. V. Düsseldorf

[3.72] *Förster, H. L.*: Verwertung und Behandlung von Abfällen aus der Galvanotechnik, Reports UBA-91–052 Wien 1991, Hrsg.: Umweltbundesamt Wien

[3.73] *Hake, A.*: Die Salzsäureregeneration — Verfahren, allgemeine Anwendung und Ergebnisse in einem Verzinkungsbetrieb, Z. Bänder Bleche Rohre, 1964, l, S. 9–13

[3.74] *Fischlmayr, E.*, *Schandl, E.*, und *Hojas, E.*: Vibrations-Drahtbeizanlage, Z. Draht 40 (1989) 10, S. 821–823 und 11, S. 891–894

[3.75] *Marcol, J.*: Das Beizen von Stahldraht wird optimiert, Z. Metalloberfläche 46 (1992) 11, S. 518–525

[3.76] *Schmitt, G., und Olbertz, B.:* Säureinhibitoren. II. Einfluß von quartären Ammoniumsalzen auf die Wasserstoffaufnahme von unlegiertem Stahl in H_2S-freier und H_2S-gesättigter Salzsäure, Z. Werkstoffe und Korrosion 35, 1984, S. 99–106

[3.77] *Schumann, H.:* Metallographie, 13. Aufl. Leipzig: Deutscher Verlag für Grundstoffindustrie 1991

[3.78] *Schröder-Rentrop, J.:* Entwicklung eines praxisgeeigneten Prüfverfahrens zur Bewertung des Wasserstoffgefährdungspotenzials von Salzsäurebeizen und Vergleich der Wirksamkeit von Inhibitoren. Bericht aus Z. Werkstofftechnik Band 2/2005

[3.79] *Horstmann, D.:* Wasserstoffaufnahme hochfester Schrauben beim Beizen in Salzsäure, Vortrags- und Diskussionsveranstaltung des GAV, Düsseldorf 1983

[3.80] *Paatsch, W.:* Galvanotechnische Prozeßführung zur Vermeidung der Wasserstoffversprödung hochfester Bauteile, Z. Galvanotechnik 81 (1990) 3, S. 825–833

[3.81] *Baukloh, W.,* und *Zimmermann, G.:* Wasserstoffdurchlässigkeit von Stahl beim elektrolytischen Beizen, Archiv f. d. Eisenhüttenwesen 9 (1936) 9, S. 459–465

[3.82] *Paatsch, W.:* Probleme der Wasserstoffversprödung hochfester Stähle durch Oberflächenvorbehandlungsverfahren, Jahrbuch Oberflächentechnik, Bd. 33, 1977

[3.83] *Bablik, H.:* Das Feuerverzinken. Wien: Verlag Julius Springer 1941

[3.84] *Meuthen, B.,* und *Dembeck, H.:* Überwachung und Regelung saurer Beizbäder und Spülwässer, Z. Bänder Bleche Rohre 1964, 10, S. 566–576

[3.85] *Hake, A.:* Das Beizen des Stahles mit Salzsäure und die totale Regenerierung der salzsauren, eisenchloridhaltigen Beizsäure und Spülwässer, Z. Österreichische Chemiker-Zeitung 68 (1967) S. 180–185

[3.86] *Renner, M.:* Feuerverzinken von Gußwerkstoffen, Z. Metalloberfläche 32 (1978) 3, S. 114–117

[3.87] *Weihrich, O.:* Das Feuerverzinken und die Vorbehandlung von Massenartikeln aus unlegierten Stahlblechen bis 1,2 mm Dicke, Z. Blech 1962, 5, S. 241–248

[3.88] *Högg, W.:* Titan-Gehänge in Feuerverzinkereien, Z. Metalloberfläche 40 (1986) 8, S. 320–321

[3.89] *Cephanecigil, C.:* Untersuchungen zur Verringerung der Umweltbelastung beim Feuerverzinken von Stahlteilen, Dissertation, Technische Universität Berlin, 1983

[3.90] *Schmidt, G. H..,* und *Schulz, W.-D.:* Zur Bildung von Zinkasche beim Feuerverzinken und zu Möglichkeiten ihrer Verminderung, Z. Metall 41 (1988) 9, S. 885

Normen

DIN EN ISO 1461, Ausgabe 1999–03. Durch Feuerverzinken auf Stahl aufgebrachte Zinküberzüge (Stückverzinken) – Anforderungen und Prüfungen.
DIN EN ISO 8200
DIN EN ISO 8501–1 bis -2: Vorbereitung von Stahloberflächen vor dem Auftragen von Beschichtungsstoffen – Visuelle Beurteilung der Oberflächenreinheit

- Teil 1, Ausgabe 2002–03: Rostgrade und Oberflächenvorbereitungsgrade von unbeschichteten Stahloberflächen und ganzflächigem Entfernen vorhandener Beschichtungen
- Beiblatt 1, Ausgabe 2002–03: Informative Ergänzung zu Teil 1: Repräsentative photographische Beispiele für die Veränderung des Aussehens von Stahl beim Strahlen mit unterschiedlichen Strahlmitteln
- Teil 2, Ausgabe: 2000–03: Oberflächenvorbereitungsgrade von beschichteten Oberflächen nach örtlichem Entfernen der vorhandenen Beschichtungen

DIN EN ISO 8503–1 bis -4: Vorbereitung von Stahloberflächen vor dem Auftragen von Beschichtungsstoffen – Rauheitskenngrößen von gestrahlten Stahloberflächen

- Teil 1, Ausgabe 1995–08: Anforderungen und Begriffe für ISO-Rauheitsvergleichsmuster zur Beurteilung gestrahlter Oberflächen
- Teil 2, Ausgabe 1995–08: Verfahren zur Prüfung der Rauheit von gestrahltem Stahl; Vergleichsmusterverfahren
- Teil 3, Ausgabe 1995–08: Verfahren zur Kalibrierung von ISO-Rauheitsvergleichsmustern und zur Bestimmung der Rauheit; Mikroskopverfahren
- Teil 4, Ausgabe 1995–08: Verfahren zur Kalibrierung von ISO-Rauheitsvergleichsmustern und zur Bestimmung der Rauheit; Tastschnittverfahren

DIN EN ISO 8504–1 bis -3: Vorbereitung von Stahloberflächen vor dem Auftragen von Beschichtungsstoffen – Verfahren für die Oberflächenvorbereitung

- Teil 1, Ausgabe 2002–01: Strahlen
- Teil 3, Ausgabe 2002–01: Reinigen mit Handwerkzeugen und mit maschinell angetriebenen Werkzeugen

DIN EN ISO 10238, Ausgabe 1996–11: Automatisch gestrahlte und automatisch fertigungsbeschichtete Erzeugnisse aus Baustählen
DIN EN ISO 11124–1 bis -4: Vorbereitung von Stahloberflächen vor dem Auftragen von Beschichtungsstoffen –Anforderungen an metallische Strahlmittel

- Teil 1, Ausgabe 1997–06: Allgemeine Einleitung und Einteilung
- Teil 2, Ausgabe 1997–10: Hartguss, kantig (Grit)
- Teil 3, Ausgabe 1997–10: Stahlguss mit hohem Kohlenstoffgehalt, kugelig und kantig (Shot und Grit)
- Teil 4 Ausgabe 1997–10: Stahlguss mit niedrigem Kohlenstoffgehalt, kugelig (Shot)

DIN EN ISO 11126–1 bis -8: Vorbereitung von Stahloberflächen vor dem Auftragen von Beschichtungsstoffen – Anforderungen an nichtmetallische Strahlmittel

- Teil 1, Ausgabe 1997–06: Allgemeine Einleitung und Einteilung
- Teil 3, Ausgabe 1997–10: Strahlmittel aus Kupferhüttenschlacke
- Teil 4, Ausgabe 1998–4: Strahlmittel aus Schmelzkammerschlacke
- Teil 5, Ausgabe 1998–4: Strahlmittel aus Nickelhüttenschlacke
- Teil 6, Ausgabe 1997–11: Strahlmittel aus Hochofenschlacke
- Teil 7, Ausgabe 1999–10: Elektrokorund
- Teil 8, Ausgabe 1997–11: Olivinsand

DIN EN ISO 12944-1 bis -4: Beschichtungsstoffe – Korrosionsschutz von Stahlbauten durch Beschichtungssysteme

- Teil 1, Ausgabe 1998–07: Allgemeine Einleitung
- Teil 2, Ausgabe 1998–07: Einteilung der Umgebungsbedingungen
- Teil 3, Ausgabe 1998–07: Grundregeln zur Gestaltung
- Teil 4, Ausgabe 1998–07: Arten von Oberflächen und Oberflächenvorbereitung

Gesetze und Verordnungen

ArbSchG: Arbeitsschutzgesetz

ChemG: Gesetz zum Schutz vor gefährlichen Stoffen

BImSchG: Bundes-Immissionsschutzgesetz, Gesetz zum Schutz vor schädlichen Umwelteinwirkungen durch Luftverunreinigungen, Geräusche, Erschütterungen und ähnliche Vorgänge

WHG: Wasserhaushaltsgesetz, Gesetz zur Ordnung des Wasserhaushalts

AbwAG: Gesetz über Abgaben für das Einleiten von Abwasser in Gewässer

Wassergesetz der Bundesländer

KrW-/AbfG: Gesetz zu Förderung der Kreislaufwirtschaft und Sicherung der umweltverträglichen Beseitigung von Abfällen

GefStoffV: Gefahrstoffverordnung, Verordnung zum Schutz von gefährlichen Stoffen

2. BimSchV: 2. Bundes-Immissionsschutzverordnung, Verordnung zur Emmissionsbegrenzung von leichtflüchtigen Halogenkohlenwasserstoffen

4. BimSch V: Verordnung über genehmigungsbedürftige Anlagen

5. BimSch V: Verordnung über Emmissionsschutz und Störfallbeauftragte

11. BimSch V: Emmissionserklärungsverordnung

12. BimSch V: Störfall-Verordnung

31. BimSch V: VOC-Verordnung

AbwV: Abwasserverordnung, Verordnung über Anforderungen an das Einleiten von Abwasser in Gewässer und zur Anpassung der Anlage des Abwasserabgabengesetzes

VwVwS: Verwaltungsvorschrift wassergefährdende Stoffe, Allgemeine Verwaltungsvorschrift zum Wasserhaushaltsgesetz über die Einstufung wassergefährdender Stoffe in Wassergefährdungsklassen

IndV: Indirekteinleitungsverordnung, Verordnung des Umweltministeriums über das Einleiten von Abwasser in öffentliche Abwasseranlagen

TA Luft: Technische Anleitung zur Reinhaltung der Luft

TA Lärm: Technische Anleitung zum Schutz gegen Lärm

TA Abfall: Technische Anleitung zur Lagerung, chemisch-physikalischen oder biologischen Behandlung Verbrennung und Ablagerung von besonders überwachungsbedürftigen Abfällen

GGVS: Gefahrgutverordnung Straße – Verordnung über innerstaatliche und grenzüberschreitende Beförderung gefährlicher Güter auf Straßen

Druckbehälter-Verordnung

VDI –Richtlinie 2579 (Entwurf Mai 2007)

Technische Regeln und Richtlinien für Gefahrstoffe (TRGS)

TRGS 201: Einstufung und Kennzeichnung von Abfällen und Beseitigung beim Umgang TRGS 220: Sicherheitsdatenblatt für gefährliche Stoffe

TRGS 222: Verzeichnis der Gefahrstoffe – Gefahrstoff-Verzeichnis

TRGS 402 Ermittlung und Beurteilung der Konzentration gefährlicher Stoffe in der Luft in Arbeitsbereichen

TRGS 404: Bewertung von Kohlenwasserstoffdämpfen

TRGS 500: Schutzmaßnahmen: Mindeststandards

TRGS 505: Blei und bleihaltige Gefahrstoffe

TRGS 507: Oberflächenbehandlung in Räumen und Behältern

TRGS 514: Lagern sehr giftiger und giftiger Stoffe in Verpackungen und ortsbeweglichen Behältern

TRGS 519: Asbest, Abbruch-, Sanierungs- und Instandhaltungsarbeiten

TRGS 555: Betriebsanweisung und Unterweisung nach § 20 GefStoffV

TRGS 900: Grenzwerte in der Luft am Arbeitsplatz „Luftgrenzwerte“

TRGS 901: Begründung und Erläuterung zu Grenzwerten in der Luft am Arbeitsplatz

Unfallverhütungsvorschriften

BGV A 1: Grundsätze der Prävention

BGV A 4: Arbeitsmedizinische Vorsorge

BGV A 8: Sicherheits- und Gesundheitsschutzkennzeichnung am Arbeitsplatz

BGV B 1: Umgang mit Gefahrstoffen

BGV D 25: Verarbeitung von Beschichtungsstoffen

BGV D 26: Strahlarbeiten

Anschlagmittel

Bindedraht

- Richtlinien der BG ZH 1 /411 Feuerverzinken
- Bindedraht muss für das Feuerverzinken geeignet sein und ist nur für einmalige Verwendung zulässig!

Beispiele für den Einsatz von Bindedraht:

- DIN 1652, Blanker Bindedraht kaltgezogen und weichgeglüht
- DIN 17100, Allgemeine Baustähle; Gütenorm St 33/37–2

Zugfestigkeit 300–450 N/mm^2, Gütenorm nach 17140, Toleranz nach DIN 17140,
Bruchdehnung (L_0= 5 x d_0): 25%, Grobkorn ist zu vermeiden!
Wickelprobe um einmal Drahtdurchmesser (min. 8 Windungen) ohne Bruch!

Rundstahlketten

BGR 150, Ausgabe April 1992, aktualisierte Fassung April 2004, ARMCO – Eisen, Güteklasse 2.
Herausgeber: Berufsgenossenschaft Metall Süd.
DIN 695 Güteklasse 1, BG ZH/323 (Säure- und Kesselbereich)
DIN EN 818/5; Güteklasse 4 (Säure- und Kesselbereich)
DIN 5688/1, BG ZH 1/323; Güteklasse 5 (Säure- und Kesselbereich)

4
Technologie der Feuerverzinkung und Schichtbildung

W.-D. Schulz, M. Thiele

Im Folgenden wird der zentrale Prozess der Feuerverzinkung – die Schichtbildung – beschrieben. Außer von der chemischen Zusammensetzung des zu verzinkenden Stahls, der Zinkschmelze und der Verzinkungstemperatur ist die zur Bildung des Zinküberzuges führende Eisen-Zink-Reaktion insbesondere auch von der Technologie der Feuerverzinkung abhängig. Obwohl in diesem Buch ausschließlich die Stückverzinkung nach DIN EN ISO 1461 [4.1] behandelt wird, soll der Vollständigkeit und Vergleichbarkeit halber zunächst auch kurz über die anderen üblichen Schmelztauchverfahren berichtet werden.

4.1
Verfahrenstechnische Varianten

Es wird unterschieden zwischen

- kontinuierlichen Verfahren (für Bandstahl und Draht) sowie
- diskontinuierlichen Verfahren (für abgelängte Profile, Konstruktions- und Kleinteile).

In allen Fällen ist es erforderlich, dass die Eisen- oder Stahloberfläche frei von arteigenen Stoffen (Rost, Zunder) und artfremden Stoffen (Öle, Fette, Reste von Beschichtungen, Schweißrückstände, Formsandreste bei Gussteilen, Reste von Ziehhilfsmitteln u. ä.) ist, d. h., es bedarf grundsätzlich einer Oberflächenvorbereitung.

Die Art der Oberflächenvorbereitung ist verfahrens- und produktabhängig. Sie kann aus einer Glühbehandlung (bei kontinuierlichen Verfahren üblich), aus einer Reinigung mittels wässriger Lösungen (bei diskontinuierlichen Verfahren üblich), aus einer mechanischen Reinigung (z. B. durch Strahlen) oder aus einer kombinierten Reinigung wässrig/mechanisch (z. B. durch Gleitschleifen) bestehen.

Handbuch Feuerverzinken. Herausgegeben von Peter Maaß und Peter Peißker

ISBN: 978-3-527-31858-2

4.1.1
Kontinuierliches Feuerverzinken von Bandstahl und Stahldraht

In modernen, kontinuierlich arbeitenden Bandverzinkungsanlagen läuft das Band vom Coil durch einen Glühofen mit Verbrennungs-, Oxidations- und Reduktionszone. Danach wird es unter Schutzgasatmosphäre der Zinkschmelze zugeführt (Abb. 4.1). Nach dem Austreten des Bandes aus der Zinkschmelze passiert es Abstreifwalzen oder -düsen, durch die der Zinküberzug vergleichmäßigt wird. Nach Durchlaufen einer Kühlstrecke wird das Band wieder aufgecoilt. Damit der Durchlauf durch den Glühofen und die Zinkschmelze kontinuierlich erfolgen kann, sind vor und hinter dem Zinkbad Schlingengruben angeordnet, in denen die erforderliche Bandreserve Platz hat, um am Beginn der Linie das Anschweißen des Bandanfangs an das Endes des vorherigen Coils und am Ende der Linie das Trennen zu ermöglichen. Es sind Durchlaufgeschwindigkeiten von bis zu 200 m/min und mehr möglich, je nach Dicke des Bandes und gewünschter Überzugdicke.

Die Breite des Bandes beträgt üblicherweise bis 1650 mm und die Blechdicke bis zu 3 mm. Die Dicke des Zinküberzuges ist in weiten Grenzen variierbar (etwa 5–40 µm), die Dickenangabe erfolgt meist in g/m^2, und zwar beidseitig, d. h. 10 µm entsprechen in etwa 140 g/m^2. Durch verfahrenstechnische Varianten ist auch ein nur einseitiges Verzinken oder ein Verzinken mit unterschiedlichen Überzugdicken auf beiden Seiten des Bandes realisierbar. Ebenso ist es möglich, die Zinkblumenbildung auf dem erstarrenden Überzug zu beeinflussen.

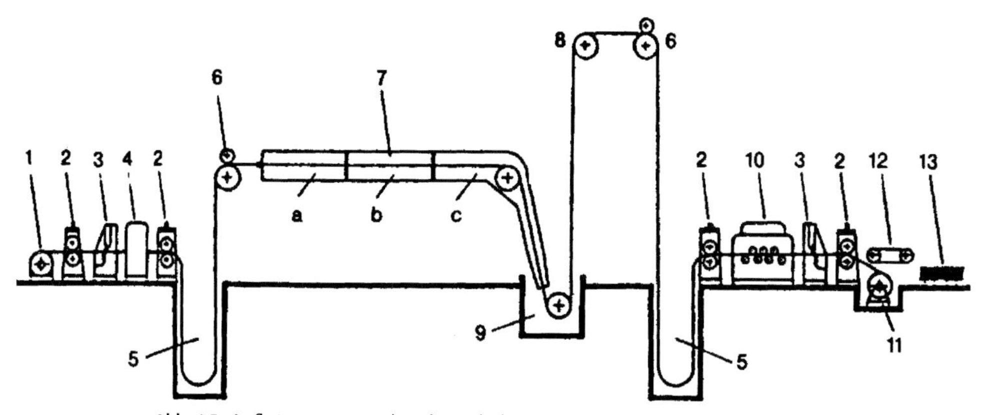

Abb. 4.1 Aufbringen von Schmelztauchüberzügen auf Band im kontinuierlichen Durchlauf, schematisch (Gemeinschaftsausschuß Verzinken e. V., Düsseldorf)

1	Abhaspelvorrichtung	8	Umlenkrolle
2	Antriebsrolle	9	Metallschmelzbad
3	Schere	10	Richtmaschine
4	Schweißmaschine	11	Aufwickelhaspel
5	Ausgleichsschlingengrube	12	Transportband
6	Treibrolle	13	Sortierung und Stapelung
7	Glühofen, a, b, c		

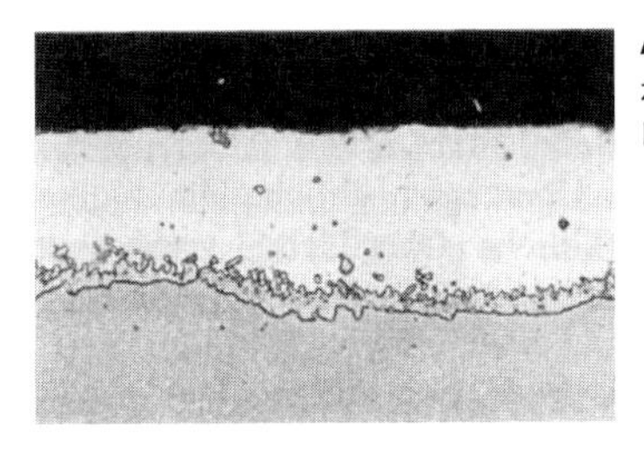

Abb. 4.2 Schliff durch einen Zinküberzug auf bandverzinktem Feinblech, Überzugdicke ca. 30 µm (Institut für Korrosionsschutz Dresden)

Als Folge der hohen Durchlaufgeschwindigkeit des Bandes ist die Reaktionsdauer zwischen Stahl und Zinkschmelze sehr kurz, was zur Folge hat, dass sich nur außerordentlich dünne Eisen-Zink-Legierungsphasen bilden (Abb. 4.2). Der überwiegende Teil des Überzuges besteht aus Zink entsprechend der Zusammensetzung der Zinkschmelze . Dies hat den Vorteil, dass das feuerverzinkte Band eine gute Kaltumformbarkeit aufweist. Das Band wird nach dem Verzinken je nach den Erfordernissen nachgewalzt, gerichtet, chemisch passiviert und/oder geölt.

Eine Variante des Bandverzinkens ist das „Galvannealing" (Kombination aus den englischen Worten „galvanizing" und „annealing"), bei dem das bandverzinkte Blech im Coil oder im kontinuierlichen Durchlauf (z. B. noch in der Verzinkungslinie) erwärmt wird. Durch dieses Diffusionsglühen wird der gesamte Zinküberzug gezielt in Eisen-Zink-Legierungsphasen umgewandelt, wodurch die Oberfläche ein mattgraues Aussehen aufweist. Dieses Produkt ist besonders geeignet für Anwendungen, bei denen gute Schweißbarkeit, Lackierbarkeit und Verklebbarkeit erforderlich sind.

Über die Liefermöglichkeiten (Rollen, Tafeln, Spaltband, Stäbe, Stahlsorten), Überzugarten (Zink, Zink-Eisen-Legierung), Zinkauflagen, Ausführung des Überzuges (übliche Zinkblume, kleine Zinkblume, Zink-Eisen-Legierung), Oberflächenart (übliche Oberfläche, verbesserte Oberfläche, beste Oberfläche), Oberflächenbehandlung (chemisch passiviert, geölt, chemisch passiviert und geölt, unbehandelt) und die Verarbeitung informieren die internationalen Normen [4.2] bis [4.6]. Seit einigen Jahrzehnten verwendet man als Überzugmetall auch Legierungen aus ca. 55 Masse-% Aluminium, 43,4 Masse-% Zink und 1,6 Masse-% Silicium, auf dem Markt bekannt geworden als „Galvalume", aber je nach Lizenznehmer auch unter zahlreichen anderen Namen im Handel.

Eine andere Entwicklung ist der Einsatz einer Legierung aus ca. 95 Masse-% Zink, 5 Masse-% Aluminium und Spuren der Mischmetalle Cer und Lanthan, bekannt geworden als „Galfan". Die Verfahrenstechnik der Aufbringung dieser Al-Zn- bzw. Zn-Al-Überzüge entspricht grundsätzlich Abb. 4.1.

Die Vorteile dieser Legierungsüberzüge liegen in einem z. T. verbesserten Umformverhalten und in einer höheren Korrosionsbeständigkeit bei Temperaturbelastung und bei atmosphärischer Korrosionsbelastung.

Die Einsatzgebiete bandverzinkter bzw. -legierverzinkter Feinbleche ohne oder mit zusätzlicher Bandbeschichtung liegen primär in der Bauindustrie, in der Automobil- und in der Haushaltgeräteindustrie sowie im Maschinenbau. In Deutschland werden jährlich mehr als 2 Mio. t feuerverzinkte und legierverzinkte Feinbleche erzeugt.

Auch das Drahtverzinken erfolgt im kontinuierlichen Durchlauf, wobei der Verfahrensablauf üblicherweise einer Mischung der Verfahrensabläufe nach Abb. 4.1 und Abb. 4.3 entspricht.

4.1.2
Stückverzinken

Das Stückverzinken erfolgt nach einem prinzipiellen Verfahrensablauf gemäß Abb. 4.3, und zwar heutzutage üblicherweise im „Trockenverzinkungsverfahren". Nur in Ausnahmefällen setzt man auch noch das ursprüngliche „Nassverzinken" ein.

Trockenverzinkungsverfahren
Beim modernen Trockenverzinken werden die separat durch Tauchen in eine wässrige Flussmittellösung mit Flussmittel beladenen Bauteile vor dem Verzinken in einem Trockenofen bei Temperaturen zwischen 60–120 °C gut getrocknet und anschließend in die Zinkschmelze eingefahren. Der Vorteil dieses Verfahrens ist die technisch einfache Handhabung, die Eignung des Verfahrens für große Bauteile und die weitgehende Freiheit des verzinkten Gutes von Flussmittelrückständen.

Nassverzinkungsverfahren
Bei der älteren Nassverzinkung ist ein Teil der Oberfläche der Zinkschmelze durch Flussmittel , z. B. in einem Profilrahmen, abgedeckt. Durch dieses wird das zu verzinkende Bauteil nass in die Zinkschmelze eingefahren und außerhalb des Flussmittelbereiches nach dem Verzinken wieder herausgefahren. Der Vorteil dieses Verfahrens ist, dass die Teile vor dem Verzinken nicht getrocknet werden müssen, was für Hohlkörper und Rohre günstig sein kann. Nachteilig ist, dass der Aluminiumgehalt der Zinkschmelze 0,002% nicht übersteigen darf, da es sonst zu Fehlstellen kommt (Schwarzfleckigkeit). Außerdem ist der Hartzinkanfall höher als beim Trockenverzinkungsverfahren.

Was die jeweils konkret anzuwendende Verzinkungstechnologie betrifft, so richtet sich diese nach der Art der zu verzinkenden Bauteile und den vorhandenen apparativen Möglichkeiten. Zu beiden Problemkreisen werden im jeweiligen Kapitel dieses Buches Hinweise gegeben. Eine allgemein gültige Vorschrift für das Stückverzinken zu formulieren ist auf Grund der Vielfalt der Einflussgrößen nicht

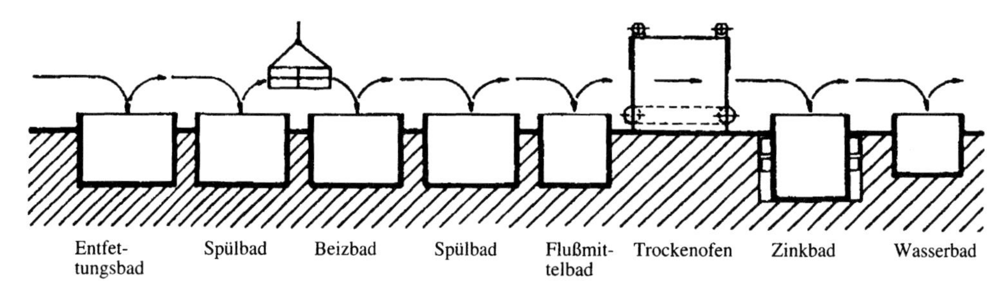

Abb. 4.3 Schematischer Ablauf des Stückverzinkens (Gemeinschaftsausschuss Verzinken e.V., Düsseldorf)

möglich. Trotzdem sollen im Folgenden einige prinzipielle Hinweise gegeben werden.

- Für das Stückverzinken gilt die Norm DIN EN ISO 1461, die in Abhängigkeit von der Materialdicke Überzugdicken von mindestens 45 bis 85 µm vorschreibt (siehe auch Abb. 4.4). Für feuerverzinkte Verbindungselemente, die grundsätzlich wegen der geforderten Paßfähigkeit nach dem Verzinken zentrifugiert werden, gilt DIN 267 Teil 10, die eine Überzugdicke von mindestens 40 µm fordert.
  DIN EN ISO 1461 schreibt unter Punkt 1 vor, dass eine Zinkschmelze zum Stückverzinken nicht mehr als 2% anderer Metalle enthalten darf. Im Punkt 4.1 der Norm wird diese Aussage dahingehend konkretisiert, dass die Summe der Begleitelemente mit Ausnahme von Eisen und Zinn 1,5 Masse% nicht übersteigen darf.
- Da die Oberflächenvorbereitung und auch das Feuerverzinken durch Tauchen der Werkstücke in die jeweiligen Flüssigkeiten bzw. Schmelze erfolgen, müssen diese Betriebsstoffe einwandfrei ein- und auslaufen und alle Bereiche eines Bauteils benetzen können. Die Konstruktion der Teile hat deshalb diesem Erfordernis Rechnung zu tragen und dabei auch die Größe der zur Verfügung stehenden Behälter bzw. Verzinkungskessel zu berücksichtigen.
- Die Oberflächenvorbereitung nach Abb. 4.3 kann in der Weise variieren, dass ggf. auf ein Einfetten verzichtet wird, Um den Beizprozess zu erleichtern kann auch ein Strahlreinigen diesem vorgeschaltet werden (z. B. wenn Beschichtungsreste oder Signierungen vorhanden sind, die von der Beizsäure nicht abgelöst werden oder bei Laserschnittflächen; auch die Verkürzung der Beizdauer kann ein Grund sein), Eine weitere Möglichkeit ist eine Reinigung durch Gleitschleifen dem Beizen vorzuschalten (z. B. bei Kleinteilen, die mit nur schwerentfernbaren Ziehhilfsmitteln oder bei geglühten Teilen mit Crackprodukten versehen sind).
  Um den Beizabtrag sowie eine Bauteilschädigung durch Wasserstoff zu minimieren sollte die Behandlungsdauer in sauren Vorbehandlungslösungen möglichst kurz gehalten werden. Der Einsatz von Inhibitoren ist in stark sauren Lösungen immer günstig, wobei die vom Hersteller angegebenen Einsatz-Konzentrationen unbedingt einzuhalten sind.
- Flussmittel aus Zinkchlorid/Ammoniumchlorid sind konzentriert einzusetzen, um deren Wirksamkeit zu sichern. Gehalte um 400 g/l sind in der Regel optimal. Einen wesentlichen Einfluss auf das Verzinkungsergebnis hat die Trocknung des mit Flussmittel beladenen Bauteils. Unvollständig getrocknetes, zu verzinkendes Gut neigt zur Aus-

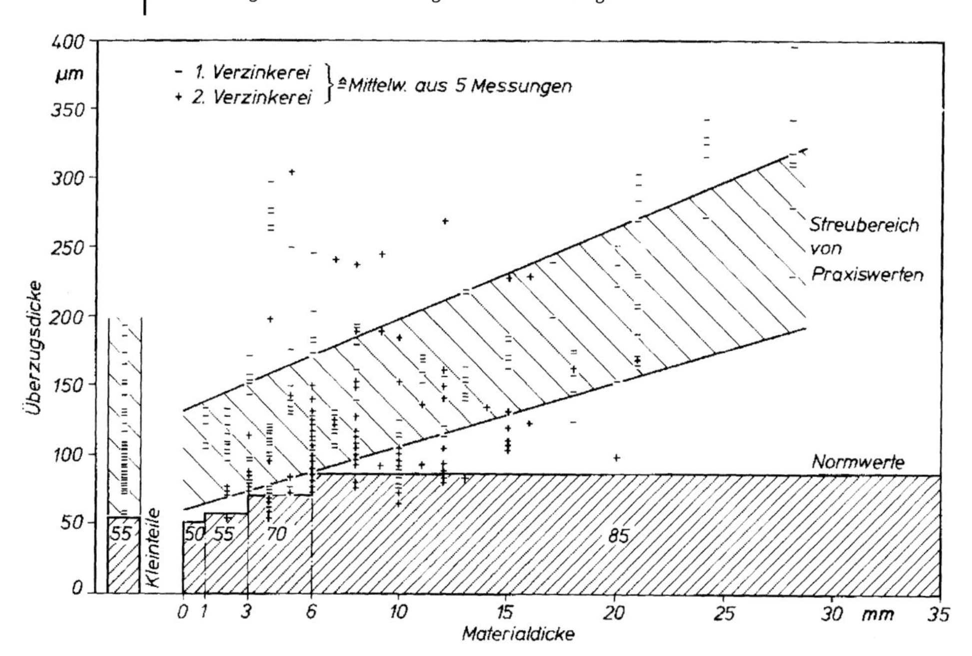

Abb. 4.4 Mindest-Überzugdicken nach DIN 50976 (jetzt DIN EN ISO 1461) und in zwei Stückverzinkungsbetrieben gemessene Überzugsdicken in Abhängigkeit von der Materialdicke (J.-P. Kleingarn [4.8])

bildung ungleichmäßiger, oft auch dicker und poriger Überzüge. Für eine ausreichende Trocknung ist es wichtig, dass die relative Luftfeuchtigkeit im Trockner (Trockengrube) unterhalb 40 % liegt. Klebrige Zinkasche hat ebenfalls ihre Ursache in einer. ungenügenden Trocknung bzw. in einer falschen Flussmittelzusammensetzung. Ein weiterer Effekt ist die erhöhte Zinkaschebildung.

- Die Oberfläche der auf normalerweise 440 bis < 460°C erwärmten Zinkschmelze (Normaltemperatur-Verzinkung) muss vor dem Eintauchen bzw. dem Ausziehen des Bauteils frei von Zinkasche sein. Das Abstreifen der auf der Zinkschmelzeoberfläche schwimmenden Zinkasche erfolgt zweckmäßigerweise in Längsrichtung des Verzinkungskessels. Das Tauchen der Bauteile in die Zinkschmelze soll möglicht zügig unter einem steilen Eintauchwinkel erfolgen. Anzustreben ist eine Geschwindigkeit von mindestens 5 m/min, wobei das Aufschwimmverhalten der Bauteile zu berücksichtigen ist.
  Die Bauteile müssen bis zum restlosen Abkochen des Flußmittels bzw. Temperaturausgleich in der Zinkschmelze verweilen. Als Faustregel kann etwa 30 Sekunden bis 1 1/2 Minuten pro mm Wanddicke genannt werden, je nach Bauteilart und -form. Während des Verzinkungsvorganges

sollte das Bauteil bewegt werden und zwar so, dass die entstehende Zinkasche nach oben abschwimmen kann.
Das Ausziehen des verzinkten Bauteils aus der Zinkschmelze muss relativ langsam erfolgen, um einen guten Zinkablauf und somit eine gleichmäßige Oberfläche zu gewährleisten (etwa 0,5 bis 1 m/min, abhängig von der Bauteilgestaltung). Mit einem Abstreifer ist die Oberfläche der Zinkschmelze ständig sauber zu halten. Zusammenlaufende Zinktropfen und -verdickungen an der Unterseite der Profile können mittels eines Abstreifers oder durch dosiertes Blasen mit Pressluft beseitigt werden.
Der Zinkverbrauch pro Tonne Verzinkungsgut hängt von der chemischen Zusammensetzung der Stähle ab, insbesondere von deren Si- und P-Gehalt (siehe später). Bei üblichem Sortiment variiert er zwischen 5 und 8 %.
Entsprechend dem Zinkverbrauch ist der Schmelze dosiert neues Zink zuzusetzen. Zur Gewährleistung des Sollgehaltes an Aluminium wird empfohlen, dieses in Form einer ZnAl-Legierung verteilt über den Kessel, eventuell in Körben in der Mitte der Schmelze zuzusetzen, um eine gute Verteilung zu erreichen. Diese ist wichtig, um eine unkontrollierte Anreicherung von Al zu vermeiden, die u. U. zu unverznkten Stellen (Schwarzfleckigkeit) auf dem verzinkten Bauteil führt. Der Al-Gehalt der Schmelze sichert den zinktypischen Glanz der Überzüge und führt bei Si-beruhigten Stählen zu einer – allerdings nur geringen – Verlangsamung des Schichtwachstums. Außerdem erhöht Aluminium die natürlich begrenzte Biegefestigkerit von Zinküberzügen auf dünnen Blechen.
Betreffs Aluminium in der Schmelze ist zu beachten, dass sich dieses wesentlich schneller verbraucht als vergleichsweise Zink (Verhältnis etwa 5:1). Das ist insbesondere bedingt durch dessen bevorzugte Oxidation an der Schmelzeoberfläche und die verstärkte Reaktion mit dem Flussmittel.
Zum Absenken der Oberflächenspannung der Zinkschmelze ist in zeitlichen Abständen die Zugabe von Blei und/oder Wismut zur Schmelze notwendig. Üblicherweise arbeitet man mit einem Bleisumpf, wodurch sich bei Verzinkungstemperatur eine Konzentration von etwa 1% Pb in der Schmelze einstellt. Einen ähnlichen Effekt kann man auch durch Zugabe von etwa 0,1% Wismut erreichen (a.a.St.). In diesem Fall bildet sich allerdings kein Sumpf am Boden des Kessels, wodurch die Konzentration durch Analysen ständig überwacht werden muss. Erhöhte Konzentrationen an Wismut sind zu vermeiden.

- Durch während der Verzinkung abschwimmende Eisen/Zink-Legierungsphasen sowie Reaktion mit der Kesselwandung bildet sich im Laufe der Zeit Hartzink (etwa 0,5 bis 1%, bezogen auf das Verzinkungsgut), welches sich nach und nach auf dem Kesselboden absetzt. Dieses Hartzink (ζ-Phase) ist von Zeit zu Zeit mit einem Hartzinkgreifer aus der Schmelze zu entfernen, um das ursprüngliche Arbeitsvolumen des Verzinkungskessels zu erhalten.

- Durch die Oxidhaut des der Schmelze zugegebenen Zinks und andere Umstände gelangen Verunreinigungen in die Zinkschmnelze, die den Verzinkungsprozess nachteilig beeinflussen. Da diese Verunreinigungen spezifisch leichter als Zink sind, schwimmen diese auf und können sich auf der Oberfläche des verzinkten Bauteils absetzten. Deswegen sind sie periodisch (täglich) zu entfernen. Das geschieht am besten durch sogenannte Ausschmelz-, Desoxidations- oder Raffinationssalze oder durch Einleiten von Inertgas (Stickstoff) in die Zinkschmelze. Während die Ausschwemm- und anderen Salze in der Zinkschmelze meist Wasser und Salzsäure abgeben und so durch chemische Reaktionen die Schmelze reinigen, beruht die Wirkung des Stickstoffs auf dem physikalisch bedingtem Aufschwemmen der spezifisch leichten Oxidverunreinigungen, wodurch diese dann als Asche abgezogen werden können. Die Gesamtmenge der anfallenden Zinkasche liegt bei 0,5 bis 1%, bezogen auf die Masse des eingesetzen Stahls.
- Nach dem Verzinkungsvorgang werden die Werkstücke i. d. R. an der Luft abgekühlt. Um sie vor Weißrost zu schützen, müssen sie gut belüftet gelagert werden, möglichst außerhalb der Reichweite der Hallenatmosphäre der Verzinkerei. Eine Nachbehandlung, z. B. Phosphatieren oder Chromatieren, erfolgt nur in Ausnahmefällen (primär bei Kleinteilen wie Verbindungselementen u. ä.).
- Werden Kleinteile feuerverzinkt, so werden diese oft zentrifugiert, um überschüssiges Zink abzuschleudern, Bohrungen passfähig oder Gewinde gängig zu machen. Derartige Teile werden als Schüttgut in Schleuderkörben durch die Verzinkungsanlage geführt und direkt nach dem Ausziehen aus der Zinkschmelze in eine Zentrifuge eingesetzt, wo sie – je nach Produkt und nach Masse im Korb – mit 400 bis 1000 Umdrehungen/Minute geschleudert werden. Fallen große Mengen derartiger Kleinteile an, verwendet man meist teil- oder nahezu vollautomatisierte Spezialanlagen.

4.1.3 Sonderverfahren

Das Rohrverzinken, normiert in DIN EN 10240 [4.7], erfolgt in Analogie zu Abb. 4.3 in teilautomatisierten Anlagen. Der einzige verfahrenstechnische Unterschied liegt darin, dass üblicherweise der Flussmittelbehälter und der Trockenofen entfallen.

Die Rohre werden dem Zinkbad also nicht mit aufgetrocknetem Flussmittelfilm („Trockenverzinken") zugeführt, sondern sie kommen vom Spülbad nass an und werden durch eine auf der Zinkschmelze schwimmende Flussmitteldecke in die Zinkschmelze eingeführt („Nassverzinken").

Während des Ausziehvorgangs (in einem flussmittelfreien Oberflächenbereich der Zinkschmelze) durchlaufen die Rohre eine Ringdüse, in der ein Abblasen überschüssigen Zinks von der Rohraußenseite erfolgt. Direkt nach Durchlaufen dieser Düse werden die Rohre einer Ausblasvorrichtung zugeführt, wo der Zinküberzug innen mit einem Wasserdampf-Druckstoß geglättet wird. Sofern die Rohre für Trinkwasserinstallationen Verwendung finden sollen, ist zu beachten, dass

- die Rohre keinen Innengrat vom Schweißen aufweisen dürfen,
- die Begleitelemente im Zinküberzug aus korrosionschemischen und/oder hygienischen Gründen limitiert sind,
- die Rohre nach dem Verzinken in Längsrichtung fortlaufend gekennzeichnet werden müssen,
- eine Eigen- und Fremdüberwachung gegeben sein müssen.

4.2 Die Schichtbildung beim Feuerverzinken von Stückgut zwischen 435 °C und 620 °C

4.2.1 Allgemeines

Grundlage für die Schichtbildungsvorgänge beim Stückverzinken sind die Reaktionen zwischen Zink und Eisen. Durch wechselseitige Diffusion bilden sich intermetallische Fe-Zn-Phasen. Einen umfassenden Überblick gibt Horstmann in [4.10]. Er geht davon aus, dass die Reaktionen zwischen Eisen und Zink immer in Richtung des thermodynamischen Gleichgewichtes ablaufen, welches in Abb. 4.5 wiedergegeben ist und die Abhängigkeit der chemischen Zusammensetzung von der Temperatur zeigt.

Eine wesentliche Beobachtung beim Feuerverzinken wurde von Bablik bereits 1940 gemacht [4.11]. Er stellte fest, dass das Schichtwachstum auf den damals üblicherweise unberuhigten Stählen zwischen 430 °C und 490 °C nach einem parabolischen, gebremsten Zeitgesetz nach Gl. 4.1 abläuft, ab 490 °C nach einem linearen Zeitgesetz nach Gl. 4.2, und ab 530 °C wieder parabolisch.

$$S_d = k_1 \sqrt{(k_2\, t)} \qquad \text{Gl. 4.1}$$

S_d = Schichtdicke
k = Konstanten
t = Verzinkungsdauer

$$S_d = b\, t \qquad \text{Gl. 4.2}$$

b = stahlabhängige Konstante

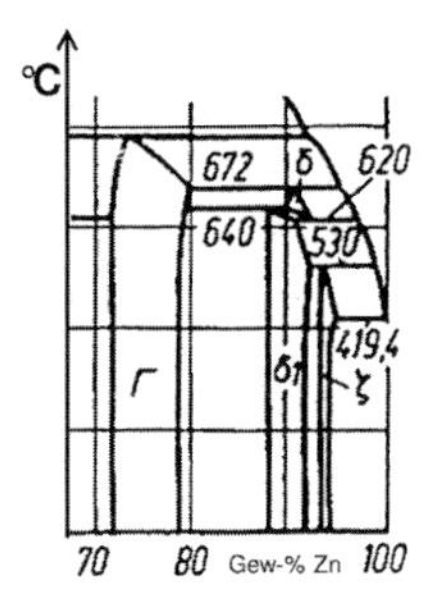

Abb. 4.5 Ausschnitt des Zustandsschaubildes Eisen-Zink

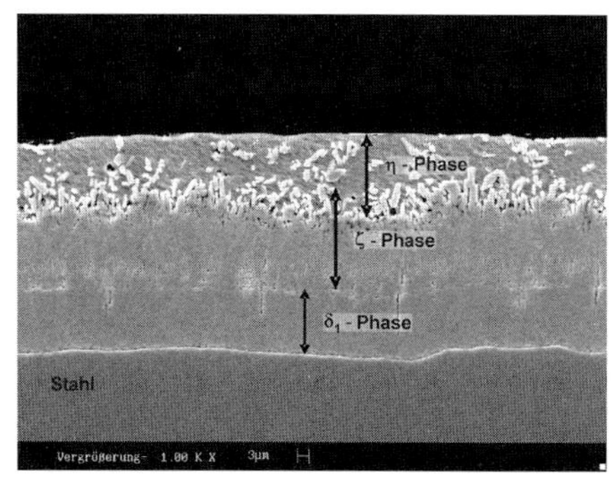

Abb. 4.6 Aufbau eines im Schmelztauchverfahren hergestellten Zinküberzuges
η = 0,08% Fe
ζ = 6,0–6,2% Fe
δ_1 = 7,0–11,5% Fe
Γ = 21–28% Fe (im Bild nicht sichtbar)

Der Grund für diese starke Temperaturabhängigkeit des Schichtwachstums ist nach [4.10] u. a. die Reaktion von reinem α-Eisen mit Zink, wobei bei Temperaturen bis zu 490 °C dichte, fest am Eisen haftende Legierungsschichten gebildet werden, die aus einer sehr dünnen, meist kaum nachweisbaren Γ–Phase, einer darüber liegenden dickeren δ_1-Phase und einer sich daran anschließenden ζ-Phase bestehen, aus der ständig Kristalle sich lösen und abschwimmen. Abgeschlossen wird der Überzug, der bei diesen Verzinkungstemperaturen entsteht, von der η-Phase, die der Zinkschmelze entspricht. Abb. 4.6 zeigt ein Schema.

Zwischen 490 °C und 530 °C kommt es dann infolge des Wechsels der Reaktionsart zum linearen Schichtwachstum, da sich auf dem Stahl keine dichte δ_1-Phase mehr bildet (Bablik-Effekt). Über 530 °C ist nur die δ_1-Phase beständig, sie bildet sich kompakt aus, wodurch die Reaktionsart erneut zum parabolischen, diffusionsgesteuerten Wachstum übergeht.

Neben der Abhängigkeit von der Tauchdauer und vor allem von der Schmelzetemperatur hängt das Schichtwachstum außerdem von der Art des Stahles ab. Der klar dominierende Faktor ist dabei dessen Silizium-Gehalt. Weiterhin wird noch

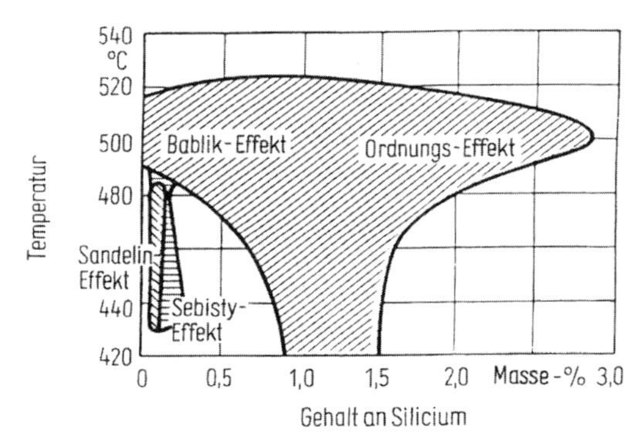

Abb. 4.7 Gebiete mit linearem Schichtwachstum [4.10]

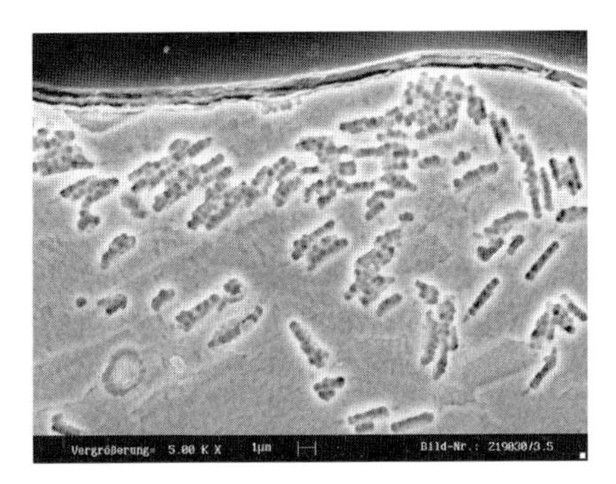

Abb. 4.8 REM-Aufnahme mit aneinandergereihten Porenketten im Zinküberzug, wie sie für absorbierten, molekularen Wasserstoff typisch sind [4.16]

dem Phosphor eine deutliche und ähnliche Wirkung attestiert (Si + P). Aus neueren Untersuchungen von Katzung [4.12] geht hervor, dass insbesondere bei Si-Gehalten unter 0,035% der P-Einfluss signifikant ist, was bei Voraussagen oder Erklärungen des Verzinkungsverhaltens zu berücksichtigen ist. Unterhalb 0,015–0,020% P kann dessen Einfluss allerdings in der Regel vernachlässigt werden.

Die Wirkung des Siliziums im Stahl wurde erstmals umfassend von Bablik [4.13], Sandelin [4.14] und Sebisty [4.15] beschrieben. Sie stellten fest, dass Silizium ein Schichtwachstum nach linearem Zeitgesetz auslöst, mit der Ausnahme eines parabolischen – also gehemmten – Schichtwachstums im Sebisty-Bereich bei Verzinkungstemperaturen oberhalb von 450 °C, was in der Literatur allgemein als Sebisty-Effekt bezeichnet wird. Die Abb. 4.7 gibt diesen Kenntnisstand durch die Kennzeichnung der Bereiche mit linearem Wachstum wieder [4.10]. Eine Erklärung für dieses Verhalten oder für einen dieser Effekte geben die Autoren nicht.

Schubert und Schulz [4.16] fanden durch genaue rasterelektronenmikroskopische Untersuchungen, dass Stähle beim Feuerverzinken in Abhängigkeit von ihrem Si-Gehalt unterschiedlich den beim Beizen aufgenommenen Wasserstoff wieder abgeben (Abb. 4.8). Unter Berücksichtigung der Tatsache, dass Silizium im Stahl bekannterweise die Wasserstoffdiffusion beeinflusst, stellten die Autoren für die

Vorgänge beim Feuerverzinken im Normaltemperaturbereich zwischen 440 und 460 °C und in konventioneller, eisen- und bleigesättigter Zinkschmelze die folgende Hypothese auf:

Niedrigsilizium-Bereich (< 0,035% Si)
Die reine, gasfreie α-Eisen-Randzone von unberuhigtem Stahl reagiert mit großer Reaktivität mit Zink aus der Schmelze, was zur schnellen Bildung einer δ_1-Schicht führt. Im Verlauf der Reaktion reißt der stoffliche Verbund zwischen dem Stahl und der δ_1-Schicht weitestgehend ab und es kommt zur Ausbildung eines Spaltes zwischen Stahl und Überzug (siehe Abb. 4.17). Dadurch wird der Stofftransport stark behindert und die Verzinkungsgeschwindigkeit sinkt auf den für derartige Stähle typischen Wert ab. Als Ursache für dieses Verhalten kommen entweder die Unfähigkeit der kompakten δ_1-Phase, einem sich ändernden Phasengrenzverlauf zu folgen oder Gase wie Wasserstoff infrage, die aus dem Inneren des Stahles verzögert zur Oberfläche diffundieren und bei ihrem Austritt (Effusion) infolge von Druckaufbau den Verbund der starren und dicken δ_1-Schicht mit dem Stahlgrundwerkstoff beeinträchtigen. Im weiteren Verzinkungsverlauf manifestiert sich der Spalt, was sich im dauerhaft parabolischen Zeitgesetz des Schichtwachstums äußert.

Beim siliziumarmen, aluminiumberuhigten Stahl gibt es zwar keine Randschicht aus α-Eisen, doch sind die Verhältnisse ähnlich, da ein Al-Gehalt die Wasserstoffeffusion aus dem Stahl fördert und bei Erwärmung somit zunächst eine wasserstoffarme Randschicht entsteht mit vergleichbaren Folgen für die Schichtbildung beim Feuerverzinken [4.17, 4.18].

Sandelin-Bereich (0,035–0,12% Si)
Infolge des Fehlens einer gasarmen Randschicht aus α-Eisen unterbleibt die Bildung der kompakten δ_1-Phase und des Spaltes zu Beginn des Verzinkungsvorganges. Der Überzug wächst gleichmäßig und schnell nach einem linearen Zeitgesetz (Sandelin-Effekt). Gleichzeitig setzt sofort nach dem Eintauchen des Stahls in die Schmelze die Abgabe von Wasserstoff ein. Der austretende Wasserstoff bewirkt einen zügigen Abtransport der Fe/Zn-Legierungsschichten aus der Reaktionszone Stahl/Überzug und eine Auflockerung der entstehenden Struktur. Von großem Einfluss auf die Dicke der Überzüge ist die Schmelzetemperatur. Mit sinkender Temperatur verschwindet das Sandelin-Maximum aufgrund der zurückgehenden Wasserstoffeffusion. Dadurch erfolgt der Abtransport der Legierungsteilchen verzögert und es können sich dichtere Legierungsschichten bilden.

Sebisty-Bereich (0,12–0,28% Si)
Im Sebisty-Bereich ist die Temperaturabhängigkeit der Schichtbildung von primärer Bedeutung. Aus Abb. 4.7 und deutlicher aus Abb. 4.13 lässt sich ablesen, dass mit steigender Schmelzetemperatur die Verzinkungsgeschwindigkeit sinkt (Sebisty-Effekt). Bei 460 °C beträgt sie nur noch rund 25% des Wertes bei 440 °C. Verständlich wird der Effekt dadurch, dass ab 450 °C im Bereich der Phasengrenze erneut δ_1-Phase und eine Art Spalt sichtbar werden, durch die der Materialtransport zwischen Stahl und Zinküberzug behindert wird. Der Grund dafür ist wahrscheinlich, dass

Tab. 4.1 Si- und P-Gehalt der Stahlsorten (warmgewalzt)

Stahlsorte	Niedrigsilizium-Stahl	Sandelin-Stahl	Sebisty-Stahl	Hochsilizium-Stahl
Materialdicke	10 mm	3 mm	10 mm	12 mm
Si [%]	< 0,01	0,08	0,17	0,32
P [%]	< 0,015	< 0,025	< 0,015	< 0,015

infolge des Si-Gehaltes des Stahles die Wasserstoff-Nachdiffusion aus dem Stahlinneren die Wasserstoff-Effusion aus der Randschicht nicht ausgleichen kann und es unmittelbar vor dem Verzinken zumindest kurzzeitig zu einer wasserstoffverarmten Randschicht kommt, die sehr reaktiv ist und mit Zink eine kompakte δ_1-Schicht bildet [4.18].

Hochsilizium-Bereich (> 0,28% Si)
Durch den erhöhten Si-Gehalt im Stahl hat die Neigung der Stahloberfläche zur Wasserstoffeffusion stark abgenommen. Die Struktur des Zinküberzugs im Hochsilizium-Bereich wird folglich nicht mehr vom effundierenden Wasserstoff beeinflusst (Erklärung siehe später).

In späteren Arbeiten [4.18] erweiterten die Autoren ihre Aussage auf das Temperaturgebiet 435–620 °C und beschreiben somit sowohl das Gebiet der Normaltemperatur-Verzinkung (NT) als auch das der Hochtemperaturverzinkung (HT), das ab 530 °C beginnt. Im Folgenden werden die Ergebnisse dieser Arbeiten auszugsweise wiedergegeben und auch die aus ihnen entwickelte Theorie der Feuerverzinkung von Stückgut übernommen. Details müssen der Originalliteratur vorbehalten bleiben. Eine ausführliche und detaillierte Gesamtdarstellung der Problematik mit vielen Folgen und Anregungen für die Praxis geben z. B. Schulz und Thiele in [4.19].

Die im Folgenden dargestellten Zusammenhänge beziehen sich auf Stähle nach **Tab. 4.1**.

4.2.2
Einfluss der Schmelzetemperatur und der Tauchdauer auf die Schichtdicke

Die Abb. 4.9a bis 4.9d [4.18] zeigen das Schichtwachstum in Abhängigkeit von der Tauchdauer. Auf Niedrigsilizium-Stahl nach **Tab. 4.1** mit weniger als 0,035% Si (Abb. 4.9a) entstehen bis auf die Verzinkung bei 500 °C stets dünne Zinküberzüge unter 120 µm nach einem parabolischen Zeitgesetz. Bei einer Verzinkungstemperatur bis 460 °C liegt die Schichtdicke sogar immer unter 100 µm. Auffällig ist das strikt lineare Wachstum des Überzuges bei etwa 500 °C mit einer ca. dreifach höheren Wachstumsgeschwindigkeit als im Normaltemperaturbereich. Bei kurzer Tauchdauer von ca. 1 Minute sind die Überzüge unabhängig von der Temperatur immer unter 80 µm dünn. Das trifft auf alle untersuchten Stähle zu.

Die Abb. 4.9b zeigt das Wachstumsverhalten der Zinküberzüge auf Stahl im Sandelin-Bereich (0,035–0,12% Si). Die höchsten Wachstumswerte treten im

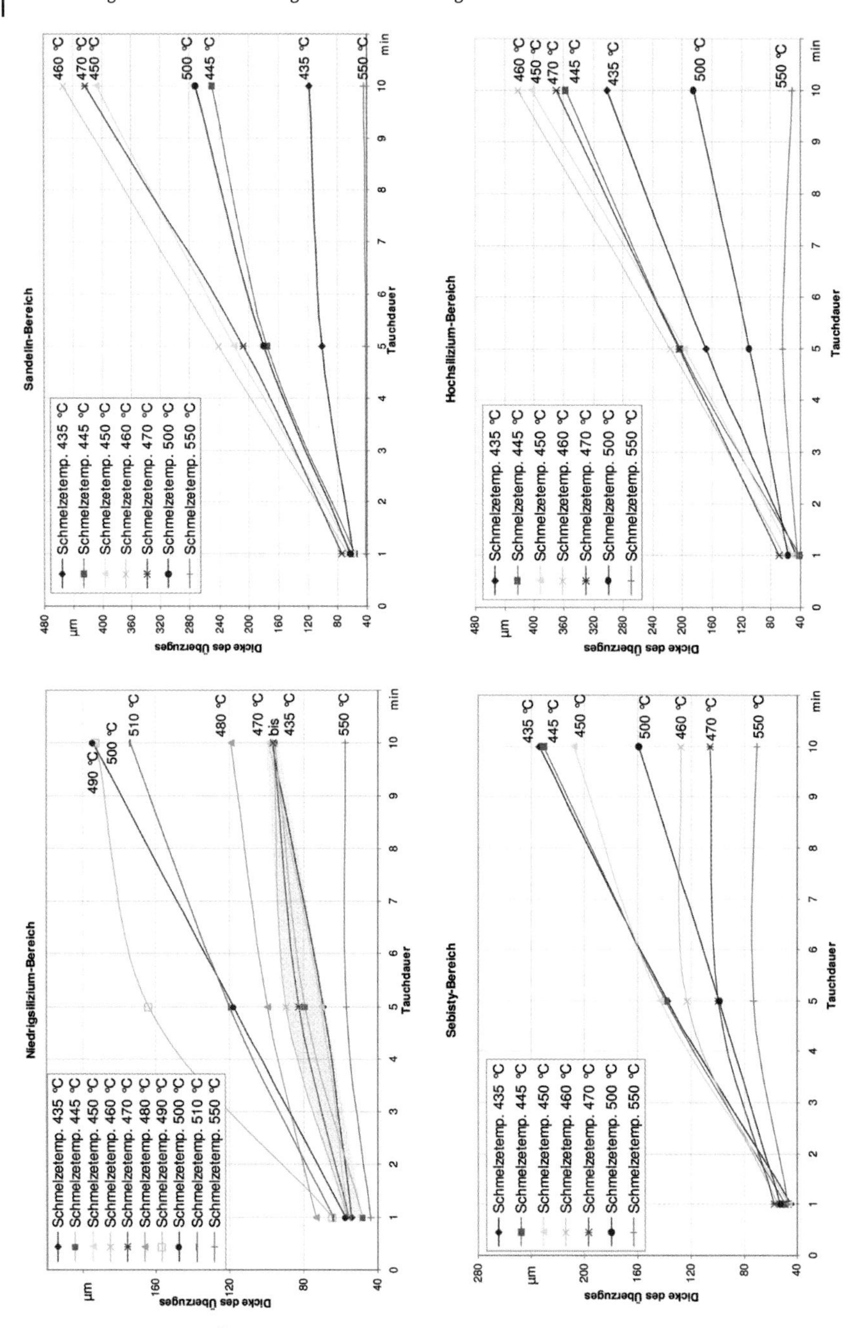

Abb. 4.9a–d Dicke der Überzüge in Abhängigkeit von der Tauchdauer [4.17]
a: Stahl im Niedrigsilizium-Bereich (Si < 0,035 %)
b: Stahl im Sandelin-Bereich (0,035–0,12 % Si)
c: Stahl im Sebisty-Bereich (0,12–0,28 Si)
d: Stahl im Hochsilizium-Bereich (Si > 0,28 %)

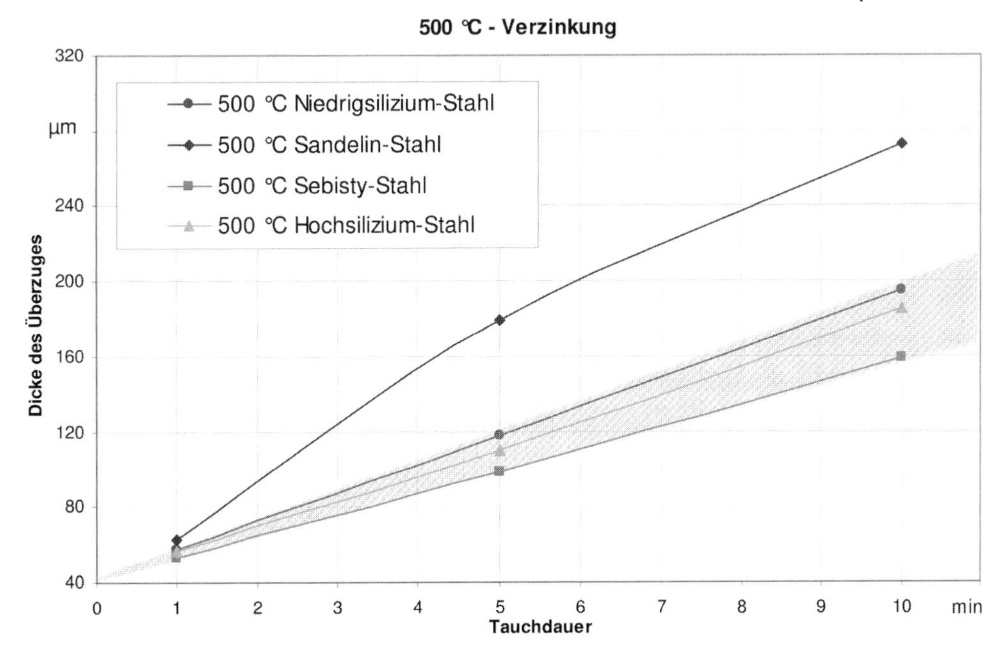

Abb. 4.10 Dicke der Überzüge in Abhängigkeit der Tauchdauer bei 500 °C Schmelzetemperatur [4.17]

Normaltemperaturbereich zwischen 450 °C und 470 °C auf mit etwa 45 µm/min bei 460 °C (Sandelin-Effekt). Mit Ausnahme der niedrigen und hohen Temperaturen (435 °C und 550 °C) verläuft das Schichtwachstum linear. Das bedeutet, dass keinerlei Hemmungen oder begrenzende Faktoren die Eisen-Zink-Reaktion stören. Bei 550 °C entstehen auf dem sonst so reaktiven Stahl unabhängig von der Tauchdauer immer nur ca. 40 µm dicke Überzüge, eine Erscheinung, die generell für das Hochtemperaturverzinken ab 530 °C gilt.

Im Sebisty-Bereich (0,12–0,28% Si) werden die höchsten Schichtdicken erstaunlicherweise bei den niedrigsten Verzinkungstemperaturen (435 °C bzw. 445 °C) beobachtet (Abb. 4.9c), die Schichtdicken sinken mit steigender Schmelzetemperatur (Sebisty-Effekt). Mit starkem, linearen Wachstumsverhalten bildet wieder die Verzinkung bei 500 °C eine Ausnahme. Im Hochtemperaturbereich um 550 °C geht die Wachstumsgeschwindigkeit stark zurück und die Überzugsdicke liegt bei etwa 70 µm.

In der Abb. 4.9d sind die Verhältnisse für Stahl im Hochsilizium-Bereich (> 0,28% Si) dargestellt. Die höchste Wachstumsgeschwindigkeit wird bei 460 °C erreicht, mit einem nur geringfügig niedrigeren Wert von 40 µm/min als im Sandelin-Bereich. Das Schichtwachstum verläuft nach einem linearen Zeitgesetz, mit Ausnahme der Hochtemperaturverzinkung, wo bei allen untersuchten Stählen ein parabolisches Zeitgesetz festzustellen ist. Dieses bedingt die niedrige Schichtdicke von ca. 60 µm oberhalb 530 °C.

Die Abb. 4.10 vergleicht nur die Schichtdicken der 500 °C Verzinkung. Auf allen vier Stählen wachsen die Überzüge nach einem linearen Zeitgesetz, wobei der

Sandelin-Stahl signifikant die höchste Wachstumsgeschwindigkeit besitzt. Die Ursache dafür sollte aus Sicht der Wasserstofftheorie der Schichtbildung an dem postulierten stetigen und starken Wasserstoffaustritt des Stahles im Sandelin-Bereich liegen. Aus der Abb. 4.10 wird auch ersichtlich, dass die Reaktionskinetik bei etwa 500 °C für alle untersuchten Stähle ähnlich ist, d. h. die Baustähle verzinken nach gleichem, das lineare Zeitgesetz auslösenden Mechanismus.

Neben der zeitabhängigen gibt auch die temperaturabhängige Darstellung übersichtlich die Zusammenhänge wieder. Die Abb. 4.11a–d stellen den Schichtdickenverlauf in Abhängigkeit von der Schmelzetemperatur dar. In Abb. 4.11a ist der im Niedrigsilizium-Bereich markante Anstieg der Reaktivität bei 490–510 °C gut zu erkennen. Bei sehr kurzer (einminütiger) Verzinkung existieren noch keine Schichtdickenunterschiede. Bemerkenswert ist auch, dass so gut wie keine Temperaturabhängigkeit der Schichtdicken im Normaltemperaturbereich zwischen 435 und 460 °C vorhanden ist.

Die Abb. 4.11b zeigt die Temperaturabhängigkeit des Schichtwachstums auf Sandelin-Stahl. Die schon diskutierten besonders hohen Wachstumswerte im Sandelin-Maximum bei 460 °C sind dabei markant. Kurzes Tauchen minimiert diesen Effekt, ein deutliches Sandelin-Maximum tritt erst bei einer Tauchdauer $\geq$ 5 Minuten auf. Bei 550 °C entstehen unabhängig von der untersuchten Tauchdauer gleiche und niedrige Überzugsdicken.

Die Charakteristik des Stahls im Sebisty-Bereich wird in Abb. 4.11c deutlich. Bei 10 Minuten Tauchdauer ist im Normaltemperatur-Bereich der Sebisty-Effekt stark ausgeprägt, d. h. zwischen 450 °C und 470 °C tritt ein deutlicher Schichtdickenabfall ein. Der Temperaturbereich bei 500 °C und der Hochtemperaturbereich bei 550 °C sind wieder gesondert zu betrachten, da offensichtlich völlig andere Wachstumsbedingungen gegeben sind. Alle typischen Schichtdicken-Effekte bilden sich auch hier erst oberhalb von 5 Minuten Tauchdauer deutlich sichtbar aus.

Das Ergebnis der Verzinkung im Hochsilizium-Bereich (Abb. 4.11d) ähnelt hinsichtlich der Schichtdicken sehr dem Sandelin-Bereich. Auf die deutlichen Unterschiede im Gefügeaufbau und ihre Ursachen wird noch eingegangen.

Eine übliche graphische Darstellung ist die Abhängigkeit der Schichtdicke vom Silizium-Gehalt des Stahls (Abb. 4.12). Bei dieser Darstellung ist allerdings zu beachten, dass das Verzinkungsverhalten der Stähle in Abhängigkeit vom Si-Gehalt nach unterschiedlichen Mechanismen verläuft und es sich dabei eher um vier Einzelzustände handelt, die streng mathematisch gesehen nicht durch einen durchgehenden Kurvenverlauf dargestellt werden können. Die Tatsache, dass das aber trotzdem gemacht wird bzw. wahrscheinlich aus Praxissicht auch gar nicht anders möglich ist, täuscht Kontinuität vor, wo eigentlich diskrete Einzelzustände zu diskutieren sind.

Die vier beschriebenen Beispiel-Stähle unterscheiden sich in ihrem Verzinkungsverhalten bei 500 °C nur wenig und bei 550 °C, also im Hochtemperatur-Bereich, gar nicht mehr. Im Normaltemperaturbereich, speziell zwischen 435 und 460 °C, sind alle bekannten Phänomene im Verzinkungsverhalten der Stähle deutlich ausgebildet (Abb. 4.13, Detail). Dabei handelt es sich um das Sandelin-Maximum, den Sebisty-Effekt, die fehlende Temperaturabhängigkeit im Niedrigsilizium-Bereich und die relativ hohen Schichtdicken im Hochsilizium-Bereich.

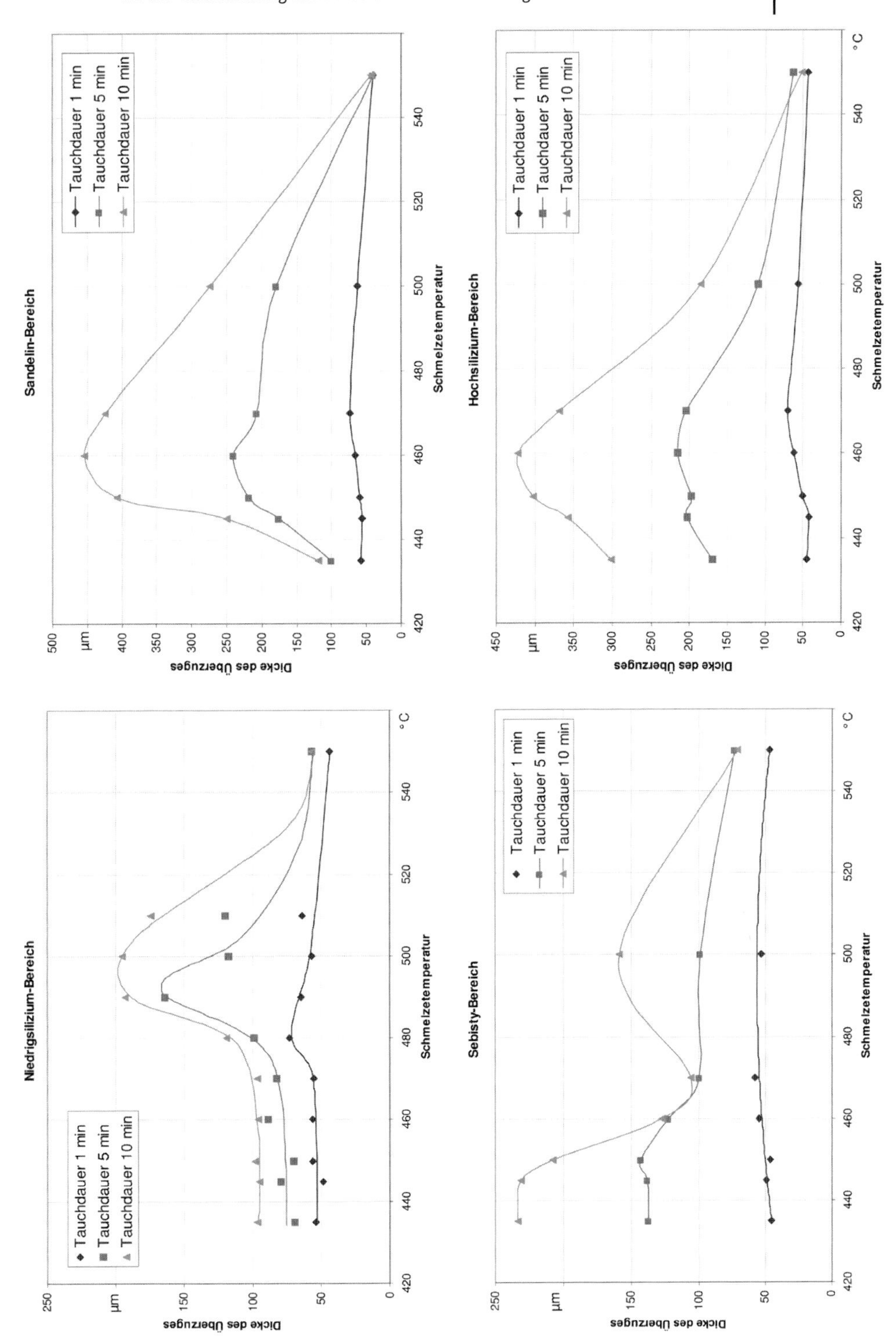

Fig. 4.11a–d Dicke der Überzüge in Abhängigkeit von der Tauchdauer [4.17]
a: Stahl im Niedrigsilizium-Bereich (Si < 0,035%)
b: Stahl im Sandelin-Bereich (0,035–0,12% Si)
c: Stahl im Sebisty-Berich (0,12–0,28% Si)
d: Stahl im Hochsilizium-Bereich (Si > 0,28%)

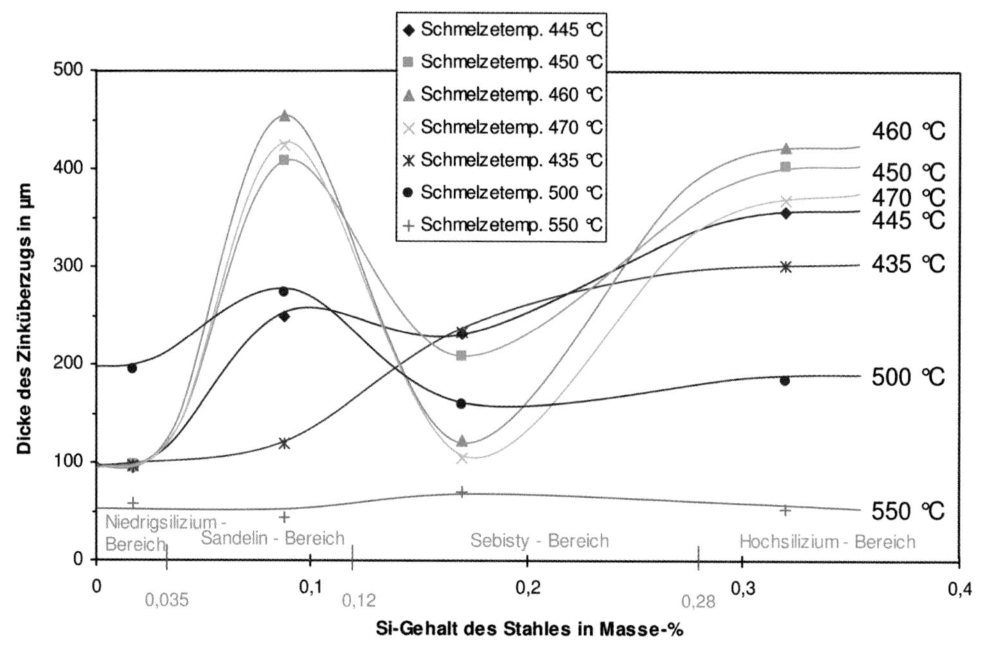

Abb. 4.12 Dicke der Überzüge in Abhängigkeit vom Si-Gehalt im Stahl bei 10 Minuten Tauchdauer [4.17]

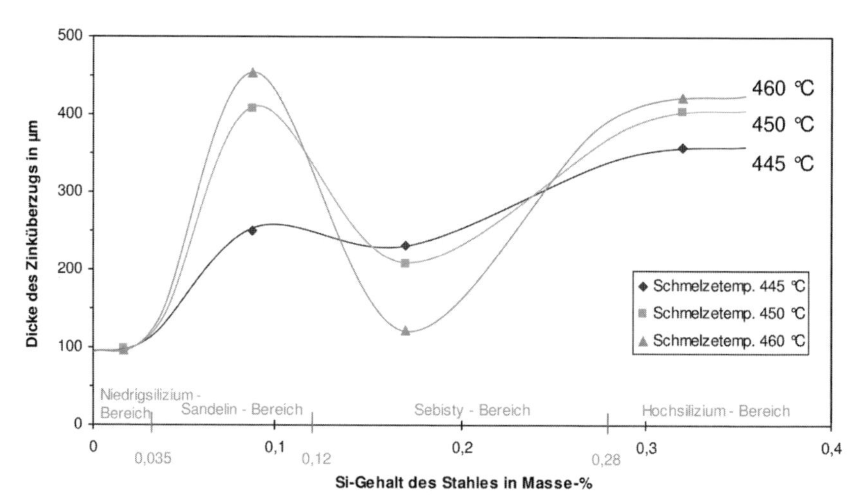

Abb. 4.13 Detail der Abb. 4.12 – Dicke der Überzüge in Abhängigkeit vom Si-Gehalt im Stahl bei 10 Minuten Tauchdauer im Normaltemperaturbereich [4.17]

4.2.3
Einfluss einer Wärmebehandlung der Stähle vor dem Verzinken

Bei einer Wärmebehandlung der Proben nach dem Beizen wird diffusionsfähiger Wasserstoff aus dem Stahl ausgetrieben. Auch mit dem Ausheilen energiearmer, potentieller Wasserstoff-Traps ist zu rechnen, wodurch gebundener Wasserstoff frei und der Stahl homogener wird. Die Größe beider Effekte hängt von der Temperatur und der Dauer der Wärmebehandlung ab. Wird ein solcherart getemperter Stahl feuerverzinkt, dann ist ein geändertes Verzinkungsverhalten zu erwarten, wenn Wasserstoff Einfluss auf die Schichtbildung hat. Beschrieben ist in der Literatur z. B. das Absinken der Überzugsdicke bei Si-haltigen Stählen, wenn der Stahl vor dem Feuerverzinken geglüht wurde [4.20, 4.21]. Wenn das Schichtwachstum und der Sebisty-Effekt durch effundierenden Wasserstoff beeinflusst ist, so sollte es möglich sein, diesen Effekt von der eigentlichen Verzinkung zu entkoppeln, d. h. nach Austreiben des effundierbaren Wasserstoffs bei erhöhten Temperaturen (Tempern) den Sebisty-Effekt – niedrige Schichtdicken bei Verzinkungstemperaturen > 450 °C – bereits bei Verzinkungstemperaturen < 450 °C zu erzielen, wo er sonst nicht auftritt.

Aus Abb. 4.14 ist ersichtlich, dass ein Tempern von Sebisty-Stahl bei 470 °C in Inertgasatmosphäre (Stickstoff) die Schichtdicke bei einer nachfolgenden Verzinkung bei 440 °C um ca. 20 bis 25 % und ein Tempern bei 550 °C um etwa 40 % auf Werte von weniger als 200 µm bzw. weniger als 150 µm bei einer Tauchdauer von 10 Minuten verringert. Ein erneutes, kurzes Beizen der getemperten Stahlproben führt wieder zu höheren Schichtdicken, da die Randzone des Stahls mit Wasserstoff wiederbeladen wird. Dass trotz Beizen die Ausgangsschichtdicke des ungetemperten Sebisty-Stahls nicht mehr erreicht wird, kann im Ausheilen von Wasserstoff-

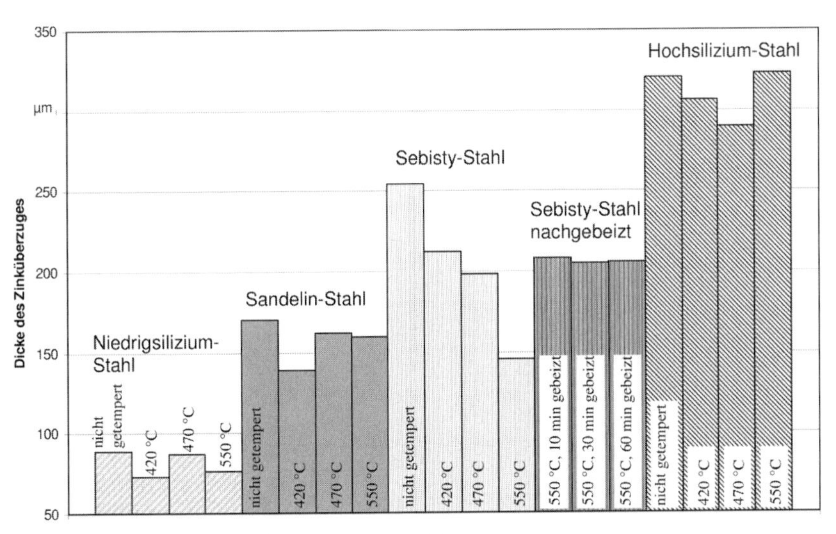

Abb. 4.14 Schichtdicken von Überzügen auf Stählen, die eine Stunde in Stickstoffatmosphäre vor dem Verzinken (440 °C, 10 min) getempert wurden [4.17]

Fallen bei der Wärmebehandlung begründet sein, also in der Änderung der Mikrostruktur des Stahls.

Dieses Ergebnis ist u. a. ein Hinweis auf die Richtigkeit der wasserstoffbeeinflussten Schichtbildung beim Feuerverzinken. Es zeigt, dass nicht die Verzinkungstemperatur für den Sebisty-Effekt das Entscheidende ist, sondern das Austreiben des Wasserstoffs, z. B. durch Tempern bei Temperaturen von 470 °C und mehr. Wird bei 450 °C und höher verzinkt, spielt ein vorheriges Tempern auf die Schichtausbildung keine Rolle, da der Sebisty-Effekt durch die erhöhte Verzinkungstemperatur von selbst eintritt.

4.2.4 Hochtemperaturverzinken bei Temperaturen oberhalb 530 °C

Der Bereich der Hochtemperaturverzinkung beginnt bei 530 °C. Dabei handelt es sich um die obere Stabilitätsgrenze der ζ-Phase, die oberhalb dieser Temperatur nicht beständig ist. Diese Tatsache ist bestimmend für das Hochtemperaturverzinken und macht den beträchtlichen Unterschied im Schichtwachstum im Vergleich zum Normaltemperaturbereich aus. Bei 620 °C endet dann der Stabilitätsbereich der δ_1-Phase. Aus ihr bildet sich eine Hochtemperatur-δ-Phase [4.22], die ein geändertes Wachstumsverhalten auslöst.

Unter Punkt 4.2.2 wurde bereits das übliche Hochtemperaturverzinken bei 550 °C vom Ergebnis her beschrieben. Nachfolgend soll darüber hinausgehend gezeigt werden, wie sich die vier typischen Stahlsorten bei der Verzinkung von 580 °C und 620 °C verhalten. Die Abb. 4.15 gibt die entstandenen Zinkschichtdicken wieder. Es ist festzustellen, dass eine Abhängigkeit der Schichtdicke von der Stahlsorte und der Schmelzetemperatur besteht. Bei Stahl im Niedrigsilizium- und Sandelin-Bereich

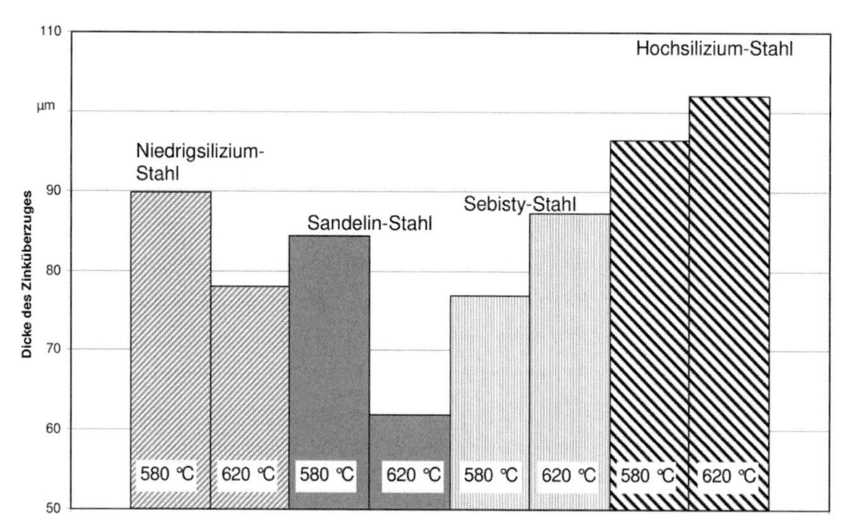

Abb. 4.15 Zinkschichtdicken auf den untersuchten vier Stahlsorten bei Schmelzetemperaturen von 580 °C und 620 °C, 5 min Tauchdauer [4.17]

sinkt die Schichtdicke mit steigender Verzinkungstemperatur, die Schichtdicken auf Stahl im Sebisty- und Hochsilizium-Bereich erhöhen sich hingegen mit steigender Temperatur.

4.2.5 Struktur-Untersuchungen

Im Folgenden werden die zu den vorstehenden Ausführungen gehörenden Gefügeausbildungen der Zinküberzüge dargestellt, um das Schichtwachstum der Zinküberzüge in Abhängigkeit vom Si-Gehalt der Stähle, der Verzinkungstemperatur und der Verzinkungsdauer deutlicher zu erklären.

Gefügeausbildung im Temperatur-Bereich 435–490 °C
Die aus praktischer Sicht gebräuchlichsten Verzinkungstemperaturen liegen zwischen 440 °C und 460 °C. Es wurde bereits festgestellt, dass für diesen Bereich eine allseits starke Abhängigkeit von den Verzinkungsparametern und dem Si-Gehalt im Stahl besteht. Das spiegelt sich auch im Gefüge der Eisen/Zinkphasen des Zinküberzuges wider.

Abb. 4.16a zeigt den typischen, klassischen Aufbau eines Zinküberzuges auf Niedrigsilizium-Stahl. Über der dichten δ_1-Phase, die durch einen schmalen, aber deutlich sichtbaren Spalt vom Stahluntergrund getrennt ist (Detail siehe Abb. 4.17), befindet sich die ζ-Phase, aus der gut sichtbar Kristalle in die äußere η-Phase (Reinzinkschicht) abschwimmen. Die Γ-Phase direkt auf dem Stahl ist nicht sichtbar. Sie bildet sich erst nach längerer Verzinkungsdauer.

Die Abb. 4.16b zeigt die Struktur von Zinküberzügen auf Sandelin-Stahl unter gleichen Verzinkungsbedingungen. Der Überzug besteht aus kleinen abgerundeten Hartzinkkristallen (ζ-Phase), die in erstarrte Zinkschmelze eingebettet sind (η-Phase). Eine δ_1-Phase ist kaum ausgebildet.

Bei Sebisty-Stahl ist die Besonderheit zu beachten, dass die Schichtbildung oberhalb und unterhalb von 450 °C nach unterschiedlichem Zeitgesetz und damit Mechanismus erfolgt. Unterhalb 450 °C entsteht ein Überzug, der meist vollständig durchlegiert ist und der Schichtdicken über 200 µm aufweist (Abb. 4.16c). Über einer 5 bis 10 µm dünnen und sporadisch ausgebildeten δ_1-Phase, erstrecken sich senkrecht zur Stahloberfläche lange, stängelige ζ-Kristalle.

Beim Verzinken oberhalb 450 °C bis etwa 480 °C bilden sich Zinküberzüge wie im Niedrigsilizium-Bereich. Bei 460 °C und 10 min Tauchdauer entsteht so ein typisches, klassisches Gefüge, dass kaum noch von dem auf Niedrigsilizium-Stahl zu unterscheiden ist, wie die Abb. 4.16d zeigt. Die δ_1-Phase ist mindestens 25 µm dick und sehr kompakt ausgebildet. Nach einer Schicht aus dicht gepackten ζ-Kristallen folgt eine ausgeprägte η-Phase.

Die erneute Bildung einer kompakten δ_1-Phase kann damit erklärt werden, dass durch verzögerte Wasserstoff-Nachdiffusion aus dem Stahlinneren die Effusion von Wasserstoff aus der Randzone des Stahls überwiegt, wodurch eine sehr gasarme Randschicht erzeugt wird, die mit der Zinkschmelze intensiv reagiert und eine kompakte δ_1-Phase bildet mit allen Folgen für die Weiterreaktion ähnlich wie beim Niedrigsilizium-Stahl.

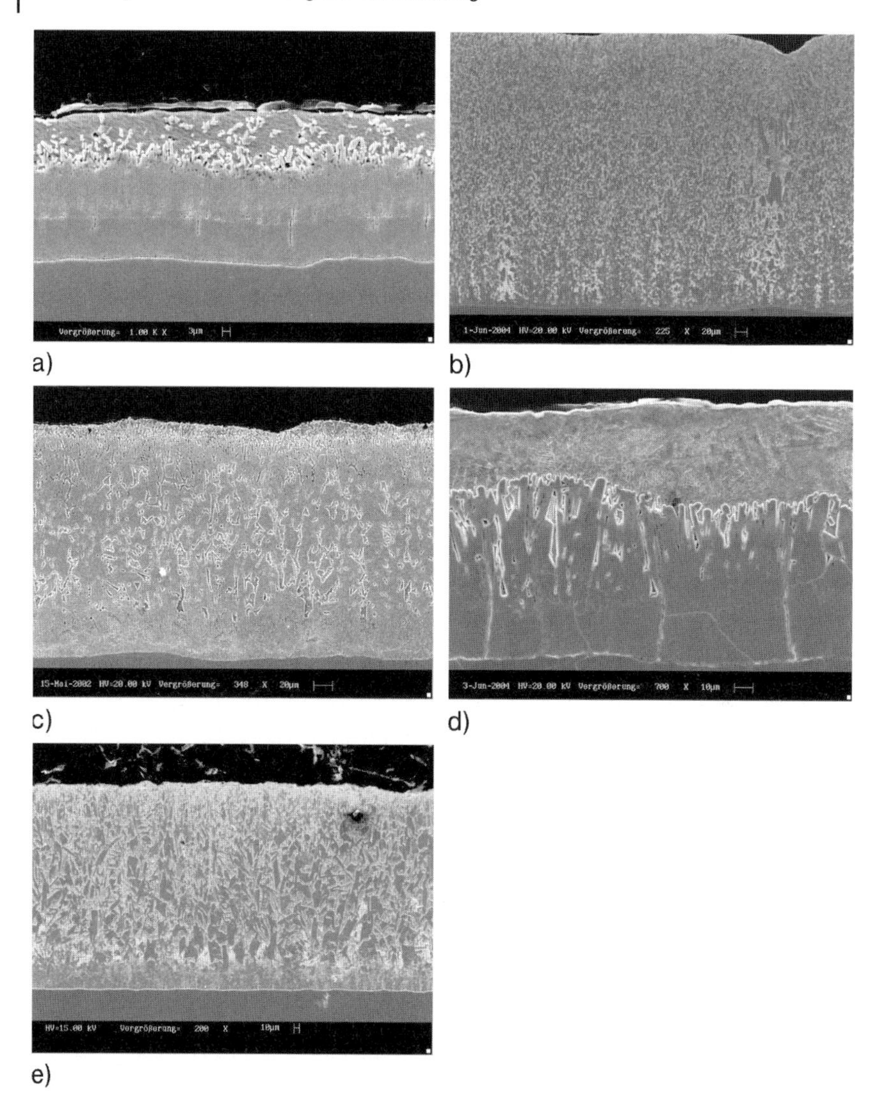

Fig. 4.16a–e Aufbau der Zinküberzüge im Normaltemperaturbereich [4.17]
a Zinkschichtaufbau auf Niedrigsilizium-Stahl; Verzinkungsparameter: 460 °C, 10 min
b Zinkschichtaufbau auf Sandelin-Stahl; Verzinkungsparameter: 460 °C, 10 min
c Zinkschichtaufbau auf Sebisty-Stahl; Verzinkungsparameter: 445 °C, 5 min
d Zinkschichtaufbau auf Sebisty-Stahl; Verzinkungsparameter: 460 °C, 10 min
e Zinkschichtaufbau auf Hochsilizium-Stahl; Verzinkungsparameter: 445 °C, 5 min

Hochsilizium-Stahl mit mehr als 0,28% Si ist dadurch gekennzeichnet, dass der sich bildende Überzug überwiegend aus ζ-Phase besteht. Typisch für das Gefüge sind die scharfkantigen und großen ζ-Kristalle (Abb. 4.16e). Die auch vorhandenen δ_1-Kristalle nahe dem Stahlsubstrat sind stark aufgelockert und laut Phasenanalyse (XRD) mit ζ-Phase vermengte δ_1-Phase. Auf Grund des Fehlens einer dichten δ_1-Schicht resultiert erneut ein starkes Wachstum nach linearem Zeitgesetz.

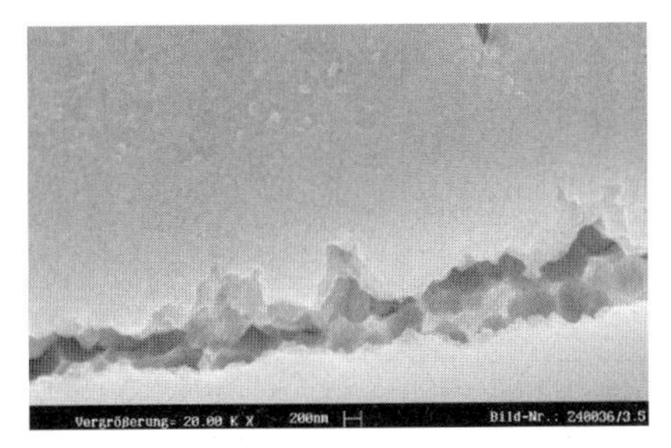

Abb. 4.17 Spalt zwischen Stahluntergrund und Zinküberzug (stark vergrößertes Detail aus Abb. **4.16a)**

Fig. 4.18 Aufbau der Zinküberzüge bei Verzinkung um 500 °C [4.17]. Zinkschichtaufbau auf Baustählen bei einer Verzinkungstemperatur von 500 °C, Verzinkungsdauer 10 min

Gefügeausbildung im Temperaturbereich 490–530 °C

Es existieren im Schichtaufbau keine Unterschiede zwischen den verschieden siliziumhaltigen Stählen. Alle Zinküberzüge bestehen bei ca. 500 °C aus einem gleichartigen, feinkristallinen Gefüge aus (δ_1+ζ)-Phase, welches dem Aussehen nach dem Schichtaufbau im Sandelin-Bereich bei 460 °C ähnelt. Die Einflussfaktoren auf das Verzinkungsverhalten des Stahles, die im Normaltemperatur-Bereich bestimmend sind, wie die Wasserstoffeffusion, die Legierungselemente und die Mikrostruktur spielen offensichtlich bei diesen Schmelzetemperaturen keine Rolle. Die Gefügeausbildung zeigt Abb. 4.18.

Gefügeausbildung im Hochtemperatur-Bereich 530–620 °C

Es bilden sich konstant dünne Überzüge aus δ_1-Phase, denn die ζ-Phase ist ab 530 °C thermodynamisch nicht mehr stabil. Bei allen Stählen folgt daher das Schichtwachstum einem parabolischen Zeitgesetz mit niedrigen Schichtdicken. Allerdings fällt anhand der Bildbeispiele der Abb. 4.19a–d auf, dass mit steigendem Silizium-Gehalt des Stahles die Brüchigkeit der Überzüge wächst.

Der Grund ist, dass beim Hochtemperaturverzinken in Abhängigkeit vom Stahl zwei unterschiedliche Phasenbereiche entstehen. Im Bereich siliziumarmer Stähle existieren die Überzüge nur aus reiner, kompakter und relativ ungeschädigter δ_1-Phase (Abb. 4.19a und 4.19b). Diese wird mit steigendem Si-Gehalt allerdings durch

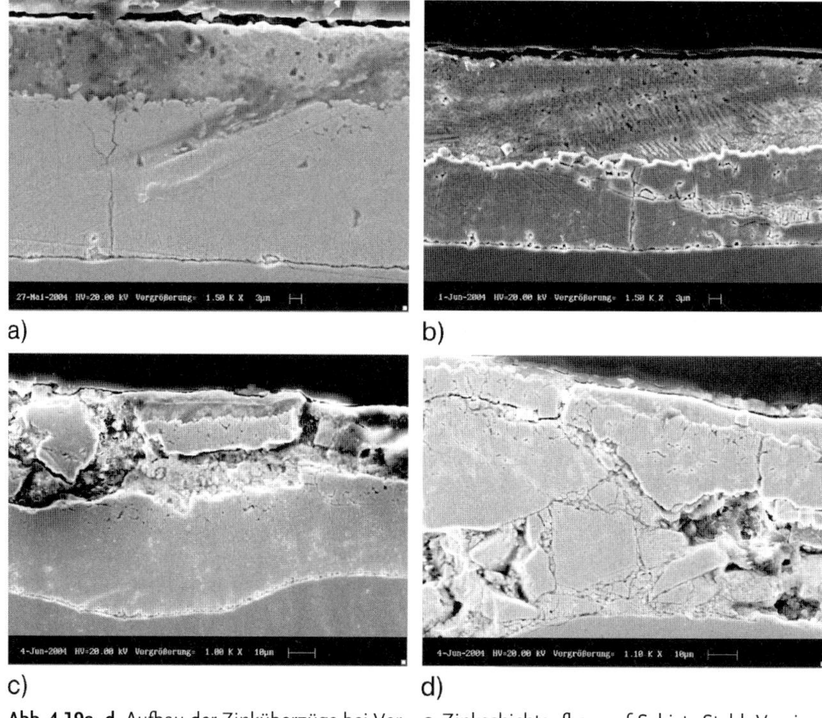

Abb. 4.19a–d Aufbau der Zinküberzüge bei Verzinkung um 550 °C [4.17]
a Zinkschichtaufbau auf Niedrigsilizium-Stahl; Verzinkungsparameter: 550 °C, 10 min
b Zinkschichtaufbau auf Sandelin-Stahl; Verzinkungsparameter: 550 °C, 10 min
c Zinkschichtaufbau auf Sebisty-Stahl; Verzinkungsparameter: 550 °C, 10 min
d Zinkschichtaufbau auf Hochsilizium-Stahl; Verzinkungsparameter: 550 °C, 10 min

eine Mischphase aus (δ_1 + Schmelze) zurückgedrängt. Die Mischphase steht thermodynamisch bei Raumtemperatur nicht im Gleichgewicht und wird durch den Abkühlprozess des Überzuges brüchig, da es zwangsläufig zu einer Phasenumwandlung mit Volumenänderung kommt.

Auch die Schmelzetemperatur hat im Temperaturintervall um 600 °C einen Einfluss auf die Schichtdicke. Aus der Abb. 4.15 geht hervor, dass im Niedrigsilizium- und Sandelin-Bereich die Schichtdicken mit steigender Temperatur aufgrund der transporthemmenden Wirkung der sich intensiv ausbildenden δ_1-Phase sinken, während sie im Sebisty- und Hochsilizium-Bereich wegen der Ausbildung einer Mischphase aus (δ_1 + Schmelze) ansteigen, da durch flüssiges Zink zwischen den δ_1-Kristallen das Schichtwachstum begünstigt wird. Aus den Querschliff-Aufnahmen wird zusätzlich deutlich, dass die Schmelzetemperatur einen Einfluss auf die Brüchigkeit der Überzüge besitzt. Das ist auch zu erwarten, wenn man bedenkt, dass eine erhöhte Schmelzetemperatur die Bildung der reinen δ_1-Phase fördert, die meist frei von Zertrümmerungen bleibt. Allerdings ist dieser Einfluss begrenzt. Im Hochsilizium-Bereich sind Zertrümmerungen sowohl bei 550 °C, 580 °C als auch bei 620 °C unvermeidlich.

4.2.6 Ganzheitliche Theorie der Schichtbildung

Die vorstehend beschriebenen Untersuchungen erlauben folgende ganzheitliche Theorie über die Schichtbildung beim Stückgutfeuerverzinken zwischen 435 °C und 620 °C in konventioneller, an Eisen und Blei gesättigter Zinkschmelze (Abb. 4.21).

Normaltemperatur-Bereich zwischen 435 und 490 °C
In diesem Temperaturintervall ist eine sehr starke Abhängigkeit des Schichtwachstums vom Si-Gehalt des Stahles zu beobachten. Es existieren 4 typische Verzinkungsbereiche (Niedrigsilizium-, Sandelin-, Sebisty- und Hochsilizium-Bereich), die sich hinsichtlich Dicke und Struktur der Überzüge deutlich unterscheiden.

Das Wachstum und die Struktur von Zinküberzügen werden von effundierendem Wasserstoff beeinflusst und damit indirekt vom Si-Gehalt im Stahl. Silizium behindert die Wasserstoffeffusion und bestimmt die Mikrostruktur und Beschaffenheit der Randzone des Stahls. Phosphor reichert sich in Stählen durch Seigerungsprozesse in der Randzone an und verhindert die Bildung einer kompakten und dichten δ_1-Phase, was sich insbesondere in Stählen mit wenig Silizium durch starkes Schichtwachstum bemerkbar macht.

Im Niedrigsilizium-Bereich und im Sebisty-Bereich oberhalb 450 °C hemmt Wasserstoff das Schichtwachstum indirekt, weil sich durch eine verzögerte Wasserstoffeffusion bzw. durch eine verzögerte Wasserstoff-Nachdiffusion durch Reaktion der Schmelze mit der Randzone des Stahls eine dichte δ_1-Phase bilden kann. Ein Spalt zwischen Stahl und Zinküberzug, der sich deutlich im Niedrigsilizium-Bereich und etwas abgeschwächt auch im Sebisty-Bereich oberhalb 450 °C durch effundierenden Wasserstoff bildet, hemmt zusätzlich das Schichtwachstum, da es sich um Störungen des Phasengrenzverbundes handelt. Damit kann eine einheitliche Ursache für das parabolische Wachstum in diesen beiden Bereichen angenommen werden.

Insbesondere im Sandelin-Bereich, in dem sich kaum eine und auf keinen Fall eine dichte δ_1-Phase bildet, fördert die Wasserstoffeffusion das Schichtwachstum, da die Reaktionsfläche ständig aktiv gehalten wird.

Im Hochsilizium-Bereich ist ein Einfluss von Wasserstoff nicht oder nur wenig erkennbar. Das an der Phasengrenze sich im Laufe der Reaktion aufkonzentrierende Silizium senkt aber das Eisenangebot in der Reaktionszone, weshalb sich keine durchgängige δ_1-Phase mehr bilden kann und die Geschwindigkeit der Verzinkungsreaktion gegenüber dem Sebisty-Bereich erneut stark ansteigt.

Temperaturbereich zwischen 490 °C und 530 °C
Auf allen Stählen entstehen Zinküberzüge unabhängig vom Si-Gehalt der Stähle aus einem feinkristallinen Gefüge aus δ_1- und ζ-Kristallen. Auch die Schichtdicken der Zinküberzüge auf den untersuchten Stahlsorten haben sich angeglichen. Die Schichtbildung erfolgt nach dem linearen Zeitgesetz.

Da die Verzinkung bei Temperaturen um 500 °C kurz unterhalb der Stabilitätsgrenze der ζ-Phase stattfindet, dominiert ein thermodynamischer Effekt das

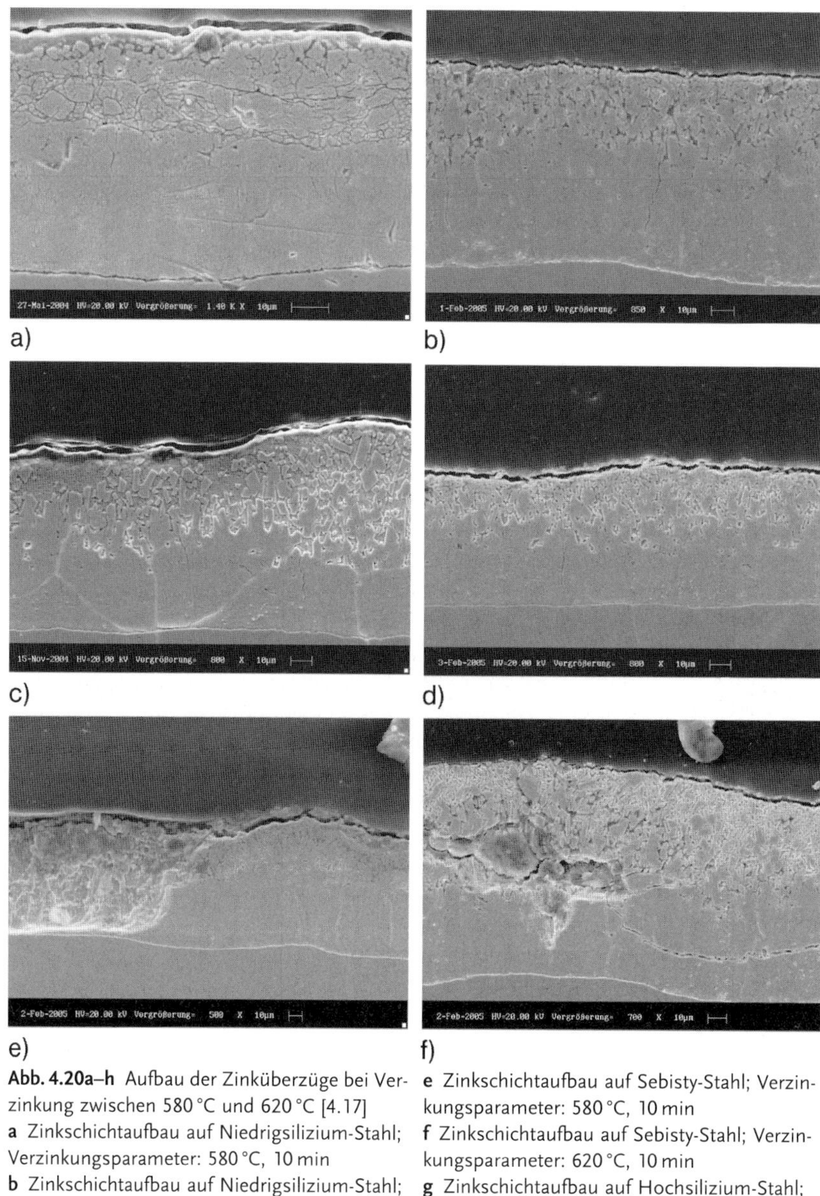

Abb. 4.20a–h Aufbau der Zinküberzüge bei Verzinkung zwischen 580 °C und 620 °C [4.17]
a Zinkschichtaufbau auf Niedrigsilizium-Stahl; Verzinkungsparameter: 580 °C, 10 min
b Zinkschichtaufbau auf Niedrigsilizium-Stahl; Verzinkungsparameter: 620 °C, 10 min
c Zinkschichtaufbau auf Sandelin-Stahl; Verzinkungsparameter: 580 °C, 10 min
d Zinkschichtaufbau auf Sandelin-Stahl; Verzinkungsparameter: 620 °C, 10 min
e Zinkschichtaufbau auf Sebisty-Stahl; Verzinkungsparameter: 580 °C, 10 min
f Zinkschichtaufbau auf Sebisty-Stahl; Verzinkungsparameter: 620 °C, 10 min
g Zinkschichtaufbau auf Hochsilizium-Stahl; Verzinkungsparameter: 580 °C, 10 min
h Zinkschichtaufbau auf Hochsilizium-Stahl; Verzinkungsparameter: 620 °C, 10 min

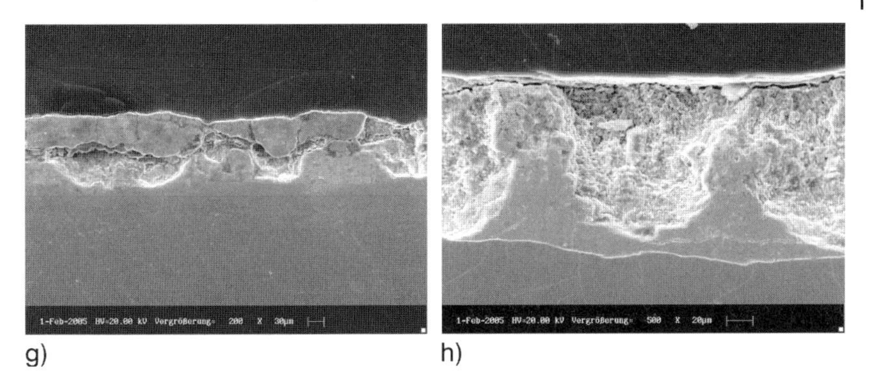

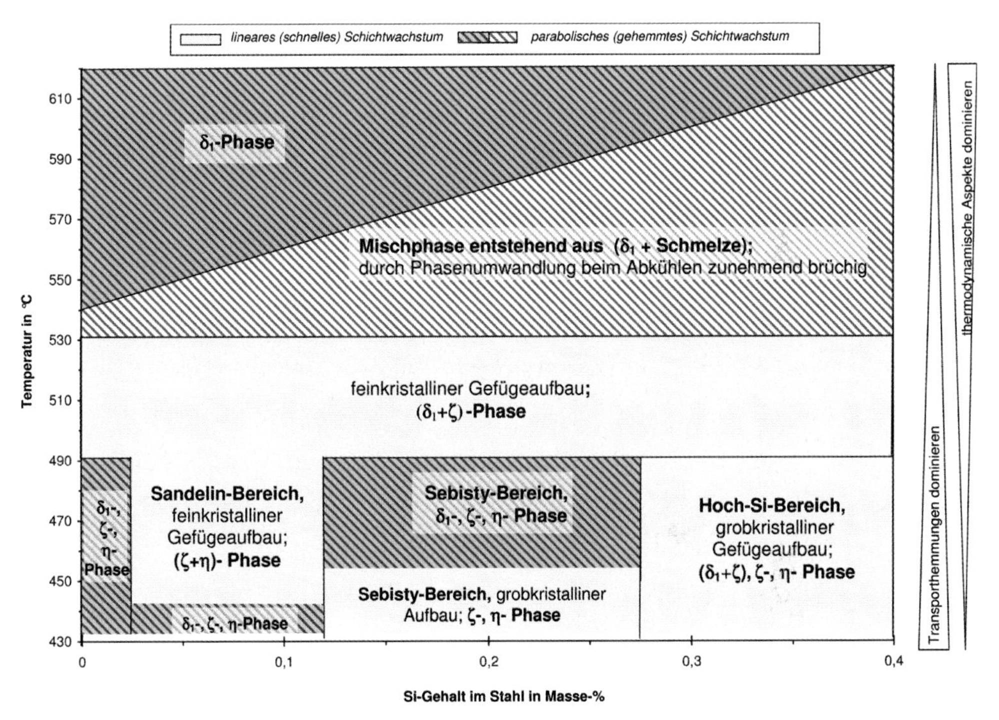

Abb. 4.21 Gesamtübersicht der Gefügeausbildungen beim Stückgutfeuerverzinken für phosphorarme Baustähle und konventionelle Zinkschmelze (Verzinkungsdauer > 5 min). *Anmerkung:* Zwischen den einzelnen Strukturbereichen existiert real ein Übergangsverhalten

Wachstumsverhalten, der auf eine unterschiedliche Temperaturabhängigkeit von Keimbildungs- und Kristallwachstumsgeschwindigkeit zurückzuführen ist [4.23]. Die Anzahl und Form der Kristalle der δ_1- und ζ-Phase hängt vom Verhältnis dieser beiden Geschwindigkeiten bei der entsprechenden Erstarrungstemperatur ab. Da die Bildung eines Keims eine höhere Aktivierungsenergie benötigt als sein anschließendes Wachstum, nimmt mit steigender Temperatur die Keimbildung stärker als das Kristallwachstum zu. Der Grund für das feinkristalline (δ_1+ζ)-Gefüge liegt daher in der hohen Keimbildungsgeschwindigkeit vor allem der ζ-Phase, die bei Temperaturen kurz unterhalb der Beständigkeitsgrenze von 530 °C ihr Maximum erreicht. Die nicht in dem Maße temperaturabhängige Kristallwachstumsgeschwindigkeit kann der beschleunigten Keimbildung nicht folgen. Das sich bildende feinkörnige Gefüge hat die Eigenschaft – analog dem Gefüge auf Sandelin-Stahl im Normaltemperatur-Bereich – keine schichtdickenreduzierenden Reaktionshemmungen auszulösen, da δ_1- und ζ- Phase nicht kompakt ausgebildet sind.

Hochtemperatur-Bereich zwischen 530 °C und 620 °C
Im Temperaturbereich zwischen 530 °C und 620 °C ist nur die δ_1-Phase thermodynamisch stabil. Sie bildet sich bevorzugt auf Niedrigsilizium-Stahl aufgrund der dort an der Stahloberfläche vorhandenen verunreinigungsfreien α-Eisenschicht und der dadurch gegebenen hohen Reaktionsgeschwindigkeit stets kompakt mit Schichtdicken zwischen 40–50 µm aus. Mit steigendem Si-Gehalt im Stahl kommt es aber auch zunehmend zur Bildung einer nicht kompakten Mischphase, die aus δ_1-Kristallen besteht, die während des Verzinkens in Schmelze eingebettet sind. Beide möglichen Phasenausbildungen werden im Ausschnitt des Zustandsschaubildes Fe/Zn der Abb. 4.22 durch die gepunktete ellypsoide Markierung gekennzeichnet.

Bildet sich sofort und überwiegend eine Schicht aus δ_1-Phase, wie das für Niedrigsilizium-Stahl anzunehmen ist, dann bleibt auch beim Abkühlen nach dem Verzinken die Phasenstruktur gleich und es entstehen gut ausgebildete, qualitativ hochwertige Zinküberzüge. Der linke Pfeil in Abb. 4.22 kennzeichnet diese Möglichkeit. Kommt es jedoch zur Bildung von (δ_1-Phase+Schmelze), wie bei höher Si-haltigen Stählen, so kommt es beim Abkühlen zu Phasenumwandlungen. Dieses Verhalten wird durch den rechten Pfeil in Abb. 4.22 beschrieben. Aus (δ_1+Schmelze) kann sich (δ_1+ζ)-, ζ- oder (ζ+η)-Phase bilden. Alle möglichen Phasenumwandlungen führen zu Volumenveränderungen, wodurch beim Abkühlen mechanische Spannungen in die Überzüge eingetragen werden. Darum neigen durch Hochtemperaturverzinkung erzeugte Überzüge dazu, teilweise spröde und brüchig zu sein. Das kritische Phasengebiet (δ_1 + Schmelze) wird prinzipiell mit steigender Verzinkungstemperatur zurück gedrängt, weil bei höheren Temperaturen vermutlich die Bildung einer kompakten δ_1-Phase gefördert wird. Die qualitativ besten Überzüge entstehen also auf Niedrigsilizium-Stahl bei möglichst hoher Verzinkungstemperatur.

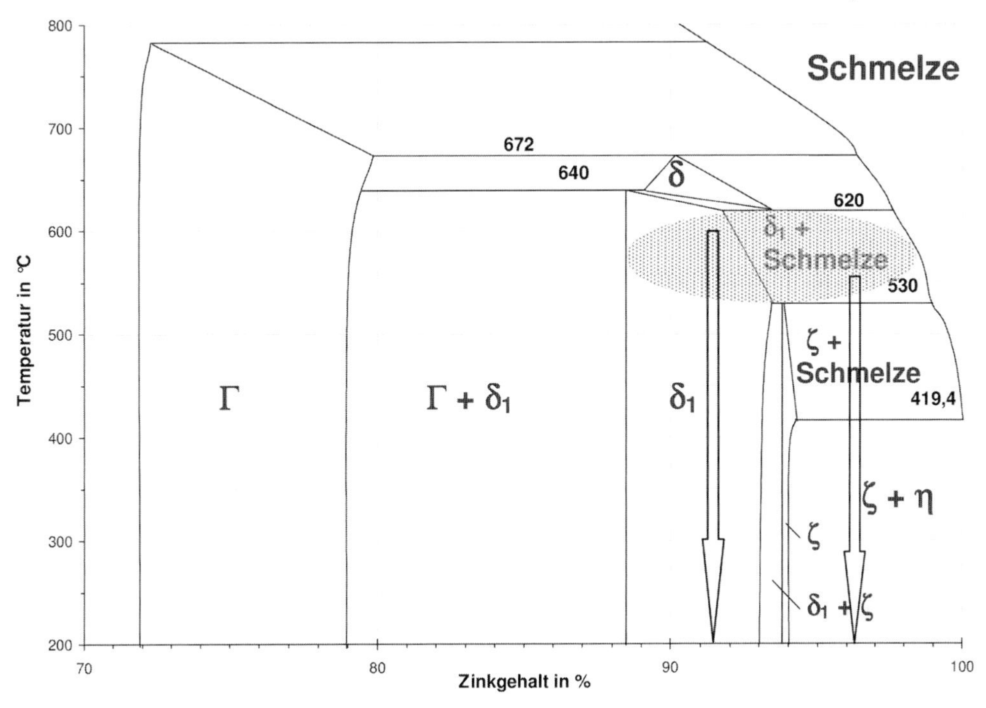

Abb. 4.22 Zinkreiche Seite des Zustandsschaubildes Fe/Zn mit Markierung des Phasenbereichs, der bei Schmelzetemperaturen zwischen 530 °C und 620 °C beim Feuerverzinken relevant ist

4.2.7 Einfluss von Legierungselementen der Schmelze auf die Schichtbildung

4.2.7.1 Konventionelle Zinkschmelzen

Die konventionelle Zinkschmelze besteht aus technisch reinem Zink, dem bereits in der Anfangsphase der Entwicklung des Feuerverzinkens rohstoffbedingt, später aus technologischen Gründen, Blei zugemischt war. Die Schmelze sättigt sich während des Gebrauchs mit Eisen und enthält geringe Mengen an Verunreinigungen an weiteren Metallen wie Kupfer u. Ä. m.

Im Laufe der Entwicklung kamen aus optischen Gründen (Glanz, Zinkblume) noch geringe Mengen an Zinn und Aluminium dazu. Mit dieser Zinkschmelze wurde bis in die 60er-Jahre des vergangenen Jahrhunderts nahezu ausschließlich verzinkt. Erst die Bedürfnisse der letzten Jahrzehnte nach Unabhängigkeit von der Stahlzusammensetzung, nach hohem Glanz und niedriger Schichtdicke sowie nach erhöhter Korrosionsbeständigkeit haben dazu geführt, dass sich seit dieser Zeit gezielt legierte Zinkschmelzen im Einsatz befinden, die sich in der Praxis trotz erhöhter Anforderungen an die Betreiber unter bestimmten Voraussetzungen auch bewährt haben [4.24].

4.2.7.2 Legierte Zinkschmelzen

Ende der 70er-Jahre des 20. Jahrhunderts wurden in Frankreich Versuche unternommen, durch Zulegierung von Aluminium, Magnesium und Zinn zur Zinkschmelze, unabhängig vom Siliziumgehalt der Stähle gleichmäßige und dünne Zinküberzüge mit guter Haftfestigkeit zu erzeugen (POLYGALVA-Legierung, [4.25]). In Kanada wurden Vanadium und Titanium mit der gleichen Zielstellung zur Zinkschmelze zugegeben [4.26]. In Großbritannien wurde die Legierung TECHNIGALVA [4.27] entwickelt und zum Einsatz gebracht, die mit Nickelgehalten zwischen 0,07 und 0,08% arbeitete. Auch in Deutschland sind Nickelzusätze im Bereich 0,040 bis 0,055% üblich [4.28]. Als weitere Entwicklung wurde auf der *INTERGALVA 2000* die Schmelze GALVECO vorgestellt [4.29], die Nickel, Zinn und Wismut enthält, wobei außer der Schichtdickenreduzierung auch die Zielstellung angestrebt wird, das toxische Blei durch das unbedenklichere Wismut zu ersetzen. Weitere Hinweise zu legierten Zinkschmelzen enthalten die Schriften zur *INTERGALVA 2006* [4.30].

In **Tab. 4.2** sind einige Elemente dargestellt, die häufig zur Zinkschmelze zugegeben werden. Zum Vergleich sind ferner Zink und Blei mit aufgeführt. Zur Charakterisierung dieser Zulegierungen ist deren Schmelzpunkt, die Konzentration, in der diese Elemente in der Schmelze enthalten sind sowie die sich erfahrungsgemäß ergebenden örtlichen Anreicherungen im Zinküberzug angegeben. In der Praxis schwanken diese Werte innerhalb gewisser Grenzen, sodass Intervalle zu betrachten sind.

Es ist zu erkennen, dass es sich in **Tab. 4.2** um unterschiedliche Typen von Schmelzezusätzen handelt. Die Elemente Pb, Bi und Sn bilden eine Gruppe von Elementen mit niedrigem Schmelzpunkt, der immer unterhalb des Schmelzpunktes vom Zink liegt. Werden mehrere Elemente gleichzeitig zugegeben, was der Regel entspricht, dann ist durch die Bildung eutektischer Gemische im Zinküberzug mit einer weiteren Erniedrigung des Schmelzpunktes zu rechnen [4.31]. Die zur Schmelze zugesetzte Menge liegt bei den Elementen Pb und Sn in der Größenordnung von 1%; bei Bi ist sie deutlich geringer. Bei diesen Zusätzen ergeben sich im Zinküberzug starke, meist lokale Anreicherungen, die z. T. deutlich über 10% liegen können. Aufgrund ihres niedrigen Schmelzpunktes und begrenzten

Tab. 4.2 Übliche Legierungselemente in Zinkschmelzen nach [4.19]

	Schmelzpunkt in °C	**Konzentration in Masse %**	**örtliche Anreicherung im Überzug in %**
Zn	419	ca. 99	99–100
Pb	327	ca. 1	bis 90
Bi	271	$<0,1$	bis 6
Sn	231	$<1,2$	5–40
Ni	1453	$<0,06$	0,5–1,5
Ti	1727	$<0,3$	<4
V	1919	$<0,05$	0,3–2
Al	660	$<0,03$	$FeAl_3/Fe_2Al_5$

Löslichkeit im erkalteten Zinküberzug neigen diese Elemente bei der Abkühlung des Verzinkungsgutes dazu, sich durch Ausscheidungsvorgänge an Phasengrenzen anzureichern. Pb scheidet sich an unterschiedlichen Stellen im Überzug, insbesondere aber in Oberflächennähe in Form kleiner Tröpfchen (1 bis 5 µm) ab. Sn reichert sich an der Außengrenze der äußeren Palisadenschicht (ζ-Phase) zwischen den Hartzinkkristallen an. Wird zusätzlich Bi zulegiert, kann das Sn/Bi/Pb-Gemisch zwischen den palisadenförmigen Kristallen bis zur kompakten δ_1-Schicht in den Zinküberzug eindringen und den Verbund in dieser Schicht lockern.

Um eine andere Gruppe von Elementen handelt es sich bei Ni, Ti und V. Die Schmelzpunkte liegen hier mit 1453 °C, 1727 °C und 1919 °C wesentlich höher. Die zur Schmelze zugegebene Menge ist gering und beträgt beim Ni nur etwa 0,05%. Entsprechend niedrig sind auch die Anreicherungen im Zinküberzug. Das Maximum der örtlichen Anreicherung liegt im Bereich 0,5–1,5% Ni. Im Gegensatz zu den niedrig schmelzenden Elementen sind die Anreicherungen nicht streng lokalisiert, sondern erstrecken sich über den gesamten Zinküberzug.

Al schmilzt bei 660 °C und hat schon bei Zusätzen von einigen Hundertstel Prozent teilweise einen reduzierenden Einfluss auf die Überzugsdicke [4.33, 4.38]. Nach [4.10] liegt das an der Ausbildung einer dünnen intermetallischen Phase aus $FeAl_3$ bzw. Fe_2Al_5 auf der Stahloberfläche, die zumindest in der Anfangsphase der Verzinkung stabil ist und den Verzinkungsvorgang eine gewisse Zeit hemmt.

Die Unterschiedlichkeit der einzelnen Elemente zeigt sich auch in ihrem Einfluss auf die Schichtbildung beim Feuerverzinken. Pb, das etwa zu 1% in der Zinkschmelze löslich ist, beeinflusst den eigentlichen Vorgang der Schichtbildung nicht direkt, da es nur in kleinen Tröpfchen und nicht in einer durchgehenden Schicht angereichert ist. Es wird dem Zinkbad zugegeben, weil es einerseits auf Grund seiner hohen Dichte auf den Boden des Zinkkessels absinkt und somit das Hartzinkziehen erleichtert sowie den Kesselboden vor direktem Angriff durch die Zinkschmelze schützt und weil es andererseits die Oberflächenspannung der Zinkschmelze herabsetzt, sodass glatte Zinküberzüge entstehen (siehe Abb. 4.23).

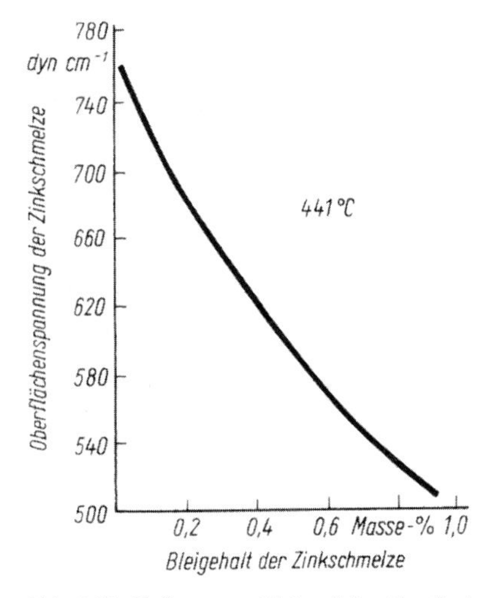

Abb. 4.23 Einfluss von Blei auf die Oberflächenspannung in dyn · cm^{-1} nach [4.32]

Tab. 4.3 Reduzierung der Dicke von Zinküberzügen durch Zusatz von Ni bzw. Sn zur Schmelze (445 °C, 15 min), [4.28]

		Schichtdicke in µm bei Schmelzezusammensetzung		
Si-Gehalt in Masse%	**P-Gehalt in Masse%**	**an Eisen und Blei gesättigt**	**+0,05% Nickel**	**+2,67% Zinn**
0,02	0,0095	104	96	109
0,08	0,0130	538	124	237
0,17	0,0040	317	168	135
0,32	0,0032	530	611	157

Eine ähnliche Wirkung hat Wismut, das in einer Konzentration von 0,10% die Oberflächenspannung in Zinkschmelzen von etwa 750 auf 600 mJ m^{-2} (dyn · cm^{-1}) absenkt – ein Effekt, der bei Blei nur mit 5-fach erhöhter Konzentration erreicht wird. Einen Einfluss auf die Viskosität der Zinkschmelze haben Blei und auch Wismut aber kaum bzw. nicht.

Sn verringert dagegen die Zinkauflage insbesondere bei allen Si-haltigen Stählen [4.29; 4.33; 4.34]. **Tab. 4.3** zeigt dies am Beispiel einer Schmelze mit einem deutlich erhöhten Sn-Gehalt. Die untersuchten 4 Stähle entsprechen den 4 typischen Verzinkungsbereichen (Niedrigsilizium-, Sandelin-, Sebisty- und Hochsiliziumbereich).

Ni reduziert die Zinkauflage vor allem im Sandelinbereich [4.24; 4.26; 4.27; 4.35; 4.36]. Aber auch im Sebisty-Bereich ist noch ein Absinken der Überzugsdicke feststellbar, während es im Hochsiliziumbereich eher zu einem Anstieg der Schichtdicke des Überzugs kommt.

Abb. 4.24 illustriert den Abfall der Überzugsdicke von 190 µm in Normalschmelze (Abb. 4.24a) auf 60 µm in der Ni-haltigen Schmelze (Abb. 4.24b) für Sandelin-Stahl. Die Struktur des Überzugs hat sich dabei stark geändert. Aus der typischen Sandelin-Struktur ist ein Gefüge geworden, die sich in nichts von der Struktur unterscheidet,

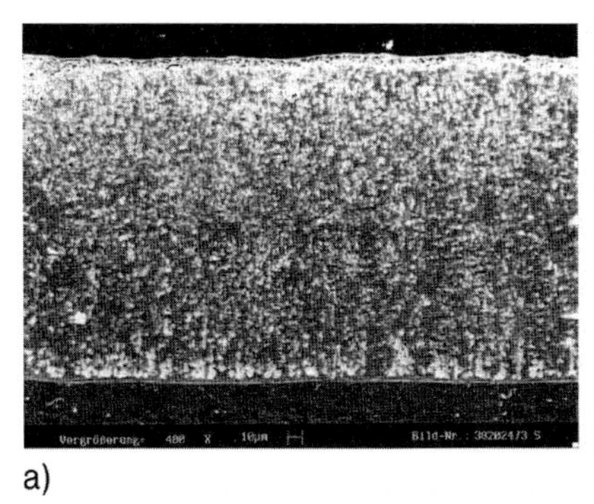

a)

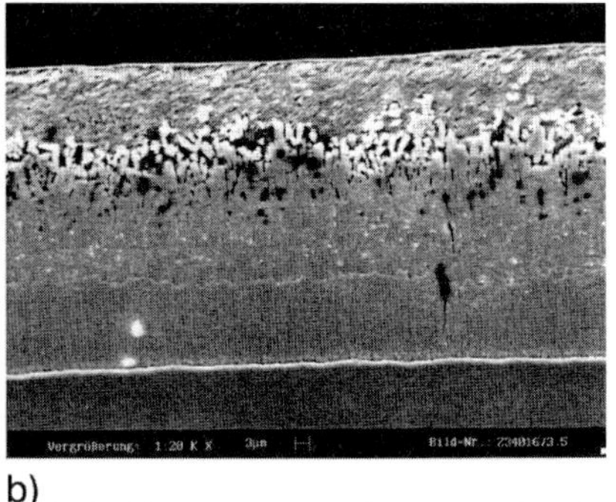

b)

Abb. 4.24a–b Reduzierung der Überzugsdicke auf Sandelin-Stahl durch Zusatz von 0,054% Ni zur Zinkschmelze (Stahl mit 0,08% Si, 445 °C, 5 min) **a** Konventionelle Schmelze **b** legierte Schmelze mit Nickelzusatz

wie sie im Niedrigsilizium-Bereich in Normalschmelze erhalten wird. Das zeigt, dass man aus Dicke und Struktur eines Zinküberzugs nicht eindeutig auf die Stahlzusammensetzung schließen kann, sondern auch die übrigen Verzinkungsbedingungen berücksichtigen muss.

V hat einen ähnlichen Einfluss wie Nickel, wirkt aber auch im Hochsilizium-Bereich [4.37]

In [4.35] wird auf die Ähnlichkeit von Ti und Ni verwiesen, die mit der großen Ähnlichkeit der Phasendiagramme von FeZnNi und FeZnTi erklärt wird. Ein Ti-Zusatz zur Schmelze unterdrückt den Sandelineffekt, während bei höheren Si-Gehalten des Stahles die Überzugsdicke wieder ansteigt.

Bei Zugabe von Al zur Zinkschmelze wird die Überzugsdicke ebenfalls nicht im gesamten Si-Bereich reduziert. Bei Si-beruhigten Stählen ist es hier gerade umgekehrt wie bei Ni und Ti: Je höher der Si- und/oder P-Gehalt der Stähle ist, um so eher beginnt die reduzierende Wirkung von Al auf die Überzugsdicke [4.38].

4.3 Flüssigmetallinduzierte Spannungsrisskorrosion (LME)

Beim Tauchen in eine Metallschmelze besteht für ein unter mechanischen Spannungen stehendes oder geratendes Stahlbauteil die Gefahr der Flüssigmetall-induzierten Spannungsrisskorrosion (LME – Liquid Metal incduced Embrittlement). Ob LME auftritt, hängt vom Vorliegen spezieller, konkreter Werkstoff- bzw. Systemparameter ab. In einem neueren Übersichtsartikel [4.39] wird formuliert:

Unter Bezug auf das gesamte korrodierende System ist für die sich in Rissbildung, Zähigkeitsverlust und Beeinträchtigung der Schwingfestigkeit manifestierende LME-Schädigung u. a. folgendes Voraussetzung:

- Ausreichende statische oder dynamische Zug-, Biege- oder Torsionsbeanspruchung (Last- wie Eigenspannung),
- korrosiv wirkendes Flüssigmetall oder -legierung,
- gegenüber LME anfälliges Festmetall und
- kritisches Temperaturintervall.

Weitere förderlich wirkende Bedingungen sind

- gegenseitige Löslichkeit der Metalle,
- gute Benetzbarkeit des festen Metalls durch das flüssige,
- keine Bildung hochschmelzender, dichter intermetallischer Phasen.

Nach [4.40] bestimmt bei LME die Rissbildungsphase, die immer mit einem verstärkten örtlichen Angriff des Flüssigmetalls auf das Festmetall verbunden ist, die Geschwindigkeit der Gesamtreaktion. Der Rissfortschritt ist dann im weiteren Verlauf von der Geschwindigkeit des kapillaren Flusses des angreifenden Metalls entlang der gedehnten Korngrenzen des Festmetalls abhängig und es vergeht meist nur kurze Zeit, bis zum Verlust der Zähigkeit/Festigkeit des Festmetalls. Die Autoren beschreiben den Vorgang so:

- Adsorbierte Atome des angreifenden Metalls werden in der Oberfläche des angegriffenen Metalls gelöst.
- Die gelösten Atome dringen entlang der gedehnten Korngrenzen in das angegriffenen Metall ein und führen zum Zähigkeitsverlust desselben.

Rädecker [4.41; 4.42] stellte fest, dass reine Zink- und Zink-/Bleischmelzen unter Spannung stehende Stahlbauteile durch LME schädigen können. In [4.43] wird auf die Gefahr der LME-Korrosion durch Zink, Blei, Zinn und Wismut hingewiesen und in [4.44] werden diese Bedingungen konkretisiert. Die Autoren fanden, dass

- Blei prinzipiell die LME-Gefahr verstärkt,
- Nickel keinen Einfluss hat,
- Wismut bis 0,1% ohne Einfluss ist und
- Zinn bis 0,2% keinen Einfluss auf die LME-Gefahr hat, ab 0,3% diese aber verstärkt.

Außerdem wird angemerkt, dass kaltverformtes Material immer LME-anfälliger als warmverformtes ist. Bekannt ist ferner, dass schnelles, zügiges Tauchen in die Zinkschmelze die auftretenden thermischen Spannungen mindert und der LME-Gefahr entgegen wirkt.

Mit dem Einfluss konstruktiver und stahlseitiger Gegebenheiten auf LME befassen sich in neueren Arbeiten Feldmann und Mitarbeiter [4.45], die die obigen Ansichten prinzipiell bestätigen und präzisieren

Für die Praxis kann nur empfohlen werden, genau abzuchecken, welches Material/Bauteil in welcher Schmelze verzinkt werden kann. So wenig wie möglich Legierungselemente in der Schmelze und so wenig wie möglich Spannungen im Bauteil sind immer von Vorteil.

4.4 Nachbehandlung

Der Zweck einer jeden Nachbehandlung verzinkter Oberflächen ist der Schutz derselben vor Weißrost. Üblich – allerdings selten angewendet – sind das chemische Passivieren, das Einölen oder das Beschichten mit organischen bzw. anorganischen Materialien. Dass diese Methoden relativ selten angewendet werden liegt daran, dass alle diese Verfahren einen apparativen und manuellen Aufwand erfordern, der im Verzinkungsprozess unüblich ist. Hinzu kommt, dass vor einer nachfolgenden Beschichtung, z. B. nach DIN EN ISO 12944, die durchgeführte Nachbehandlung meist entfernt werden muss, um ein einwandfreies Haften der nachfolgenden Beschichtung zu gewährleisten.

Chemisches Passivieren mit chromathaltigen und –freien Lösungen oder mittels Phosphatieren erfordern prinzipiell Methoden, wie sie sonst nur in der Galvanotechnik üblich sind. Damit eignen sich diese Verfahren meist nur für Kleinteile und werden in der Praxis kaum angewendet. Beim Arbeiten mit phosphathaltigen Lösungen ist auch immer zu beachten, dass die sich bildenden Zinkphosphate nur bedingt dauerhaft und unlöslich und damit auch nur bedingt geeignet sind. Die Verwendung von chromathaltigen Lösungen ist europaweit aus ökologischen und toxikologischen Gründen teilweise eingeschränkt.

Schichten aus organischen Klarlacken, z. B. auf Acrylatbasis oder aus anorganischen Kaliwasserglaslösungen sind meist nicht ausreichend schwitzwasserbeständig und müssen außerdem vor einer Weiterbeschichtung meist entfernt werden, da sie keine geeignete Grundierung darstellen.

Insgesamt muss festgestellt werden, dass eine entsprechend sachgerechte Lagerhaltung der fertig verzinkten Ware die beste Nachbehandlung ist. Auch sollte man beachten, dass die Bildung der Zinkpatina über örtliche Verfärbungen der Zinkoberfläche erfolgt, also technisch normal ist.

Literatur

[4.1] *DIN EN ISO 1461* „Durch Feuerverzinken auf Stahl aufgebrachte Zinküberzüge (Stückverzinken); Anforderungen und Prüfung" (02.99)

[4.2] DIN EN 10143 „Kontinuierlich schmelztauchveredeltes Blech und Band aus Stahl; Grenzabmaße und Formtoleranzen" (09.06)

[4.3] *DIN EN 10292* „Kontinuierlich schmelztauchveredeltes Band und Blech aus Stählen mit hoher Streckgrenze zum Kaltumformen; Technische Lieferbedingungen" (03.05)

[4.4] *DIN EN 10326* „Kontinuierlich schmelztauchveredeltes Band und Blech aus Baustählen; Technische Lieferbedingungen" (09.04)

[4.5] *DIN EN 10327* „Kontinuierlich schmelztauchveredeltes Band und Blech aus weichen Stählen zum Kaltumformen" (09.04)

[4.6] *DIN EN 10336* „Kontinuierlich schmelztauchveredeltes und elektrolytisch veredeltes Band und Blech aus Mehrphasenstählen zum Kaltumformen; Technische Lieferbedingungen" (10.05)

[4.7] *DIN EN 10240* „Innere und/oder äußere Schutzüberzüge für Stahlrohre; Festlegungen für durch Schmelztauchverzinken in automatisierten Anlagen hergestellte Überzüge" (02.98)

[4.8] *Kleingarn, J.-P.*: Feuerverzinken von Einzelteilen aus Stahl; Stückverzinken, Merkblatt der Beratung Feuerverzinken

[4.9] *DIN 267–10* „Mechanische Verbindungselemente; Technische Lieferbedingungen; Feuerverzinkte Teile" (01.88)

[4.10] *Horstmann, D.*: Zum Ablauf der Eisen-Zink-Reaktionen, Schrift VII des GAV e. V., Düsseldorf (1991), S. 11–30

[4.11] *Bablik, H.; Götzl, F.*: Metallwirtschaft 19 (1940),S. 1141–1143

[4.12] *Katzung, W.; Rittig, R.*: Mat.-wiss. und Werkstofftechnik 28 (1997), S. 575

[4.13] *Bablik, H., Merz, A.*: Metallwirtschaft 20 (1941), S 1097

[4.14] *Sandelin, R. W.*: Galvanizing characteristics of different types of steel. Wire and Wire Products 15(1940) 11, S. 655/76 (Teil 1) und 15 (1940) 12, S. 721/49 Teil 2) sowie 16 (1941) 1, S. 28/35 (Teil 3)

[4.15] *Sebisty, J.J.* Diskussionsbeitrag, 11. Intergalva, Stresa 1973

[4.16] *Schubert, P., Schulz, W.*: Zum Mechanismus des Verzinkens von Baustählen in Abhängigkeit von deren Si-Gehalt, Metall 55 (2001) 12, S. 743–748

[4.17] *Thiele, M., Schulz, W.-D., Schubert, P.*: Schichtbildung beim Feuerverzinken zwischen 435 °C und 620 °C in konventionellen Zinkschmelzen – eine ganzheitliche Darstellung. Materials and Corrosion 57 (2006) 11, S. 852–867

[4.18] *Thiele, M., Schulz, W.-D.*: Coating formation during hat dip galvanizing between 435 °C and 620 °C in conventional zinc melt – a general description. 21. Intergalva, Neapel 2006

[4.19] *Schulz, W.-D., Thiele, M.*: Feuerverzinken von Stückgut; die Schichtbildung in Theorie und Praxis. Saulgau: Leuze-Verlag, 2007

[4.20.] *Dreulle, P., Dreulle, N., Vacher, J.C.*: Metall 34 (1980), S. 834

[4.21] *Böttcher, J. H.:* Jahrbuch Oberflächentechnik 38 (1991), S. 299. Berlin/Heidelberg: Metall-Verlag
[4.22] *Horstmann, D.:* Der Ablauf der Reaktion zwischen Eisen und Zink. Schrift 1 des Bemeinschaftsausschusses Verzinken e. V., Düsseldorf 1974
[4.23] *Schwabe, K., Kelm, H.:* Physikalische Chemie, Bd. 1, Akademie-Verlag Berlin (1986), S. 474–476
[4.24] *Hänsel, G.:* Einfluss von Legierungs-/Begleitelementen in der Zinkschmelze auf den Verzinkungsvorgang. Vortrag auf dem Seminar der Berg- und Hüttenschule Clausthal-Zellerfeld am 20./21. Oktober 1997
[4.25] *Dreulle, N., Dreulle, P., Vacher, J.C.:* Das Problem der Feuerverzinkung von siliziumhaltigen Stählen. Metall, 34 (1980) 9, S. 834–838
[4.26] *Adams, G. R., Zervoudis, J.:* Eine neue Legierung zum Feuerverzinken reaktiver Stähle. Proceedings Intergalva 1997 Birmingham
[4.27] *Taylor, M.; Murphy, S.:* Ein Jahrzehnt mit Technigalva. Proceedings Intergalva Birmingham 1997. London: EGGA 1997
[4.28] *Schubert, P., Schulz, W.-D.:* Zur Wirkung von Zusätzen zur Zinkschmelze auf die Schichtbildung beim Feuerverzinken. Materials and Corrosion 53(2002), S. 663–672
[4.29] *Beguin, Ph., Bosschaerts, M., Dhaussy, D., Pankert, R., Gilles, M.:* GALVECO, eine Lösung für die Feuerverzinkung von reaktivem Stahl. Proceedings Intergalva Berlin 2000. London: EGGA 2000
[4.30] INTERGALVA 2006 Edited Proceedings 21. International Galvanizing Conference,Neapel 2006. London: EGGA 2006
[4.31] *Schumann, H.:* Metallographie. Leipzig: Deutscher Verlag für Grundstoffindustrie, 1980, S. 17
[4.32] *Krepski, R. P.:* The influence of lead in after-fabrication hotdip galvanizing. 14. Internationale Verzinkertagung, München 1985, Proceedings S. 6/6–6/12. Zinc Development Association, London 1986
[4.33] *Schulz, W.-D., Schubert, P., Katzung, W., Rittig, R.:* Ermittlung des Einflusses der Verzinkungsbedingungen, insbesondere der Zusammensetzung der Zinkschmelze (Pb, Ni, Sn, Al), der Tauchdauer und des Abkühlverlaufes, auf die Haftfestigkeit und das Bruchverhalten von Zinküberzügen nach DIN EN ISO 1461. Forschungsbericht des Instituts für Korrosionsschutz Dresden und des Instituts für Stahlbau Leipzig vom 23. 01. 2001
[4.34] *Gilles, M., Sokolowski, R.:* The zinc-tin galvanizing alloy: A unique zinc alloy for galvanizing any reactive steel grade. Proceedings Intergalva Birmingham 1997. London: EGGA 1997
[4.35] *Reumont, G.; Foct, J.; Perrot, P.:* Neue Möglichkeiten für die Feuerverzinkung: Zugabe von Mangan und Titan zum Zinkbad. Proceedings Intergalva Berlin 2000. London: EGGA 2000
[4.36] *Fratesi, R., Ruffini, N., Mohrenschildt, A.:* Use of Zn-Bi-Ni alloy to improve zinc coating appearance and decrease zinc consumption in hot dip galvanizing. Proceedings Intergalva Berlin 2000. London: EGGA 2000
[4.37] *Zervoudis, J.:* Feuerverzinkung von reaktivem Stahl mit Zn-Sn-V-(Ni)-Legierungen. Proceedings Intergalva 2000 Berlin
[4.38] *Katzung, W., Rittig, R., Gelhaar, A.:* Einfluss der Legierungselemente Al, Pb und Sn in der Zinkschmelze auf das Verzinkungsverhalten von Stählen. Metall, 50(1996)1, S. 34–38
[4.39] *Katzung, W., Schulz, W.-D.:* Zum Feuerverzinken von Stahlkonstruktionen – Ursachen und Lösungsvorschläge zum Problem der Rissbildung. Stahlbau 74(2005)4, S. 258–273
[4.40] *Hasselmann, U., Speckhardt, H.:* Flüssigmetall induzierte Rissbildung bei der Feuerverzinkung hochfester Schrauben großer Abmessungen infolge thermisch bedingter Zugeigenspannungen. Mat.-wiss. u. Werkstofftechnik 28 (1997), S. 588–598
[4.41] *Rädecker, W.:* Die Erzeugung von Spannungsrissen in Stahl durch flüssiges Zink. Stahl und Eisen 73 (1953), S. 654–658
[4.42] *Rädecker, W.:* Der interkristalline Angriff von Metallschmelzen auf Stahl. Werkstoffe und Korrosion 24 (1973), S. 851–859

[4.43] *Landow, M., Harsalia, A., Breyer, N.N.:* Liquid metal embrittlement . J. Materials Energy Systems 2 (1989), S. 50

[4.44] *Poag, G., Zervoudis, J.:* Influence of various parameter on steel cracking. AGA Techn. Forum, Oct. 8. 2003. Kansas City, Missouri

[4.45] *Feldmann, M., Pinger, T., Tschickardt, D.:* Cracking in large steel structures during hot dip galvanizing. Proceedings Intergalva Neapel 2006. London: EGGA, 2006

5
Technische Ausrüstung

R. Mintert, P. Peißker

5.1
Vorplanung

5.1.1
Vorstudie

Bei einer Vorstudie über die Errichtung einer Feuerverzinkerei sollten die beiden Parameter Zinkbadgröße und Durchsatz pro Stunde grob festgelegt werden. Die Einschätzung der Durchsatzleistung setzt jedoch eine Marktanalyse voraus. Es hat sich herausgestellt, dass man durchaus neue Kunden gewinnen kann, die aus Entfernungsgründen und damit Kostengründen bisher nicht an das Feuerverzinken gedacht haben. Eine solche Vorstudie kann durch ein Ingenieurbüro, das sich speziell mit der Planung von Feuerverzinkungsanlagen beschäftigt, erstellt werden.

5.1.2
Intensivstudie

Bei dieser Studie sollte man schon die exakten Größenordnungen der einzelnen Anlagenteile, die Aufstellungsanordnung und damit den Materialfluss und somit schließlich die Hallengröße festlegen. Bei der Ermittlung der Gesamtbaukosten ergeben sich drei Kostenblöcke:

1. Einmessung, Bauaushub, Baukörper mit Keller, Heizung und Elektroinstallationen,
2. Anlagenteile wie Vorbehandlungsanlage, Verzinkungsanlage, Krananlage und sonstige Transportmittel,
3. Betriebsmittel für den Ersteinsatz.

Für den 1. Kostenblock ist es unumgänglich, ein Architekturbüro einzusetzen. Diese beiden Planungsbüros, Ingenieurbüro für Feuerverzinkungsanlangen und Architekturbüro, erstellen dann gemeinsam den Genehmigungsantrag.

Handbuch Feuerverzinken. Herausgegeben von Peter Maaß und Peter Peißker

ISBN: 978-3-527-31858-2

5.1.3 Genehmigungsantrag

Ehe der umfangreiche Genehmigungsantrag erstellt wird, sollte auf jeden Fall eine Voranfrage bei der entsprechenden Behörde, d. h. Gewerbeaufsichtsamt/Landratsamt, gestellt werden, um zu klären, ob der Genehmigung einer Feuerverzinkungsanlage grundsätzlich stattgegeben wird. Es hat sich als positiv herausgestellt, im Vorfeld mit allen Fachbehörden die Planung zu besprechen. Die Genehmigungsdauer kann hierdurch wesentlich verkürzt werden. Unnötige Rückfragen, die oft Änderungen im Genehmigungsantrag nach sich ziehen, können vermieden werden. Bis auf unwesentliche Erklärungen sind die erforderlichen Antragsformulare, einschließlich der neuen Bundesländer, einheitlich. Verständlich ist, dass alle gehandhabten Stoffe aufgeführt werden müssen. Nach dem Grundsatz: Alles was durch das Hallentor hineingebracht wird, kommt auf irgendeinem Wege auch wieder heraus.

$$Q_{\text{Schwarzmaterial}} + Q_{\text{Betriebsmaterial}} + Q_{\text{Energie}} = Q_{\text{verzinktes Material}} + Q_{\text{Abluft}} + Q_{\text{wiederverwertbare Stoffe}} + Q_{\text{zu entsorgendes Material}}$$

5.2 Anlagenaufstellungsvarianten

Es gibt mehrere Aufstellungsvarianten, sowohl für die Vorbehandlungsanlage als auch für den eigentlichen Verzinkungsteil, womit der Trockenofen, der Verzinkungsofen und ein eventuell vorgesehenes Kühlbad gemeint sind. Oftmals ist man durch bauliche Gegebenheiten zu unwirtschaftlichen Aufstellungen gezwungen. An dieser Stelle sollen die beiden konventionellen Aufstellungen, geradliniger Durchlauf und U-förmiger Durchlauf, unter dem heutigen Gesichtspunkt der TA Luft behandelt werden.

5.2.1 Geradliniger Durchlauf

Hierunter ist zu verstehen (Abb. 5.1), dass Materialeingang und Materialausgang auf gegenüberliegenden Seiten liegen. Das bedeutet, das Personal arbeitet relativ weit auseinander, das heißt wenig Sichtkontakt zwischen dem Personal. Um die Transportwege kurz zu halten, stehen in den meisten Fällen alle Bäder und Öfen quer zur Hallenachse. Unter dem heutigen Gesichtspunkt der TA Luft, verbunden mit einer Zinkbadeinhausung, wie in den meisten Fällen gefordert, ist diese Anordnung des Verzinkungsofens unter Umständen problematisch. In den Abschnitten 5.7.1 und 5.7.2 wird das Problem eingehender beschrieben.

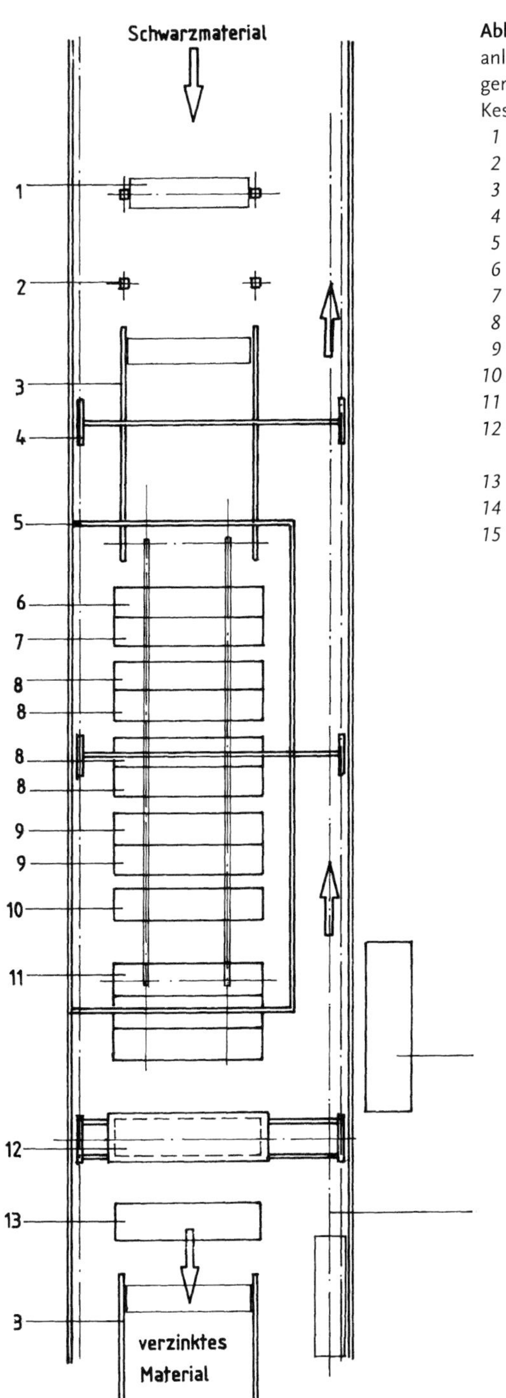

Abb. 5.1 Aufstellung Stückverzinkungs-anlage
geradliniger Durchlauf
Kessel querstehend

1	*Traverse*
2	*Traversenhubbühne*
3	*Kettenförderer*
4	*Brückenkran*
5	*Beizerei abgemauert*
6	*Entfettungsbad*
7	*Heißspülbad*
8	*Beizbad*
9	*Spülbad*
10	*Fluxbad*
11	*3 - Kammer-Trockenofen*
12	*Zinkbadeinhausung kranverfahrbar*
13	*Wasserbad*
14	*Traversen-Rücktransport*
15	*Filteranlage*

5.2.2
U-förmiger Durchlauf

Darunter ist zu verstehen, dass Materialeingang und Materialausgang auf der gleichen Hallenseite liegen (Abb. 5.2 und Abb. 5.3). Am Hallenende wird der Trockenofen quer zur Hallenachse aufgestellt, der Verzinkungsofen kann quer (anschließend an den Trockenofen) oder längs positioniert werden. Wird die vorgesehene Zinkbadeinhausung längs angeordnet, ist die Bedienung unproblematisch. Im anderen Fall, bei quer stehendem Kessel, kann mit einer kranverfahrbaren Zinkbadeinhausung gearbeitet werden. Selbstverständlich gibt es noch andere Aufstellungsvarianten, die Vorteile aufweisen können. Ein wesentliches Kriterium bei der Festlegung der Aufstellungsform ist das zu verzinkende Gut. Handelt es sich um Massenware, wie z. B. Leitplanken, Gitterroste oder Gerüstbauteile, kann man optimale Aufstellungsvarianten verwirklichen und automatische Anlagen planen (Abb. 5.4). Da es sich bei dem überwiegenden Teil der Feuerverzinkereien jedoch um Stückverzinkungsanlagen handelt, sollten diese bevorzugt in Augenschein genommen werden. Eine wirtschaftliche Verzinkung bedeutet, Zeit sparen. Da – mit Einschränkung – die Behandlungszeiten nicht verringert werden können, sind die Materialflusszeiten zu optimieren. Es sollte angestrebt werden, Universal-Grundtraversen einzusetzen, an die unter Zwischeneinschaltung von leicht auswechselbaren Materialaufnahmehaken ein großes Spektrum an zu verzinkenden Teilen angehängt werden kann. Im Hinblick auf die Entzinkung der Gestelle und Aufnahmehaken sollten diese in ihren Abmessungen so klein und leicht wie möglich gehalten werden.

5.2.3
Behängungsbereich

Als äußerst praktisch haben sich stationäre Aufnahmeböcke für Traversen erwiesen. Bis zu einer Behängungshöhe von 2000 mm kann man leicht die Teile von Hand anhängen. Da viele Verzinkungstraversen tiefer als 2000 mm sind und man die volle Tiefe ausnutzen will, ist es erforderlich, die Hubhöhen variable zu gestalten. Eine gute Einrichtung hierfür sind Hubbühnen, Abb. 5.5, mit stufenloser Höheneinstellung und Gleichlaufsteuerung. Von diesen Hubbühnen aus lassen sich dann die Vorbehandlungsbäder mittels Krans beschicken. Neben mehreren parallel stehenden Hubbühnen gibt es noch die Kombination Hubbühne-Kettenförderer (Abb. 5.6).

5.2.4
Gestelle, Traversen, Hilfsvorrichtungen

Die meisten Stückverzinkereien sind Lohnbetriebe und müssen in ihren Anlagen ein Verzinkungsgut bewältigen, das in Form, Gewicht und Abmessungen sehr unterschiedlich ist. Um diese breite Produktplatte kostengünstig verzinken zu können, wird dem gesamten innerbetrieblichen Transportsystem eine besondere Bedeutung zugemessen. Moderne und leistungsfähige Förderanlagen können jedoch erst dann sinnvoll und wirtschaftlich eingesetzt werden, wenn das

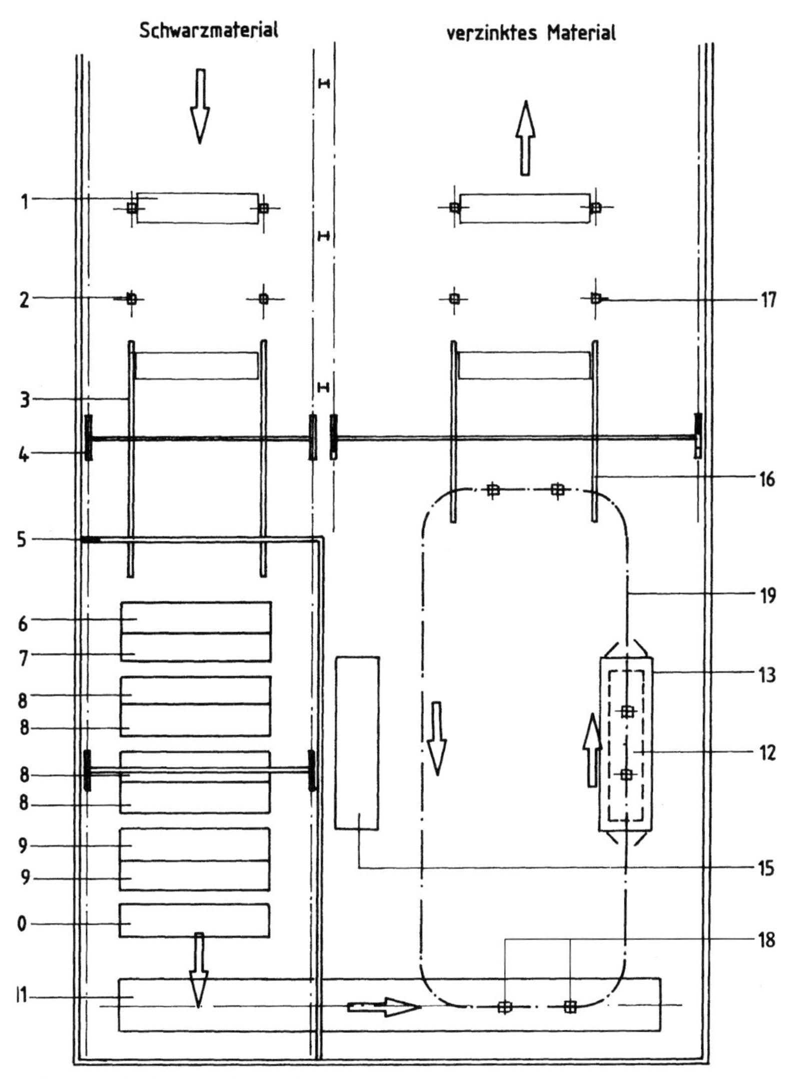

Abb. 5.2 Aufstellung Stückverzinkungsanlage
Kessel längsstehend
stationäre Zinkbadeinhausung

1	*Traverse*	*11*	*Durchlauf-Trockenofen*
2	*Traversenhubbühne*	*12*	*Verzinkungsofen*
3	*Kettenförderer*	*13*	*Zinkbadeinhausung, kranverfahrbar*
4	*Brückenkran*	*14*	*Wasserbad*
5	*Beizerei abgemauert*	*15*	*Filteranlage*
6	*Entfettungsbad*	*16*	*Kettenförderer*
7	*Heißspülbad*	*17*	*Traversenhubbühne*
8	*Beizbad*	*18*	*Elektrozugkatzpaare*
9	*Spülbad*	*19*	*Ringbahn*
10	*Fluxbad*		

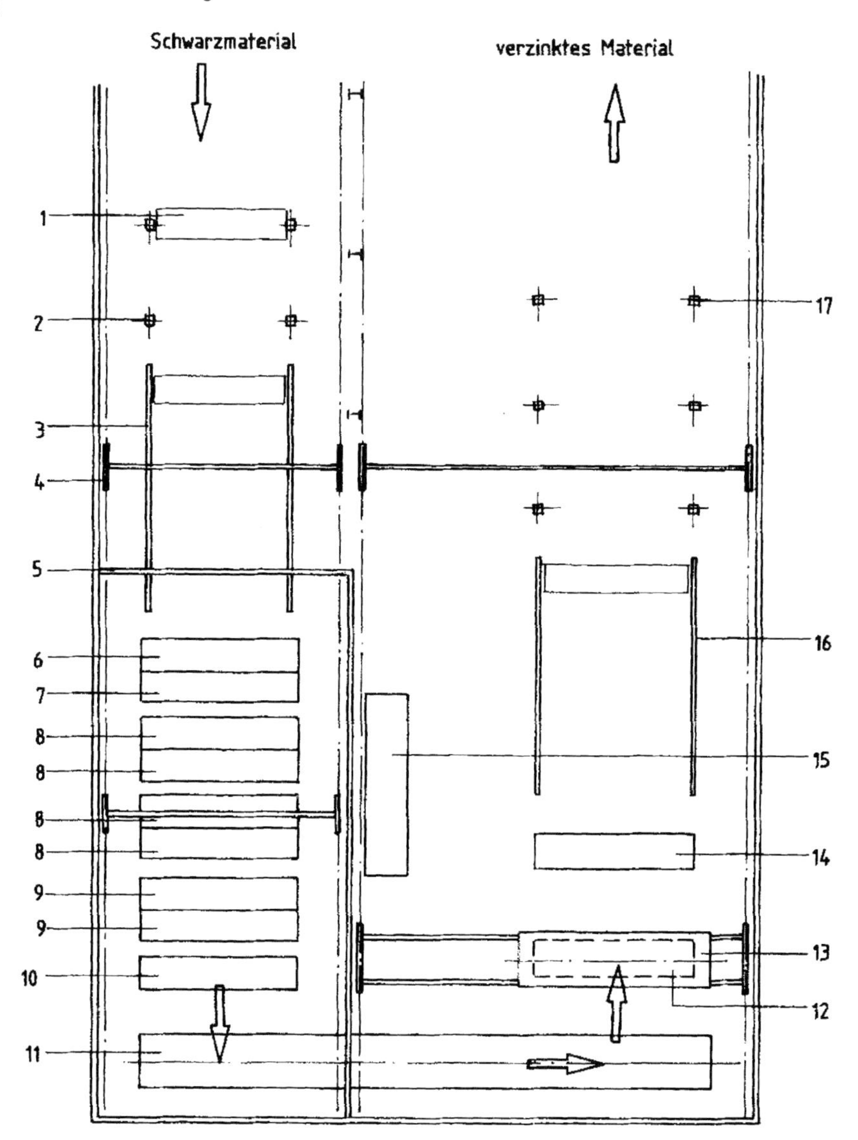

Abb. 5.3 Aufstellung Stückverzinkungsanlage
Kessel querstehend kranverfahrbare Zinkbadeinhausung
Legende s. **Abb. 5.2**

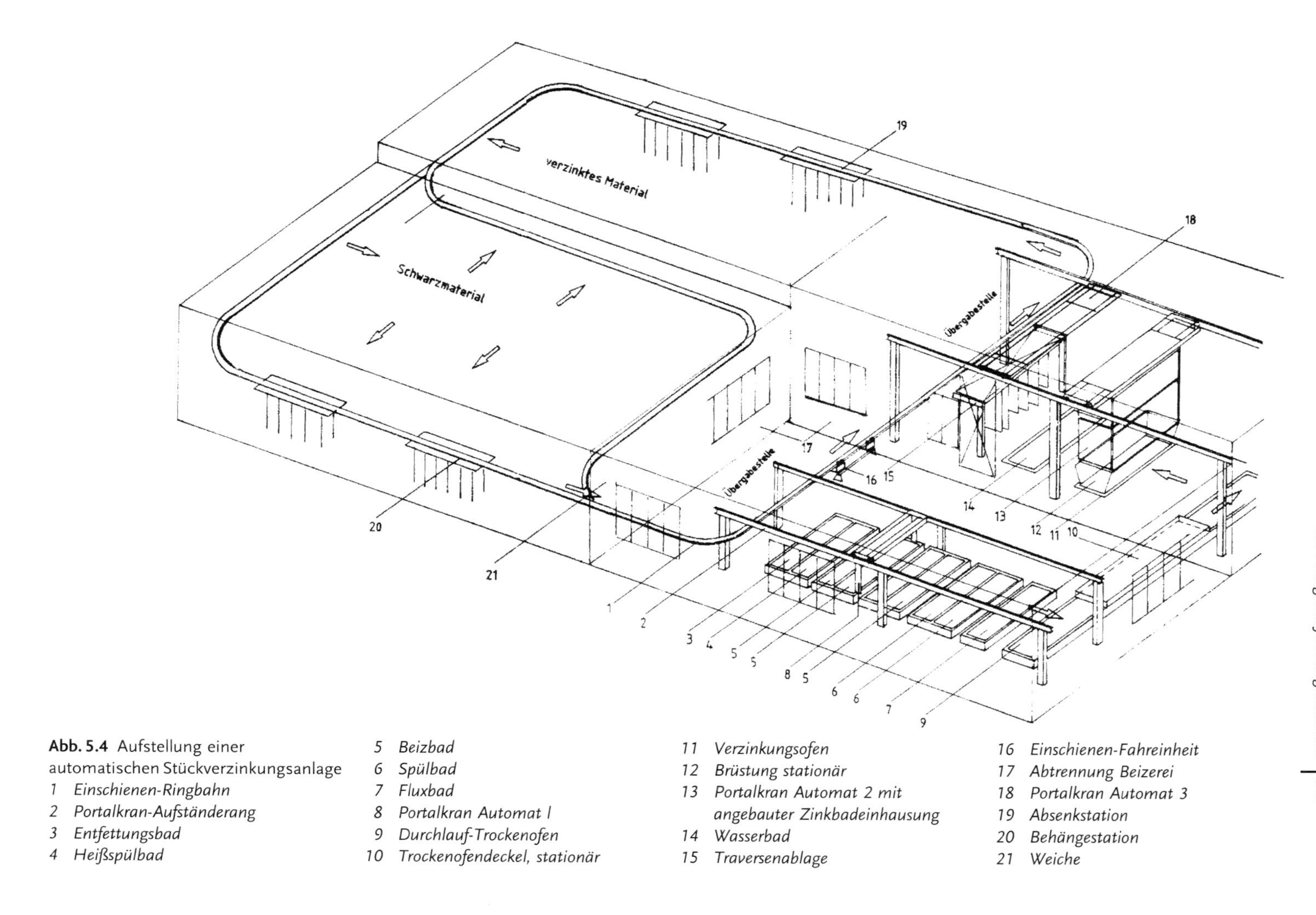

Abb. 5.4 Aufstellung einer automatischen Stückverzinkungsanlage

1 *Einschienen-Ringbahn*
2 *Portalkran-Aufständerang*
3 *Entfettungsbad*
4 *Heißspülbad*
5 *Beizbad*
6 *Spülbad*
7 *Fluxbad*
8 *Portalkran Automat I*
9 *Durchlauf-Trockenofen*
10 *Trockenofendeckel, stationär*
11 *Verzinkungsofen*
12 *Brüstung stationär*
13 *Portalkran Automat 2 mit angebauter Zinkbadeinhausung*
14 *Wasserbad*
15 *Traversenablage*
16 *Einschienen-Fahreinheit*
17 *Abtrennung Beizerei*
18 *Portalkran Automat 3*
19 *Absenkstation*
20 *Behängestation*
21 *Weiche*

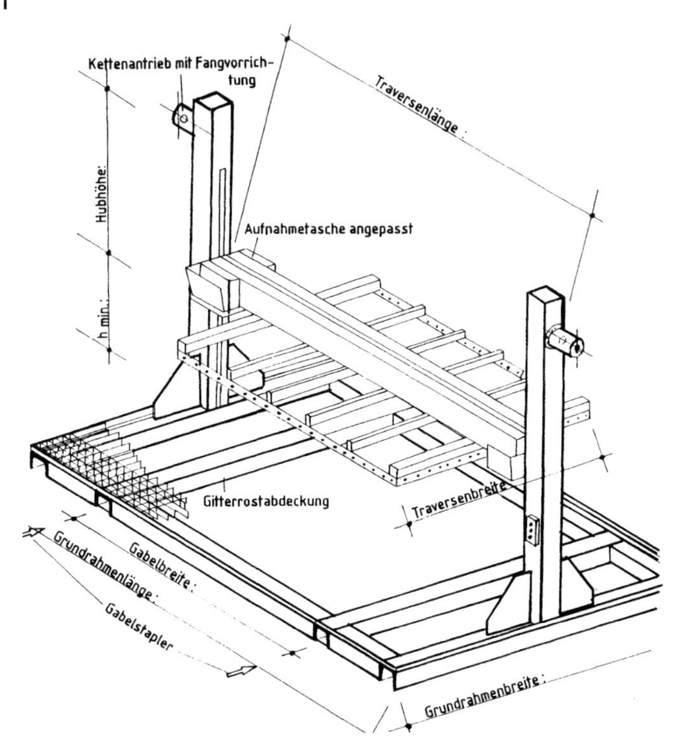

Abb. 5.5 Traversenhubbühne transportabel

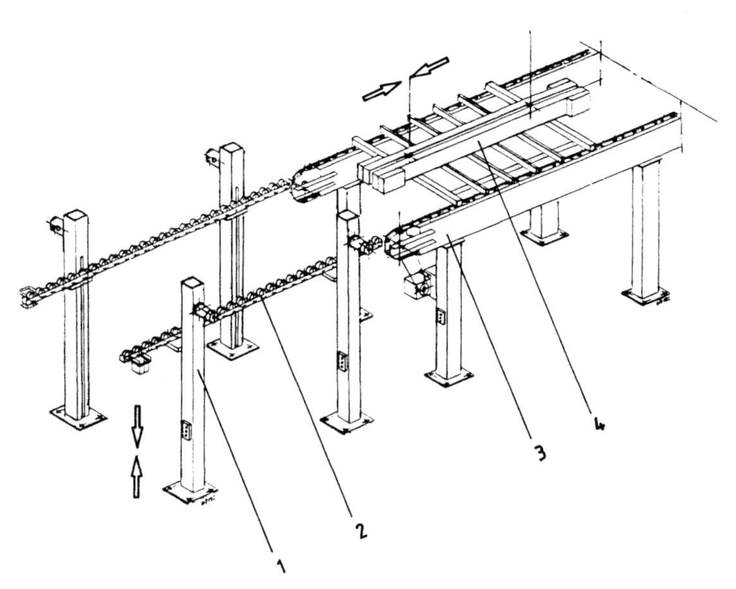

Abb. 5.6 Kombination Hubbühne-Kettenförderer
1 **Hubbühne** **2 Rollgang angetrieben** *3* **Kettenförderer** *4* **Traverse**

unterschiedliche Verzinkungsgut unter Verwendung geeigneter Hilfsvorrichtungen zu günstigen Partien und Chargen zusammengestellt werden kann.

Die Möglichkeiten für den Einsatz von Hilfsvorrichtungen sind natürlich in erster Linie abhängig von den betrieblichen Gegebenheiten und den Schwerpunkten des Verzinkungsprogramms. Wegen der Vielzahl der Einflussfaktoren ist eine allgemein gültige Aussage nicht möglich. Die nachstehenden Hinweise sind deshalb lediglich als Denkanstoß gedacht.

An Hilfsvorrichtungen müssen folgende Grundanforderungen gestellt werden, die bereits einen erheblichen Einfluss auf die Konstruktion haben:

- Hilfsvorrichtungen zum Feuerverzinken sollten eine möglichst geringe Oberfläche haben, um die Zinkausschleppverluste so klein wie möglich zu halten. Diese Forderung lässt sich am ehesten durch die Verwendung von Rundmaterial erfüllen. Ferner ist darauf zu achten, dass nicht gerade reaktionsfreudige Stähle und Elektroden eingesetzt werden.
- Hilfsvorrichtungen zum Feuerverzinken sollten so konstruiert sein, dass sie unter Last auf den Rändern der jeweiligen Behandlungsbecken sicher abgesetzt werden können.
- Es ist bei Konstruktion und Fertigung darauf zu achten, dass es sich um einen Verschleißartikel handelt, der für eine gewisse Anzahl von Durchläufen eine bestimmte Belastung ertragen und dabei unfallsicher bleiben muss.
- Hilfsvorrichtungen werden in vielen Betrieben noch etwas stiefmütterlich behandelt. Sie unterliegen jedoch extrem hohen Beanspruchungen (das gilt insbesondere, wenn Hohlkonstruktionen aller Art zu schnell ausgezogen werden) und müssen deshalb in regelmäßigem Turnus von der Betriebsschlosserei oder einer Aufsichtsperson zumindest einer Sichtkontrolle unterzogen werden. Schäden müssen sofort beseitigt werden.

Über das Ergebnis der Prüfungen ist Nachweis zu führen, um den unkontrollierten Einsatz von Hilfsvorrichtungen und sonstigen Anschlagmitteln zu unterbinden. Empfohlen wird die Führung eines entsprechenden Buches für alle Lastaufnahmeeinrichtungen.

Die sicherheitstechnischen Anforderungen bezüglich Bau, Ausrüstung, Prüfung und Betrieb von Lastaufnahme- und Anschlagmitteln regelt die Unfallverhütungs-Vorschrift VBG 9a „Lastaufnahmeeinrichtungen im Hebezeugbetrieb“.

5.2.4.1 **Beschickungseinrichtungen**

Anschlagmittel

Für Beschickungseinrichtungen sind nur geprüfte Rundstahlketten der Güteklasse 2 nach DIN 32891 „Rundstahlketten, Güteklasse 2, nicht lehrenhaltig, geprüft“ sowie Ketten aus nicht vergüteten Sonderlegierungen der Güteklasse 5 nach DIN 5687 Teil 1 „Rundstahlketten, Güteklasse 5, nicht lehrenhaltig, geprüft“ zulässig. Es dürfen nur Werkstoffe verwendet werden, die weitgehend beständig gegen Wasserstoffversprödung und Flüssigmetallkorrosion sind. Rundstahlketten der Güteklasse 8 (auch aus Sonderlegierungen) sind grundsätzlich nicht zulässig (weitere Angaben siehe § 34 Abs. 2 UVV „Lastaufnahmeeinrichtungen im Hebezeugbetrieb" (VBG9a).

Bindedraht
Für das Verzinken und die erforderliche Vor- und Nachbehandlung ist das Anbinden der Werkstücke mit Bindedraht erlaubt. Bindedraht muss geeignet sein und ist nur für einmalige Verwendung zulässig.
Verwendbare Qualitätssorten sind z. B.

- *blanker Bindedraht* nach DIN 1652 kaltgezogen und weichgeglüht, Stahlsorte nach DIN 17100 „Allgemeine Baustähle; Gütenorm". ST 33 / ST 37–2 Zugfestigkeit: 300 bis 450 N mm^{-2} Bruchdehnung $(L_0 = 5\,d_0)$: 25 %, Grobkorn ist unbedingt zu vermeiden! Winkelprobe um einmal Drahtdurchmesser (mindestens 8 Windungen) ohne Bruch,
- *verzinkter Bindedraht* kaltgezogen, weichgeglüht und verzinkt, Stahlsorte nach DIN 17100: ST 33 / ST 37–2 Bruchdehnung $(L_0 = 100\,d_0)$: 15 %, Winkelprobe um einmal Drahtdurchmesser (mindestens 8 Windungen) ohne Bruch Transportvorgänge im Lagerbereich sind entsprechend UVV „Lastaufnahmeeinrichtungen im Hebezeugbetrieb" (VBG 9a) durchzuführen.

5.2.4.2 **Typische Beispiele für Gestelle und Traversen**

Gestelle, Traversen und Hilfsvorrichtungen gibt es in Feuerverzinkereien in einer Vielzahl von unterschiedlichen Ausführungen, die jeweils dem zu verzinkenden Gut angepasst sind. Nachstehend können nur einige typische Beispiele aufgeführt werden.

Gestell für Halbzeug-Stabmaterial
Gestelle für das Feuerverzinken für Stabmaterial, das in üblichen Längen von 6 bzw. 12 m gefertigt wird, gibt es in vielen Variationen, die sich jedoch in ihren Grundzügen durchweg ähneln (Abb. 5.7a–d) .

Abb. 5.7a–d (VDF, Düsseldorf)
a Gitterkorb für Stabmaterial-Halbzeug

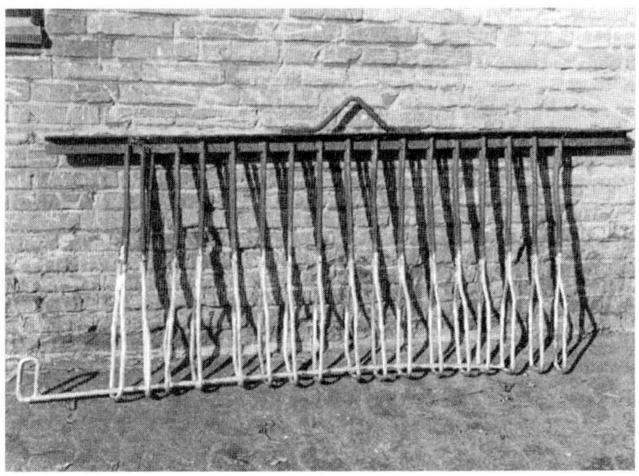

b Traggestell mit Steckriegel

c Traverse mit Kettenaufhängung mit Schlupf

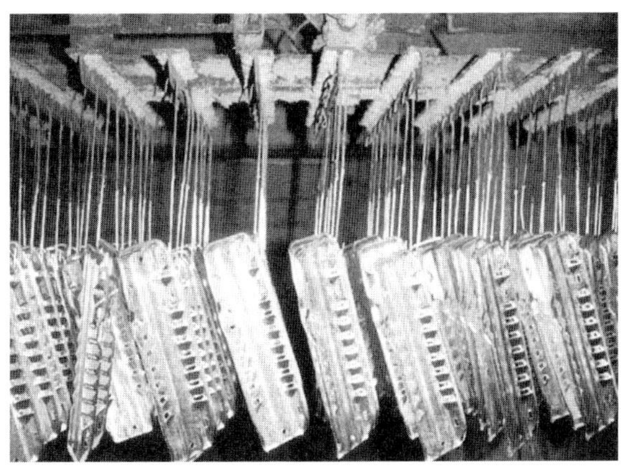

d Hakenaufhängung

Vorteile derartiger Gestelle sind:
- große Chargengewichte möglich,
- Profile werden nicht stark durch ihr Eigengewicht belastet,
- flexibler Einsatz für unterschiedliche Profildimensionen.

Als Nachteile sind zu nennen:
- die Beschickung muss in der Regel durch 2 Mann erfolgen (zeitaufwendig),
- Asche löst sich mitunter schlecht,
- Kontaktstellen sind nicht zu vermeiden,
- Gegenziehen ist bei offenen Gestellen nicht möglich,
- Gefahr von Wärmestau bei dicht gepackten Gestellen im Innern.

Traggestell mit Steckriegel
Auch hierbei sind viele unterschiedliche Ausführungsformen üblich (Abb. 5.7b). Als Vorteile sind zu nennen:
- einfache Beschickung,
- geringe Oberfläche des Gestells,
- wenige Kontaktstellen,
- auch als Langtraversen verwendbar,
- Abschwimmsicherung für hohe Einlassgeschwindigkeit.

Typische Nachteile sind:
- je nach Verzinkungsgut mitunter zeitaufwendige Beschickung,
- üblicherweise Untergestell zum Vorsortieren erforderlich.

Kettenaufhängung mit Schlupf
Diese ist als typisches Hilfsmittel für mittelschwere bis schwere Stahlbaukonstruktionen (Abb. 5.7c) anzusehen.
Ketten bieten als Vorteile:
- kontrollierbare Belastbarkeit,
- schnelle Handhabung,
- universell einsetzbar,
- geringe Herstellkosten,
- geringe Oberfläche,
- Asche löst sich relativ gut.

Typische Nachteile sind:
- Kontaktstellen unvermeidbar,
- gegebenenfalls Sicherung gegen Herausrutschen erforderlich,

Hakenaufhängung
Die Aufhängung an Haken bietet sich als Aufhängemöglichkeit für Serienteile, wie z. B. Gitterroste, an, die leicht durch einen einzelnen Mitarbeiter angehängt werden können (Abb. 5.7d).
Als Vorteile sind zu nennen:

- hohe Chargengewichte möglich,
- vielseitig einsetzbar,
- in mehreren Ebenen verwendbar.

Nachteile sind hierbei:

- Aufhängebohrung erforderlich,
- Abziehen der Badoberfläche mitunter erschwert,
- Aushängen einzelner Teile bei hoher Einlassgeschwindigkeit möglich, durch manuelles Anhängen nur geringe Einzelgewichte möglich.

5.2.5 Automatische Stückverzinkungsanlage

Wie bereits in Abschnitt 5.2.2 erwähnt, bieten sich bei der Verzinkung von Massenartikeln wie Gitterrosten, Leitplanken oder Gerüstbauteilen automatische Verzinkungsanlagen an (Abb. 5.4) .

Wenn die Verzinkung der Fertigung angeschlossen werden soll, muss geprüft werden, ob nicht bereits das fertiggestellte Teil direkt von der Maschine aus mittels Kettenförderer oder aber an Traversen zur Verzinkerei transportiert werden kann. Ein zusätzliches Handling würde entfallen. Ist dies nicht möglich, sollten die Teile auf jeden Fall verzinkungsgerecht in Gestelle oder Stapelwagen gestellt werden. Diese Stapelwagen können dann zu den Behängestationen der Ringbahn gefahren und die komplette Charge an die Einschienenfahreinheit übergeben werden. Die automatische Anlage besteht im wesentlichen aus 3 Portalkranen, 1 Kettenförderer und einer Ringbahn mit 10 Einschienenfahreinheiten, 4 Absenkstationen und 2 Weichen sowie dem Leitrechner mit Monitor, Drucker, Bedienerterminal und der Steuerung. Nachfolgend wird eine nach den neuesten technischen Erkenntnissen, von der Firma Mannesmann-Demag, Salzburg, gebaute Anlage beschrieben [5.1]. Die Ringbahn überstreicht den Bereich Aufhängung, Übergabe an Portalkran, Übernahme von Portalkran 3 und Abnahme an den Absenkstationen. Portalkran 1 überstreicht den Fahrbereich der kompletten Vorbehandlungsanlage, übernimmt die Traverse aus der Ringbahn und übergibt diese an den Durchlauf-Trockenofen. Portalkran 2 überstreicht den Fahrbereich Übernahme aus dem Durchlauf-Trockenofen, Verzinkung sofern und Ablage im Wasserbad. Portalkran 2 ist mit einer verfahrbaren Zinkbadeinhausung ausgerüstet. Portalkran 3 überstreicht den Fahrbereich Übernahme am Wasserbad, Aufgabe auf den Kettenförderer und Übergabe an die Ringbahn. Die Portalkrane werden von einem Leitrechner gesteuert. Eine Umschaltung von Automatik auf HAND-NOT-BETRIEB ist eingebaut. Aus der Pufferstrecke der Ringbahn wird von dem Bedienungsmann die Fahreinheit durch eine Schleuse in die Beizerei gefahren, wobei in einem Terminal die entsprechende Artikelnummer des angehängten Materials eingegeben wird. Untrennbar mit der Artikelnummer sind die Verweilzeiten, Abtropfzeiten und Abtropfhöhen verbunden. Von hier aus läuft der Prozeß automatisch ab. Erreicht der Portalkran 2 den Verzinkungsofen, wird dem Verzinker am Bedienpult das Vorhanden- oder Nichtvorhandensein eines „TEACH" signalisiert. Ist ein „TEACH" für das Einfahren vorhanden, wird der Kran nach dem vorgegebenen Geschwindigkeits-Wegdiagramm ins Zinkbad eingefahren. Ist kein Einfahrprogramm vorhanden, kann durch Betätigung eines Schlüsselschalters der „TEACH-IN"-Betrieb gestartet werden. Über einen mehrstelligen Stufenschalter können Geschwindigkeitsvorwahlen für den Einfahrprozess vorgenommen werden. Nach Ausschaltung des Schlüsselschalters werden die Daten an den überlagerten Rechner gegeben.

Portalkran 3 übergibt die Traverse an den Kettenförderer oder, falls diese leer ist, direkt an die Ringbahn. Bei vollem Kettenförderer erfolgt die Übergabe an die Ringbahn nur von der letzten belegten Position aus. Mit der Durchfahrt der Traverse durch die Schleuse ist der Automatikbetrieb beendet. Über Hängeschalter an den Fahreinheiten der Ringbahn kann die Traverse zu der entsprechenden Absenkstation gefahren werden.

5.3 Vorbehandlungsanlage

5.3.1 Vorbehandlungsbehälter

Die seit Jahren u. a. im Betrieb befindlichen Kunststoff-Behälter in der Größenordnung bis zu Länge/Breite/Tiefe: 26,0/2,8/3,8 m haben sich bestens in der Praxis bewährt. Die Stahlprofil-Grundkonstruktion ist bei allen Herstellern ähnlich, jedoch in der Außenbeschichtung und der Innenauskleidung gibt es unterschiedliche Zusammensetzungen (Abb. 5.8). Besonderes Interesse sollte auf die Behälterrandausbildung gelegt werden. Hier kommt es am ehesten zu Beschädigungen, daher Leitungen über dem Rand vermeiden. Preisgünstig gestalten sich werkseitig gefertigte Doppelbehälter.
Nach dem Wasserhaushaltsgesetz (§ 19.1 WHG) müssen die Behälter in einer dichten Auffangwanne aufgestellt werden. Um zu vermeiden, dass es zu Vermischungen im Havariefall und bei Verschleppungen kommt, sollten die Behälter in den Gruppen

- Entfettungsbad + Heißspülbad,
- Beizbäder + Spülbäder,
- Fluxbad

separat aufgestellt werden. Zweckmäßig werden diese einzelnen Auffangwannen mit Pumpschächten und Tauchpumpen versehen. Sämtliche Auffangwannen müssen umgehbar und einsehbar sein. Die Bedienungshöhe der Behälter über Flur soll mindestens 1000 mm betragen.

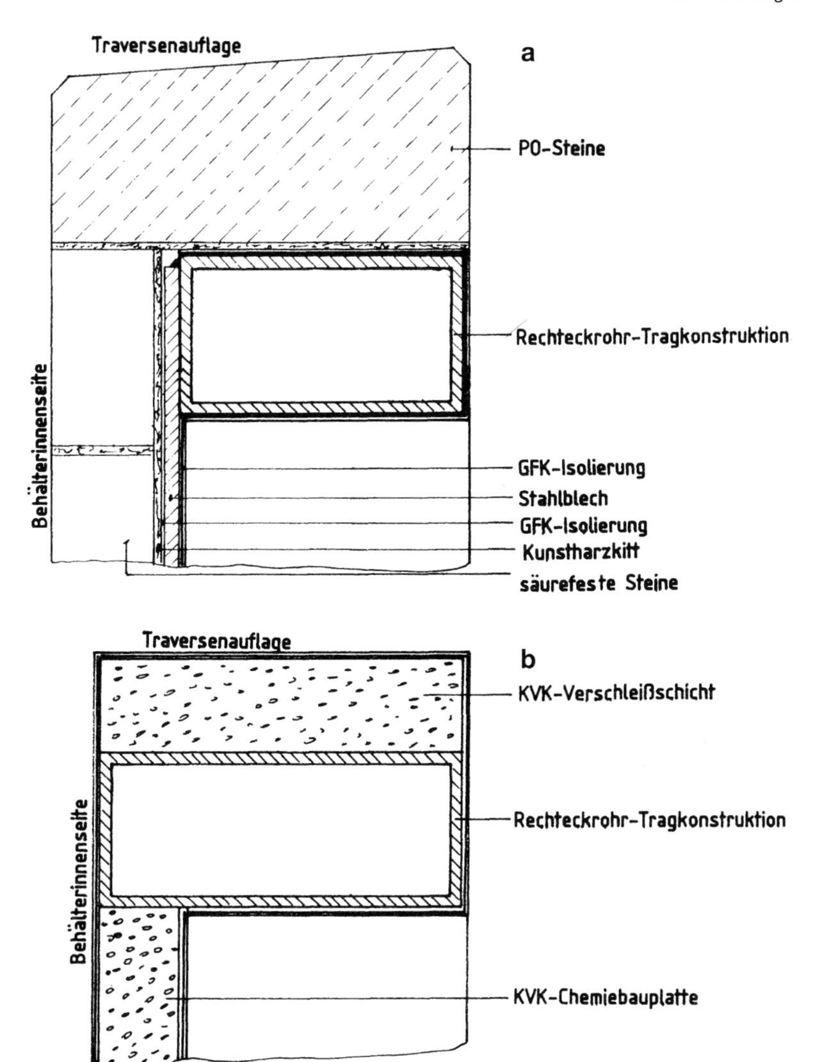

Abb. 5.8 Unterschiedliche Behälteraufbauten
a) *SKO Oberahr*
b) *Körner Chemieanlagenbau*

5.3.2
Beizerei-Einhausung

In der VDI-Richtlinie 2579 heißt es: „*Der Gehalt an Chlorwasserstoff in der Gasphase über einer Salzsäure Beize ist temperatur- und konzentrationsabhängig. Der Grenzwert wird erfahrungsgemäß nicht überschritten, wenn der Betriebspunkt (Temperatur und Massenkonzentration an HCl) des Bades innerhalb des gestrichelten Feldes liegt*“ [5.2], d. h. Temperatur < 20 °C, Konzentration < 15 % (Abb. 5.9).

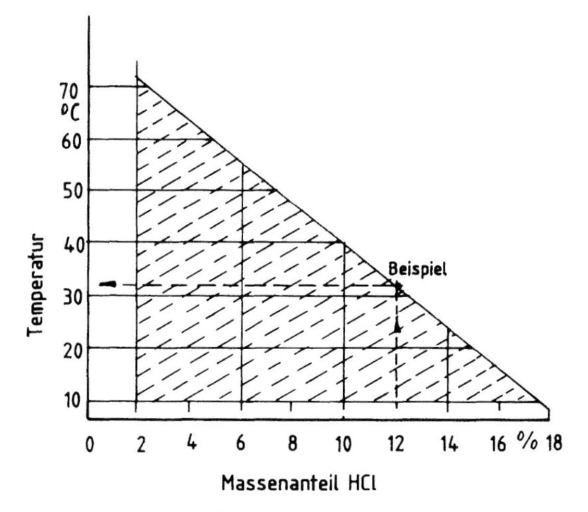

Abb. 5.9 Grenzkurve für den Betriebspunkt von Salzsäurebädern

Bei einer Anlage nach dem neuesten Stand der Technik wird die komplette Vorbehandlungsanlage innerhalb einer geschlossenen Einhausung angeordnet. Bei Altanlagen lässt sich die Einhausung, eventuell bei kleinen Anlagen (Verzinkungsbad: 4 bis 5 m) nachträglich einbauen. Größere Anlagen darüber hinaus können jedoch nicht nachgerüstet werden. Geht man von einer Neuanlage aus, beispielsweise von der U-förmigen Variante, so kann man mit dem Kettenförderer in die eigentliche Beizerei fahren, wobei der Beizkran die Traverse vom Kettenförderer abnimmt. Stirnseitig von dem Kettenförderer kann eine der Höhe des Kettenförderers angepasste Trennwand eingebaut werden. Die Übergabe in den Verzinkungsteil erfolgt über die Schleuse „Trockenofen". Diesen Beizraum könnte man mit einer Absaugungsanlage versehen, wobei die Luftwechselrate bei 5 bis 8 liegen sollte (DIN 2262). Bei einer Beizanlage mit 4 Beizbehältern à $7{,}0 \times 1{,}5$ m und einer Raumgröße von ca. $15 \times 32 \times 6\ \mathrm{m} = 2880\ \mathrm{m}^3$ würde sich eine Absaugmenge von $2880 \times 8 = 23000\ \mathrm{m}^3$ ergeben. Die entsprechende Frischluftmenge würde über den Gummistreifen-Vorhang und sonstige Öffnungen nachströmen. Die Ausführung der gesamten Konstruktion würde zweckmäßig in Kunststoff erfolgen.

5.3.3
Wärmeversorgung der Vorbehandlungsbäder

In modernen Feuerverzinkereien werden alle Verfahrenslösungen sowie die Trockeneinrichtung beheizt. Der Vorteil besteht in der Intensivierung (Beschleunigung) der in den einzelnen Verfahrenslösungen ablaufenden Prozesse, besseren Vorbereitungsqualität der Bauteiloberflächen sowie einer schnelleren Trocknung der in der ca. 50 °C warmen Fluxlösung vorgewärmten Bauteile. Als wirtschaftlichste Wärmeenergiequelle zum Beheizen steht die Abwärme vom Verzinkungsofen und des Abkühlbades zur Verfügung. Bei Überschuss an Abwärme sollte diese unbedingt weitergenutzt und nicht ins Freie geleitet werden (z. B. für Sanitärzwecke,

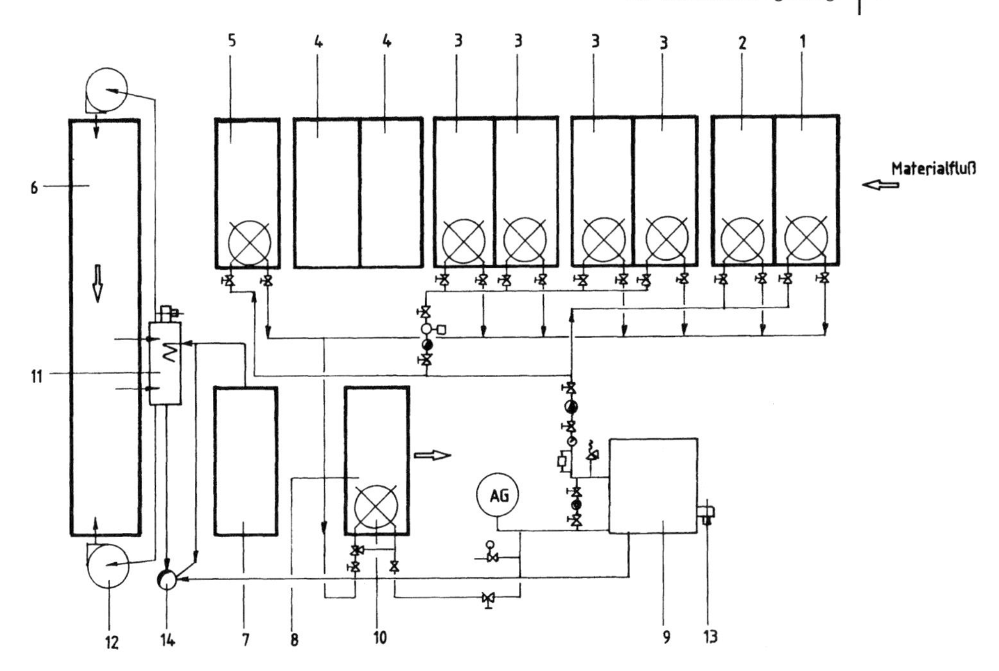

Abb. 5.10 Wärmeverteilung in einer Feuerverzinkungsanlage

1	*Entfettungsbad*	*8*	*Wasserbad*
2	*Heißspülbad*	*9*	*Heizkessel*
3	*Beizbad*	*10*	*Spiralschlauch-Wärmetauscher*
4	*Spülbad*	*11*	*Stahlrohr-Wärmetauscher*
5	*Fluxbad*	*12*	*Umluftventilator*
6	*Trockenofen*	*13*	*Brenner*
7	*Verzinkungsofen*	*14*	*Schornstein*

Raumheizung). Reicht die Abwärme nicht aus (z. B. in der kalten Jahreszeit), hilft eine zusätzliche Heizquelle (Abb. 5.10).

Die vorhandene Wärmeenergie wird über einen Gegenstromwärmeübertrager (Wärmeaustauscher) geleitet und gibt in diesem die Wärme an das im Gegenstrom und im Kreislauf geführte Wasser ab. Dieses heiße Wasser gibt die Wärme über einen Gegenstromwärmeübertrager (Polyblockwärmeaustauscher, der an jedem Bad installiert ist) an die im Kreislauf geführte Verfahrenslösung ab. Die Temperaturregelung kann sowohl durch Abschalten der Pumpe für die Verfahrenslösung oder der des Heißwassers (bessere Variante, optimale Beheizung) erfolgen.

Die Beheizung kann auch direkt über in die Verfahrenslösungen eingebrachte Wärmeelemente erfolgen (z. B. Kunststoffschläuche). Diese müssen aber unbedingt vor mechanischen Beschädigungen durch entsprechende medienresistente, stoßunempfindliche Einrichtungen geschützt werden (z. B. Kunststoffplatten), Abb. 5.11.

Für die Beheizung der Beizbäder gibt es einen separaten Kreislauf, damit dieser im Sommer, wenn keine Beheizung erforderlich ist, abgeschaltet werden kann. Die Wärmetauscsher bestehen aus Kunststoff-Schlauchspiralen, haben eine geringe

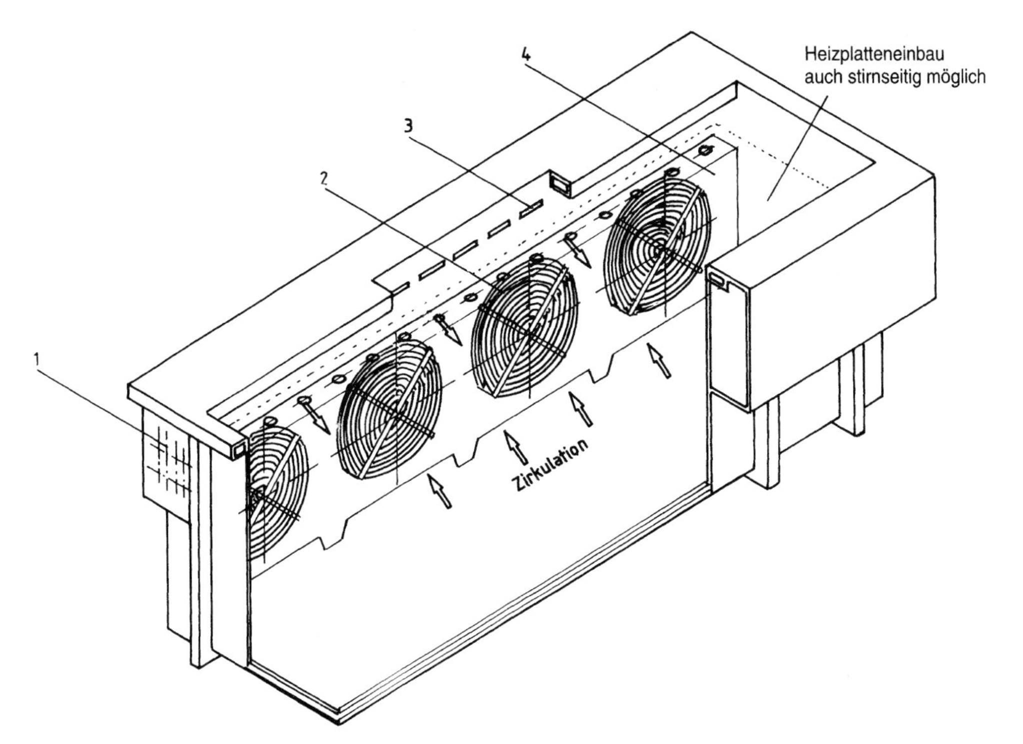

Abb. 5.11 Wärmetauschereinbau in Vorbehandlungsbehälter
1 *Vor- und Rücklaufleitungen*
2 *Wärmetauscher*
3 *Randabsaugung*
4 *Kunststoff-Abschirmplatte*

Einbautriefe und liegen geschützt hinter einer Kunststoff-Abschirmplatte (Abb. 5.11) [5.3]

Diese Wärmetauscher lassen sich auch nachträglich einbauen und jederzeit erweitern. Die Steuerung der Badtemperaturen erfolgt über Temperaturregler ohne Hilfsenergie.

5.3.4
Vorteilhafte Behälterabdeckungen

Bäder mit Beheizung sollten abgedeckt werden. An erster Stelle der Überlegungen steht dabei die Verbesserung der Arbeitsatmosphäre in der Beizerei, aber auch wirtschaftliche Argumente rechtfertigen u. U. die Investition für eine Badabdeckung (Abb. 5.12).

Am Markt werden bereits konstruktiv gut gelöste Schiebe- oder Klappdeckel in ein- oder zweiteiliger Ausführung angeboten. Diese Abdeckungen bestehen aus Vollkunststoff. Sie sind damit absolut korrosionsbeständig. Der Antrieb erfolgt

Abb. 5.12 Badabdeckung

hydraulisch, pneumatisch oder elektromotorisch. Im praktischen Einsatz waren neben der verbesserten Arbeitsatmosphäre auch noch andere Vorteile zu erkennen: keine Verunreinigung durch Abtropfen von den transportierten Stahlteilen auf andere Bäder; außerdem wird das Abtropfen von verunreinigtem Kondensat auf fertig verzinkte Teile erheblich reduziert. Durch Hand- oder Automatiksteuerung erreicht man kurze Öffnungs- und Schließzeiten. Die Bäder sind nur noch beim Einsetzen bzw. Ziehen der Charge offen. Bei längerem Stillstand des Beizbetriebes entfällt das umständliche Abdecken der beheizten Bäder.

Mittelfristig wird sich daher auch der Wartungsaufwand von Gebäuden und Anlagenteilen reduzieren [5.4].

5.4 Trockenöfen

Die Ausführung des Trockenofens richtet sich nach der Auf Stellung s Variante. Bevorzugt werden Mehrkammer-Trockenöfen ohne Transporteinrichtung, Durchlauf-Trockenöfen mit Transporteinrichtung, (Abb. 5.13 und 5.14) oder überflur angeordnete Trockenöfen, wobei die Charge am Hubwerk der Krananlage verbleibt. Gerade bei Stückverzinkungsanlagen, wo laufend verschiedene Artikel behandelt werden, ist es äußerst schwierig, eine optimale Luftanströmrichtung zu gewährleisten. Bei einem relativ langen Trockenofen könnte man von verschiedenen Richtungen aus anströmen und so auch verdeckt hängende Teile mit Umluft beaufschlagen. Bei Mehrkammer-Trockenöfen kann man aber wegen der Deckel nicht von oben das Material anströmen. Man muss bei jedem Bedarfsfall den Ofen individuell gestalten. Bereits bei der Aufhängung der Teile an die Traverse sollte darauf geachtet werden, dass sich keine schöpfenden Ecken bilden. Auf eins sollte man jedoch stets achten, auf eine ausreichende Umluftmenge: Richtwert. Umluftmenge/h = 750xOfenvolumen [m^3].

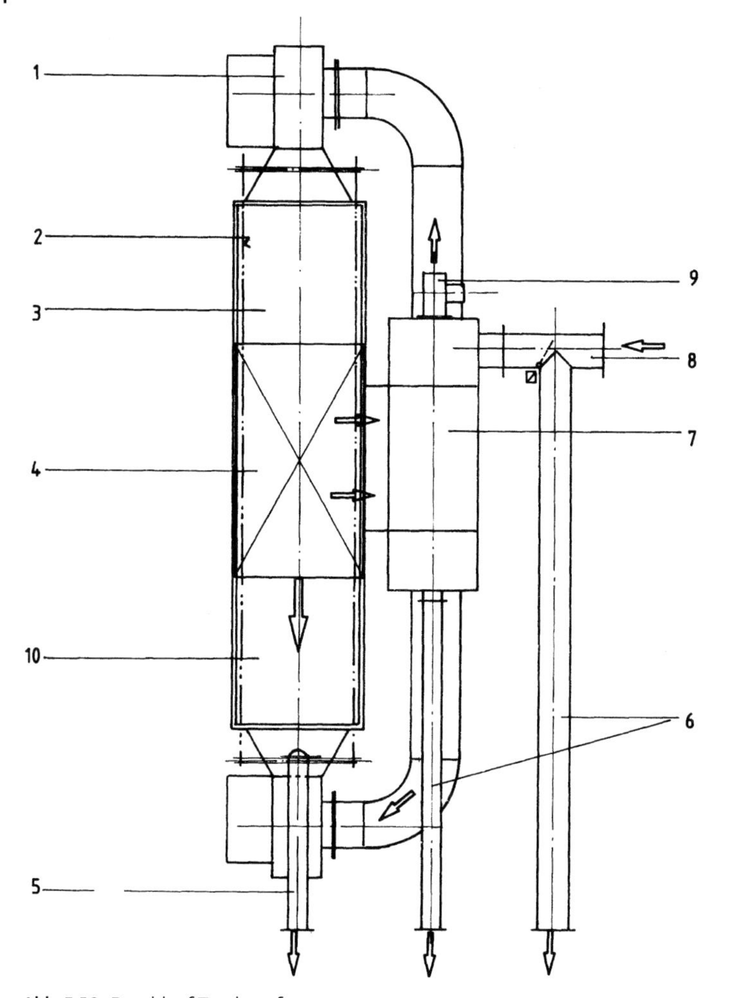

Abb. 5.13 Durchlauf-Trockenofen Traversenlängstransport

1	*Umluft-Radialventilator*	7	*Wärmetauscher*
2	*Rollentragkette, endlos*	8	*Abgasleitung vom Verzinkungsofen*
3	*Traverseneingabe, verschließbar*	9	*Zusatzbrenner*
4	*stationärer Deckel*	10	*Traversenentnahme, verschließbar mittels Schiebedeckels/Klappdeckels*
5	*Abluftleitung*		
6	*Abgasleitung zum Schornstein*		

Mehr Umluft und weniger Temperatur ist wirksamer als ein umgekehrtes Verhältnis (Wäsche auf der Leine im Winter bei 0 °C und Luftbewegung trocknet schneller als Wäsche auf der Leine im Sommer bei 30 °C und Windstille). Wichtig ist natürlich, dass ein Teil des Umluftstromes, ca. 10 bis 15 %, kontinuierlich als Abluft ins Freie geleitet und die entsprechende Menge als Frischluft wieder zugeführt wird. Ein reines Umwälzen der Umluft führt in kurzer Zeit zum Waschkücheneffekt.

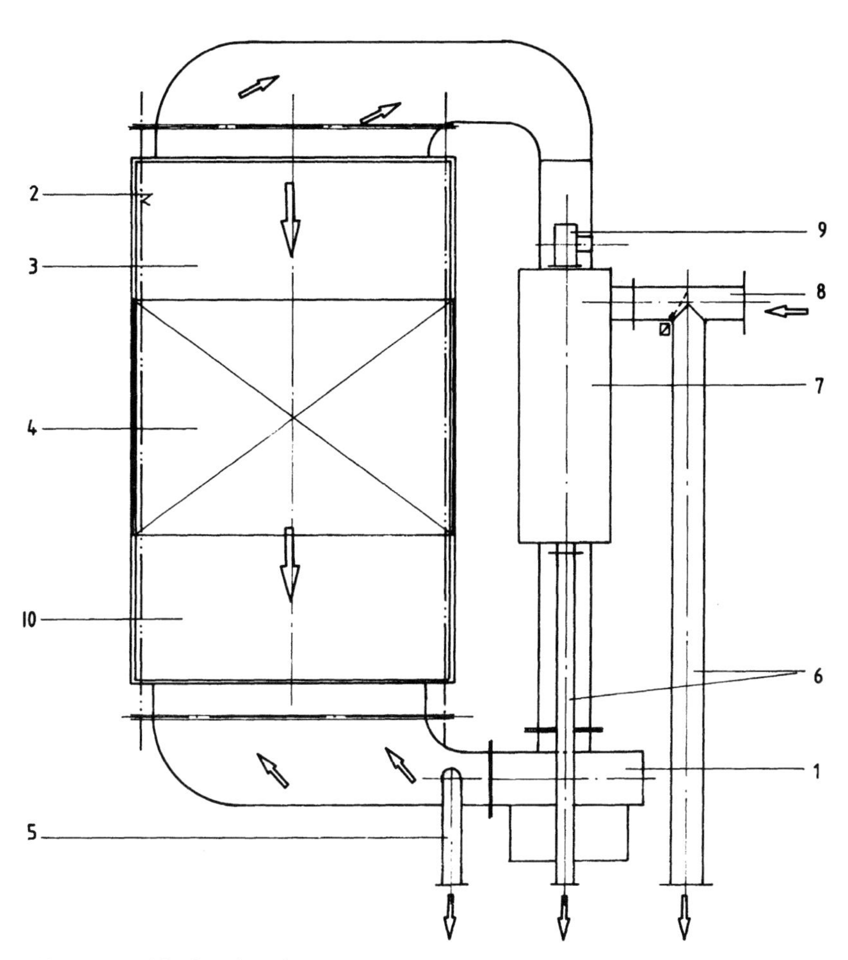

Abb. 5.14 Durchlauf-Trockenofen
Traversenquertransport Legende siehe **Abb. 5.13**

Bei der Beheizung der Trockenöfen sollte auf jeden Fall die Abgaswärme des Verzinkungsofens einbezogen werden, und zwar in der Form, dass im laufenden Betrieb die Verzinkungsofen-Abgase über Wärmetauscher geleitet und so die Trockenofen-Umluft im Gegenstrom aufgeheizt wird. Es sollte vermieden werden, die Abgase direkt in den Umluftstrom zu leiten. Da besonders bei Erdgasbeheizung die Feuchte im Abgas relativ hoch ist, kommt es hier schnell zu dem erwähnten Waschkücheneffekt. Eine Abgas-Bypassleitung sorgt dafür, dass im Leerlaufbetrieb die Abgase direkt in den Kamin geleitet werden. Bei modernen Anlagen erfolgt die Abgasklappen-Umsteuerung über Stellmotoren. Die Umlufttemperaturen liegen in der Regel bei ca. 80–100 °C. Die mittleren Trockenzeiten liegen bei ca. 20 min.
Die Ummantelung der Trockenöfen kann sowohl in Stahlbeton (Ortbeton) als auch in Stahlkonstruktion mit Isolierung erfolgen. Der Innen- und Außenmantel sollte

mit einer säurefesten Beschichtung versehen werden. Als Transporteinheiten haben sich beiderseits angeordnete großdimensionierte Rollentragketten bewährt. Sowohl die Antriebs- als auch die Spannstation sollten außerhalb liegen. Entsprechende Traversenaufnahmen an den Ketten gewährleisten in Verbindung mit entsprechenden Endschaltern eine genaue Positionierung der Traversen. Die Beschickungsöffnung und die Entnahmeöffnung werden mittels Schiebedeckels oder Klappdeckels verschlossen.

5.5 Verzinkungsöfen

Bei Verwendung von Stahlkesseln unterscheidet man hinsichtlich ihrer Bauart folgende Typen:

- Verzinkungsöfen mit Umwälzbeheizung,
- Verzinkungsöfen mit Flächenbrennerbeheizung,
- Verzinkungsöfen mit Impulsbrennerbeheizung,
- Verzinkungsöfen mit Induktionsbeheizung,
- Verzinkungsöfen mit Widerstandsbeheizung,
- Verzinkungsöfen mit Rinneninduktor.

Wirkunsgrad der für Verzinkungsöfen gängigen Beiheizungssysteme:
Gas und Ölheizung: η = ca. 0,7
Elektrische Widerstandsheizung: η = ca. 0,9
Elektrisch induktive Heizung: η = ca. 0,95

5.5.1 Verzinkungsöfen mit Umwälzbeheizung

Je nach Kessellänge erhalten die Öfen an einer oder an beiden Stirnseiten Heißgas-Umwälzventilatoren und Brenner (Abb. 5.15). Die Heizgase werden in den Längskanälen umgewälzt und erwärmen den Verzinkungskessel. Ein Teil der rückfließenden abgekühlten Abgase vermischt sich wieder mit den Frischgasen, wobei die restlichen Abgase zum Kamin strömen. Um den Verzinkungskessel vor Übertemperatur zu schützen, müssen im Heißgaseintrittsbereich besondere Vorkehrungen getroffen werden. Stirnseitig erfordern diese Öfen relativ viel Platz, konstruktiv bedingt durch die Heißgas-Umwälzventilatoren. [5.5]

5.5.2 Verzinkungsofen mit Flächenbrennerbeheizung

Je nach Kessellänge, Kesseltiefe und Durchsatzleistung werden sogenannte Strahlwandbrenner, auch Flächenbrenner genannt, eingebaut (Abb. 5.16). Die Verbrennungsgase legen sich, bedingt durch die Brennersteinform, an die Ofenwandinnenfläche an und geben primär durch Strahlung Wärme an den Verzinkungskessel ab. Es ergeben sich relativ gleichmäßige Kesselwandtemperatu-

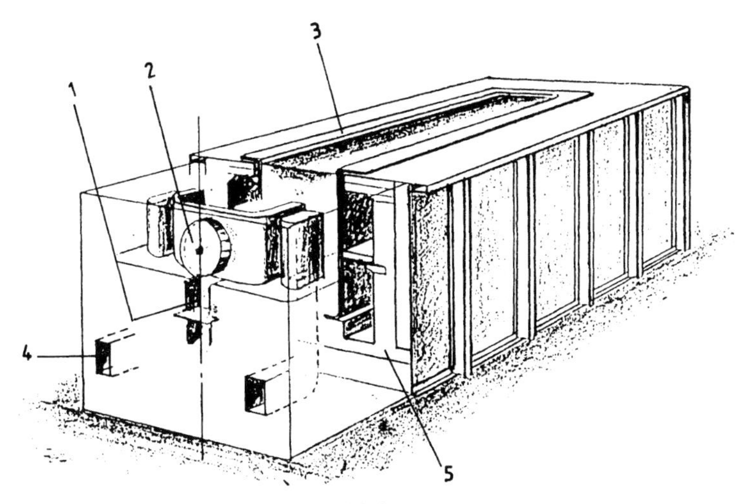

Abb. 5.15 Verzinkungsofen mit Umwälzbeheizung
1 Brenner
2 Umwälzer
3 Verzinkungskessel
4 Abgasführung
5 Ausmauerung

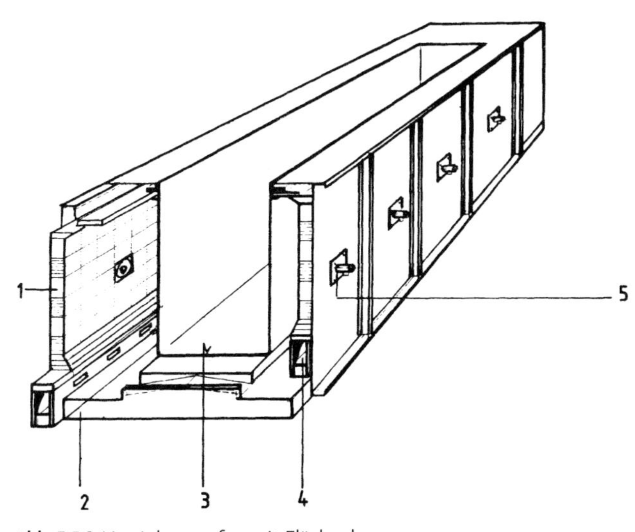

Abb. 5.16 Verzinkungsofen mit Flächenbrenner
1 Fasermattenauskleidung
2 Bodenisolierung
3 Verzinkungskessel
4 Abgaskanal
5 Flächenbrenner

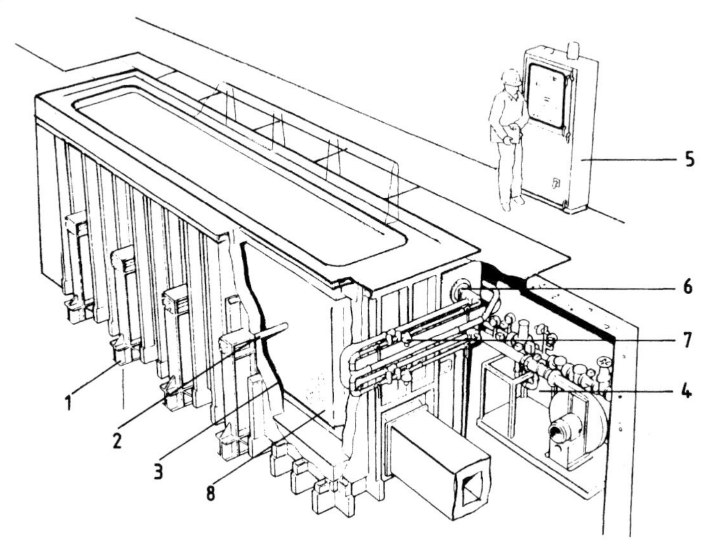

Abb. 5.17 Verzinkungsöfen mit Impulsbrenner

1	Stahlprofil-Stützkonstruktion	*5*	Schaltschrank
2	Kesselabstützung	*6*	Impulsbrenner
3	Isolierung	*7*	Gas- und Luftdruckregler
4	Kontroll- und Regeleinheit	*8*	Verzinkungskessel

ren. Nach dem heutigen Stand der Technik werden diese Öfen in Kompaktbauweise, d. h. mit keramischer Fasermattenauskleidung ausgeliefert. Bedingt durch den frei im Ofen stehenden Kessel, lässt sich dieser schnell auswechseln. Wie bei einer modernen Ofenanlage üblich, verfügen derartige Verzinkungsöfen über automatische Temperatur-Regel- und Registriereinrichtungen sowie Über- und Untertemperaturwarnanlagen und Zinkauslaufmeldeanlagen. Je nach Ofenhersteller werden starre oder elastische Kesselwandabstützungen eingebaut. [5.5]

5.5.3
Verzinkungsöfen mit Impulsbrennerbeheizung

Im Aufbau sind diese ähnlich wie unter Abschnitt 5.5.2 beschrieben. Je nach Kessellänge, Kesseltiefe und Durchsatzleistung werden stirnseitig, gegenüber in versetzter Anordnung, Impulsbrenner eingebaut (Abb. 5.17). Hierbei handelt es sich um Hochgeschwindigkeitsbrenner mit Siliciumcarbidstrahlrohr. Die Rauchgasgeschwindigkeiten liegen bei ca. 150 m/s. Auch diese Öfen werden nach dem heutigen Stand der Technik in Kompaktbauweise geliefert. Bereits werkseitig können bei Verzinkungsöfen mit Flächenbrennerbeheizung bzw. Impulsbrennerbeheizung Funktionsprüfungen vorgenommen werden. Als Heizmedium werden Leichtöl oder Erdgas eingesetzt. [5.6]

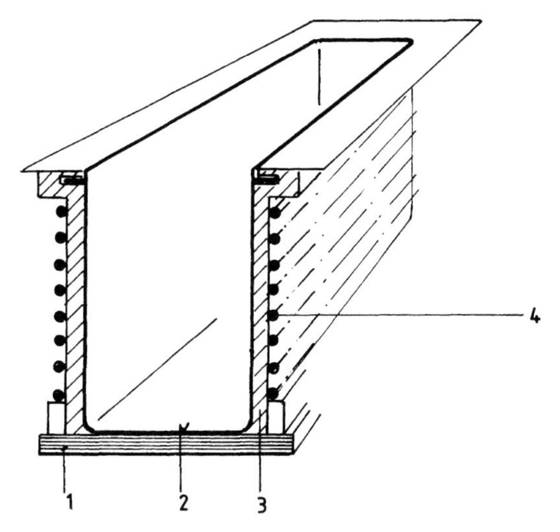

Abb. 5.18 Verzinkungsofen mit Induktionsbeheizung
1 Bodenisolierung
2 Verzinkungskessel
3 Seitenisolierung
4 Induktionsspule

5.5.4
Verzinkungsöfen mit Induktionsbeheizung

Bei der induktiven Beheizung wird durch eine Induktionsspule in der Kesselwand elektrischer Strom induziert (Abb. 5.18) . Die elektrische Energie wird in der Kesselwand direkt in Wärmeenergie umgewandelt. Dabei wird der größte Teil der Wärme im Bereich der Eindringtiefe von ca. 7 mm außen in der Kesselwand erzeugt (Skin-Effekt). Durch Wärmeleitung fließt sie nach der Zinkschmelze hin ab, Es wird eine sehr gute Temperaturverteilung erreicht. Der Wirkungsgrad liegt bei ca. 95%. [5.7]

5.5.5
Verzinkungsofen mit Widerstandsbeheizung

Bei den Widerstandsbeheizungen wird die Wärmeenergie durch den im Heizleiter fließenden Strom erzeugt (Abb. 5.19). Heutzutage werden formstabile Heizmodule aus keramischen Fasern eingesetzt, wobei die Module durch ihren hohen Wärmedämmwert bereits den Hauptanteil der Ofenisolierung darstellen. Je nach Heizmodulbelastung werden die Heizleiter entweder hohl eingeformt oder mäanderförmig vorgehängt. Auch bei diesem Heizungssystem wird eine sehr gute Temperaturverteilung erreicht. Der Wirkungsgrad liegt bei annähernd 100%. Wegen der hohen Stromkosten in den meisten Ländern kommen die letzten beiden Beheizungssysteme (s. Abb. 5.18 und 5.19) seltener zum Einsatz. [5.8]

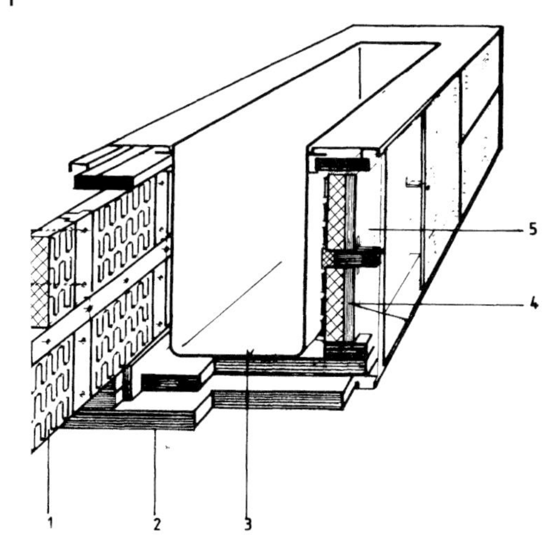

Abb. 5.19 Verzinkungsofen mit Widerstandsbeheizung
1 Heizplatte
2 Bodenisolierung
3 Verzinkungskessel
4 Zusatzisolierung
5 Elektroinstallationsraum

5.5.6
Verzinkungsöfen mit Rinneninduktor [5.20]

Die Wirkungsweise ist im Prinzip die gleiche wie bei den Verzinkungsöfen unter 5.5.4 beschrieben. Das von der Primärspule erzeugte Magnetfeld überträgt auf die Rinne und das darin befindliche Zink eine EMK, die bewirkt, dass im Zink Strom fließt. Das Produkt aus dem Quadrat dieses Stromes und dem Wirkwiderstand der Rinne ist die in der Rinne induzierte Leistung [5.14].

Der Einsatzbereich ist sowohl die Stückverzinkung als auch die Schleuderverzinkung. Zinkbadtemperaturen bis 650 °C sind möglich.

Ofentiefen sind bis 3000 mm ausführbar, der Wirkungsgrad liegt bei ca. 95%.

Bei einer Schleuderverzinkungsanlage mit einem Bruttodurchsatz (Material + Körbe) von 2500 kg/h und einem Arbeitsbad vom 2200 × 1200 × 1400 mm Tiefe, t = 560 °C (Zinkeinsatz ca. 23 t) ist eine Nennleistung von 330 kW erforderlich.

Geringer Platzbedarf. Abgaskanäle und Abgasschornstein entfallen.

Im Vergleich dazu ein oberflächenbeheizter Verzinkungsofen (Abb. 5.28).

Erforderliche Heizfläche ca. 11 m^{-2}. Zinkeinsatz ca. 98 t. Nennleistung 900 kW.

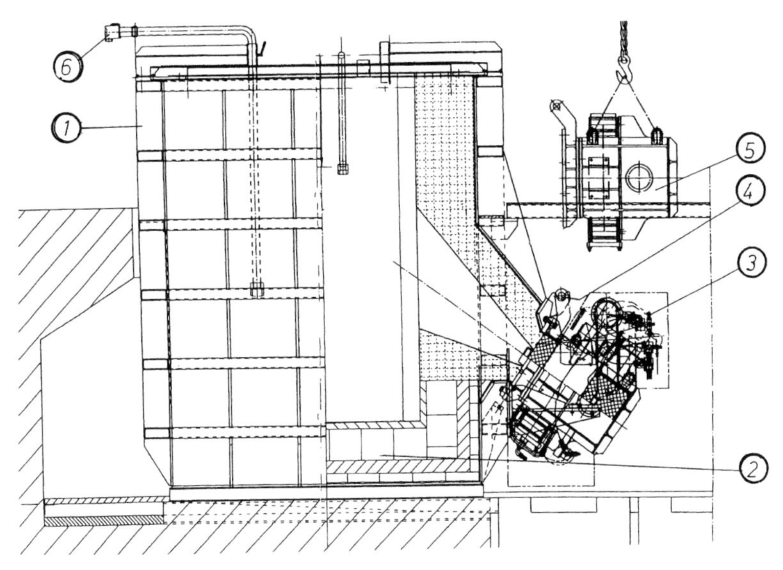

Abb. 5.20 Verzinkungsofen mit Rinneninduktor
1 Stahlkonstruktion
2 Keramische Auskleidung
3 Induktor-Elektroinstallation
4 Induktor-Aufhängung
5 Induktor-Wechsel
6 Gasanschluss Aufheizvorgang

5.5.7 Service-Plan: Verzinkungskessel

Die Maschinen und Geräte, die zu einer Feuerverzinkerei gehören, sind einem starken Verschleiß unterworfen; insbesondere im Kesselbereich kommen zu den chemischen Belastungen des Anlagenbetriebes noch thermische Belastungen hinzu. Bei den Anlagen und Geräten rund um den Verzinkungskessel ist daher eine regelmäßige Inspektion und Wartung mit festen Intervallen unverzichtbar, um kostenträchtigen Betriebsstörungen vorzubeugen und Produktionsstillstand zu vermeiden.

Reparaturen erst durchzuführen, wenn ein Bauteil ausfällt, ist stets teuer und aufwendig, denn in den meisten Fällen streikt gerade dann ein Aggregat, wenn man es dringend benötigt. Neben der Erkenntnis, dass eine regelmäßige Wartung notwendig ist, muss sie auch in geeigneter Weise organisiert werden, d. h., die einzelnen Maßnahmen und ihre zeitliche Reihenfolge sind aufzulisten. Hierzu kann der nachstehende Service-Plan dienen.

Neben den nach Baugruppen gegliederten Bereichen sind die notwendigen Arbeiten und Maßnahmen aufgelistet, sowie das übliche Zeitintervall, in dem derartige Maßnahmen zu erledigen sind. An Hand dieser Service-Liste kann jede Verzinkerei festlegen, welche Arbeiten in welchen Zeitabständen durchzuführen sind. Die personelle Zuständigkeit für die einzelnen Wartungsmaßnahmen sollten individuell, jedoch von vornherein festgelegt sein.

Die Liste erhebt keinen Anspruch auf Vollständigkeit und auch die genannten Service-Intervalle sind branchenübliche Erfahrungswerte, die im konkreten Einzelfall jedoch durchaus davon abweichen können. In Zweifelsfällen gilt die Wartungsangabe des Bauteil-Herstellers.

Service-Plan (Verzinkungskessel)

Einheit	**Maßnahme**	**Termin**					**Beachten/zuständig**
		1	2	3	4	5	
a) Umwälzer, Ventilatoren, Kompressoren	Funktion und Keilriemenspannung überprüfen		X				(Kontrolle durch Meister ständig)
	Filtermatten der Ansaugsiebe kontrollieren und gegebenenfalls säubern				X		UVV „Ventilatoren" beachten
	Abschmieren der Umwälzer		X				
	Wälzlager reinigen und mit vorgeschriebenem Fett füllen					X	
	Ölstand Kompressor prüfen, ggf. Wasser- und Ölabscheider kontrollieren		X				
	Motoren überprüfen • elektr. Anschlüsse auf •unvollständig; bitte ergänzen• • bei Umwälzern Drehzahlwächter einbauen und prüfen		X				UVV „Ventilatoren"
	Motoren neu lagern und überholen					X	
b) Verzinkungsofen	Kontrolle der Schau-, Explosions-Auslaufklappen, einschl. Kontrolle der Feuerungs-, Feuermelde- und Löscheinrichtungen	X					
	Alarmmeldeanlage prüfen		X				
	Ofenraumdruckregelung auf Funktion prüfen	X					
	Inspektion des Kaminfuchses				X		
	Kontrolle des gesamten Gas- bzw. Ölleitungsnetzes auf Dichtheit und Funktion	X					
	Kontrolle des Öl-Gasverbrauchs	X					

Einheit	Maßnahme	Termin					Beachten/zuständig
		1	2	3	4	5	
	Kontrolle der Brenner			X			
	Reinigung der Brenner			X		X	
	Zinkauslauf kontrollieren, auf Funktion überprüfen		X				
	Kontrolle der Zinkauslaufmelder		X				
	Kontrolle des Ofenmauerwerks und der Kesselwand			X			
	ggf. Kontrolle der Prallplatten			X			
	Kontrolle der Stellorgane	X					
	Reinigung der gesamten Anlage			X			
	Abtasten der Kesselinnenwand im Hartzink- und Schweißnahtbereich			X			
	Längenänderungen (Ausbauchungen) an der Kesselwandabstützung prüfen			X			
	Funktion der Thermoelemente prüfen			X			
	Wanddicke des Thermoelement-Schutzrohres kontrollieren		X				
	Abgasschieber auf Funktion			X			
	Abgasmessung (qualitativ)			X			
	Gasschnüffler kontrollieren			X			
	Magnetventile auf Funktion prüfen		X				
	Zündüberwachung auf Funktion überprüfen		X				
	Registriereinrichtung auf Funktion überprüfen, Sichtkontrolle	X					
	Zündelektroden überprüfen, ggf. austauschen		X				
	Temperaturkontrolle					X	
	CO_2-Gehalt und Rußbild überprüfen			X			
	Überprüfung des Brennstoff-Luft-Verhältnisses					X	
	Kontrolle der Brennkammern, Brennerkontrolle (Überprüfung der Luft-Brennstoff-Verhältnisse, Flammüberwachung)	X					

Einheit	Maßnahme	Termin					Beachten/zuständig
		1	2	3	4	5	
Zusatzmaßnahmen							
c) bei Ölbetrieb	Öldruck prüfen, evtl. Leck beseitigen	X					
	Ölfilter reinigen		X				
	Öltank und Ölwanne überprüfen				X		
	Ölbrenner ausbauen, Luftwege und Öldüse säubern, Brennereinstellung überprüfen		X				
	Schaugläser säubern, evtl. ersetzen, Flammenwächter herausnehmen und Rohre reinigen	X					
	Leckwarnanlagen auf Funktion überprüfen			X			
	Zündelektroden reinigen (Abstand 8 mm); vorher Zündstecker ziehen		X				
	UV-Röhren der Flammenwächter prüfen	X					
d) Abgas-Wärmerückgewinnung	Kontrolle der Stellklappen	X					
	Kontrolle der Thermoelemente	X					
	System auf Funktion überprüfen		X				
	Reinigung nach Herstellerangaben					X	
e) Stellgetriebe	Wartung des Reibringes			X			
	Auswechseln des Reibringes				X		
f) Zentrifuge	mit Heißlagerfett schmieren					X	
	Deckelverriegelung kontrollieren			X			
	Keilriemenspannung prüfen		X				
	Notaus-Schaltung prüfen		X				
	Aufnahmekörbe auf Beschädigung prüfen		X				
	Schleuderkörbe (mech. Sicherheit) überprüfen	X					
	Kontrolle auf Betriebssicherheit	X					
g) Trockenofen	Temperatur-(Schreiber-)Kontrolle	X					
	Brennstoffmengenmessung			X			
	Förderanlage, Deckel und Türen auf Funktion prüfen		X				

Einheit	Maßnahme	Termin 1	2	3	4	5	Beachten/zuständig
h) Sonstiges Beleuchtung	Überprüfung und ggf. Instandsetzung im gesamten Betrieb, Notbeleuchtung überprüfen	X					
i) Leitungsnetz mit sämtlichen elektrischem Zubehör	Überprüfung und ggf. Instandsetzung im gesamten Betrieb				X		VDE (Vorschriften, Bestimmungen Richtlinien) beachten

1 täglich
2 wöchentlich
3 monatlich
4 jährlich
5 bei Bedarf (ist je nach Einsatzbedingungen festzulegen)

5.6 Verzinkungskessel

Heute werden hochwertige Stahl-Verzinkungskessel aus Spezialwerkstoff mit niedrigem Gehalt an Kohlenstoff und Silicium eingesetzt, wobei die gebräuchlichste Blechdicke 50 mm beträgt. Die Kessel werden aus U-förmigen Mittelteilen und zwei allseitig gebogenen Kopfstücken nach dem Elektroschlackeschweißverfahren zusammengesetzt. Dank der guten Abstimmung zwischen Kessel- und Ofenhersteller erreichen die Kessel im Durchschnitt eine Standzeit von mindestens 6 Jahren.

5.7 Zinkbadeinhausungen

Die am Verzinkungskessel entstehenden ammoniumchlorid- und salzsäurehaltigen Abgase sowie Stäube müssen abgesaugt und das am Kessel stehende Personal vor Metallspritzern aus der Zinkschmelze geschützt werden (näheres siehe Abschnitte 6.1 und 6.2). Die heute zur Verfügung stehenden und dem Stand der Technik entsprechenden Einhausungen erlauben eine nahezu vollständige Erfassung der staubhaltigen Dämpfe und gewährleisten einen vollständigen Schutz vor Metallspritzern. Die Bemessungsgrundlagen dazu sind in Abschnitt 6.2.1.2.3 aufgeführt.

Bedingt durch die Anordnung des Verzinkungsofens gibt es drei Einhausungsvarianten:

- querstehende Einhausungen, stationär,
- querstehende Einhausungen, kranverfahrbar,
- längsstehende Einhausungen.

In den Abb. 5.21–5.23 sind die gebräuchlichsten Einhausungen dargestellt.

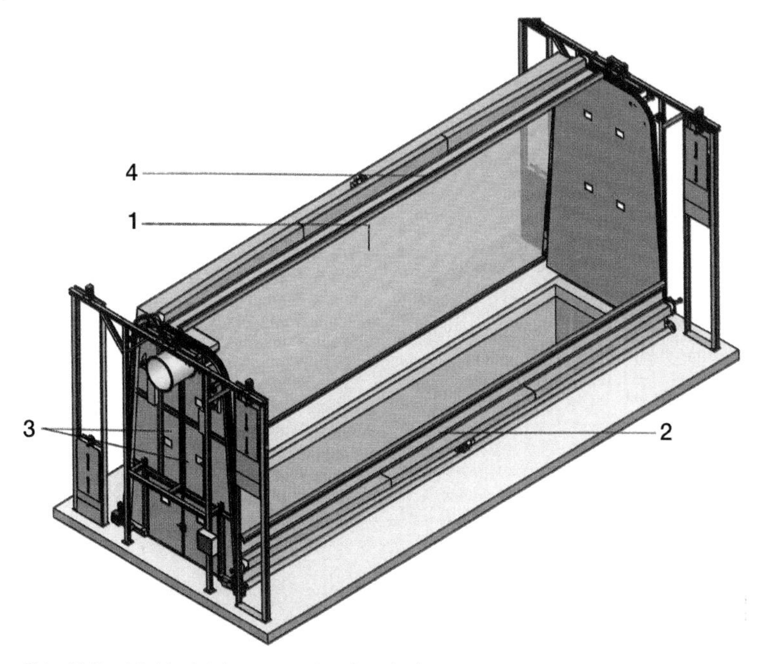

Abb. 5.21 a Zinkbadeinhausung (Querbeschickung) [5.16]
1 **Rolltor 1**
2 **Rolltor 2, geöffnet**
3 **Türen**
4 **Gummiprofilabdichtung**

5.7.1
Querstehende Einhausung, stationär

Einhausung mit Klapp- oder Schiebedeckel (Abb. 5.21)

In diesem Fall wird die Charge von oben ein- und ausgebracht. Bei der stationären Einhausung muss die Charge auf jeden Fall von oben ein- und ausgebracht werden. Je nach oberster Hakenstellung und nach Überfahrhöhe kann man die Längshubtüren entweder nach unten oder oben öffnen. Das Verschließen der Einhausung von oben erfolgt mittels Klappdeckels oder Schiebedeckels. Die Absaugung erfolgt durch die Tragholme. Die behördlicherseits geforderte Brüstungshöhe liegt bei mindestens 1000 mm.

Die „Belu Tec-Einhausung" (Abb. 5.21 a und 5.21 b) erlaubt ein ungehindertes, schnelles Beschicken des Verzinkungskessels wie ein übliches Vorbereitungsbad. Durch ein Rolltorpaar mit flexiblen Spezialbehang entsteht eine geschlossene, tunnelförmige Einhausung. Die Rolltore bestehen aus einem Spezialgummigewebe mit guten Dämpfungseigenschaften gegen die 450 °C heißen Zinkspritzer und -explosionen. Durch das geringe Gewicht werden sehr hohe Öffnungs- und Schließgeschwindigkeiten – bis zu 1 m/sec. – erreicht. Die Einhausung ist auch für

Abb. 5.21 b und c BeluTec-Einhausung bis 24 Meter breit für Querdurchlauf mit Absaugung

das Verzinken von Überlängen geeignet und kann außerdem auch längs befahren werden. Nach dieser Art können Einhausungen für Verzinkungskessel bis 24 m Länge gebaut werden. Auch Anlagen zur chemischen Oberflächenvorbereitung können nach diesem System eingehaust werden. Gegenwärtig sind mehrere derartige Einhausungen für Verzinkungskessel bis 16 m Länge im Einsatz und haben sich in der Praxis bestens bewährt.

5.7.2 Querstehende Einhausung, kranverfahrbar

Bei der kranverfahrbaren Einhausung steht das Unterteil bis + 1000 mm stationär am Ofen, das Mittelteil hängt am Kran und das Oberteil ist stationär am Hallendach befestigt. Die Einhausung besteht somit aus drei Teilen. Der Vorteil ist, dass nur ein relativ leichtes Mittelteil mit verfahren wird. Diese Variante kommt zum Einsatz, wenn bereits Krananlagen vorhanden sind, die keine zusätzliche Lastaufnahme erlauben. Bei einer Neuanlage können das Mittelteil und das Oberteil verfahrbar

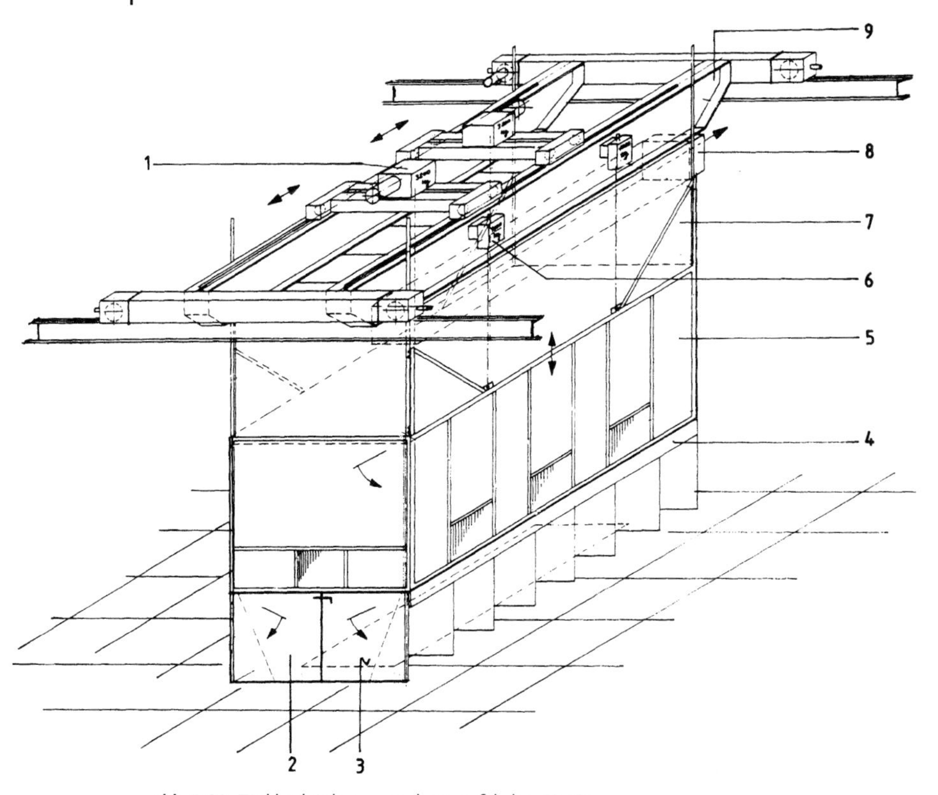

Abb. 5.22 Zinkbadeinhausung, kranverfahrbar [5.15]

1	**Hubwerk**	*6*	**Elektrokettenzug**
2	**Seitenklappe, stationär**	*7*	**Oberteil, fest am Kran**
3	**Verzinkungskessel**	*8*	**Absaugkanal**
4	**Brüstung, stationär**	*9*	**2-Träger-Brückenkran**
5	**Mittelteil, senkrecht verschiebbar**		

ausgelegt werden, wobei dann ein entsprechendes Rohrverschlussstück zwecks Verbindung zur Filteranlage eingebaut werden muss.

Auch hier gibt es verschiedene Ausführungsvarianten. So lassen sich z. B. zwei Mittelteile übereinander verschiebbar anordnen, damit Traversenübernahme und -abgabe auf einen Kettenförderer sichergestellt werden. Stirnseitige Klapptüren lassen sich problemlos einbauen.

5.7.3 Längsstehende Einhausung

Bei den längsstehenden Verzinkungskesseln treten keine baulichen Probleme bezüglich Einhausung auf. Hier kann man die optimale Höhe des Hubwerkes nutzen (Sicherheitsabstand 500 mm). Die stirnseitigen Klapptüren können nach außen oder aber in Fahrtrichtung öffnen. Auch hier können die längsseitigen Bedienungstüren nach unten oder nach oben öffnen. Nach unten öffnend bedeutet,

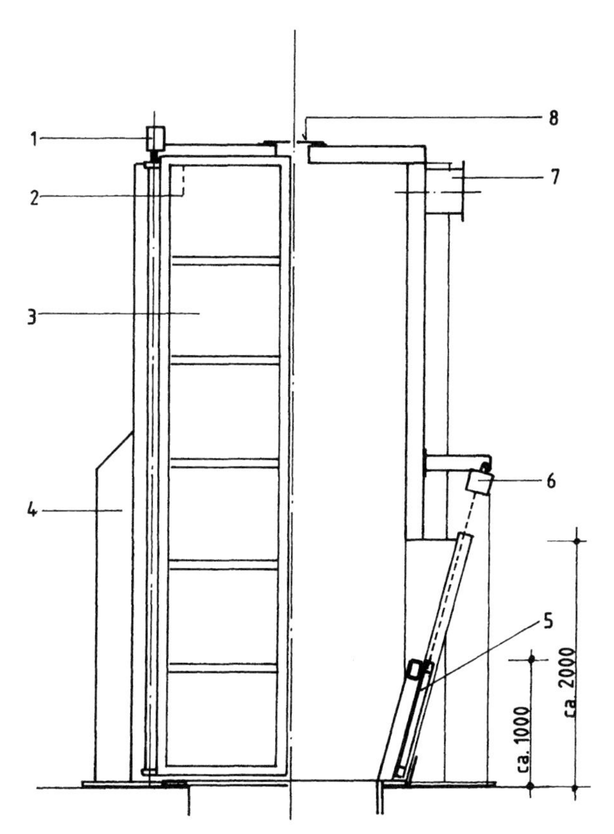

Abb. 5.23 Zinkbadeinhausung für einen längsstehenden Verzinkungsofen [5.15]

1	**Drehantrieb**	*5*	**Hubtür**
2	**Halogenstrahler**	*6*	**Elektrokettenzug**
3	**Klapptüre**	*7*	**Absaugstutzen**
4	**Rechteckrohr-Eckstützen**	*8*	**Bürstenabdichtung**

die Hubtür liegt im geöffneten Zustand vor der Brüstung (1000 mm) und ist schräg zum Kesselrand hin angestellt. Im Gegensatz zu der nach oben hin öffnenden Hubtür ist keine Abrollsicherung erforderlich. Je nach Herstellerfirma und Kundenwunsch können für die Betätigung der Hub- und Klapptüren elektromotorische Antriebe, Elektrokettenzüge oder pneumatische und hydraulische Komponenten eingesetzt werden. Der Durchfahrschlitz wird mittels Gummistreifen oder Bürsten abgedeckt.

Durch eingebaute Scheiben in den Längshubtüren kann der Tauchvorgang beobachtet werden. Zur Vermeidung von Zinkanbackungen werden die Innenbleche glattverschweißt. Im oberen Bereich wird die Absaugleitung eingebaut. Die Einhausung sollte so dimensioniert sein, dass der Zinkaschebehälter mit hineingestellt werden kann. Konstruktiv ist darauf zu achten, dass die Einhausung frei über dem Ofen steht und zwecks Kesselwechsels leicht demontierbar ist. Für eine gute Ausleuchtung innerhalb der Zinkbadeinhausung sollte gesorgt werden.

5.8
Nachbehandlung

Wie bereits in Abschnitt 5.3.3 beschrieben, kann die Wärmeenergie zur Beheizung der Vorbehandlungsbäder ausgenutzt werden. Hier genügt es, einen normalen Stahlbehälter mit Isolierung einzusetzen. Da sich über dem Wasserbad eine starke Wasserdampfkonzentration bildet, wäre es ratsam, zumindest eine Randabsaugung zu installieren. Sollte es sich um eine längsstehende Anlage handeln, könnte man eine Durchfahrschleuse, ähnlich einer Zinkbadeinhausung, installieren. Eine alternative Lösung wäre, das Kühlbad so auszubilden, dass es als Zinkwarmhalteofen genutzt werden kann. Das bedeutet jedoch, Aufbau eines zweiten Ofens. Zweckmäßig würde dieser mit einer elektrischen Widerstandsbeheizung ausgerüstet. Diese Version wurde bereits mehrfach ausgeführt und hat sich bestens bewährt.

5.9
Entnahmebereich

Wie bereits unter Abschnitt 5.2.3 beschrieben, könnte man hier ebenfalls einen oder mehrere Traversen-Kettenförderer mit Übergabe auf Hubbühnen aufbauen. Dieser Abnahmebereich sollte großzügig gestaltet werden. Bei Neuanlagen ist zu berücksichtigen, dass unter Umständen die Fertigware in diesem Bereich zwischengelagert wird.

5.10
Traversenrückführung

Ein alle Verzinkereien angehendes Problem ist die Traversenrückführung. Hierfür sollte ein separates Transportsystem vorgesehen werden. Der Rücktransport innerhalb der Halle, z. B. mit dem Brückenkran von der Abhängestelle über die Beizanlage bis zur Behängungsstelle ist völlig unwirtschaftlich, da der Arbeitsfluss erheblich gestört wird. Es bietet sich, falls es die Platzverhältnisse zulassen, eine Einschienenhängebahn an einer Hallenlängsseite an, an der die Traversen automatisch bis zur Behängungsstation transportiert werden. Mit einem Flurwagen geführt oder ungeführt, evtl. mit Drehgestell, können gleichzeitig mehrere Traversen z. B. bis an die Behängebühnen gefahren und mit dem Brückenkran aufgelegt werden. Bei der U-förmigen Anordnung erübrigt sich dieses Rückführproblem, da die Traversen zwangsläufig auf der Höhe der Materialausgabe ankommen.

5.11 Krananlagen

Wie aus den Abb. 5.1–5.4 hervorgeht, hat man den Materialfluss in der Verzinkerei derart verbessert, indem zusätzlich zu den altbewährten Brückenkranen und Einschienenkatzen z. B. Konsolkrane, Verschiebebrücken mit starr verbundenen Doppelkatzen, Ringbahnen, Portalkrane, Halbportalkrane sowie Kettenförderer und Hubbühnen eingesetzt werden. Vor Jahren war es nicht üblich, Ringbahnen in einer Stückverzinkungsanlage einzusetzen. Heute entscheiden sich viele Verzinkereien zu dieser Version. Oftmals ist man zu dieser Version gezwungen, wenn man an die relativ einfache, längsstehende Einhausung denkt. Die Ringbahn – es kann sich auch um ein Einschienen-Verschiebesystem handeln – überdeckt den Trockenofenausgang, den Verzinkungsofen und die Ablagestelle, z. B. einen Kettenförderer. Dieses Kransystem lässt sich weitgehend automatisieren, d. h. mittels Automatikhaken wird die Traverse aus dem Trockenofen entnommen und fährt, falls eine Freigabe vorliegt, in die Zinkbadeinhausung. Die Funktionen Öffnen und Schließen der Klapptüren und Arbeitstüren an der Einhausung sowie die Ansteuerung der Filteranlage (Ventilator-Hochlauf) lassen sich über eine speicherprogrammierbare Steuerung, SPS, ansteuern. Das Gleiche gilt für das Weiterfahren bis zur Traversen-Ablegestelle und das Leerfahren des Katzpaares bis zum Trockenofen.

Für Wartungsarbeiten an Katzpaaren bietet sich z. B. die Einhausung an. Mit geringem Aufwand kann eine Aufstiegsleiter und ein Wartungspodest angebaut werden. Außerdem besteht die Möglichkeit, in die Ringbahn eine Wartungsstrecke einzubauen. Die Ringbahn hat den Vorteil, dass sich in deren Scheitelpunkt zwangsläufig eine 90°-Drehung der Traversen einstellt und mit Hilfe eines Kettenförderers die Traversen quer zur Halle transportiert und entladen werden können. Bei der Planung der Krananlagen sollte man darauf achten, so wenig wie möglich mechanische Verriegelungen vorzusehen. Störungen an den Krananlagen führen zu einem teuren Produktionsstopp. Neben der normalen Flurbedienung können die Krananlagen auch mit Funksteuerung ausgerüstet werden. Dieses Steuerungssystem hat sich auch in Verzinkereien bewährt.

Anpassung von Krananlagen an den Verzinkerei-Betrieb

Transportsysteme sind in allen Feuerverzinkereien einer hohen korrosiven Belastung ausgesetzt. Durch den rauen Betrieb und durch außerordentlich hohen Materialumschlag sind Transportsysteme zudem mechanisch extrem belastet. Hierbei ist es um so wichtiger, dass bei der Auswahl neuer Geräte eine solide, den Belastungen entsprechende Ausführung gewählt wird. Die nachstehende Auflistung gibt wieder, in welchen Bereichen eine besondere technische Anpassung der Transportsysteme an die Bedingungen des Betriebes in einer Feuerverzinkerei angepasst werden sollte/muss. Durch zusätzliche Ausrüstung können Schäden an den Transportsystemen vermieden werden, es kommt seltener zu Funktionsbeeinträchtigungen, der Materialverschleiß wird reduziert. Die nachstehenden Anforderungen können reduziert werden, wenn die Einsatzbedingungen in der Halle durch Belüftungs- oder Einhausungsmaßnahmen erheblich verbessert werden.

Je nach verwendetem System kann es erforderlich werden, auch andere Anpassungen an die Belastung vorzunehmen, die dann von den nachstehenden Empfehlungen abweichen. Die Liste kann dazu beitragen, die Leistungsbeschreibung von Anbietern im Wettbewerb besser miteinander zu vergleichen.

Ausrüstungsübersicht

Lfd. Nr.	Bauteil	Maßnahme
1	Werkstoffe/Konstruktionsteile	
1.1	Stahlbau	Strahlen Sa 21/2, Beschichtung gemäß DIN 55928, Teil 5, entweder als DUPLEX-System, z. B. mit 2-K-Epoxidharz oder PVC (muss Korrosivitätskategorie C5-1 entsprechen, Abschnitt 9.2.2.1, Tab. 9.4) in beiden Fällen Gesamtschichtdicke mind. 240 µm
1.2	Schrauben	1.4571 (z. B. V4A)
1.3	Laufräder	geeigneter Thermoplast
1.4	Fahrgestelle	Gelenkbolzen 1.4571, Nachschmiereinrichtung
1.5	Antriebsreifen	Neoprene, geeigneter Durchmesser, evtl. Profil
2	Weichen	
2.1	Führungen	Bronze
2.2	Stangen, Achsen, Federn	rostfreier Stahl, z. B. 1.4571
3	Stromzuführung	
3.1	Schleifleitung	Einzelleitersystem
3.2	Schienenabstand	vergrößert
3.3	Stromabnehmer	säurefeste Federung Graphitkohlen Doppelstromabnehmer
3.4	Isolatoren	Unterlegscheiben, kein Alu
3.5	Blockstrecken	große Luftstrecken, Schienenenden einzeln aufgehängt
3.6	Schleppleitung	Kabelwagenschiene auf Leitungswagen säurefest
4	Installation	
4.1	Klemmenkästen	rostfreier Stahl, z. B. 1.4301
4.2	Schaltschränke, Gehäuse	Aufstellung in separatem Raum mit normalen Umweltbedingungen, sonst Edelstahlschränke beheizt. Verschraubungen säurefest
4.3	Kabelverbinder	säurefest
4.4	Kabeleinführungen	von unten mit zusätzlicher Siliconabdichtung

Lfd. Nr.	Bauteil	Maßnahme
5	elektrische Geräte	
5.1	Lichtschranken	Säureschutzbeschichtung oder Edelstahlgehäuse
5.2	Initiatoren	Fabrikat IFM oder gleichwertig
5.3	Schaltfahnen	rostfreier Stahl. z. B. 1.4571
5.4	Kabeltrommel	Säureschutzbeschichtung, Feder 1.4571
5.5	Steuerpult	Edelstahl beheizt, Taster mit Sondermanschetten
5.6	Steuertaster	beheizt, Dichtkappen, Kabeleinführung mit Silicon abgedichtet, Zugentlastungsketten aus rostfreiem Stahl, säurefeste Ausführung Antrieb rostfreier Stahl
5.7	elektronische Geräte	im Anlagenbereich besonders kapseln, besser: ortsfest, in separatem Raum
6	Steuerungen	
6.1	Kleinspannungen	über Trenntrafo
6.2	Sicherheitsabschaltungen	Ausführung redundant
6.3	Abstandssteuerung	eine zusätzliche Schleifleitung
7	Motoren	
7.1	Bremsscheibe	rostfreier Stahl, z. B. 1.4571
7.2	Abdichtung	zusätzliche Dichtungsmaßnahmen
7.3	Innenbeschichtung	Motor innen beschichtet
8	Hubwerke	
8.1	Motoren	s. Abschnitt 7
8.2	Seiltrommel und blanke Teile	mit säurefester Konservierung
8.3	Gehäusegrenzschalter	IP 65
8.4	Seilführung	in säurefester Ausführung, besondere Ausführung bei extremer Schrägzug-Gefährdung
8.5	Drahtseil	mit säurebeständigem Fließfett konserviert
8.6	Unterflasche	mit schlagfester Einbrennlackierung
8.7	Beschichtung	s. Abschnitt 1.1
9	Instandhaltung	
9.1	Wartung	vorbeugende Wartung gemäß Wartungsplan oder Wartungsanweisung mit Angaben • Wartungsintervall • Reinigungsmaßnahmen • Schmierstoffe • ausgetauschte Ersatzteile usw.

Lfd. Nr.	Bauteil	Maßnahme
9.2	Wartungshilfen	im Badbereich, falls Krane vorhanden, mitfahrende Wartungsstege, falls keine fahrbaren Wartungsbühnen einsetzbar sind
9.3	Verschleißteile/Ersatzteile	Gemäß Vorschlagliste des Lieferanten sind sie entsprechenden Verschleißteile (z. B. Bremsbeläge) oder Ersatzteile zu beschaffen und einzulagern.

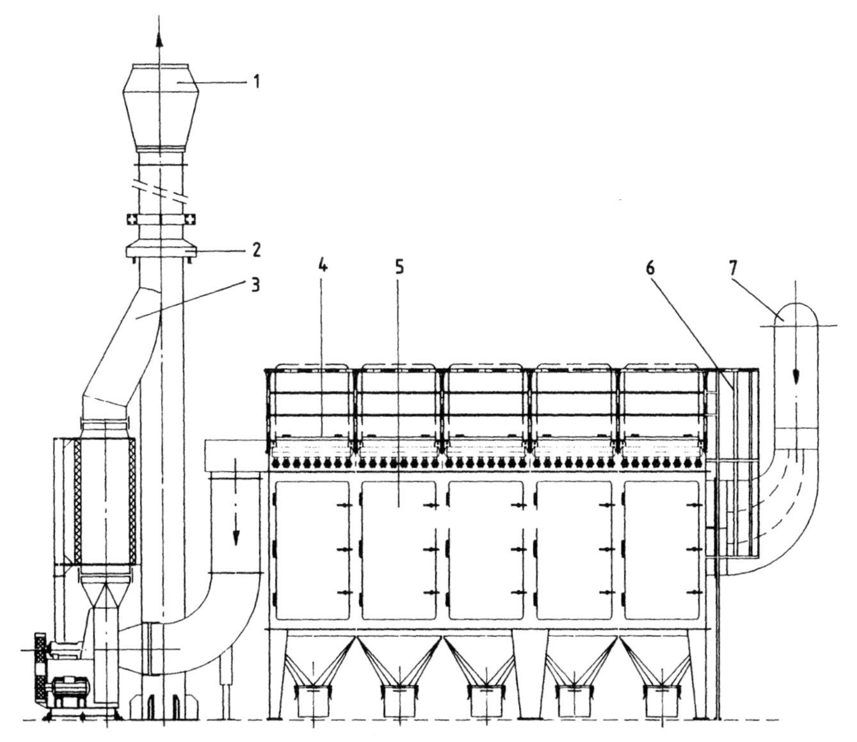

Abb. 5.24 Filteranlage, Kompaktbauweise (Niederhausen, Voerde)

1 **Deflektorhaube**
2 **Regenhaube**
3 **Reinglasleitung**
4 **Inspektionstüren oben**
5 **Inspektionstüren vorn**
6 **Steigleiter**
7 **Rohgasleitung**

5.12
Filteranlagen

Der Aufbau der hier gezeigten Filteranlagen ist ähnlich (Abb. 5.24 und 5.25). Bei annähernd gleicher Filterflächenbeaufschlagung differieren die Anlagen nur in der Bauhöhe, d. h. letztlich in der Filterschlauchlänge. Die Anlagen sind mit auto-

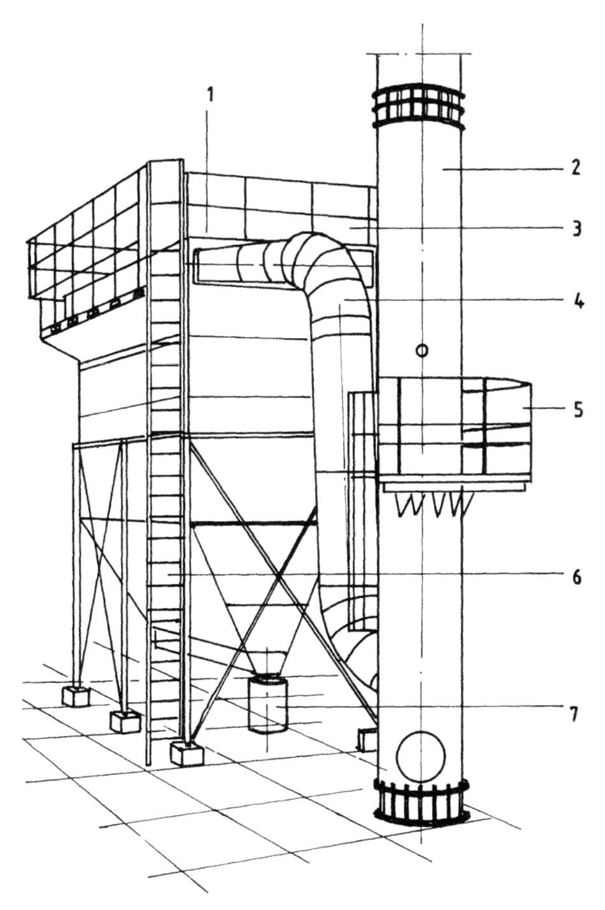

Abb. 5.25 Filteranlage (Hosokawa Mikro Pul, Köln)

1	**Filterschlauchwechsel von oben**	*5*	**Messbühne**
2	**Abluftschornstein**	*6*	**Steigleiter**
3	**Wartungsbühne**	*7*	**Staubsammelbehälter**
4	**Reingasleitung**		

matischen Druckluft-Abreinigungsanlagen ausgestattet. Bei der Größenauswahl der Filteranlage sollte man den nächst größeren Typ nehmen, da mit Hilfe eines Frequenzumrichters jederzeit die tatsächlich erforderliche Absaugmenge eingestellt werden kann. Die komplette Anlage einschließlich Ventilator, evtl. Kältetrockner, Kompressoranlage und Schalldämpfer sollten in einem trockenen Raum aufgestellt werden. Abb. 5.26 zeigt die Filterfunktion (s. auch Abschnitt 6).

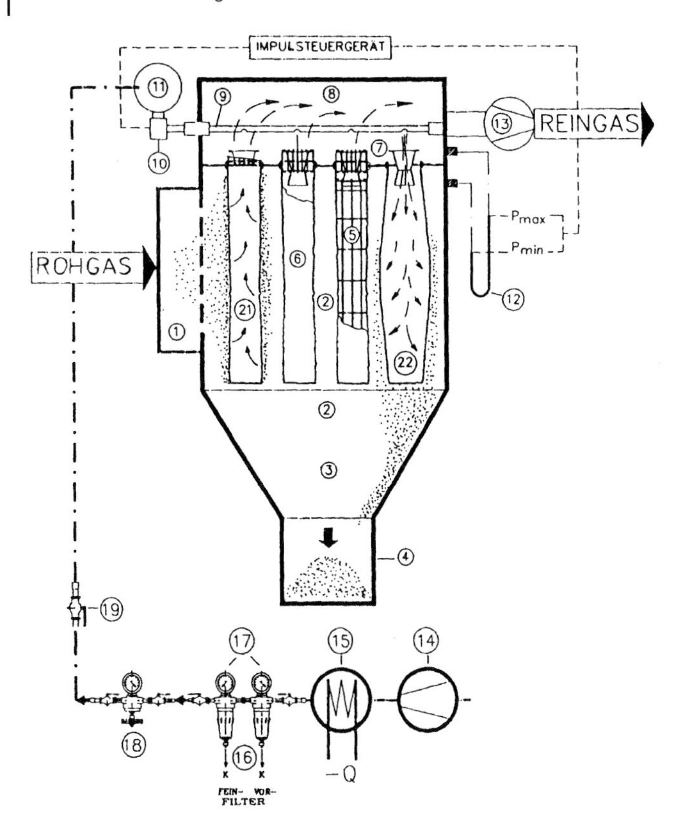

Abb. 5.26 Filteraufbau-Filterfunktion
(Niederhausen, Voerde)

1	**Rohgas-Prallschacht**	*13*	**Ventilator**
2	**Rohgaskammer**	*14*	**Kompressor**
3	**Staubsammeltrichter**	*15*	**Nachkühler**
4	**Staubbehälter**	*16*	**Wasserabscheider**
5	**Stützkorb**	*17*	**Feinfilter**
6	**Filterschlauch**	*18*	**Manometer**
7	**Venturidüse**	*19*	**Absperrventil**
8	**Reingaskammer**	*20*	**Impulssteuergerät**
9	**Druckluftblasrohr**	*21*	**Staubascheidungsphase**
10	**Magnetventile**	*22*	**Filterschlauch-Abreinigungsphase**
11	**Druckluft-Verteilrohr**	*23*	**Kondensatabscheidung**
12	**Differenzdruckmeßgerät**		

5.13
Halbautomatische Kleinteilverzinkungsanlage

Die dargestellte Anlage (Abb. 5.27) zeigt die typische Anordnung einer Kleinteilverzinkungsanlage für Schleuderware. Meist werden die Kleinteile in größeren Chargen (ca. 200 kg) vorbehandelt und nach dem Fluxen in die Schleuderkörbe gefüllt. Mithilfe von SPS-gesteuerten Elektrokettenzügen kann der Ablauf vom

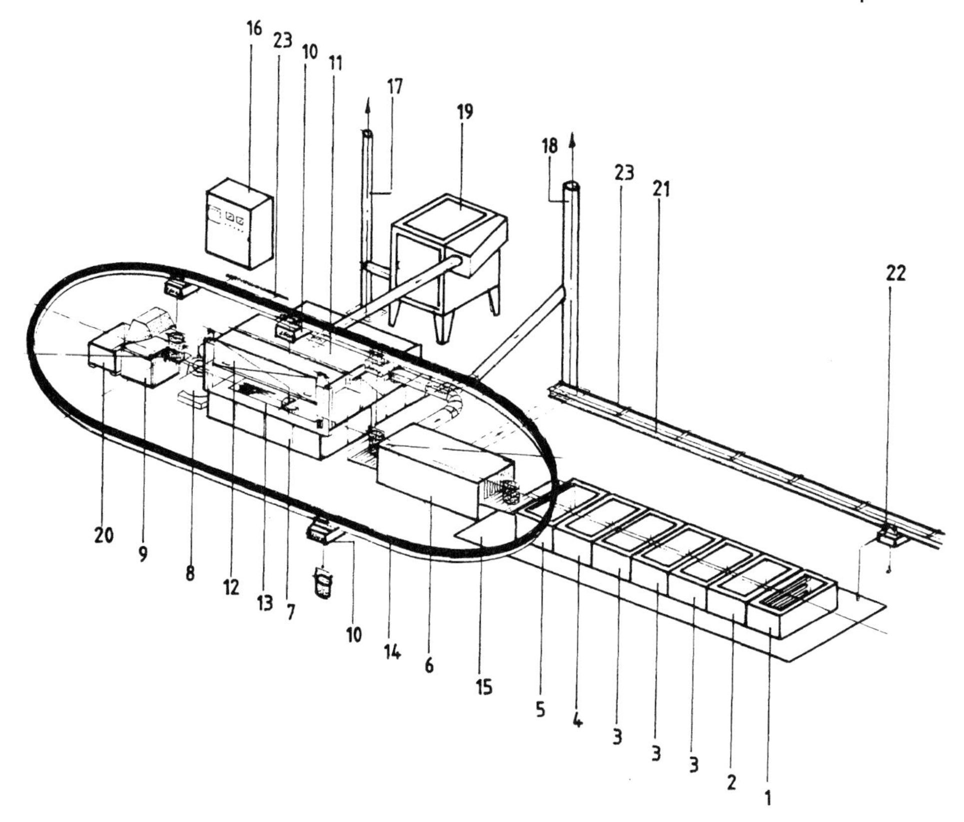

Abb. 5.27 Halbautomatische Kleinteilverzinkungsanlage

1	**Entfettungsbad**	*13*	**Zinkbad**
2	**Heißspülbad**	*14*	**Einschienen-Ringbahn**
3	**Beizbad**	*15*	**säurefester Bodenbelag**
4	**Spülbad**	*16*	**Schaltschrank**
5	**Fluxbad**	*17*	**Abluftkamin**
6	**Trockenofen**	*18*	**Abgaskamin**
7	**Verzinkungsofen**	*19*	**Filteranlage**
8	**Zentrifuge**	*20*	**Transportbehälter**
9	**Wasserbad**	*21*	**Einschienenbahn**
10	**Elektrokettenzüge mit SPS-Steuerung**	*22*	**Elektrokettenzug**
11	**Zinkbadeinhausung**	*23*	**Stromschiene**
12	**Hubtür**		

Trockenofen bis zum Wasserbad programmiert werden. Ein manueller Eingriff in das Programm ist jederzeit möglich. Der Leerkorb-Rücklauf bis vor den Trockenofen erfolgt ebenfalls automatisch.

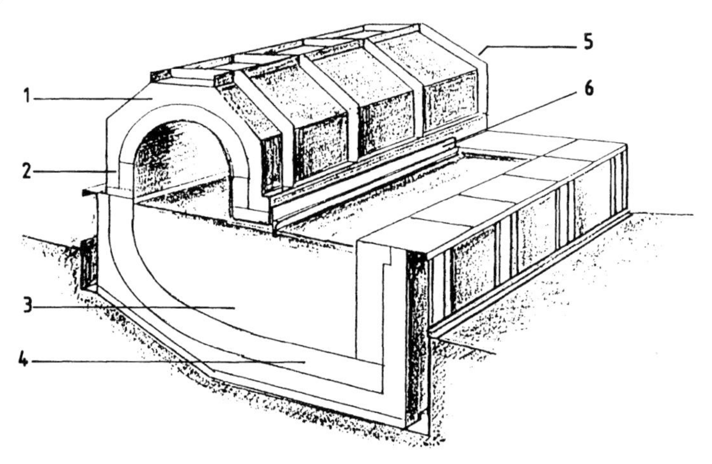

Abb. 5.28 Verzinkungsofen mit keramischer Wanne

1 **Heizdeckel**
2 **Isolierung**
3 **Zinkbad**
4 **keramische Wanne**
5 **Brenner, stirnseitig**
6 **Barriere**

5.14
Verzinkungsofen mit keramischer Wanne

Wesentliche Merkmale dieses Verzinkungsofens ist die keramische Wanne (Abb. 5.28) , in der sich das schmelzflüssige Zink befindet. Sie ist im Gegensatz zum Stahlkessel fast unbegrenzt haltbar. Das Verzinkungsbad ist durch eine Barriere unterteilt in eine Heiz- und eine Arbeitsfläche. Die Barriere verhindert, dass Kaltluft in den Heizraum eindringt oder dass Heizgase ausströmen. Über der Heizfläche, deren Größe von der gewünschten Durchsatzleistung und Badtemperatur abhängt, ist der so genannte Heizdeckel angeordnet. Stirnseitig ist die Brennereinrichtung installiert. Das Zinkbad wird durch Strahlung und Konvektion beheizt. Es kann bis zu einer Temperatur von 600 °C gefahren werden (Hochtemperaturverzinkung). Der Heizdeckel ist, wie die keramische Wanne, beinahe unbegrenzt haltbar. Die Zinkbadtemperatur und die Heiztemperatur werden mittels einer automatischen Temperaturregelanlage in Verbindung mit einem Schreiber geregelt und überwacht. Wie in Abb. 5.29 dargestellt, lassen sich Zinkbadeinhausungen an den keramischen Verzinkungsofen relativ einfach anbauen. Da die Bedienungstüren in der Regel klein sind, können hier auch handbediente Türen (Hubtüren evtl. mit Gegengewicht) eingesetzt werden.

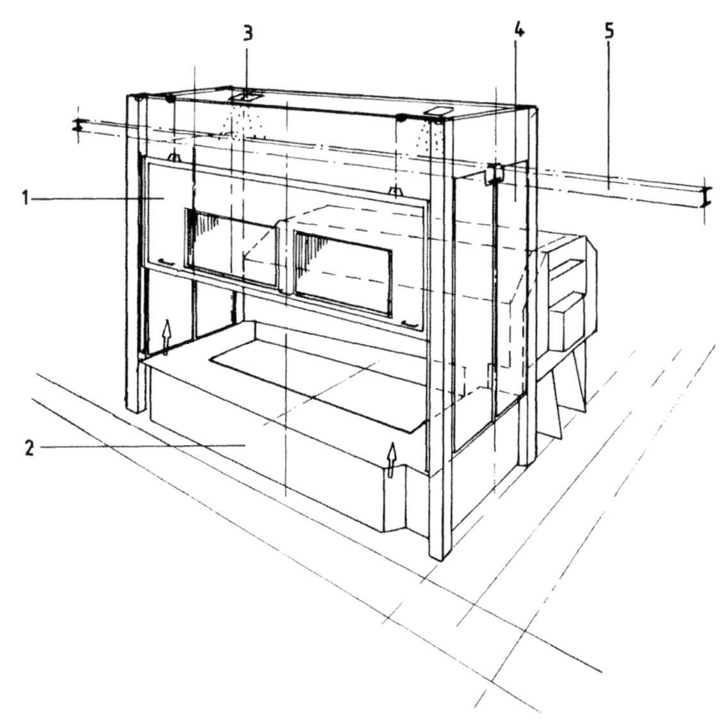

Abb. 5.29 Zinkbadeinhausung an einem keramischen Verzinkungsofen

1 **Hubtür, handbetätigt/elektromotorisch**
2 **Verzinkungsofen**
3 **Halogenstrahler**
4 **Klapptür**
5 **Einschienen-Ringbahn**

5.15 Automatische Kleinteilverzinkungsanlage

Funktionsweise (Abb. 5.30)
Über ein Transportband werden die Körbe an der automatischen Füllstation (*7*) gefüllt und gewogen. Danach gelangen die Körbe mittels Kettenförderer (*2*) zum Trockenofen (*5*). Nach dem Trockenprozess werden sie auf dem Ausgangspunkt der automatischen Verzinkungslinie positioniert. Automat 1 (*6*) übernimmt den Korb und taucht ihn in das Zinkbad. Eine Verschiebeeinrichtung (*7*) schiebt den eingetauchten Korb über einen Träger aus Spezialmaterial zur anderen Ofenseite. Die Durchsatzmenge ist abhängig von der Abkochzeit. Der max. Durchsatz beträgt 100 Körbe/h. Der Automat 2 (*8*) zieht den Korb langsam aus dem Zinkbad. Sobald der Korb das Zinkbad verlassen hat, fährt der Automat 2 im Schnellgang über die Zentrifuge und setzt den Korb dort ein. Nachdem der Zentrifugendeckel geschlossen ist, läuft die Zentrifuge an. Die Zentrifugierzeit ist einstellbar. Nach

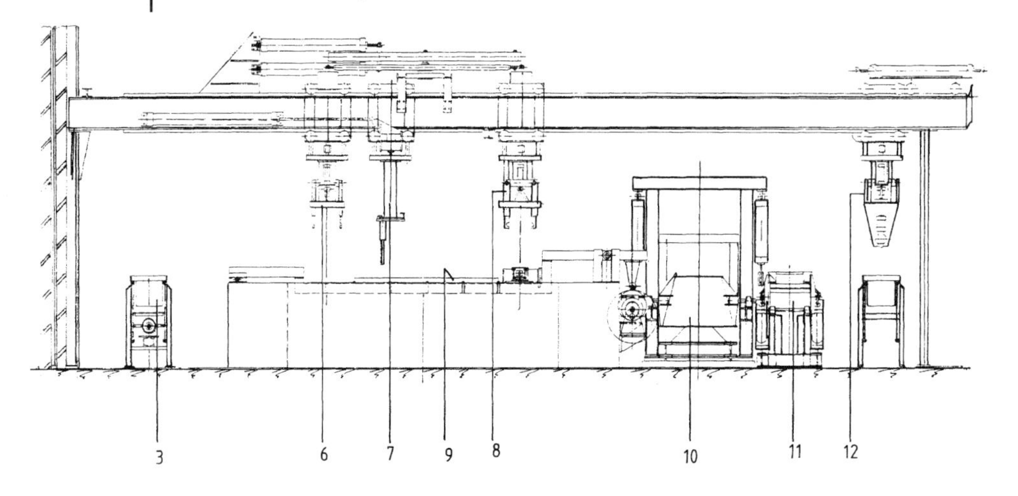

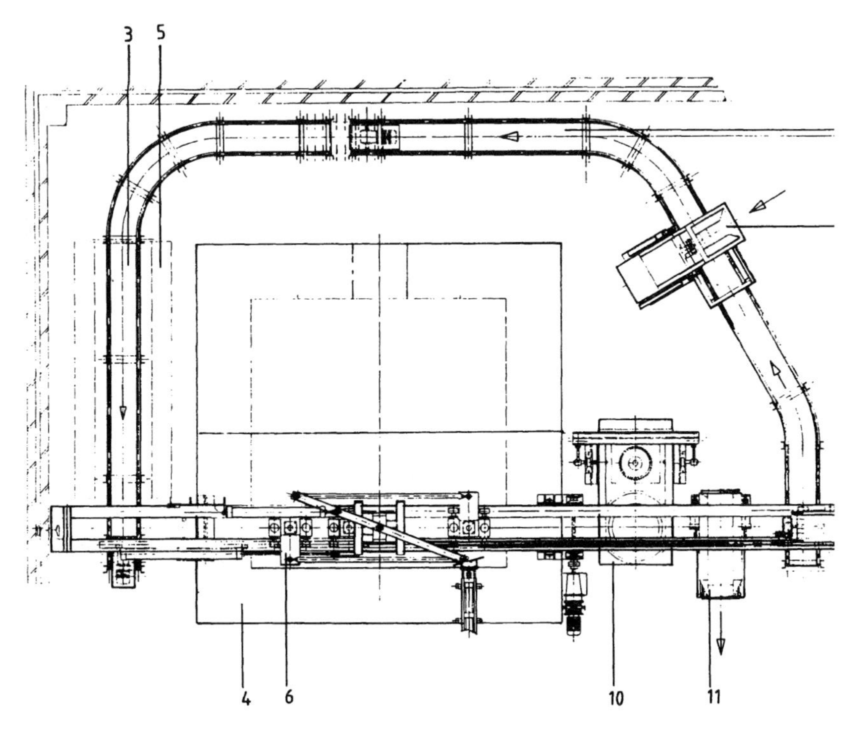

Abb. 5.30 Automatische Kleinteilverzinkungsanlage

1	**Füllstation**	*7*	**Verschiebeeinrichtung**
2	**Kettenförderer**	*8*	**Automat 2**
3	**Verzinkungskorb**	*9*	**Verzinkungskorb-Träger**
4	**Verzinkungsofen**	*10*	**Zentrifuge**
5	**Trockenofen**	*11*	**Wasserbad**
6	**Automat I**	*12*	**Automat 3**

Beendigung des Zentrifugiervorganges öffnet der Deckel, der Automat 3 (*12*) übernimmt den Korb, fährt über das Wasserbad, kippt den Inhalt in das Wasserbad und der leere Korb kippt wieder in seine Ausgangsposition. Danach wird der Korb auf den Kettenförderer 1 (*2*) gestellt und zur Füllstation befördert. Bei einem Füllgewicht von 25 kg beträgt der maximale Stundendurchsatz 2500 kg. Die Anlage ist von einem Mann zu bedienen und benötigt nicht mehr als 100 m^2 Aufstellfläche. Die Anlage wird selbstverständlich automatisch gesteuert. [5.10]

5.15.1
Automatische Roboter-Schleuderverzinkungsanlage

Funktionsweise (Abb. 5.31)
Roboter (*1*) schwenkt den Schleuderkorb, gefüllt mit einem vorgegebenen Gewicht von Kleinteilen, über den Verzinkungsofen (*9*) und taucht diesen ins Zinkbad. Vor dem Eintauchen und Ausheben des Korbes wird die Zinkbadoberfläche automatisch (*6*) von Zinkasche befreit.

Auf kurzem Wege wird der Korb mittels Roboter 1 (*5*) in eine Überbadzentrifuge (*7*) gesetzt. Roboter 1 (*5*) schwenkt leer zur Schleuderkorbübernahme (*3*).

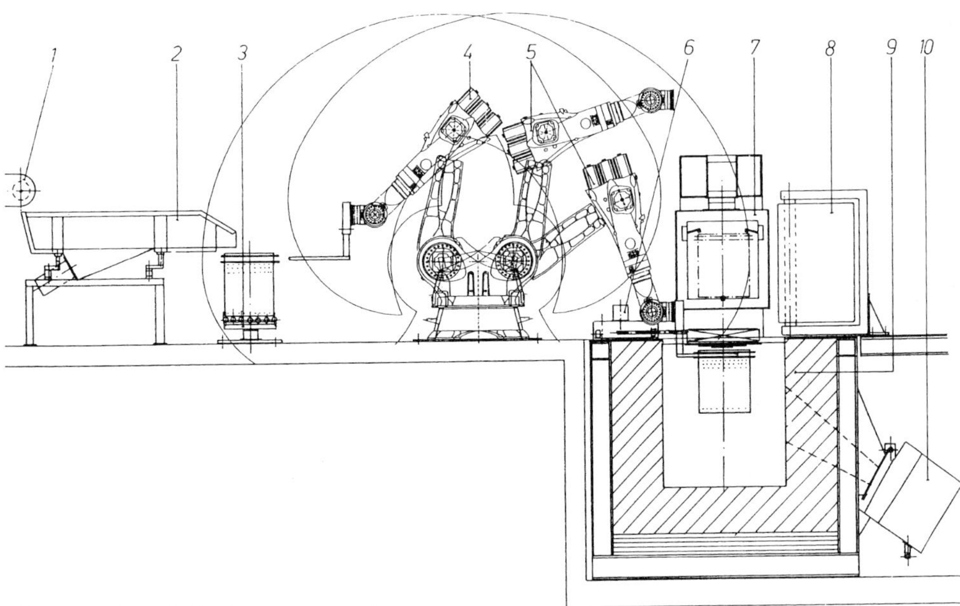

Abb. 5.31 Roboter-Schleuderverzinkungsanlage

1	**Zuführ-Förderband**	*6*	**Zinkascheabstreifer**
2	**Schwingförderrinne mit Wägeeinrichtung**	*7*	**Überbadzentrifuge**
		8	**Verschlussmantel Zentrifuge**
3	**Schleuderkorbabgabe und -übernahme**	*9*	**Verzinkungsofen mit Rinneninduktor**
4	**Roboter 2**	*10*	**Rinneninduktor**
5	**Roboter 1**		

Roboter 2 (*4*) entnimmt nach dem Zentrifugiervorgang den Korb, entleert diesen über einem Wasserbad und stellt den leeren Korb auf die Schleuderkorbabgabe (*3*). Hier wird der Korb über eine Schwingförderrinne mit Wägeeinrichtung neu gefüllt.

Die Steuerung der Anlage erfolgt automatisch. Die Roboter werden so programmiert, dass Kollisionen ausgeschlossen sind. [5.12, 5.15].

5.16 Rohrverzinkungsanlage

Voraussetzung zur Feuerverzinkung ist die metallisch reine Oberfläche der Rohre. Sie wird durch chargenweises Tauchen der Rohrbunde in der chemischen Vorbehandlung erreicht. Anschließend wird jedes einzelne Rohr im vorgegebenen Takt durch die Verzinkungsanlage geführt (Abb. 5.32). Dabei durchläuft es zuerst die Trockeneinrichtung (nicht bei der Nassverzinkung), wird in das Zinkbad getaucht und nach einer bestimmten Tauchzeit vom Bedienungsmann oder mit Hilfe eines Rohraushebeautomaten aus dem Bad gezogen und der schräg angeordneten Ausziehbahn zugeführt. Innerhalb dieser Bahn passiert es eine Ringdüse, die überschüssiges Zink mit Druckluft abläst und gleichzeitig die Rohraußenfläche glättet. Danach erreicht das Rohr die Ausblasstation. Hier wird überschüssiges Zink

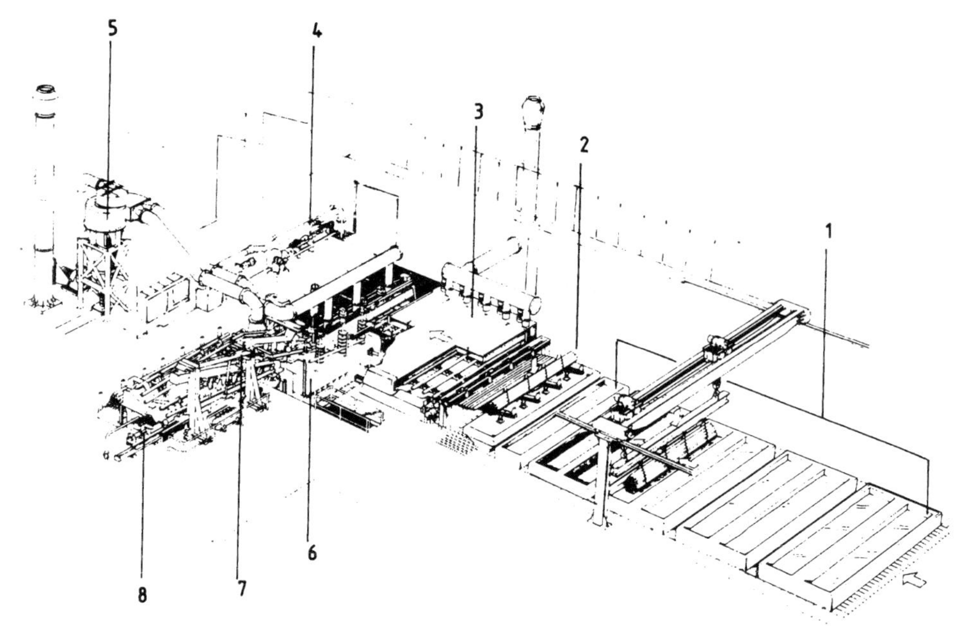

Abb. 5.32 Automatische Rohrverzinkungsanlage

1	**Vorbehandlungsanlage**	*5*	**Filteranlage**
2	**Rohrzuteilvorrichtung**	*6*	**Verzinkungsofen**
3	**Trockenofen**	*7*	**Rohrausziehmaschine**
4	**Regelstrecke**	*8*	**Dampfausblasstation**

aus dem Rohrinnern entfernt; gleichzeitig wird die Innenfläche geglättet. Das entfernte Zink bzw. der abgesaugte Zinkstaub werden separiert. Nach dem Rohrausblas-Vorgang gelangen die Rohre in ein temperiertes Wasserbad, werden abgekühlt und den Folgeeinrichtungen übergeben. [5.11]

5.17 Einsatz von Vibratoren/Rüttlern

Eine größere Anzahl von Feuerverzinkereien setzt seit Jahren Rüttler (Abb. 5.33) und Vibratoren innerhalb der Feuerverzinkerei in unterschiedlichen Bereichen ein. Der Unterausschuss „Rationalisierung" der Technischen Kommission hat sich mit diesem Thema auf seiner Sitzung befasst und gibt dazu die nachfolgenden Hinweise. Durch den Einsatz von Rüttlern werden Gestelle und Traversen in Schwingung versetzt und bewirken auf diese Weise ein verändertes Fließ- und Abtropfverhalten der Behandlungsmedien und vor allen Dingen des Zinks. Bei Rüttlern handelt es sich üblicherweise heute um Systeme, die zwischen dem Kranhaken und dem Verzinkungsgestell/Traverse oder auf einem separaten Aufhängebalken zwischen den Kranhaken befestigt werden. Der Antrieb erfolgt im Regelfall durch zwei gegenläufig synchron laufende Elektromotoren, die auf Grund der speziellen Anordnung horizontale Schwingungen eliminieren und nur die erwünschten vertikalen Schwingungen entstehen lassen.

Rüttler sind nicht immer und unter allen Bedingungen von Vorteil, in vielen Fällen lassen sich jedoch gute Ergebnisse erzielen. Ob Rüttler eingesetzt werden können, hängt primär von den betrieblichen Voraussetzungen und den zu verzinkenden Produkten ab. In den meisten Fällen verbessern sie die Verzinkungsqualität und sparen Nacharbeitungsaufwand. Rüttler können in verschiedenen Bereichen des Verzinkungsprozesses sinnvoll eingesetzt werden, so zum Beispiel

- bei der Vorbehandlung; kurzes Rütteln gegen Ende der Abtropfphase ermöglicht das bessere Abtropfen der Behandlungsmedien, spart Zeit und reduziert die Verschleppung.
- im Zinkbad; Rütteln erleichtert bei verschiedenen Produkten das Aufschwimmen von Asche- und Flussmittelresten und bietet damit die Möglichkeit, die Tauchzeit zu verkürzen, die Zinkauflage zu reduzieren und die Qualität zu verbessern; die unvermeidlichen Kontaktstellen zwischen Verzinkungsgut und dem Transportgestell werden minimiert.

Abb. 5.33 Rüttler (VARD-Vibration, CH-Lostorf)

- über dem Zinkbad; erleichtert der Einsatz des Rüttlers das Abtropfen der Zinkschmelze, vermeidet die Häufung von Zinkspitzen, erleichtert die Entfernung von Drähten und Ketten, vermeidet große Grate durch Drähte und Ketten; das Zusammenkleben von eng aufgehängten Teilen wird erheblich reduziert; ebenfalls vermindert wird das unerwünschte Zusetzen von kleinen Bohrungen mit Zink; Bohrungen und Innengewinde werden sauberer.
- beim Hartzinkziehen; hier ermöglichen Hartzinkgreifer, die mit einem Rüttler ausgerüstet sind, eine Verbesserung des Hartzinkaustrages; Rütteln beim Verlassen des Bades (unterhalb des Badspiegels) und beim Öffnen des Greifers führen zu besseren Ergebnissen und Erleichtern die Arbeit.

Grundsätzlich ist anzumerken, dass sich Rüttler für die Behandlung von leichten, kleinen Teilen besser eignen als für die Behandlung von schweren Stahlkonstruktionen. Wenn es zu Fehlern oder unerwünschten Effekten beim Einsatz von Rüttlern kommt, hängt dieses meist damit zusammen, dass

- entweder zu lange gerüttelt wird oder zum falschen Zeitpunkt oder
- das Verzinkungsgut falsch aufgehängt wurde (Drahtbefestigungen für kleine Teile müssen straff gezogen werden, da andernfalls der Draht Resonanzschwingungen auslöst).

In allen Fällen führt der Einsatz eines Rüttlers trotz der eingebauten Dämpfungselemente während des Rüttelns zu einer erhöhten Belastung der Krananlage; es muss daher geprüft werden, ob die Krananlage die auftretenden Mehrbelastungen verkraftet.

Aufgrund der baulichen Abmessungen des Rüttlers gehen etwa 50 cm Hakenhöhe verloren. Für Sonderfälle gibt es jedoch auch Rüttler, die in die Unterflasche des Krans integriert werden und somit die volle ursprüngliche Hakenhöhe erhalten. Hinsichtlich der Handhabung von Rüttlern hat es sich gezeigt, dass die zur Erzielung des gewünschten Effektes notwendigen Frequenzen unterschiedlich sind. Aus diesem Grunde ziehen es viele Anwender vor, den Rüttler in mehreren kurzen Intervallen zu betätigen, in deren Verlauf zwangsläufig die wirksamen Frequenzbereiche durchfahren werden. Mehrere kurze Rüttelintervalle sind im Regelfall einem langen Intervall vorzuziehen.

5.18 Energiebilanz

Nach Wübbenhorst [5.17] ist im stationären Zustand, d. h. bei Konstanthaltung der Temperatur der Zinkschmelze, also bei Ausschluss von Aufheiz- und Abkühlzuständen, die vom Heizsystem gelieferte gesamte Wärmemenge gleich der Summe aller einzelnen abgeführten Wärmemengen. In diesem Zustand kennzeichnet die

Temperatur der Zinkschmelze den Gleichgewichtszustand zwischen zu- und abgeführter Wärmemenge. Im Koordinatensystem aufgetragen, kennzeichnet die 45°-Gerade diesen Gleichgewichtszustand (Abb. 5.34, s. S. 192). Der senkrechte Abstand dieser Geraden von der Abszisse ist die abgeführte Wärme, der waagerechte Abstand von der Ordinate die zugeführte Wärme. Für jeden Punkt dieser Geraden ist das Verhältnis dieser beiden Werte gleich, nämlich 1:1. Das oben schräg schraffierte Feld ist der Nutzanteil, das unten der Abgasverlust. Dieser ist durch das Heizsystem bedingt und kann vom Verzinker nicht beeinflusst werden. Das senkrecht schraffierte Feld beinhaltet die Abstrahlungsverluste, die vom Verzinker beeinflusst werden können und sollten.

In Abb. 5.34b ist die Wärmebilanz eines elektrisch beheizten Kessels dargestellt, da hier wegen der fehlenden Abgasverluste die Verhältnisse übersichtlicher werden. Die besonders gekennzeichneten Punkte (o) stellen den Leerlaufzustand dar. Mit zunehmender Durchsatzleistung bewegt sich dieser Arbeitspunkt auf der 45° Geraden nach rechts oben. Es ist zu erkennen, dass die Abstrahlungsverluste von der Oberfläche der Zinkschmelze, die über den gesamten Arbeitsbereich konstant sind, die Energiebilanz erheblich belasten. Ihr prozentualer Anteil wird mit zunehmender Durchsatzleistung immer größer. Er ist bei mittleren Durchsatzleistungen eines Kessels etwa gleich dem Nutzanteil und macht bei Stillstandszeiten (Leerlauf), in denen die Zinkschmelze lediglich auf Temperatur gehalten wird, bei dem mit Brennstoff beheizten Kessel den überwiegenden, bei dem elektrisch beheizten Kessel sogar den ganzen Teil des Wärmeverbrauchs aus.

Im Wesentlichen lässt sich die abgeführte Wärme in drei Bestandteile zerlegen:

- Nutzwärme $Q_{Nutz.}$ für die Erwärmung des Verzinkungsgutes und der Schmelzen des Zinks
- Verlustwärme Q_{V1}, Wärme, die von der Oberfläche der Zinkschmelze und den Kesselwänden abstrahlt
- Verlustwärme Q_{V2}, Abgaswärme (Verwendung zum Beheizen der Vorbehandlungsbäder u. dgl.)

$$Q_{ges.} = Q_{Nutz.} + Q_{V1} + Q_{V2} \qquad \text{Gl. 5.1}$$

Der von Menge und Temperatur der Abgase abhängige Abgasverlust wird durch den feuerungstechnischen Wirkungsgrad gekennzeichnet.

Tab. 5.1 Wärmetechnische Richtwerte für Verzinkungskessel in kJ/kg °C [5.16]

	Stahl	**Zink**
Spezifische Wärme (0 bis 450 °C)	0,54	0,67
Wärmeinhalt bei 450 °C	243	302
Schmelzwärme		115
Oxydationswärme		5342
Dichte gegossen		7,12 kg/dm^3
Dichte geschmolzen		6,6

$$\eta = \frac{Q_{Nutz.} + Q_{V1}}{Q_{ges.}} \qquad \text{Gl. 5.2}$$

Daraus folgt:

$$Q_{ges.} = \frac{Q_{Nutz.} + Q_{V1}}{\eta} \qquad \text{Gl. 5.3}$$

5.19
In- und Außerbetriebname eines Feuerverzinkungskessels, Kesselwechsel, Betriebsweise

Eine von der Fa. Pilling [5.18] herausgegebene Broschüre „Verzinkungskessel – Empfehlungen für den Betrieb" enthält die gesamte Thematik. Deshalb werden in den folgenden Abschnitten nur wesentliche Kriterien aufgeführt.

5.19.1
Feuerverzinkungskessel und Verzinkungsofen

Der Feuerverzinkungskessel (Kessel) enthält das schmelzflüssige Zink zur Ausführung des Verzinkungsprozesses. Die Kessel werden aus Spezialblechen mit überwiegend 50 mm Dicke gefertigt. Sie werden in Spezialöfen (Öfen) mit unterschiedlichen Energieträgern erwärmt. An den Innenwänden des Kessels besteht durch den Angriff des schmelzflüssigen Zinks ein Werkstoffabtrag.

An die Kessel wird die Forderung nach einer langen Lebensdauer bei hoher Durchsatzleistung gestellt. Ein Kesselausfall verursacht hohe Kosten vor allem durch Produktionsausfall, Zinkverluste, Reparaturaufwand Zinkbergung (bei Havarie) und eventuell Ersatzinvestition. Diese Forderung kann heute erfüllt werden. Vom Kessel- und Ofenhersteller durch den Einsatz geeigneter Werkstoffe, Kesselkonstruktionen, spannungsfreie Fertigungsverfahren sowie schonende, gleichmäßige Beheizungssysteme und diesen angepasste Temperaturmess-und -steuergeräte und vom Verzinkungsbetrieb durch Einhaltung der vorgegebenen Parameter (kein Überschreiten der kritischen Temperatur von 490 °C und kritischen Heizflächenbelastung von 24 kWh/m^2). Unter diesen Voraussetzungen werden heute Kessel bis zu den größten Abmessungen (ca. 17,5 m) in Abhängigkeit vom Durchsatz während der Betriebszeit zwischenzeitlich nicht kontrolliert, sondern danach durch einen neuen Kessel ersetzt.

Auch das Abtasten der Schweißnähte mittels Stahlhaken wird nicht mehr ausgeführt, da bei fühlbaren Unebenheiten und Unregelmäßigkeiten nicht zwischen einer Anfressung oder einem Hartzinkansatz unterschieden werden kann. Damit sind große kostensparende Vorteile verbunden vor allem durch Wegfall von Produktionsstillständen (bis zu 3 Tagen), Zinkverlusten (5 bis 8%), Energieverlusten, sowie zusätzlichem Arbeitszeitaufwand. Ein erhöhter Kesselverschleiß ist nahezu immer auf einen nicht ordnungsgemäßen Verzinkungsbetrieb zurückzuführen. Sollte während der Nutzungsdauer doch die Kenntnis der Kesselwanddicke von Interesse sein, so kann diese durch den Kessel – oder Ofenhersteller im Betriebszustand, d. h. mit dem Inhalt der Zinkschmelze gemessen werden.

Korrosion, wie Anfressungen an der Kesselinnenwand, die meistens an den Bögen auftreten, kann damit jedoch nicht 100%-ig erfasst werden.

Bei der Berechnung der Heizflächenbelastung ist nicht nur die benötigte Wärmemenge zur Erwärmung des Verzinkungsgutes zu beachten, sondern auch die für das Einschmelzen des nachzusetzenden Zinks, die Wärmeverluste (Oberflächen und Wände des Kessels) und der Wärmeentzug durch Verzinkungshilfsmittel (Körbe, Gestelle u. dgl.).

Zur Vermeidung größerer Schwankungen der Temperatur der Zinkschmelze, durch zeitweilig erhöhte Wärmeentnahme bei größerem Durchsatz, muss die Zinkschmelze als Wärmepuffer fungieren. Der Kesselinhalt an Schmelze muss in der Lage sein, die Differenz des Wärmeentzuges und der Wärmezufuhr auf geringe Temperaturabweichungen von der Solltemperatur zu kompensieren. Der Kesselinhalt sollte deshalb ungefähr 30 bis 40 mal höher sein als der stündliche Verzinkungsdurchsatz (unter Berücksichtigung des Gewichtes der mit in die Schmelze eintauchenden Verzinkungshilfsmittel). Größere Temperaturschwankungen lassen sich auch durch entsprechende Zusammenstellung der zu verzinkenden Chargen vermeiden, d. h. Zusammenstellung eines Chargenmixes an schweren und leichten Bauteilen.

5.19.2
Inbetriebnahme

Während der Aufheizperiode besteht bis zum Erreichen der Betriebstemperatur (450 bis 455 °C, abhängig von der Bauteilgestaltung und der Stahlzusammensetzung) die Gefahr einer Schädigung des Kessels aufgrund von Rissbildung durch Flüssigmetallversprödung.

Die zur Auslösung der interkristallinen Risse erforderliche Zugspannung ist temperatur- und zeitabhängig und sinkt bei 450 °C auf Werte unter 100 MPa. Zur Verhinderung von Schäden am Kessel durch Rissbildung muss die Forderung nach einer schonenden Fahrweise mit sehr langen Aufheiz- und Abkühlungsgeschwindigkeiten gestellt werden, um die Temperaturdifferenz im Kessel zu minimieren.

Ein Temperaturunterschied zwischen Innen- und Außenwand von 60 K ruft Spannungen von ca. 120 bis 130 MPa hervor und liegt somit schon über der kritischen Grenze. Hierzu kommen noch die Zugspannungen aus dem hydrostatischen Druck des Zinks. Sie erreichen ihren maximalen Wert im Wand-Boden-Übergang, der damit auch der gefährdetste Bereich in der Anfahrphase ist.

Das Aufheizen eines neuen Ofens mit Kessel sollte immer nach Anweisung des Ofenherstellers erfolgen. Es kann nach Abb. 5.35 vorgenommen werden. Der Aufheizprozess soll langsam und gleichmäßig erfolgen. Deshalb muss stets ein Temperaturausgleich in allen Bereichen des Verzinkungskessels gewährleistet sein. Von Wichtigkeit ist, dass die Maximaltemperatur von 490 °C an der Kesselinnenwand und die Temperaturdifferenz von maximal 100 K zwischen Kesselwand und -boden sowie 50 K in der Kesselwand nicht überschritten wird. Die erforderliche Aufheizzeit wird sehr stark durch die Kesselgröße und dessen Geometrie bestimmt: Große Kessel erfordern aufgrund der für den Temperaturausgleich notwendigen längeren Zeit eine insgesamt längere Aufheizzeit als kleinere Kessel.

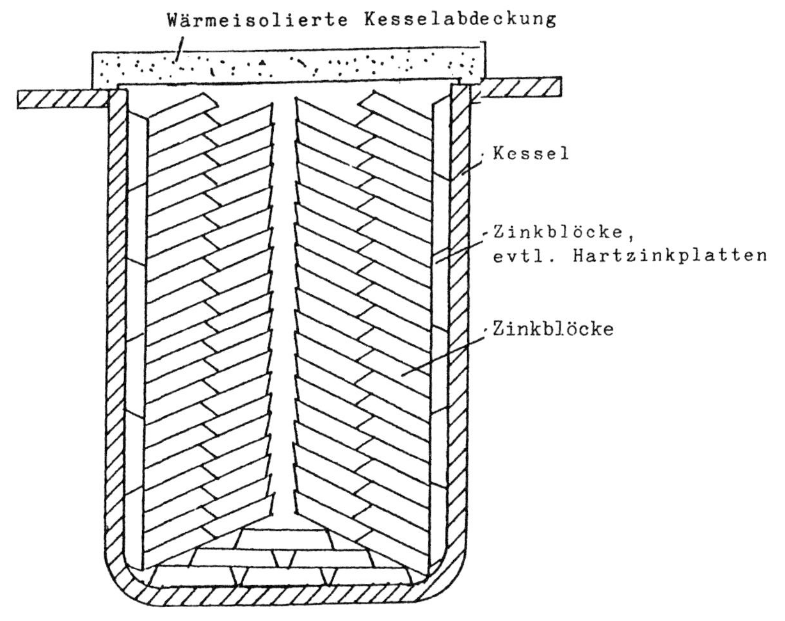

Abb. 5.34 Einbringen von Zinkmasseln im Kessel

In den letzten Jahren sind derartige Kesselhavarien seltener geworden, deren Ursachen durch folgende Fehler begründet sind:

- Einsatz von Blei bei Inbetriebnahme des Kessels, bevor sich eine Hartzinkschicht an den Kesselinnenwänden ausgebildet hat.
- Zu schnelles Aufheizen in Verbindung mit ungesättigter zinkhaltiger Bleischmelze kann zu interkristallinen Rissen führen, wobei die Bögen besonders gefährdet sind.
- Der Kessel wird im kritischen Temperaturbereich gefahren, mit den Folgen eines unterschiedlich hohen Werkstoffabtrages, örtlichen Auswaschungen und Durchbruchs. Dabei nimmt der Werkstoffabtrag an den Stellen mit geringer Wanddicke aufgrund der dort herrschenden höheren Temperaturen ständig zu.
- Zur Minimierung der Gefahr der Flüssigmetallversprödung ist für den Erstbetrieb Zink mit einem Zinkgehalt >99% einzusetzen. Dadurch wird eine blei- und eisenfreie Zinkschmelze garantiert. Das Zink sollte entsprechend Abb. 5.34 dicht anliegend an die Innenwand des Kessels eingestapelt werden, damit eine gute Wärmeübertragung von den beheizten Kesselwänden zu den Zinkbarren gesichert ist und kritische Temperaturen vermieden werden (Gefahr eines hohen Werkstoffabtrages, örtlicher Auswaschungen bis zum

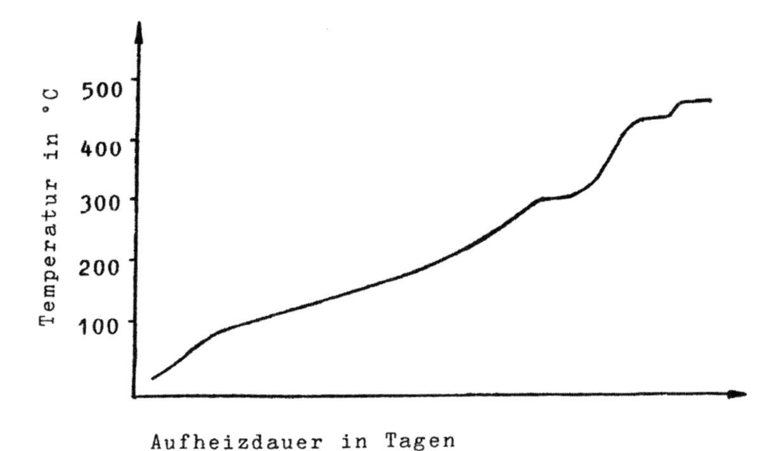

Abb. 5.35 Aufheizkurve für die Inbetriebnahme von Verzinkungskesseln

Durchbruch). Sicherheitshalber sollte Blei erst dann zugesetzt werden, wenn das gesamte Zink geschmolzen ist und die Zinkschmelze gereinigt wurde. Zur Vermeidung eines zu hohen Drucks auf die Kesselwände wird in der Mitte ein Spalt von ca. 100 mm freigelassen.

5.19.3
Optimaler Betrieb

Unter der Voraussetzung, dass der Verzinkungsofen und Kessel den in den Abschnitten 5.19.1 und 5.19.2 genannten Forderungen entspricht, ist die Lebensdauer in hohem Maße von der Betriebsführung abhängig (kritische Temperatur der Kesselinnenwände < 490 °C, kritische Heizflächenbelastung < 24 kWh/m^2). Die sich in der Zinkschmelze einstellende Temperatur entspricht dem Gleichgewichtszustand zwischen der der Zinkschmelze entzogenen und ihr zugeführten Wärme. Abb. 5.36 zeigt, dass sich infolge der nur endlichen Wärmeleitfähigkeit in der Kesselwand ein Temperaturgefälle in Richtung des Wärmeflusses bildet, dessen Höhe von der Wärmeleitzahl des Kesselwerkstoffes und der hindurchfließenden Wärmemenge bestimmt wird.

5.19.4
Wirtschaftlicher Energieverbrauch und Lebensdauer des Kessels

Vom Ofenhersteller ist deshalb dafür zu sorgen, dass die Temperatur an der Kesselinnenwand (Reaktionsfläche zwischen Eisen und Zink) so gleichmäßig wie möglich und auch örtlich unter 490 °C gehalten wird. Bei Kesselinnenwandtemperaturen von 490 bis 530 °C ist ein besonders hoher Eisenabtrag zu verzeichnen. Voraussetzung für einen optimalen Betrieb und lange Kessellebensdauer ist eine gleichmäßige Wärmezufuhr und Vermeidung von Temperaturspitzen an der

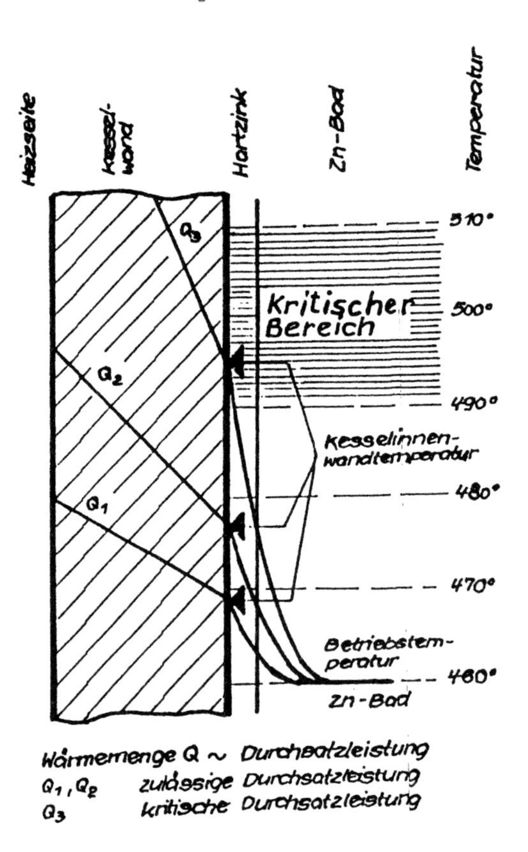

Abb. 5.36 Temperaturverlauf inerhalb einer beheizten Kesselwand bei verschiedenen Wärmedurchgängen

Kesselinnenwand nicht nur im Normalbetrieb, sondern auch bei Volllast. Deshalb kann es zweckmäßig sein, bei Inbetriebnahme eines Kessels, die Temperaturverteilung entlang der Kesselwände bei Leerlauf und Volllast zu messen und bei Abweichungen das Heizsystem entsprechend anzupassen. Die Temperatur an der Kesselinnenwand ist nicht direkt messbar. An der Hartzinkbildung kann aber festgestellt werden, ob die Zinkschmelze im kritischen Temperaturbereich gefahren wurde. Hartzink wird nicht nur gebildet von Zetakristallen, die von verzinkten Bauteilen abschwimmen, sondern auch von den Kristallen, die sich von den Kesselwänden lösen. Diese Menge ist von der Temperatur der Grenzfläche Kesselinnenwand/Zinkschmelze abhängig. Ist die Hartzinkbildung bei gleichem Bauteilesortiment und Durchsatz höher, kann mit hoher Wahrscheinlichkeit davon ausgegangen werden, dass die kritische Temperatur und Heizflächenbelastung überschritten wurden. Der Hartzinkanfall sollte deshalb immer beobachtet und Abweichungen ausgewertet werden.

Die Durchsatzleistung muss der Kesselgröße angepasst sein. Dabei ist das Verhältnis der Kesselwandoberfläche zum Kesselinhalt ausschlaggebend. Ein Kessel, der relativ schmal und tief ist, hat eine größere Heizfläche als ein breiter und flacher Kessel mit gleichem Zinkinhalt. Bei gleicher Durchsatzleistung hat der erstere eine kleinere spezifische Heizflächenbelastung als der Letztere. Außerdem ist die obere Grenze der Heizflächenbelastung von der Höhe der Temperatur der Zinkschmelze abhängig. Je näher diese Temperatur der höchstzulässigen Heizflächentemperatur kommt, umso geringer wird die übertragene Wärmemenge, d. h. umso geringer wird die höchstzulässige Durchsatzleistung, bzw. anders ausgedrückt: Wenn bei $T_{Zn} = 440\,°C$ verzinkt wird, darf die Durchsatzleistung höher liegen, als wenn bei $T_{Zn} = 460\,°C$ oder noch höherer Temperatur verzinkt wird. Die Stärke der natürlich wachsenden Hartzinkschicht kann der Verzinker nicht unmittelbar beeinflussen. Sie wird weitestgehend von der Betriebsweise bestimmt. An ebenen Kesselwänden wächst die Hartzinkschicht ohnehin nicht beliebig weiter, sondern die äußerste, an das schmelzflüssige Zink grenzende Schicht schwimmt ab und sinkt nach unten. Das Abschwimmen kann auch durch eine beim Tauchvorgang des Verzinkungsgutes verursachte Bewegung der Zinkschmelze stark gefördert werden, so dass ein unzulässig starkes Anwachsen der Hartzinkschicht verhindert wird. Ein zu starkes Abschwimmen der Hartzinkschicht kann aber auch schädliche Folgen haben, indem durch die Spülwirkung der Zinkschmelze die schützende Hartzinkschicht soweit abgetragen wird, dass an den Kesselwänden örtlich Korrosion (Anfressungen, ungleichmäßiger Werkstoffabtrag) auftreten kann. Es ist deshalb falsch das Hartzink von den Kesselwänden zu entfernen, wenn dieses nicht, wie z. B. an Kesselecken bevorzugt in dicken Schichten abgelagert wird.

Das vom Verzinkungsgut und den Kesselwänden abschwimmende Hartzink lagert sich am Kesselboden ab und bildet dort eine horizontale Schicht, die bis zum turnusmäßigen Ziehen des Hartzinks etwa 1/5 der Kesseltiefe einnimmt. Die Grundregel jeder Kesselbeheizung verlangt, dass an den Stellen der Hartzinkablagerung (Kesselboden und die untersten Kesselwandpartien) keine Wärme vom Kessel weggeführt wird. Die maximale Höhe der Hartzinkablagerung sollte jeder Verzinker kennen und streng darauf achten, dass diese nicht überschritten wird.

Im Interesse der Minimierung des Energieverbrauchs sollten folgende Kriterien beachtet werden:

- Die in Abschnitt 5.18 genannten Abstrahlungsverluste gehen mit der 4. Potenz nach dem Stephan-Boltzmannschen Gesetz ein. Die Kesselabmessungen sollten deshalb so berechnet werden, dass die freie Kesseloberfläche und die Abstrahlung an den Kesselwänden so gering wie möglich gehalten werden. Durch geeignete Dämmstoffe kann die Temperatur der Kesselaußenwände auf 30 °C reduziert werden.
- Die Abstrahlungsverluste an der Zinkbadoberfläche können z. B. durch Abdecken der Oberfläche mit einer gut wärmegedämmten Abdeckung in den Pausen (kann meistens vom Ofen- und/oder Kesselhersteller bezogen werden) weitestgehend minimiert werden. Vor dem Abdecken sollte die Temperatur der Zinkschmelze heruntergeregelt werden. Dadurch wird die Wärmezufuhr gedrosselt und eine Temperaturerhöhung über die kritische Temperatur vermieden.
- Während des Betriebes sind die Oberflächenverluste kaum zu beeinflussen und müssen in Kauf genommen werden. Bei Leerlauf des Kessels, d. h. wenn nicht verzinkt wird (bei Ein-

und Zweischichtbetrieb, Ruhepausen u. dgl.), gibt die Oberfläche der Zinkschmelze ebensoviel Wärme ab, wie in den Arbeitsschichten, wenn die Oberfläche der Schmelze nicht abgedeckt wird. Natürlich werden von der dem Kessel zugeführten Wärmemenge nur etwa 40% zur Erwärmung des Verzinkungsgutes benötigt. Die verbleibenden 60% werden zur Deckung der mehr oder minder nicht vermeidbaren Wärmeverluste benötigt.
- Ausnutzung der gesamten nutzbaren Kesselfläche (wegen der hohen konstanten Abstrahlungsverluste). Ist das nicht möglich, so sollte die freie, wärmeabstrahlende Oberfläche partiell abgedeckt werden.
- Nutzung der Abwärme zur Beheizung der Vorbehandlungsbäder u. dgl.
- Optimierung der Traversenauslastung.
- Minimierung des Gewichtes der Lastanschlagmittel, die mit in die Zinkschmelze eintauchen.
- Abschalten des Lüfters für die Kesseleinhausung während der Stillstandszeiten (Pausen zwischen 2 Tauchungen, Arbeitspausen u. dgl.)

5.19.5 Außerbetriebnahme

Eine Außerbetriebnahme erfolgt bei Kesselwechsel oder -inspektion. Für größere Kessel hat sich in der Praxis das Umpumpen des schmelzflüssigen Zinks in Warmhaltekessel bewährt, die der Kesselhersteller meistens vorrätig hat und vermietet. Diese Verfahrensweise ist wirtschaftlicher als das Umpumpen in Kokillen. Die Inbetriebnahme des neuen Kessels erfolgt nach Abschnitt 5.19. Wesentliche Vorteile der Warmhalteöfen gegenüber Kokillen sind:
- Zeitersparnis, schnelleres Umpumpen und schnellere Wiederinbetriebnahme des neuen Kessels mit schmelzflüssigem Zink. Es müssen nur ca. 10 bis 20% Barrenzink eingeschmolzen werden (abhängig von der Ausgangsmenge an Zink, Hartzinkanteil, Oxidation u. a, Zinkverluste).
- Reduzierung der Zinkverluste durch Oxidation und Überlaufen.
- Kein Aufwand für das Fertigen von Kokillen.
- Oft reicht der Platz für das Aufstellen der Kokillen nicht aus.
- Keine langen Rohrleitungen und Umdirigieren derselben.
- Besserer Arbeits- und Gesundheitsschutz.

Zur Beachtung:
- Sorgfältiges Hartzinkziehen nach Temperaturabsenkung auf 440 °C.

- Temperaturerhöhung der Zinkschmelze auf 465 bis 470 °C.
- Feuchtigkeit ausschließen, Explosionsgefahr!
- Geringe Entfernung zwischen Verzinkungskessel und Warmhalteöfen herstellen.
- Zinkpumpe mit montierter Rohrleitug ca. 100 mm über die Oberfläche der Zinkschmelze zum Vorwärmen bringen und nach ca. 5 min langsames Eintauchen der Wellenlaufbuchse in die Schmelze.
  Nach ca. 15 min muss die Welle sich von Hand drehen lassen, erst dann kann diese in die Schmelze eingetaucht und der Elektromotor angeschaltet werden. Lässt sich die Pumpe nicht von Hand drehen, dann gegebenenfalls Vorwärmen der Pumpe mit Schweißbrenner.
- Die Berührung der auslaufenden Schmelze mit dem Luftsauerstoff während des Auslaufes in die Warmhaltebehälter so gering wie möglich halten.
- Es muss eine Reservepumpe bereitgehalten werden.
- In das noch im Kessel verbleibende Zink (ca. 100 mm) werden ca. 0,5 m^2 Raster aus Flachstahl eingebracht und mittig Zugstangen, Ketten u. dgl. eingegossen an denen nach Erkalten der Kranhaken angeschlagen werden kann.

5.19.6
Havarie am Verzinkungskessel

Nach dem heutigen Stand der Technik (Verzinkungsofen, Kessel und Temperaturregelung) sind Havarie seltener geworden als z. B. bei der früheren Kohlebeheizung. Die heute noch auftretenden Havarien sind überwiegend auf Bedienfehler zurückzuführen (mangelhafte Temperaturregelung, -verteilung und -kontrolle. Überschreiten der kritischen Temperatur von 490 °C und/oder Heizflächenbelastung; kritische Zusammensetzung der Schmelze, z. B. zu hoher Gehalt an Al oder auch anderen Elementen). Bei einer Havarie ist schnelles und sicheres Handeln notwendig, damit so viel wie möglich schmelzflüssiges Zink ausgebracht werden kann. Erstarrtes Zink im Kessel oder Keller ist oft sehr schwer und nur mit hohem Arbeitszeitaufwand zu bergen.

Wesentliche Maßnahmen zur Vorbeugung und Ausführung:

- Vorhandensein einer Alarmanlage, z. B. durch eine rings um die Kesselwände am Boden laufende Drahtschleife, die bei Berührung mit der Schmelze Alarm auslöst.
- Größere Öfen sollten an beiden Längsseiten mit Kokillen zur Aufnahme des schmelzflüssigen Zinks ausgerüstet sein, in denen sich entsprechend dimensionierte Haken zum Anschlagen an den Kranhaken befinden.
- Havarietraining hilft, den Schaden und finanzielle Verluste zu minimieren.

- Havarieplan sichtbar aushängen.
- Die Zinkpumpe, Rohre, Kokillen, Haken… müssen ständig einsatzbereit, gut sichtbar und schnell zugängig sein.
- Im Notfall kann das schmelzflüssige Zink auch auf den Hallenfußboden gepumpt werden, die Abgrenzung erfolgt mit Sanddämmen (hohe Zinkverluste durch Oxidation).

Literaturverzeichnis

[5.1] Mannesmann-Demag, Salzburg/Ing.-Büro R. Mintert, Halver. Funktionsbeschreibung der automatischen Verzinkungsanlage der Firma STAMA, Großräschen
[5.2] VDI-Richtlinie 2579, Oktober 1988, Auswurfbegrenzung/Feuerverzinkungsanlagen. Berlin und Köln: Beuth-Verlag GmbH
[5.3] Körner Chemieanlagenbau Wies/A., allgemeine Information
[5.4] Scheer, G. Rietberg-Werke, mündliche Mitteilung
[5.5] Zink Körner, Hagen, allgemeine Information
[5.6] HASCO, England, allgemeine Information
[5.7] Inducal, Göllingen, allgemeine Information
[5.8] CIC, Holland, allgemeine Information
[5.9] Zink Körner, Hagen, allgemeine Information
[5.10] van der Veer, J. H.: CIC, Holland, Funktionsbeschreibung einer automatischen Kleinteile-Verzinkungsanlage
[5.11] Zink Körner, Hagen, allgemeine Informationen
[5.12] Ing.-Büro R. Mintert, Halver
[5.13] Induga Industrieöfen, Köln
[5.14] Industrielle Elektrowärme. BBC Taschenbuch, 1968
[5.15] Pneumotec, Issum
[5.16] BeluTec Vertriebsgesellschaft mbH, Lingen
[5.17] Wübbenhorst, H.: Beheizung, Leistung und Wärmeverbrauch von Verzinkungsöfen, Stahl und Eisen 76(1956)14
[5.18] Verzinkungskessel – Empfehlungen für den Betreiber, W. Pilling Kesselfabrik GmbH u. Co KG

6
Umweltschutz und Arbeitssicherheit in Feuerverzinkungsbetrieben

C. Kaßner

Durch den Betrieb von Feuerverzinkereien sind folgende Umweltbeeinflussungen möglich, die auf das notwendigste begrenzt werden müssen:

- Luftverunreinigungen im Sinne des § 3 Bundesimmissionsschutzgesetzes, insbesondere aus der Oberflächenbehandlung und dem Verzinkungskessel,
- Lärm durch mechanische Bearbeitung und Transport (Bundesimmissionsschutzgesetz),
- Gefahren, die aus dem Umgang mit wassergefährdenden Stoffen im Sinne des § 19 g Wasserhaushaltsgesetzes [6.2] und der Anlagenverordnungen der Länder VAwS [6.3] entstehen,
- die Erzeugung von gefährlichen Abfallstoffen im Sinne des § 3 Kreislaufwirtschafts- und Abfallgesetzes [6.4] und der Nachweisverordnung [6.5].

In den nachfolgenden Abschnitten soll auf diese verschiedenen Bereiche des Umweltschutzes im Überblick eingegangen werden, wobei eine umfängliche Betrachtung den Rahmen dieses Handbuches sprengt.

6.1
Vorschriften und Maßnahmen zur Luftreinhaltung

Vorschriften

Das Bundesimmissionsschutzgesetz (BImSchG) [6.1] wurde als zentrales Gesetzeswerk zum Umweltschutz angelegt. Zweck des Gesetzes ist es, den Menschen und seine Umwelt vor schädlichen Umwelteinwirkungen zu schützen und darüber hinaus auch Vorsorge gegen das Entstehen solcher Umwelteinwirkungen zu treffen.

Die gesetzlichen Anforderungen zur Luftreinhaltung sind in zahlreichen Rechtsverordnungen und allgemeinen Verwaltungsvorschriften, z. B.

- BImSchG [6.1]: zentrales Gesetzeswerk zum Umweltschutz,
- TA Luft [6.6]: Begrenzung der Luftverunreinigungen; Prüfung und Überwachung der Begrenzungen,

Handbuch Feuerverzinken. Herausgegeben von Peter Maaß und Peter Peißker

ISBN: 978-3-527-31858-2

- 4. BImSchV [6.7]: Verordnung über genehmigungsbedürftige Anlagen,
- 9. BImSchV [6.8]: Grundsätze zur Durchführung von Genehmigungsverfahren,
- 12. BImSchV [6.9]: Störfallverordnung (gründet auf Seveso-Richtlinie); Begrenzung der Auswirkungen von Störfällen, Anforderungen an bestimmte große Verzinkereien,
- UVPG [6.10], Umweltverträglichkeitsprüfungen bei Neu- und Änderungsgenehmigungen

konkretisiert worden.

Nach dem BImSchG [6.1] – es wurde 2002 novelliert (dabei stand die Altanlagensanierung im Vordergrund) und 2006 zuletzt geändert – sind bestimmte, die Umwelt beeinträchtigende oder die Allgemeinheit oder die Nachbarschaft gefährdende Anlagen genehmigungsbedürftig [6.3]. Zu diesen Anlagen gehören auch Feuerverzinkungsanlagen.

Auch wesentliche Änderungen und Erweiterungen bestehender Anlagen unterliegen der Genehmigungspflicht.

Durch das Umweltverträglichlichkeitsprüfungsgesetz [6.10] werden zudem für das Genehmigungsverfahren Vorprüfungen bzw. vereinfachte oder vollständige Umweltverträglichkeitsprüfungen vorgeschrieben. Der Umfang hängt von der Art des Genehmigungsverfahrens ab und wird von der Behörde auf der Grundlage des UVP [6.10] festgelegt, deshalb sollte bei jeder Neu- oder Änderungsgenehmigung einer Verzinkerei der Umfang vor Beginn des Verfahrens mit der Genehmigungsbehörde abgestimmt werden.

Die Anforderungen, denen die genehmigungsbedürftigen Anlagen im Hinblick auf den Umweltschutz genügen müssen, sind in der TA Luft [6.6] -- novelliert im Jahr 2002 – konkretisiert. Diese Verwaltungsvorschrift gliedert sich in folgende, wesentliche Hauptabschnitte:

- Abschnitt 2: Begriffsbestimmungen und Einheiten im Messwesen. Die in den folgenden Ausführungen verwendeten lufttechnischen Begriffe, wie z. B. Luftverunreinigungen, Abgase, Emissionen, Emissionsgrad, Emissionswerte, Immissionen, u. Ä. sind hier erläutert.
- Abschnitt 3: Rechtliche Grundsätze für Genehmigung, Vorbescheid und Zulassung des vorzeitigen Beginns.
- Abschnitt 4: Anforderungen zum Schutz vor schädlichen Umwelteinwirkungen (Immissionswerte).
- Abschnitt 5: Anforderungen zur Vorsorge gegen schädliche Umwelteinwirkungen (Emissionswerte, Filtereinrichtungen, Vorrichtungen zur Rückhaltung von Emissionen).
- Abschnitt 6: Nachträgliche Anordnungen (Wann können seitens der Behörde nachträgliche Anordnungen getroffen werden).

In der Technischen Anleitung zur Reinhaltung der Luft [6.6] (TA Luft) sind Grenzwerte für die in Feuerverzinkereien relevanten Stoffe festgelegt. Nach Ziffer

5.4.3.9.1 – Anlagen zum Feuerverzinken – dürfen die staubförmigen Emissionen im Abgas 5 mg/m^3 und die Emissionen an gasförmigen anorganischen Chlorverbindungen (angegeben als Chlorwasserstoff) 10 mg/m^3, nicht überschreiten.

Die von den Emissionen hervorgehenden Luftverunreinigungen sind noch keine ausreichende Basis für die Betrachtung der Schädlichkeit. Von maßgebender Bedeutung sind die Einwirkungen der Schadstoffe entfernt von der Quelle an der Erdoberfläche, die Immissionen [6.11]. Die TA Luft [6.11] enthält unter der Ziffer 5.4.3.91 maximale Immissionsgrenzwerte, wobei Kurzzeit- und Langzeiteinwirkungen unterschieden sind. Unterhalb dieser Konzentrationswerte sind nach dem heutigen Stand der Wissenschaft keine Schädigungen für Menschen, Tiere, Pflanzen und Sachgüter zu erwarten.

Die Konzentration eines Gases, Dampfes oder Staubes am Arbeitsplatz, die nach dem Stand der Erkenntnisse auch bei wiederholter und langfristiger Exposition (8 h täglich und 40 h wöchentlich) die Gesundheit der Beschäftigten nicht beeinträchtigt, wird als maximale Arbeitsplatzkonzentration (MAK-Wert) [6.6] bezeichnet. Die MAK-Werte werden laufend überprüft und ergänzt. MAK-Werte dienen dem Schutz der Gesundheit am Arbeitsplatz. Sie geben für die Beurteilung der Bedenklichkeit oder Unbedenklichkeit der am Arbeitsplatz vorhandenen Konzentrationen eine Urteilsgrundlage ab.

Für eine Reihe von toxischen Gasen, Dämpfen und Stäuben ist die Festlegung eines als unbedenklich anzusehenden MAK-Wertes bisher nicht möglich.

Genehmigungen

Gesetze, Verordnungen und Verwaltungsvorschriften, ergänzt durch technische Regeln, Richtlinien und Normen, sind die Grundlage für Regelungen, mit denen festgelegt wird, wie die Verfahrensabläufe zur Genehmigung von Feuerverzinkungsanlagen auszusehen haben, welche Überwachungs- und Kontrollmöglichkeiten notwendig sind und letztlich wie Verstöße gegen diese Bestimmungen oder deren Nichtbeachtung zu ahnden sind.

Da es sich bei Feuerverzinkungsanlagen um genehmigungsbedürftige Anlagen handelt [6.7], muss, nach dem BImSchG, zum Errichten und Betreiben eine Genehmigung gemäß [6.8] bei der zuständigen Behörde (z. B. Regierungspräsidium, Landratsamt, Ordnungsamt, Staatliches Gewerbeaufsichtsamt, Staatliches Umweltamt u. Ä.) beantragt werden.

Im Rahmen des Genehmigungsverfahrens sind Anforderungen neben den bereits besprochenen Anforderungen der TA-Luft [6.6] u. a. folgender Regelwerke zu beachten: der TA Lärm [6.13], der Verordnung über Arbeitsstätten (ArbStättV) [6.14] und der Betriebssicherheitsverordnung [6.15] sowie der Störfall-Verordnung (12. BImSchV) [6.9], der Verordnung über gefährliche Stoffe (Gefahrstoffverordnung – GefStoffV) [6.16] und das Kreislaufwirtschafts- und Abfallgesetz [6.4] und das Wasserhaushaltsgesetz [6.2] mit der jeweiligen Anlagenverordnung [6.3] zu berücksichtigen. Zu den genannten gesetzlichen Regelwerken existieren zu Konkretisierung noch umfangreiche technische Regeln z. B. für Gefahrstoffe (TRGS) und zum Umgang wassergefährdender Stoffe (TRwS).

Eine immissionsschutzrechtliche Genehmigung gestattet nur die Nutzung und/oder Betriebsweise, die vom Antragsteller zur Genehmigung gestellt und worüber folglich von der Behörde positiv entschieden worden ist.

Die Genehmigung enthält die einzuhaltenden Grenzwerte gemäß TA Luft und die Auflagen über die Verfahren zur Messung der Immissionen.

Bei gesundheitsschädlichen Stäuben wird nach dem Gefährdungspotenzial differenziert. Für die Konzentration eines Gases, Dampfes oder Staubes im Arbeitsbereich gelten die MAK-Werte [6.6] oder andere festgelegte Richtwerte.

Abschließend muss betont werden, dass es aus der Erfahrung heraus sehr wichtig ist, den Umfang einer Genehmigung rechtzeitig, d. h. bei Beginn der Planung, mit den zuständigen Genehmigungsbehörden festzulegen. Jede Erhöhung der Verzinkungs- oder Beizkapazität, oder sonstige Änderungen an den genehmigungsbedürftigen Anlagen sind bei geringerer Auswirkung anzeigepflichtig nach § 15 BImSchG [6.1], bei wesentlichen Änderungen sogar genehmigungspflichtig nach § 16 BImSchG [6.1]. Eine Vorprüfung im Sinne des UVP–Gesetzes [6.10] und weitergehende Untersuchungen können von der Genehmigungsbehörde gefordert werden. Gleiches gilt für eine Beteiligung der Öffentlichkeit an dem Verfahren. Wenn Verzinkereien zudem 100 Tonnen bzw. 200 Tonnen und mehr umweltgefährliche Stoffe mit dem Gefährdungsmerkmal „Umweltgefährlich, in Verbindung mit dem Gefahrenhinweis R 50 oder R 50/53“ bzw. „Umweltgefährlich, in Verbindung mit dem Gefahrenhinweis R 51/53“ besitzen, sind die erhöhten Anforderungen der Störfallverordnung (12. BImSchV) [6.9] zu erfüllen.

6.2 Maßnahmen zur Luftreinhaltung

Genehmigungspflichtige Anlagen müssen mit Einrichtungen zur Begrenzung der Emissionen ausgerüstet und betrieben werden, die dem Stand der Technik entsprechen. Derartige Maßnahmen sollen sowohl eine Verminderung der von einer Anlage ausgehenden Massenkonzentrationen als auch der Massenströme bewirken und die Entstehung von luftverunreinigenden Stoffen minimieren.

In der Feuerverzinkungsindustrie werden zur Emissionserfassung und -minderung lüftungstechnische Einrichtungen eingesetzt.

Die beim Verzinkungsvorgang entstehenden luftverunreinigenden Stoffe sind über Erfassungssysteme, wie z. B. Einhausungen, abzusaugen.

Zur Einhaltung der in der TA Luft [6.6] sind Rückhaltesysteme (z. B. filtrierende Abscheider) erforderlich.

6.2.1 Lufttechnische Einrichtungen in der Feuerverzinkungsindustrie

Der Betrieb von Feuerverzinkungsanlagen ist mit gasförmigen und partikelförmigen Emissionen verbunden. So ergeben sich in einer Feuerverzinkerei im Bereich der Oberflächenvorbehandlung (Entfetten, Spülen, Beizen, Spülen, Fluxen und Trocknen) primär gasförmige Reaktionsprodukte, und beim Verzinkungsvorgang entstehen dampf-, gas- und partikelförmige luftfremde Stoffe unterschiedlicher Zusammensetzung.

Die Grafik in Abb. 6.1 zeigt den schematischen Aufbau einer Anlage für die Stückverzinkung und enthält Hinweise auf die in den jeweiligen Verfahrensschritten auftretenden Emissionen, die zu schädlichen Umwelteinwirkungen im Sinne des Bundes-Immissionsschutzgesetzes [6.1] führen können, zu deren Erfassung und Minderung der Einbau von lufttechnischen Einrichtungen erforderlich ist.

Lufttechnische Einrichtungen haben einerseits eine hygienische Aufgabe, indem sie das Wohlbefinden des Menschen am Arbeitsplatz erhalten und andererseits die Aufgabe, luftverunreinigende Stoffe zu erfassen und zu vermindern. Bei lufttechnischen Einrichtungen wird unterschieden nach

- Lüftungssystemen,
- Erfassungssystemen und
- Rückhaltesystemen.

Hinweise über ausgeführte Beispiele, über Bauarten und Auslegung sind im VDI-Handbuch Lüftungstechnik [6.17] in der Arbeitsmappe Heiztechnik/Raumlufttechnik/Sanitärtechnik [6.18], im VDI-Handbuch Reinhaltung der Luft [6.19] sowie im Taschenbuch für Heizung und Klimatechnik [6.20] aufgeführt.

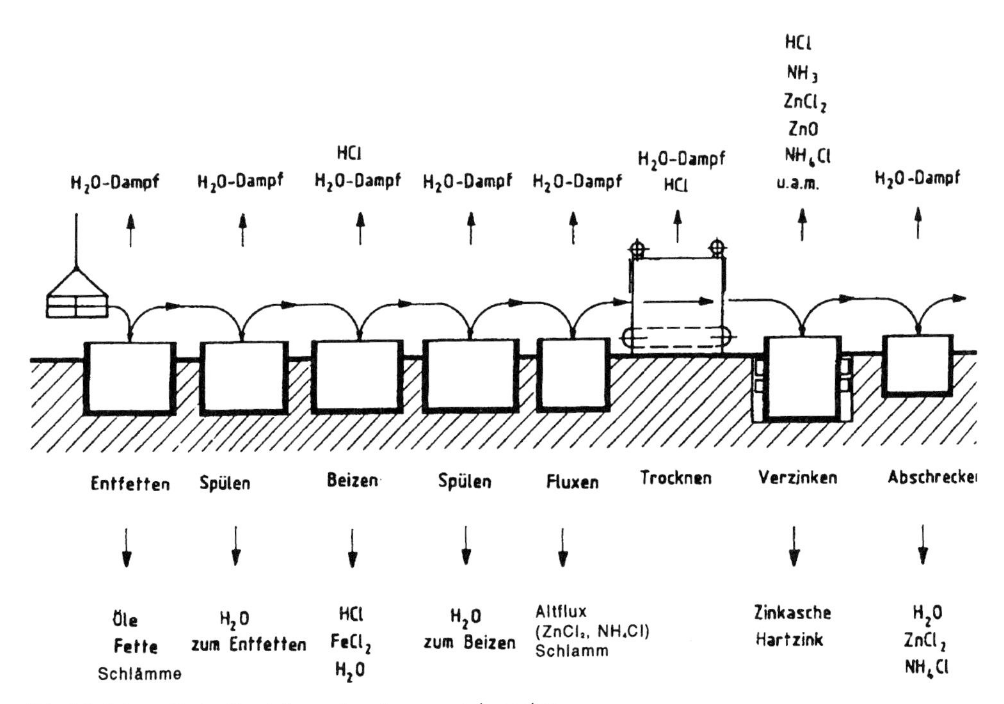

Abb. 6.1 Schematische Darstellung einer Feuerverzinkungslinie (Stückverzinkerei) und der möglichen Emissionen

6.2.1.1 Lüftungssysteme

Für die Be- und Entlüftung von Werkhallen werden lüftungstechnische Einrichtungen (freie Lüftung und lufttechnische Anlagen) eingesetzt. In der industriellen Lüftungstechnik wird im wesentlichen zwischen freier Lüftung und lufttechnischen Anlagen (Lüftung mit maschineller Förderung der Luft) unterschieden. Die wesentlichen Unterscheidungsmerkmale sind:

- *freie Lüftung* – Luftförderung durch Druckunterschied infolge Wind und/oder Temperaturdifferenz zwischen außen und innen,
- *Entlüftung* – Luftförderung durch Absaugung; durch den entstehenden Unterdruck strömt Luft unkontrolliert nach; auf kleine Räume beschränkt, Luftförderung durch Einblasen;
- *Belüftung* – durch den entstehenden Überdruck wird der Zustrom unerwünschter Luft verhindert; auf Räume mit schadstofffreier Raumluft beschränkt (Einhaltung der Emissionsgrenzwerte in der Abluft),
- *Be- und Entlüftung* – Luftförderung durch Absaugen und Einblasen; die aus dem Raum abgesaugte Luft wird durch aufbereitete Zuluft ergänzt (Abb. 6.2); nur dort sinnvoll, wo toxische Luftinhaltsstoffe gering sind, Sondersysteme – Luftschleier an Türen, Öfen und Bädern sowie Luftbrausen und Luftoasen.

Die spezifischen Eigenarten von Lüftungssystemen überschreiten den Rahmen dieses Handbuches und sind der einschlägigen Fachliteratur zu entnehmen.

Als Bemessungsgrundlagen für die Berechnung der abzusaugenden Luftmenge werden im Wesentlichen zwei Verfahren angewendet. Dies sind die Ermittlungen der Luftmengen durch Aufstellen einer Luftbilanz oder die Berechnung der Abluftmengen nach [6.17, 6.20], Eine Berechnung der benötigten Luftmengen nach einem gewählten Luftwechsel ist unzulässig.

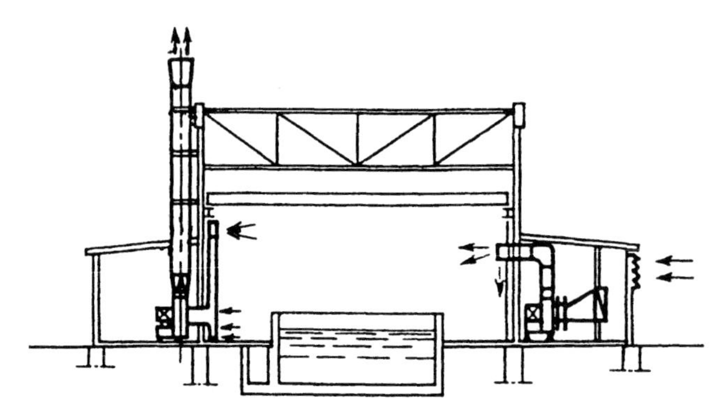

Abb. 6.2 Be- und Entlüftungsanlage

Die Festlegung des erforderlichen Volumenstromes erfolgt je nach Art der Anlage bzw.

- nach dem stündlichen Außenluftwechsel,
- nach der Luftrate,
- nach der Kühllast und
- nach der Luftverschlechterung.

Kennwerte und Berechnungsgrundlagen wurden von *Recknagel, Sprenger* und *Hönmann* erschöpfend dargestellt [6.20].

Für die Auslegung sind die Arbeitsstättenverordnung (ArbStättV) [6.14] sowie die Betriebssicherheitsverordnung [6.15] zu berücksichtigen.

6.2.1.2 **Erfassungssysteme**

Die Erfassung der luftverunreinigenden Stoffe erfolgt am Entstehungsort durch unterschiedliche Systeme, wie z. B. Hauben, Randabsaugungen, Einhausungen u. ä. Systemen, die den betrieblichen Gegebenheiten angepasst werden müssen.

Die VDI-Richtlinie 3929 [6.21] gibt Hinweise auf Bauarten und Auslegung von Erfassungssystemen und zeigt ausgeführte Beispiele.

Für den speziellen Bedarf in der Feuerverzinkungsindustrie haben sich Randabsaugungen und Einhausungen durchgesetzt. Absaughauben, Blasstrahleinrichtungen und Absaugwände haben sich im praktischen Einsatz nur bedingt bewährt (Einschränkung der Handhabung; zu große abzusaugende Volumenströme).

Für den speziellen Bedarf der Feuerverzinkungsindustrie haben sich Einhausungen der Vezinkungskessel und der bei Neubauten der Vorbehandlung („Beizerei") durchgesetzt. Bei älteren Anlagen finden sich auch noch Randabsaugungssysteme. Bei den Vorbehandlungen gibt es eine offene Bauweise oder ein Bauweise mit einer gekapselten Vorbehandlung, deren Abluft über einen Gaswäscher geführt wird. Hier wird auf die unten beschrieben Grafik in Abb. 6.3 verwiesen.

6.2.1.2.1 Randabsaugungen Die in der TA Luft [6.6] und in der MAK-Wert-Liste [6.12] aufgeführten Grenzwerte werden im Bereich der Oberflächen Vorbehandlung erfahrungsgemäß nicht überschritten, wenn z. B. bei Salzsäurebeizen der Betriebspunkt (Temperatur und Massenanteil) innerhalb der schraffierten Fläche der in Abb. 6.3 dargestellten Grafik [6.22] liegt.

Eine am Behälter angebrachte Absaugung (z. B. Randabsaugung) erhöht unter normalen Betriebsbedingungen die Emissionen; sie ist nur dann erforderlich, wenn die Verfahrenslösungen grundsätzlich beheizt werden. Die in diesem Fall entstehenden Säurenebel können dann mit einer Randabsaugung nahezu vollständig erfasst werden. Zur Einhaltung der festgelegten Emissionsgrenzwerte ist dann ein Rückhaltesystem (z. B. ein Nassabscheider) nachzuschalten. Die von den Materialoberflächen abdampfenden Aerosole werden von diesem Erfassungssystem, wenn überhaupt, nur ungenügend erfasst.

Dieses System wird bisher *auch zur* Erfassung der am Verzinkungskessel entstehenden Emissionen eingesetzt.

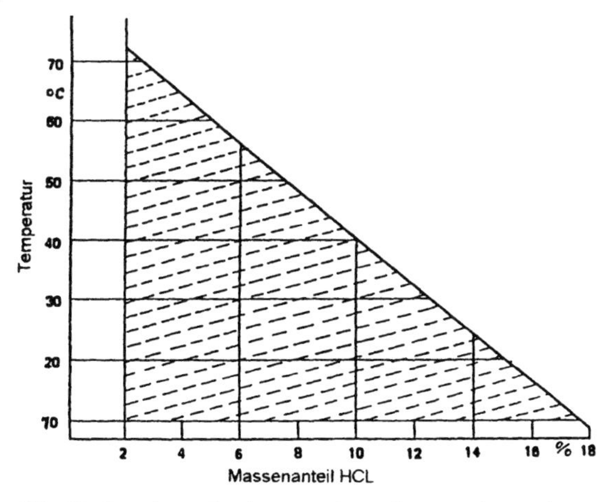

Abb. 6.3 Grenzkurve für den Betriebspunkt von Salzsäurebeizen [6.22]

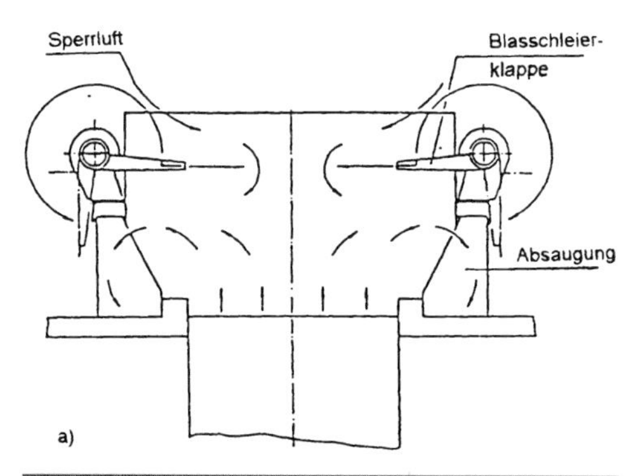

Abb. 6.4a–b Randabsaugung
a Schematische Darstellung der Randabsaugung mit Blasschleierklappen
b Randabsaugung mit Blasschleierklappen

Ein wesentlicher Nachteil der Randabsaugung zeigt sich beim Austauchen des Verzinkungsmaterials aus den Verfahrenslösungen. Durch parallel hängendes Material oder Hohlkörper, sowie durch die vorhandene Thermik, werden die luftverunreinigenden Stoffe über die Absaugzone hinaus nach oben abgeleitet. Mit Zusatzeinrichtungen, wie z. B. Schwenkflügel mit Blasschleier (Abb. 6.4a–b) kann der Erfassungswirkungsgrad von Randabsaugungen verbessert werden. Die in letzter Konsequenz technisch und auch wirtschaftlich beste Lösung, im Hinblick auf den Umwelt- und Arbeitsschutz sowie auf die zu installierenden Absaugleistungen, stellt daher die allseitig verschließbare Einhausung der Fremdstoffentstehungsstellen dar. Aus diesem Grund werden für Neuanlagen fast ausschließlich nur vollständige Einhausungen des Verzinkungskessels zugelassen.

6.2.1.2.2 Einhausung von Verzinkungskesseln Zur nahezu vollständigen Erfassung der beim Verzinkungsvorgang entstehenden luftverunreinigenden Stoffe wird der Raum über dem Verzinkungskessel eingehaust. Die Höhe H_E solcher Einhausungen hängt von den maximalen Abmessungen des zu verzinkenden Materials ab.
Die vollständige Erfassung der fremdstoffhaltigen Gase durch Einhausungen ist dann sichergestellt, wenn der errechnete Mindestvolumenstrom abgesaugt wird. Die Abb. 6.5a–b zeigen beispielhaft das Projekt und eine realisierte Ausführung allseitig geschlossener Einhausungen für einen längs zum Stofffluss und Abb. 6.6 für einen quer zum Stofffluss installierten Verzinkungskessel.

6.2.1.2.3 Bemessungsgrundlagen *Randabsaugungen in der Oberflächenvorbehandlung*
Je nach Anordnung der Saugschlitze werden Randabsaugungen wie folgt unterschieden:

- einseitige Randabsaugung ohne Flansch, bzw. mit Flansch,
- zweiseitige Randabsaugung ohne Flansch und mit Flansch.

Nach [6.22] sind zur Erfassung der luftfremden Stoffe, z. B. HCl-Dämpfe, Volumenströme, je nach Ausführung der Randabsaugung zwischen 5000 m^3 $(m^2\ h)^{-1}$ und 1000 m^3 $(m^2\ h)^{-1}$, bezogen auf eine mittlere Erfassungsgeschwindigkeit v_x von etwa 0,5 m s^{-1}, erforderlich. Bei erwärmten Verfahrenslösungen muss die Erfassungsgeschwindigkeit und damit der abzusaugende Volumenstrom erhöht werden, wie beispielhaft aus der Tab. 6.1 hervorgeht.

Randabsaugungen an Verzinkungskesseln
Aus der Literatur [6.23] ist bekannt, dass die aschefreie Oberfläche der Zinkschmelze etwa 21 kW m/s an die Umgebung abstrahlt, wobei ruhende Umgebungsluft ohne Querströmung vorausgesetzt ist. Anhand dieses Wärmestroms kann die Auftriebsgeschwindigkeit des Thermikvolumenstroms berechnet werden [6.21, 6.24]. Nach [6.24] ergibt sich die Auftriebsgeschwindigkeit zu ≈ 0,75 m/s.

Die von der Zinkschmelze ausgehende vertikale Thermikströmung (< 1 m/s) erfordert im Vergleich zu den Randabsaugungen im Bereich der Oberflächenvorbehandlung noch höhere Erfassungsgeschwindigkeiten und damit größere

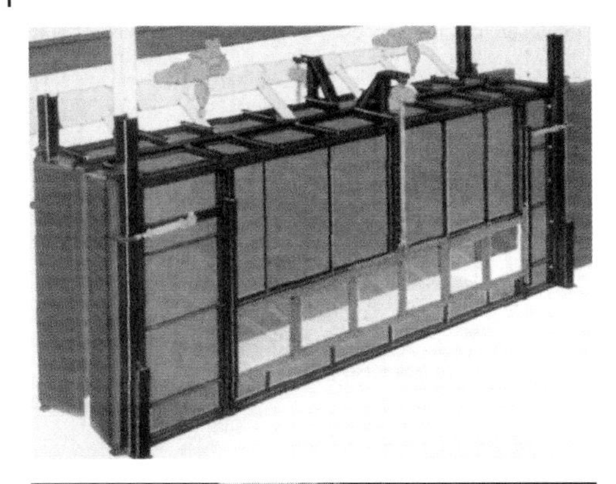

Abb. 6.5a–b Zinkkessel-Einhausung
a Zinkkessel-Einhausung
b Zinkkessel-Einhausung

Abb. 6.6 Zinkkessel-Einhausung

Tab. 6.1 Abzusaugende Volumenströme im Bereich der Oberflächenvorbehandlung

Behälter	**Volumenstrom im m^3 h^{-1} je m^2 Behälteroberfläche bei Breite/Länge =**				
	0,2	**0,4**	**0,6**	**0,8**	**1,0**
Abschreckbehälter	2000	2400	2600	2750	2900
Beizbehälter					
kalt	1550	1800	1950	2050	2150
heiß	2600	3000	3250	3450	3600
Entfettungsbehälter	1300	1500	1600	1700	1800
Wasserbehälter					
nicht kochend	1000	1200	1300	1400	1450
kochend	2000	2400	2600	2750	2900

abzusaugende Volumenströme. Es können Volumenströme bis zu 6000 m^3 $(m^2\ h)^{-1}$ für die Erfassung der luftfremden Stoffe benötigt werden. Die Verwendung von Randabsaugungen an Verzinkungskesseln mit einer Breite > 2 m ist nur dann sinnvoll, wenn ihre Erfassungswirkung durch Zusatzeinrichtungen, wie z. B. Schwenkflügel mit Blasschleier (s. Abb. 6.4), unterstützt wird.

Einhausungen an Verzinkungskesseln
Aus der betrieblich bedingten Höhe H_E und der Oberfläche A_z der Zinkschmelze resultiert der Rauminhalt bzw. das Volumen E_v der Einhausung.

Für Planungen kann das Einhausungsvolumen entsprechend der Abhängigkeit

$$E_v = A_z 2{,}12\ H_E\ (m^3)$$

überschlägig berechnet werden.

Für allseitig geschlossene Einhausungen wurde mithilfe einer Regressionsanalyse aus Messungen an verschiedenen Verzinkungsanlagen die Luftwechselrate L_R in Abhängigkeit vom Rauminhalt E_v der Einhausung ermittelt. Das Ergebnis ist in Abb. 6.7 grafisch dargestellt. Die Darstellung im halblogarithmischen Maßstab ergibt eine Gerade, die jedoch nur für Einhausungsvolumen E_v von 10 m^3 bis 160 m^3 Gültigkeit hat. Zur sicheren Erfassung und zur Ableitung der entstehenden luftverunreinigenden Stoffe sind Luftwechselraten L_R zwischen 10 min^{-1} und 2 min^{-1} erforderlich. Der abzusaugende Mindestvolumenstrom V kann wie folgt berechnet werden:

$$\dot{V} = E_v\ L_R\ (m^3\ min^{-1})$$

Die fremdstoffhaltige Abluft wird an der höchsten Stelle der Einhausung abgesaugt und zur Reinigung einem Rückhaltesystem (z. B. filternder Abscheider) zugeführt.

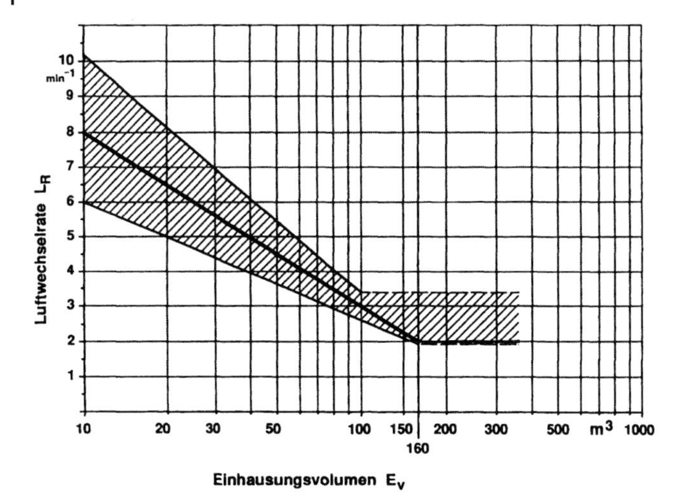

Abb. 6.7 Luftwechselrate L^R in Abhängigkeit vom Rauminhalt bzw. Volumen E_υ der an einem Verzinkungskessel zu installierenden Einhausung

6.2.1.3 **Rückhaltesysteme**

Zur Minderung der verfahrensbedingten, luftverunreinigenden Stoffe finden Rückhaltesysteme (Abscheider) unterschiedlicher Bauarten und Technologien Anwendung. Sie haben die Aufgabe feste, flüssige und gasförmige Stoffe aus Trägergasen möglichst vollständig abzuscheiden. Die VDI-Richtlinien 3677 [6.25] und 3679 [6.26] geben Hinweise auf Bauarten und die Auslegung unterschiedlicher Rückhaltesysteme.

Für die Reinigung der mit luftverunreinigenden Stoffen beladenen Abluft aus dem Bereich der Oberflächenvorbehandlung und der beim Feuerverzinken entstehenden Abluft ist der Einsatz verschiedener Rückhaltesysteme möglich. Im Bereich der Oberflächenbehandlung mit Salzsäure wird der Grenzwert von 10 mg/m^3 HCl eingehalten [6.28], wenn sich der Schnittpunkt der HCL Konzentration und der Temperatur in der straffierten Fläche der Abb. 6.3 [6.22] befindet. Ist ein solche, begrenzte Fahrweise der Vorbehandlung nicht gewünscht, ist eine vollständige Einhausung der Vorbehandlung und Reinigen der Luft über einen Nassabscheider notwendig: Für die entstehenden Aerosole der Verfahrenslösungen werden nassarbeitende Abscheider eingesetzt, mit denen die Einhaltung der festgelegten Grenzwerte möglich ist.

Aufgrund der Tatsache, dass die beim Verzinkungsvorgang entstehenden luftverunreinigenden Stoffe zu etwa 80% aus sehr feinen Partikeln bestehen [6.27], haben sich von den erwähnten Rückhaltesystemen in der Feuerverzinkungsindustrie für die Abgase vom Verzinkungskessel Abreinigungsfilter, insbesondere Schlauchfilter, durchgesetzt. Da es beim Einsatz von Nassabscheidern im Bereich der Oberflächenvorbehandlung keine Probleme gibt, wird in den folgenden Ausführungen insbesondere auf die Feststoffabscheidung mit filternden Abscheidern und die damit zusammenhängenden Probleme eingegangen.

6.2.1.3.1 Filternde Abscheider Filternde Abscheider sind Einrichtungen zur trockenen Staubabscheidung, bei denen das zu reinigende Gas ein Filtermedium durchströmt und die Partikeln zurückgehalten werden. Als Filtermedien unterscheidet man einerseits aus Fasern aufgebaute Faserschichten (Filze, Vliese und Gewebe) und andererseits körnige Schichten. Je nach konstruktivem Aufbau und Wirkungsweise des Rückhaltesystems kann man die Filtrationsabscheider in

- Tiefen- oder Speicherfilter (Mattenfilter) und
- Abreinigungsfilter (Schlauch-, Taschen-, Patronen- und Schüttschichtfilter)

unterscheiden, die als Druck- oder Saugfilter ausgeführt werden können.

Tiefen- oder Speicherfilter werden bei niedrigen Partikelkonzentrationen eingesetzt. Die Gasreinigung erfolgt durch die Abscheidung der Partikeln in der Faserschicht. Die Filtermatten werden erneuert, wenn die Speicherfähigkeit erschöpft, d. h., wenn Staubsättigung erreicht ist. Bei Sonderbauarten ist die Regeneration der Filterelemente möglich.

Abreinigungsfilter sind für Staubkonzentrationen bis zu mehreren g m^{-3} geeignet. Die Gasreinigung erfolgt beim Durchströmen eines oder mehrerer Filterelemente, z. B. Schläuche, Taschen, Patronen, oder einer körnigen Schüttschicht.

Die Staubabscheidung erfolgt vorwiegend an der Oberfläche (innen oder außen) des Filtermediums; es bildet sich eine Staubschicht, die die eigentliche, hochwirksame Filtrationsschicht darstellt. Infolge der zunehmenden Schichtdicke an der Oberfläche des Filterelements steigt der Druckverlust während der Filtrationsphase an. Zur Aufrechterhaltung der Filterfunktion muss das Filtermedium periodisch oder in festgelegten Intervallen regeneriert werden. Es gibt verschiedene Bauarten filternder Abscheider. In Feuerverzinkereien sind bisher vorwiegend Rückhaltesysteme, z. B. Schlauchfilter, Patronenfilter und Taschenfilter zum Einsatz gekommen, bei denen das Filtermedium während der Filtrationsphase von außen nach innen durchströmt wird, der Rohgasstaub also auf der Außenfläche abgeschieden wird. Den Aufbau und die Funktion solcher Filtrationsabscheider (Schlauch- und Patronenfilter) zeigen die Abb. 6.8 und 6.9.

Die Regeneration der Filterelemente (Schlauch oder Patrone) erfolgt durch Druckluftimpulse beim Erreichen bestimmter, vorzugebender Differenzdrücke. Dieser Abreinigungsvorgang kann durch eine vom Differenzdruck gesteuerte Regelung den Betriebsbedingungen angepasst werden. Eine weitere Variante ist das Rückhaltesystem (Schlauchfilter), bei dem das Filtermedium von innen nach außen durchströmt wird.

Die Abreinigung der innen angeströmten Filterschläuche erfolgt durch Rütteln und zeitgleiches Rückspülen mit Luft. Das Funktionsprinzip eines solchen Rückhaltesystems zeigt die Darstellung in Abb. 6.10.

Filternde Abscheider können nahezu unbegrenzt eingesetzt werden, wenn die physikalischen und chemischen Eigenschaften der partikelförmigen Stoffe und des Trägergases bei der Auswahl des Filtermediums berücksichtigt worden sind.

Es ist z. B. zu berücksichtigen, ob hygroskopische, öl- oder fetthaltige Stäube entstehen können. In einer Untersuchung im Jahr 2006 durch die LEOMA GmbH [6.29] in Zusammenarbeit mit der Effizienzagentur NRW konnte gezeigt werden,

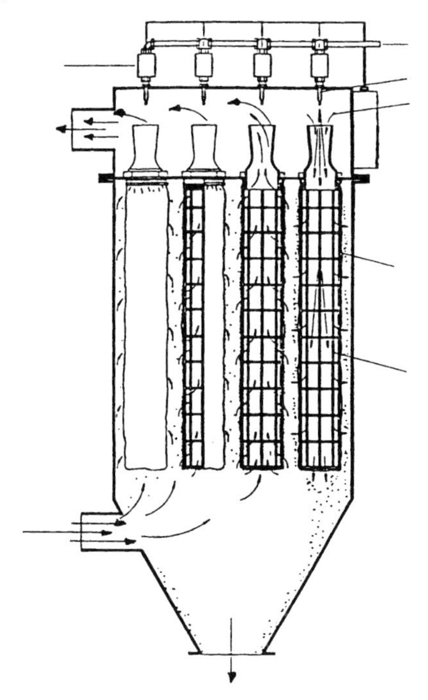

Abb. 6.8 Prinzip des Rückhaltesystems mit Abreinigung durch Druckluftstoß (Impuls), bei dem das Filtermedium in der Filtrationsphase von außen nach innen durchströmt wird

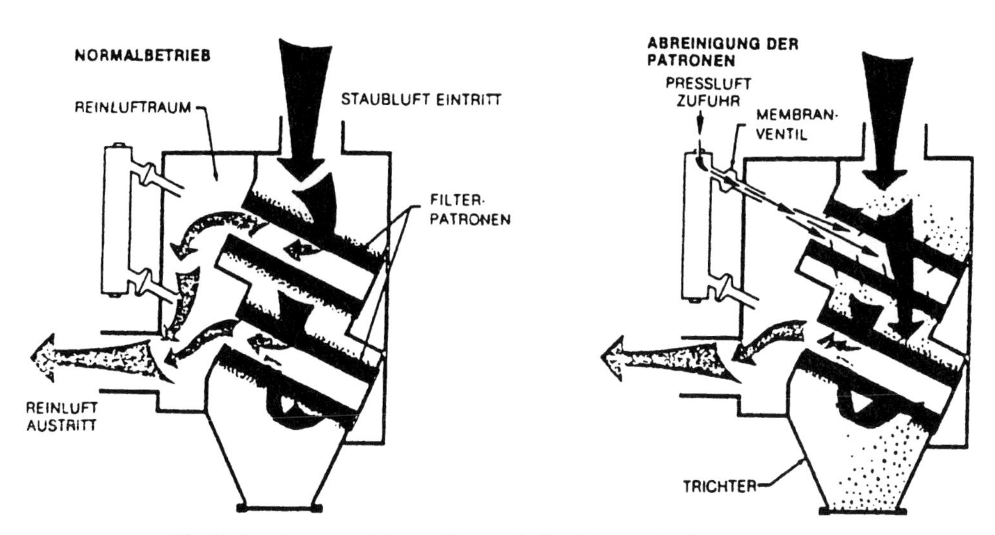

Abb. 6.9 Prinzip eines Patronenfilters mit Abreinigung durch Druckstoß (Impuls), bei dem das Filtermedium in der Filtrationsphase von außen nach innen durchströmt wird

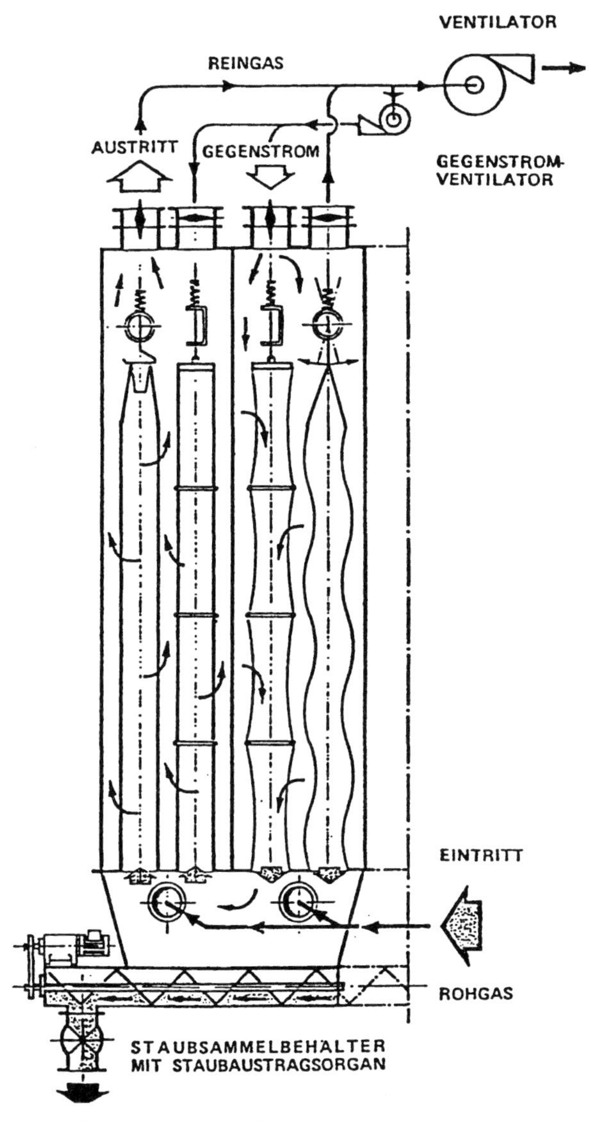

Abb. 6.10 Prinzip des Rückhaltesystems mit mechanischer Abreinigung und Spülluftunterstützung, bei dem das Filtermedium in der Filtrationsphase von innen nach außen durchströmt wird

dass eine funktionierende Entfettung wesentlich den Fettgehalt des Filterstaubes reduziert. Bei einer Menge von 20 g/kg Fett im Filterstaub können Probleme bei der automatischen Abreinigung des Filtermediums auftreten und den Luftdurchlass des Filters frühzeitig vermindern.

Die technische Ausführung des Rückhaltesystems (Schlauch-, Patronen- oder Taschenfilter) hat keinen Einfluss auf die Masse der emittierten Stoffe, sondern die

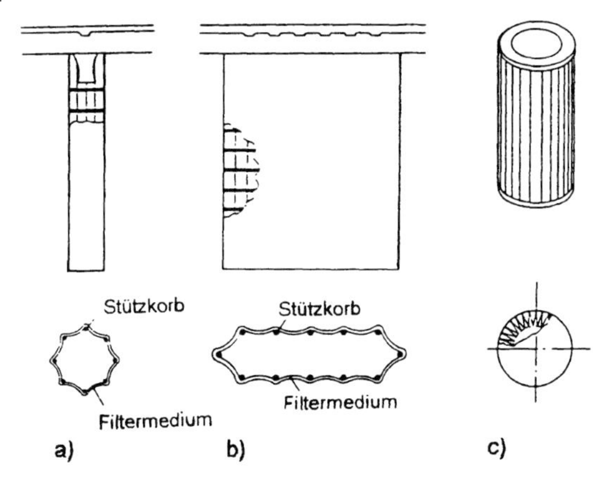

Abb. 6.11a–c Filterelementbauarten [6.25] **a** Schlauch **b** Tasche **c** Patrone

Tab. 6.2 Kennwerte Filterelemente [6.27]

Lfd. Nr.	Filterelement	Filterelement im Neuzustand		Rohstoff und Verarbeitung als G = Gewebe N = Nadelfilz
		Flächen-gewicht	Luftdurchlass [1] $l\,(dm^2\,min)^{-1}$	
1	Schlauch	180	120	Polyester G
2	Schlauch	330	150	Polyacrylnitril N (beschichtet)
3	Schlauch	350	350	Polypropylen N (kalandriert)
4	Schlauch	500	150	Polypropylen N
5	Patrone	180	72	Micronpapier (imprägniert)

[1] gemessen nach DIN 53 887, bei 196 Pa

Auswahl des Filtermediums und die Auswahl der Abreinigungsmethode sind ausschlaggebend für die einwandfreie Funktion des Rückhaltesystems. Die Konstruktion der Filterelemente (Schlauch, Tasche oder Patrone) sowie die Regenerationsmethode sind wesentliche Bau-Merkmale filternder Abscheider.

6.2.1.3.2 Filterelemente Filterelemente können in unterschiedlichen Konstruktionen, z. B. als Schlauch, Tasche, Patrone (s. Abb. 6.11a–c), Matten, Kerzen u. ä. eingesetzt werden.

In der Tabelle 6.2 sind Kennwerte von Filterelementen zusammengestellt, die in der Feuerverzinkungsindustrie mit Erfolg eingesetzt waren und auch weiterhin eingesetzt werden. Es handelt sich dabei um Filterelemente, die von innen nach außen durchströmt (lfd. Nr. 1, 2 und 3) und durch Rütteln mit Spülluftunterstützung abgereinigt werden, sowie um von außen nach innen durchströmte Filterelemente (lfd. Nr. 4 und 5), die durch Druckluft abgereinigt werden.

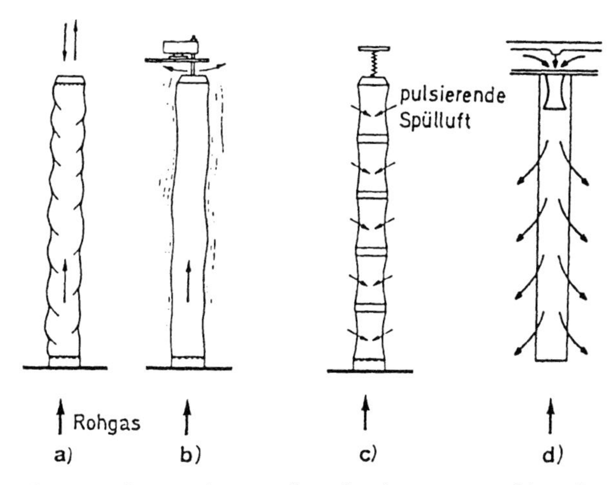

Fig. 6.12 Schematische Darstellung der Abreinigungsverfahren für Schlauchfilter [6.30]

6.2.1.3.3 Regeneration der Filterelemente Um Druckverlust, Volumenstrom und Abscheideleistung eines Rückhaltesystems über die gesamte Betriebszeit möglichst konstant zu halten, werden die Filterelemente durch unterschiedliche Regenerationsmethoden regelmäßig oder in festzulegenden Intervallen vom angelagerten Staub befreit bzw. abgereinigt.

Die in einem Rückhaltesystem eingesetzten Filterelemente werden, je nach System, von *außen nach innen* oder von *innen nach außen* durchströmt. Zur Regeneration der Filterelemente gibt es verschiedene Methoden. Es kann prinzipiell zwischen

- mechanischer Abreinigung (Rütteln, Vibrieren),
- Niederdruckspülung (pneumatische Abreinigung) und
- Hochdruckspülung (Druckstoßreinigung)

unterschieden werden. Häufig wird die mechanische Abreinigung mit einer Niederdruckspülung kombiniert.

Zur Regeneration von Schlauchfiltern sind in der Feuerverzinkungsindustrie die in Abb. 6.12 dargestellten Verfahren im Einsatz. Die Regeneration der in der Feuerverzinkungsindustrie eingesetzten Patronenfilter erfolgt entweder nach dem Prinzip der Druckstoßabreinigung oder nach dem Prinzip der Rotationsdüsenabreinigung. Diese beiden Regenerationsmethoden sind in Abb. 6.13 schematisch dargestellt.

Abb. 6.13a zeigt das Prinzip der Druckstoßabreinigung und in Abb. 6.13b wird die Druckluftimpulsabreinigung durch Rotationsdüsen gezeigt. Bei der Regeneration kann unterschieden werden zwischen

- Unterbrechen oder Vermindern des zugeführten Gasstromes, so dass während der Regeneration (Abreinigungsphase) keine Partikeln das Innere des Filtermediums oder durch dieses hindurch auf die Reingasseite gelangen, oder

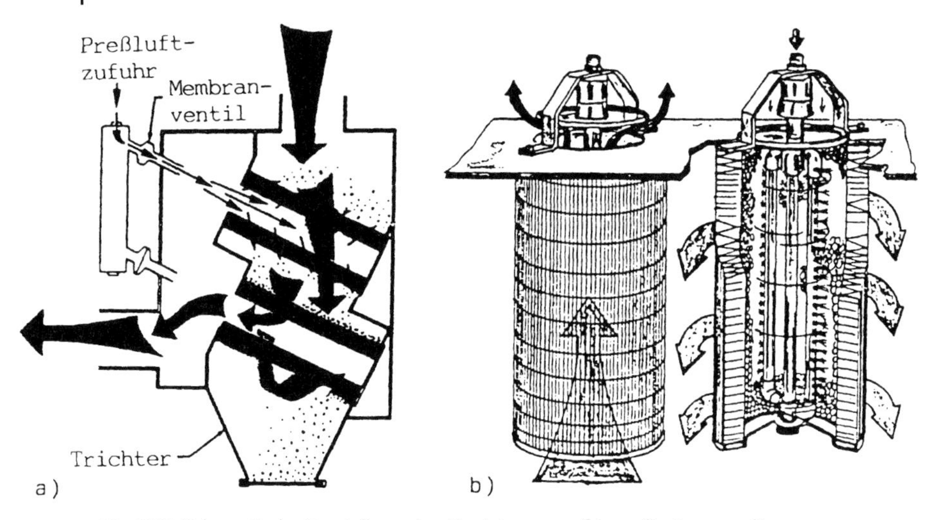

Fig. 6.13 Schematische Darstellung der Abreinigungsverfahren für Patronenfilter

- Durchspülen des Filtermediums, (im Gegenstrom) ohne Unterbrechung oder Verminderung des zugeführten Rohgasstromes.

In der Feuerverzinkungsindustrie wird überwiegend die Regeneration durch Druckluftimpulse angewendet. Die Abreinigung erfolgt üblicherweise immer dann, wenn eine vorher eingestellte Druckdifferenz am Filtermedium erreicht ist. Dabei wird der Volumenstrom vermindert (Teillastbetrieb). Bei den von innen nach außen durchströmten Filterelementen, es kann sich dabei um Gewebe oder Nadelfilz handeln, wird in der Regel mechanisch mit Spülluftunterstützung abgereinigt. Dazu wird der Volumenstrom verringert (Teillastbetrieb) und die zu regenerierende Filtereinheit (Kammer) vom Rohgasstrom abgesperrt. Der zeitliche Verlauf des Restdruckverlustes nach der Abreinigung zeigt an, ob stabile Betriebsbedingungen eingestellt werden können oder ob das Filtermedium zunehmend verstopft und damit die Funktion des Rückhaltesystems eingeschränkt wird. In einer Arbeit von *Görnisiewicz* [6.32] wird der Zusammenhang des steigenden Filtrationswiderstandes (Differenzdruck) und des abnehmenden Volumenstroms beschrieben.

In Tab. 6.3 sind die Resultate von Laboruntersuchungen [6.33] an einem Filtermedium (Schlauch) mit einem Flächengewicht von 500 g m^2 (Neuzustand) gegenübergestellt; es wurde im Betrieb bei Voll- und Teillast regeneriert. Es lässt sich ableiten, dass bei Abreinigung während Vollastbetrieb erhebliche Staubmengen (1074 g m^2 weniger 500 g m^2 = 574 g m^2) im Filtermedium an- und eingelagert werden. Die feinen Staubpartikeln dringen in das Filtermedium ein, die Poren füllen sich bis in die Tiefe auf; die Gasdurchlässigkeit verringert sich. Damit verbunden sind die Zunahme des Filtrationswiderstandes und die daraus resultierende verminderte Effektivität der Regeneration [6.33]. Diese Effekte werden verstärkt, wenn die Regeneration bei voller Rohgasbeaufschlagung (Vollastbetrieb) erfolgt.

Tab. 6.3 Auswirkung der Regenerationsmethode auf die Verfügbarkeit des Filtermediums [6.31] bezogen auf den Luftdurchlass und die abgeschiedene Staubmenge

Abreinigung	**Filterelement**							
	Neuzustand		**Betriebszustand**					
	Flächengewicht ($g\ m^{-2}$)	**Luftdurchlass (l [dm^2 min]$^{-1}$)**	**Flächengewicht $g\ m^{-2}$**			**Luftdurchlass (dm^2 min)$^{-1}$**		
			1	**2**	**3**	**1**	**2**	**3**
1	500	150	1074	909	599	16	28	87
2	500	150	585	546	531	75	120	136

Abreinigung 1 Regeneration bei Vollastbetrieb
Abreinigung 2 Regeneration bei Teillastbetrieb
1 Anlieferungszustand (nicht regeneriert)
2 Ausblasen mit Druckluft
3 Auswaschen mit 40 °C warmer Lösung

Der Unterschied zur Abreinigung bei Teillastbetrieb wird besonders beim Ausblasen des Filtermediums deutlich. Bei Vollastbetrieb verbleiben 409 g m^2 am und im Filtermedium gegenüber 46 g m^2 bei Teillastbetrieb (Tab. 6.3).

Die Regenerationsvorgänge (Filtrationsphase) müssen nicht in gleichen Zeitabständen durchgeführt werden, sondern sind den Betriebsbedingungen anzupassen. Die Produktpalette und der Durchsatz sind maßgebend für das Intervall (Pausenzeit) und die Intensität (Druck) der Abreinigung.

Der Teillastbetrieb lässt sich in den Verzinkungspausen realisieren. Die Anpassung des jeweils erforderlichen Volumenstromes an die unterschiedlichen Betriebsbedingungen – Verzinken und Verzinkungspausen – kann durch unterschiedliche Maßnahmen zur Regelung des abzusaugenden Volumenstromes erfolgen.

6.2.1.3.4 Filtermedien Bei Filtermedien handelt es sich um ein strukturiertes, gasdurchlässiges Material, bei dem in der Anfangsphase die Staubabscheidung an den noch unbedeckten Fasern – bei Filtermedien ohne Zusatzausrüstung – erfolgt. Nach kurzer Zeit ergeben sich durch Staubablagerungen (Primärschicht = Filterkuchen oder Filterhilfsschicht genannt) auf dem Filtermedium und durch Einlagerungen im Filtermedium Strukturveränderungen, die den Abscheidegrad und den Druckverlust des Filtermediums und damit des Rückhaltesystems beeinflussen.

Gewebe und Papier sind so genannte zweidimensionale, Nadelfilz und Vlies so genannte dreidimensionale Filtermedien, die aus verschiedenen Grundstoffen (natürliche und synthetische Fasern) hergestellt werden können. Abb. 6.14 zeigt den schematischen Aufbau eines Gewebes (a) und eines Nadelfilzes mit Stützgewebe (b).

Für die Auswahl der Filtermedien beim Einsatz in der Feuerverzinkungsindustrie ist die Oberflächenvorbereitung der Stahlteile, das verwendete Flussmittel und das Verzinkungsverfahren (Nass- oder Trockenverzinkung) von Bedeutung. Zu be-

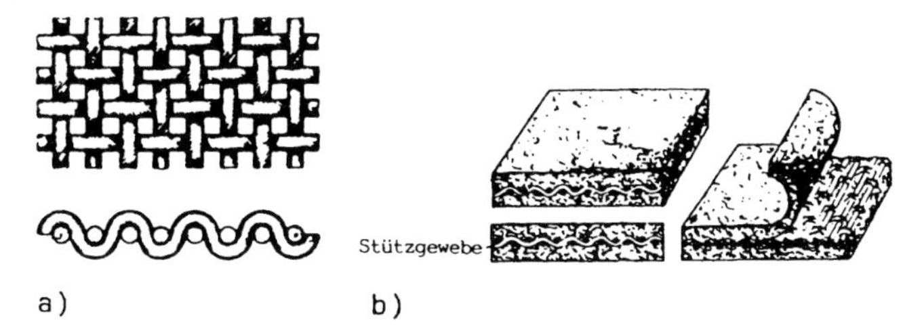

Abb. 6.14 Schematischer Aufbau eines Gewebes (a) und eines Nadelfilzes mit Stützgewebe (b)

Tab. 6.4 Beständigkeit von Filtermedien gegenüber Chemikalien, die in der am Verzinkungskessel abgesaugten Abluft enthalten sein können [6.32]

Lfd. Nr.	Rohstoffbezeichnung	Gasinhaltsstoffe							
		HCl	NH_4OH	NH_4Cl	KOH	$CaCl_2$	NaCl	$ZnCl_2$	KCl
1	Polyester	X	–	X	0	X	X	–	X
2	Polyethylen	X	X	X	X	X	X	X	X
3	Polypropylen	X	X	X	0	X	X	X	X
4	Polytetrafluorethylen	X	X	X	X	X	X	X	X
5	Polyvinylchlorid	X	X	X	X	X	X	X	X
6	Papier	X	0	X	0	X	X	X	X

X beständig
0 bedingt beständig
– nicht beständig

achten ist, dass Mineralsäuren (HCl), Basen (NH_3, KOH), Salze ($CaCl_2$, NaCl, $ZnCl_2$) und oxidierende Substanzen (KC 1) im zu reinigenden Gas enthalten sein können. Öl- und Fettpartikeln, die in der Oberflächenvorbereitung (Entfettung und Beizen) nicht entfernt werden, die chemische Zusammensetzung des Flussmittels (die Bestandteile konventioneller oder raucharmer Flussmittel) und schließlich das Verzinkungsverfahren (Naß-, Einstreu-, Tauchflux- oder Trockenverzinkung) und die dabei entstehenden Gasinhaltsstoffe können die Wirksamkeit der eingesetzten Filtermedien beeinflussen. Deshalb ist eine wirkungsvolle, entfettende Vorbehandlung für die einwandfreie Funktion eines Filters wesentlich [6.28].

Die Leistungsfähigkeit eines Filtrationsentstaubers wird von der Auswahl der richtigen Grundstoffe für die Filtermedien (s. Tab. 6.4; [6.32]) und deren eventueller Modifizierung durch Weiterbehandlung bestimmt. Diese dient, neben der Grundkonstruktion der Filtermedien (Gewebe oder Filz), der optimalen Anpassung an den jeweiligen Anwendungsfall. Modifizierungen werden in Form von Zusatzausrüstungen angeboten. So gibt es die Zusatzausrüstung, bei der die Oberfläche des Filtermediums verändert (Glättung oder Beschichtung) wird, oder Zusatzausrüstung mittels Chemikalien oder über Beimischung spezieller Fasern. Durch Zusatzausrüstungen (mechanische, thermische oder chemische Behandlung) können die Filtrationsfähigkeit der Filtermedien verbessert und gegebenenfalls die Anpassung an die verfahrensspezifischen Betriebsbedingungen in der Feuerverzinkungsindustrie (Nass- und Trockenverzinkungsverfahren) erreicht werden. In der Feuerverzinkungsindustrie sind, aus Kostengründen, überwiegend aus Polypropylen (PP) hergestellte Filtermedien im Einsatz. Bei Verzinkungslinien, deren Oberflächenvorbehandlung (Entfetten, Spülen, Beizen, Spülen, Fluxen und Trocknen) optimal arbeitet, kann gegebenenfalls auch Polyester (PE) als Filtermedium eingesetzt werden. Die Eigenschaften der entstehenden luftverunreinigenden Stoffe sind bestimmend für das einzusetzende Filtermedium. Dabei ist zu berücksichtigen, ob hygroskopische, öl- oder fetthaltige Stäube entstehen können.

6.2.1.3.5 Bemessungsgrundlagen

Rückhaltesysteme in der Oberflächenvorbehandlung

Für die Auslegung von Rückhaltesystemen ist primär der abzusaugende Volumenstrom maßgebend. Falls erforderlich, sind Volumenströme bis zu 6000 $m^3\ h^{-1}$ je m^2 Behälteroberfläche abzusaugen [6.20], für die das Rückhaltesystem (naßarbeitender Abscheider) auszulegen ist. Neben dem abzusaugenden Volumenstrom sind das Flüssigkeits-/Luft-Verhältnis, der Druckverlust des Abscheiders und der aus diesen Faktoren resultierende Energieaufwand für die Investitions- und Betriebskosten zu berücksichtigen. Aus Abb. 6.15 können die charakteristischen Kennwerte für verschiedene nass arbeitende Abscheidertypen entnommen werden [6.34].

Rückhaltesysteme für die beim Verzinken entstehende Abluft

Die Höhe des erforderlichen abzusaugenden Volumenstromes ist vom Verzinkungsverfahren, von der Art der Erfassung der luftverunreinigenden Stoffe, von der Geometrie des Verzinkungs-gutes und von dessen Flussmittelbeladung abhängig. Die in der VDI-Richtlinie 2579 [6.22] unter Ziffer 2.2 aufgeführten Richtwerte für den erforderlichen abzusaugenden Volumenstrom können nur bei Idealbedingungen gelten.

Die beim Verzinken entstehenden luftverunreinigenden Stoffe bestehen zu rd. 80% aus Partikeln, die aufgrund ihres Kornspektrums den Feinststäuben zuzuordnen sind. Das bedeutet, dass niedrige Filtrationsflächenbelastungen anzustreben sind, wie aus der Grafik in Abb. 6.16, ersichtlich ist.

Die Filtrationsflächenbelastung wird durch das Verhältnis des abzusaugenden Volumenstromes und der dafür erforderlichen Filterfläche bestimmt. Für den Einsatz in der Feuerverzinkungsindustrie sind Filtrationsflächenbelastungen anzustreben, die für Schlauchfilter $1{,}2\ m^3\ (m^2\ min)^{-1}$ und für Patronenfilter $0{,}25\ m^3\ (m^2\ min)^{-1}$ nicht überschreiten sollten [6.27]. Um eine Schädigung des Filtermediums zu vermeiden, sollten bis zu 25% höhere Flächenbelastungen allenfalls nur zeitweise in Kauf genommen werden, da bei länger andauernden, höheren Flächenbelastungen mit Störungen zu rechnen ist. Die Staubbeladung der am Verzinkungskessel abgesaugten fremdstoffhaltigen Abluft hängt von der Qualität der Oberflächenvorbereitung, von der Art des Verzinkungsverfahrens sowie von der Flussmittelzusammensetzung und dem Flussmittelverbrauch ab und schwankt in der Regel zwischen 100 und $500\ m^{-3}$) [6.27].

Aufgrund der niedrigen ($< 1\ g\ m^{-3}$) Staubkonzentration in der ungereinigten Abluft (Rohgas) von Feuerverzinkungsanlagen und unter Berücksichtigung der für

Typ	Waschturm	Wirbelwäscher	Rotationszerstäuber	Venturi
	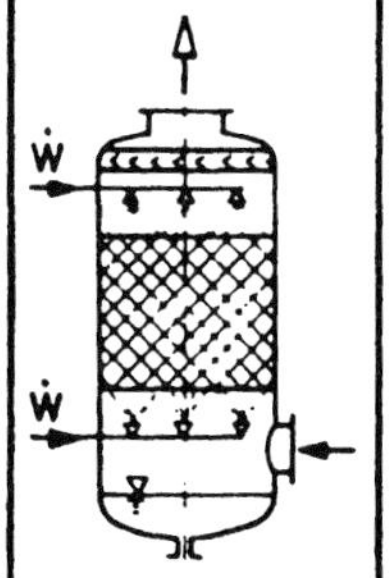	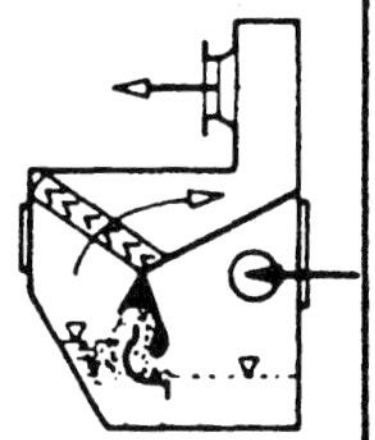	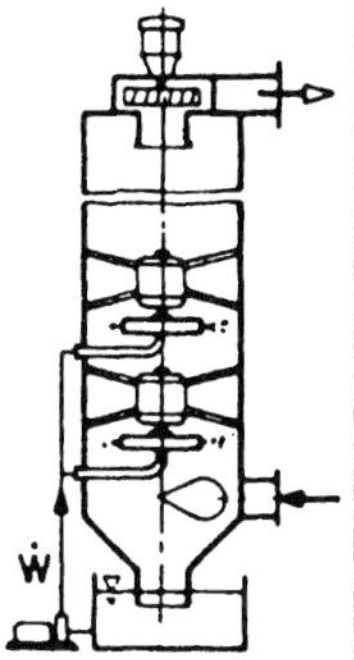	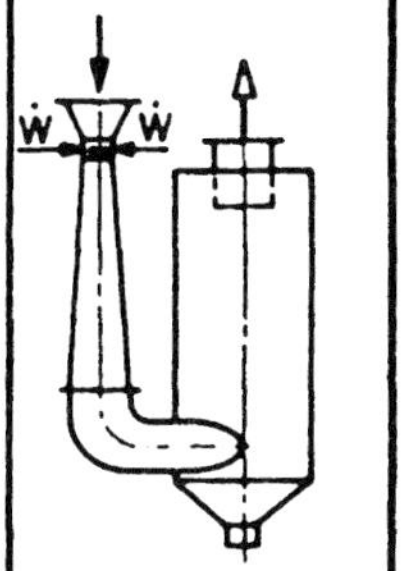
Grenzkorn μm für ρ=2,42 g cm^{-3}	0,7⋯1,5	0,6⋯0,9	0,1⋯0,5	0,05⋯0,2
Relativgeschwindigkeit, m s^{-1}	1	8⋯20	25⋯70	40⋯150
Druckverlust, mbar	2⋯25	15⋯28	4⋯10	30⋯200
Wasser/Luft, l m^{-3} (*pro Stufe)	0,05⋯5	unbest.	1⋯3*	0,5⋯5
Energieaufwand, kWh/1000 m^3	0,2⋯1,5	1⋯2	2⋯6	1,5⋯6

Abb. 6.15 Ausführungsbeispiele und Kennwerte von Nassabscheidern [6.34

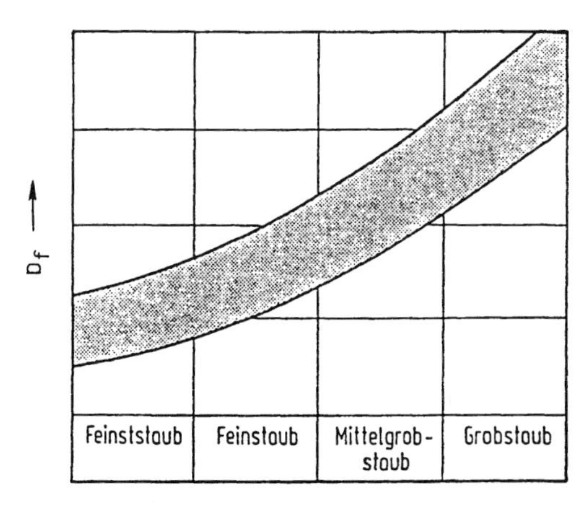

Abb. 6.16 Zusammenhang zwischen Filtrationsflächenbelastung b_f in m^3 (m^{2}h)$^{-1}$ und der Staubart

Feinststäube anzusetzenden niedrigen Fitrationsflächenbelastungen ergeben sich geringe Staubbelastungen in g je m^2 Filtrationsfläche.

Somit ist für den Aufbau der erforderlichen Primärschicht durch den abzuscheidenden Staub (Filterkuchen oder Filterhilfsschicht genannt) eine entsprechend lange Zeitspanne, in der nicht abgereinigt werden soll, erforderlich. Die Abreinigungsintervalle und die Intensität der Regeneration sind dem geringen Staubanfall anzupassen [6.35, 6.36].

Um sicherzustellen, dass das installierte Rückhaltesystem voll funktionsfähig und ständig verfügbar ist, ist ein streng einzuhaltender Wartungsplan zu erstellen [6.35], insbesondere ist darauf zu achten, dass vor größeren Reparaturen, die mit einem längeren Stillstand des Rückhaltesystems verbunden sind, eine gründliche Reinigung vorgenommen wird.

6.2.1.4 **Saugzuggebläse**

Die Absaugung der über die Erfassungssysteme, z. B. Einhausungen, erfassten luftfremden Stoffe, die Zuführung zum Rückhaltesystem und die Ableitung der Restemissionen über Schornsteine erfolgen durch Saugzuggebläse (Ventilatoren).

Aufgrund der in Stückverzinkereien, unterschiedlichen Betriebsbedingungen (Vollast, Teillast, Abreinigungsphase, Verzinkungspause, Stillstand u. Ä.) ist es sinnvoll, die Antriebe der für die Rückhaltesysteme erforderlichen Saugzuggebläse (Ventilatoren) mit Steuereinrichtungen auszurüsten, die eine stufenlose Anpassung an die jeweiligen Betriebsbedingungen zulassen. Zur Anpassung an die unterschiedlichen Betriebsbedingungen unterscheidet man drei wichtige Regelungsarten, so z. B.

- Regulierung durch Drosselklappe,
- Regulierung durch Drallregler,
- Regulierung durch Drehzahlregelung,

mit denen der abzusaugende Volumenstrom verändert werden kann.

Die Drossel- oder Drallregelung ist unwirtschaftlich, da in beiden Fällen Energie vernichtet wird. Durch die Drehzahlregelung mittels statischen Frequenzumformers können Ventilatoren mit Drehstrommotoren verlustarm in der Drehzahl gesteuert werden.

Bei konstant bleibendem Motordrehmoment lässt sich durch ein proportionales Verstellen von Motorspannung und Motorfrequenz die Motordrehzahl und damit die Ventilatordrehzahl stufenlos verstellen. Einen Vergleich der erwähnten Regelungsarten zeigt Abb. 6.17; es wird der Leistungsbedarf p/p_n in Abhängigkeit zum Volumenstrom $\dot{V}$ für die Drosselregelung (*1*), die Drallregelung (*2*), die Drehzahlregelung (*3*) und für einen polumschaltbaren Antrieb (*4*) grafisch dargestellt [6.37]. Beim Einsatz eines Frequenzumformers muss die Motorleistung um mindestens 10% über der maximalen Wellenleistung liegen. Bei den Frequenzumformern wird nach Spannungsumrichter (U-Umrichter) und Stromumrichter (I-Umrichter) unterschieden. Die Arbeitsweise eines Frequenzumformers, wie er in der Feuerverzinkungsindustrie zum Einsatz kommen kann, zeigt das Schema in Abb. 6.18 [6.38, 6.39]. Dabei wird ein Drehstrombrückengleichrichter an

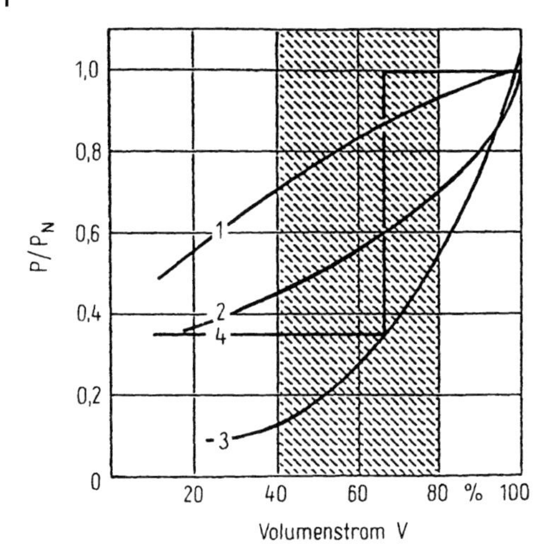

Abb. 6.17 Leistungsbedarf verschiedener Regelverfahren [6.37]
P_N = Leistungsbedarf bei $\dot{V} = 100\%$
P = Leistungsbedarf bei $\dot{V} = < 100\%$

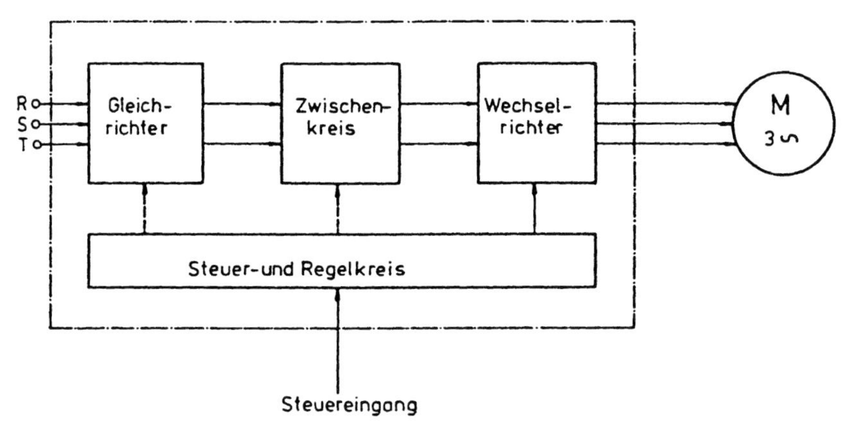

Abb. 6.18 Arbeitsweise eines Frequenzumformers

das Versorgungsnetz mit den Phasen R, S und T angeschlossen. Der Gleichrichter formt die Wechselspannung in eine Gleichspannung um. Die erzeugte Gleichspannung wird über einen Messkreis einem Wechselrichter zugeführt, der diese wieder in eine dreiphasige Wechselspannung mit variabler Frequenz umformt. Die wesentlichen Vorteile beim Einsatz von Frequenzumformern für den Antrieb von Ventilatoren sind:

- Energieeinsparung bei unterschiedlichen Betriebspunkten,
- Betreiben des Motors über die Nenndrehzahl,
- Geräuschentwicklung in den Teillastbereichen deutlich geringer,

- Belastung von Lagern und Kupplungen/Riemenantrieb geringer, längere Lebensdauer, wartungsarm,
- Belastung des Motors maximal mit dem Nennstrom,
- Einsparungen bei der elektrischen Installation.

6.2.1.5 **Ableitung der Emissionen**

Die gereinigten Gase sind in der Regel über Schornsteine abzuleiten. Zur Bestimmung der Mindestschornsteinhöhe bei idealisierten Ausbreitungsverhältnissen dient gemäß TA Luft [6.6] das Nomogramm (Abb. 6.19).

Aufgrund der zulässigen niedrigen Massenkonzentrationen (< 5 mg Staub/m^3 und < 10 mg HCl/m^3) und den daraus resultierenden geringen Massenströmen, die aus Feuerverzinkereien emittiert werden, würde – nach Abb. 6.19 – eine Schornsteinmindesthöhe *PT* von 10 m ausreichend sein.

Die Hallenhöhe der Verzinkerei deren Dachform und -neigung erfordern jedoch meist eine Korrektur der Schornsteinhöhe (siehe TA Luft, 5.5.3 Nomogramm zur Bestimmung der Schornsteinhöhe, Abs. 2 [6.6]), dabei wird die aus dem Nomogramm (Abb. 6.19 bestimmte Schornsteinhöhe H^1 um den Zusatzbetrag *J* erhöht. Der Wert *J* [in m] ist aus dem Diagramm in Abb. 6.20 zu ermitteln (siehe TA Luft, Ziffer 2.4 [6.6]).

6.3 Messverfahren

6.3.1 Emissionsmessungen

In der VDI-Richtlinie 2579 – Emissionsminderung Feuerverzinkungsanlagen [6.22] – sind u.a. die Bedingungen und die Durchführung von Emissionsmessungen erläutert.

6.3.2 Arbeitsbereichsmessungen

Für die Messungen am Arbeitsplatz, zur Überprüfung der *MAK*-Werte, gelten die Technischen Regeln für Gefahrstoffe [6.13], in denen die Anwendungsbereiche und die Durchführung der messtechnischen Arbeitsbereichsüberwachung erläutert sind.

6.3.3 Trendmessungen

Zur punktuellen Kontrolle für Trendmessungen können – für gasförmige Stoffe – Gasprüfröhrchen verwendet werden. Damit kann die quantitative Abschätzung von Schwellenwerten, bezogen auf die Bestimmungen der *MAK*- und *MEK*-Werte

Nomogramm zur Ermittlung der Schornsteinhöhe

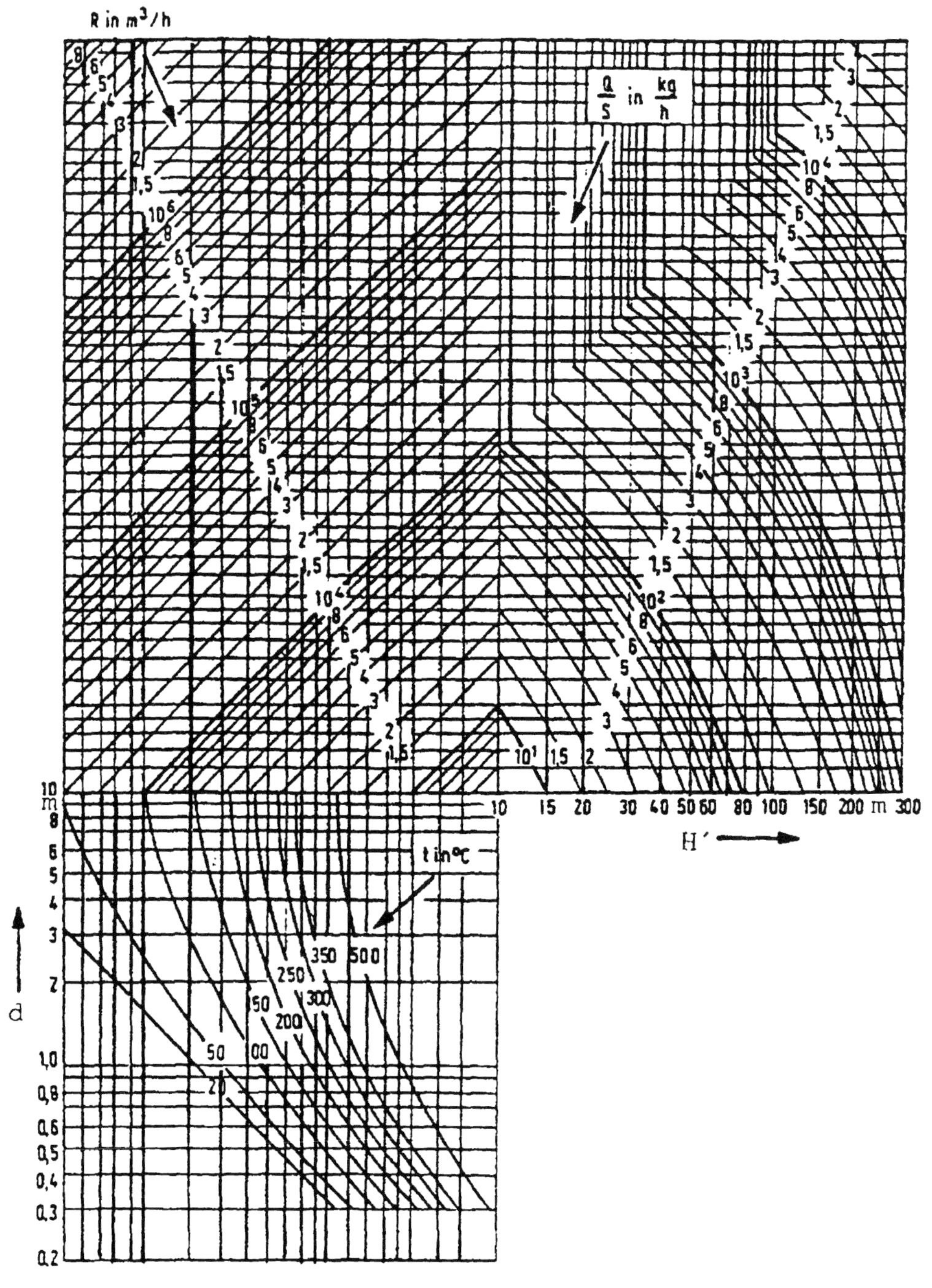

Abb. 6.19 Nomogramm zur Ermittlung der Schornsteinhöhe [6.2]

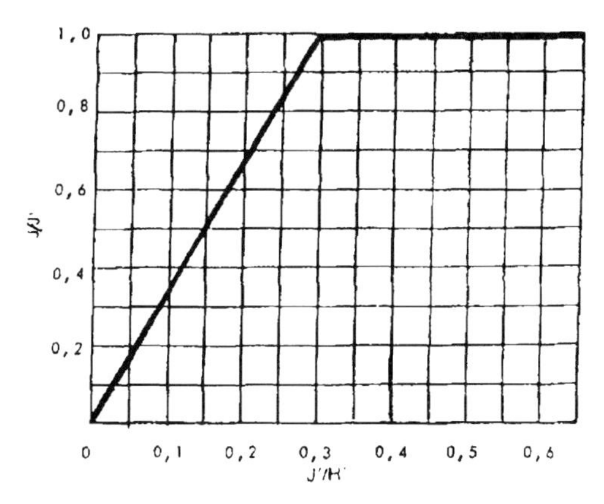

Abb. 6.20 Diagramm zur Ermittlung des Wertes J [6.2]

erfolgen. Die partikelförmigen Stoffkonzentrationen können jedoch nur nach den in der VDI 2579 [6.22] festgelegten Messvorschriften vorgenommen werden. Vereinfachte Trendmessungen sind hierbei nicht möglich.

6.4 Abfälle und Reststoffe *

6.4.1 Allgemeines

Feuerverzinkereien sind nach dem Bundes-Immissionsschutz-Gesetz (BImSchG) genehmigungsbedürftige Anlagen. Sie unterliegen somit dem Gebot zur Vermeidung und Verwertung nach § 5 Abs. 1 Nr. 3 BImSchG. Daneben sind die Bestimmungen der TA Luft einzuhalten, die an die Emissionen von Feuerverzinkereien spezifische Anforderungen stellt. Einen besonderen Stellenwert nimmt dabei die Vermeidung und Verwertung von Abfällen ein. In den folgenden Abschnitten werden die Abfall-/Reststoffarten sowie die luftseitigen Emissionen, die bei den verschiedenen Arbeitsschritten der Feuerverzinkung anfallen, bezüglich ihrer Inhaltsstoffe und ihrer Entstehung beschrieben. Für die Abfallarten sind die Abfallschlüsselnummern nach der Abfallverzeichnisverordnung angegeben (s. Tab. 6.5).

Bei den als gefährlich eingestuften Abfälle muss das Entsorgungsnachweisverfahren im Sinne der Nachweisverordnung [6.5] durchgeführt werden. Hierbei ist die Zusammenarbeit mit einem Entsorgungsfachbetrieb ratsam, da hier Verein-

* Die im Abschnitt 6.4 enthaltenen Informationen entstammen überwiegend der Untersuchung: Sordo, M., und Toussaint, D.: Vermeidung von Abfällen durch abfallarme Produktionsverfahren – Feuerverzinkereien –, Ministerium für Umwelt Baden-Württemberg, Januar 1993

Tab. 6.5 Feste und flüssige Abfälle/Reststoffe aus Stückverzinkereien

Verfahrensschritt	Abfall/Reststoff	LAGA-Abfallschlüssel	Inhaltsstoffe	Gefährlicher Abfall ja/nein
Entfettung	verbrauchte Entfettungsbäder sauer oder alkalisch	110105[1]) oder 120301[1])	• Säuren oder Laugen • Tenside • Öle/Fette, frei und emulgiert	ja
	separierte Öle und Fette	130502[1]) 130506[1])	• freie Öle/Fette • Bestandteile der Entfettungslösung	ja
Beizen	Altbeize, sauer	110105[1])	• Eisenchlorid • Zinkchlorid • freie Salzsäure • Beizinhibitoren • verschleppte Öle/Fette • Legierungsbestandteil des Verzinkungsguts • AOX oder Schwermetalle aus HCl-Produktion	ja
Flussmittelbehandlung	verbrauchtes Fluxbad	110504[1])	• Ammoniumchlorid • Zinkchlorid • Kaliumchlorid • Eisenchlorid	ja
	Eisenhydroxidschlamm aus Fluxbadregenerierung	110110[1])	• Eisenhydroxid • Flussmittelsalze	nein, Analysen beachten
Verzinkung	Hartzink, Zinkasche, Spritzzink	110501[1]) Hartzink 110502 Zinkasche	• Zink • Eisen • Zinkoxid • Aluminium	nein
Abluftfilter	Filterstaub (Flussmittelrauch, staubförmig)	110504[1])	• Ammoniumchlorid • Zinkchlorid • Kaliumchlorid • verschleppte Öle/Fette	ja
	Filterschläuche	150202[1])	Kunststoffgewebefilter mit Anhaftungen von Filterstaub	ja

1) Beispielhafte Einstufung nach [6.40], die Einstufung können im Einzelfall anders sein.

fachungen beim Entsorgungsnachweisverfahren möglich sind. Eine Ausnahme von dem Entsorgungsnachweisverfahren sind freiwillige Rücknahmen z. B. von Altsäuren durch die Hersteller (siehe § 25 Kreislaufwirtschafts- und Abfallgesetz [6.4]).

In der Regel fallen in Feuerverzinkereien (Stückverzinkung) keine produktionsspezifischen Abwässer an. Bei der Einleitung der in Einzelfällen entstehenden produktionsbedingten Abwässer ist Anhang 40 der Abwasserverordnung [6.41] zu § 7a des Wasserhaushaltsgesetzes (WHG) [6.2] zu beachten. Bei der Nassreinigung im Bereich der Beizbäder anfallende Spülwässer sammeln sich in den Säuretassen der Beizbecken. Das Umfeld des Verzinkungskessels wird nicht nass gereinigt. Eine Verbindung zwischen Säuretassen und Kanalisation besteht nicht. Die Reinigungswässer werden häufig zusammen mit den Altbeizen entsorgt. Da die Reinigungswässer Verunreinigungen enthalten können, die eine Verwertung der Altbeizen erschweren (z. B. Schmutzpartikeln, Ammonium), kann eine separate Beseitigung durch Entsorgungsfirmen erforderlich sein.

6.4.2 Ölhaltige Abfälle/Reststoffe aus der Entfettung

6.4.2.1 Öl- und fetthaltige Entfettungsbäder

Die Entfettungswirkung von Entfettungsbädern erschöpft sich im Laufe der Zeit durch Alterungsprozesse und den Eintrag von Fremdstoffen. Die Standzeit der Entfettungsbäder und die Menge der anfallenden verbrauchten Entfettungsabwässer sind von Verzinkerei zu Verzinkerei unterschiedlich, da sie vom Durchsatz und vom Verschmutzungsgrad des Verzinkungsgutes, von der Menge der emulgierten Fette, Öle, und dem Eintrag anderer Verunreinigungen abhängen. In der Regel werden Standzeiten zwischen 1 und 2 Jahren erreicht.

Verbrauchte saure Entfettungsbäder enthalten verdünnte Salz- und/oder Phosphorsäure, Emulgatoren, Korrosionsschutzinhibitoren sowie freie und emulgierte Öle und Fette. Erschöpfte alkalische Entfettungsbäder beinhalten Natriumhydroxid, Carbonate, Phosphate, Silicate und Tenside sowie freie und emulgierte Öle und Fette. Verbrauchte Entfettungsbäder sind nach [6.40] als gefährliche Abfälle eingestuft und werden in der Regel über eine chemisch-physikalische Behandlungsanlage eines Entsorgungsfachbetriebes entsorgt, sofern eine Verwertung nicht möglich ist. Die Entsorgung verbrauchter Entfettungsbäder erfolgt durch eine Aufspaltung der Emulsionen und eine Überführung in eine ölreiche und eine ölarme Phase. Anschließend erfolgt in der Regel eine weitergehende Behandlung der wässrigen, ölarmen Phase des Entfettungsbades. Die ölreiche Phase muss nach den abfallrechtlichen Bestimmungen gesondert entsorgt werden (Altöl-Verordnung).

6.4.2.2 Öl- und fetthaltige Schlämme und Konzentrate

Wie bereits erwähnt, kann die Standzeit der Entfettungsbäder durch unterschiedliche Maßnahmen zur Badpflege verlängert werden, indem nicht emulgierte Öle und Fette regelmäßig aus dem Entfettungsbad entfernt werden. In den meisten Betrieben schwimmen die nicht emulgierten Öle und Fette auf der Badoberfläche auf und werden mit Skimmern mechanisch entfernt. Der abgezogene Schlamm setzt sich aus den Ölen und Fetten, die mit den Werkstücken eingetragen werden, Entfettungslösung und sonstigen Verunreinigungen (Zunder, Rost, Staub) zusammen. Sofern eine Verwertung nicht möglich ist, handelt es sich bei diesen Schlämmen oder Ölkonzentraten nach [6.40] um gefährliche Abfälle. Die Entsorgung hat nach den abfallrechtlichen Bestimmungen getrennt von anderen

Abfällen zu erfolgen (Altöl-Verordnung). Nach den Empfehlungen der TA Abfall [6.42] erfolgt die Entsorgung von Öl- und Benzinabscheiderinhalten in Sonderabfall Verbrennungsanlagen oder in chemisch-physikalischen Behandlungsanlagen.

6.4.3 Altbeizen

Übersteigt der Eisengehalt der Beizbäder einen Wert von ca. 170 g l, reduziert sich die Wirkung der Beizbäder stark und kann auch durch Zugabe frischer Säure kaum mehr verbessert werden. Die Altsäuren enthalten im wesentlichen freie Restsäure, Eisenchlorid, Zinkchlorid, Legierungsbestandteile der gebeizten Stähle und gegebenenfalls Beizinhibitoren (z. B. Hexamethylentetramin). Erfolgt die Entfettung der Werkstücke durch Beizentfetter im Beizbad, enthalten die Altsäuren zusätzlich größere Mengen freier und emulgierter Fette und Öle. In Feuerverzinkereien wird vorwiegend technisch reine Salzsäure eingesetzt. Diese kann je nach Herkunft oder Produktionsverfahren in unterschiedlichem Ausmaß verschiedene Schwer- oder Halbmetalle als Begleitkomponenten enthalten. Salzsäure, die bei der Produktion von Chlorkohlenwasserstoffen (CKW) als Koppelprodukt anfällt, enthält in der Regel CKW-Restmengen. Die genannten Begleitkomponenten wirken sich nicht störend auf den Beizprozess aus. In Betrieben, die verzinktes Beizgut in separaten Bädern beizen (getrennt Säure Wirtschaft), fallen eisenreiche Altsäuren, die nur geringe Zinkanteile aufweisen sowie zinkreiche Abfallsäuren mit geringem Eisengehalt an. Zinkreiche Altbeizen enthalten in der Regel Beizinhibitoren. Sofern sie nicht verwertet werden, stellen verbrauchte Beizsäuren nach der AbfBestV besonders überwachungsbedürftige Abfälle dar, die nach den Empfehlungen der TA Abfall in chemisch-physikalischen Behandlungsanlagen zu entsorgen sind. Die Mehrzahl der in Deutschland anfallenden Altbeizen kann jedoch für andere Zwecke weiter verwertet werden. Von den Entsorgungsfirmen werden im allgemeinen reine Abfallsäuren, wie sie bei einer getrennten Säurewirtschaft anfallen, gegenüber Mischsäuren oder mit Ölen und fetten verunreinigten Säuren (Beizentfettung) bevorzugt. Die Entsorgungskosten für Mischbeizen liegen in der Regel deutlich über den Entsorgungskosten reiner Eisen- und Zinkbeizen. Aus diesem Grund hat sich in Mitteleuropa mittlerweile die getrennte Beizwirtschaft (Trennung von Eisen- und Zinkbeizen statt Mischbeizen) als Stand der Technik etabliert, dann die Beizen einer Verwertung – Gewinnung von Eisen(III)chlorid und Zinkchlorid – zugeführt werden kann.

6.4.4 Abfälle/Reststoffe aus der Flussmittelbehandlung

Durch Verschleppung reichert sich das Flussmittelbad im Laufe der Zeit mit Säure und Eisen an, wodurch von bestimmten Konzentrationen an die Flussmittelwirkung beeinträchtigt wird. Einige Feuerverzinker regenerieren ihre Flussmittelbäder, andere verwerfen die alten Bäder. Der Unterschied im Vorgehen richtet sich nach den jeweiligen betrieblichen Gegebenheiten, wobei wirtschaftliche Überlegungen eine wichtige Rolle spielen. Auch regelmäßig regenerierte Fluxbäder müssen von

Zeit zu Zeit entsorgt werden, da sich verschleppte Öle und Fette sowie sonstige Verunreinigungen anreichern und zu Qualitätseinbußen führen.

6.4.4.1 Verbrauchte Flussmittelbäder

Wird keine Regenerierung durchgeführt, werden die Flussmittelbäder nach einer Standzeit von einigen Jahren wegen der Anreicherung von Eisen und eingetragenen Verschmutzungen verworfen und neu angesetzt. Verbrauchte Flussmittelbäder sind saure Salzlösungen und enthalten je nach verwendetem Flussmittel Ammoniumchlorid, Zinkchlorid und/oder Kaliumchlorid. Flussmittelbäder werden unabhängig von ihrem Entsorgungsweg als gefährlicher Abfall im Sinne der Abfallverzeichnisverordnung [6.40] eingestuft. Stand der Technik ist eine Verwertung bzw. Wiederaufbereitung des Fluxmittels.

6.4.4.2 Eisenhydroxid-Schlamm

Wird eine betriebsinterne Regenerierung des Flussmittelbades durchgeführt, entsteht Eisenhydroxid-Schlamm. Sofern er nicht mit Schadstoffen belastet ist, ist Eisenhydroxid-Schlamm als Abfall nicht gefährlicher Abfall. Die Einstufung der Gefährlichkeit und die Zulässigkeit der verschiedenen Entsorgungswege und die Notwendigkeit von Vorbehandlungsmaßnahmen sind im Einzelfall zu prüfen. Im Regelfall werden Eisenhydroxid-Schlämme aus Feuerverzinkereien von Entsorgungsunternehmen als Sonderabfall entsorgt. Eine Regenerierung von Flussmittelbädern ist sowohl intern als auch extern möglich und wird auch auf beiden Wegen praktiziert.

6.4.5 Abfälle/Reststoffe aus der Verzinkung

6.4.5.1 Hartzink

Beim Feuerverzinken bilden sich durch Diffusion des flüssigen Zinks in die Oberfläche der zu verzinkenden Stahlteile unterschiedlich dicke Eisen-Zink-Legierungsschichten aus, die auch als Hartzinkschichten bezeichnet werden. Auch im Verzinkungsbad reichert sich im Laufe der Zeit Hartzink an, das von der verzinkten Ware stammt. An der Kesselwandung entstehen ebenfalls dickere Hartzinkschichten, die sich durch thermische oder mechanische Einflüsse ablösen und auf den Boden des Kessels sinken. Ein Teil des Hartzinks entsteht auch durch Umsetzung von Zink mit den Eisensalzen, die aus dem Beiz- oder aus dem Fluxbad in das Zinkbad mitgeschleppt werden oder sich beim Verzinken durch die zusätzliche Beizwirkung der Flussmittel bilden. Das Hartzink, das sich wegen des höheren spezifischen Gewichts am Kesselboden absetzt, wird in regelmäßigen Abständen aus dem Zinkbad entfernt. Das Hartzink, das zwischen 95 und 98% Zink enthält, wird wegen des hohen Wertstoffgehaltes in der Regel zur Aufarbeitung an Zinkhütten abgegeben. Für die Produktion von Zink im Zuge des Recyclings ist Hartzink ein begehrter Sekundär-Rohstoff und kommt daher als zu entsorgender Abfall in aller Regel nicht in Betracht.

6.4.5.2 Zinkasche

Beim Feuerverzinken entsteht auf der Oberfläche des Bades Zinkasche. Hierunter versteht man alle beim Trockenverzinken entstehenden, festen Verbindungen, deren spezifisches Gewicht geringer als das von Zink ist und die deshalb auf der Schmelze aufschwimmen. Zinkasche entsteht durch Berührung des Zinks mit dem Luftsauerstoff sowie durch Reaktion mit dem Flussmittel und besteht überwiegend aus Zinkoxid und Zinkchlorid. Bei aluminiumlegierten Bädern ist zusätzlich Aluminiumoxid enthalten. Die Zinkasche wird vor dem Auftauchen des Verzinkungsgutes mittels eines Abstreifers aus dem Zinkkessel entfernt. Beim Entfernen der Zinkasche von der Badoberfläche werden verhältnismäßig große Zinkmengen mit ausgetragen, sodass der Zinkgehalt zwischen 80 und 90% liegt. Wegen des hohen Zinkgehaltes wird die Zinkasche in der Regel als Wertstoff zur Verhüttung abgegeben. Bis Oktober 2007 galt Zinkasche als nicht gefährlicher Abfall und war Bestandteil der grünen Liste als Abfallstoffe ohne Auflagen für den grenzüberschreitenden Transport innerhalb der EU unter GB025 „Zinkbadabschöpfung" [6.43] geführt. Auf eine Änderung der Einstufung ab November 2007 durch eine Änderung der Bewertung von Zinkverbindung wird aber an dieser Stelle ausdrücklich hingewiesen.

Für die Produktion von Zink und zinkhaltigen Produkten ist Zinkasche ein begehrter Sekundärrohstoff und wird wiederverwertet.

6.4.5.3 Verspritztes Zink

Sind die zu verzinkenden Werkstücke nach dem Fluxen nicht vollständig trocken, werden beim Eintauchen in das Zinkbad durch das explosionsartig verdampfende Wasser größere Zinkmengen aus dem Bad herausgeschleudert. Dieses Spritzzink enthält durch den intensiven Luftkontakt Zinkoxid und wird beim Auftreffen auf dem Hallenboden verunreinigt. In der Regel wird Spritzzink wieder im Verzinkungskessel aufgeschmolzen.

6.4.6
Weitere Abfälle/Reststoffe

Im Zuge des Verzinkungsprozesses fallen noch an einigen anderen Stellen Abfälle und/oder Reststoffe an, so z. B.

- Filterstaub,
- Filterschläuche,
- verzinkter Drahtschrott.

Bei dem Filterstaub erfolgt in der Regel eine Wiederverwertung, wenn keine störende Verunreinigung mit Ölen und Fetten vorliegt.

Auch hier ist zunächst zu prüfen, ob eine Verwertung dieser Stoffe möglich ist, andernfalls sind sie entsprechend ihrer Klassifizierung als Abfall zu entsorgen. Des Weiteren gibt es noch weitere Abfälle und Reststoffe, die jedoch nicht feuerverzinkungsspezifisch sind, wie z. B. Ölfilter, Verpackungsfolie, Altpapier usw.

6.5 Lärm

6.5.1 Allgemeines

Von Feuerverzinkungsanlagen geht normalerweise keine extreme Lärmbelastung aus, allerdings kommt es prozessbedingt zu Belastungsspitzen, die es notwendig erscheinen lassen, sich mit dem Lärmschutz zu befassen. Die Arbeitsstättenverordnung [6.14] fordert im Anhang zum § 3 Abs. 1 Ziffer 3.7:

„In Arbeitsstätten ist der Schalldruckpegel so niedrig zu halten, wie es nach der Art des Betriebes möglich ist. Der Beurteilungspegel am Arbeitsplatz in Arbeitsräumen darf auch unter Berücksichtigung der von außen einwirkenden Geräusche höchstens 85 dB (A) betragen; soweit dieser Beurteilungspegel nach der betrieblich möglichen Lärmminderung zumutbarerweise nicht einzuhalten ist, darf er bis zu 5 dB (A) überschritten werden."

Die Richthöchstwerte der Beurteilungspegel in der Arbeitsstättenverordnung berücksichtigen neben der Gehörgefährdung auch die Auswirkungen auf das Nervensystem des Menschen und die damit verbundene Beeinträchtigung von

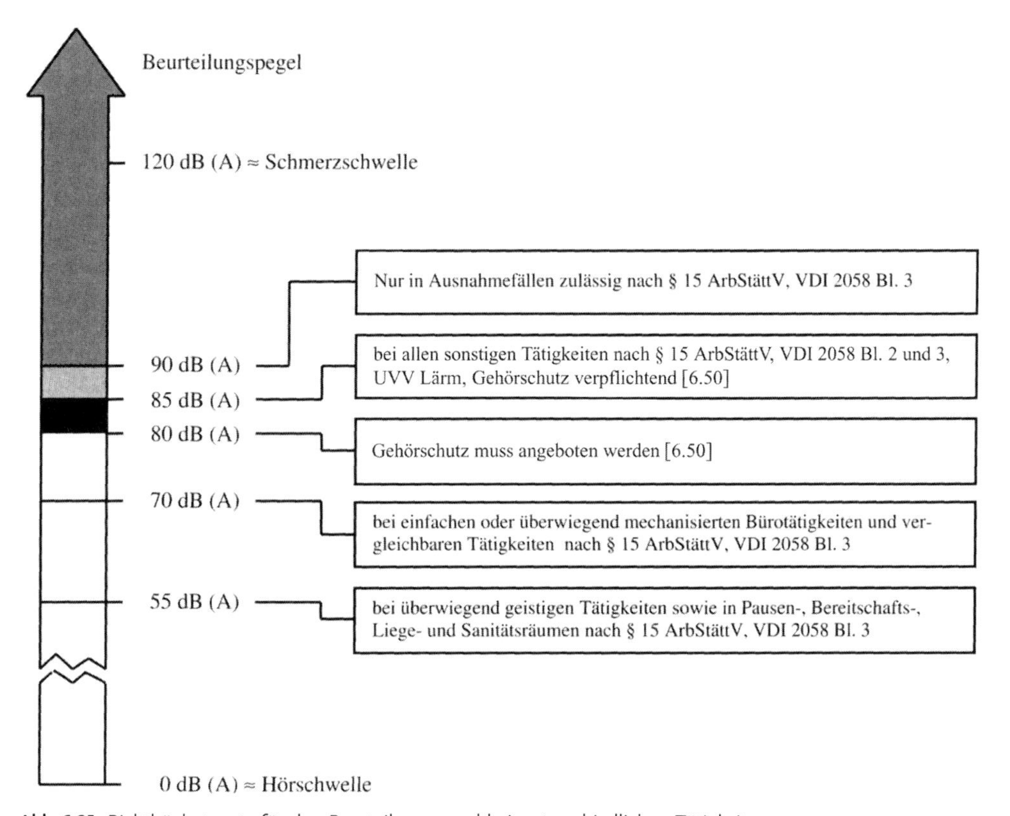

Abb. 6.21 Richthöchstwerte für den Beurteilungspegel bei unterschiedlichen Tätigkeiten

Arbeitssicherheit und Leistungsfähigkeit. Im Rahmen des § 3 Arbeitsstättenverordnung und LärmVibrationsArbSchV [6.50] sind ferner insbesondere VDI-Richtlinien und die Unfallverhütungsvorschrift „Lärm“ (BGV B3) anzuwenden. Diese fordert unter anderem:

- Lärmbereiche ($L_r \geqq 80$ dB (A) oder Höchstwert des nicht bewerteten Schalldruckpegels $\geqq 135$ dB) sind fachkundig zu ermitteln und die gefährdeten Beschäftigten festzustellen,
- Lärmbereiche sind zu kennzeichnen, wenn der ortsbezogene Beurteilungspegel 85 dB (A), der Höchstwert des nichtbewerteten Schalldruckpegels 137 dB erreicht oder Arbeitsmittel mit gefährdender Impulshaltigkeit des Lärms verwendet werden; das Expositionsrisiko ist durch Zugangsbeschränkungen zu mindern,
- Im Lärmbereich beschäftigte Arbeitnehmer sind zu unterweisen (z. B. über die Gefahren durch Lärm, wirksame Maßnahmen gegen Lärm),
- In Lärmbereichen Beschäftigten sind geeignete Gehörschutzmittel zur Verfügung zu stellen, wenn $L_r \geqq 85$ dB (A) ist. Bei Pegelwerten $\geqq 90$ dB (A) müssen die Arbeitnehmer gemäß UVV-Lärm persönliche Schallschutzmittel verwenden*.

6.5.2 Lärmschutz in Feuerverzinkereien

6.5.2.1 Persönliche Schutzausrüstung

Das Unternehmen muss versuchen, mit technischen oder organisatorischen Maßnahmen, die vorstehenden Werte einzuhalten. Ist dieses nicht möglich, hat das Unternehmen den Mitarbeitern geeignete persönliche Schutzausrüstungen zum Schutz vor Lärm zur Verfügung zu stellen; die Beschäftigten haben diese zu benutzen. Es handelt sich hierbei primär um die Arbeitsbereiche der Fahrzeugbe- und -entladung sowie um die Arbeitsplätze im Bereich des Verzinkungskessels. Hier handelt es sich erfahrungsgemäß um Arbeitsplätze mit einer höheren Lärmexposition. Ebenfalls bei automatischen Rohrverzinkungsanlagen kommt es zu hohen Lärmbelastungen, wenn die Rohre nach dem Verlassen des Verzinkungsbades mit Dampf ausgeblasen werden. Hierbei können Lärmbelastungen von bis zu 110 dB(A) auftreten.

6.5.2.2 Betriebliche Maßnahmen

Wie bereits erwähnt, muss das Unternehmen sinnvollerweise zunächst einmal analysieren, in welchen Bereichen der Verzinkungsanlage erhöhte Lärmbelastungen auftreten. Es können dieses so typische Bereiche sein wie z. B.

- Krananlagen, Staplertransport,
- Ventilatoren, Lüfter,
- Zinkbad usw.

* Anmerkung: Mittlerweile umgesetzt.

In jedem Entstehungsbereich lassen sich durch technische Maßnahmen zu hohe Lärmpegel reduzieren. So ist es zum Beispiel möglich, Gabelstapler mit spezieller Bereifung auszurüsten, die einen erschütterungsärmeren Warentransport ermöglicht. Auch die Beseitigung von Schlaglöchern oder Kanten und Absätzen im Fahrbahnbelag der Transportwege können dazu beitragen, Erschütterungen und damit Lärm beim Transport von Verzinkungsgut erheblich zu mindern.

Bei Krananlagen sind es häufig Verschleiß in den hoch belasteten Zahnradpaaren oder Bremsen, die zu einer ansteigenden Geräuschbelastung beim Betrieb von Kranen führen. Auch der Betrieb von Kranen selbst kann zu einem Problem werden, wenn jemand beim Krantransport unkundig oder gedankenlos Verzinkungsgut gegeneinander schlagen lässt. Ventilatoren oder Lüfter können in vielen Fällen in besonders schallgedämmten Ausführungen beschafft werden. Auch einfachste Maßnahmen, wie z. B. die Reduzierung der Fahrgeschwindigkeit beim Transport von Verzinkungsgut oder das Schließen von Fenstern und Türen, kann dazu beitragen, die Entstehung von Lärm zu mindern oder zumindest seine Ausbreitung einzudämmen. Der Lärmschutz in Feuerverzinkereien ist weniger ein technisches als vielmehr ein menschliches Problem, denn es geht hauptsächlich darum, den Lärm der durch gedankenloses und rücksichtloses Arbeiten entsteht, zu vermeiden, und dieses ist bei ein wenig gutem Willen aller Mitarbeiter möglich.

6.6 Arbeitssicherheit

6.6.1 Allgemeines

6.6.1.1 Gesetzliche Grundlagen

Betriebs- und Wegeunfälle bedeuten für die Betroffenen und ihre Angehörigen persönliches Leid und eine Minderung der Lebensqualität. Für die Betriebe und den Staat verursachen Unfälle Kosten und Wertverluste. Unfallverhütung ist deshalb eine Pflichtaufgabe für alle – für den Staat, die Unternehmen und die Versicherten. Auf Grund der gesetzlichen Regelung ist es

- Pflicht des Unternehmers, für sichere Arbeitsplätze zu sorgen
  und
- Pflicht des Arbeitnehmers, nach Maßgabe seiner Möglichkeiten an der Arbeitssicherheit mitzuwirken.

Das System des Arbeitsschutzes in der Bundesrepublik Deutschland ist zweigleisig aufgebaut. Eine Vielzahl von Gesetzen und Verordnungen befassen sich direkt oder indirekt mit dem Arbeitsschutz oder tangieren ihn. Zentrale Stellen zur Überwachung der Einhaltung von Arbeitsschutz-Vorschriften sind die Gewerbeaufsicht und der Technische Aufsichtsdienst der Berufsgenossenschaften. Die Berufsgenossenschaften (BG) sind Träger der gesetzlichen Unfallversicherung. Jede Feuerverzinkerei ist Kraft Gesetzes Mitglied der für seinen Gewerbezweig zuständigen BG.

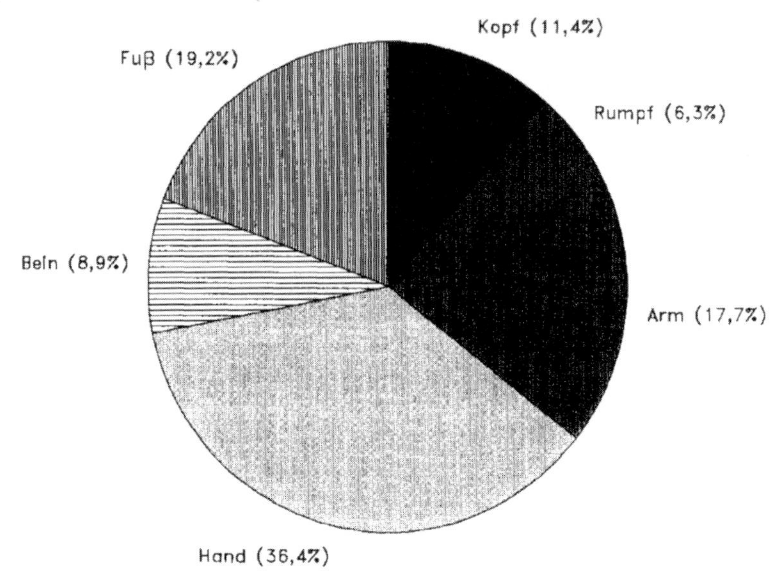

Abb. 6.22 Verletzte Körperteile (in %) bei Unfällen in der Feuerverzinkungsindustrie

6.6.1.2 Unfallgeschehen in Feuerverzinkereien

Die Unfallhäufigkeit liegt aufgrund der Tätigkeit in den Feuerverzinkereien verhältnismäßig hoch. Einer Studie aus dem Jahre 1980 ist zu entnehmen, dass zwischen 1971 und 1979 auf 100 Versicherte durchschnittlich 43 meldepflichtige Unfälle entfielen. (Ein ausgesprochen schlechtes Ergebnis.)

Eine neue Studie der Zentralstelle für Unfallverhütung und Arbeitsmedizin des Hauptverbandes der gewerblichen Berufsgenossenschaften (ZefU) vom Oktober 1990 zeigt jedoch glücklicherweise gegen Ende der 80er-Jahre eine Verminderung der Unfallhäufigkeit, die sich bis heute stabilisiert hat:

- 1987 1009 Arbeitsunfälle
- 1988 687 Arbeitsunfälle
- 1989 637 Arbeitsunfälle.

Bei etwa 3200 Mitarbeitern in der Feuerverzinkungsindustrie (nur alte Bundesländer) erlitt somit immerhin noch jeder 5. Mitarbeiter jährlich einen Unfall. Ein insgesamt immer noch recht hoher Wert, der jedoch mit den Unfallzahlen anderer Branchen mit ähnlichen Tätigkeitsmerkmalen vergleichbar ist.

Die Schwerpunkte der Arbeitsunfälle sind jedoch nicht beim Umgang mit der flüssigen Zinkschmelze oder den Säuren der Vorbehandlung zu sehen, Unfallschwerpunkte sind vielmehr die Bereiche der Materialvorbereitung (Schwarzlager) und des Materialfertiglagers (Weißlager) mit den dafür typischen Verletzungen der Extremitäten (Füße, Hände, Arme, Beine). Eine Übersicht über das Unfallgeschehen in Bezug auf die verletzten Körperteile liefert Abb. 6.22, in Bezug auf die Unfallorte innerhalb des Feuerverzinkungsunternehmens Abb. 6.23.

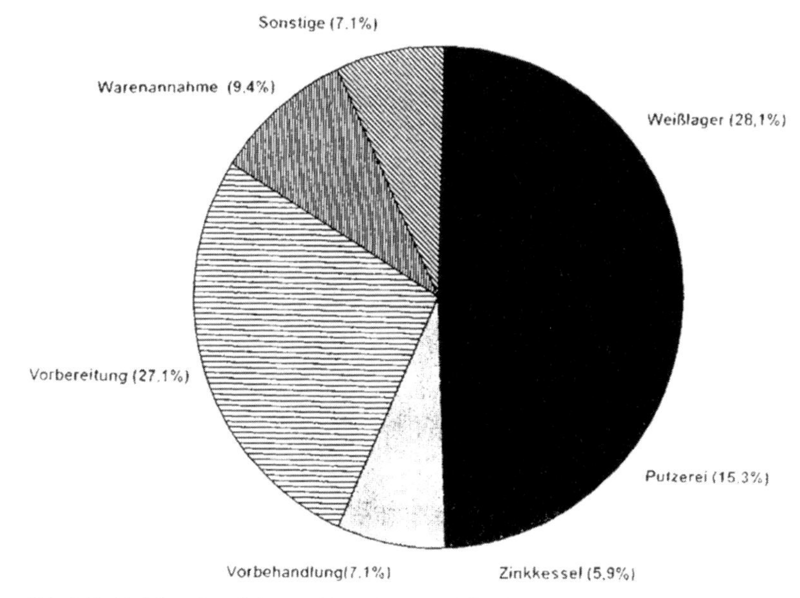

Abb. 6.23 Unfallort (Häufigkeit in %) in Feuerverzinkereien

6.6.1.3 **Unfallkosten**

Die Organisation des Arbeitsschutzes und jeder einzelne Arbeitsunfall ist mit Kosten verbunden. In der Praxis beschränkt man sich bei der Unfallkosten-Ermittlung in der Regel auf die rein personenbezogenen Unfallkosten, die sich zusammensetzen aus

- der Lohnfortzahlung einschließlich der Lohnnebenkosten,
- dem BG-Beitrag pro Ausfalleinheit (60% des BG-Beitrags).

So ergeben sich für Feuerverzinkungsunternehmen Kosten pro Ausfalltag von bis zu 300 bis 500 EUR. Wenn also ein Mitarbeiter durch einen Unfall 3 Wochen ausfällt, kostet das zwischen ca. 6000 bis zu ca. 10000 EUR.

6.6.2
Ausrüstung des Feuerverzinkungsunternehmens

6.6.2.1 **Allgemeines**

Um Arbeitsunfälle verhüten zu können, müssen innerhalb des Feuerverzinkungsunternehmens die baulichen Voraussetzungen dafür gegeben sein. Für die Art der baulichen Ausführung von Feuerverzinkungsanlagen gelten allgemein die Bestimmungen des Bauordnungsrechtes. Hinsichtlich weiterer Anforderungen an die Arbeitsplätze und Maschinen/Anlage siehe u. a.

- Arbeitsstättenverordnung,
- Vorschriften der Berufsgenossenschaften BGV, insbesondere
  - BGV A 1 Grundsätze der Prävention

- BGV A 2 (bisher: BGV A 6/A 7) Betriebsärzte und Fachkräfte für Arbeitssicherheit
- BGV A 3 (bisher: BGV A 2/VBG 4) Elektrische Anlagen und Betriebsmittel
- BGV A 4 (bisher: VBG 100) Arbeitsmedizinische Vorsorge
- BGV A 6 (bisher: VBG 122) Fachkräfte für Arbeitssicherheit
- BGV A 7 (bisher: VBG 123) Betriebsärzte
- BGV A 8 (bisher: VBG 125) Sicherheits- und Gesundheitsschutzkennzeichnung am Arbeitsplatz
- BGV D 6 (bisher: VBG 9) Krane
- BGV D 8 (bisher: VBG 8) Winden, Hub- und Zuggeräte
- BGV D 27 (bisher: VBG 36) Flurförderzeuge
- BGG 925 (bisher: ZH 1/554) Ausbildung und Beauftragung der Fahrer von Flurförderzeugen mit Fahrersitz und Fahrerstand.

- Arbeitsschutzgesetz,
- Arbeitssicherheitsgesetz,
- Betriebssicherheitsverordnung,
- Verordnung über die Zulassung von Personen zum Straßenverkehr,
- Gefahrstoffverordnung,
- Mutterschutzverordnung.

6.6.2.2 Arbeitsräume und -bereiche

Fußböden im Tropf- und Spritzbereich offener Bäder müssen widerstandsfähig gegen die verwendeten Stoffe oder Zubereitungen und rutschfest sein. Behälter und Rohrleitungen müssen im Arbeits- und Verkehrsbereich gegen mechanische Beschädigungen geschützt sein.

6.6.2.3 Offene Bäder

Die Feuerverzinkungsbäder müssen außerhalb der Produktionszeiten abgedeckt werden oder es müssen Einrichtungen zum Absperren des Gefahrenbereiches vorhanden sein. Der Behälterrand offener Bäder (Vorbehandlung) muss mindestens 1,0 m über der Standfläche des Versicherten angeordnet sein, wenn nicht durch andere Maßnahmen ein Hineinstürzen verhindert wird. Am Verzinkungsbad, das verfahrensbedingt bei jedem Tauchvorgang gesäubert werden muss, ist eine Randhöhe von 0,7 m zulässig, wenn der Rand gleichzeitig mindestens 0,2 m breit ist. Bei handbeschickten Verzinkungsbädern muss u. U. ein direkter Zugang zum Bad möglich sein; in solchen Fällen muss der Rand an der Arbeitsseite mindestens 0,2 m hoch sein, ein freier Bereich von mindestens 1,5 m Breite ist erforderlich. Im Bereich offener Bäder ist das Betreten von Umwehrungen und Randleisten verboten (Abb. 6.24). Auf das Verbot ist durch entsprechende Warnzeichen hinzuweisen. Unbefugten ist der Aufenthalt in Arbeitsräumen mit Schmelztauchbädern verboten; bei großen Hallen entspricht dies dem Gefahrenbereich um die Bäder. Auch auf dieses Verbot ist durch die Anbringung eines Verbotszeichens hinzuweisen. Alle Verbots-,

Abb. 6.24 Betreten des Beckenrandes (zumal noch in Gummistiefeln) ist verboten

Warn- und Zusatzzeichen müssen der BGV A8 „Sicherheits- und Gesundheitsschutzkennzeichnung am Arbeitsplatz"entsprechen (s. auch Abschnitt 6.6.6).

6.6.2.4 **Beschickungseinrichtungen**

Lastaufnahmemittel und Trageeinrichtungen *(Gestelle* und *Traversen)* müssen so beschaffen sein, dass sie den auftretenden chemischen und thermischen Belastungen standhalten. Bei *Ketten,* die der Zinkschmelze ausgesetzt sind, sind nur geprüfte Rundstahlketten der Güteklasse 2 nach DIN 32891 „Rundstahlketten, Güteklasse 2, nicht lehrenhaltig, geprüfte", sowie Ketten aus nicht vergüteten Sonderlegierungen der Güteklasse 5 nach DIN 5687, Teil 1 „Rundstahlketten, Güteklasse 5, nicht lehrenhaltig, geprüft"zulässig. Es dürfen nur Werkstoffe verwendet werden, die weitgehend beständig sind gegen Wasserstoffversprödung und flüssig-metallinduzierte Rissbildung. Rundstahlketten der Güteklasse 8 (auch aus Sonderlegierungen) sind grundsätzlich nicht zulässig.

Bindedraht muss für den Einsatzzweck geeignet sein und ist nur für die einmalige Verwendung zulässig. Bindedraht sollte mit folgenden Eigenschaften bestellt werden:

- Blanker Bindedraht, nach DIN 1652 kaltgezogen und weichgeglüht,
- Stahlsorte nach DIN 10025: Fe 310–0 oder Fe 360 B (früher nach DIN 17100: St 33 oder St 37–2),
- Zugfestigkeit: 300 bis 450 N mm^{-2},
- Bruchdehnung ($L_0 = 5$ x d_0): 25%,
- Grobkorn ist unbedingt zu vermeiden!
- Wickelprobe um einmal Durchmesser (mindestens 8 Windungen ohne Bruch).

6.6.3
Betriebsanweisungen/Unterweisungen

Aufgrund des § 3 der Betriebssicherheitsverordnung [6.15] hat der Unternehmer eine Gefährdungs- und Belastungsanalyse und *Betriebsanweisungen* für den gefahrlosen Betrieb von Einrichtungen zum Feuerverzinken zu erstellen. Hinsichtlich der Gestaltung dieser Betriebsanweisungen sind auch die Technischen Regeln für Gefahrstoffe TRGS 555 und die Vorgaben des § 14 GefStoffV [6.16] zu berücksichtigen.

Ein Beispiel für eine Betriebsanweisung zeigt Abb. 6.25 für den Bereich der Vorbehandlung in Feuerverzinkereien und den Umgang mit den dort vorhandenen Gefahrstoffen. Für andere Arbeitsbereiche, Stoffe und Zubereitungen sind entsprechende Betriebsanweisungen zu erstellen. Die Betriebsanweisungen sind in verständlicher Form und in der Sprache der Versicherten abzufassen. Sie sind an geeigneter Stelle in der Verzinkerei bekannt zu machen und von den Versicherten zu beachten.

Durch eine *Unterweisung* hat das Unternehmen die Versicherten vor Aufnahme ihrer Tätigkeit über die mit dem Betrieb von Feuerverzinkungsanlagen verbundenen Gefahren und die Maßnahmen zu ihrer Abwendung zu unterweisen. Die Unterweisung ist mindestens einmal jährlich zu wiederholen. Über die Themen der Unterweisung sowie die Namen der Teilnehmer ist Nachweis zu führen.

6.6.4
Persönliche Schutzausrüstungen

Das Unternehmen hat, soweit Gefahren nicht durch anderweitige Maßnahmen ausgeschlossen werden können, den Mitarbeitern geeignete persönliche Schutzausrüstungen zur Verfügung zu stellen; die Mitarbeiter haben diese zu benutzen. Die zu benutzende persönliche Schutzausrüstung ist in Abb. 6.26 wiedergegeben.

6.6.5
Persönliche Verhaltensregeln

Die wesentlichen Verhaltensregeln zum Schutz am Arbeitsplatz sind in den jeweiligen Betriebsanweisungen enthalten. Allgemein gilt:

1. Am Arbeitsplatz muss Ordnung gehalten werden! Es soll nur Werkzeug und Material vorhanden sein, das für den unmittelbaren Fortgang der Arbeit benötigt wird.
2. Keine beschädigten Arbeitsgeräte benutzen! Beschädigungen müssen sofort dem Vorgesetzten gemeldet werden (Abb. 6.27).
3. Vorsicht beim Transport von Hand! Ist der Transport von Hand unumgänglich, Schutzhandschuhe tragen. Vorsicht bei nachrutschendem Material!
4. Verkehrswege freihalten! Auf den Verkehrswegen darf kein Material gelagert werden. Die Ein- und Ausgänge, besonders

BTA Nr.: 003
Stand 07/2006

BETRIEBSANWEISUNG
gemäß § 14 GEFSTOFFV

Geltungsbereich und Tätigkeiten
Ab- und Umfüllvorgänge

EU – SDB: 25.03.2007
Ersteller

Unterschrift

GEFAHRSTOFFBEZEICHNUNG

Salzsäure <15 % (Säurebecken)
enthält: <15% Chlorwasserstoff (HCl, CAS-Nummer 7647-01-0)

GEFAHREN FÜR MENSCH UND UMWELT

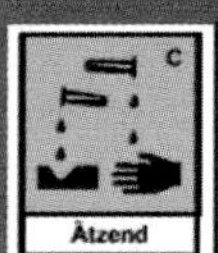

Verursacht Verätzungen. **MAK-Wert: 8 mg/m³ (HCl Gas)**
Reizt die Atmungsorgane.
schwach Wassergefährdend (**WGK 1**)

SCHUTZMASSNAHMEN UND VERHALTENSREGELN

(Nitrilkautschuk, 0,35 mm)
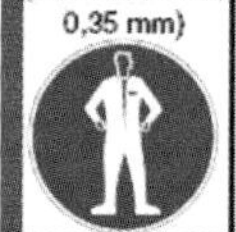

Allgemeine Schutzmaßnahmen / Schutzausrüstung:

Bei Berührung mit den Augen sofort gründlich mit Wasser abspülen und Arzt konsultieren. Bei der Arbeit säurebeständige Schutzkleidung, Schutzhandschuhe aus Nitrilkautschuk, 0,35 mm zugelassen nach EN374 u. Schutzbrille/Gesichtsschutz tragen.

Bei Unfall oder Unwohlsein sofort Arzt hinzuziehen (wenn möglich, dieses Etikett vorzeigen).

Verhaltensregeln beim Ab- und Umfüllen:

Beim Nachschärfen immer erst die notwendige Menge an Wasser vorlegen und danach die Salzsäure möglichst mit einem Schlauch (der in der Flüssigkeit endet) zudosieren. Die Salzsäure niemals mit Laugen (z.B. alkalische Entfettung) mischen! Spritzen beim Umfüllen vermeiden.

Hygienevorschriften:

Kontaminierte Kleidung sofort wechseln. Vorbeugender Hautschutz (Hautschutzplan). Nach Arbeitsende und vor den Pausen Hände und Gesicht waschen.

VERHALTEN IM GEFAHRFALL

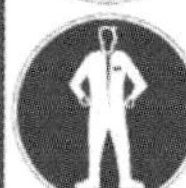

Feuerwehr 0112

Maßnahmen zur Brandbekämpfung:
Löschmittel auf Umgebungsbrand abstimmen. Umgebungsluftunabhängiges Atemschutzgerät und ggfs. Vollschutzanzug tragen. Kontaminiertes Löschwasser sammeln!

Maßnahmen bei unbeabsichtigter Freisetzung:
Nicht in Kanalisation oder Gewässer gelangen lassen. Mit Chemikalienbinder aufnehmen bzw. größere Mengen in separates Gefäß pumpen und der Entsorgung zuführen.

Schutzausrüstung bei der Brandbekämpfung und der unbeabs. Freisetzung tragen!

ERSTE HILFE

Notarzt 0112

Hautkontakt: Verunreinigte Kleidung sofort wechseln. Mit viel Wasser abspülen.

Augenkontakt: 10 Minuten unter fließendem Wasser bei gespreizten Lidern spülen (mit beiden Händen weit aufhalten), sofort Augenarzt hinzuziehen.

Verschlucken: Viel Wasser trinken (ggf. mehrere Liter), kein Erbrechen herbeiführen (Perforationsgefahr). Sofort Arzt hinzuziehen.

Einatmen: Person an die frische Luft bringen. Arzt hinzuziehen.

SACHGERECHTE ENTSORGUNG

Für die ordnungsgemäße Entsorgung bitte mit dem AB oder Betriebsleiter Rücksprache halten!

Abb. 6.25 Betriebsanweisung: Vorbehandlung (Beispiel)

Arbeitsplatz	Schutzhelm[1])	Schutzschürze	Säureschutzhandschuhe	sonstige Schutzhandschuhe	Gesichtsschutzschild o. -schirm o. Schutzbrille	Schutzstiefel	Schutz-Gummistiefel	Wetterschutz-Kleidung	Persönliche Schallschutzmittel (Gehörschutzstöpsel, Kapselgehörschützer	Atemschutzgeräte
Schwarzlager/ Beladestation	X			X		X 6)		X	9)	
Vorbehandlungslinie	X	X 2)	X	X	X		X	8)	9)	10)
Verzinkungskesselbereich	X	X 3)		X	X	X 7)			9)	10)
Nacharbeit/ Fertigteillager	X			X	X 4)	X			9)	
Hilfsbetriebe	X			X	X 5)	X		8)	9)	

Abb. 6.26 Persönliche Schutzausrüstungen im Feuerverzinkereien

[1]) Erforderlich bei allen Tätigkeiten, bei denen durch herabfallende, umfallende oder fortgeschleuderte Gegenstände, durch pendelnde Lasten und durch Anstoßen an Hindernisse Kopfverletzungen auftreten können. Im Kesselbereich gegebenenfalls Schutzhelme mit Gesichtsschutz aus Plastik oder Drahtgewebe einsetzen. Für Mitarbeiter, die normale Schutzhelme nicht tragen können, gibt es spezielle Schutzhelme mit Versehrtenausstattung.

[2]) Je nach Betriebsbedingungen gegebenenfalls Säure-Schutzanzug oder Säure-Schutzhemd

[3]) Mindestens schwerentflammbare Schutzschürzen (besser: zusätzlich hitzereflektierend).

[4]) Schutzbrille.

[5]) Je nach Betriebsbedingungen; z. B. in Schlosserei beim Schleifen.

[6]) Möglichst mit durchtrittsicherer Sohle.

[7]) Auch leicht abwerfbare Gamaschen oder überfallende, schwerentflammbare Hosen.

[8]) Je nach Betriebsbedingungen.

[9]) Bereitstellung bei Beurteilungspegel über 85 db(A); Benutzungspflicht bei Beurteilungspegel ab 90 db(A).

[10]) Bereithalten geeigneter Atemschutzgeräte, wenn die Möglichkeit besteht, dass in Sonderfällen die MAK-Werte überschritten werden. Geeignete Atemschutzgeräte „Atemschutz-Merkblatt“ (ZH 1/134); weitere Hinweise: Kühn/Birett „Merkblätter Gefährliche Arbeitsstoffe“.

Wird der Arbeitsplatz gewechselt, so sind die für den neuen Arbeitsplatz erforderlichen Persönlichen Schutzausrüstungen zu benutzen.

die Fluchtwege, Notausgänge und Zugänge zu Notschaltern dürfen nicht verstellt werden (Abb. 6.28).

5. Der Gefahrenbereich des Verzinkungsbades darf nicht durch Unbefugte betreten werden. Es besteht Verletzungsgefahr durch herausspritzendes Zink.
6. Persönliche Schutzausrüstung muss auch getragen werden, nur dann kann sie einen wirksamen Schutz bieten.
7. Keine Spielereien und Neckereien am Arbeitsplatz! Man gefährdet sich selbst und die Kollegen.
8. Kein Alkoholgenuss am Arbeitsplatz.
9. Auf Hygiene beim Essen und Trinken achten.

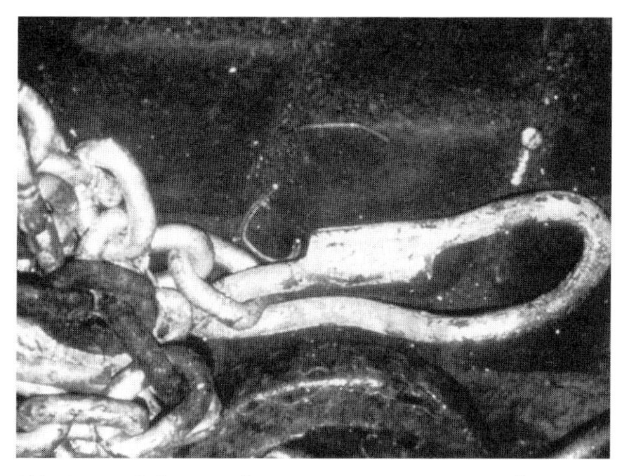

Abb. 6.27 Unfachmännisch repariertes Kettenauge (unzulässig)

Abb. 6.28 Verstellter Notausgang

Abb. 6.29 Gefährlich gestapeltes Verzinkungsgut

10. Unfälle sofort dem Vorgesetzten melden, auch wenn sie auf den ersten Blick als nicht so schlimm angesehen werden.
11. Auf betriebsfremde Personen achten.
12. Nur richtige und intakte Lastaufnahmemittel benutzen.
13. Material richtig stapeln; Abrutschen und Umkippen vermeiden (Abb. 6.29).
14. Hebezeuge richtig handhaben und nicht überlasten.

6.6.6 Umgang mit Gefahrstoffen

In Feuerverzinkungsbetrieben werden zum Teil Stoffe und Zubereitungen verwendet, die gefährliche Eigenschaften wie ätzend oder reizend besitzen. Die sind zum Beispiel die verwendeten Salzsäurebeizen und das Entfettungsmittel. In der Gefahrstoffverordnung [6.16] sind der Umgang und die Pflichten des Arbeitgebers und Arbeitsnehmers beschrieben. Nach § 8 ff. der Gefahrstoffverordnung sind für die verwendeten Gefahrstoffe ein Schutzstufenkonzept zu erstellen. Hierbei wird ermittelt, welche Gefahrstoffe besondere Schutzmaßnahmen des Arbeitsgebers erfordern. Als Grundlage für ein solches Konzept wird die Vorlage der BAUA [6.44] empfohlen, dass für kleine und mittlere Unternehmen verfasst wurde und kostenfrei aus dem Internet heruntergeladen werden kann. Es wird empfohlen dieses Konzept durch einen Sachkundigen, z. B. der Sicherheitsfachkraft, erstellen zu lassen. Ein Ergebnis des Schutzstufenkonzeptes, insbesondere für die Schutzstufen 3 und 4, kann auch die Überwachung der Einhaltung von Arbeitsplatzgrenzwerten durch repräsentative Messungen sein. Weiterhin werden aus den im Schutzstufenkonzept abgeleiteten Maßnahmen unter Zuhilfenahme der Sicherheitsdatenblätter nach § 14 Gefahrstoffverordnung Betriebsanweisungen erstellt, die konkrete Handlungshinweise enthalten müssen und auch die Kennzeichnung der Behälter mit Gefahrstoffen festlegen.

6.6.7
Sicherheitskennzeichnung am Arbeitsplatz

Beim Umgang mit Gefahrstoffen, aber auch im Zusammenhang mit anderen Gefahren des Feuerverzinkungsprozesses sind Verbots-, Gebots-, Warn- und Rettungszeichen in der Verzinkerei anzubringen und die darin enthaltenen Informationen zu beachten.

Alle Kennzeichnungen sind gemäß BGV A 8 „Sicherheits- und Gesundheitsschutzkennzeichnung am Arbeitsplatz" durchzuführen (Abb. 6.30–6.32.

Abb. 6.30 Verbotszeichen (Auszug aus BGV A8)
Rauchen verboten
Feuer, offenes Licht und Rauchen verboten
Verbot mit Wasser zu löschen
Zutritt für Unbefugte verboten

Abb. 6.31 Warnzeichen (Auszug aus BGV A8)
Warnung vor feuergefährlichen Stoffen
Warnung vor giftigen Stoffen
Warnung vor ätzenden Stoffen
Warnung vor radioaktiven Stoffen oder ionisierenden Strahlen

Abb. 6.32 Gebotszeichen (Auszug BGV A8)
Augenschutz tragen
Schutzhelm tragen
Atemschutz tragen
Schutzschuhe tragen
Schutzhandschuhe tragen

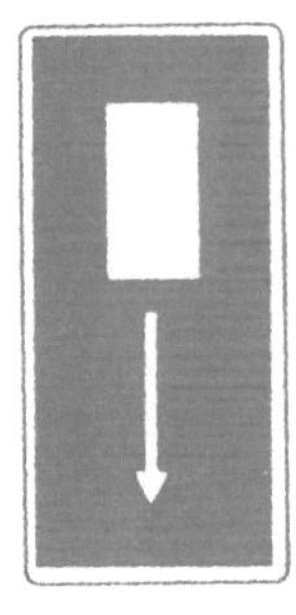

Fig. 6.33 Rettungszeichen (Auszug aus BGV A8)
Hinweis auf „Erste Hilfe“
Rettungsweg (Richtungsangabe für Rettungsweg)
Rettungsweg (Richtungsangabe für Rettungsweg)
Rettungsweg (über dem Ausgang anzubringen)

6.6.8 Gesetzliche Beauftragte im Umwelt- und Arbeitsschutz

Um dem Arbeitgeber beratende Personen für Umwelt- und Arbeitssicherheit zur Seite zu stellen, hat der Gesetzgeber die Bestellung der nachfolgend aufgeführten Beauftragten für Feuerverzinkereien verbindlich vorgeschrieben:

1. Sicherheitsfachkraft im Sinne des § 5 und 6 Arbeitssicherheitsgesetzes [6.45] und BGV A2 [6.47]
2. Betriebsarzt im Sinne des § 2 und 3 Arbeitssicherheitsgesetzes [6.45] und BGV A 2 [6.47]
3. Sicherheitsbeauftragte nach § 20 der BGV A1 [6.46]
4. Immissionsschutzbeauftragter nach § 53 Bundesimmissionsschutzgesetz [6.1] (gilt gemäß 5. BImSchV [6.48] § 1 und Anhang I Ziffer 19 a für Verzinkereien ab 10 Tonnen Rohgutdurchsatz pro Stunde)
5. Abfallbeauftragter gemäß § 54 Kreislaufwirtschafts- und Abfallgesetz [6.4]
6. Gefahrgutbeauftragter gemäß GGVSE/ADR 2007

Sie beraten den Unternehmer in ihren Fachgebieten über die Einhaltung der gesetzlichen Vorgaben und über die Erreichung von Verbesserungen. Sie sind zwar eine Schnittstelle zu den Behörden, sind aber zu keiner Meldung von Verstößen an die Behörden verpflichtet. Ihre Tätigkeit weisen die Beauftragte – außer Sicherheitsbeauftragte – durch Begehungsberichte und Jahresberichte nach. Im Bereich des Arbeitsschutzes ist zu dem nach § 11 Arbeitssicherheitsgesetz bei mehr als 20 Beschäftigen ein Arbeitsschutzausschuss zu bilden, dem neben dem Betriebsarzt/Betriebsärztin, die Sicherheitsfachkraft, die Sicherheitsbeauftragten, der Unternehmensleitung und Mitgliedern des Betriebsrates angehören. Der Arbeitsschutzausschuss dient der gemeinsamen Erörterung von Problemen und Verbesserungen im Arbeitsschutz.

6.7 Praktische Maßnahmen zum Umweltschutz

Aus den geltenden Umweltschutz- und Arbeitsschutzvorschriften ergibt sich für den Mitarbeiter in einer Feuerverzinkerei die Notwendigkeit, bestimmte Maßnahmen zu ergreifen. Je nach Art des Problems und seiner Lokalisierung ergibt sich eine Vielzahl von Handlungsansätzen. Einige Beispiele, deren Einhaltung oder Umsetzung in jeder Feuerverzinkerei erfolgen sollte, sind nachstehend aufgelistet:

Problembereich	Lösung oder Lösungsansatz
Schwarzlager	
Verunreinigung des Bodens durch dem Schwarzgut anhaftende Öle u. Fette	möglichst wasserundurchlässig befestigter Untergrund und Regenwassererfassung
Entfettung	• Maßnahmen zur Standzeitverlängerung, funktionierende Fett-/Öl-Abscheidung • abgestimmte Fette speziell entsorgen (Öl/Wasser-Emulsion – Lagerung in speziellen Behältern) • Spülbadlösung zum Aufbau des Entfettungsbades verwenden • Kundenaufklärung und Erziehung
Beize	
• HCl-Emissionen aus Beizbädern	• Ansatz der Säure gem. VDI Richtlinie 2579 und entsprechender Luftwechsel
• Verschmutzung der Beize durch Zink, dadurch Entsorgung teuer	• ein getrennt gehaltenes Bad wird für teilverzinktes Schwarzgut benutzt • Hinweis an Kunden • organisatorische Maßnahmen und analytische Kontrolle der Beizbäder auf Zn
• weitgehende Nutzung der Beize, damit Reststoffminderung	organisatorische Maßnahmen und analytische Kontrolle
• Tropfsäure	separat erfassen und zurückpumpen
• Spülwasser	soweit möglich, zum Neuansatz der Beize benutzen
Fluxbad	• Fluxbadlösung nicht in Abwasser gelangen lassen: Komplexbildung durch NH_4-Ionen, N-Belastung • Lösungen aus dem Tropfbereich zurück in das Fluxbad • Kontrolle des Fluxbades • Recyclingmöglichkeit für Altflux prüfen
Zinkbad	
• Beheizungsabgase	• Einrichten einer leicht zugänglichen Messstelle; bei öl- und gasbeheizten Bädern: regelmäßige z. B. wöchentliche Kontrolle der Abgase auf CO_2, CO, CH_4, Ruß mit Schornsteinfegerausrüstung oder Dräger Röhrchen • Aufzeichnen der Werte • optimal: kontinuierliche Kontrolle der Gasanalyse und Rauchdichtemesser (ca. 16000 EUR), über Abwärmenutzung nachdenken

Problembereich	Lösung oder Lösungsansatz
• spezifischer Energieverbrauch	• Abdeckung des Bades in Verzinkungspausen • Isolation prüfen • Abgaswärmeverluste prüfen • Kaminzug regeln
• Fehlverzinkungen	• Vermeiden durch sorgfältige Kontrolle vor und nach dem Fluxen • NH_4Cl-Eimer am Zinkbad abschaffen • falls nachträglich gefluxt werden muss: NH_4Cl als hochkonz. Lösung aufsprühen oder aufpinseln
Filter	
• Reingasstaub	Kontrolle des Druckverlustes und der Rauchdichte, z. B. Fireeye (ca. 2000,– EUR) am besten registrierend
• Filterschlauchstandzeit	• Taupunktunterschreitung vermeiden • Abreinigung differenzdruckgesteuert • Abschalten oder Gebläse nach Verzinkung • oder Gebläse mit minimaler Tourenzahl zur Ansaugung von Warmluft benutzen • Filtermaterialienstandzeit bestimmen durch Aufzeichnen der Positionen, Einbaudatum • und Qualität filterweise neu bestücken • nur wenn Filtermaterial noch zu gebrauchen: evtl. Reparatur/Reinigung
• Filterstaub	intelligent entsorgen, d. h., Möglichkeiten der Wiederverwertung prüfen, entsprechend der vorgesehenen Weiterverwendung am Austrag verpacken
• alte Filterschläuche	
• Zinkasche	Lagerung nur unter Dach; Anlieferung (lose, Big bags, Mulde, usw.) mit Aufkäufer absprechen
Zn-Abbeize	
Verunreinigung mit Fe vermeiden	• organisatorische Maßnahmen, *optimal:* Verfahrensweg so gestalten, dass Rückfahren in Schwarzbeize und Einfahren von Schwarzgut in Abbeize unmöglich wird • Fe-Gehalte regelmäßig kontrollieren • Tropfbereich separat erfassen und rückführen
Weißlager	
Zn-Abtrag durch Regen und Verdreckung, Verätzungen	Lager vom übrigen Betriebsbereich räumlich getrennt halten, Überdachung
Produktionsreststoffe	
Filterstäube	• separat und trocken lagern • Verpackung mit Empfänger abstimmen • GGVSE beachten

Problembereich	Lösung oder Lösungsansatz
Zinkaschen	• nur in überdachten Lagerplätzen • Verpackung mit Empfänger abstimmen
Altbeizen, $ZnCl_2$-Abbeize	• Lagerung in entsprechenden Tanks • Tanklager in einer der WGK Klasse entsprechenden Ausführung • GGVSE beachten bei Verladung
Abwasserbehandlung	
• Abwasserqualität, Menge	• Entstehung von Prozessabwässern möglichst vermeiden • Menge ermitteln • Betriebsverbräuche erfassen und dokumentieren • pH-Wert (2 Sonden) registrieren • Zn-Wert kontrollieren, z. B. Teststreifen (Merck, Dr. Lange o. Ä.) • Schlamm filtern und weitgehend entwässern • Wiederverwertung des Schlammes prüfen, dazu gehört Prüfung ob NaOH oder $Ca(OH)^2$ Milch zur Neutralisation eingesetzt wird
• Menge	• Aktion durchführen, z. B. Knopfdruck statt Hähne • Ersatz von stark wasserverbrauchenden Aggregaten • Möglichkeiten der Wassermehrfachnutzung prüfen
Grundwasser	regelmäßige Kontrolle von Peilbrunnen auf pH, Zn, Fe, Kohlenwasserstoffe
Werkstättenreststoffe	• getrennte Sammlung von Kabelschrott • Altpapier • Eisen • Altöl • Altöl/Wasseremulation und entsprechende Lagerung
Einkauf	• bei gleicher Eignung den umweltfreundlichen Produkten den Vorzug geben • Getränke in Mehrwegflaschen • Hg-freie Batterien • Recyclingstoffen eine Chance geben; weitere Hinweise im Buch „Das umweltfreundliche Unternehmen", Beck Verlag
Mitarbeiter	• Aufklärung der Mitarbeiter • Motive zur qualitativ hochwertigen Arbeit fördern • Umweltschutz in das betriebliche Vorschlagswesen einbeziehen

Problembereich	Lösung oder Lösungsansatz
Öffentlichkeitsarbeit	• Teilnahme an örtlichen Ausstellungen ganz bewusst mit Thema Produkt und Umweltschutz • Produktinformation und Werksbroschüre • Tag der offenen Tür einrichten für örtliche Vereine, Parteien, Schulen • bei Verzinkung von Außenkonstruktionen: Möglichkeit eines Firmensymbols nutzen und anbringen • Nennung eines Ansprechpartners und Vertreters für evtl. Beschwerden • evtl. Beschwerden nachgehen und Berichterstattung an den Beschwerdeführer
Werk und Umfeld	• Akzeptanz in der Umgebung verbessern, z. B. durch Anlage von Grünflächen, besser noch Bepflanzung mit Sträuchern oder Bäumen auf unmittelbar nicht benötigten Flächen; evtl. auch Anlage eines bepflanzten Walles (Lärmschutz) • Überprüfung der Logistik des An- und Abtransports, evtl. selber einen Fahrdienst einrichten und damit Kleinlieferer zu bedienen: Verringerung der Geräuschbelastung • Imagepflege: d. h. Zink und Verzinkung überall da, wo es sinnvoll ist • Produktdarstellung, z. B. zwei gleiche Teile, Skulpturen o. Ä. schwarz und feuerverzinkt mit Aufstelldatum im öffentlich sichtbaren Bereich.

Literaturverzeichnis

[6.1] Gesetz zum Schutz vor schädlichen Umwelteinwirkungen durch Luftverunreinigungen, Geräusche, Erschütterungen und ähnliche Vorgänge (BImSchG) in der Fassung der Bekanntmachung vom 26. September 2002 (BGBl. I Nr. 71 vom 04. 10. 2002 S. 3830) zuletzt geändert am 31. Oktober 2006 durch Artikel 60 der Neunten Zuständigkeitsanpassungsverordnung (BGBl. I Nr. 50 vom 07. 11. 2006 S. 2407)

[6.2] Gesetz zur Ordnung des Wasserhaushalts (WHG) in der Fassung der Bekanntmachung vom 19. August 2002 (BGBl. I Nr. 59 vom 23. 08. 2002 S. 3245) zuletzt geändert am 25. Juni 2005 durch Artikel 2 des Gesetzes zur Einführung einer Strategischen Umweltprüfung und zur Umsetzung der Richtlinie 2001/42/EG (SUPG) (BGBl. I Nr. 37 vom 28. 06. 2005 S. 1746)

[6.3] Anlagenverordnungen der Länder für Anlagen zum Umgang mit wassergefährdenden Stoffen VAwS in Verbindung mit der allgemeinen Verwaltungsvorschrift zum Wasserhaushaltsgesetz über die Einstufung wassergefährdender Stoffe in Wassergefährdungsklassen (VwVwS) vom 17. Mai 1999 (BAnz. Nr. 98a vom 29. 05. 1999) zuletzt geändert am 27. Juli 2005 durch Allgemeine Verwaltungsvorschrift zur Änderung der Verwaltungsvorschrift wassergefährdende Stoffe (BAnz. Nr. 142a vom 30. 07. 2005)

[6.4] Gesetz zur Förderung der Kreislaufwirtschaft und Sicherung der umweltverträglichen Beseitigung von Abfällen (KrW-/AbfG) vom 27. September 1994 (BGBl. I Nr. 66 vom 06. 10. 1994 S. 2705) zuletzt geändert am 31. Oktober 2006 durch Artikel 68 der Neunten Zuständigkeitsanpassungsverordnung (BGBl. I Nr. 50 vom 07. 11. 2006 S. 2407)

[6.5] Verordnung über Verwertungs- und Beseitigungsnachweise (NachwV) in der Fassung der Bekanntmachung vom 17. Juni 2002 (BGBl. I Nr. 44 vom 03. 07. 2002 S. 2374) zuletzt geändert am 15. August 2002 durch Artikel 4 der Verordnung über die Entsorgung von Altholz (BGBl. I Nr. 59 vom 23. 08. 2002 S. 3302)

[6.6] 1. BImSchVwV: TA Luft – Technische Anleitung zur Reinhaltung der Luft Erste Allgemeine Verwaltungsvorschrift zum Bundes-Immissionsschutzgesetz vom 24. Juli 2002 (GMBl. Nr. 25–29 vom 30. 07. 2002 S. 511)

[6.7] 4. BImSchV: Verordnung über genehmigungsbedürftige Anlagen Vierte Verordnung zur Durchführung des Bundes-Immissionsschutzgesetzes (4. BImSchV) in der Fassung der Bekanntmachung vom 14. März 1997 (BGBl. I Nr. 17 vom 20. 03. 1997 S. 504) zuletzt geändert am 15. Juli 2006 durch Artikel 6 des Gesetzes zur Vereinfachung der abfallrechtlichen Überwachung (BGBl. I Nr. 34 vom 20. 07. 2006 S. 1619)

[6.8] 9. BImSchV: Verordnung über das Genehmigungsverfahren Neunte Verordnung zur Durchführung des Bundes-Immissionsschutzgesetzes (9. BImSchV) in der Fassung der Bekanntmachung vom 29. Mai 1992 (BGBl. I Nr. 25 vom 11. 06. 1992 S. 1001) zuletzt geändert am 21. Juni 2005 durch Artikel 5 des Gesetzes zur Umsetzung von Vorschlägen zu Bürokratieabbau und Deregulierung aus den Regionen (BGBl. I Nr. 35 vom 24. 06. 2005 S. 1666)

[6.9] 12. BImSchV: Störfall-Verordnung Zwölfte Verordnung zur Durchführung des Bundes-Immissionsschutzgesetzes (12. BImSchV) in der Fassung der Bekanntmachung vom 8. Juni 2005 (BGBl. I Nr. 33 vom 16. 06. 2005 S. 1598)

[6.10] UVP-Gesetz, Gesetz über die Umweltverträglichkeitsprüfung, (UVPG) in der Fassung der Bekanntmachung vom 25. Juni 2005 (BGBl. I Nr. 37 vom 28. 06. 2005 S. 1757), zuletzt geändert am 31. Oktober 2006 durch Artikel 66 der Neunten Zuständigkeitsanpassungs-verordnung(BGBl. I Nr. 50 vom 07. 11. 2006 S. 2407)

[6.11] VDI-Richtlinie 2310 (mehrere Blätter), September 1974 bis heute: Maximale Imissions-Werte. Berlin: Beuth-Verlag GmbH

[6.12] Maximale Arbeitsplatzkonzentrationen und Biologische Arbeitsstofftoleranzwerte. Mitteilung der Senatskommission zur Prüfung gesundheitschädlicher Arbeitsstoffe

[6.13] 6. BImSchVwV: TA Lärm – Technische Anleitung zum Schutz gegen Lärm Sechste Allgemeine Verwaltungsvorschrift zum Bundes-Immissionsschutzgesetz vom 26. August 1998 (GMBl. Nr. 26 vom 28. 08. 1998 S. 503)

[6.14] Verordnung über Arbeitsstätten (ArbStättV) vom 12. August 2004 (BGBl. I Nr. 44 vom 24. 08. 2004 S. 2179) zuletzt geändert am 31. Oktober 2006 durch Artikel 388 der Neunten Zuständigkeitsanpassungsverordnung (BGBl. I Nr. 50 vom 07. 11. 2006 S. 2407)

[6.15] Betriebssicherheitsverordnung Verordnung über Sicherheit und Gesundheitsschutz bei der Bereitstellung von Arbeitsmitteln und deren Benutzung bei der Arbeit, über Sicherheit beim Betrieb überwachungsbedürftiger Anlagen und über die Organisation des betrieblichen Arbeitsschutzes (BetrSichV) vom 27. September 2002 (BGBl. I Nr. 70 vom 02. 10. 2002 S. 3777) zuletzt geändert am 31. Oktober 2006 durch Artikel 439 der Neunten Zuständigkeitsanpassungsverordnung (BGBl. I Nr. 50 vom 07. 11. 2006 S. 2407)

[6.16] Gefahrstoffverordnung: Verordnung zum Schutz vor Gefahrstoffen (GefStoffV) vom 23. Dezember 2004 (BGBl. I Nr. 74 vom 29. 12. 2004 S. 3758 (3759)) zuletzt geändert am 31. Oktober 2006 durch Artikel 442 der Neunten Zuständigkeitsanpassungsverordnung (BGBl. I Nr. 50 vom 07. 11. 2006 S. 2407)

[6.17] VDI-Handbuch Lüftungstechnik, VDI-Verlag GmbH

[6.18] Arbeitsmappe Heiztechnik/Raumlufttechnik/Sanitärtechnik, VDI-Verlag GmbH

[6.19] VDI-Handbuch Reinhaltung der Luft, VDI-Verlag GmbH

[6.20] *Recknagel H., E. Sprenger, W. Hönmann:* Taschenbuch für Heizung und Klimatechnik. München: R. Oldenbourg-Verlag

[6.21] VDI-Richtlinie 3929, August 1992: Erfassung luftfremder Stoffe. Berlin: Beuth-Verlag GmbH

[6.22] VDI-Richtlinie 2579: Auswurfbegrenzung/Feuerverzinkungsanlagen. Berlin: Beuth-Verlag GmbH, 2007

[6.23] *Gröber H., S. Erk:* Die Grundgesetze der Wärmeübertragung. Berlin: Verlag von Julius Springer 1933 Heiligenstaedt, W.: Wärmetechnische Rechnungen für Industrieöfen. Düsseldorf: Verlag Stahleisen m.b.H. Schach, A.: Der industrielle Wärmeübergang. Düsseldorf: Verlag Stahleisen m. b. H.

[6.24] *Hemeon, W. C. L:* Plant and process Ventilation, 2. Aufl. New York 13: The Industrial Press 1963

[6.25] VDI-Richtlinie 3677, Juli 1980: Filternde Abscheider. Berlin: Beuth-Verlag GmbH

[6.26] VDI-Richtlinie 3679, Mai 1980: Naßarbeitende Abscheider. Berlin: Beuth-Verlag

[6.27] *Köhler, R.:* Untersuchungen zum Einsatz filtrierender Abscheider in Feuerverzinkereien. GAV-Forschungsbericht, Dez. 1989

[6.28] *Kaßner, C:* Studie über die Einhaltung der HCl Emissionsgrenzwerte in Feuerverzinkereien im Rahmen der Bearbeitung der VDI 2579, LEOMA GmbH für Industrieverband Feuerverzinken e. V., 2006

[6.29] *Ötting C., C. Kaßner:* „Pilotprojekt zum Contracting für Entfettungen in der Oberflächenbehandlung am Beispiel von Feuerverzinkungsbetrieben", LEOMA/ Effizienzagentur NRW, 2006

[6.30] *Löffler, F.:*Staubabscheiden. Stuttgart und New York: Georg Thieme Verlag 1988

[6.31] Kayser KG: Laboruntersuchungen von Filterelementen

[6.32] Kayser KG: Kennwerte gebräuchlicher Filtermedien

[6.33] *Görnisiewicz, S.*:Berechnung der Gasströmungsgeschwindigkeit eines Gewebefilters unter Berücksichtigung der Kennlinie von Gebläse und Leitungssystem. Staub-Reinhaltung der Luft 31 (1971), S. 13–18
[6.34] *Holzer, K.*: Erfahrungen mit naßarbeitenden Entstaubern in der chemischen Industrie. Staub-Reinhaltung der Luft 34 (1974)
[6.35] *Kohn, H.*: Planung, Betrieb und Wartung von Gewebefiltern. Aufbereitungs-Technik 5 (1966), S. 257–264
[6.36] *Seyfert, N., G. Leidinger*:Betriebliche Optimierung von impulsabgereinigten Gewebefiltern. Staub-Reinhaltung der Luft 48 (1988), S. 13–18
[6.37] Leistungsbedarf verschiedener Regelverfahren. Reliance Electric GmbH
[6.38] *Döppert, M.*:Drehzahlverstellbare Drehstromantriebe für die Verfahrenstechnik. Verfahrenstechnik 24(1990)
[6.39] *Gölz, G.*: Wirtschaftlicher Einsatz von drehzahlstellbaren Antrieben in der Industrie. Elektronische Zeitschrift 103(1982)
[6.40] Abfallverzeichnis-Verordnung Verordnung über das Europäische Abfallverzeichnis (AVV) vom 10. Dezember 2001 (BGBl. I Nr. 65 vom 12. 12. 2001 S. 3379) zuletzt geändert am 15. Juli 2006 durch Artikel 7 des Gesetzes zur Vereinfachung der abfallrechtlichen Überwachung (BGBl. I Nr. 34 vom 20. 07. 2006 S. 1619)
[6.41] Abwasserverordnung Verordnung über Anforderungen an das Einleiten von Abwasser in Gewässer (AbwV) in der Fassung der Bekanntmachung vom 17. Juni 2004 (BGBl. I Nr. 28 vom 22. 06. 2004 S. 1108) zuletzt geändert am 14. Oktober 2004 durch Berichtigung der Bekanntmachung zur Neufassung der Abwasserverordnung (BGBl. I Nr. 55 vom 27. 10. 2004 S. 2625)
[6.42] Technische Anleitung zur Lagerung, chemisch/physikalischen, biologischen Behandlung, Verbrennung und Ablagerung von besonders überwachungsbedürftigen Abfällen vom 12. März 1991 (GMBl. Nr. 8 vom 12. 03. 1991 S. 139) zuletzt geändert am 21. März 1991 durch Berichtigung der Gesamtfassung der Zweiten allgemeinen Verwaltungsvorschrift zum Abfallgesetz (TA Abfall) (GMBl. Nr. 16 vom 23. 05. 1991 S. 469)
[6.43] VO Nr. 259/93/EG: EG-Abfallverbringungsverordnung [in der bis 12. 07. 2007 geltenden Fassung], Anhang II, Buchstaben GB
[6.44] Ein einfaches Maßnahmenkonzept Gefahrstoffe- eine Handlungshilfe für die Anwendung der Gefahrstoffverordnung in Klein- und Mittelbetrieben bei Gefahrstoffen ohne Arbeitsplatzgrenzwert, Januar 2005, BAUA – Bundesanstalt für Arbeitsschutz und Arbeitsmedizin
[6.45] Gesetz über Betriebsärzte, Sicherheitsingenieure und andere Fachkräfte für Arbeitssicherheit vom 12. Dezember 1973 (BGBl. I Nr. 105 vom 15. 12. 1973 S. 1885) zuletzt geändert am 31. Oktober 2006 durch Artikel 226 der Neunten Zuständigkeitsanpassungsverordnung (BGBl. I Nr. 50 vom 07. 11. 2006 S. 2407)
[6.46] BGV A 1 Grundsätze der Prävention Aktualisierter Nachdruck April 2005 Hauptverband der gewerblichen Berufsgenossenschaften
[6.47] z. B. GV A 2 (bisher: BGV A 6 / A 7) Betriebsärzte und Fachkräfte für Arbeitssicherheit vom 1. März 2005 Berufsgenossenschaft Metall Süd – BGMS
[6.48] Fünfte Verordnung zur Durchführung des Bundes-Immissionsschutzgesetzes (5. BImSchV) vom 30. Juli 1993 (BGBl. I Nr. 42 vom 07. 08. 1993 S. 1433) zuletzt geändert am 9. September 2001 durch Artikel 2 des Gesetzes zur Umstellung der umweltrechtlichen Vorschriften auf den Euro (Siebtes Euro-Einführungsgesetz) (BGBl. I Nr. 47 vom 12. 09. 2001 S. 2331)
[6.49] Lichter, Ursula LEOMA GmbH, Betriebsanweisung nach § 14 GefStoffV
[6.50] Verordnung zum Schutz der Beschäftigten vor Gefährdungen durch Lärm und Vibration vom 06. 03. 2007

Weitere Literatur

Steinkamm, G.: Arbeitsschutz, Vortragsmanuskript, unveröffentlicht 1992
Böckler-Klusemann, M., und *Sonnenschein, G.*: Betriebliche Ermittlung und Messung von Gefahrstoffen, Staub – Reinhaltung der Luft 48 (1988), Springer-Verlag
Sonderheft Gefährliche Arbeitsstoffe; Maschinenbau und Kleineisenindustrie-BG Düsseldorf; 1988
Steil, H. U.: Duisburg, unveröffentlichtes Vortragsmanuskript, 1993

7
Feuerverzinkungsgerechtes Konstruieren und Fertigen

G. Scheer, M. Huckshold

7.1
Allgemeine Hinweise

Eine rechtzeitige enge und vertrauensvolle Zusammenarbeit zwischen Architekten, Planern, Fertigungsbetrieb (Stahlbau, Metallbau oder Schlosserei) und dem Feuerverzinkungsunternehmen ist die grundlegende Voraussetzung für einen optimalen Korrosionsschutz durch Feuerverzinken.

Zur Erreichung eines hochwertigen Korrosionsschutzes sind neben der korrosionsschutzgerechten Gestaltung nach DIN EN ISO 12944–3 (Grundregeln) beim Feuerverzinken zusätzliche Anforderungen entsprechend der feuerverzinkungsgerechten Konstruktion nach DIN EN ISO 14713 [7.18] und einer feuerverzinkungsgerechten Fertigung zu berücksichtigen. Kurz und knapp kann zusammengefasst werden: „Das Feuerverzinken beginnt bei der Planung."

Das Feuerverzinken ist ein Tauchverfahren, das bei einer Temperatur von etwa 450 °C durchgeführt wird. Verschiedene Rahmenbedingungen müssen bereits bei der Planung und der Herstellung eines Stahlteils berücksichtigt werden, um ein fehlerfreies Verzinkungsergebnis zu erzielen und um die Vorteile dieses Verfahrens richtig nutzen zu können. Man muss wissen, wie das Feuerverzinken funktioniert und welche Wechselwirkungen zwischen Stahlteil und Verzinkungsverfahren ablaufen.

Nähere Einzelheiten zur Verfahrenstechnik können dem Abschnitt 4 dieses Buches entnommen werden. Besondere Beachtung muss dabei sowohl der Reaktion zwischen Eisen und Zink gewidmet werden, denn die Stahlzusammensetzung beeinflusst das Ergebnis beim Feuerverzinken ganz erheblich, als auch einer möglichst spannungsarmen Konstruktion, um Rissbildung zu vermeiden. Es ist in der Regel sehr viel einfacher, die notwendigen Faktoren gleich von Anfang an richtig zu berücksichtigen, als sie später noch nachträglich am fertigen Objekt „einbauen" zu müssen oder Qualitätseinbußen, Fehler oder Mängel zu akzeptieren.

Einige grundlegende Hinweise, die später noch ausführlicher erläutert werden, seien hier in einer Übersicht zusammengefasst.

Handbuch Feuerverzinken. Herausgegeben von Peter Maaß und Peter Peißker

ISBN: 978-3-527-31858-2

Überblick über Hinweise zum feuerverzinkungsgerechten Konstruieren und Fertigen

- Beachtung der Längenausdehnung des Stahls während des Vz.-prozesses bei 450 °C von ca. 5 mm pro m Länge;
- Beachtung der unterschiedlichen Erwärmungszeit bei dünnem und dickem Material und der damit zeitlich unterschiedlichen Längenausdehnung der Konstruktionsteile;
- Beachtung einer möglichst hohen Eintauchgeschwindigkeit der Konstruktion in das Zinkbad zur Reduzierung der Spannungen beim Verzinkungsvorgang und der dafür erforderlichen großen Ein- und Ausflussöffnungen (Beachtung der bedeutend höheren Viskosität des schmelzflüssigen Zinks im Vergleich zu Wasser);
- nur Stahlwerkstoffe verwenden, die zum Feuerverzinken geeignet sind (siehe DIN EN 10025–2) [7.19];
- nur Werkstoffe/Bauteile mit geringen Eigenspannungen verwenden; Kaltverformung möglichst vermeiden;
- spannungsarm fertigen, ggf. für das Schweißen einen Schweißfolgeplan erarbeiten;
- Rückstände auf der Stahloberfläche, die die Reaktionen beim Feuerverzinken behindern (Schweißschlacke, Beschichtungen, usw.) entfernen;
- Konstruktionen möglichst symmetrisch aufbauen;
- stark unterschiedliche Materialdicken möglichst vermeiden, (max. 1 : 2,5);
- Größe der zur Verfügung stehenden Verzinkungsbäder berücksichtigen;
- Mehrfachtauchungen nur in Abstimmung mit der Feuerverzinkerei vorsehen, (möglichst vermeiden);
- bei Blechkonstruktionen Ausdehnungsmöglichkeiten der Bleche vorsehen um Verzug zu vermeiden;
- große Blechfelder durch Sicken oder Abkantungen versteifen oder durch Vorverformung (diagonal kanten, Bombieren) eine Ausdehnungsrichtung vorgeben;
- tote Ecken und Winkel in Konstruktionen vermeiden;
- sperrige Konstruktionen in geeigneter Weise untergliedern;
- auf geeignete Anordnung von Entlüftungsöffnungen bei Rohrkonstruktionen achten;
- Größe und Anzahl von Durchfluss- und Entlüftungsöffnungen dem Volumen der Hohlkonstruktion anpassen;
- Beachtung des geringen Unterschiedes im spez. Gewicht von Stahl (ca. 7,85 kg/dm^3 und schmelzflüssigem Zink (ca. 6,9 kg/dm^3);
- bei schweren Stahlkonstruktionen Aufhängemöglichkeiten vorsehen;
- Profile nicht flächig verschweißen – Überlappungen vermeiden, ggf. Entlastungsbohrungen anbringen;

- Tragfähigkeit der vorhandenen Hebezeuge berücksichtigen;
- Sonderanforderungen mit dem Feuerverzinkungsunternehmen frühzeitig vereinbaren [7.12].

7.2
Anforderungen an die Oberflächenbeschaffenheit des Grundwerkstoffes

7.2.1
Allgemeines

Eine metallisch blanke Stahloberfläche ist die Grundvoraussetzung für das Feuerverzinken. Jede Stahloberfläche ist jedoch aufgrund ihrer chemischen Beschaffenheit, ihrer Herstellung, ihrer Bearbeitung oder ihrer vorausgegangenen Beanspruchung mit artfremden oder arteigenen Schichten bedeckt.

Zu den *artfremden* Schichten gehören unter anderem Öle, Fette, Metallseifen, Staub, alte Korrosionsschutz-Beschichtungen, fetthaltige Kreide, Farbsignierungen, Rückstände von Fertigungshilfsmitteln usw. Zu den arteigenen Schichten gehören Rost und Zunder, die durch Oxidation der Stahloberfläche entstehen. Im Rahmen der Vorbehandlung des Verzinkungsgutes in der Feuerverzinkerei werden die arteigenen Schichten auf der Stahloberfläche durch das Beizen in verdünnter Mineralsäure (meist Salzsäure) problemlos und vollständig entfernt; nicht so problemlos ist das bei den meisten artfremden Verunreinigungen möglich, die von der Beizsäure nur schwer oder überhaupt nicht gelöst werden.

7.2.2
Entfernen von artfremden Schichten

Öle und Fette
Zu den artfremden Schichten gehören Öle und Fette usw. Zwar verfügen Feuerverzinkungsunternehmen heute über Entfettungsbäder, trotzdem sollte der Hersteller der Stahlteile sich bemühen, Öl und Fett von der Oberfläche des zu verzinkenden Gutes fernzuhalten oder darauf zu achten, dass leicht emulgierbare Öle und Fette zur Anwendung kommen. Verbleiben Öle und Fette auf der Stahloberfläche, können Verzinkungsfehler (unverzinkte Stellen) dadurch ausgelöst werden.

Schweißschlacken und Schweißhilfsmittel
Beim Schweißen mit umhüllten Elektroden entstehen glasartige Schweißschlacken auf der Schweißnaht. Derartige Schichten müssen vom Schweißer entfernt werden, da sie sonst Fehlstellen im Zinküberzug unmittelbar auf der Schweißnaht auslösen können (Abb. 7.1). Beim Schweißen unter Schutzgas entsteht zwar keine ausgeprägte Schlackenschicht, je nach Schweißverfahren und Arbeitsparametern können jedoch auf den Schweißnähten kleine bräunliche, glasartige Rückstände verbleiben. Es handelt sich dabei um Schlacken, die überwiegend aus Mangansilicaten bestehen und im Extremfall ebenfalls Fehlstellen verursachen, wie es auch bei den üblichen

Abb. 7.1 Fehlstellen im Zinküberzug durch nicht entfernte Schweißschlacke

Schweißschlacken der Fall ist. Dies hat zur Folge, dass auch durch Schutzgasschweißen hergestellte Schweißnähte eine Nachbehandlung benötigen.
Zu den problematischen Schweißhilfsmitteln gehören Schweißsprays, die dafür sorgen sollen, dass Schweißspritzer, die vor allen Dingen beim Schweißen unter Schutzgas leicht entstehen, nicht auf der Werkstückoberfläche festbrennen. Der Schweißbereich wird daher in der Praxis vor der Schweißung eingesprüht, der sehr dünne Film sorgt dann dafür, dass Schweißspritzer keine Verbindung zum Grundwerkstoff bekommen. Beim Schweißen brennen (verkoken) diese Sprays in der Übergangswärmezone Stahlteil Schweißnaht fest und sind in der Beize nur sehr schwer zu entfernen, silikonhaltige Sprays werden nicht gelöst und führen zu Fehlstellen nach dem Feuerverzinken.

Schweißsprays sind für das bloße Auge kaum sichtbar, sie verursachen jedoch ebenfalls Fehlstellen im Zinküberzug am Rand der Schweißnaht. Falls derartige Schweißsprays benutzt werden, sollten nur fett- und silikonfreie Sprays verwendet werden und zudem nur äußerst sparsam; am besten ist es, auf derartige Sprays völlig zu verzichten.

Weitere problematische Verunreinigungen entstehen durch das Schweißen von nicht sachgerecht von Öl und Fetten gereinigten Stahloberflächen. Bedingt durch die hohen Temperaturen beim Schweißen könnten diese Produkte gecrackt (aufgespaltet) werden und sich auf der Oberfläche neben der Schweißnaht ablagern und einbrennen. Diese werden in der Regel nicht in der Vorbehandlung entfernt, so dass Fehlstellen die Folge sind.

Strahlen, Strahlmittelrückstände

Stahlbaukonstruktionen werden mitunter nach der Fertigung gestrahlt. Werden derartige gestrahlte Konstruktionen feuerverzinkt, so muss darauf geachtet werden, dass zuvor Strahlmittelrückstände auch aus den Ecken und Winkeln einer Konstruktion vollständig entfernt, gegebenenfalls abgesaugt werden, da auch

Abb. 7.2 Fehlstellen durch nicht entfernte Signierungen mit Farbe

sie den Verzinkungsvorgang stören und Fehlstellen im Zinküberzug auslösen können.

Farbe, alte Beschichtungen, Signierungen
Stahlteile sind zur besseren Identifikation mitunter mit Farbkennzeichnungen signiert. Ebenso kommt es vor, dass alte Stahlteile verwendet werden, die bereits eine oder mehrere Korrosionsschutzbeschichtungen aufweisen. Auch hier ist eine konsequente Entfernung derartiger Alt-Rückstände durch Strahlen, Schleifen oder in Einzelfällen auch durch Abbrennen oder durch spezielle Farbabbeizer unbedingt erforderlich. Unterbleibt diese Maßnahme, können auch hierdurch unverzinkte Stellen im Zinküberzug entstehen (Abb. 7.2) [7.8].

7.2.3
Oberflächenrauheit

Die Stahlzusammensetzung an der Oberfläche beeinflusst neben anderen Faktoren mit entscheidend die Dicke, den Aufbau und die Struktur des Zinküberzuges. Vielfach wird jedoch nicht bedacht, dass auch die Oberflächenrauheit Auswirkungen auf die Dicke des Zinküberzuges hat.

Oberflächen mit einer sehr hohen Rautiefe, zum Beispiel Stahlteile, die mit einem sehr scharfkantigen Strahlmittel gestrahlt wurden, bilden in der Regel dickere Zinküberzüge als üblich aus, da die raue Struktur der Oberfläche die Fläche bei der Eisen-Zink-Reaktion deutlich vergrößert und damit auch die entstehende Schichtdicke erhöht. Als Sekundäreffekt wird durch eine rauere Oberfläche ein größerer Anteil der flüssigen Zinkschmelze beim Herausziehen der Stahlteile aus dem Zinkbad mitgeschleppt, wie dies bei „alten“ rostvernarbten Bauteilen der Fall ist.

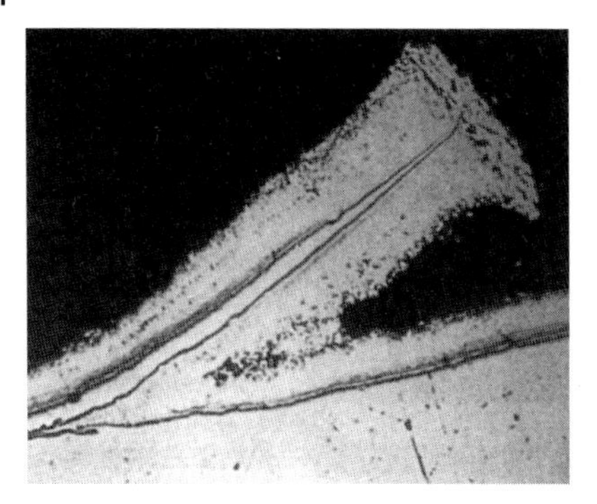

Abb. 7.3 Schliff durch einen Pickel; abgehobene Überfaltung (200 : 1)

7.2.4
Schalen, Schuppen, Überfaltungen

Bei der Herstellung von Stahlprofilen kann es in seltenen Fällen zu Walzfehlern (wie z. B. Schalen, Schuppen, Schalenstreifen und Überfaltungen) an der Oberfläche von Stahlprofilen kommen. Diese Oberflächenfehler sind beim Stahl im schwarzen Zustand mit dem bloßen Auge kaum wahrzunehmen. Während des Verzinkungsvorganges dringt jedoch flüssiges Zink unter derartige Überfaltungen, und durch die dann einsetzende Bildung von Eisen-Zink-Legierungsschichten werden die Ränder einer solchen Überfaltung angehoben und dadurch deutlich sichtbar. Auf der feuerverzinkten Oberfläche erscheinen derartige Fehler dann z. B. als Pickel, Streifen usw. (Abb. 7.3) [7.1].

7.3
Abmessungen und Gewichte des Verzinkungsgutes

7.3.1
Allgemeines

Transport und Handling von Verzinkungsgut sind Grundlage des Verfahrensablaufes. Obwohl die Bäder in den Feuerverzinkereien im Verlaufe der Jahre beträchtliche Abmessungen erreicht haben, sind sie nur von begrenzter Größe. Abmessungen, Gewichte und die damit in Zusammenhang stehenden Sachverhalte sind entscheidende Parameter bei der erfolgreichen Vorbereitung eines Verzinkungsauftrages. Die sich hieraus ergebenden Fragen sollten möglichst früh zwischen Hersteller und Feuerverzinkungsunternehmen abgestimmt werden.

7.3.2
Badabmessungen, Stückgewichte

Die Verzinkungsbäder in den einzelnen Betrieben haben unterschiedliche Größen. Man sollte sich stets bemühen, einen Verzinkungskessel zu finden, in dem ein Bauteil mit seinen Abmessungen optimal verzinkt werden kann. Die zur Verfügung stehende Größe des Verzinkungsbades sollte bereits bei Festlegung der Konstruktion und ihrer Details bekannt sein. Bei Großkonstruktionen lassen sich dadurch Schwierigkeiten vermeiden, und es lassen sich mitunter noch Schweiß- oder Schraubstöße einzelner Segmente so anordnen, dass die vorhandenen Badabmessungen oder Hublasten der Kräne berücksichtigt werden können. Die in Feuerverzinkereien in der Bundesrepublik Deutschland vorhandenen Verzinkungskessel haben zurzeit folgende Abmessungen:

- Länge: ca. 4,0 m bis ca. 17,5 m
- Breite: ca. 1,2 m bis ca. 2,0 m
- Tiefe: ca. 2,2 m bis ca. 3,5 m

Die eigentlichen Tauchmaße sind kleiner als die Kesselabmessungen und sind im Vorfeld bei dem Verzinkungsunternehmen zu erfragen. Die Vorbehandlungsbäder sollen mindestens die Länge des Zinkbades aufweisen, da ansonsten insbesondere bei Überlängen = Doppeltauchung am Verzinkungskessel – in der Beizerei dreifache Beizvorgänge erforderlich werden.

Auch die Transportkapazitäten innerhalb der Feuerverzinkerei sind sehr unterschiedlich, sie beginnen bei Kleinteilen von Schüttgütern, die von Hand transportiert und verzinkt werden, bis hin zu Großkonstruktionen mit Stückgewichten von über 20 Tonnen.

7.3.3
Sperrige Teile, übergroße Teile

Um das Feuerverzinken möglichst schnell und damit rationell und in guter Qualität durchführen zu können, sollten Stahlteile, die feuerverzinkt werden, nicht sperrig sein. Sperrige Teile können bereits beim Transport Schwierigkeiten bereiten und unter Umständen beschädigt werden. Spätestens beim Feuerverzinken erfordern sie jedoch einen wesentlich höheren Arbeitsaufwand als nicht sperrige Teile. Da die Kosten beim Feuerverzinken unter anderem von der optimalen Beladung der Gestelle und Traversen abhängig sind, verursachen ungünstige, sperrige Konstruktionen auch zwangsläufig hohe Kosten.

Die Konstruktion sollte daher möglichst glatt und ebenflächig (zweidimensional) geplant sein, auch auf die Gefahr hin, dass dadurch der spätere Montage- oder Zusammenbauaufwand steigt (Abb. 7.4). Derartige Stahlteile lassen sich einfacher und rationeller transportieren und ebenso kostengünstiger und qualitativ besser feuerverzinken.

Durch zweimaliges oder mehrfaches Tauchen einzelner Bereiche kann erreicht werden, dass auch übergroße Stahlteile, deren Feuerverzinkung in einem Arbeitsgang nicht möglich ist, einen Zinküberzug erhalten.

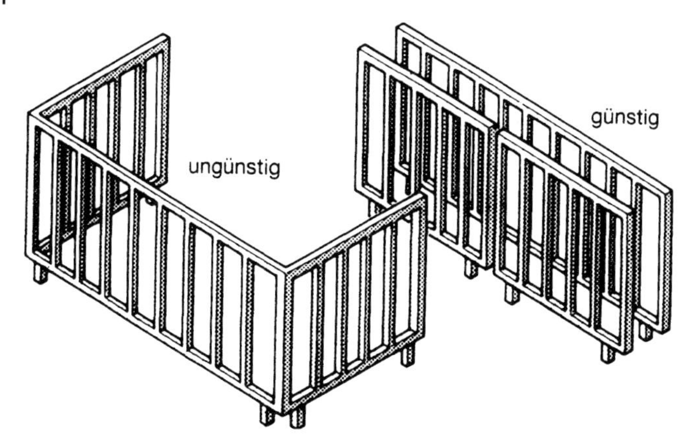

Abb. 7.4 Sperrige Teile vermeiden; sie verteuern das Feuerverzinken und können die Verzinkungsqualität nachteilig beeinflussen

Grundsätzlich gilt: Doppel- oder Mehrfachtauchungen sind zu vermeiden, da Verzugs- und Rissgefahr durch unterschiedliches Erwärmen und Abkühlen der Bauteile besteht. Bis zum Erreichen der Zinkbadtemperatur dehnt sich ein Stahlteil um 4–5 mm je laufenden Meter Bauteillänge aus. Unterschiedliche Erwärmung ist bei mehrfachem Tauchen unvermeidlich, da sich stets ein Teil der Konstruktion in der 450 °C heißen Zinkschmelze befindet, der andere Teil hingegen an der kühleren Luft. Dieses hat auch eine unterschiedliche Ausdehnung der Ober- bzw. Unterseite eines Bauteils zur Folge und führt zu thermisch bedingten Spannungen im Bauteil.

Das Feuerverzinken von langen, schlanken Stahlteilen (z. B. Stützen, Masten) in einem Arbeitsgang ist relativ problemlos, da sich nur geringfügige Unterschiede in der Wärmedehnung der Ober- bzw. Unterseite eines Bauteils einstellen. Komplizierter wird es, wenn das Stahlteil eine große Höhe besitzt und aus diesem Grunde beim Feuerverzinken gedreht werden muss (Abb. 7.5).

Bei Doppeltauchungen ergibt sich zwangsläufig nach der zweiten Tauchung eine Überschneidung der verzinkten Oberfläche zur ersten Tauchung, die sauber nachgearbeitet werden muss.

Grundsätzlich gilt: Spannungen, die durch mehrmaliges Tauchen entstehen, vermeiden.

7.3.4
Aufhängungen

Die Aufhängung von Stahlteilen sollte stets an solchen Stellen möglich sein, die gewährleisten, dass das flüssige Zink beim Herausziehen der Stahlteile aus dem Zinkbad problemlos ablaufen kann. Aus diesem Grunde sollten die Aufhängepunkte auch gegebenenfalls die vorhandene Anordnung der Zulauf- und Entlüftungsöffnungen berücksichtigen.

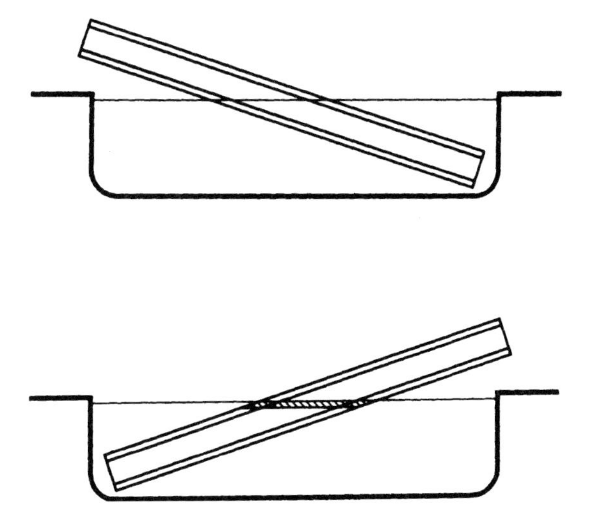

Abb. 7.5 Feuerverzinken von überlangen Teilen in 2 Teilschritten (Doppeltauchung)
1. Tauchung
2. Tauchung
Träger in Längsrichtung um 180° gedreht

Durch die richtige Anordnung der Aufhängung und der Entlüftungsöffnungen wird vermieden, dass in den Vorbehandlungsbädern Flüssigkeiten verschleppt werden, die Konstruktion trocken in das Zinkbad getaucht werden kann und Zink unbeabsichtigt aus der Schmelze ausgeschleppt wird und dadurch zu einer hohen Gewichtsbelastung des Bauteils führen kann.

Bei hohen Stückgewichten, sehr großen oder auch weichen Stahlkonstruktionen sollte genau festgelegt sein, wo die Stahlteile aufgehängt werden können, ohne sie zu beschädigen. Bei Großkonstruktionen muss die Tragfähigkeit derartiger Aufhängepunkte gegebenenfalls berechnet werden.

7.4 Behälter und Konstruktionen aus Rohren (Hohlkörper)

7.4.1 Allgemeines

Nur das Feuerverzinken bietet die Möglichkeit, Hohlkörper wie Behälter und Rohrkonstruktionen in einem Arbeitsgang innen und außen mit einem Zinküberzug zu überziehen. Dafür müssen die Bauteile so konstruiert sein, dass beim Eintauchen in das Zinkbad einerseits das Zink ungehindert und schnell in das Innere der Hohlkörper eindringen kann, dadurch wird die in den Hohlräumen vorhandene Luft verdrängt und andererseits muss beim Herausziehen das „überflüssige" Zink restlos auslaufen und die Luft muss wieder in die Hohlräume

Abb. 7.6 Konstruktion aus Rechteckhohlprofilen, die im Zinkbad als Folge fehlender Bohrungen auseinandergerissen wurde

einströmen können. Es muss demnach bei jedem Einzelprofil ein vollständiger Durchfluss aller Behandlungsmedien gewährleistet sein, der gegebenenfalls durch entsprechende Öffnungen sicherzustellen ist.

Werden beim Feuerverzinken von Hohlkörpern Luft und Feuchtigkeit eingeschlossen, so können sowohl gefährliche Überdrücke und Explosionen im Zinkbad die Folge sein, als auch die eingeschlossene Luft das Absinken des Bauteiles in das Zinkbad verhindern („Aufschwimmen des Stahls"). Verdampfende Feuchtigkeit kann bei der Erhitzung auf 450 °C zu einem hohen Überdruck führen und damit sogar zur explosionsartigen Zerstörung von Bauteilen (Abb. 7.6).

7.4.2
Rohrkonstruktionen

Richtig angeordnete und ausreichend dimensionierte Zu- und Ablauföffnungen sind ein wesentlicher Beitrag zu einer rationellen Verzinkung und einer guten Verzinkungsqualität. Sie sind die Voraussetzung eines schnellen Tauchvorganges. Die erforderlichen Öffnungen sind stets so anzubringen, dass sie der Art der Aufhängung der Teile in der Verzinkerei (meist schräge Aufhängung) Rechnung tragen (Beispiel siehe Abb. 7.7). Hierbei ist darauf zu achten, dass die Öffnungen soweit wie möglich in der Ecke eines Bauteils angebracht sind. Es besteht die Möglichkeit, die Öffnungen nachträglich von außen anzubringen, unter Umständen kann es auch sinnvoll sein, die erforderlichen Bohrungen bereits vor dem Zusammenbau anzubringen und sie so zu platzieren, dass sie später verdeckt und somit nicht mehr sichtbar sind.

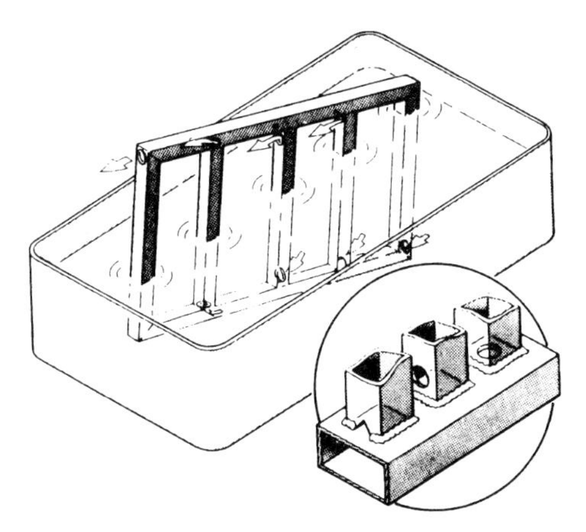

Abb. 7.7 Verschiedene Möglichkeiten für die Entlüftung von Rohrkonstruktionen

Tab. 7.1 Einlass- und Auslassöffnungen

Hohlprofil-Abmessungen in [mm]			**Mindest-Loch-ø in [mm] bei einer jew. Anzahl der Öffnungen von *:**		
Kreis	**Quadrat**	**Rechteck**	**1**	**2**	**4**
kleiner als 15	15	20 × 10	8		
20	20	30 × 15	10		
30	30	40 × 20	12	10	
40	40	50 × 30	14	12	
50	50	60 × 40	16	12	10
60	60	80 × 40	20	12	10
80	80	100 × 10	20	16	12
100	100	120 × 80	25	20	12
120	120	160 × 80	30	25	20
160	160	200 × 120	40	25	20
200	200	260 × 140	50	30	25

Mindestdurchmesser für Entlüftungsbohrungen an Hohlprofilen
*Die Mindestgrößen in der oben stehenden Tabelle gelten für mittelgroße Konstruktionen bis zu einer Länge von ca. 6 m. Bei längeren Profilen sind die Größe bzw. die Anzahl der Löcher aufgrund des größeren Volumens der Hohlkonstruktion zu erhöhen.

Die Größe der Öffnungen ist abhängig vom jeweiligen Luftvolumen und des Zinkvolumens, das die Öffnungen passieren muss, also sind sie abhängig von der Länge und dem Durchmesser der verarbeiteten Stahlprofile. Als Orientierung sollten die Werte der Tab. 7.1 nicht unterschritten werden.

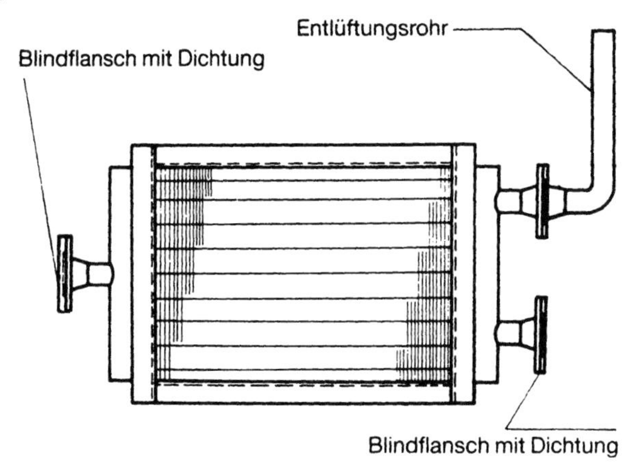

Abb. 7.8 Zusatzmaßnahmen zum Abdichten von Wärmetauschern, die nur außen feuerverzinkt werden

7.4.3
Außenverzinkung bei Rohren und Behältern

In speziellen Fällen, zum Beispiel bei Wärmetauschern, kann es notwendig sein, die Rohrsysteme nur von außen zu verzinken. Diese „Nur-Außenverzinkung" ist jedoch aufwendiger und teurer als die übliche Innen- und Außenverzinkung. Die geringfügige Einsparung an Zink steht in keinem Verhältnis zum größeren Aufwand, der mit dieser Art der Verzinkung verbunden ist. Konstruktionen, die nur auf ihrer Außenseite feuerverzinkt werden, müssen so abgedichtet sein, dass keine Flüssigkeit in das Innere eindringen kann. Um den hohen Innendruck abzuleiten, der sich unter Umständen in einem geschlossenen Rohrsystem bildet, müssen derartige Konstruktionen zusätzlich mit einem Steigrohr versehen werden (Abb. 7.8). Das Dichtungsmaterial muss so ausgewählt werden, dass es sowohl der Beize in der Vorbehandlung als auch der heißen Zinkschmelze widersteht.

Ein besonderes Problem ist der enorme Auftrieb, der beim „Nur-Außenverzinken" von Rohrkonstruktionen entsteht. Da Zink eine etwa siebenmal höhere Dichte als Wasser hat, wird beim Eintauchen von Hohlkörpern in die Zinkschmelze ein Auftrieb erzeugt, der auch etwa siebenmal höher ist als in Wasser. Durch Zusatzgewichte von mitunter mehreren Tonnen müssen derartige Rohrsysteme unter die Oberfläche des Verzinkungsbades gedrückt werden. Hierbei ist darauf zu achten, dass auch das zu verzinkende Bauteil die durch den Auftrieb entstehende Gewichtsbelastung erträgt und auch der Druck des Belastungsgewichtes ohne Schaden aufgenommen werden kann.

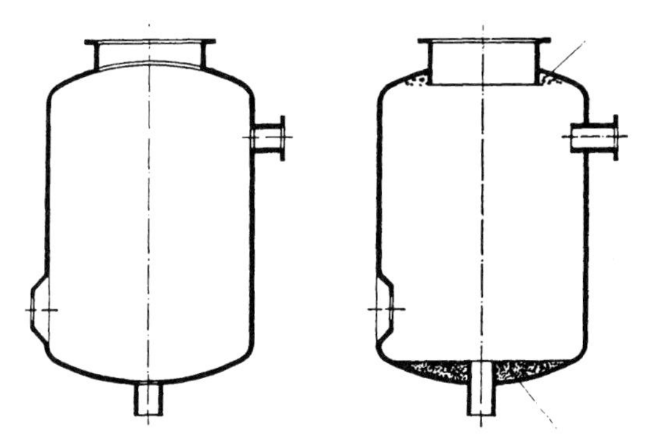

Abb. 7.9a–b Günstige bzw. ungünstige Anordnung von Flanschen und Stutzen an Behältern **a** günstig **b** ungünstig

7.4.4 Behälter

Grundsätzlich gelten die vorstehenden Informationen sinngemäß auch für Behälter. Bei derartigen Konstruktionen ist jedoch zusätzlich darauf zu achten, dass Anschlüsse, Flanschen und Stutzen stets so angebracht werden, dass sie möglichst bündig mit der Oberfläche des Behälters abschließen (Abb. 7.9a). Nur dadurch kann erreicht werden, dass keine Lufteinschlüsse zu Fehlstellen führen und unbeabsichtigt ausgeschlepptes Zink das Volumen des Behälters verringert. Lufteinschlüsse entstehen unter anderem durch eingezogene Rohrstutzen oder durch Entlüftungsöffnungen, die nicht an der obersten Stelle des Behälters angebracht sind (Abb. 7.9b). Auch Verstärkungsrahmen, Versteifungsrippen und ähnliche Teile an oder in Behältern müssen so ausgebildet sein, dass sich keine Lufteinschlüsse bilden, alle Flüssigkeiten und das Zink ungehindert ein- und abfließen können.

Große und schwere Behälter können leichter und sicherer feuerverzinkt werden, wenn sie mit entsprechenden Aufhängeösen versehen sind [7.3].

7.5 Konstruktionen aus Profilstahl

7.5.1 Werkstoffe/Werkstoffdicken/Spannungen

Werden Konstruktionen aus Profilstahl hergestellt, müssen Werkstoffe verwendet werden, die zum Feuerverzinken geeignet sind. Es sollten daher nur Stähle eingesetzt werden, die gemäß Norm DIN EN 10025 Teil 2–6 als *„zum Feuerverzinken geeignet“* eingestuft sind, für Stahlgüten bis zu einer Streckgrenze von einschließlich 460 MPa. Eine entsprechende Vereinbarung zwischen Verarbeiter und Stahllieferant ist bereits bei der Stahlbestellung zu treffen.

Große Werkstoffdicken erfordern in der Regel auch eine längere Tauchdauer im Zinkbad. Das Profil mit der größten Werkstoffdicke entscheidet stets über die Tauchdauer des gesamten Bauteils. Optimal für das Feuerverzinken sind daher Werkstücke aus Profilen, die eine gleiche oder nahezu gleiche Werkstoffdicke aufweisen. Große Unterschiede in der Materialdicke sollten möglichst vermieden werden.

Sie führen zwangsläufig zu großen Unterschieden in der Ausdehnungszeit bzw. Abkühlzeit und damit zu unvermeidbaren zusätzlichen Spannungen (Möglichkeit von Verzug, Rissbildung).

Dickenunterschiede von direkt miteinander verschweißten Konstruktionsteilen sollten das 2,5-fache möglichst nicht überschreiten. Bei größeren Materialstärken (ab ca. 25 mm) ist der Faktor auf 1,5 bis 2 zu reduzieren. Das Gleiche gilt bei schweißintensiven Konstruktionen.

Grundsätzlich gilt: Eigenspannungen, die bei der Herstellung der Stahlkonstruktionen entstehen (verschiedene Fertigungsprozesse wie Schweißen, Brennschneiden, Kaltumformen, Stanzen usw.) sind nur abzuschätzen. Das plastische Dehnungsvermögen der Baustähle erlaubt es auch auf eine genaue Bestimmung zu verzichten. Voraussetzung aber ist, dass die Werkstoffauswahl hinsichtlich seiner Zähigkeit unter Berücksichtigung der Bauteilabmessung und der Einsatztemperatur entsprechend der DASt-Richtlinie 009 und der prEN 1993–1-10 erfolgt.

Bei zu verzinkenden Bauteilen muss besonders darauf geachtet werden, dass die Eigenspannungen möglichst gering bleiben. Durch konstruktive Maßnahmen und durch geeignete Fertigung der Konstruktionen wird dies in der Regel erreicht.

Hinsichtlich der maximalen Bauteilabmessungen und der jeweiligen Stückgewichte muss eine frühzeitige Abstimmung mit dem Feuerverzinkungsunternehmen erfolgen.

7.5.2 Oberflächenvorbereitung

Konstruktionen aus Profilstahl werden im Allgemeinen unbehandelt in die Feuerverzinkerei geliefert, wo die zum Feuerverzinken erforderliche Vorbereitung im Regelfall erfolgt. Allerdings sind normgemäß Verunreinigungen, die nicht durch Beizen oder Entfetten zu entfernen sind (z. B. Beschichtungen, Schweißschlacken usw.), vom Anlieferer zuvor zu entfernen. Im Rahmen der Fertigung im Stahlbaubetrieb werden Konstruktionen im Allgemeinen gestrahlt. Hierbei ist darauf zu achten, dass Rückstände des Strahlmittels von der Konstruktion (z. B. aus Ecken und Vertiefungen, Taschen, Profilen und Hohlkonstruktionen) vollständig entfernt werden müssen.

Bei Brennschnittkanten, insbesondere bei plasmageschnittenen Werkstückkanten, kann es im Bereich der Schnittflächen zu Veränderungen in der Werkstoffoberfläche kommen (z. B. Entkohlung). Diese Veränderungen können auch eine veränderte Eisen-Zink-Reaktion zur Folge haben, mit dem Ergebnis, dass sich Zinküberzüge ausbilden, deren Dicke unter den geforderten Normwerten liegt. In solchen Fällen kann es erforderlich werden, die Brennschnittflächen mindestens 0,1 mm abzuarbeiten, z. B. durch Schleifen.

7.5.3 Überlappungen

Überlappungsflächen sind aus Gründen des Korrosionsschutzes nach Möglichkeit zu vermeiden. In die entstehende Spalte kann Flüssigkeit aus den Vorbehandungsbädern eindringen, die beim Tauchen in die Zinkschmelze bzw. während des „Abkochvorganges" im Zinkbad explosionsartig verdampft. Dabei können an Bauteilen und der gesamten Verzinkungsanlage große Schäden entstehen. Kleinflächige Überlappungen sind ringsum dicht zu verschweißen.

Werden großflächige Überlappungen erforderlich (z. B. bei zusätzlichen Gurtlamellen) sollten daher Entlastungsbohrungen mindestens auf einer Seite des überlappenden Bleches angeordnet werden, um den durch die Erwärmung der Luft und Feuchtigkeit im Spalt zwischen den Lamellen entstehenden Überdruck vermeiden zu können. Je nach Größe und Dicke der Überlappungsbleche sind ein oder mehrere Entlastungsbohrungen/Entlastungsöffnungen in den Überlappungsblechen anzubringen [7.17].

Die während der Vorbehandlung in die Überlappungen eingetretenen Flüssigkeiten werden im Trockenofen aufgetrocknet bzw. verdampfen im Zinkbad. Restsalze verbleiben jedoch im Überlappungsspalt zurück, es können durch im Laufe der Zeit langsam austretende Stoffe Korrosionsprobleme auftreten.

Ein geplantes Zuschweißen der Entlastungsbohrungen/Entlastungsöffnungen mit nachfolgender Ausbesserung der beschädigten Zinkschicht ist möglich und zu empfehlen (in Abstimmung mit dem Auftraggeber).

7.5.4 Freischnitte und Durchflussöffnungen

Grundsatz: Je schneller die Stahlkonstruktionen in das Zinkbad getaucht werden, umso gleichmäßiger ist die Erwärmung der gesamten Konstruktion, d. h. umso kleiner sind die Spannungen, die durch zeitlich unterschiedliche Erwärmung (Bauteillänge nicht –dicke) eintreten. Die empfohlene Eintauchgeschwindigkeit der Stahlkonstruktion in das Zinkbad soll ca. 5 m/min. betragen. Dies setzt voraus, dass die Stahlkonstruktion gut getrocknet ist. Alle Freischnitte und Durchflussöffnungen müssen so groß sein, dass die erforderliche Menge an dickflüssigem Zink durchströmen kann (das Bauteil darf nicht im Kessel aufschwimmen).

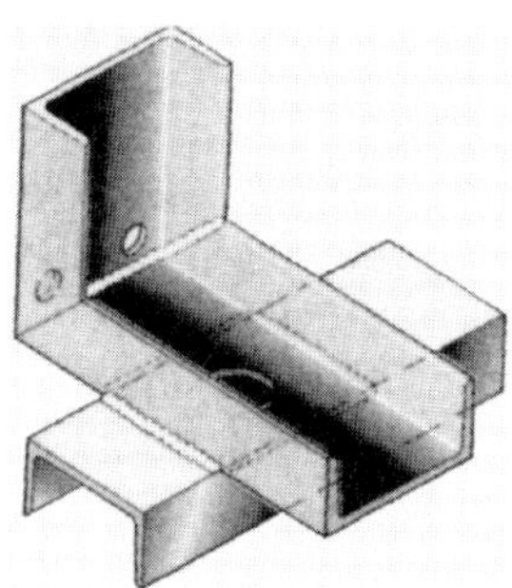

Abb. 7.10 Überlappungsflächen ggf. Dichtschweißen oder mit Druckentlastungsöffnungen versehen

Kleine Öffnungen – lange Tauch- und Ziehzeit – hohe thermische Spannungen
Große Öffnungen – kurze Tauch- und Ziehzeit – kleine thermische Spannungen

Bei U-förmigen Konstruktionen z. B. flach liegenden Doppel-T-Profilen, die in die Rippen bzw. Stegbleche eingeschweißt sind, treten bei nicht genügend großen Durchflussöffnungen Probleme sowohl in den Vorbehandlungsbädern als auch im Zinkbad auf (Beizfehler, Verzinkungsfehler, Aschereste, Hartzinkanhäufungen). Die Verweilzeiten im Zinkbad erhöhen sich unnötig.

Um Konstruktionen aus Profilstahl in guter Qualität feuerverzinken zu können, sind Verstärkungen, Schottbleche oder ähnliches mit Freischnitten zu versehen, um Lufttaschen und daraus resultierende Fehlstellen zu vermeiden). Da die Stahlteile beim Tauchen in die verschiedenen Behandlungsbäder in der Verzinkerei stets schräg getaucht werden, muss die Anordnung der Öffnungen so erfolgen, dass die Vorbehandlungsflüssigkeiten bzw. das Zink ohne Behinderung aus den Ecken und Winkeln einer Konstruktion ein- und auslaufen können. Andernfalls werden Vorbehandlungsflüssigkeiten und Zink mit ausgeschleppt (Abb. 7.11) oder Lufteinschlüsse führen zu Verzinkungsfehlern.

Freischnitte und Durchflussöffnungen sollten möglichst paarweise angeordnet werden. Freischnitte können, wie in (Abb. 7.12) am Beispiel der Aussteifungen für U-Profile dargestellt, ausgeführt werden. Freischnitte an Stegblechen und Lamellen sind analog auszuführen. Öffnungen zum Durchfluss der Vorbehandlungsmittel und des flüssigen Zinks sind grundsätzlich mit einem Durchmesser > 10 mm und größer auszuführen. Im Regelfall sollte bei Stahlbau-Konstruktionen, in Abhängigkeit von ihrer Größe und der Anzahl vorhandener Öffnungen, ihr Durchmesser stets > 18 mm betragen [7.4, 7.5].

Bei Rohrkonstruktionen mit dicken Kopf- und Fußplatten besteht bei zu kleinen Bohrungen die Gefahr, dass sie beim Eintauchen in das Zinkbad zufrieren bzw. um das zu verhindern, müssen sie sehr langsam getaucht werden (Verzug/Rissgefahr).

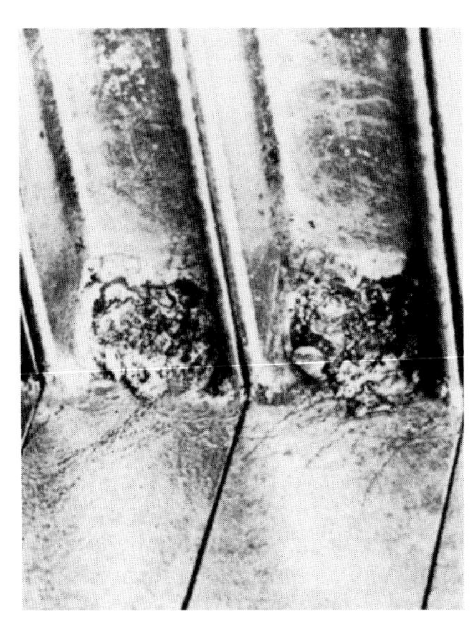

Abb. 7.11 Ausgeschöpftes Zink, das als Folge fehlender Bohrungen in den Ecken erstarrt ist

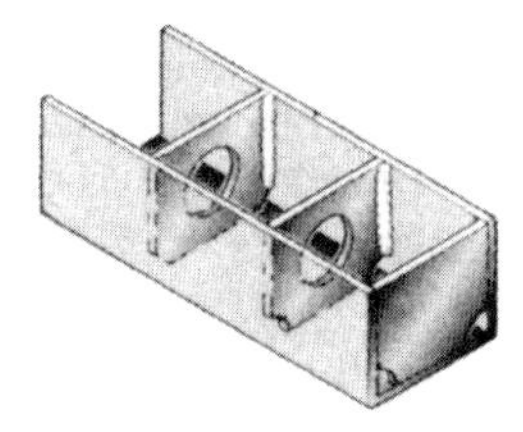

Abb. 7.12 Freischnitte in den Ecken sind zum vollständigen Ein- und Auslaufen des Zinks erforderlich

Vermeidung: zusätzlich zu den Entlüftungs- und Ablaufbohrungen eine große Öffnung in Kopf- und Fußplatte, z. B. ø = 4–6 x Blechdicke.

Achtung: Beim Ziehen aus dem Zinkbad fließt das dickflüssige Zink (im Vergleich zu Wasser) viel langsamer aus. Bei zu kleinen Öffnungen wird unkontrollierbar Zink mit nach oben über den Badspiegel gezogen, dadurch erhöhen sich die Gewichte enorm. Es kann zu Rissen in den Aufhängungen der Konstruktionsteile kommen, Unfälle und defekte Teile sind die Folge.

7.6 Stahlblech und Stahldraht

7.6.1 Stahlblechwaren

Feuerverzinkte Stahlbleche für Dacheindeckungen, Wandverkleidungen, Schilder, Lüftungskanäle usw. werden heute größtenteils aus kontinuierlich feuerverzinktem Feinblech produziert (sog. Sendzimir-verzinkte Bleche). Hierbei steht das feuerverzinkte Blech als Halbzeug am Beginn der Fertigungslinie.

Zu den Blechwaren, die zunächst produziert und dann anschließend stückverzinkt werden, gehören unter anderem Müllbehälter, Schutzplanken, Fahrgestelle, Futtertröge, Gießkannen, Eimer, Gehäuse usw.

7.6.1.1 Verbindungsverfahren

Wegen der Vielzahl der Erzeugnisse und der mannigfaltigen Bearbeitungsmöglichkeiten kommen für die Weiterverarbeitung von Stahlblechwaren nach dem Feuerverzinken nahezu alle herkömmlichen Verbindungsverfahren, wie zum Beispiel Schweißen, Löten, Kleben, Nieten und Schrauben in Betracht.

Die wichtigsten Kriterien bei Stahlblechwaren für ein gutes Verzinkungsergebnis sind hierbei:

- die Wahl eines günstigen Verbindungsverfahrens,
- die Wahl einer zweckmäßigen Formgebung.

Das für die Herstellung von Blechwaren am häufigsten verwendete Verbindungsverfahren ist das Schweißen, wobei diese Verbindungen sowohl vor als auch nach dem Verzinkungsvorgang problemlos durchgeführt werden können. Allerdings muss beim Schweißen nach dem Feuerverzinken eine sorgfältige Ausbesserung des

Korrosionsschutzes im Schweißbereich erfolgen, denn durch die Wärmeeinbringung während des Schweißvorganges wird dort der Zinküberzug lokal zerstört.

Finden andere Verbindungsverfahren wie Nieten, Schrauben, Löten oder Kleben nach dem Feuerverzinken Anwendung, sind keine besonderen Maßnahmen zu berücksichtigen, es müssen jedoch die Einflüsse des Zinküberzuges auf das ausgewählte Verbindungsverfahren bedacht werden (z. B. auf die Eigenschaften von Lötverbindungen oder die Festigkeitseigenschaften von Klebverbindungen).

Bei Schraubverbindungen muss darauf geachtet werden, dass die Verbindungselemente einen Korrosionsschutz besitzen, der der übrigen Konstruktion gleichwertig ist.

Das Kleben von Blechteilen kann grundsätzlich erst nach dem Feuerverzinken durchgeführt werden, da zur Zeit noch keine Kleber bekannt sind, die in der Praxisanwendung den chemischen Belastungen aus Vorbehandlung und Temperaturbelastung beim Verzinkungsvorgang standhalten.

7.6.1.2 **Formgebung**

Stahlblechkonstruktionen sollten möglichst so ausgeführt werden, dass dem Stahlblech bei der Erwärmung in der Zinkschmelze die Möglichkeit zur Ausdehnung gegeben wird. Pro laufendem Meter Blech tritt bei der Erwärmung im Zinkbad (Temperatur ca. 450 °C) eine Wärmeausdehnung von ca. 4 bis 5 mm auf. Durch das Schaffen von Ausdehnungsmöglichkeiten lässt sich in den meisten Fällen ein Verziehen oder Verwerfen von Blechteilen vermeiden.

Sehr ungünstig sind Konstruktionen aus glatten Stahlblechflächen, denn die Stabilität dieser Bleche ist recht gering. Wenn zudem noch die Ausdehnung beim Feuerverzinken zum Beispiel durch angeschweißte Rahmen oder umlaufende Schweißnähte behindert wird, kommt es leicht zu Verwerfungen (Abb. 7.13). Blechen mit einem großen Biegeradius sollte daher bei der Verarbeitung der Vorzug gegenüber glatten Blechflächen eingeräumt werden.

Lassen sich größere Stahlblechflächen nicht vermeiden, so muss man versuchen, durch konstruktive Maßnahmen die Stabilität der Stahlblechfelder zu erhöhen. Dieses kann durch die Formgebung geschehen, indem man zum Beispiel die Bleche vor dem Einbau mit Sicken versieht oder die Blechtafeln diagonal leicht abkantet (Abb. 7.14).

Abb. 7.13 Verzug an einer großflächigen Blechkonstruktion als Folge fehlender Ausdehnungsmöglichkeiten

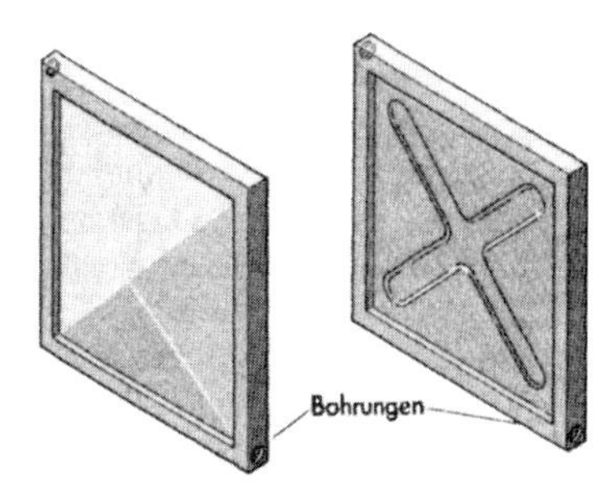

Abb. 7.14 Abkantungen und Sicken reduzieren Verwerfungen und Beulungen an Blechteilen

Grundsatz: Stahlblechkonstruktionen erwärmen sich aufgrund der geringen Materialstärke beim Eintauchen in das Zinkbad sehr schnell, deshalb muss die Eintauchgeschwindigkeit sehr hoch sein. Voraussetzung hierfür ist jedoch, dass die Konstruktionen gut getrocknet sind und die Ein-/Auslauföffnungen groß genug sind.

Es ist davon abzusehen, durch das Aufschweißen von Versteifungsstegen den Stahlblechen mehr Stabilität zu verleihen. Im Regelfall ist der Gewinn an Steifigkeit relativ gering, die Verwerfungen beim Feuerverzinken nehmen jedoch aufgrund der zusätzlichen Schweißeigenspannungen eher noch zu. Sowohl unterschiedliche Materialstärken von Rahmen und Füllung als auch mit dem Rahmen durchgehend verschweißte Stahlblechfüllungen führen zum Verzug.

Vermeidung: Füllung nicht einschweißen sondern schrauben.

7.6.2 Drahtwaren

Draht für Zaunanlagen (Maschendraht) oder Drahtgeflechte werden in der Regel in automatisch arbeitenden Verzinkungsanlagen als Halbzeug feuerverzinkt und erst anschließend zum fertigen Produkt weiterverarbeitet. Drahtwaren, die stückverzinkt werden, sind dagegen in der Landwirtschaft und im Zaunbau bei speziellen Zaunsystemen (z. B. Doppelstabmatten) anzutreffen.

Neben der Verwendung eines zum Feuerverzinken geeigneten Werkstoffes sind keine besonderen Maßnahmen bei der Konstruktion von Bauteilen im Hinblick auf das Feuerverzinken zu beachten. Man muss jedoch daran denken, dass manche Drähte ihre Festigkeit erst durch eine Kaltverfestigung erhalten. Bei Verwendung ungeeigneter Stahldraht-Werkstoffe mit einer erheblichen Kaltverfestigung kann es zu einer Versprödung der Drähte kommen (sog. Reckalterung), die mitunter erst nach dem Feuerverzinken bemerkt wird. Hier muss man durch die Verwendung alterungsunempfindlicher Werkstoffe vorbeugen.

Bei Drahtwaren bietet das Feuerverzinken neben dem gewünschten Schutz vor Korrosion als weiteren Pluspunkt noch eine Erhöhung der Steifigkeit dieser Produkte, denn das zusätzliche Verlöten durch das schmelzflüssige Zink an den Kreuzungspunkten der Drähte steigert zusätzlich die Stabilität einzelner Bauelemente [7.6].

Abb. 7.15 Wareneingangsprüfung an Stahlrohr-Halbzeugen

7.7
Konstruktionen aus feuerverzinkten Halbzeugen

Üblicherweise werden gefertigte Stahlkonstruktionen, vorgefertigte Baugruppen und bereits verarbeitete Einzelelemente feuerverzinkt. Es kommt jedoch mitunter vor, dass Konstruktionen zu sperrig oder zu labil sind, um sie als vorgefertigte Teile Stückverzinken zu können; dann kann es sinnvoll sein, diese Konstruktionen aus zuvor feuerverzinkten Halbzeugen zu erstellen. In einigen Anwendungsbereichen, z. B. bei Rohren für Installationszwecke, ist es üblich, mit feuerverzinktem Halbzeug zu arbeiten.

Feuerverzinkte Rohrprofile gibt es als Rund- oder Rechteckrohr in einer Vielzahl von Abmessungen und Stärken und in der Regel in Längen von 6 oder 12 m (Abb. 7.15). Aber nicht nur bei Rohrprofil-Halbzeugen kommt die Feuerverzinkung zur Anwendung, auch bei kalt- oder warmgewalzten Stahlprofilen aus Vollmaterial bietet der gut sortierte Stahlhandel eine Vielzahl von Abmessungen an.

Die Halbzeuge werden üblicherweise in mechanisierten oder teilmechanisierten Anlagen kostengünstig und rationell feuerverzinkt. Man erreicht eine hohe Güte und Ebenmäßigkeit des Zinküberzuges, die sich teilweise durch ein Überblasen der Profile mittels Druckluft unmittelbar beim Herausziehen der Teile aus dem Zinkbad noch weiter erhöhen lässt.

Feuerverzinkte Halbzeuge lassen sich ebenso weiterverarbeiten wie unverzinkte Stahlprofile. Im Rahmen der Weiterverarbeitung werden sie üblicherweise abgelängt und mit gängigen Verbindungsverfahren, wie Schweißen, Schrauben, Nieten, Löten oder Kleben, miteinander verbunden; auch Steckverbindungen kommen vor, sie verlangen jedoch einen relativ hohen Arbeitsaufwand.

Im Zuge der Weiterverarbeitung wird der Zinküberzug in den meisten Fällen lokal mehr oder weniger stark beschädigt. Ob und in welchem Umfang Ausbesserungsarbeiten am Zinküberzug durchgeführt werden müssen, ist im Einzelfall zu prüfen.

7.7.1
Anforderungen

„Eine Kette ist nur so stark wie ihr schwächstes Glied!" Aus diesem Grund ist unter Berücksichtigung des Korrosionsschutzes die aus feuerverzinktem Halbzeug hergestellte Stahlkonstruktion der als Fertigteil feuerverzinkten Stahlkonstruktion nur dann gleichzusetzen, wenn

- die Dicke des Zinküberzuges den Werten der DIN EN ISO 1461 entspricht,
- die Schäden am Zinküberzug (insbesondere an den Schweißstellen) fachgerecht gemäß DIN EN ISO 1461 ausgebessert werden,
- der ausgebesserte Bereich die in DIN EN ISO 1461 genannten Grenzen nicht überschreitet (Ausbesserungsbereich maximal 0,5% der Bauteiloberfläche; größte Einzel-Ausbesserungsstelle maximal 10 cm^2) [7.7].

Eine sorgfältige, fachkundige Ausbesserung der Schadstellen im Zinküberzug erfordert jedoch einen gewissen Mehraufwand, dafür bietet die Verarbeitung von bereits feuerverzinkten Halbzeugen den Vorteil, dass verarbeitungsbedingte Eigenspannungen nicht einen Verzug während des Verzinkungsvorganges verursachen können.

Eine fachgerechte Ausbesserung von unverzinkten Stellen erfordert zunächst eine sorgfältige Reinigung bzw. Entrostung der Schadstelle. Gemäß Norm muss der Normreinheitsgrad Sa 2 1/2, oder, wenn mit Winkelschleifern oder ähnlichem Handwerkszeug gearbeitet wird, der Normreinheitsgrad PMa gemäß DIN EN ISO 12944 Teil 4 erreicht werden.

Als Ausbesserungsverfahren sollte das thermische Spritzen mit Zink bevorzugt werden. Falls dieses nicht möglich ist, kommen spezielle Zinkstaub-Beschichtungsstoffe zur Ausbesserung in Betracht. Entsprechend den Angaben des Nationalen Beiblattes zur DIN EN ISO 1461 sollten hierzu

- Zweikomponenten-Epoxidharz oder
- luftfeuchtigkeitshärtende Einkomponenten-Polyurethan- bzw.
- luftfeuchtigkeitshärtende Einkomponenten-Ethylsilicat-Zinkstaubbeschichtungsstoffe

eingesetzt werden. Die Dicke der aufgetragenen Beschichtungen oder Überzüge sollte nach Norm 30 µm mehr als die örtliche Schichtdicke, also ca. 100 µm betragen; die Zinkstaub-Beschichtungsstoffe sollten mindestens 95% Zinkstaub im Pigment aufweisen. Die Ausbesserung darf nur den tatsächlichen Schadbereich mit einer geringfügigen Überlappung zum Bereich des intakten Zinküberzuges umfassen; unnötig großflächige Ausbesserungen sind zu vermeiden.

7.7.2
Verarbeitung

Feuerverzinkte Halbzeuge müssen bis zur Weiterverarbeitung sorgfältig gelagert werden, um einer Schädigung, z. B. durch Weißrostbildung, vorzubeugen. Durch die Lagerung von Material in Bündeln oder Paketen besteht beim Lagern unter freiem Himmel stets die Gefahr, dass sich Feuchtigkeit zwischen den Profilen sammelt. Gerade bei frisch feuerverzinkten Stahlprofilen kann sich bei intensiver Feuchtigkeitseinwirkung und ungünstigen Belüftungsverhältnissen Weißrost bilden.

Der Gefahr der Weißrostbildung kann man vorbeugen, indem die Stahlprofile trocken gelagert und gegebenenfalls die Luftzirkulation zwischen den Profilen durch Holzzwischenlagen gefördert wird. Das Abdecken von frei gelagerten Materialbündeln durch Plastikfolien oder Planen kann unter Umständen unerwartete Nachteile haben, denn unter der Abdeckung kommt es zu starker Kondenswasserbildung, welche die Verzinkung schädigen kann.

Bei der Weiterverarbeitung der Profile, zum Beispiel beim Sägen, Bohren oder Trennen, muss darauf geachtet werden, dass Eisenspäne auf der verzinkten Oberfläche nicht zu einer Fremdrostbildung führen. Fremdrost entsteht, wenn sich Eisenpartikel auf feuerverzinkten Oberflächen ablagern und dort zusammen mit Feuchtigkeit Rost bilden. Bei Feuchtigkeitseinwirkung verfärbt sich der Bereich um derartige Eisenpartikel intensiv rotbraun. Lassen sich lose aufliegende Säge- und Bohrspäne oder Reste von Schweißelektroden noch relativ leicht abfegen, so sind festgebrannte Partikel, wie sie beim Trennschleifen als extrem heiße Funken auf die feuerverzinkten Oberflächen geschleudert werden können, sehr viel problematischer. Diese heißen Eisenpartikeln brennen sich auf der Oberfläche des Zinküberzuges fest und sind mit einfachen Mitteln nicht mehr zu entfernen.

Zwar lassen sich feuerverzinkte Halbzeuge weitgehend wie unverzinkte Stahlprofile verarbeiten, es ist jedoch größte Vorsicht angeraten, wenn es darum geht, die Profile in einem engen Radius zu biegen, abzukanten oder zu stanzen. In solchen Fällen kann es vorkommen, dass der Zinküberzug die auftretenden Belastungen nicht unbeschadet übersteht (Abb. 7.16). Kleine Risse oder lokale Abplatzungen des Zinküberzuges können die Folge sein. Die Verwendung von feuerverzinkten Halbzeugen kann in einigen Anwendungsbereichen, in denen das Stückverzinken nicht einsetzbar ist, Vorteile haben; allerdings erfordert die Weiterverarbeitung und die damit verbundene Ausbesserung von unverzinkten Stellen im Zinküberzug stets einen gewissen Mehraufwand. Es muss daher im Einzelfall entschieden werden, welche Art der Feuerverzinkung eingesetzt werden soll.

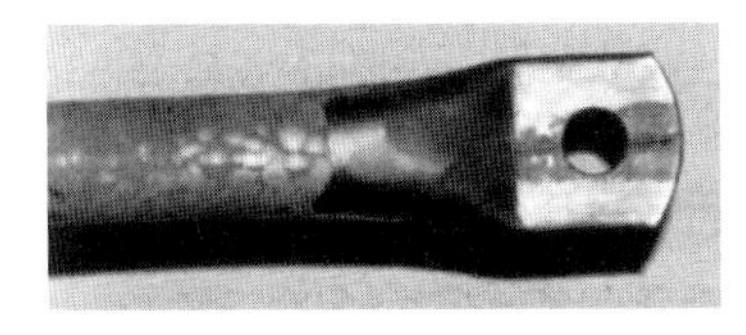

Abb. 7.16 Abgeplatzter Zinküberzug am gestanzten Ende eines Rohrprofils

7.8 Vermeiden von Verzug und Rissbildung

7.8.1 Zusammenhänge

Verantwortlich für einen unter Umständen auftretenden Verzug und ggf. auch Rissbildung an feuerverzinkten Konstruktionen ist der Abbau von Eigenspannungen als Folge der Erwärmung der Stahlteile im Zinkbad (Verzinkungstemperatur ca. 450 °C). Bei dieser Temperatur verringert sich die Streckgrenze des Stahls gegenüber den Werten bei Raumtemperatur um etwa die Hälfte.

Eigenspannungen = Zugspannungen entstehen durch verschiedene Fertigungsprozesse wie:

- Schweißen,
- Brennschneiden,
- Schleifen,
- Bohren,
- Stanzen,
- Kaltverformung (Alterung),
- Richten.

Eigenspannungen entstehen aber auch im Zinkbad bei einer Behinderung der Ausdehnung, z. B. durch

- verhinderte Ausdehnung von Diagonalen;
- verhinderte Ausdehnung von dünnen Konstruktionen die mit dicken Konstruktionen verschweißt sind.

Durch den Verzinkungsvorgang entstehen zusätzliche thermische Spannungen, die sich durch eine nicht optimal verzinkungsgerechte Konstruktion erhöhen können, z. B.

- unsymmetrische Konstruktion,
- starke unterschiedliche Materialstärken,
- große Tauch- und Ziehzeiten,
- einseitige ungleichmäßige Abkühlung.

Bei sehr hohen Eigenspannungen in einer Stahlkonstruktion kann es dann unter Umständen dazu kommen, dass vorhandene Spannungsspitzen sich durch plastische Formänderung abbauen. Liegen nämlich die Eigenspannungen einer Konstruktion erheblich oberhalb der während des Feuerverzinkens vorübergehend verringerten Streckgrenze des Stahls, so kann der Stahl diese Eigenspannungen nicht mehr aufnehmen. Die Spannungen werden als plastische Formänderung abgebaut – es entsteht Verzug (Abb. 7.17).

Eigenspannungen sind in jeder Stahlkonstruktion mehr oder weniger ausgeprägt vorhanden und im Regelfall beim Feuerverzinken völlig unproblematisch. Eigenspannungen, die zum Beispiel in Form von Walz-, Verformungs- oder Schweißspannungen in einer Konstruktion vorhanden sein können, stehen normalerweise

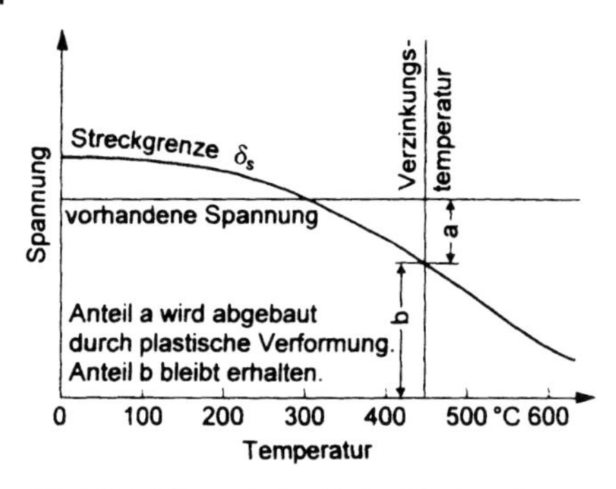

Abb. 7.17 Schematischer Verlauf der Streckgrenze des Stahls bei Temperaturerhöhung und Darstellung von Spannungsanteilen, die zu Verzug führen können

untereinander im Gleichgewicht und geben zu einer Verformung zunächst keinen Anlass. Durch das Einbringen der Wärme beim Feuerverzinken kann dieser Zustand jedoch gestört werden und dann können Verformungen die Folge sein. Das Ausmaß möglicher Verformungen ist unter anderem abhängig von

- der Größe der vorhandenen Eigenspannungen,
- ihrer Verteilung und Wirkrichtung innerhalb der Konstruktion,
- der Steifigkeit der Konstruktion und
- der Art und Dicke des verwendeten Werkstoffes.

7.8.2 Abhilfe

Verzug von Blech- und Stahlkonstruktionen beim Feuerverzinken kann man durch konstruktive und fertigungstechnische Maßnahmen weitgehend durch Vermeidung hoher Eigenspannungen und Aufhärtungen begegnen:

- spannungsarme Fertigung (insbesondere Schweißen),
- Aufstellen von Schweißfolgeplänen,
- Vermeiden langer und dicker Schweißnähte,
- Vermeiden von Kaltverformungen oder Beseitigung der entstandenen Eigenspannungen durch Wärmebehandlung (nur teilweise möglich),
- Begrenzen von Kerben, insbesondere beim dünneren Bauteil von Schweißkonstruktionen und Bereichen mit fertigungsbedingten Gefügeveränderungen (Kaltverformung, Schweißen, Brennschneiden, stanzen usw.,
- Kerben durch fachgerechte Nachbearbeitung reduzieren.

Hierbei geht man von Überlegungen aus, mit denen auch in der Schweißtechnik fertigungsbedingte Eigenspannungen niedrig gehalten werden. Grundsätzlich lässt sich ohnehin feststellen, dass Eigenspannungen als Folge des Schweißens die größte

Abb. 7.18 Stückverzinktes Blechchassis des BMW Z 1

Rolle beim Entstehen von Verzug spielen. Man sollte sich also möglichst von vornherein bemühen, die Spannungen in einer Stahlkonstruktion möglichst niedrig zu halten und Spannungsspitzen zu vermeiden, damit der Stahl, trotz vorübergehend nachlassender Festigkeit während des Verzinkungsvorganges, in der Lage ist, die inneren Spannungen vollständig aufzunehmen, ohne zu plastifizieren. Die Aufstellung eines Schweißfolgeplans kann hierbei eine Hilfe sein.

Symmetrische Profilquerschnitte, symmetrische Anordnung der Schweißnähte und keine größere Dimensionierung der Schweißnähte als notwendig, sind die wesentlichen Rahmenbedingungen zur Reduzierung der Verzugsgefahr.

Bei Blechkonstruktionen ist darauf zu achten, dass die Ausdehnung der Blechteile, die als Folge der Erwärmung der Teile auf die Temperatur der Zinkschmelze stattfindet, nicht behindert wird. Gleichzeitig muss durch konstruktive Maßnahmen dafür gesorgt werden, dass glatte Blechflächen versteift werden (zum Beispiel durch Sicken oder Abkantungen), um so der Bildung von Beulen oder Verwerfungen entgegenzuwirken. Dass bei sorgfältiger Vorplanung ein Feuerverzinken, selbst von komplizierten, dünnwandigen Blechkonstruktionen ohne nennenswerten Verzug möglich ist, zeigt sich in der Automobiltechnik, wo in einigen Fällen stückverzinkte Blechkonstruktionen als Chassis eingesetzt werden (s. Abb. 7.18).

7.8.3
Verminderung der Verzugs-/Rissgefahr bei großen Stahlkonstruktionen

Grundsatz: Das Risiko des Verzugs/Risse, ausgelöst durch Eigenspannungen, thermische Spannungen so weit wie möglich reduzieren, deshalb Mehrfachtauchungen vermeiden.

Starker Verzug und gegebenenfalls dadurch initiierte Risse lassen sich reduzieren, wenn Möglichkeiten geschaffen werden, damit die beim Mehrfachtauchen auftretenden unterschiedlich großen Längenausdehnungen einzelner Bauelemente

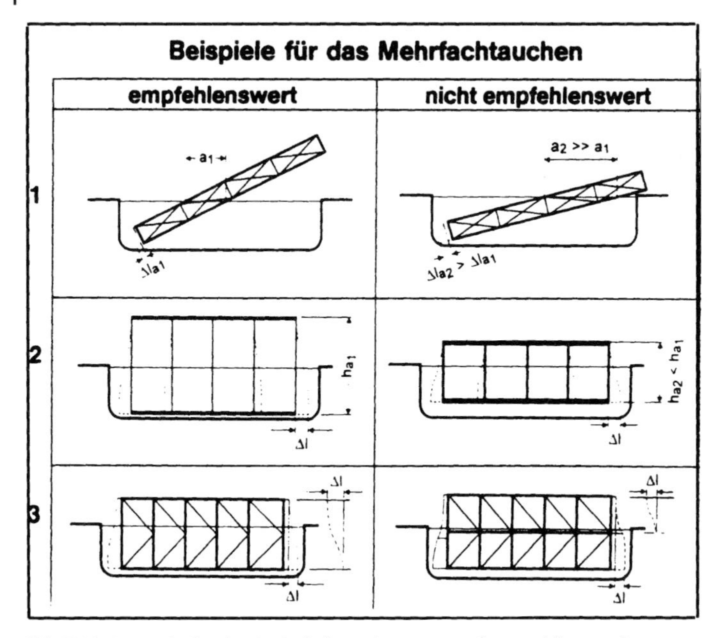

Abb. 7.19 Beispiele für das Mehrfachtauchen von großen Stahlkonstruktionen

auf einem möglichst langen Weg aufgenommen werden. Bei Mehrfachtauchungen tritt eine ungleichmäßige Erwärmung der gesamten Konstruktion ein, damit wird die Gefahr des Verzugs/Risse erhöht. Eine vorherige rechtzeitige Abstimmung mit den Verzinkereien ist unbedingt notwendig.

Es sind besondere konstruktive Maßnahmen zu treffen, z. B.

- keine halben Kopfplatten,
- keine zu großen Dickenunterschiede,
- ggf. nach dem Verzinken eingebaute Diagonalen,
- sehr hohe Tauchgeschwindigkeit,
- große Ein- und Auslassöffnungen usw.

Die Längenunterschiede der Konstruktion bei Tauchung 1 bzw. bei Tauchung 2 sind zu berücksichtigen. Zur Erläuterung sind in Abb. 7.19 einige Beispiele dieses Sachverhaltes angegeben, die nachstehend erklärt werden.

Reihe 1: Die Differenz *AI* der Längenänderung von Ober- und Untergurt ist in Spalte 7 wesentlich kleiner als in Spalte 2 und führt bei gleichen Steifigkeitsverhältnissen deshalb zu entsprechend niedrigeren Beanspruchungen als Folge der kleineren in das Zinkbad eingetauchten Gurtlängen.

Reihe 2: Die Differenz *AI* der Längenänderung von Ober- und Untergurt bewirkt in Spalte 7 wegen der größeren Trägerhöhe und weniger steifen Konstruktion wesentlich geringere Beanspruchungen als in Spalte 2.

Reihe 3: Die in Spalte 7 und 2 nahezu gleiche Differenz *AI* der Dehnungen von Ober- und Untergurt führt wegen der Scheibenwirkung des unteren Bereiches der

Konstruktion in Spalte 2 (zusätzlich eingeschweißter Gurt in Verbandsmitte) zu einer wesentlich höheren Beanspruchung als in Spalte 7 ohne diesen Zusatzstab. Der Ausgleich der Längenänderung kann hier über die gesamte Höhe des Bauteils erfolgen.

Grundsätzlich lässt sich die Gefahr von Verzug und Rissbildung durch eine vorausschauende Planung, die die Temperatur- und Ausdehnungsverhältnisse während des Verzinkungsvorganges berücksichtigt, wesentlich reduzieren.

7.9 Schweißen vor und nach dem Feuerverzinken

7.9.1 Schweißen vor dem Feuerverzinken

7.9.1.1 Allgemeines

Schon beim Planen einer Stahlkonstruktion müssen die Forderungen des feuerverzinkungsgerechten Konstruierens berücksichtigt werden. Verzug/Risse an Bauteilen, die unter ungünstigen Bedingungen beim Feuerverzinken entstehen können, werden durch Eigenspannungen im Bauteil und das Erwärmen der Bauteile im Zinkbad hervorgerufen. Die wichtigsten, hierbei zu beachtenden Maßnahmen beim Schweißen dienen daher auch dazu, Eigenspannungen in Schweißkonstruktionen niedrig zu halten (s. auch Abschnitt 7.8). Einige wichtige Grundregeln, die hierbei beachtet werden sollten, sind:

- durch konstruktive Maßnahmen den schweißtechnischen Aufwand auf ein Minimum zu reduzieren, denn je mehr an einer Konstruktion geschweißt werden muss, desto mehr zeigen die durch das Schweißen erzeugten Schrumpfspannungen im Werkstück ihre nachteilige Wirkung;
- Schweißnähte sind nach Möglichkeit so zu legen, dass sie in der Schwereachse des Profils liegen, falls dieses nicht möglich ist, sollten sie möglichst symmetrisch zur Schwereachse angeordnet sein;
- Schweißnähte, die die Konstruktion stark versteifen, möglichst erst zum Schluss schweißen;
- die Konstruktion „von innen nach außen“ schweißen, damit sie keine hohen Schrumpfspannungen beim Schweißen aufbauen können;
- einen Schweißfolgeplan erarbeiten, der die zuvor genannten Punkte berücksichtigt.

Mithilfe eines sorgfältig ausgearbeiteten Schweißfolgeplans, der auch bei der Fertigung genau einzuhalten ist, lässt es sich oftmals erreichen, dass sich Schweißspannungen so gleichmäßig über den gesamten Querschnitt eines Bauteils verteilen, dass bleibender Verzug nicht auftritt oder sich zumindest auf ein Minimum reduziert.

Abb. 7.20 Eingebrannte Rückstände im Schweißnahtbereich eines geölten Behälters (hier noch vor der Feuerverzinkung) können zu Fehlstellen führen

Kommt es bereits bei der schweißtechnischen Fertigung einmal zu Verzug, ist von Fall zu Fall zu prüfen, ob das Bauteil gerichtet werden muss. Allerdings wird sich ein schweißtechnisch bedingter Verzug beim Feuerverzinken (als Folge der vorübergehenden Verringerung der Festigkeit des Stahls) mitunter noch verstärken.

7.9.1.2 **Fehlerquellen**

Das Richten vor dem Feuerverzinken ist sowohl mittels Flamme (Warmrichten) als auch durch hydraulische Pressen (Kaltrichten) möglich. Allerdings empfiehlt es sich aus Kostengründen, derartige Richtarbeiten nicht mit sehr hohem Aufwand und übertriebener Präzision durchzuführen, da in solchen Fällen damit gerechnet werden muss, dass während des Verzinkungsvorganges erneut geringfügiger Verzug auftritt.

Beim Schweißen vor dem Feuerverzinken sind ebenfalls fertigungstechnische Aspekte zu berücksichtigen. So muss zum Beispiel darauf geachtet werden, dass keine Schweißschlacken auf der Schweißnaht zurückbleiben; diese können zu Verzinkungsfehlern führen (Abb. 7.20). Auch Trennmittel-Sprays, die häufig beim Schutzgasschweißen verwendet werden, um das Anbrennen von Schweißspritzern zu verhindern, stören, da sie einen kaum sichtbaren Film auf die Stahloberfläche legen, der beim Vorbehandeln in der Feuerverzinkerei nicht entfernt wird und nun seinerseits zu Fehlstellen beim Feuerverzinken führt.
Weicht die Zusammensetzung des Schweißzusatzwerkstoffes in seiner chemischen Zusammensetzung erheblich von der Zusammensetzung des Grundwerkstoffes ab, können sich deutliche Unterschiede im Aussehen und in der Dicke des Zinküberzuges im Bereich von Schweißnähten ergeben. Dieses wird vor allen Dingen bei geschliffenen Schweißnähten deutlich (Abb. 7.21).

Verzug an Bauteilen, der unter ungünstigen Bedingungen beim Feuerverzinken entstehen kann, wird durch das Erwärmen der Bauteile hervorgerufen. Im Bereich

Abb. 7.21 Starkes Aufwachsen von Zinküberzügen an blecheben geschliffenen Schweißnähten als Folge eines hohen Silizium-Gehaltes in der Schweißnaht

von 450 °C haben herkömmliche Baustähle nur noch etwa die Hälfte ihrer Festigkeit, da mit zunehmender Temperatur die Festigkeit des Stahls abfällt.

7.9.1.3 **Schweißpraxis**

Liegen nun die Eigenspannungen in einer Konstruktion sehr hoch, so kann es vorkommen, dass die nachlassende Festigkeit des Stahls nicht mehr ausreicht, sämtliche Spannungen aufzunehmen. Spannungsspitzen können sich dann durch plastische Formänderung (Verzug) abbauen. Man sollte sich also bemühen, die Spannungen in einer Konstruktion von vornherein möglichst gering zu halten, damit der Stahl trotz vorübergehend nachlassender Festigkeit die inneren Spannungen noch voll aufnehmen kann. Beim Schweißen bringt man konzentriert und örtlich begrenzt eine beträchtliche Wärmemenge ein. Dieses örtliche Erwärmen und das nachfolgende Abkühlen ruft eine Reihe von Wechselwirkungen hervor. Je mehr an einer Konstruktion geschweißt wird, um so mehr zeigen Schrumpfungen und Spannungen ihre nachteilige Wirkung. Schweißnähte sind nach Möglichkeit so zu legen, dass sie in der Schwereachse des Profils liegen. Ist das nicht möglich, so sollten die Schweißnähte möglichst symmetrisch im gleichen Abstand zur

Schwereachse liegen. Auch hier gilt der Grundsatz, die Schweißnähte nicht größer auszuführen, als es statisch erforderlich ist.

Mithilfe eines sorgfältig ausgearbeiteten Schweißfolgeplans, der auch bei der Ausführung genau einzuhalten ist, lässt es sich oftmals erreichen, dass die Schweißspannungen gleichmäßig über den Querschnitt verteilt sind und somit der Verzug beim Feuerverzinken vermieden wird bzw. sich auf ein vertretbares Minimum beschränkt.

Beim Fertigen einer Schweißkonstruktion ist unbedingt darauf zu achten, dass die Schweißschlacke entfernt und der Schweißnahtbereich sorgfältig abgebürstet wird. Anhaftende Schlackenreste sind äußerst hartnäckig und werden auch im Verlauf der Vorbehandlungsverfahren nicht entfernt. Beim Verzinken können dann durch diese Schlacken Fehlstellen entstehen. Auch sollte unbedingt darauf geachtet werden, dass der Schweißzusatz auf den Grundwerkstoff abgestimmt ist. Unterschiedliche Werkstoffzusammensetzung zwischen Schweißnaht und Grundwerkstoff kann auch zu Unterschieden im Aussehen und in der Dicke der Zinkschicht führen.

Um das Feuerverzinken wirtschaftlich und preisgünstig durchführen zu können, sollten die Bauteile nicht sperrig sein. Es ist günstig, die Teile in ebenflächigen Sektionen verzinken zu lassen und sie erst bei der Montage durch Schweißen oder auch Verschrauben zu verbinden [7.9].

7.9.2
Schweißen nach dem Feuerverzinken

7.9.2.1 Allgemeines

Es ist nicht immer möglich und sinnvoll, Bauteile komplett zu fertigen. Insbesondere bei sperrigen Bauteilen ist nachträgliches Feuerverzinken häufig problematisch. Darüber hinaus kann es erforderlich sein, an feuerverzinkten Teilen am Montageort zu schweißen oder Stahlkonstruktionen aus feuerverzinkten Halbzeugen herzustellen.

Beim Schweißen an feuerverzinktem Stahl werden grundsätzlich die gleichen Schweißverfahren eingesetzt wie bei unverzinktem Stahl. Grundlegende Untersuchungen an gängigen Stahlsorten haben ergeben, dass die mechanischen Eigenschaften durch Feuerverzinken weder im geschweißten, noch im ungeschweißten Zustand bedeutend verändert werden. Unter den Schweißverfahren für feuerverzinkten Stahl ist das Lichtbogenschweißen von Hand des gebräuchlichste. Dieses Verfahren bietet Vorteile, die später noch erläutert werden. Das Gasschmelzschweißen eignet sich vornehmlich für feuerverzinkte Bleche bis etwa 3 mm Dicke. Es hat jedoch den Nachteil, dass der Zinküberzug beiderseits der Naht in wesentlich breiterer Zone abschmilzt als beim Lichtbogenhandschweißen. Bei größeren Werkstückdicken ist das Lichtbogenhandschweißen vorzuziehen.

7.9.2.2 Schweißpraxis

Infolge der hohen Temperaturen beim Schweißen verbrennt bzw. verdampft der Zinküberzug zu beiden Seiten der Naht. Er beeinflusst den Schweißvorgang, so dass die Bedingungen gegenüber dem Schweißen an unverzinktem Stahl geändert werden müssen. Die beim Schweißen entstehenden grauweißen Zinkoxiddämpfe

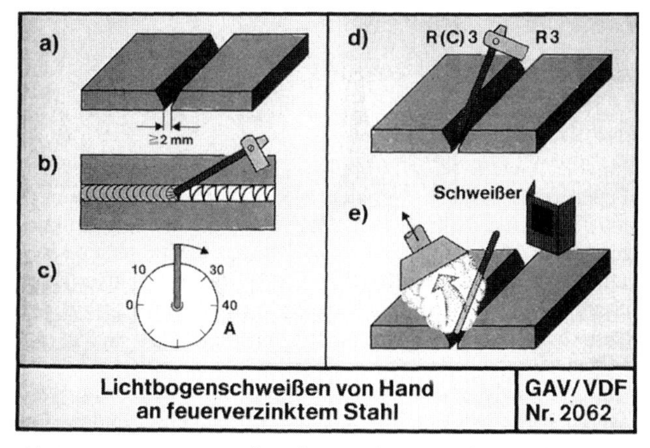

Abb. 7.22 Hinweise zum Schweißen von feuerverzinktem Stahl

erschweren die Arbeit, da sie die Sicht behindern. Es entstehen Spritzer und der Schweißverlauf wird unruhig. Unter ungünstigen Bedingungen können Poren im Schweißgut entstehen.

Bei Beachtung der erforderlichen Vorkehrungen lassen sich jedoch in nahezu allen Fällen an feuerverzinkten Bauteilen Schweißnähte mit ausreichender Güte ohne Veränderung der mechanischen Kennwerte erzielen.

Einige grundlegende Hinweise zum Schweißen von feuerverzinktem Stahl sind nachstehend aufgeführt (Abb. 7.22).

a) Beim Schweißen von Stumpfstößen sollte der Stegabstand etwas größer gewählt werden als bei unverzinktem Stahl, damit besonders bei der Wurzellage das verdampfende Zink abziehen kann; dadurch lassen sich Poren vermeiden. Gleiches gilt für das Schweißen von Kehlnähten.
b) Entscheidenden Einfluss auf den Schweißverlauf und die Güte der Schweißnaht hat die Schweißgeschwindigkeit. Bei zu schnellem Schweißen können die Zinkdämpfe nicht vollständig aus der Naht entweichen und somit leicht in das Schweißbad und in die Schlacke eindringen. Herabsetzen der Schweißgeschwindigkeit und leichtes Pendeln mit der Schweißelektrode erleichtern das Verdampfen und Entweichen des Zinks.
c) Wie bereits erwähnt, stört das verdampfende Zink den Lichtbogen. Geringfügiges Erhöhen des Schweißstromes wirkt sich hier positiv aus, denn der Lichtbogen wird stabiler und das Zink kann leichter verdampfen.
d) Die Auswahl der richtigen Elektrode ist von grundsätzlicher Bedeutung. Elektroden, die einen langsam erstarrenden Schlackenfluss ergeben, eignen sich gut zum Schweißen von feuerverzinktem Stahl, da sie dem Zink genügend Zeit geben, aus dem Schweißbad zu entweichen. Für Baustähle mit unbeschränkter Schweißeignung sowie für Nähte, die nicht außergewöhnlich hoch beansprucht werden, empfiehlt sich beispielsweise, mitteldick umhüllte Stabelektroden mit Rutil- bzw. Rutilcellulose-Umhüllung zu wählen.
   Die richtige Auswahl ist besonders beim Schweißen der Wurzellage von Bedeutung, da hierbei bereits das meiste Zink verdampft. Wird mehrlagig

geschweißt, so spielt die Art der Elektrode für die weiteren Lagen nur eine untergeordnete Rolle, da die Fugenflanken nach dem Schweißen der Wurzellage meist zinkfrei sind.

e) Die beim Schweißen feuerverzinkten Stahls aufsteigenden zinkoxidhaltigen Dämpfe sollten abgesaugt werden, um den Schweißer nicht gesundheitlich zu schädigen. Absauggeräte oder -hauben liefert der Fachhandel.

Vollmechanisierte Lichtbogenschweißverfahren mit offenen und verdeckten Lichtbogen wurden getestet. Es zeigte sich, dass beim UP-Schweißen ohne Stegabstand Poren in erheblichem Maße auftraten. Bei einem Stegabstand von 1,6 mm traten keine Poren mehr auf. In allen Fällen war es vorteilhaft, an nicht verzinkten Fugenflanken zu schweißen.

Beim Schutzgasschweißen werden häufig CO_2, in vielen Fällen jedoch auch Mischgase aus 20% CO_2 und 80% Argon verwendet. Eine Verringerung der Schweißgeschwindigkeit gegenüber nichtverzinktem Stahl ist auch bei diesem Verfahren erforderlich. Ein Stegabstand von 1–2 mm vermindert die Porenbildung, und leichte Pendelbewegungen mit der Drahtelektrode verbessern den Einbrand.

Beim CO_2-Schweißen im Kurzlichtbogen an feuerverzinktem Stahl tritt erhebliche Spritzerbildung auf; die Spritzer haften am Werkstück. Es empfiehlt sich, den Schweißfugenbereich mit geeigneten Aerosolen zu besprühen. Dadurch lassen sich die Spritzer später leicht abbürsten. MAG-geschweißte Stumpfstöße und Kehlnähte zeigten einwandfreie Röntgenbilder. Wegen der höheren Schweißgeschwindigkeit war bei Fallnähten hingegen Porosität festzustellen, folglich sind steigende Nähte zu empfehlen.

Das WIG-Verfahren eignet sich weniger zum Schweißen feuerverzinkten Stahls, da das verdampfende Zink sich ungünstig auf den Lichtbogen auswirkt und zudem die Wolframelektrode verunreinigt.

Es kann gelegentlich vorkommen, dass das Schweißen feuerverzinkter Stahlteile aufgrund geltender Richtlinien nur auf zinkfreiem Untergrund zulässig ist. Entfernt man die Zinkauflage auf einer Breite von mindestens 10 mm beiderseits der Fugenflanke auf der Werkstückoberfläche, so erhält man Schweißnähte, die von Zink unbeeinflusst sind. Am wirksamsten ist es, das Zink abzubrennen, zu strahlen oder zu beizen. Beim weniger aufwendigen Schleifen oder Bürsten kann Zink zurückbleiben. Beim Brennschneiden erhält man zinkfreie Fugenflanken ohne zusätzlichen Arbeitsaufwand.

Bei allen Schweißverfahren wird die Zinkschicht lokal zerstört. Zur Sicherung eines durchgehenden Korrosionsschutzes muss die Schutzschicht wieder hergestellt werden (s. hierzu auch Abschnitt 7.11.3) [7.10].

7.10
Feuerverzinken von Kleinteilen

7.10.1
Verfahren

Beim Feuerverzinken von Kleinteilen hat sich in den letzten Jahren eine spezielle, automatisierte Variante des Stückverzinkens entwickelt. Prinzipiell kann man Kleinteile auch nach dem üblichen Verfahren der Stückverzinkung feuerverzinken, bei einer Anzahl von Produkten ist jedoch die dabei erzielbare Qualität und Oberflächengüte nicht ausreichend. Aus diesem Grund wurden speziell für Teile, die nach dem Feuerverzinken zentrifugiert werden müssen (Schrauben, Muttern, Nägel und ähnliche Schüttgüter), automatisierte oder teilautomatisierte Verfahrensvarianten entwickelt.

Ein wesentlicher Unterschied zu den anderen Verzinkungsverfahren besteht aber nicht nur in den weitgehend automatisierten und/oder mechanisierten Verfahrensabläufen, sondern es wurden auch einige Verfahrensparameter verändert. So wird zum Beispiel meistens bei einer höheren Temperatur verzinkt als dieses bei der normalen Stückverzinkung der Fall ist (oberhalb ca. 530 °C statt 450 °C). Eine Ausnahme dabei bildet die Feuerverzinkung von HV-Schrauben der Festigkeitsklasse 10.9; ihre Verzinkung erfolgt oberhalb 470 °C. Unmittelbar nach dem Feuerverzinken ist ein Zentrifugieren (Schleudern) der Teile vorgesehen. Durch den Schleudervorgang wird „überflüssiges“ Zink von den Teilen abgeschleudert. Dadurch werden das Passvermögen und die Gleichmäßigkeit des Zinküberzuges auf der Bauteiloberfläche verbessert. Um ein Zusammenkleben der feuerverzinkten Teile zu verhindern, erfolgt im Regelfall das Abkühlen der Kleinteile in einem Wasserbad.

Produkt- und werkstoffabhängig werden die jeweils günstigsten Zinkbadtemperaturen oder Schleuderbedingungen ausgewählt. Maximale Größe und Gewicht der zu verzinkenden Kleinteile sind abhängig von den jeweils vorhandenen Einrichtungen, insbesondere der Aufnahmefähigkeit der Zentrifuge. Es muss deshalb bezüglich Größe und Gewicht eine Abstimmung mit der Verzinkerei erfolgen. Aufgrund der bei dieser Verfahrensvariante höheren Zinkbadtemperatur, bei der die üblichen Stahlwannen für die Aufnahme der Zinkschmelze nicht eingesetzt werden können, muss im Regelfall mit keramisch ausgekleideten Verzinkungsbädern gearbeitet werden.

7.10.2
Was sind Kleinteile?

Grundsätzlich gilt auch für das Feuerverzinken von Kleinteilen mit Ausnahme der mechanischen Verbindungselemente (zum Beispiel Schrauben und Muttern) die Verzinkungsnorm DIN EN ISO 1461 „Feuerverzinken auf Stahl aufgebrachte Zinküberzüge von Einzelteilen (Stückverzinken)“.

Der Begriff des Kleinteils ist in der Norm jedoch nicht näher definiert. In der Praxis werden die Begriffe „Kleinteile“ und „Schleuderware“ meist synonym benutzt. Die DIN EN ISO 1461 verlangt für Kleinteile, unter denen man auch geschleuderte Teile versteht, in der größten Klasse mit > 20 mm eine örtliche Dicke des Zinküberzuges von mindestens 55 mm. Soll bei geschleuderten Teilen ein dickerer Überzug aufgebracht werden, so ist dieses bei der Bestellung zu vereinbaren.

7.10.3
Aussehen und Oberflächenqualität

Da durch das Zentrifugieren die sog. Reinzinkschicht nahezu vollständig entfernt wird, ergeben sich bei zentrifugierten (geschleuderten) Kleinteilen meist dünnere Zinküberzüge als bei gleichartigen Bauteilen, bei denen man auf das Zentrifugieren verzichtet. Zentrifugierte Kleinteile zeigten im Regelfall nicht das silbrig glänzende Aussehen des Zinküberzuges, wie man ihn von der üblichen Stückverzinkung her kennt. Die Oberfläche derartiger Kleinteile weist meist ein hellgraues bis mittelgraues Aussehen des Zinküberzuges auf. Bei diesem abweichenden Aussehen, das auch beim üblichen Stückverzinken auftreten kann, handelt es sich um einen rein optischen Effekt, der keinen Maßstab für die Güte des Korrosionsschutzes darstellt. Da das Aussehen des Zinküberzuges primär Werkstoff- und bauteilabhängig ist, kann es in der Praxis vom Feuerverzinker nicht nennenswert beeinflusst werden.

Bei kaltgeschlagenen oder kaltgezogenen Kleinteilen kann unter Umständen bei sehr glatten Oberflächen das Haftvermögen des Zinküberzuges verringert sein.

7.10.4
Produkte

Mechanische Verbindungselemente
Normengemäß erfasst sind hierbei die Gewinde von M8 bis M64 (Abb. 7.23). Durch das Feuerverzinken darf die Passfähigkeit von Gewindeteilen selbstverständlich nicht beeinträchtigt werden. Deshalb ist bei feuerverzinkten Schrauben zum Aufbringen des Zinküberzuges ein vergrößertes Gewindespiel erforderlich. Dem wird in DIN EN ISO 10684 Rechnung getragen durch entsprechend geänderte Grundabmessungen im Bolzengewinde in Verbindung mit einer Mindestdicke des Zinküberzuges von 50 µm. Die gleiche Dicke des Zinküberzuges gilt sinngemäß auch bei Unterlegscheiben, die in der Norm nicht gesondert erwähnt sind.

Muttern werden üblicherweise als Rohlinge nur mit Kerndurchgangsloch feuerverzinkt. Da die Mutterngewinde erst nach dem Feuerverzinken in den Rohling geschnitten werden, sind sie nicht feuerverzinkt. Obwohl das Mutterngewinde unverzinkt bleibt, rostet es nicht, denn den Korrosionsschutz im unverzinkten Mutterngewinde übernimmt nach der Montage der Zinküberzug des Bolzens, der mit dem Gewinde in unmittelbarem Kontakt steht. Neben herkömmlichen Verbindungselementen dürfen auch feuerverzinkte Schrauben für HV-Verbindungen (HV = hochfest vorgespannte Verbindungen) der Festigkeitsklasse 10.9 eingesetzt werden – allerdings nur als komplette Garnituren desselben Herstellers. In einigen Anwendungsbereichen sind besonders Anforderungen bei der Verwendung hochfester feuerverzinkter Schraubenverbindungen zu beachten.

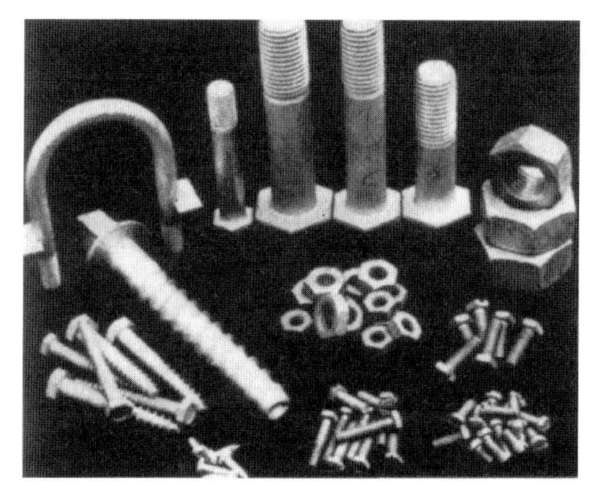

Abb. 7.23 Feuerverzinkte und zentrifugierte Kleinteile

Nägel, Stifte, Scheiben, Haken usw.
Der altbekannte Nagel heißt fachlich korrekt heute Drahtstift. Zum Feuerverzinken gelangen die unterschiedlichsten Formen und Abmessungen von Stiften. Da es bei Kleinteilen aufgrund einer ungünstigen Form hin und wieder vorkommen kann, dass nach dem Feuerverzinken einzelne Stücke durch das Zink miteinander verlötet werden, sollte der zulässige Anteil von solchen „zusammenklebenden" Teilen im Einzelfall vereinbart werden.

Kleinteile aus Formstahl, Stabstahl und Blech
Kleinteile dieser Rubrik gibt es in den vielfältigsten Formen und Abmessungen. Typische Vertreter sind Schellen, Scharniere, Seilklemmen usw. Auch hier gilt, dass die verwendeten Werkstoffe und gefertigten Konstruktionen zum Feuerverzinken geeignet sein müssen.

Ketten
Ketten werden, soweit dies gewichtsmäßig zu beherrschen ist, um einen gleichmäßigen Zinküberzug sicherzustellen und ein Verlöten der einzelnen Kettenglieder zu verhindern, ebenfalls nach dem Feuerverzinken zentrifugiert. Schwere Ketten mit großen Längen sind mitunter zu groß um sie zu zentrifugieren, hier muss man dann auf das herkömmliche Verfahren der Stückverzinkung zurückgreifen. Wenn vom Feuerverzinken und erst recht wenn vom Schleuderverzinken von Kleinteilen die Rede ist, geht es, wie schon angeführt, zwar nicht nur, aber doch vorrangig, um Schrauben und Muttern [7.11].

7.11 Nacharbeiten und Ausbessern des Zinküberzuges

Durch Feuerverzinken hergestellte Zinküberzüge weisen neben einer hohen Korrosionsbeständigkeit auch eine hohe Verschleißfestigkeit auf, die sie robust und widerstandsfähig machen. Trotzdem kann es hin und wieder vorkommen, dass

Abb. 7.24 Abschmelzen und Abbürsten von Zinkverdickungen mittels Schweißflamme und Drahtbürste

der Zinküberzug unverzinkte Stellen oder Beschädigungen aufweist, die dann eine Nacharbeit oder eine Ausbesserung des verzinkten Teils erfordern.

7.11.1
Zinkverdickungen, Tropfnasen

Beim Feuerverzinken werden Stahlteile nach entsprechender Vorbehandlung in ein Bad aus schmelzflüssigem Zink getaucht. Wie jede andere Flüssigkeit auch, tropft das (über-)flüssige Zink ab. Es kann dabei vorkommen, dass das abfließende Zink erstarrt und kleine Verdickungen oder Tropfnasen bildet. Wenn diese Verdickungen nicht allzu groß geraten sind, stören sie kaum und sollten daher so verbleiben, wie sie sind. Wenn es aber darum geht, Stahlteile passgenau zusammenzufügen oder zu montieren, können sie Probleme bereiten.

Falsch wäre es, diese Verdickungen einfach abzuschlagen oder mit dem Winkelschleifer rigoros wegzuschleifen. Hierbei besteht die Gefahr, dass der Zinküberzug völlig abgeschliffen wird und der blanke Stahl freiliegt. Ein Bearbeiten mit der Feile in Handarbeit oder ein mechanisches Schleifen mit Hilfe eines Winkelschleifers und eines flexiblen Gummitellers ist hier günstiger.

Eine weitere Möglichkeit ist das Abschmelzen des überflüssigen Zinks mittels Schweißflamme. Mit einer weichen Flamme wird der Zinküberzug lokal aufgeschmolzen (nicht verbrannt). Wird das Zink flüssig, tropft es entweder von selbst ab, oder es kann mit Hilfe einer Drahtbürste oder eines Blechspachtels beseitigt werden (Abb. 7.24).

7.11.2
Scharniere und Gewindebolzen

Sind Gewindebolzen an einer Stahlkonstruktion, die feuerverzinkt werden soll, angeschweißt, so ist das Gewinde nach dem Feuerverzinken in der Regel nicht mehr gängig. Ein Nachschneiden des Gewindes mit dem Schneideisen ist mühsam und zeitaufwendig. Einfach, besser und schneller ist auch hier das Aufschmelzen des Zinküberzuges mit einer Flamme und das Ausbürsten des Gewindes mit einer Drahtbürste.

An manchen Bauteilen sind Scharniere oder Gelenke angebracht; wenn deren Zinküberzug abkühlt und erstarrt, verlötet er diese beweglichen Teile, und sie sind dadurch „bombenfest". In solchen Fällen sollte man keine Gewalt anwenden, sondern wiederum eine weiche Schweißflamme einsetzen und damit den Zinküberzug aufschmelzen. Wenn das Zink flüssig wird, lässt sich das Scharnierteil wieder bewegen. Man bewegt das Teil bis zum Erstarren des Zinküberzuges hin und her; die Beweglichkeit bleibt dann auch nach dem Abkühlen erhalten.

7.11.3
Fehlstellen und Beschädigungen

Kommt es zu Beschädigungen und Fehlstellen, sollte das Feuerverzinkungsunternehmen nicht nur gemäß DIN EN ISO 1461 „Feuerverzinken von Einzelteilen (Stückverzinken)" eine Ausbesserung durchführen, sondern auch diejenigen Schäden, die außerhalb des Verantwortungsbereiches des Feuerverzinkungsunternehmens entstanden sind (z. B. beim Transport oder der Montage), entsprechend den dort aufgeführten Regeln der DIN EN ISO 1461 ausgebessert werden (Abb. 7.25).

Die DIN EN ISO 1461, Pkt. 6.3 regelt, bis zu welcher maximalen Größe Ausbesserungen zulässig sind. Die Norm schreibt hierzu:

„Die Summe der Bereiche ohne Überzug, die ausgebessert werden müssen, darf 0,5% der Gesamtfläche eines Einzelteils nicht überschreiten Ein einzelner Bereich ohne Überzug darf in seiner Größe 10 cm² nicht übersteigen. Falls größere Bereiche ohne Überzug vorliegen, muss das betreffende Bauteil neu verzinkt werden, falls keine anderen Vereinbarungen zwischen Auftraggeber und Feuerverzinkungsunternehmen getroffen werden" [7.13].

Zur normgerechten Ausbesserung einer Fehlstelle gehört auch eine fachgerechte Oberflächenvorbereitung. Diese hat gemäß DIN EN ISO 12944 durch Strahlen (Normreinheitsgrad Sa 2 1/2) oder durch partielles maschinelles Schleifen (PMa) zu erfolgen.

Die Ausbesserung der Fehlstelle muss durch Thermisches Spritzen mit Zink (sog. Spritzverzinken) (Abb. 7.26) oder mit Hilfe von speziellen Zinkstaub-Beschichtungsstoffen erfolgen. Geeignet entsprechend Nationalem Beiblatt zur DIN EN ISO 1461 sind hierzu:

- Zweikomponenten-Epoxidharz,
- luftfeuchtigkeitshärtende Einkomponenten-Polyurethan- oder

Abb. 7.25 Infolge unsachgemäßer Ausbesserung des Zinküberzuges an den Schweißnähten dieser aus feuerverzinkten Profilen zusammengefügten Zaunfelder tritt Korrosion ein

- luftfeuchtigkeitshärtende Einkomponenten-Ethylsilicat-Zinkstaubbeschichtungsstoffe.

Die Ausbesserung von Fehlstellen muss in allen Fällen in einer Dicke von 30 µm mehr als die nach Norm geforderte örtliche Schichtdicke erfolgen [7.13]. Andere Ausbesserungsverfahren, zum Beispiel das Ausbessern mithilfe spezieller Lote oder mit speziellen selbstklebenden Zink-Metallfolien, bedarf nach Norm der Vereinbarung zwischen den Vertragspartnern. Die Ausbesserung ist so vorzunehmen, dass eine Überlappung mit dem intakten Zinküberzug sichergestellt ist.

7.12 Feuerverzinken von Gusswerkstoffen

Das Feuerverzinken von Teilen aus Gusswerkstoffen ist grundsätzlich möglich, erfordert jedoch in der Feuerverzinkerei eine spezielle Vorbehandlung des Verzinkungsgutes. Nicht jede Feuerverzinkerei ist auf das Verzinken von Gusswerkstoffen eingestellt, weshalb eine Abstimmung in dieser Frage unbedingt zu empfehlen ist. Bei Nichtbeachtung der besonderen Anforderungen beim Verzinken von Gussteilen sind Fehler im Zinküberzug oder Schäden an den Gussteilen möglich.

Abb. 7.26 Ausbessern von Fehlstellen durch thermisches Spritzen

Aus der Vielzahl der Gusseisensorten lässt sich Stahlguss im Regelfall ohne große Probleme feuerverzinken; Grauguss oder Temperguss sind hingegen mitunter problematisch. Das Feuerverzinken beruht auf einer Oberflächenreaktion zwischen Eisen und Zink. Will man beim Feuerverzinken von Gussteilen die gleiche oder zumindest eine ähnliche Qualität erreichen wie beim Feuerverzinken von Stählen, muss die Vorbehandlung auf die vorhandene Gussoberfläche abgestimmt sein.

Gussteile können auf der Oberfläche Oxide, Graphitreste, Formsand-Rückstände, Seigerungsstellen und andere „Problemzonen" aufweisen (Abb. 7.27). Die übliche Vorbehandlung einer Feuerverzinkerei (Beizen in verdünnter Salzsäure) ist mitunter nicht in der Lage, alle diese Verunreinigungen zu beseitigen. In solchen Fällen kann es erforderlich werden, die Gussteile vor dem Feuerverzinken sorgfältig zu Strahlen oder durch ein Beizen in einer verdünnten Flusssäure zu behandeln. Die in der Regel rauhere Oberfläche von Gussteilen kann dazu führen, dass auf ihnen dickere Zinküberzüge aufgebaut werden als dieses bei Stahlteilen mit einer glatten Oberfläche der Fall ist [7.14].

Große Gussteile (z. B. Schwungräder) sind zum Feuerverzinken im Regelfall ungeeignet, da durch die Erwärmung auf ca. 450 °C Spannungsänderungen auftreten können, die Risse im Gussteil zur Folge haben.

Mischkonstruktionen, die sowohl aus Stahl als auch aus Gussteilen bestehen, sind nur eingeschränkt zum Feuerverzinken geeignet. Verhält sich Stahlguss beim Feuerverzinken weitgehend wie normaler Walzstahl, so muss bei anderen

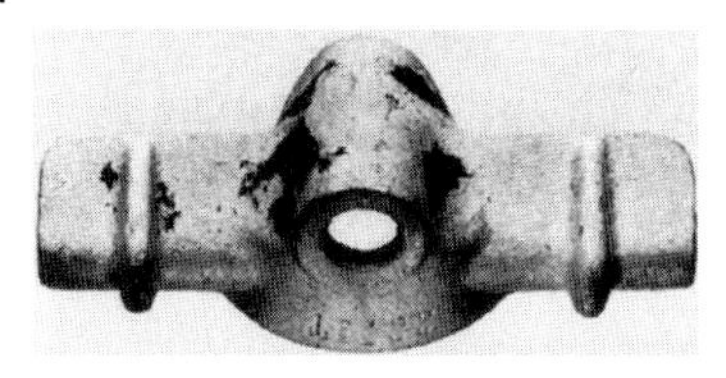

Abb. 7.27 Feuerverzinktes Gussteil mit Fehlern durch Sandstellen

Gusswerkstoffen mit Schwierigkeiten gerechnet werden. Anderes Aussehen, eine andere Dicke des Zinküberzuges können ebenso die Folge sein wie teilweise unverzinkte Bereiche auf den Gussteilen.

7.13 Örtliche Vermeidung der Zinkannahme

Beim Feuerverzinken ist es mitunter erforderlich, einzelne Bereiche einer größeren Konstruktion zinkfrei zu lassen. Dieses zu gewährleisten, ist verhältnismäßig aufwändig. Da es sich beim Feuerverzinken um ein Tauchverfahren handelt, werden alle Stahlteile, die in die Zinkschmelze getaucht werden, völlig vom Zink überzogen.

Um zylindrische Teile (z. B. Gewindebolzen, Zapfen usw.) vor der Zinkschmelze zu schützen, empfiehlt es sich, die betreffenden Bereiche mehrlagig mit einem handelsüblichen Gewebeband (Kunststoff-Isolierband ist wenig geeignet) fest zu umwickeln. Nach dem Feuerverzinken müssen allerdings die Rückstände des Gewebebandes entfernt werden (zum Beispiel mittels Drahtbürste).

Zum Schutz flächiger Bereiche vor dem Angriff der Zinkschmelze können diese mit speziellen Beschichtungsstoffen geschützt werden. Auch hier sorgt die aufgetragene Beschichtung dafür, dass der so geschützte Bereich nicht gebeizt wird; auch das Flussmittel gelangt nicht an die abgedeckten Oberflächen. Daher kann sich dort auch kein Zinküberzug ausbilden.

Ähnlich wie bei den Gewebebändern werden durch die Hitzeeinwirkung der Zinkschmelze (ca. 450 °C) die aufgetragenen Beschichtungen zwar zerstört; die Rückstände verhindern jedoch auch hier die Ausbildung eines Zinküberzuges. Selbstverständlich ist es vor einer weiteren Verarbeitung erforderlich, die Rückstände abzubürsten. Für Gewindeteile sind derartige Beschichtungen weniger geeignet, da sie sich nicht gleichmäßig über alle Bereiche eines Gewindes verteilen und die Schutzwirklung daher auch unterschiedlich sein kann.

Innengewinde kann man durch das Eindrehen einer passenden Schraube, deren Gewinde man zuvor gefettet hat, schützen. Zwar muss man mitunter nach dem Feuerverzinken die Schraube mit einer weichen Flamme wieder lösen, da sie von dem außen anhaftenden Zink „festgelötet“ wird; in Einzelfällen kann jedoch auch diese Möglichkeit helfen.

Gewindebohrungen und Sacklöcher lassen sich auch durch das Eintreiben von Holzstopfen verschließen. Hier verkohlt das Holz im Kontakt mit der heißen Zinkschmelze. Es verhindert dabei das Benetzen der betreffenden Oberflächenbereiche mit Zink. Rußige Rückstände des verkohlten Holzes können aber den Zinküberzug im unmittelbaren Umfeld der geschützten Stelle verunreinigen.

In allen Fällen verursacht das Abdecken von Oberflächenbereichen vor dem Feuerverzinken einen gewissen Mehraufwand. Die genannten Verfahren zum Abdecken von Oberflächenbereichen machen jedoch das nachträgliche lokale Abschleifen oder Abbrennen des Zinküberzuges unnötig.

7.14 Normen und Richtlinien

Die DIN EN ISO 1461 mit nationalem Beiblatt und der Beuth-Kommentar zur DIN EN ISO 1461 sind das zentrale Normenwerk, nach dem sich die Arbeit der Feuerverzinkungsunternehmen orientiert. Nachstehend wird nur auf einige Punkte der geltenden Norm hingewiesen; zur intensiven Beschäftigung mit dieser Norm empfiehlt sich [7.13].

7.14.1 DIN EN ISO 1461 und nationales Beiblatt 1 (Anmerkungen)

Die Norm regelt Anforderungen und Prüfungen von Einzelteilen, die durch das Feuerverzinken (Stückverzinken) vor Korrosion geschützt werden. Sie enthält sowohl für den Auftraggeber wie auch für den Feuerverzinker wichtige Informationen über die Einflüsse des Grundwerkstoffes, die konstruktiven Voraussetzungen für das Feuerverzinken sowie verzinkungstechnische Anforderungskriterien.

Bezeichnung
In Leistungsverzeichnissen, Stücklisten und Zeichnungen werden zur Vereinfachung häufig Kurzzeichen verwendet.
Mögliche Kurzzeichen:
- DIN EN ISO 1461 – tZno,
- DIN EN ISO 1461 – tZnb,
- DIN EN ISO 1461 – tZnk.

Bedeutung der Kurzzeichen:
- t = thermisch
- Zn = für Verfahren des Verzinkens;
- o = ohne Anforderung in Bezug auf Nachbehandlung,
- b = zusätzlich beschichten,
- k = keine Nachbehandlung.

Hinweise zu Konstruktion und Fertigung
Zu diesem Punkt enthält die Norm die Forderung, dass Werkstücke, die feuerverzinkt werden sollen, feuerverzinkungsgerecht konstruiert werden müssen. Wichtig ist, dass der Feuerverzinkungsbetrieb die angelieferten Werkstücke in Augenschein nehmen muss. Dabei erkannte augenscheinliche Mängel (nicht feuerverzinkungsgerecht gefertigt, alte Beschichtung usw.) erfordern eine Kontaktaufnahme mit dem Kunden zur Abstimmung des weiteren Vorgehens.

Die Prüfungspflicht des Verzinkers beginnt bereits im Vorfeld der Verzinkung. Werden Bauteile zur Verzinkung angeliefert, die mit augenscheinlich erkennbaren Konstruktions- bzw. Fertigungsmängeln behaftet sind, muss der Verzinker im Rahmen seiner Eingangsprüfung diese Mängel auffinden und seiner Hinweispflicht gegenüber dem Auftraggeber noch vor Durchführung der Verzinkung nachkommen. Unter dem Begriff „augenscheinliche Mängel" sind z. B. leicht erkennbare Mängel wie Farbreste, Schweißschlacken, fehlende Bohrungen zu Hohlräumen usw. zu verstehen, die von normal ausgebildeten Verzinkerei-Mitarbeitern ohne Zuhilfenahme von Spezialgeräten erkannt werden können.

Eine Beurteilung der schweißtechnischen Zusammenhänge, des Eigenspannungszustandes oder ähnlicher Kriterien geht über die Verpflichtung hinaus, nach augenscheinlichen Mängeln zu suchen.

Grundwerkstoff und Oberflächenbeschaffenheit

Die Eignung der Stähle zum Feuerverzinken sollte bereits bei der Stahlbestellung vereinbart werden (s. 7.4.3 in DIN 10025)

Die DIN EN ISO 1461 weist hierzu u. a. darauf hin, dass die chemische Zusammensetzung des Grundwerkstoffes einen erheblichen Einfluss auf die Dicke und die Struktur des Zinküberzuges hat. Werden vom Kunden an das Aussehen und die Dicke des Zinküberzuges besondere Anforderungen gestellt, so sind schriftliche Vereinbarungen zwischen den Vertragspartnern erforderlich. Weiterhin wird erwähnt: „Zum Feuerverzinken ist eine Oberfläche des Werkstückes mit Normreinheitsgrad Be nach DIN EN ISO 12944, Teil 4 Voraussetzung. Verunreinigungen, die weder durch Entfetten noch durch Beizen zu beseitigen sind, z. B. Beschichtungen, Signierungen, Ziehhilfsmittel, Schweißsprayfilme und Schweißrückstände, sind vom Auftraggeber zu entfernen. Der Verzinkungsbetrieb hat sich hiervon zu überzeugen und im Bedarfsfalle eine Abstimmung mit dem Auftraggeber herbeizuführen."

Zinkschmelze

Die Zinkschmelze muss mindestens 98 Gew-% Zink enthalten und die Summe der Begleitelemente entsprechend DIN EN 1179 (Primärzink) mit Ausnahme von Eisen und Zinn darf 1,5% nicht überschreiten.

Aussehen

Die DIN EN ISO 1461 fordert unter Pkt. 6.1 Aussehen: *„Bei Abnahmeprüfungen müssen alle wesentlichen Flächen auf dem Verzinkungsgut bei Betrachtung mit dem unbewaffneten Auge frei von Verdickungen/Blasen, ..., rauen Stellen, Zinkspitzen (falls sie eine Verletzungsgefahr darstellen) und Fehlstellen sein. ... Flussmittel- und Zinkascherückstände sind nicht zulässig".*

Teile, die die visuelle Prüfung nicht bestehen, sind nach 6.3 nachzubessern oder müssen neu verzinkt werden, mit anschließender erneuter Prüfung.

Haftvermögen

Da der Zinküberzug in der Regel fest auf dem Grundwerkstoff haftet, ist eine gesonderte Prüfung des Haftvermögens nicht erforderlich. Bei Werkstücken, die einer größeren mechanischen Belastung unterliegen, sind hinsichtlich des Haftvermögens besondere Vereinbarungen zu treffen. Es soll damit deutlich werden, dass Stanzen, Biegen, „Sweepen" und Abkippen der Ware vom Lkw eine größere mechanische Belastung darstellt, die ein Zinküberzug nicht unbedingt schadlos übersteht.

Ausbesserung des Zinküberzuges

DIN EN ISO 1461, Pkt. 6.3

Der Normtext legt eindeutig fest, dass Bereiche ohne Zinküberzug (Fehlstellen) in ihrer Summe nicht mehr als 0,5% der Bauteiloberfläche ausmachen dürfen. Die Größe der einzelnen Fehlstellen darf maximal $10\,cm^2$ betragen und muss sachgemäß ausgebessert werden.

Die Norm lässt als Ausbesserungsverfahren drei verschiedene Möglichkeiten gleichrangig zu:

- Thermisches Spritzen mit Zink,
- Zinkstaubbeschichtungen,
- Lote auf Zinkbasis.

Fehlstellen im Überzug, die durch Dritte im Rahmen der Weiterverarbeitung oder Montage entstehen sind durch diese Norm nicht ausdrücklich geregelt. Das gilt insbesondere auch für die zulässige Fläche einer Fehlstelle von max. $10\,cm^2$.

Kann die Fehlstelle so ausgebessert werden, dass der Korrosionsschutzwert der Konstruktion nicht beeinträchtigt wird, ist die Forderung nach Demontage und Neuverzinkung unangemessen. Im Rahmen einer Interessenabwägung sollte hier nach einer einvernehmlichen Lösung zwischen den Vertragspartnern gesucht werden.

Zusätzliches Beschichten („Duplex-System")

Nach DIN EN ISO 12944, Teil 5 wird unter DUPLEX-System verstanden: Feuerverzinkung von Stahlbauten (mit einer Materialdicke von $>3\,mm$) nach DIN EN ISO 1461 in Kombination mit einer oder mehreren Beschichtungen.

Zentrale Grundnorm für den Korrosionsschutz von Stahlbauten ist DIN EN ISO 12944, Teil 1–8 „Korrosionsschutz von Stahlbauten durch Beschichtungen und Überzüge" [7.15]. Sie besteht aus 8 Teilen, die alle Bereiche des Korrosionsschutzes von Stahlbauten durch Beschichtungsstoffe, die durch Nassbeschichten aufgebracht werden, abdecken:

- Teil 1 Allgemeine Einleitung
- Teil 2 Einteilung der Umgebungsbedingungen
- Teil 3 Grundregeln zur Gestaltung
- Teil 4 Arten von Oberflächen und Oberflächenvorbereitung
- Teil 5 Beschichtungssysteme
- Teil 6 Laborprüfungen zur Bewertung von Beschichtungssystemen
- Teil 7 Ausführung und Überwachung der Beschichtungsarbeiten

- Teil 8 Erarbeiten von Spezifikationen für Erstschutz und Instandsetzung

Für den Korrosionsschützer ist es wichtig, diese Norm und ihren Inhalt zu kennen, allerdings liefert die Norm nur wenige Informationen über den Korrosionsschutz durch Feuerverzinken; sie gibt in diesem Zusammenhang vielmehr Verweise auf die DIN EN ISO 1461 „Durch Feuerverzinken auf Stahl aufgebrachte Zinküberzüge (Stückverzinken)“, Ausgabe März 1999.

Weitere Informationen
In den Anhängen A (normativ), B (normativ) und C (informativ) sind vielfältige weitere Informationen enthalten. Das Beiblatt 1 zur DIN EN ISO 1461 sind Anforderungen und Prüfungen und Hinweise zur Anwendung der Norm zu finden. Eine wesentliche Arbeitshilfe für Planer, Auftraggeber, Stahlbauer, Verzinker, Gutachter usw. ist der Beuth-Kommentar zur DIN EN ISO 1461.

7.14.2 DIN EN ISO 14713

Diese Europäische Norm beinhaltet einen Leitfaden bezüglich des Korrosionsschutzes von Eisen- und Stahlkonstruktionen einschließlich ihrer Verbindungsmittel durch Zink- oder Aluminiumüberzüge. Die Norm behandelt u. a. das Feuerverzinken von warm- bzw. kaltgewalztem Stahl. Der Erstschutz gliedert sich in

- verfügbare genormte Schutzverfahren;
- konstruktive Gesichtspunkte und
- das Anwendungsumfeld.

Dieser Leitfaden erfasst ebenso den Einfluss des Erstschutzes durch Aluminium- oder Zinküberzüge auf nachfolgende Beschichtungssysteme oder Pulverbeschichtungen.

In dieser Norm werden weiterhin Informationen zur Schutzdauer von feuerverzinkten Überzügen in unterschiedlichen Umgebungsbedingungen (C1 bis C5) gegeben. Ein weiterer Schwerpunkt stellen die zahlreichen Empfehlungen bezüglich der feuerverzinkungsgerechten Konstruktion dar.

7.14.3 Weitere Normen

Ist die DIN EN ISO 1461 als Verfahrensnorm für das jeweilige Feuerverzinkungsunternehmen von entscheidender Bedeutung, so gibt es noch eine Vielzahl von weiteren Anwendungs- bzw. Produktnormen (z. B. für Hochspannungsmasten, Rohre, Schutzplanken usw.) in denen Anforderungen an das Feuerverzinken gestellt werden.

Als Normen über spezielle Verfahren oder Verfahrensvarianten des Feuerverzinkens sind beispielhaft zu nennen:

Stückverzinken

- DIN EN ISO 1461 Ausgabe 1999/03 – Durch Feuerverzinken auf Stahl aufgebrachte Zinküberzüge (Stückverzinken) – Anforderungen und Prüfungen.
- DIN EN ISO 14713, Ausgabe 1999/05 – Schutz von Eisen- und Stahlkonstruktionen vor Korrosion – Zink und Aluminiumüberzüge.
- DIN EN ISO 10240, Ausgabe 1998/02 –- Innere und/oder äußere Schutzüberzüge für Stahlrohre –- Festlegungen für durch Schmelztauchverzinken in automatisierten Anlagen hergestellte Überzüge.
- DIN EN ISO 10684, Ausgabe 2004/11 – Verbindungselemente – Feuerverzinkung.

Bandverzinken

- DIN EN 10326, Ausgabe 2004/09 – Kontinuierlich schmelztauchveredeltes Band und Blech aus Baustählen – Technische Lieferbedingungen.
- DIN EN 10327, Ausgabe 2004/09 – Kontinuierlich schmelztauchveredeltes Band und Blech aus weichen Stählen zum Kaltumformen – Technische Lieferbedingungen.

Spritzverzinken

- DIN EN ISO 2063, Ausgabe 2005/05 – Thermisches Spritzen – Metallische und andere anorganische Schichten – Zink, Aluminium und ihre Legierungen.

Darüber hinaus gibt es noch eine Vielzahl von Prüf- und Gütenormen, die ebenfalls Anforderungen an die Verzinkung oder zumindest in anderer Weise für die Feuerverzinkung von Bedeutung sind.

7.15 Fehler und Fehlervermeidung

Trotz sorgfältiger Arbeit sind auch beim Verfahren des Feuerverzinkens Fehler möglich. Eine umfassende Darstellung der Fehler, ihrer Ursachen und ihre Vermeidung ist in der Literatur zu finden [7.1, 7.2], darüber hinaus geht auch [7.3] auf Fehler und Fehlererscheinungen beim Feuerverzinken ein. Aus diesem Grunde beschränken sich die nachstehenden Ausführungen auf einige beispielhafte Darstellungen von fertigungstechnischen Fehlern. Weitere Hinweise auf Fehler sind ebenfalls im Verlaufe dieses Abschnittes behandelt worden.

7.15.1
Fremdrost

Als Fremdrost bezeichnet man rotbraune Verfärbungen oder Ablagerungen aus Eisenhydroxiden fremder Herkunft auf Zinküberzügen (Abb. 7.28, 7.29). Sie können dadurch entstehen, dass von ungeschützten Stahl- und Eisenteilen durch Regen und Feuchtigkeit Rost abgetragen und auf benachbarte oder darunterliegende feuerverzinkte Teile übertragen werden kann. Außer der unschönen optischen Beeinträchtigung hat Fremdrost im Regelfall keine nennenswerten Auswirkungen auf die Wirksamkeit des Korrosionsschutzes. Man kann jedoch auch die unschöne Optik dadurch vermeiden, dass verzinkte und unverzinkte Stahlteile nicht zusammen im Freien gelagert werden.

7.15.2
Schleiffunken

Wenn in der Nähe von feuerverzinkten Stahlteilen Schleifarbeiten durchgeführt werden, werden mitunter hellglühende Partikel (Schleiffunken) auf die verzinkte Oberfläche geschleudert. Durch ihre hohe Eigentemperatur schmelzen sie den Zinküberzug an der Oberfläche auf und haften sehr hartnäckig (Abb. 7.30). Zusammen mit Feuchtigkeit entsteht eine unschöne, rotbraun verfärbte Oberfläche. Einfaches Abwischen oder Abbürsten beseitigt die Ursache dieser Erscheinung nicht zuverlässig. Man sollte sich daher bemühen, diesen Fehler stets zu vermeiden, indem man vor der Durchführung von Schleifarbeiten die gefährdeten feuerverzinkten Oberflächenbereiche durch Planen abdeckt.

Abb. 7.28 Fremdrost auf einer feuerverzinkten Oberfläche

Abb. 7.29 Rotbraune Verfärbung auf einem feuerverzinkten Mast durch Korrosionsprodukte von ungeschützten Stahlteilen (Fremdrost)

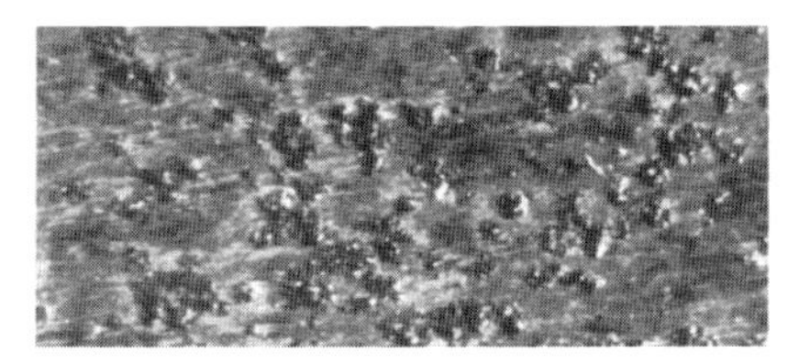

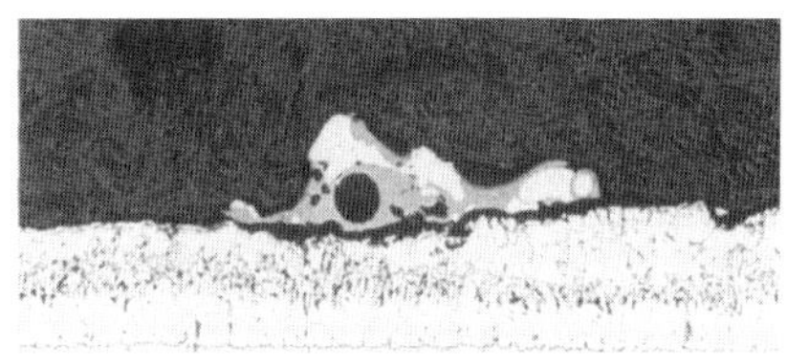

Abb. 7.30 Auf dem Zinküberzug eingebrannte Eisenpartikeln von Schleifarbeiten bei der Montage; Querschliff des Zinküberzuges mit einem eingebrannten Partikel

7.15.3
Risse in Werkstücken

Risse in Werkstücken können recht vielfältige Ursachen haben. In der Regel erfordert die Ursachenfindung auf diesem Gebiet intensive, teilweise metallografische Untersuchungen. Einfacherer Art ist die nachstehend beschriebene Erscheinung:

Schweißnähte werden aus optischen Gründen mitunter geschliffen oder blecheben bearbeitet; dabei kann es passieren, dass bei einer nicht einwandfrei bis zur Wurzel durchgeschweißten Naht der Schweißzusatz teilweise oder gar vollständig wieder abgeschliffen wird. Solche Schweißnähte sind kaum in der Lage, Belastungen zu überstehen, und spätestens beim Eintauchen in die Zinkschmelze

Abb. 7.31 Fehlerhaft geschweißte Rahmenecke

reißt dann eine solche Verbindung wieder auf (Abb. 7.31). Sorgfältige, fehlerfreie Durchführung von Schweißarbeiten ist aber nicht nur im Hinblick auf das Feuerverzinken von Bedeutung.

7.15.4
Artfremde Schichten auf der Stahlkonstruktion

Artfremde Schichten sind Öle, Fette, Schweißschlacken, Beschichtungen usw. (Abb. 7.32). Sie behindern eine fachgerechte Vorbehandlung und können sich auch beim nachfolgenden Feuerverzinken sehr nachteilig auswirken. Derartige Rückstände verhindern lokal das Anlegieren von Zink und verursachen hierdurch im jeweiligen Bereich unverzinkte Stellen im Zinküberzug.

Auch hier gilt, dass eine vorbeugende Entfernung derartiger Rückstände wesentlich einfacher und kostengünstiger ist als die sonst erforderliche Ausbesserung von Fehlstellen am fertigen, feuerverzinkten Stahlteil (Vermeiden ist besser als Ausbessern).

Abb. 7.32 Farbsignierungen können beim Feuerverzinken Fehlstellen verursachen

Abb. 7.33 Durch Wärmeeinwirkung beim Schweißen verbranntes Öl kann zu Verzinkungsfehlern führen

Anhaftende Öle und Fette verursachen vor allen Dingen dann Probleme beim Feuerverzinken, wenn sie durch Temperatureinwirkung verkrustet und an dem Stahlteil festgebacken sind (zum Beispiel im Bereich der Wärmeeinflusszone einer Schweißnaht; Abb. 7.33). Auch hier können Verzinkungsfehler durch die Behinderung der Oberflächenvorbereitung die Folge sein.

7.15.5 Thermische Einflüsse

Feuerverzinkte Stahlteile können in der Regel ohne besondere Probleme in einem Temperaturbereich bis zu 200 °C eingesetzt werden. Liegt die Einsatztemperatur höher, laufen die Diffusionsprozesse zwischen Zink und Stahl mit verringerter Geschwindigkeit wieder an (sog. *Kirkendal-Effekt*). Nach einiger Zeit kommt es dann aufgrund unterschiedlicher Diffusionsgeschwindigkeiten zu einer Abblätterung der sog. Reinzinkschicht des Zinküberzuges (Abb. 7.34). Feuerverzinkte Stahlteile (z. B. Wärmetauscher) sollten daher nur in Ausnahmefällen in Temperaturbereichen oberhalb 200 °C eingesetzt werden.

7.15.6 Schäden durch Richtarbeiten

Feuerverzinkte Stahlteile müssen unter Umständen auf der Baustelle noch angepasst werden. Dieses geschieht mitunter durch Warmrichten mit der Schweißflamme. Bei unsachgemäßer Handhabung kann es zu einer Überhitzung des Zinküberzuges kommen (Zink verdampft bei ca. 910 °C). Es entstehen dann hässliche „Hitzeflecken“, an denen der Korrosionsschutz beschädigt ist (Abb. 7.35).

Bei richtiger Handhabung und Wärmeführung lässt sich ein Überhitzen des Zinküberzuges beim Setzen von Wärmepunkten vermeiden.

Abb. 7.34 Abblätterungen des Zinküberzuges (*Kirkendal-Effekt*) an einem hoch temperaturbelasteten Stahlteil

Abb. 7.35 Schäden an flammgerichteten feuerverzinkten Balkonbrüstungen

7.15.7
Verzinkungsfehler durch Lufteinschlüsse

Wie bereits unter Abschnitt 7.4 beschrieben, können beim Tauchen des Verzinkungsgutes in die einzelnen Behandlungsmedien Fehlstellen im Zinküberzug durch eingeschlossene Luftblasen verursacht werden. Dieses Problem stellt sich jedoch nicht nur bei Rohrkonstruktionen, die alle an den richtigen Stellen Entlüftungsöffnungen benötigen, sondern auch bei offenen Walzprofilen können sich in Ecken und Winkeln unter Umständen Luftblasen festsetzen, die zu unverzinkten Stellen führen (Abb. 7.36).

Die Anbringung von Entlüftungsöffnungen (Bohrungen, Ausklinkungen usw.) beugt dieser Fehlerquelle vor.

Abb. 7.36 Fehlstelle im Zinküberzug, ausgelöst durch Luftblasen in einer Rahmenecke

Abb. 7.37 Zwei ungeschützte Schrauben (rechts) in einer feuerverzinkten Konstruktion

7.15.8
Ungeschützte Verbindungselemente

In einer feuerverzinkten Stahlkonstruktion sollten auch die Verbindungselemente (Schrauben, Muttern, Unterlegscheiben) feuerverzinkt ausgeführt sein. Hin und wieder werden jedoch (aus welchen Gründen auch immer) Verbindungselemente mit einem schlechteren oder sogar keinerlei Korrosionsschutz eingesetzt (Abb. 7.37). Im Hinblick auf eine einheitliche Gestaltung des Korrosionsschutzes (eine Kette ist immer nur so stark wie das schwächste Glied) sollte man hier konsequent handeln [7.16].

Literaturverzeichnis

[7.1] N. N.: Arbeitsblätter Feuerverzinken, 2.1 Anforderungen an die Oberflächenbeschaffenheit, Institut Feuerverzinken (2007), Düsseldorf
[7.2] N. N.: Arbeitsblätter Feuerverzinken, 2.3 Abmessungen und Gewichte des Verzinkungsgutes, Institut Feuerverzinken (2007), Düsseldorf
[7.3] N. N.: Arbeitsblätter Feuerverzinken, 2.4 Behälter und Konstruktion aus Rohren, Institut Feuerverzinken (2007), Düsseldorf
[7.4] N. N.: Arbeitsblätter Feuerverzinken, 2.5. Konstruktionen aus Profilstahl, Institut Feuerverzinken (2007), Düsseldorf
[7.5] N. N.: Taschenkalender Feuerverzinken 2007, Institut Feuerverzinken, Düsseldorf
[7.6] N. N.: Arbeitsblätter Feuerverzinken, 2.6 Blech- und Drahtwaren, Institut Feuerverzinken (2007), Düsseldorf
[7.7] *Kleingarn, J.-P.*: Feuerverzinkungsgerechtes Konstruieren, Merkblatt der Institut Feuerverzinken (2007), Düsseldorf
[7.8] *van Oeteren, K.-A.*: Korrosionsschutz im Stahlbau, Leistungsbereich DIN 55928, Merkblatt des Stahl-Informations-Zentrum, Düsseldorf
[7.9] *Marberg, J.*: Feuerverzinken geschweißter Bauteile, Der Praktiker, 8/1977, Deutscher Verlag für Schweißtechnik, Düsseldorf
[7.10] *Marberg, J.*: Schweißen feuerverzinkter Stahlteile, Der Praktiker, 10/1977, Deutscher Verlag für Schweißtechnik, Düsseldorf
[7.11] N. N., Arbeitsblätter Feuerverzinken, 1.3 Feuerverzinken von Kleinteilen, Institut Feuerverzinken (2007), Düsseldorf
[7.12] *Maaß, P.*, und *Peißker, P.*: Handbuch Feuerverzinken. Leipzig: Deutscher Verlag für Grundstoffindustrie 1970
[7.13] DIN EN ISO 1461 - Durch Feuerverzinken auf Stahl aufgebrachte Zinküberzüge (Stückverzinken) - Anforderungen und Prüfungen (1999), Beuth-Verlag, Berlin
[7.14] *Renner,* M.: Feuerverzinken von Gussteilwerkstoffen, Metalloberfläche, 3/78, S. 114–117
[7.15] DIN EN ISO 12944 – Beschichtungsstoffe – Korrosionsschutz von Stahlbauten durch Beschichtungssysteme (1998), Beuth-Verlag, Berlin
[7.16] N. N.: Zeitschrift Feuerverzinken, Fehler, die man hätte vermeiden können (1991, 1992, 1993), Institut Feuerverzinken, Düsseldorf
[7.17] *Katzung, W., Marberg, D.*: Korrosionsschutz – Durch Feuerverzinken auf Stahl aufgebrachte Zinküberzüge – Kommentar zu DIN EN ISO 1461, 2003
[7.18] DIN EN ISO 14713, Schutz von Eisen- und Stahlkonstruktionen vor Korrosion – Zink- und Aluminiumüberzüge — Leitfäden (1998), Beuth-Verlag, Berlin
[7.19] DIN EN 10025–2, Warmgewalzte Erzeugnisse aus Baustählen – Teil 2: Technische Lieferbedingungen für unlegierte Baustähle (2005), Beuth-Verlag, Berlin
[7.20] W. Katzung, D. Marberg, Kommentar zur DIN EN ISO 1461, Korrosionsschutz, Beuth-Verlag, Berlin, 2003

8
Qualitätsmanagement in Feuerverzinkereien

G. Halm

8.1
Warum Qualitätsmanagement?

Qualitätssicherung ist in der Feuerverzinkungsindustrie nicht neu; für ein gut funktionierendes Unternehmen gehört dies seit jeher zu den wichtigsten Bereichen. Grundlage der Qualitätssicherung sind geltende Normen und Richtlinien, die die allgemein anerkannten Regeln der Technik repräsentieren, und es sind die Anforderungen, die an das Produkt (hier also die Verzinkung) gestellt werden. Gemäß DIN 55350, Teil 11 ist Qualität die *„Beschaffenheit einer Einheit bezüglich ihrer Eignung, festgelegte Erfordernisse zu erfüllen“.*

In anderen Branchen hat sich längst die althergebrachte „Qualitätskontrolle“, die im Wesentlichen am Ende einer Produktionslinie durchgeführt wurde, in die „Qualitätssicherung“ oder umfassender in das „Qualitätsmanagement“ gewandelt, das sehr viel umfangreicher ist und den gesamten Tätigkeitsbereich des Unternehmens von der Kundenberatung, über die Produktion bis zur Auslieferung des Produktes (und darüber hinaus) umfasst. In den meisten Betrieben der Feuerverzinkungsindustrie steht zur Zeit ebenfalls die Einführung von Systemen zur Qualitätssicherung an. Die Hauptbeweggründe dabei sind unter anderem:

- die Verringerung der Fehlerkosten und der Kosten zur Fehlerbeseitigung,
- die Erfüllung der Anforderungen aus DIN EN ISO 1461,
- die Verringerung von Risiken aus der Produkthaftung,
- Erhaltung der Wettbewerbsfähigkeit im EG-Binnenmarkt,
- Akzeptanz bei Großkunden mit eigenen QS-Anforderungen (Lieferantenauswahl),
- Nutzung der Qualitätssicherung zur Steigerung des Firmenimages.

Die Einführung eines QM-Systems bedeutet in seinen Grundzügen, dass die qualitätssichernden Maßnahmen, die es in einer gut funktionierenden Feuerverzinkerei bereits immer schon gab, zusammengetragen werden müssen, auf ihre Schlüssigkeit und Lückenlosigkeit zu prüfen und gegebenenfalls zu ergänzen sind

Handbuch Feuerverzinken. Herausgegeben von Peter Maaß und Peter Peißker

ISBN: 978-3-527-31858-2

und dass das, was man bereits immer tat, nunmehr aufgeschrieben wird, um es dokumentieren zu können.

Bei der Entscheidung für die Einführung eines Qualitätssicherungssystems muss klar sein:

- Qualitätssicherung ist Chefsache,
- sie muss von oben nach unten betrieben werden und nicht umgekehrt,
- sie betrifft die gesamte Verzinkerei, angefangen bei Einkauf, Verwaltung, Verkauf, Verzinkung bis hin zum Kundendienst,
- hat nur zum Teil mit Maßhaltigkeit und Aussehen zu tun,
- ist grundsätzlich nichts Neues, es wurde bislang nur meist vergessen aufzuschreiben, zu ordnen, zu sammeln und auszuwerten.

Ziel des modernen Qualitätsmanagements ist die Fehlervermeidung und nicht die Fehlerausbesserung. Qualität kann nicht in ein Bauteil oder eine Oberfläche hinein geprüft, sondern sie muss systematisch erzeugt werden. Selbst eine umfangreiche, hochentwickelte Prüftechnik verbessert eine mangelhafte Feuerverzinkung nicht.

Grundregel: Ein QM-System kann nicht neben dem Management stehen, sondern ist integrierter Bestandteil des Managements eines Betriebes.

8.2 Wichtige Kriterien

Erster Schritt bei der Einführung eines QM-Systems ist die Analyse der Situation im eigenen Unternehmen. Hierbei ist zu klären, wo bereits QM-Systemelemente vorhanden sind, wie sie gegebenenfalls beschaffen sind, wo Elemente fehlen und wie man sie ergänzen könnte (Abb. 8.1).

Zentrales Normenwerk im Bereich der Qualitätssicherung ist dieDIN EN ISO 9001 : 2000. Für Feuerverzinkereien, die als Lohnbetriebe arbeiten, kommt im Regelfall die DIN EN ISO 9001 : 2000 mit dem Ausschluss des QM-Elementes 7.3 - Entwicklung – in Betracht.

Ein QM-System kann nur dann effektiv eingesetzt werden, wenn es alle Schritte der Bearbeitung eines Auftrages, angefangen bei der Kundenanfrage bis hin zum Versand des fertig feuerverzinkten Materials, umfasst. Hierbei spielt die gegenseitige Information zwischen Auftraggeber und Auftragnehmer (Verzinkerei) eine zentrale Rolle.

Tab. 8.1 Realisierungsstufen für QM-Systemelemente

Stufe I: intuitiv
- Man weiß eben, was zu tun ist
- keine schriftlichen Festlegungen
- mündliche Überlieferung

Stufe 2: geregelt
Es liegt schriftlich vor, was zu tun ist durch
- Arbeitsplatzbeschreibungen
- Arbeitsablaufpläne
- Checklisten
- Beurteilungskriterien
- Prüfpläne
- Bedienungsanleitungen

Stufe 3: koordiniert
- Beschreibung der QM-Funktionen liegt in koordinierter Form als QM-Handbuch für den Nachweis nach außen vor
- Unterlagen von Stufe 2 sind so erarbeitet, dass sie in der Summe ein QM-Handbuch ergeben
- Bezugnahmen auf Unterlagen von Stufe 2

Stufe 4: nachgewiesen wirksam
Laufende Weiterentwicklung, Überwachung und Korrektur des QM-Systems durch
- Qualitätsberichte
- Qualitätsregelung
- interne Audits
- Messung der Prozesse
- Verbesserung der Prozesse (KVP)

8.3 Struktur des QM-Systems nach DIN EN ISO 9001:2000

Basis des systematischen Aufbaus eines QM-Systems ist ein Qualitätsmanagement-Handbuch. In diesem QM-Handbuch werden die verschiedenen Elemente der Qualitätssicherung einschließlich der Verantwortlichkeiten genau beschrieben. Es empfiehlt sich, das QM-Handbuch in Anlehnung an die verschiedenen Abschnitte der jeweiligen Norm aufzubauen.

Die Einführung eines QM-Systems kostet zunächst einmal Geld. Im Regelfall muss sich wenigstens ein Mitarbeiter „hauptberuflich“ mit dem Qualitätsmanagement befassen. Er muss organisatorisch außerhalb der eigentlichen Produktion angesiedelt sein und ist auch nicht an Weisungen aus der Produktion gebunden. Weitere Mitarbeiter, die als Beauftragte für das Qualitätsmanagement tätig sind, nehmen in Feuerverzinkereien üblicherweise auch andere Aufgaben wahr (z. B. Vorbereiten der Arbeitspapiere, Arbeit an der Waage usw.).

Wesentliche Grundlage eines funktionierenden QM-Systems ist eine klare organisatorische Gliederung des Unternehmens; Zuständigkeiten, Pflichten und Handlungsanweisungen sind eindeutig festzulegen (zweckmäßigerweise im QM-Handbuch).

Abschnitt	Titel
4	**Qualitätsmanagementsystem** 4.1 Allgemeine Forderungen
4	**Qualitätsmanagementsystem** 4.2 Dokumentationsanforderungen
5	**Verantwortung der Leitung** 5.1 Verpflichtung der Leitung
5	**Verantwortung der Leitung** 5.2 Kundenorientierung
5	**Verantwortung der Leitung** 5.3 Qualitätspolitik
5	**Verantwortung der Leitung** 5.4 Planung
5	**Verantwortung der Leitung** 5.5 Verantwortung, Befugnis und Kommunikation
5	**Verantwortung der Leitung** 5.6 Managementbewertung
6	**Management von Ressourcen** 6.1 Bereitstellung von Ressourcen
6	**Management von Ressourcen** 6.2 Personelle Ressourcen
6	**Management von Ressourcen** 6.3 Infrastruktur
6	**Management von Ressourcen** 6.4 Arbeitsumgebung
7	**Produktrealisierung** 7.1 Planung der Produktrealisierung
7	**Produktrealisierung** 7.2 Kundenbezogene Prozesse
7	**Produktrealisierung** 7.3 Entwicklung
7	**Produktrealisierung** 7.4 Beschaffung
7	**Produktrealisierung** 7.5 Produktion u. Dienstleistungserbringung
7	**Produktrealisierung** 7.6 Lenkung von Überwachungs- u. Messmitteln
8	**Messung, Analyse u. Verbesserung** 8.1 Allgemeines
8	**Messung, Analyse u. Verbesserung** 8.2 Überwachung und Messung
8	**Messung, Analyse u. Verbesserung** 8.3 Lenkung fehlerhafter Produkte
8	**Messung, Analyse u. Verbesserung** 8.4 Datenanalyse
8	**Messung, Analyse u. Verbesserung** 8.5 Verbesserungen

Abb. 8.1 QM-Systemelemente gemäß DIN EN ISO 9001/2000

8.4 Kurzbeschreibung der QM-Elemente Abschnitt 4–8

8.4.1 Dokumentationsanforderungen Abschnitt 4

Unter Dokumentation im Sinne dieser Norm ist die Erstellung, Überwachung und laufende Aktualisierung aller Unterlagen und Dokumente, die das QM-System betreffen, zu verstehen. Es muss in einer Verteilerliste festgehalten werden, wer welche Unterlagen zu welchem Zweck erhält. Es muss ein Änderungsdienst aufgebaut werden, der dafür sorgt, dass in der Feuerverzinkerei nur stets aktuelle Ausgaben von Normen, Regelwerken, Betriebsvorschriften, Firmenformularen usw. vorhanden sind. Die durchgeführte Änderung muss vom Empfänger schriftlich bestätigt werden, die ungültig gewordenen Unterlagen sind durch ihn zu vernichten oder anderweitig ungültig zu machen.

8.4.2 Verantwortung der Leitung Abschnitt 5

Die oberste Leitung muss ihre Verpflichtung bezüglich der Entwicklung und Verwirklichung des QM-Systems und der ständigen Verbesserung und der Wirksamkeit des QM-Systems nachweisen und eine Management-Bewertung durchführen.

Ferner muss die oberste Leitung sicherstellen, dass die Kundenanforderungen zur Erhöhung der Kundenzufriedenheit erfüllt werden.

Desweiteren muss sichergestellt sein, dass die Qualitätspolitik messbare Ziele beinhaltet, die für die zutreffenden Funktionsbereiche innerhalb der Organisation festgelegt sind.

Es muss von der obersten Leitung sichergestellt werden, dass die Verantwortungen und Befugnisse innerhalb der Organisation festgelegt und bekanntgemacht sind und geeignete Prozesse der internen Kommunikation innerhalb der Organisation eingeführt sind.

8.4.3 Management von Ressourcen Abschnitt 6

Die Bereitstellung erforderlicher Ressourcen zur Verwirklichung und Aufrechterhaltung und der Wirksamkeit des QM-Systems und die Bereitstellung personeller Ressourcen, d. h. Personal, das die Produktqualität beeinflussende Tätigkeiten ausführt, muss auf Grund der angemessenen Ausbildung, Schulung, Fertigkeiten und Erfahrungen fähig sein, sind Forderungen an die oberste Leitung.

Um den Produktanforderungen gerecht zu werden bedarf es einer dementsprechenden Infrastruktur und Arbeitsumgebung.

8.4.4
Produktrealisierung Abschnitt 7

Das Unternehmen muss die Prozesse planen und entwickeln, die für eine reibungslose und hochqualitative Produktrealisierung erforderlich sind.

Des weiteren muss im Rahmen einer Vertragsüberprüfung geklärt werden, ob das Unternehmen in der Lage ist und sicherstellen kann, dass die vom Kunden gestellten Anforderungen durch die Verzinkerei erfüllt werden können.

Verfügt das Unternehmen über Strukturen einer eigenen Entwicklung, so sind diese hier einzubinden oder, wenn nicht zutreffend, als Ausschluss zu deklarieren.

Eine geeignete Lieferantenbewertung ist für das Unternehmen die Basis für eine sichere, funktionierende Beschaffung. Die Beschaffung von Material (Zink, Säure, Flux, Draht usw.) darf nur bei zugelassenen Lieferanten erfolgen, für die eine Bewertung vorliegt. Bewirbt sich ein neuer Lieferant oder liegt für einen Zulieferer noch keine Lieferantenbewertung vor, so hat die Beschaffungsstelle in Zusammenarbeit mit der Qualitätsstelle dafür zu sorgen, dass nur nach dem Bestehen einer sorgfältigen Eingangsprüfung das beschaffte Material in den Produktionsprozess gelangen kann.

Das Unternehmen muss die Dienstleistungserbringung Feuerverzinkung unter beherrschten Bedingungen planen und durchführen. Dazu gehört die Regelung der Prozesse in Verfahrens- Arbeits- und Prüfanweisungen. Der Gebrauch von geeigneter Ausrüstung und dementsprechenden Prüfmitteln sowie Kennzeichnungsmitteln um die Rückverfolgbarkeit sicherzustellen.

Die Produktüberwachung und die Prozessüberwachung sind die beiden zentralen Bereiche der Qualitätsprüfung. Die Produktüberwachung erfasst den gesamten innerbetrieblichen Prüfaufwand, der am Verzinkungsgut durchgeführt werden muss. Die einzelnen Schritte der Produktüberwachung müssen möglichst frühzeitig erfolgen, um so früh wie möglich Fehler zu entdecken und sie zu korrigieren. Fehler, die erst am Verzinkungskessel oder sogar erst danach entdeckt werden, lassen sich erfahrungsgemäß nur noch mit erheblichem Kostenaufwand beseitigen; unter Umständen sind bereits größere Stückzahlen eines Produktes feuerverzinkt und mit dem gleichen Fehler behaftet.

Die Prozessüberwachung muss sicherstellen, dass alle Prozessparameter, die Einfluss auf die Verzinkungsqualität haben können, lückenlos überwacht werden. So kann ein nicht überwachtes Beizbad seine Beschaffenheit im Laufe der Nutzung so verändern, dass Beizfehler am Verzinkungsgut entstehen. Die Prozessüberwachung muss den gesamten Prozessbereich von der Beschaffung bis zur Prüfung im Versand umfassen.

Das Eigentum der Kunden ist das zum Feuerverzinken angelieferte Gut des Kunden. Bereits bei den Vertragsgesprächen ist zu klären, um welches Material es sich bei dem zu verzinkenden Gut handelt. Nicht allein Abmessung und Gewicht spielen eine Rolle, sondern mindestens ebenso die verarbeitete Stahlqualität. Spätestens bei der Wareneingangsprüfung sind diese Daten zu erfassen.

Es ist bekannt, dass sich nicht alle Stähle zum Feuerverzinken eignen, und selbst bei den geeigneten Werkstoffen gibt es gute und weniger gut geeignete Stahlsorten. Der Auftraggeber hat dem Verzinkungsunternehmen die erforderlichen Informationen, die ihm eine Beurteilung der Verzinkungseignung ermöglichen, zur Verfügung zu stellen. Sollten die erforderlichen Informationen nicht vorliegen, muss der Auftrag unter Umständen bis zur Klärung der anstehenden Fragen zurückgestellt werden.

In der Feuerverzinkerei gibt es nur relativ wenige Prüfmittel (z. B. Schichtdickenmessgeräte,Temperaturschreiber, Waagen). Die Benutzung derartiger Prüfmittel ist jedoch nur dann sinnvoll, wenn diese Prüfmittel regelmäßig überwacht werden. Dieses gilt nicht nur für ihre allgemeine technische Funktion, sondern auch für das präzise Messen im vorgegebenen Einsatzbereich.

Es empfiehlt sich daher, die einzelnen Prüfmittel mit einer Markierung (z. B. Aufkleber) zu versehen, aus der der Zeitpunkt bis zur nächsten Kontrolle des Gerätes erkennbar ist.

8.4.5
Messung, Analyse und Verbesserung Kapitel 8

Das Unternehmen muss Informationen über die Wahrnehmung der Kunden bezüglich der Kundenzufriedenheit erfassen, auswerten und bewerten. Die Bewertungskriterien müssen festgelegt sein. Gute Instrumente sind dabei die in bestimmten Zeitabständen durchzuführenden Kundenbefragungen und die Jährliche Analyse der Kundenfluktuation.

Das „interne Audit" ist die Begutachtung der Wirksamkeit des Qualitätsmanagementsystems. Man unterscheidet 3 Arten von Audits, nämlich System-, Verfahrens- und Produktaudit. Bei einem Systemaudit wird die Anwendung des gesamten Systems mit allen seinen Elementen beurteilt. Beim Verfahrensaudit wird das Feuerverzinkungsverfahren im jeweiligen Betrieb oder eine einzelne Feuerverzinkungsanlage analysiert. Bei einem Produktaudit werden ausgewählte feuerverzinkte Produkte untersucht, um dadurch die Wirksamkeit des QM-Systems beurteilen zu können. Hierbei werden in erster Linie freigegebene und versandfertige Teile auf ihre Übereinstimmung mit den Spezifikationen des Auftraggebers untersucht.

In einer Feuerverzinkerei müssen Messungen am Produkt, d. h. Schichtdickenmessungen durchgeführt werden gem. Vorgaben der Stückverzinkungsnorm DIN EN ISO 1461.

Als Prozessnachweis werden die Aufschreibungen archiviert.

Das Unternehmen muss sicherstellen, dass Produkte, die die Produktanforderungen nicht erfüllen, nicht zur Auslieferung an den Kunden gelangen. Die Lenkungsmaßnahmen und zugehörigen Verantwortlichkeiten müssen in einem dokumentierten Verfahren festgelegt sein.

Interne und externe Reklamationen sind zu erfassen, auszuwerten und zu bewerten. Aus den Auswertungen sind Korrektur- und Vorbeugungsmaßnahmen abzuleiten.

Das Unternehmen muss geeignete Daten ermitteln, erfassen und analysieren, um die Eignung und die Wirksamkeit des QM-Systems darzulegen und zu beurteilen, damit eine ständige Verbesserung und Wirkamkeit des QM-Systems nachzuweisen ist. Datenanalysen sollten Aussagen über die Kundenzufriedenheit, Erfüllung der Produktanforderungen und die Wirksamkeit der Unternehmensprozesse machen.

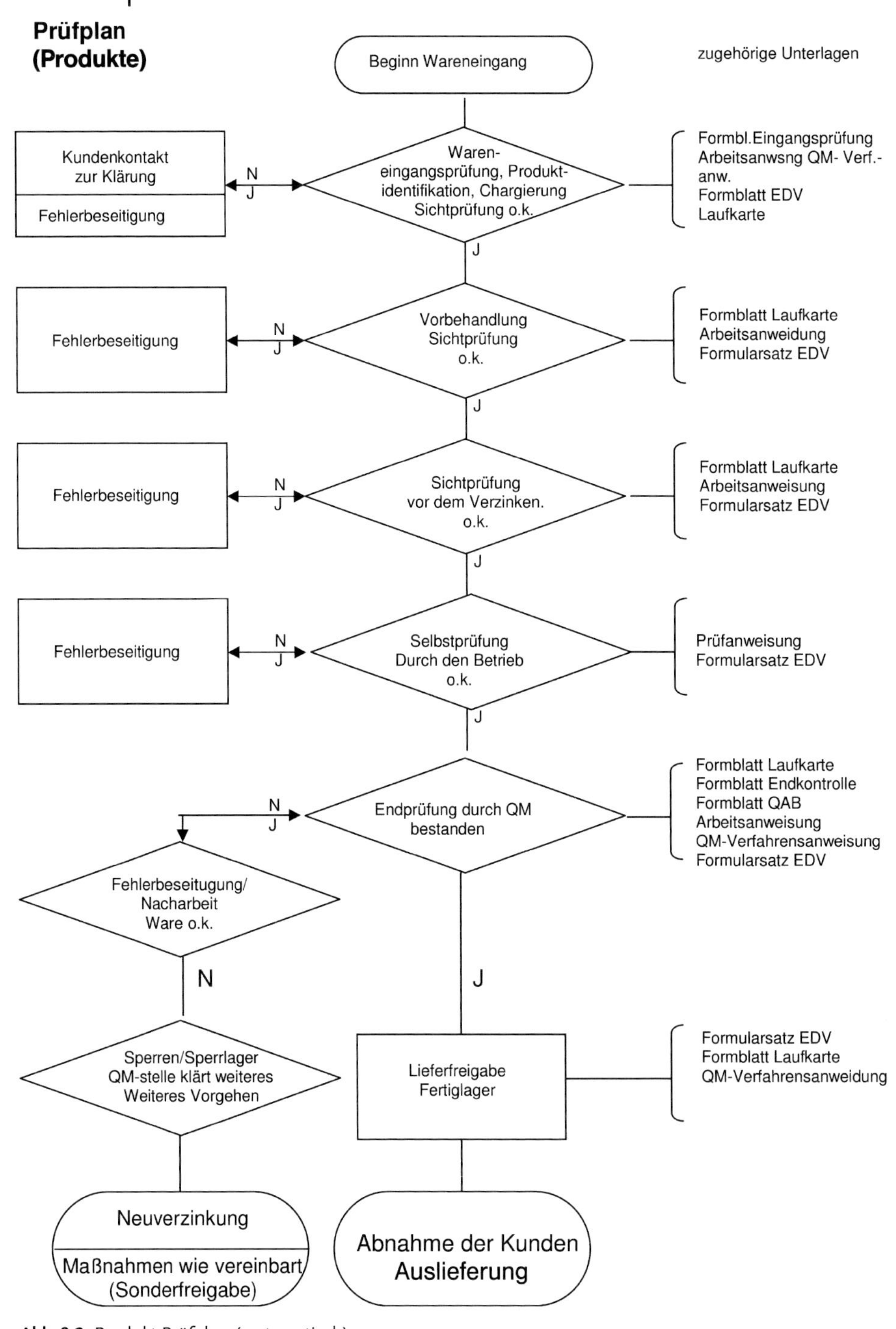

Abb. 8.2 Produkt-Prüfplan (systematisch)

Prozessablauf

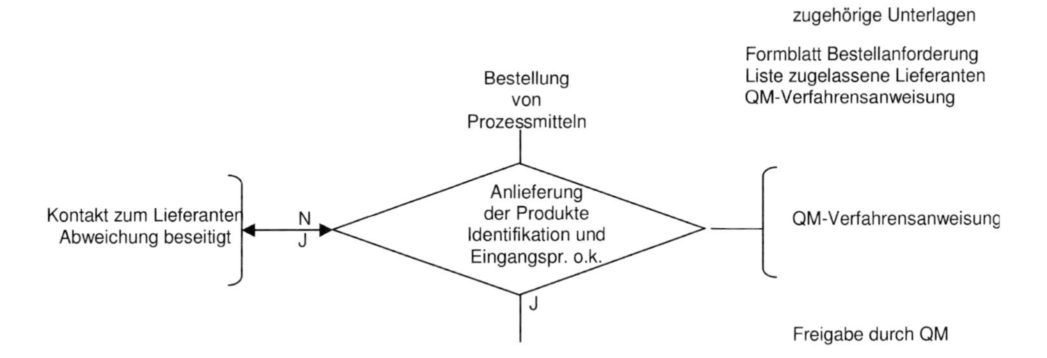

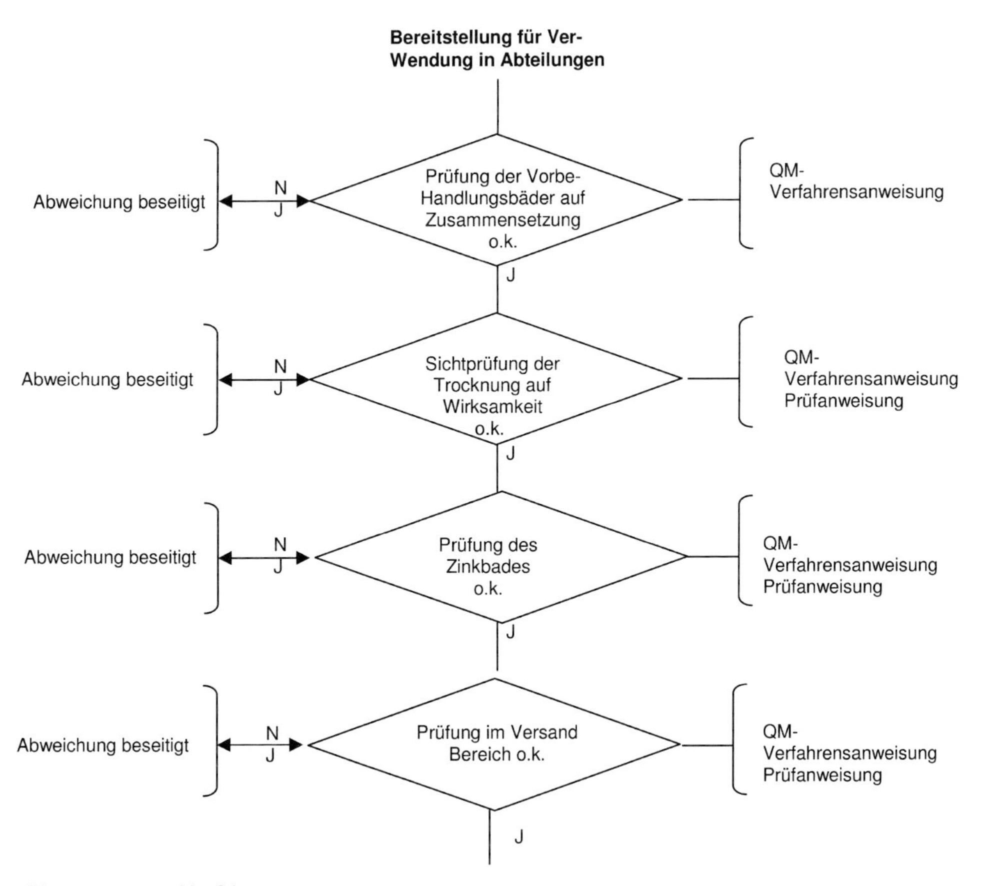

Abb. 8.3 Prozess-Ablaufplan

Abb. 8.4 Endprüfung von Verzinkungsgut (Schichtdickenmessung)

Teil-Nr. ______
Kontroll-Bereich Nr. ______

Teile gesperrt !!!
nicht ausliefern !

Datum: ______ Kontrolleur: ______
Entscheidung: ______

MUSTER

Dieser Anhänger darf nur vom Kontrolleur entfernt werden

Abb. 8.5 Sperraufkleber zur Kennzeichnung (Beispiel)

8.5 Einführung von QM-Systemen

Bei der Einführung von QM-Systemen gibt es kein Patentrezept, allerdings gibt es einzelne Schritte, die das Unternehmen auf den richtigen Weg bringen, wenn es ernsthaft und engagiert daran arbeitet. Folgende Schritte sind hierbei besonders wichtig:

Schritt 1: Der Standpunkt der Unternehmensleitung in bezug auf die Qualität wird erarbeitet und klargestellt.

Schritt 2: Eine Lenkungsgruppe, die die Einführung organisieren und begleiten soll, wird zusammengestellt.

Schritt 3: Qualität und Qualitätsmängel müssen messbar gemacht werden (Vorgabe von Benchmarken), so dass eine objektive Bewertung möglich wird.

Schritt 4: Die Bestandteile der Kosten definieren und ihren Nutzen erklären.

Schritt 5: Bei den Mitarbeitern das persönliche Verantwortungsbewusstsein erhöhen, um sie für die Qualität zu sensibilisieren.

Schritt 6: Systematische Methoden erarbeiten und anwenden, um Fehler aufzuspüren und auf Dauer zu beseitigen (QM-Handbuch, QM-Verfahrensanweisungen).

Schritt 7: Mitarbeiter schulen, damit sie eine aktive Rolle bei der Einführung des QM-Systems übernehmen können.

Schritt 8: Vorträge organisieren, die allen Mitarbeitern durch eigenes Erleben die Auswirkungen der QM-Firmenphilosophie deutlich machen.

Schritt 9: Vorsätze umsetzen, indem Mitarbeiter ermutigt werden, sich selbst Ziele zu setzen.

Schritt 10: Beseitigen der Fehlerursachen und ein Berichtsystem für Mitarbeiter aufbauen.

Schritt 11: Anerkennung, Leistung und Erfolge würdigen.

Schritt 12: Expertenteams bilden.

Schritt 13: Wieder von vorn anfangen und damit verdeutlichen, dass ein Programm zur Qualitätsverbesserung sich stets weiterentwickelt.

8.6 Tendenzen

Steigende Kundenanforderungen, erhöhte Haftungsrisiken, zunehmender Wettbewerb sind die Hauptkriterien bei der Einführung eines QM-Systems. Jeder Schritt, der zur Verbesserung der Qualität im Feuerverzinkungs-Unternehmen beiträgt, ist wichtig. Der Weg zu einem genormten QM-System bedeutet jedoch für viele Feuerverzinkereien erst einmal Aufwand. Qualitätssicherung kostet zunächst einmal Geld, und der Auftraggeber muss auch bereit sein, dafür zu zahlen.

Erfahrungen zeigen aber, dass die Vorteile mit einem gut funktionierendem QM-System, wie z. B.

- höhere Transparenz der Prozessabläufe
- Personifizierung der Qualität
- höheres Engagement der Mitarbeiter
- höhere Produktivität und Effektivität durch Vorgabe von Benchmarken

für sich sprechen.

Mittlere und große Feuerverzinkungs-Unternehmen werden sich mit dem Konzept eines genormten QM-Systems befassen müssen, denn nur damit kann sich in den kommenden Jahren das Unternehmen am Markt behaupten. Wer auf dem Gebiet der Qualitätssicherung als Lohnverzinker nachweislich nicht viel zu bieten hat, fällt für viele Aufträge von Großkunden von vornherein aus, einfach weil das damit verbundene Risiko für den Auftraggeber zu groß wird.

Aber auch für kleinere Feuerverzinkungs-Betriebe, die überwiegend regional, handwerklich orientiert arbeiten, ist ein genormtes QM-System sinnvoll.

Literaturverzeichnis

[8.1] DIN 55350, Teil 11; Begriffe der Qualitätssicherung, Beuth-Verlag, Berlin
[8.2] DIN/ISO 9001:2000, Qualitätssicherungssysteme Anforderungen; Beuth-Verlag, Berlin
[8.3] *Huster, E.:* Qualitätssicherung aus der Praxis eines Lohnverzinkers, Galvanotechnik Nr. 8, 1990, Saulgau
[8.4] N. N.: QS-Handbuch, Institut für angewandtes Feuerverzinken GmbH, Düsseldorf, Selbstverlag

Für die freundliche Unterstützung bei der Bearbeitung dieses Kapitels wird Herrn H. Wieking gedankt.

9 Korrosionsverhalten von Zinküberzügen*

H.-J. Böttcher, W. Friehe, D. Horstmann, C.-L. Kruse, W. Schwenk, W.-D. Schulz

9.1 Korrosionschemische Eigenschaften

9.1.1 Allgemeines

Das gute Korrosionsverhalten von Zink ist durch Deckschichten aus festen Korrosionsprodukten bedingt, die sich im Verlauf der Korrosionsvorgänge ausbilden und die eine weitere Korrosion erheblich behindern. Dies ist der Grund für die Eignung von Zink als Überzugmetall zum Korrosionsschutz von Eisen.

Als primäres Korrosionsprodukt wird bei der Korrosion von Zink zunächst Zinkhydroxid gebildet, das ebenso wie das unter Wasserabspaltung daraus entstehende Zinkoxid amphoteren Charakter hat, d. h., es löst sich sowohl in Säuren nach

$$Zn(OH)_2 + 2\,H^+ \rightleftharpoons Zn^{2+} + 2\,H_2O \qquad \text{Gl. 9.1}$$

als auch in Laugen nach

$$Zn(OH)_2 + OH^- \rightleftharpoons Zn(OH)_3^- \qquad \text{Gl. 9.2}$$

Die Korrosionsgeschwindigkeit von Zink wird im wesentlichen durch die Geschwindigkeit der Auflösung der Deckschicht bestimmt. Sie nimmt sowohl mit fallendem pH-Wert (Bereich *a* in Abb. 9.1) als auch mit steigendem pH-Wert (Bereich *c* und *d*) deutlich zu [9.2]. An der Atmosphäre und in Wässern entsteht aus dem primären Korrosionsprodukt Zinkhydroxid, das nur mäßig schützende Deckschichten bildet, mit Kohlendioxid nach

$$5\,Zn(OH)_2 + 2\,CO_2 \rightleftharpoons Zn_5(OH)_6(CO_3)_2 + 2\,H_2O \qquad \text{Gl. 9.3}$$

* mit freundlicher Genehmigung des Herausgebers erfolgter Nachdruck des SIZ-Merkblatts 400 [9.1] (teilweise geändert, aktualisiert und gekürzt)

Handbuch Feuerverzinken. Herausgegeben von Peter Maaß und Peter Peißker

ISBN: 978-3-527-31858-2

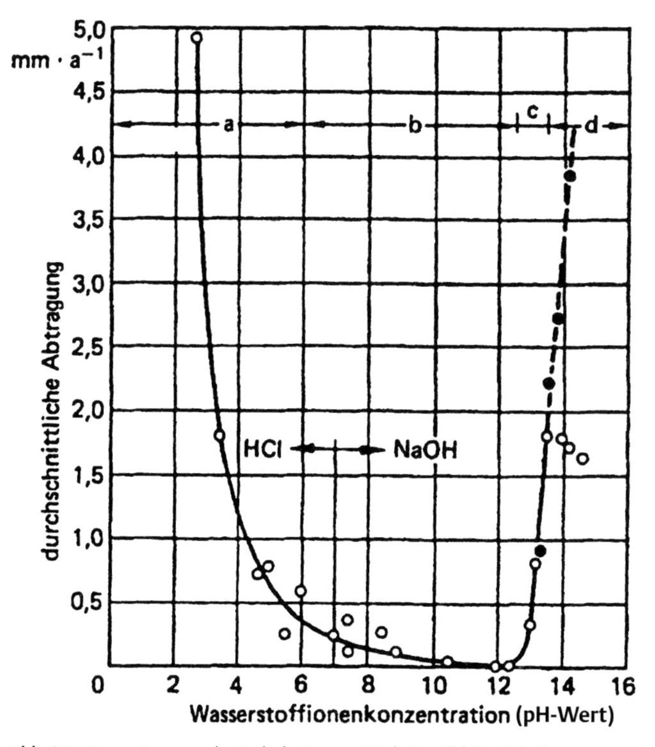

Abb. 9.1 Korrosionsgeschwindigkeit von Zink in Abhängigkeit vom pH-Wert der Lösung [9.2]
Anmerkung: Die angegebenen Abtragungsraten wurden in einem Laborversuch unter Bedingungen ermittelt, unter denen sich keine optimalen Deckschichten ausbilden können; sie können deshalb nicht als Grundlage für die Abschätzung der Schutzdauer von Zinküberzügen herangezogen werden. (Staatl. Materialprüfungsamt NW, Dortmund [9.1])

ein basisches Zinkcarbonat, das in seiner Zusammensetzung dem in der Natur vorkommenden Mineral Hydrozinkit entspricht und sehr gut schützende Deckschichten bildet [9.3]. Von Säuren wird es jedoch analog Gl. (9.1) nach

$$Zn_5(OH)_6(CO_3)_2 + 8\,H^+ \rightleftharpoons 5\,Zn^{2+} + 2\,HCO_3^- + 6\,H_2O \qquad \text{Gl. 9.4}$$

aufgelöst. Bei der Korrosion an der Atmosphäre wird die Geschwindigkeit der Auflösung der Deckschicht aus basischem Zinkcarbonat durch den Zutritt von Schwefeldioxid bestimmt, das nach

$$SO_2 + H_2O + 1/2O_2 \rightleftharpoons 2\,H^+ + SO_4^{2-} \qquad \text{Gl. 9.5}$$

Wasserstoffionen bildet. In Wässern wird die Auflösungsgeschwindigkeit durch den Zutritt von Kohlendioxid bestimmt, das nach

$$CO_2 + H_2O \rightleftharpoons H^+ + HCO_3^- \qquad \text{Gl. 9.6}$$

ebenfalls Wasserstoffionen bildet.
In Meerwasser enthalten die Deckschichten vor allem basische Zinkchloride wie $Zn_5(OH)_8Cl_2$. Als Folge des Einbaus von basischem Magnesiumchlorid $Mg_2(OH)_3Cl$ weisen die in Meerwasser gebildeten Deckschichten eine gute Schutzwirkung auf.

Das Korrosionsverhalten von feuerverzinktem Stahl unterscheidet sich in den meisten Fällen zunächst kaum von dem reinen Zinks. Bei gleichförmig abtragender Korrosion an der Atmosphäre wird die Korrosionsgeschwindigkeit bei Erreichen der Eisen-Zink-Legierungsphasen normalerweise geringer. Bei Korrosion in erwärmtem Wasser kann die Korrosionsgeschwindigkeit bei Erreichen der Eisen-Zink-Legierungsphasen hingegen erheblich zunehmen, da die kathodische Sauerstoffreduktion hier ähnlich wie an Eisen oder Kupfer wesentlich weniger gehemmt ist als an reinem Zink.

9.1.2
Grundlagen der Korrosion in Wässern

Die Korrosion des Zinks in Wässern oder in Elektrolytlösungen ist chemisch eine Oxidationsreaktion. Diese besteht aus zwei parallel ablaufenden elektrochemischen Teilreaktionen:

- anodische Reaktion des Metalls unter Bildung von Metallionen (Metall-Metallionen-Reaktion, Oxidationsreaktion), z. B.

$$Zn \rightleftharpoons Zn^{2+} + 2e^- \qquad \text{Gl. 9.7}$$

- kathodische Reduktion eines Oxidationsmittels im Medium (elektrolytische Redoxreaktion), z. B.

$$O_2 + 2\,H_2O + 4e^- \rightleftharpoons 4\,OH^- \qquad \text{Gl. 9.8}$$

$$2\,H_2O + 2e^- \rightleftharpoons H_2 + 2\,OH^- \qquad \text{Gl. 9.9}$$

In neutralen Wässern ist die Reaktion der Gl. (9.8) verantwortlich für die kathodische Teilreaktion der Korrosion. Gegenüber dieser ist die Reaktion der Gl. (9.9) meist vernachlässigbar langsam und spielt nur in sehr sauerstoffarmen Wässern eine Rolle.

Ein Maß für die treibende Kraft elektrochemischer Teilreaktionen ist das Potenzial des Metalls, das dieses in der Elektrolytlösung aufweist. Das Potenzial wird als elektrische Spannung zwischen dem Metall und einer Bezugselektrode in der Elektrolytlösung gemessen. Im thermodynamischen Gleichgewicht heißt das zugehörige Potenzial Gleichgewichtspotenzial und kann aus thermodynamischen

Daten berechnet werden. Für die Umwandlung von Zinkmetall zu Zinkionen gilt folgende Beziehung für das Gleichgewichtspotenzial (*Nernstsche* Gleichung):

$$U^* = U^\circ + 0{,}03 \lg c\,(Zn^{2+})\ [V] \qquad \text{Gl. 9.10}$$

mit dem Standardpotenzial $U^\circ = -0{,}763$ V. Die Konzentration der Zinkionen $c(Zn^{2+})$ ist hierbei in mol/l einzusetzen.

Das Standardpotenzial für Zink ist wesentlich negativer als das des Eisens, das –0,44 V beträgt. Daraus folgt, dass das Zink eine stärkere Korrosionsneigung besitzt als das Eisen und dass es bei Kontakt mit dem Eisen dessen Potenzial in Richtung auf das Gleichgewichtspotenzial des Eisens verschiebt. Dadurch wird das Eisen gegen Korrosion geschützt. Man nennt diesen Vorgang kathodischen Korrosionsschutz.

Im kathodischen Korrosionsschutz in Meerwasser werden Zink-Anoden in großem Umfang eingesetzt [9.58]. Für Süßwässer dagegen sind Zink-Anoden für den Schutz von Stahl weniger gut geeignet. Dennoch darf davon ausgegangen werden, dass kleine Verletzungen von Zinküberzügen auf Stahl (z. B. Schnittflächen) auch unter diesen Bedingungen keinen völligen Verlust der Korrosionsschutzwirkung bedeuten, d. h. freiliegender Stahl wird im Allgemeinen durch die unmittelbar umgebende Zinkschicht kathodisch geschützt. Dies gilt zumindest solange, wie die Zinkschicht nicht durch Deckschichten elektrochemisch inaktiv wird. Die Gleichgewichtspotenziale elektrochemischer Teilreaktionen informieren über die Möglichkeit bzw. die Richtung einer Reaktion, d. h., Korrosion ist nur möglich, wenn das Gleichgewichtspotenzial der kathodischen Teilreaktion positiver ist als das der anodischen Teilreaktion der Metallauflösung. Das ist bei den Gln. (9.7)–(9.9) auch immer der Fall. Gleichgewichtspotenziale informieren aber nicht über die Korrosionsgeschwindigkeit und auch nicht über das Potenzial des korrodierenden Metalls. Letzteres liegt je nach den kinetischen Eigenschaften der Teilreaktionen zwischen den beiden Gleichgewichtspotenzialen mehr oder weniger weit vom Gleichgewichtspotenzial der anodischen Teilreaktion entfernt.

Für eine vereinfachte Betrachtung kann man annehmen, dass die Geschwindigkeiten der elektrochemischen Teilreaktionen eines korrodierenden Metalls auf der Metalloberfläche örtlich gleich sind. Das ist der Fall der homogenen Mischelektrode. Die Geschwindigkeiten sind elektrischen Strömen direkt proportional (*Faradaysches Gesetz*). Die Potenzialabhängigkeit der Reaktionsgeschwindigkeit der Teilreaktionen wird durch Teilstromdichte-Potenzial-Kurven wiedergegeben. Diese Kurven schneiden die Potenzialachse beim zugehörigen Gleichgewichtspotenzial, weil bei diesem die Reaktionsgeschwindigkeit Null ist.

In Abb. 9.2 ist dies schematisch wiedergegeben. Kurve (A) ist die Teilstromdichte-Potenzial-Kurve für die Reaktion der Gl. (9.7) mit dem Gleichgewichtspotenzial U^*_A. Die Kurven *(K1)* und *(K2)* sind die Teilstromdichte-Potenzial-Kurven für zwei unterschiedliche kathodische Teilreaktionen nach den Gln. (9.8) oder (9.9) mit den zugehörigen Gleichgewichtspotenzialen U^*_{K1}, und U^*_{K2}. Die Reaktion entsprechend der Kurve *(K2)* ist schneller als die der Kurve *(K1)*. Beispielsweise könnte in diesem Fall der Sauerstoffgehalt für die Kurve *(K1)* kleiner sein als der für die Kurve *(K2)*.

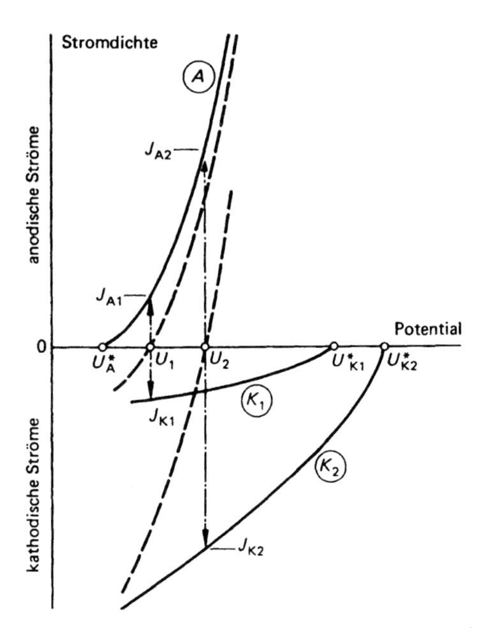

Abb. 9.2 Stromdichte-Potenzial-Kurven für Teil- und Summenreaktionen (schematisch) – Einfluss der kathodischen Teilreaktion bei aktiver Metallkorrosion (Erklärungen im Text; Mannesmann Forschungsinstitut, Duisburg [9.1])

Die jeweilige Addition der anodischen und kathodischen Teilstromdichte-Potenzial-Kurven führt zu den gestrichelten Summenstromdichte-Potenzial-Kurven mit den Ruhepotenzialen U_1 und U_2. Diese Potenziale entsprechen den Korrosionspotenzialen des frei korrodierenden Metalls, d. h. ohne eine äußere Belastung durch elektrische Ströme (entsprechend einem Summenstrom gleich Null). Beim Ruhepotenzial haben die zugehörigen Teilstromdichten gleiche Beträge, die der jeweiligen Geschwindigkeit der freien Korrosion entsprechen.

Aus Abb. 9.2 ist deutlich zu erkennen, wie beim Übergang von der kathodischen Teilstromdichte-Potenzial-Kurve *(K1)* auf *(K2)*, vergleichsweise von geringer zu hoher Sauerstoffkonzentration des Mediums, die Korrosionsgeschwindigkeit zunimmt und das Ruhepotenzial positiver wird. Das Ruhepotenzial folgt aus den kinetischen Eigenschaften der Teilreaktionen und ist somit mit dem Gleichgewichtspotenzial der anodischen Teilreaktionen nicht vergleichbar. Eine Korrelation zwischen diesen beiden Daten kann aber bestehen, wenn die anodischen Teilstromdichte-Potenzial-Kurven steil verlaufen, d. h., wenn die anodische Teilreaktion wenig gehemmt ist. Dann liegen nämlich die beiden Potenziale verhältnismäßig nahe beieinander. Man nennt diesen Zustand den der aktiven Korrosion. Er liegt im allgemeinen bei korrodierenden Metallen ohne Deckschichten vor. In einem solchen Zustand befinden sich Zink-Anoden für den kathodischen Schutz in Meerwasser.

Beim Vorliegen von Deckschichten verläuft die anodische Teilstromdichte-Potenzial-Kurve wesentlich flacher. Man bezeichnet diesen Zustand als passive

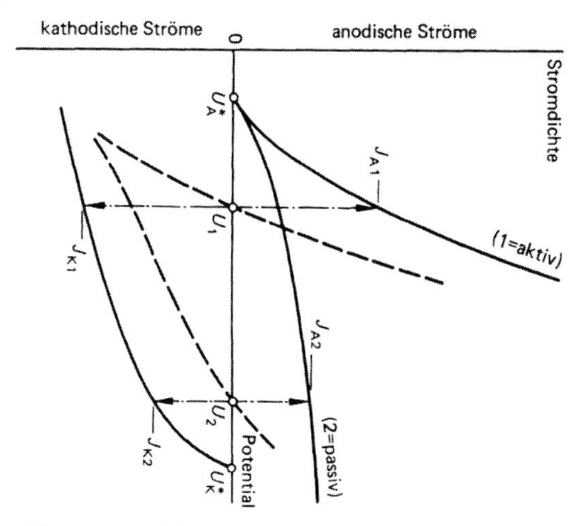

Abb. 9.3 Stromdichte-Potenzial-Kurven für Teil- und Summenreaktionen (schematisch) - Einfluss der Passivierung bei gleichbleibender kathodischer Teilreaktion (Erklärungen im Text; Mannesmann Forschungsinstitut, Duisburg [9.1])

Korrosion. In Abb. 9.3 ist schematisch die Auswirkung der Passivierung wiedergegeben. Vereinfachend ist angenommen, dass die kathodische Teilreaktion durch die Deckschicht nicht beeinflusst wird. Dies entspricht zwar nicht ganz den wahren Verhältnissen, ist aber für eine Näherungsbetrachtung in diesem Fall zulässig, weil die Deckschichten auf jeden Fall die anodische Teilreaktion stärker hemmen als die kathodischen Teilreaktionen.

Entsprechend den Erörterungen zu Abb. 9.2 folgen durch Addition der zugehörigen Teilstromdichte-Potenzial-Kurven die Summenstromdichte-Potenzial-Kurven mit den Angaben über das Korrosionspotenzial und die Geschwindigkeit bei freier Korrosion. Es ist nun zu erkennen, dass durch die Passivierung das Ruhepotenzial positiver wird und dabei – anders als bei Abb. 9.2 für aktives Metall – die Korrosionsgeschwindigkeit abnimmt. Die Verschiebung des Ruhepotenzials ist in der Praxis als „Potenzialveredlung“ bekannt.

Ferner zeigt Abb. 9.3, dass beim aktiven Metall das Ruhepotenzial in der Nähe des Gleichgewichtspotenzials der anodischen Teilreaktion, beim passiven Metall dagegen mehr in der Nähe des Gleichgewichtspotenzials der kathodischen Teilreaktion liegt. In diesem Fall besteht sicherlich keine Korrelation zwischen Korrosionspotenzial und dem Gleichgewichtspotenzial der anodischen Teilreaktion. Da Zink in Süßwässern leicht durch Deckschichten passiviert wird, kommt es für diese Medien als Anode für den kathodischen Schutz nicht infrage, weil eben das Potenzial zu positiv ist. In Grenzfällen sehr starker Potenzialveredlung kann das Potenzial des passiven Zinks sogar positiver als das des aktiven Stahls werden. Dann besteht bei verzinktem Stahl Gefahr der Lochkorrosion für den Grundwerkstoff Stahl. Solche Fälle sind vor allem für Warmwässer bekannt [9.4].

Die Korrosionsschutzwirkung durch Deckschichten ist entscheidend davon abhängig, ob das passiv korrodierende Metall eine homogene Mischelektrode ist oder nicht. Wenn die Deckschicht örtlich in ihrer Wirkung beeinträchtigt ist oder fehlt, wird das dort ungeschützte Metall durch das relativ positive Ruhepotenzial des passiven Metalls belastet. Über das Ausmaß der Gefährdung informiert Abb. 9.3 anhand der anodischen Teilstromdichte-Potenzial-Kurve des aktiven Metalls, die die Potenzialabhängigkeit der Korrosionsgeschwindigkeit direkt angibt. Bei einer örtlich defekten Deckschicht entsteht letztlich eine heterogene Mischelektrode, die sich aus einer großflächigen Kathode des passiven Metalls und einer kleinflächigen Anode des aktiven Metalls zusammengesetzt betrachten lässt. Aufgrund der Spannung, die die Differenz der Ruhepotenziale des passiven und aktiven Metalls $(U_2 - U_1)$ gibt, fließt zwischen beiden Bereichen ein Elementstrom, der die Anode stark korrosionsgefährdet und die Kathode geringfügig kathodisch schützt. Auf quantitative Betrachtungen soll verzichtet werden, zumal dazu Angaben zum Verhältnis der Flächen und des elektrolytischen Widerstandes erforderlich sind [9.6, 9.58].

Die Ausbildung solcher aktiv-passiv-Korrosionselemente ist die Ursache für örtliche Korrosion unlegierten Stahls in neutralen Wässern. Zink neigt wesentlich weniger als Eisen zur Ausbildung von aktiv-passiv-Elementen. In dieser Hinsicht ist auch die Korrosionsschutzwirkung von Zinküberzügen auf Stahl zu sehen, da der Korrosionsangriff vergleichmäßigt wird [9.4].

9.1.3 Thermodynamische Grundlagen

Die durch die anodische Teilreaktion nach Gl. (9.7) erzeugten Zinkionen können mit Ionen des Wassers und mit Wasser selbst zu festen Korrosionsprodukten weiterreagieren:

$$Zn^{2+} + H_2O \rightleftharpoons ZnO + 2\,H^+ \qquad \text{Gl. 9.11}$$

Vereinfachend sollen im Folgenden nur Ionen des Wassers und keine fremden, zusätzlich deckschichtbildenden Komponenten betrachtet werden. Das nach der Reaktion der Gl. (9.11) gebildete feste Korrosionsprodukt ZnO kann sich in alkalischen Wässern analog Gl. (9.12) wieder lösen:

$$ZnO + OH^- + H_2O \rightleftharpoons Zn(OH)_3^- \qquad \text{Gl. 9.12}$$

$$ZnO + 2\,OH^- + H_2O \rightleftharpoons Zn(OH)_4^{2-} \qquad \text{Gl. 9.13}$$

Die Reaktionen der Gln. (9.12) und (9.13) beschreiben das amphotere Verhalten des Zinks. Eine Kombination der Gln. (9.7), (9.11) und (9.12) bzw. (9.13) führt zu folgenden anodischen Teilreaktionen in alkalischen Wässern:

$$Zn + 3\,OH^- \rightleftharpoons Zn(OH)_3^- + 2\,e^- \qquad \text{Gl. 9.14}$$

$$Zn + 4\,OH^- \rightleftharpoons Zn(OH)_4^{2-} + 2e^- \qquad \text{Gl. 9.15}$$

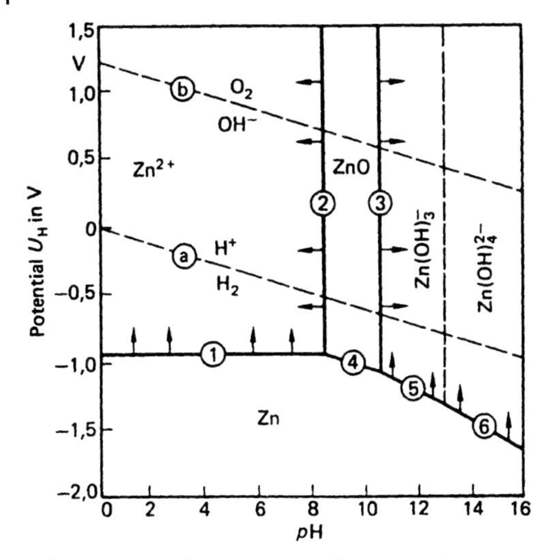

Abb. 9.4 Potenzial-pH-Diagramm für Zn/H_2O bei 25 °C, 0,1 MPa und für eine Gesamt-Zinkionen-Konzentration $c_0 = 10^{-6}$ mol/l, nach [9.7] (Erklärungen im Text; Mannesmann Forschungsinstitut, Duisburg [9.1])

Ferner kann bei mittleren *pH*-Werten in einer anodischen Teilreaktion festes Korrosionsprodukt direkt entstehen:

$$Zn + 2\,OH^- \rightleftharpoons ZnO + H_2O + 2e^- \qquad \text{Gl. 9.16}$$

Bei den Reaktionen (9.7) und (9.11)–(9.16) sind neben den Zinkkorrosionsprodukten Ionen des Wassers und Elektronen beteiligt. Somit ist es naheliegend, die verschiedenen Reaktionen und ihre Produkte in Potenzial-pH-Diagrammen zusammenzufassen [9.7]. Das Ergebnis ist für das System Zink/Wasser bei 25 °C in Abb. 9.4 dargestellt. Die Koordinaten der thermodynamischen Stabilitätsbereiche für Zn, Zn^{2+}, ZnO und Zn(OH), bzw. $Zn(OH)_4^{2-}$ sind der pH-Wert und das Redoxpotenzial der wässrigen Phase (Elektrolytlösung) sowie das Potenzial des Metalls. Die in Abb. 9.4 eingetragenen Grenzlinien gelten für eine Gesamtkonzentration gelöster Zink- und Zinkationen von $c_0 = 10^{-6}$ mol/l (0,065 mg l^{-1}). Die Pfeile geben an, in welche Richtung die Grenzlinien sich verschieben, wenn die Konzentration c_0 größer wird.

In Abb. 9.4 ist zusätzlich der Existenzbereich des Wassers eingetragen. Die kathodische Wasserstoff-Entwicklung folgt der Gl. (9.9); die anodische Sauerstoff-Entwicklung folgt der Gleichung

$$2\,H_2O \rightleftharpoons O_2 + 4\,H^+ + 4e^- \qquad \text{Gl. 9.17}$$

Im Beständigkeitsbereich für ZnO liegt eine heterogene Phase aus festem ZnO und einer Elektrolytlösung vor, deren pH-Wert durch die Abszisse angegeben wird. Ferner liegen in ihr Zink- und Zinkationen vor, deren Konzentration nach

Überschreiten der Grenzlinien (2) und (3) in das Innere des Feldes für ZnO stark abnimmt.

Da die Linie *(a)* stets deutlich über der Linie (4) liegt, können Zn und H_2O niemals im thermodynamischen Gleichgewicht nebeneinander bestehen. Entweder reagiert Zink nach Gl. (9.16) zu ZnO oder das Wasser zersetzt sich nach Gl. (9.9) zu H_2. Abb. 9.4 informiert über die thermodynamische Beständigkeit von Zink-Metall und von festen Korrosionsprodukten in Abhängigkeit vom Potenzial und vom pH-Wert. Da bei den Zink- und Zinkationen kein Wertigkeitswechsel erfolgt, ist auch der Beständigkeitsbereich des festen Korrosionsproduktes bei vorgegebener Zinkionenkonzentration nur vom pH-Wert und nicht vom Potenzial abhängig. Diese festen Korrosionsprodukte können zwar die Korrosion nicht völlig verhindern, aber entscheidend vermindern. Nur über diesen Tatbestand informiert Abb. 9.4, nicht aber über die Güte der Schutzwirkung. Hierzu sind andere physikalische Eigenschaften, wie Dichtheit und Haftfestigkeit der Schicht, von Interesse, was aus thermodynamischen Daten grundsätzlich nicht folgt. Das thermodynamische Stabilitätsdiagramm der Abb. 9.4 gilt nur für die dort angegebenen Komponenten H^+, OH^-, Zn^{2+} $Zn(OH)_2$, $Zn(OH)_4^{2-}$, ZnO, wobei keine Reaktionsprodukte mit anderen Ionen berücksichtigt sind. Diese Voraussetzung ist aber für natürliche Medien nicht gültig. Eine der wesentlichen Komponenten, die in natürlichen Medien vorliegen, ist die Kohlensäure und ihre Anionen. Wie in Abhängigkeit von der Zinkionen-Konzentration der pH-Bereich für feste Korrosionsprodukte durch Kohlensäure ausgeweitet wird, zeigt Abb. 9.5. Ähnliche Verhältnisse bestehen auch für andere Stoffe, z. B. Zinkphosphate, basische Salze und Calciumzinkate.

Für etwas eingehendere Betrachtungen der realen Gegebenheiten bei der Korrosion ist zu beachten, dass die Zusammensetzung der Wässer unmittelbar an der Grenzfläche Zink/Wasser anders ist als im Wasserinnern. So wird durch die kathodische Teilreaktion nach Gln. (9.8) und (9.9) der pH-Wert erhöht und durch die anodische Teilreaktion in der Folge der Gln. (9.7) und (9.11) erniedrigt. Derartige lokale pH-Unterschiede haben auch bei örtlicher Korrosion bzw. bei nicht homogener Mischelektrode eine große Bedeutung. Ferner wird durch die Korrosionsreaktionen nach den Gln. (9.7), (9.14) und (9.15) die Konzentration der Zink- bzw. Zinkationen erhöht, was zu einer wesentlichen Ausdehnung des ZnO-Feldes im Sinne der Pfeile in Abb. 9.4 führt. Diese Ausweitung wird insbesondere in Abb. 9.5 erkennbar.

Die kathodische pH-Werterhöhung nach Gl. (9.9) ist vor allem bei hohen pH-Werten oder bei sehr hohen kathodischen Stromdichten bedeutsam. Wegen der Reaktionen der Gln. (9.14) und (9.15) wird das Gleichgewichtspotenzial entsprechend der Linien (5) und (6) in Abb. 9.4 merkbar zu negativeren Werten verschoben. Dies lässt erwarten, dass ein kathodischer Schutz unmöglich werden kann, wenn die pH-Werterhöhung das Gleichgewichtspotenzial stärker zu negativeren Potenzialen verschiebt als die kathodische Polarisation das Metallpotenzial selbst. Dabei kann es dann durch Kombination der Gln. (9.9) und (9.15) sogar zu einer kathodischen Korrosion kommen:

$$Zn + 4\,H_2O + 2\,e^- \rightleftharpoons Zn(OH)_4^{2-} + 2\,H_2 \qquad \text{Gl. 9.18}$$

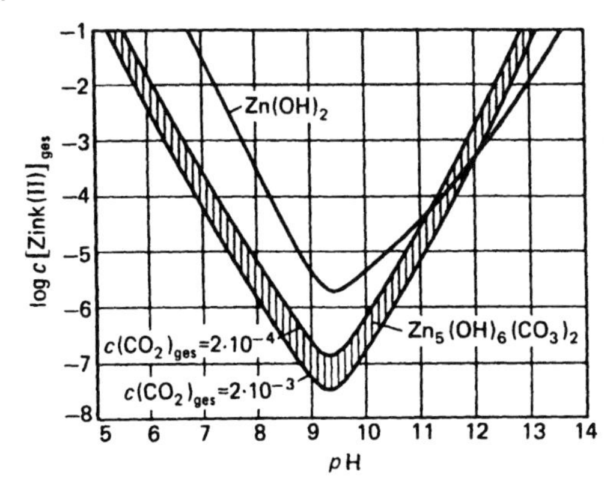

Abb. 9.5 Stabilitätsbereiche für die festen Korrosionsprodukte $Zn(OH)_2$ und $Zn_5(OH)_6(CO_3)_2$ im System Zink/Wasser bei 25 °C nach thermodynamischen Daten [9.7] bis [9.12] (Staatl. Materialprüfungsamt NRW, Dortmund [9.1])

Zusammenfassend soll abschließend noch einmal ausdrücklich betont werden, dass die Potenzial-pH-Diagramme lediglich eine grobe Information über das Korrosionsverhalten in Abhängigkeit von Potenzial und pH geben können. Sie informieren über Bereiche für lösliche Korrosionsprodukte ohne Hinweise zur Korrosionsgeschwindigkeit und über Bereiche mit festen Korrosionsprodukten ohne Hinweise über deren Schutzqualität.

Zur Gesamtproblematik der Korrosion von Zink und Stahl in Wässern siehe auch [9.13 und 9.14].

9.1.4
Bimetallkorrosion

Als Bimetallkorrosion (Kontaktkorrosion) wird nach DIN EN ISO 8044 vereinfacht die Korrosionsverstärkung bezeichnet, die ein Metall bei metallisch leitender Verbindung mit einem anderen, unter den jeweiligen Bedingungen elektrochemisch positiverem Metall erleidet. Beim Einsatz feuerverzinkter Bauteile spielt das immer wieder eine Rolle, da in der Praxis metallisch leitende Kombinationen/Konstruktionen mit anderen Metallen unvermeidbar sind.

Die Stärke der Korrosion hängt ab von der Differenz der Gleichgewichtspotenziale der miteinander kombinierten Metalle, der Leitfähigkeit des umgebenden Elektrolyten, der Größe der die Korrosion beeinflussenden Flächen und der Temperatur [9.14]. Die Bildung unlöslicher Deckschichten auf den reagierenden Metallen und andere Gegebenheiten machen exakte und konkrete Voraussagen in der Praxis aber meist schwierig.

Die Paarung von Zink oder verzinkten Oberflächen mit anderen Metallen ist aber korrosionstechnisch meist unproblematisch, solange das Bauteil aus feuerverzinktem Stahl flächenmäßig eindeutig überwiegt, was bei einer feuerverzinkten Konstruktion, die mit Verbindungsmitteln aus nichtrostendem Stahl zusammen-

Tab. 9.1 Bimetallkorrosion von Zink in der Atmosphäre bei elektrisch leitender Verbindung mit anderen Metallen

Zink, kombiniert mit	Zinkoberfläche deutlich größer	Zinkoberfläche deutlich kleiner
Magnesium	K	K
Zink	K	K
Aluminium	K	K
Baustahl	K	G
Blei	K	K/M
Zinn	K	G
Kupfer	M/G	G
Nichtrostender Stahl	K	G

K = keine, geringfügige Korrosion
M = mäßige Korrosion
G = große Korrosion

gesetzt ist, immer der Fall ist. In der Literatur manchmal geforderte Zwischenschichten aus nichtleitenden Werkstoffen sind deswegen in der Regel immer überzogen, zumal der metallische Kontakt dadurch ja meist auch nicht total und vollständig unterbunden wird, sondern sich bei Schrauben z. B. über den Gewindegang weiterhin ergibt.

Vorsicht ist aber immer angebracht, wenn der feuerverzinkte Stahl die deutlich kleinere Oberfläche beisteuert, wie das z. B. bei feuerverzinkten Schrauben an Konstruktionen aus nichtrostendem Stahl der Fall ist. In diesem Fall spielen die konkreten Einsatzbedingungen eine wichtige Rolle. Das heißt, je feuchter und durch Salze verunreinigter das Umfeld ist, umso kritischer ist die Angelegenheit. In diesem Fall korrodiert verstärkt immer das feuerverzinkte Bauteil.

Ein prinzipielles Problem ist die Kombination feuerverzinkter Bauteile mit Kupfer. Das betrifft auch die Korrosionsprodukte des Kupfers, die auf verzinkte Oberflächen gelangt sind, wie zum Beispiel durch Zementierung aus kupferführenden Wässern oder Dachrinnen. Dabei ist es so, dass je intensiver der Kontakt ist, umso stärker auch die Korrosion (meist Loch- und Muldenfraß) ausfällt. Planungsseitig sollte dieser Fall vermieden werden.

9.1.5 Thermische Beständigkeit

Zinküberzüge sind in einem weiten Temperaturbereich sehr gut einsetzbar. Die Eignung feuerverzinkter Konstruktionen bei niedrigen Temperaturen wird eher von der Einsetzbarkeit des Stahles bestimmt als vom Zinküberzug. Unter atmosphärischen Bedingungen ist kaum eine Begrenzung vorgegeben.

Bei höheren Temperaturen sollten 200–220 °C nicht überschritten werden, da oberhalb dieser Temperaturen Diffusionsvorgänge zwischen Zink und Eisen einsetzen, die auf Dauer infolge des Kirkendall-Effektes aufgrund unterschiedlicher Diffusionsgeschwindigkeiten der beteiligten Partner zu Schichtabblätterungen führen können. Im Extremfall ist sogar eine Materialversprödung des Stahlgrundwerkstoffes möglich und letztlich dessen Bruch [9.5].

Platzwechselvorgänge in Festkörpern, Flüssigkeiten und Gasen werden allgemein unter dem Oberbegriff Diffusion zusammengefasst. Rekristallisation, Kornwachstum und Entmischung sind bei Metallen unmittelbare Folge solcher Diffusionsvorgänge.

Aufgrund der dafür benötigten Energie laufen diese Platzwechselvorgänge bei erhöhter Temperatur schneller als bei niedrigerer Temperatur ab. Ferner ist zu beachten, dass bei Vorliegen eines Konzentrationsgradienten, z. B. zwischen einer eisen- und zinkreichen Phase, die ansonsten regellose Brownsche Wärmebewegung der Teilchen in gerichtete Diffusion übergehen kann.

Ein Sonderfall liegt vor, wenn die Diffusionspartner vorwiegend über Leerstellen im Gitter diffundieren. Dieses wurde erstmals von *Kirkendall* beschrieben und an einem mit Kupfer plattierten Cu70Zn30-Block festgestellt. Der Forscher bemerkte, dass das Zink aus dem Messingblock schneller in die Kupferschicht diffundiert als das Kupfer in den Messingblock. Da die Diffusion über Leerstellen im Gitter erfolgt, fließt gleichzeitig ein Leerstellenstrom entgegen der Diffusionsrichtung des Zinks, wodurch die Konzentration der Leerstellen im Messing zunimmt. Diese Leerstellen können zu mikroskopisch gut sichtbaren Löchern zusammenwachsen oder bei Vorliegen bestimmter Voraussetzungen sich auch zu Rissen im Material ausweiten. Der Effekt heißt nach seinem Entdecker Kirkendall-Effekt.

Beim Feuerverzinken ist dieser Effekt aufgrund der unterschiedlichen Diffusionsgeschwindigkeit von Eisen- und Zinkatomen beim Abkühlen verzinkter Teile bekannt. Unmittelbar nach dem Verzinken kann es bei zu langsamer Abkühlung des verzinkten Bauteiles zur Abhebung und Abplatzung des Zinküberzuges zumindest in Teilbereichen kommen. Das ist z. B. der Fall, wenn verzinkte Bleche nach dem Verzinken so übereinander gelegt werden, dass sie nur sehr verzögert abkühlen. Betroffen sind besonders Stähle, auf denen sich beim Verzinken deutlich voneinander abgesetzte Phasen bilden, wie das z. B. bei Si-armen Stählen der Fall ist.

Aber auch dickwandige Bauteile aus Stahl mit 0,12–0,28% Si sind gefährdet. Bei derartigen Stählen kann es bereits während des Verzinkens bei langer Verzinkungsdauer zu einem vorgebildeten Riss zwischen δ_1- und ζ-Phase kommen, wodurch eine schlechte Haftung bzw. das Abplatzen des Überzuges vorprogrammiert ist. Ein schnelles Abkühlen des Bauteils, z. B. durch Abschrecken in Wasser, verstärkt diese Gefahr.

9.1.6 Mechanische Beständigkeit

Zinküberzüge nach DIN EN ISO 1461 haften im Allgemeinen fest auf dem Stahluntergrund. Die Haftfestigkeitswerte liegen zwischen 10 und 30 Nmm^{-1} und übertreffen damit meist diejenigen von Beschichtungen. Aufgrund der Sprödigkeit der Eisen/Zink-Legierungsphasen neigen Zinküberzüge jedoch bei mechanischer Verformung zum Abplatzen. DIN EN ISO formuliert deshalb einschränkend, dass die Haftfestigkeit nur bei üblichem Handling und Gebrauch gegeben ist und Biegen und Umformen nach dem Feuerverzinken nicht zum üblichen Gebrauch zählen.

Feuerverzinkte Überzüge sind hervorragend gegen mechanischen Abrieb beständig. Im Vergleich mit organischen Beschichtungen beträgt der die Abriebbeständigkeit charakterisierende Faktor 5 bis 10. Insbesondere im Vergleich mit Beschichtungen aus 2K-Beschichtungsstoffen wie Epoxidharz oder Polyurethan ist der Faktor groß. Vergleichsweise gut schneiden Beschichtungen auf PVC-Basis ab. Hinsichtlich des verzinkten Stahls spielt es kaum eine Rolle, ob es sich um beruhigte oder unberuhigte Qualitäten handelt. Der Zinkabtrag pro Zeiteinheit ist ähnlich oder gleich. Lediglich die Dicke des Zinküberzuges entscheidet über das genaue Verhältnis [9.21].

9.2 Korrosionsbelastung durch die Atmosphäre

9.2.1 Allgemeines

Der Schutz von Stahlkonstruktionen vor Korrosion durch Zink- und Aluminiumüberzüge ist Inhalt von DIN EN ISO 14713. Bei der atmosphärischen Korrosionsbelastung von Zink und Zinküberzügen können zwei Ausgangssituationen betrachtet werden, nämlich fertigungsfrische und bereits bewitterte Zinkoberflächen, da diese sich sowohl in bezug auf ihre chemische Zusammensetzung als auch auf das Korrosionsverhalten unterscheiden.

Frisch aufgebrachte Zinküberzüge weisen eine Oberfläche mit nur minimalen Verunreinigungen oder chemischen Umsetzungsprodukten auf. An der Atmosphäre entsteht primär Zinkoxid, das unter der Wirkung von Luftfeuchtigkeit zu Zinkhydroxid und mit dem Kohlendioxid der Luft zu basischem Zinkcarbonat umgewandelt wird. Diese Reaktionsprodukte sind schwer wasserlöslich und bilden eine Schutzschicht. Dies bedeutet, dass frisch feuerverzinkte Teile gut belüftet gelagert werden müssen, um möglichst viel Kohlendioxid an die Oberfläche zu bringen und dadurch die Schutzschichtbildung zu fördern. Hieraus ergibt sich auch, dass die Korrosionsgeschwindigkeit unmittelbar zu Beginn der Bewitterung größer ist als die stationäre nach erfolgter Bildung der Schutzschichten. Zwischen der anfänglichen Korrosionsgeschwindigkeit zu Beginn und der nach Ausbildung der Schutzschicht besteht kein Zusammenhang, so dass aus Kurzzeitversuchen kaum auf das Langzeitverhalten geschlossen werden kann. Eine Extrapolation verbietet sich auch aus Gründen der jahreszeitlich unterschiedlichen Korrosionsbelastung. Die Bildung der Schutzschichten erfolgt je nach den vorliegenden Verhältnissen in einigen Tagen bis zu mehreren Monaten (nach [9.15] in trockener Luft in etwa 100 Tagen, bei 33% rel. Luftfeuchtigkeit in etwa 14 Tagen und bei 75% rel. Luftfeuchtigkeit in etwa 3 Tagen). Im Laufe der Zeit wird die Schutzschicht durch Witterungseinflüsse geringfügig abgetragen und aus dem Zinkuntergrund ständig erneuert, was letztlich einen Massenverlust bewirkt. Dieser Abtrag erfolgt, über größere Zeiträume gemittelt, mit zeitlich konstanter Geschwindigkeit. Der Masseverlust wird flächenbezogen in gm^{-2} oder dickenbezogen in μm angegeben.

Nach Abzehrung der Reinzinkphase werden die Legierungsphasen bewittert. Wie umfangreiche Langzeituntersuchungen gezeigt haben, ändern sich hierdurch die Massenverlustraten jedoch nur unwesentlich [9.15],bis [9.18]. Nach [9.16] und [9.17] weisen Eisen-Zink-Legierungsschichten bei Belastung in Industrieatmosphäre sogar ein etwas günstigeres Korrosionsverhalten auf als Reinzink. Es kommt vor, dass sich diese Eisen-Zink-Legierungsphasen bei Bewitterung rostbraun verfärben, obwohl die Stahloberfläche noch mit Zink bedeckt ist. Verschiedene Meinungen hierzu wurden in [9.18] bis [9.20] veröffentlicht, die Ergebnisse gezielter Untersuchungen in [9.22]. Nach letzteren ist die Reinzinkphase nach mehrjähriger atmosphärischer Korrosionsbelastung mit einer Deckschicht belegt, die ein graues Aussehen aufweist und in die nach Erreichen der Zeta-Phase zunehmend Eisen eingebaut wird. Hiermit ist, nicht zuletzt als Folge der hohen Farbintensität bereits geringer Eisen(III)-Mengen, eine Braunfärbung verbunden, die sich mit der weiteren Umsetzung der Legierungsphasen verstärkt. Die braungefärbte Schicht aus Korrosionsprodukten nimmt an Dicke zu und weist zwei verschiedenartig zusammengesetzte Bereiche auf: einen inneren Bereich mit hohem Zink- (66 Masse-%) und niedrigem Eisengehalt (7 Masse-%) sowie einen äußeren Bereich mit niedrigem Zink- (14 Masse-%) und hohem Eisengehalt (43 Masse-%). Ferner weist diese Schicht einen hohen Gehalt an Sauerstoff sowie geringere Gehalte an Schwefel, Chlor und Kohlenstoff auf, die der Reaktion mit Bestandteilen der Atmosphäre entstammen.

Elektrochemische Untersuchungen haben gezeigt, dass der Polarisationswiderstand der Überzüge bzw. der Schicht aus Korrosionsprodukten zunächst recht hoch ist und mit Erreichen des Grundwerkstoffes auf sehr kleine Werte absinkt, womit sich dieser Zustand eindeutig identifizieren lässt. Optisch ist dies hingegen nur schwer möglich. Eine Reduktion von Eisen(III) zum nicht braun färbenden Eisen(II) während der Abwitterung der Eisen-Zink-Legierungsphasen erfolgt nicht, da die Deckschichtwiderstände hierfür ganz offensichtlich zu hoch sind

9.2.2 Korrosionsbelastung bei Freibewitterung

Bei Freibewitterung feuerverzinkten Stahls haben im wesentlichen der Atmosphärentyp und die örtlichen klimatischen Bedingungen Einfluss auf die Massenverlustraten von Zinküberzügen. Insbesondere der Schwefeldioxidgehalt der Luft erhöht die Massenverlustraten, weil die Reaktionsprodukte leicht wasserlöslich sind. In Meeresnähe kann noch der erhöhte Chloridgehalt der Atmosphäre eine Rolle spielen, jedoch wird dessen Bedeutung meist überschätzt.

9.2.2.1 Korrosionsbelastung bei Freibewitterung ohne Regenschutz

Im Laufe der Jahre sind umfangreiche Korrosionsversuche an Proben durchgeführt und Messungen an feuerverzinkten Objekten vorgenommen worden. Ein großer Teil hiervon wurde nach Auswertung von mehr als 200 Literaturstellen in [9.15] zusammengefasst. Das Ergebnis ist in Abb. 9.6 dargestellt, wobei zusätzlich nach der vorgenannten Literaturauswertung publizierte Massenverlustraten eingezeichnet wurden.

Die Ergebnisse zeigen einerseits beträchtliche Abweichungen voneinander, andererseits jedoch werden die Größenordnungen deutlich, von denen man in der Praxis auszugehen hat. Die örtlichen Gegebenheiten – ebenso die Versuchsbedingungen – sind stets nur sehr bedingt vergleichbar, und es ist aus diesem Grunde müßig, Unterschiede in den Massenverlustraten im 10%-Bereich diskutieren zu wollen.

Der Schwefeldioxidgehalt der Atmosphäre verändert sich mit der Jahreszeit und erreicht in den Wintermonaten ein deutliches Maximum (Emission während der Heizperiode). Er liegt in dieser Zeit meist deutlich höher als während der Sommermonate. Gleichzeitig ist während der Wintermonate die mittlere relative Luftfeuchtigkeit höher als im Sommer; am wenigsten ausgeprägt sind diese Unterschiede am Meer oder auf Inseln wegen der Nähe großer Wasserflächen sowie in größeren Höhen wegen der dort niedrigeren Temperaturen, womit meist eine steigende relative Luftfeuchtigkeit verbunden ist.

Die vorgenannten Verhältnisse zum Schwefeldioxidgehalt der Luft und zur relativen Luftfeuchtigkeit sind – mehr oder weniger ausgeprägt – für alle bekannten Messungen typisch. Vergleicht man hierzu nun jahreszeitabhängige Werte der Zinkkorrosion, so ergibt sich eine erstaunliche Übereinstimmung: Im Sommer korrodiert Zink am langsamsten, im Herbst und Frühjahr schneller und im Winter liegen die höchsten Massenverlustraten vor (Abb. 9.7). Ein recht anschauliches Diagramm zum Einfluss von SO_2 auf die Geschwindigkeit der Korrosion von Zink zeigt Abb. 9.9. Aus dieser Darstellung wird ersichtlich, dass ein strikt linearer Zusammenhang zwischen SO_2-Konzentration und Zinkabtrag besteht und etwa zu 10 µg SO_2 pro m^3 Luft ein Zinkabtrag von 0,7 gm^{-2} gehören, was durchschnittlichen mitteleuropäischen Verhältnissen entspricht (siehe auch Tab. 9.3).

Als jahreszeitliche Einflussgrößen kommen ferner noch Temperatur und Regen infrage. Hierzu durchgeführte Untersuchungen zeigen jedoch, dass die in relativ engen Grenzen schwankende Temperatur und unterschiedliche Regenmengen einen vernachlässigbaren Einfluss haben. Dies gilt allerdings nicht für den Fall, dass die Zinkoberfläche völlig regengeschützt ist (vgl. Abschnitt 9.2.2.2).

Die Witterungsbedingungen (Temperatur, Luftfeuchtigkeit, Betauung) variieren mit der Tageszeit. Dies wurde untersucht, indem man einen Probensatz täglich von 0 bis 8 Uhr, einen zweiten von 8 bis 16 Uhr und einen dritten von 16 bis 24 Uhr der freien Atmosphäre aussetzte [9.15]. Während der übrigen Zeit befanden sich die Proben in einem geschlossenen Raum. Nach einer Versuchsdauer von 6 Jahren, also 2 Jahren Außenbewitterung je Probensatz, ergab sich das in Abb. 9.8 dargestellte Ergebnis. Wie hieraus zu erkennen ist, wird Zink nachts sowie in den frühen Morgenstunden deutlich schneller korrodiert, was mit der Taubildung zusammenhängen dürfte.

Der Einfluss von Chloriden, die insbesondere auf Inseln und im Küstengebiet erhöht in der Atmosphäre vorliegen, ist auf die Zinkkorrosion nur gering. Dies wird durch die in Abb. 9.6 zusammengefassten Messwerte belegt. Wie Tab. 9.2 zeigt, nimmt der Chloridgehalt mit zunehmendem Abstand von der Küste deutlich ab. Entsprechend gering ist auch dessen Bedeutung für das Korrosionsverhalten von Zinküberzügen. Erhöhte Werte der Massenverlustraten ergeben sich lediglich im

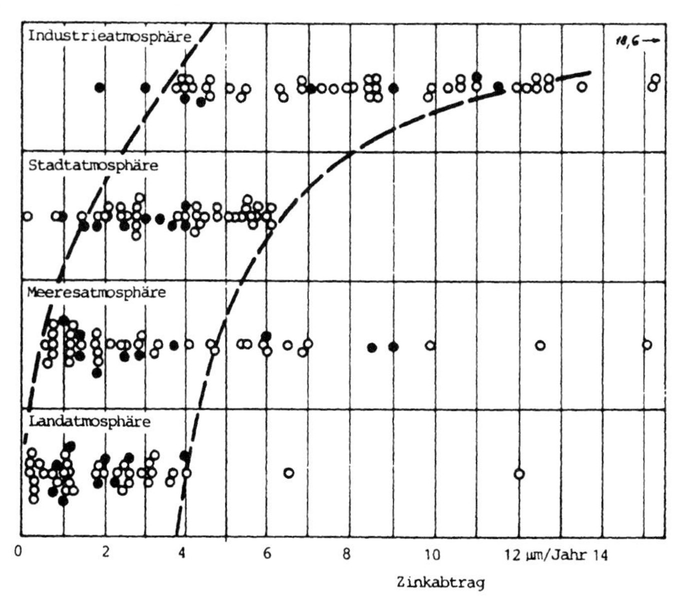

Abb. 9.6 Atmosphärische Korrosion von Zinküberzügen (Gemeinschaftsausschuss Verzinken e. V., Düsseldorf [9.1])
O nach einer Literaturauswertung [9.15]
• nach späteren Literaturangaben

Tab. 9.2 Chloridgehalt des Regenwassers in Abhängigkeit von der Entfernung zum Meer in den Niederlanden (zitiert in [9.15])

Entfernung vom Meer, km	0,4	2,3	5,6	48	86
Chloridgehalt, mgCl/1	16	9	7	4	3

Brandungs- und Spritzwasserbereich, wo sie etwa mit denen in Industrieatmosphäre vergleichbar sind.
Über Veränderungen in der Korrosionsaggressivität der Atmosphäre in Ostdeutschland seit 1989 berichtet umfassend [9.24].

Im Schrifttum finden sich gelegentlich Aussagen darüber, dass sich Zink unterschiedlicher Reinheit bei atmosphärischer Bewitterung unterschiedlich verhält. Entsprechende Versuche mit 99- bzw. 99,9%igem Zink, die über einen Zeitraum von 20 Jahren durchgeführt wurden, konnten dies nicht bestätigen. Einflüsse können jedoch bestehen, wenn spezifisch wirkende Begleitelemente in größeren Mengen vorliegen. Dazu zählen z. B. Aluminium, Zinn oder Kupfer. Aluminium verschlechtert bei Gehalten von z. B. 0,3 Masse-% das Korrosionsverhalten von Zink deutlich [9.25], hingegen erfolgt bei Gehalten von mehreren Masse-% Al eine Verbesserung. In der Praxis des Stückverzinkens darf jedoch der Al-Gehalt aus verfahrenstechnischen Gründen bei konventionellen Flussmitteln (Aluminium-Flussmittel-Reaktion) etwa 0,03 Masse-% nicht überschreiten. Wird mit höheren Al-Gehalten gearbeitet, sind spezielle Flussmittel notwendig. Ein

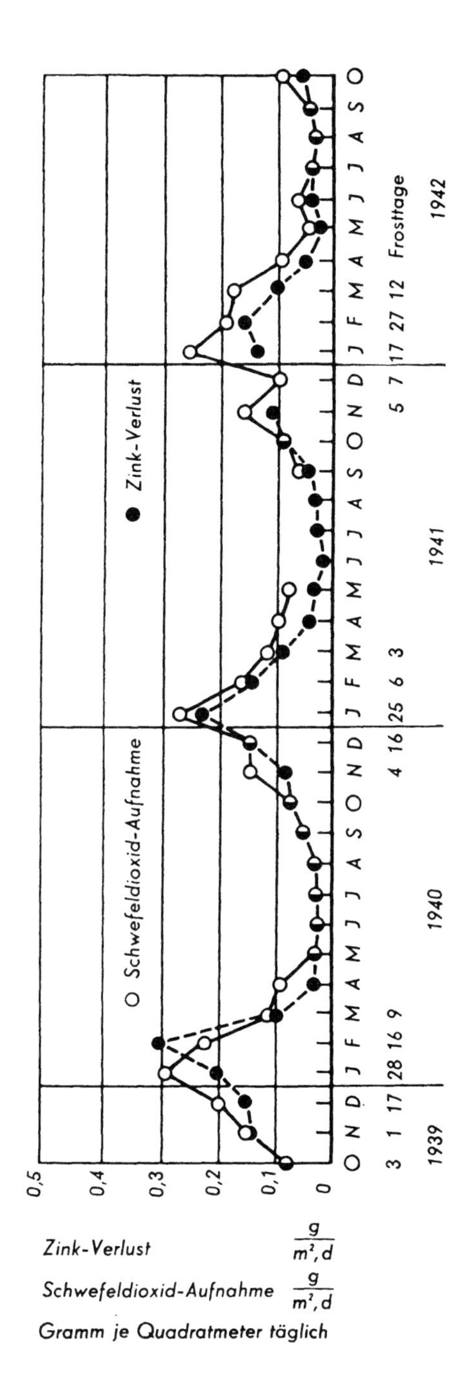

Abb. 9.7 Massenverlustraten von Zink unter einem allseits offenen Dach und Schwefeldioxid-Aufnahme der Liesegang-Glocke aus der Luft in Abhängigkeit von Monat und Jahr in Berlin-Dahlem [9.15] (Gemeinschaftsausschuss Verzinken e. V., Düsseldorf [9.1])

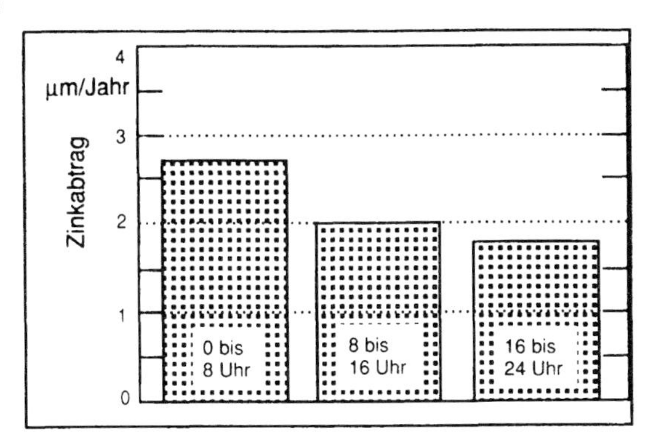

Abb. 9.8 Atmosphärische Korrosion von Zink in Abhängigkeit von der Tageszeit (zitiert in [9.15]) (Gemeinschaftsausschuss Verzinken e. V., Düsseldorf [9.1])

Zinngehalt bis etwa 0,9 Masse-% (höhere Werte wurden nicht untersucht) verschlechtert das Korrosionsverhalten geringfügig. Ein Kupfergehalt bis über 1 Masse-% verbessert das Korrosionsverhalten von Zink, bleibt aber bei weiterer Erhöhung ohne zusätzliche Wirkung. Die Zugabe von Kupfer findet in der Praxis keine Anwendung, da im Falle einer Wasserbeaufschlagung die Gefahr der Lochkorrosionserscheinungen nicht ausgeschlossen werden kann sowie ein Kupfergehalt in der Schmelze beim Verzinken die Gefahr der flüssigmetallinduzierten Spannungsrisskorrosion ansteigen lässt.

Nach Untersuchungen in den USA ergab sich an verzinkten Drähten ein höherer Zinkabtrag als an Zinkblechen, und zwar nahm der Unterschied mit abnehmendem Drahtdurchmesser unter 6 mm deutlich zu [9.25], z. B. bei einem Drahtdurchmesser von rd. 1,5 mm auf den doppelten Wert der über 6 mm dicken Drähte bzw. Bleche. Ähnliche Ergebnisse ergaben sich auch bei Untersuchungen in Deutschland, wobei die Unterschiede in den Massenverlustraten in Industrieatmosphäre hoch ausfielen (bei Drähten mit 0,85 mm Durchmesser im Vergleich zu Blechen bis Faktor 6), während sie in Land- und Meeresatmosphäre nur halb so groß waren [9.15, 9.26]. Zusammenfassend lässt sich feststellen, dass das Korrosionsverhalten von Zinküberzügen vornehmlich vom Schwefeldioxidgehalt der Atmosphäre und weniger von der Luftfeuchtigkeit oder der Regenmenge beeinflusst wird Wie die Werte in Abb. 9.6 zeigen, sind die Übergänge zwischen den Atmosphärentypen fließend.

DIN EN ISO 12944–2 gibt den Zusammenhang zwischen der Korrosivitätskategorie C 1 bis C 5 und dem Korrosionsverlust im ersten Jahr für Stahl und Zink an (Tab. 9.3). Es ist ersichtlich, dass der Korrosionsabtrag von Zink etwa 20-mal geringer als der von Stahl ist.

Eine zusammenfassende Darstellung des Korrosionsverhaltens von Zink gibt auch [9.27].

9.2.2.2 **Korrosionsbelastung bei Freibewitterung mit Regenschutz**

Betrachtet man längere Belastungsdauern, so liegen die Massenverlustraten von Proben unter Regenschutz deutlich niedriger, und zwar nach umfangreichen

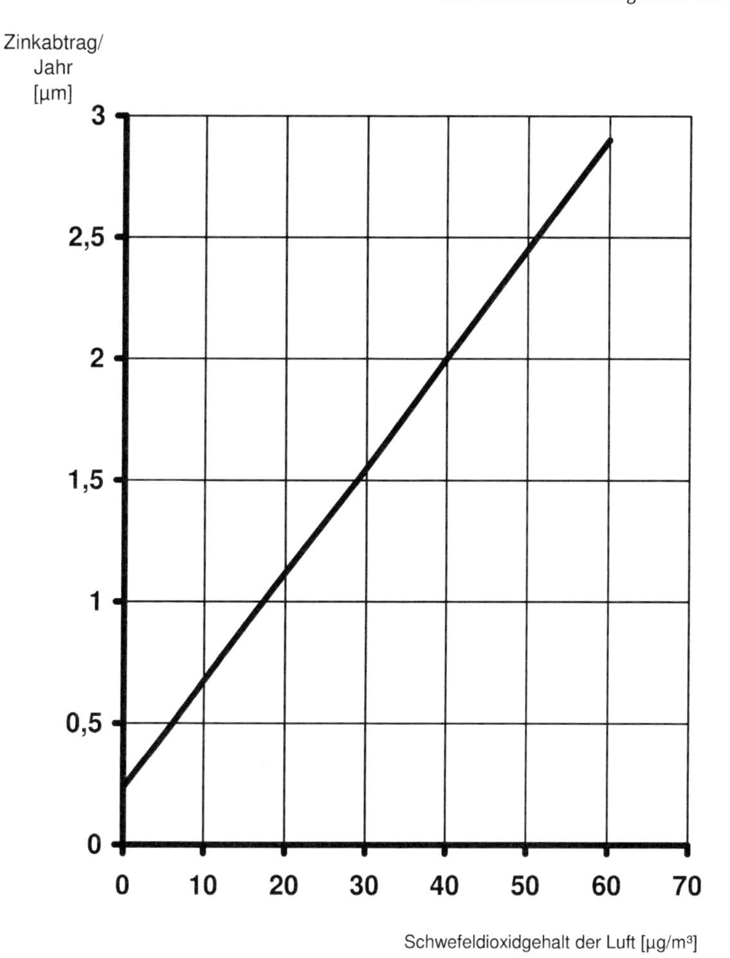

Abb. 9.9 Zinkabtrag in Abhängigkeit von der SO_2-Belastung durch die Atmosphäre nach [9.23]

Versuchen bei etwa der Hälfte [9.15]. Dies liegt offenbar daran, dass die während der ersten Zeit der Bewitterung auf dem Zink gebildeten Korrosionsprodukte nicht vom Regen abgewaschen werden und als Schutzschicht dienen. Vergleichbare Wirkungen wurden auch bei Versuchen in anderen Klimaten beobachtet [9.15].

Bei Untersuchungen an feuerverzinkten Probeblechen, die mit einer Neigung von 45 ° in Industrieatmosphäre ausgelegt waren, zeigte sich ein ähnlicher Effekt [9.18]. Nach einer Bewitterungsdauer von 54 Monaten wiesen die Abtragungsraten ein Verhältnis von Oberseite : Unterseite = 18,1 µm : 5,8 µm auf. Die Schichtdickenabnahme auf der vom Regen beaufschlagten Oberseite betrug also 4,0 µm/Jahr, auf der regengeschützten Unterseite hingegen nur 1,3 µm/Jahr, d. h. etwa ein Drittel.

Tab. 9.3 Korrosivitätskategorien für atmosphärische Umgebungsbedingungen und typische Beispiele nach DIN EN ISO 12944–2

Korrosivitätskategorie	Dickenverlust im 1. Jahr (µm)		Beispiele typischer Umgebungen	
	C-Stahl	Zink	Freiluft	Innenraum
C 1 unbedeutend	≤ 1,3	≤ 0,1	–	≤ 60% relativer Luftfeuchtigkeit, geheizte Gebäude (mit neutralen Atmosphären)
C 2 gering	> 1,3–25	> 0,1–0,7	gering verunreinigte Atmosphäre, trockenes Klima, meist ländliche Bereiche	ungeheizte Gebäude mit zeitweiser Kondensation
C 3 mäßig	> 25–50	> 0,7–2,1	Stadt-/Industrieatmoshäre mit mäßiger SO_2-Belastung oder gemäßigtes Küstenklima	Räume mit hoher relativer Luftfeuchtigkeit und etwas Verunreinigungen, Produktionsräume
C 4 stark	> 50–80	> 2,1–4,2	Industrieatmosphäre und Küste mit mäßiger Salzbelastung	z. B. chemische Produktionshallen, Schwimmbäder
C 5-I sehr stark	> 80–200	> 4,2–8,4	Industrieatmosphäre mit hoher relativer Luftfeuchtigkeit und aggressiver Atmosphäre	Gebäude mit nahezu ständiger Kondensation und starker Verunreinigung
C 5-M sehr stark	> 80–200	> 4,2–8,4	Küsten- und Offshorebereich mit hoher Salzbelastung	

9.2.3 Korrosionsbelastung in Innenräumen

9.2.3.1 Innenräume ohne Klimatisierung

In geschlossenen Innenräumen ist Zink im Allgemeinen beständig. Es entsteht lediglich ein Belag, der einen Reflexionsverlust der Oberfläche bewirkt. Aus diesem Grunde wurden auch hierzu nur wenige Untersuchungen durchgeführt, so z. B. über das Verhalten von Zink in einem in der kalten Jahreszeit beheizten Keller, in einem feuchten, unbeheizten Dachraum mit Wassertank sowie in einer Küche, deren Luft sowohl Schwefeldioxid als auch organische Schwefelverbindungen enthielt [9.15]. Die Dickenabnahme des Zinks betrug im Keller 0,31 µm/Jahr, im Dachraum 0,15 µm/Jahr und in der Küche 1,5 µm/Jahr. Selbst in Industriehallen mit Feuerungsanlagen sowie Zement- und Kohlezerkleinerungsanlagen ist die Korrosion des Zinks nur sehr gering, und die Schichtdickenabnahme liegt unter diesen Verhältnissen zwischen 0,26 und 0,77 µm/Jahr. Lediglich in Luft mit viel

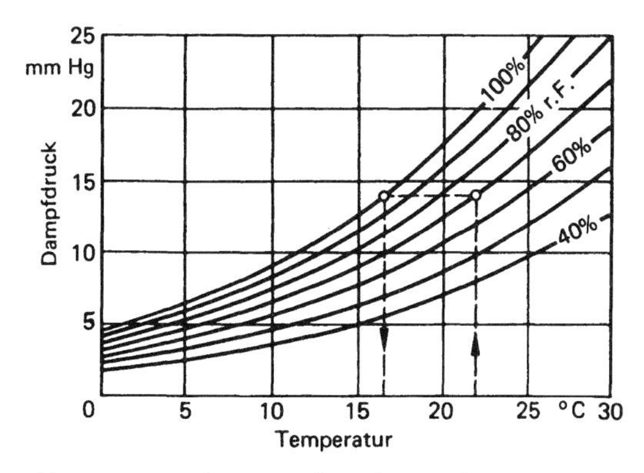

Abb. 9.10 Beispiel zur Ermittlung der Mindesttemperaturen zur Vermeidung der Taupunktunterschreitung (z. B. Lufttemperatur + 22 °C, relative Luftfeuchtigkeit 70%; Taupunkt: 16,5 °C; Verband der Deutschen Feuerverzinkungsindustrie e. V., Düsseldorf [9.1])

Schwefeldioxid bei hoher Feuchtigkeit (ggf. unter kühlen Dächern) werden höhere Werte erreicht. Derartige Bedingungen können auftreten, wenn Verbrennungsabgase nicht ins Freie geführt werden, denn diese enthalten mehr oder weniger Schwefel, der bei der Verbrennung zu SO_2 oxidiert wird, aus dem in Verbindung mit dem gleichzeitig entstehenden Wasserdampf schwefelige Säure entstehen kann. Insbesondere an gut wärmeleitenden Wand- und Dachflächen kann dies bei niedriger Außentemperatur zu Kondensatbildung und damit zu Korrosion führen (vgl. Abschnitt 9.2.4).

9.2.3.2 **Innenräume mit Klimatisierung**

In klimatisierten Innenräumen, z. B. Hochregallagern mit temperatur- oder feuchtigkeitsempfindlicher Ware, werden atmosphärische Verunreinigungen ebenso vorhanden sein wie in der Umgebung, sofern die Luft nicht gefiltert wird, was nur in Ausnahmefällen üblich ist. Somit werden auch die Korrosionsverhältnisse denen in Innenräumen ohne Klimatisierung etwa vergleichbar sein (vgl. Abschnitt 9.2.3.1). Vorteilhaft hierbei jedoch ist, dass sich durch die Steuerung von Temperatur und relativer Luftfeuchtigkeit eine Taupunktunterschreitung mit Sicherheit verhindern lässt (Abb. 9.10) , wodurch eine Kondensatbildung vermieden und die Oberfläche des feuerverzinkten Stahls gegen Weißrostbildung sicher geschützt wird (vgl. Abschnitt 9.2.4).

9.2.4
Weißrostbildung

Zinküberzüge, insbesondere noch nicht bewitterte ohne schützende Deckschicht, sind empfindlich gegen Kondenswasser bei behindertem Luftzutritt. In diesem Fall werden nämlich Zinkhydroxide gebildet, die nicht zu basischen Carbonaten weiterreagieren können. Bei den unter diesen Bedingungen relativ schnell gebildeten Zinkkorrosionsprodukten handelt es sich um weiße, lockere Schichten, die keine schützende Wirkung haben [9.15], [9.28], [9.29]. Dies gilt in ähnlicher Weise, wenn Regenwasser von den Zinküberzügen nicht ablaufen und abtrocknen kann, wodurch die Luftzufuhr behindert wird und damit auch der für eine Schutzschichtbildung notwendige Zutritt von CO_2. Beispiele für eine in dieser Hinsicht ungünstige bzw. günstige Lagerung feuerverzinkter Teile zeigen die Abb. 9.11–9.13.

Ebenso können derartige Schäden bei Transport und Lagerung feuerverzinkter Teile auftreten. Mit Kondenswasserbildung ist stets dann zu rechnen, wenn plötzliche Temperatur-/Feuchte-Wechsel derart auftreten, dass das über Nacht ausgekühlte Verzinkungsgut am Morgen mit schneller aufgewärmter Luft in Berührung kommt. Dies tritt besonders häufig zum Beispiel beim Schifftransport in nicht oder nur mangelhaft belüfteten Laderäumen auf. Hier kann an den kühleren feuerverzinkten Gütern feuchtwarme Luft (z. B. tropische Warmluft) vorbeistreichen und Wasser an diesen kondensieren, andererseits kann auch das Seewasser die Außenhaut des Schiffes im Laderaumbereich kühlen, wodurch es in dem mit feuchter Luft gefüllten Raum zu Taupunktunterschreitung kommen und Wasser kondensieren kann [9.29]. Diese Schäden können auch bei LKW- und Bahntransport sowie bei Umlagerung feuerverzinkter Produkte von kalter in warme Umgebung (z. B vom kalten Lagerplatz in eine wärmere Halle) auftreten, da hierbei stets Kondensatbildung möglich ist.

Da die durch Kondenswassereinfluss und/oder gehemmten CO_2-Zutritt gebildeten Zinkkorrosionsprodukte sehr voluminös sind, kann selbst eine nur geringfügige Weißrostbildung optisch fälschlicherweise den Eindruck einer starken Schädigung des Zinküberzuges erwecken.

Grundsätzlich sollte man die Korrosionsprodukte mit einer weichen Bürste und/ oder handelsüblichen Spezialreinigern [9.30] entfernen und durch eine zerstörungsfreie Schichtdickenmessung den Grad der Schädigung ermitteln. Ist diese nur gering, ist anschließend für eine gute Belüftung zu sorgen, um hierdurch die Bildung der Deckschichten unter Umwandlung verbliebener Zinkkorrosionsprodukte zu fördern. Ist die Schädigung des Zinküberzuges hingegen erheblich, d. h., die verbliebene Dicke des Zinküberzuges liegt deutlich unter der intakter Bereiche oder bei neuen Produkten unterhalb der Normwerte, so müssen Maßnahmen zur Abhilfe getroffen werden. Hierbei wird man im Regelfall an eine Beschichtung denken müssen, wozu eine Oberflächenvorbereitung gemäß [9.31] erforderlich ist. Es dürfen nur Beschichtungsstoffe verwendet werden, die für den Untergrund Zinküberzug geeignet sind, wofür Beispiele in [9.32, 9.33] und Abschnitt 10 genannt werden. Als vorbeugende Maßnahmen zur Vermeidung der Entstehung von Weißrost auf feuerverzinkten Produkten sind, wie bereits ausgeführt, zu nennen:

- für eine gute Belüftung sorgen,
- Teile so lagern und transportieren, dass Regenwasser gut ablaufen und abtrocknen kann,
- Taupunktunterschreitungen (und damit die Bildung von Kondenswasser) vermeiden.

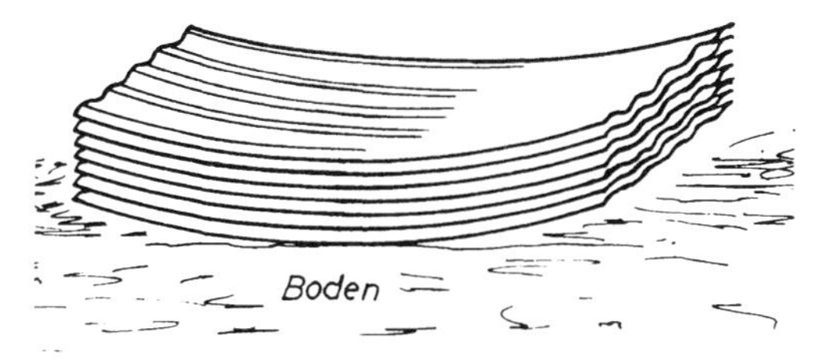

Abb. 9.11 Unzweckmäßige Lagerung bombierter, feuerverzinkter Bleche begünstigt Wasserstau und fördert die Weißrostbildung (Gemeinschaftsausschuss Verzinken e. V., Düsseldorf [9.1])

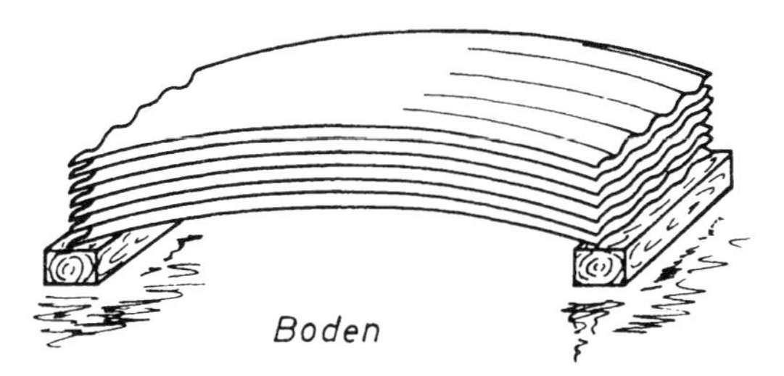

Abb. 9.12 Zweckmäßige Lagerung bombierter, feuerverzinkter Bleche begünstigt Wasserablauf sowie Trocknung und verhindert Weißrostbildung (Gemeinschaftsausschuss Verzinken e. V., Düsseldorf [9.1])

Abb. 9.13 Ungünstige Lagerung von feuerverzinkten Winkelprofilen verhindert (stellenweise) den Wasserablauf und begünstigt eine Weißrostbildung (Gemeinschaftsausschuss Verzinken e. V., Düsseldorf [9.1])

Andere vorbeugende Maßnahmen, z. B. Phosphatieren, Chromatieren oder das Aufbringen von Korrosionsschutzölen, haben nur eine zeitlich begrenzte Schutzwirkung. Phosphatschichten auf dem Zinküberzug stellen einen Haftgrund für nachfolgende Beschichtungen dar, ebenso Chromatschichten. Korrosionsschutzöle (alternativ -fette, -wachse, -paraffine) müssen auf sämtliche Oberflächenbereiche (Spalten, Winkel, tote Ecken) aufgebracht und vor einer späteren Beschichtung entfernt werden. Dies kann je nach Objekt einen erhöhten Aufwand erforderlich machen. Auch ist darauf zu achten, dass die verwendeten Produkte absolut säurefrei sind, da es sonst zu einer verstärkten Weißrostbildung infolge von Säurekorrosion kommt, denn Fettsäuren sind zinkaggressiv!

9.2.5
Korrosionsbelastung durch Ablaufwasser

In Fällen, in denen von größeren Flächen aufgefangenes Regenwasser stets über nur kleine Bereiche abfließen kann, kann es infolge der Aufkonzentration von Schadstoffen zu verstärkter Zinkkorrosion kommen. In [9.34] wird beispielsweise über derartige Schäden an einem Zinkblech berichtet, das innerhalb weniger Jahre durch auftropfendes Regenwasser durchkorrodiert wurde, sowie an feuerverzinktem Stahl unter den Wellentälern einer Gewächshaus-Dacheindeckung, wo das nur in diesen „Tälern" ablaufende Regenwasser den Zinküberzug eines darunter befindlichen Stahlträgers in wenigen Jahren abgetragen hatte. Diese als „Regenwasserkorrosion" bezeichnete Korrosionsart kann jedoch lediglich als besondere Variante der atmosphärischen Korrosion bezeichnet werden; entscheidend ist weniger die Atmosphäre, sondern die Geometrie der Wasserablaufbahnen. Im vorgenannten Fall hätte beispielsweise ein etwas überkragendes Dach das Problem gelöst.

Bitumen und Zink sind Werkstoffe, die häufig in der Bauindustrie gemeinsam verwendet werden, z. B. für Dacheindeckungen und Entwässerungssysteme. Korrosionsschäden an Zink und feuerverzinktem Stahl führten zu dem Verdacht, dass das Bitumen hiermit in Zusammenhang stehen könnte, und zwar in der Weise, dass durch die Sonne (UV-Strahlung) saure Verwitterungsprodukte des Bitumens entstehen, die vom Regenwasser ausgewaschen werden und dessen Korrosivität erhöhen. Laborversuche an unterschiedlichen Bitumensorten zeigten nach UV-Bestrahlung *pH*-Werte der abgespülten Prüflösungen bis etwa 3 [9.35, 9.36, 9.37]. Dieser Effekt kann durch Verwendung von kalksteinsplittbekiestem Bitumen vermindert bzw. sogar ganz vermieden werden.

Aus Untersuchungen an feuerverzinkten Installationssystemen weiß man, dass Kupferionen (z. B. aus vorgeschalteten Kupferrohren oder Messingarmaturen) Lochkorrosion im Zinküberzug durch sogen. Kupfer-induzierte Korrosion [9.38] erzeugen können (vgl. Abschnitte 9.1.4 und 9.3.1). Bei der Untersuchung der Zinkblecheindeckung eines Rathausdaches, über dem sich ein Zwiebelturm mit Kupferblecheindeckung befand, konnten aber nach [9.36] keinerlei besondere Korrosionserscheinungen in dem Bereich festgestellt werden, der vom ablaufenden Regenwasser des Zwiebelturms beaufschlagt wurde . Ebenso wenig zeigte sich an Umspannmasten nach 30-jähriger Bewitterungsdauer unterhalb gerosteter Schrauben an dem darunter befindlichen feuerverzinkten Stahl, der vom Rostwasser der Schrauben braun verfärbt war, verstärkte Korrosion des Zinks. In diesen Fällen haben höchstwahrscheinlich schützende Deckschichten auf dem Zink Schlimmeres verhütet., was aber eher die Ausnahme als die Regel ist.

9.3 Korrosionsbelastung durch Wässer

9.3.1 Trinkwasser

Das recht komplizierte Korrosionsverhalten von feuerverzinktem Stahl in Trinkwasser ist ausführlich und im Detail in [9.6, 9.13, 9.14, 9.38 und 9.39] abgehandelt. Allgemein gilt das Folgende:

Die Schutzwirkung von feuerverzinktem Stahl in Kaltwasser beruht zunächst auf der Ausbildung von Deckschichten aus Zink-Korrosionsprodukten. Nach Abzehrung bzw. Umwandlung der Reinzinkschicht werden auch Eisen-Korrosionsprodukte (Rost) aus den Eisen-Zink-Legierungsphasen mit in die Deckschicht eingebaut. Auf diese Weise entsteht mit weiter fortschreitender Korrosion letztlich eine Rost-Schutzschicht, die den dauerhaften Korrosionsschutz bewirkt. Voraussetzung für einen derartigen Ablauf ist eine hinreichend langsame Korrosion der Verzinkungsschicht. Die Korrosionsgeschwindigkeit wird in erster Linie durch den Zutritt des im Wasser gelösten Kohlendioxids bestimmt, da hieraus nach Gl. (9.6) die Wasserstoffionen gebildet werden, die zur Auflösung der Deckschicht nach Gl. (9.4) erforderlich sind. Neben der Konzentration an Kohlendioxid spielt vor allem die Häufigkeit und Intensität des Wasserwechsels eine Rolle. Die größten Korrosionsraten treten bei ständig fließendem Wasser auf, wobei die Korrosionsgeschwindigkeit zunächst mit der Fließgeschwindigkeit zunimmt. Als Folge von Schutzschichtbildung nimmt der Einfluss der Fließgeschwindigkeit mit der Zeit ab. In einem Rohrleitungssystem nimmt die Korrosionsgeschwindigkeit auch mit zunehmender Entfernung von der Wassereinspeisstelle ab. Dies ist auf die Abnahme der Konzentration an Kohlendioxid und Zunahme der Konzentration an Zinkionen im Verlauf der Passage durch das Rohrnetz zurückzuführen. In Stagnationszeiten, in denen die Einstellung von stationären Zuständen möglich wird, kommt die gleichmäßige Korrosion praktisch zum Stillstand. Ungleichmäßige örtliche Korrosion ist bei feuerverzinktem Stahl in Berührung mit Kaltwasser verhältnismäßig selten.

Die erhöhte Anfälligkeit für ungleichmäßige Korrosion in Berührung mit erwärmtem Wasser (> 35 °C) steht im Zusammenhang mit dem Effekt der Potenzialveredelung. Diese ist darauf zurückzuführen, dass in Warmwasser andere Korrosionsprodukte entstehen als in Kaltwasser. Während die in Kaltwasser gebildeten Korrosionsprodukte Zinkhydroxid und basisches Zinkcarbonat sehr weitgehend elektrische Nichtleiter sind, handelt es sich bei dem in Warmwasser bevorzugt entstehenden Zinkoxid um einen Halbleiter. An der in Warmwasser gebildeten Deckschicht ist deshalb die kathodische Sauerstoffreduktion wesentlich weniger gehemmt. Besonders ausgeprägt ist dieser Effekt bei feuerverzinkten Stahlrohren nach Abzehrung der Reinzinkschicht. Ähnliche Verhältnisse können bei sog. „Kupfer-Zink-Mischinstallationen“ als Folge der Abscheidung von Kupfer auf der Zinkoberfläche vorliegen. Eine ausreichende Hemmung der Kathodenreaktion ist offensichtlich nur dann gegeben, wenn ein Wasser vorliegt, das die Rohroberfläche durch Kalkabscheidung inaktiviert oder wenn bei Vorliegen bestimmter Bedingungen das Wasser nach dem Elektrolyse-Schutzverfahren nach *Guldager* behandelt wird.

Für den Einfluss des Wassers auf die Korrosion gilt nach DIN EN 12502 [9.38] Folgendes: Verzinkte Wasserrohre können gleichmäßige Flächenkorrosion und örtliche Korrosion (Lochkorrosion, selektive Korrosion) erleiden.

Gleichmäßige Flächenkorrosion: Bei fließendem Wasser hängt die Geschwindigkeit der Korrosion fast ausschließlich vom *pH*-Wert des Wassers ab. Sie kann durch Alkalisierung verringert werden (Zugabe von NaOH oder Na_2CO_3 bzw. $Ca(OH)_2$). Mit abnehmenden *pH*-Wert des Wassers nimmt die Korrosionsgeschwindigkeit zu. Die Geschwindigkeit der Korrosion kann auch durch die Zugabe von Inhibitoren verringert werde. Geeignet dazu sind beispielsweise Orthophosphate.

Örtliche Korrosion: Örtliche Korrosion lässt sich durch die so genannten Anionenquotienten abschätzen. Es wird allgemein angenommen, dass bei der *Lochkorrosion* Chloride, Nitrate und Sulfate die Korrosion beschleunigen und Hydrogencarbonat diese verringert. Der Anionenquotient S_1 nach

$$S_1 = \frac{c(Cl^-) + c(NO_3^-) + 2\,c(SO_4^{2-})}{c(HCO_3^-)}$$

sollte kleiner 3, besser 0,5 sein. Weiterhin sollten die Konzentrationen an Hydrogencarbonat und Calzium folgende Anforderungen erfüllen:

- $c(HCO_3^-) \geq 2{,}0$ mmol/l
- $c(Ca^{2+}) \geq 0{,}5$ mmol/l.

Bezüglich der selektiven Korrosion gilt, dass S_2 unter 1 oder über 3 bzw. die Konzentration der Nitrationen kleiner 0,3 mmol/l sein sollte

$$S_2 = \frac{c(Cl^-) + 2\,c(SO_4^{2-})}{c(NO_3^-)}$$

9.3.2
Schwimmbadwasser

Systeme für Schwimmbadwasser sind ähnlich wie Trinkwassersysteme zu betrachten. Da das Wasser im Wesentlichen im Kreislauf geführt wird, könnte die Korrosion durch die Anreicherung mit Zinkionen zurückgehen. Tatsächlich wird jedoch meistens eine Wasserbehandlung durchgeführt, bei der nicht nur Chlor oder Chlorverbindungen zur Desinfektion zugesetzt werden, sondern auch Salz- und

Schwefelsäure, um den pH-Wert in einem Bereich zu halten, in dem das Chlor hinreichend wirksam ist. Dadurch sind die Korrosionsbedingungen für Teile aus feuerverzinktem Stahl in Berührung mit aufbereitetem Schwimmbadwasser als nicht unproblematisch anzusehen. Verstärkte Korrosion und dicke Weißrostbeläge sind oft die Folge.

Diese Aussage gilt auch für Stahlbauteile in Hallenbädern, die sich in Wassernähe befinden oder Kondenswasser-belastet sind.

9.3.3 Offene Kühlsysteme

In offenen Kühlsystemen, in denen Wasser in einem Kühlturm verrieselt wird, liegen Korrosionsbedingungen vor, die für feuerverzinkten Stahl zum Teil günstiger sind als in Trinkwassersystemen. Das im Wasser enthaltene Kohlendioxid wird im Kühlturm zu einem großen Teil entfernt und das Umlaufwasser kann sich mit Zinkionen anreichern. Nachteilig ist jedoch, dass sich auch die übrigen Wasserinhaltsstoffe als Folge der Wasserverdunstung und Wassernachspeisung anreichern. Die Zunahme der Konzentration an Chlorid- und Sulfationen begünstigt das Auftreten von ungleichmäßiger Korrosion. Die Zunahme der Konzentration der Calcium- und Magnesiumionen bewirkt Steinbildung. Außerdem ist mit Störungen durch biologische Vorgänge zu rechnen. Diese Probleme können nur zum Teil durch kontinuierliches Abschlämmen unter Kontrolle gehalten werden. Eine wirtschaftliche Betriebsweise ist meistens nur bei Verwendung spezieller Kühlwasserzusätze möglich. Die Additive enthalten Korrosionsinhibitoren, Dispergiermittel und Biocide. Solange keine Verfahren zur Prüfung der Wirksamkeit derartiger Additive zur Verfügung stehen, kann eine Optimierung nur im praktischen Einsatz erfolgen. Grundsätzlich ist jedoch feuerverzinkter Stahl ein geeigneter Werkstoff für offene Kühlsysteme mit entsprechend aufbereitetem Wasser [9.40].

9.3.4 Geschlossene Heiz- und Kühlsysteme

In geschlossenen Kreisläufen kommt es nach kurzer Zeit zum Verbrauch des Kohlendioxids und des im Wasser gelösten Sauerstoffs sowie zur Anreicherung von Zinkionen. Unter diesen Bedingungen kann nur noch Korrosion unter Wasserstoffentwicklung auftreten, deren Intensität mit zunehmender Temperatur zunimmt. Korrosionsschäden in Form von Wanddurchbrüchen sind nicht zu befürchten. Störungen können lediglich als Folge von Gasansammlungen auftreten, wenn die Anlage nicht über entsprechende Entlüftungsvorrichtungen verfügt. Außerdem können Verstopfungen an Armaturen durch korrosionsbedingt abgeplatzte Zinkpartikel nicht ausgeschlossen werden. Die korrosionsbedingten Vorgänge sind in Abschnitt 9.3.6.2, erläutert, die ursächlichen Zusammenhänge in [9.41] beschrieben. Aus diesem Grunde werden feuerverzinkte Eisenwerkstoffe für diese Einsatzbereiche nicht empfohlen. Sie werden auch praktisch in geschlossenen Heiz- und Kühlkreisläufen nicht verwendet, da unter den hier vorliegenden Korrosionsbedingungen auch ungeschützter Stahl problemlos einsetzbar ist.

9.3.5 Abwasser

Nachfolgend wird zwischen abwasserführenden Rohrleitungen und dem Einsatz feuerverzinkter Bauteile in Abwasser-Anlagen (Kläranlagen) unterschieden.

9.3.5.1 Regenwasser

In ausgeprägt ländlichen Gebieten werden aufgrund positiver örtlicher Erfahrungen feuerverzinkte Dachrinnen und Regenfallrohre mit guten Langzeiterfolgen eingesetzt. In Stadtgebieten ist es wegen der als Folge der erhöhten Luftverschmutzung gesteigerten Korrosionsaggressivität des Regenwassers zweckmäßig, zusätzlich beschichtete feuerverzinkte Bauteile einzusetzen oder alternativ Rinnen und Fallrohre aus Titanzink [siehe z. B. 9.42].

9.3.5.2 Häusliche Abwässer

Für die Gebäude-Entwässerung werden feuerverzinkte Rohrleitungssysteme mit Erfolg eingesetzt. Eine zusätzliche Kunststoffbeschichtung hat sich als vorteilhaft erwiesen. Die Systeme beinhalten die erforderlichen Rohr-, Winkel-, Bogen- und Sammelbauteile in den baugerechten Abmessungen; sie werden vornehmlich mit Gummidichtungen in Steckverbindungen verlegt.

Das Korrosionsverhalten ist von der Schutzwirkung der gebildeten Deckschichten auf dem Zink bzw. der Kunststoffbeschichtung bestimmt. Im allgemeinen bildet sich im Rohrinnern aus Abwasserbestandteilen eine Sielschicht, die eine ergänzende Schutzwirkung hat. Die Zinküberzüge setzen in ihrer Wirkung erst ein, wenn sie an Verletzungen oder Fehlstellen in der Beschichtung mit dem Abwasser in Berührung kommen. Sie wirken örtlicher Korrosion, deren Ausbreitung unter der Beschichtung und der Unterwanderung entgegen. Darüber hinaus dient die Feuerverzinkung dem Korrosionsschutz der Rohraußenfläche.

9.3.5.3 Kläranlagen

Die Verwendung feuerverzinkter Bauteile in Kläranlagen ist von der Art des Abwassers, dem Klärsystem und dem Einsatzbereich in der Anlage bestimmt. Wesentliche Erfahrungen sind in [9.43–9.46] beschrieben; Anwendungshinweise enthalten ein Merkblatt der Abwassertechnischen Vereinigung ATV [9.46].

Verbreitet positive Erfahrungen liegen mit feuerverzinkten Bauteilen im *Überwasserbereich* vor. Dabei handelt es sich insbesondere um Konstruktionsteile, Halterungen, Stützen, Geländer usw., die im Wesentlichen einer atmosphärischen, umgebungsbedingten Korrosionsbelastung unterliegen.

In Abhängigkeit von der zu erwartenden Korrosionsbelastung ist es günstig, das Duplex-Verfahren (Feuerverzinkung + Beschichtung) anzuwenden (vgl. Abschn. 10 und [9.46]). Die Vorteile liegen in der Schutzwirkungsdauer, die deutlich länger als die Summe der einzelnen Partner ist. Darüber hinaus gestalten sich spätere Wiederholungsbeschichtungen vergleichsweise einfach, da Entrostungsarbeiten entfallen; es genügt normalerweise ein Abbürsten lockerer Beschichtungsreste als Oberflächenvorbereitungsverfahren.

Im *abwasserberührten Unterwasserbereich* ist für die Voraussage zur Korrosionsschutzwirkung der Feuerverzinkung die mögliche Vielfalt der Abwasserparameter bezüglich Sielschichtbildung und Korrosivität besonders zu bewerten. Nach [9.48] sind für die Verwendung der Feuerverzinkung folgende Grenzwerte des Abwassers zu beachten:

- pH-Wert: $6{,}5 < pH < 9{,}0$ (kurzzeitig $6{,}0 < pH < 9{,}5$),
- Chlorid-/Neutralsalz- Gehalt: max. 300 mg l^{-1} (kurzzeitig 1000 mg l^{-1} entsprechend einer Leitfähigkeit von etwa 1000 µS cm^{-1},
- Kupfergehalt: max. 0,06 mg l^{-1}.

Gegebenenfalls können im Unterwasserbereich Duplex-Systeme eingesetzt werden, wobei die Dicke der Beschichtung zur Vermeidung von Diffusionsvorgängen mindestens 500 bis 800 µm betragen sollte.

Insbesondere besteht für Bauteile aus verzinkten unlegierten Eisenwerkstoffen in Abwässern eine erhöhte *Korrosionsgefährdung* durch Elementbildung bei metallisch leitender Verbindung mit Betonstahl [9.4, 9.47]. Bei der Konstruktion sollte darauf geachtet werden, dass ein solcher Kontakt ausgeschlossen wird. Im Fall der Unvermeidbarkeit oder bei messtechnischem Nachweis einer solchen Situation kommt zum Korrosionsschutz nur Teer-Epoxidharz- (TEP)-Dickbeschichtung in Betracht, um die Korrosionsgefährdung zu minimieren, oder ein innerer kathodischer Korrosionsschutz, der aber durch erfahrene Fachfirmen ausgeführt werden sollte.

9.3.6 Meerwasser

Mit diesen Ausführungen soll dargelegt werden, in welcher Weise der Korrosionsschutz stählerner Meerwasser-Bauwerke durch Feuerverzinken verlängert wird und welche Wirkungen von zusätzlichen Beschichtungen erwartet werden können. Für wirtschaftliche Betrachtungen werden Abtragungswerte genannt, die jedoch nur hinsichtlich gleichmäßiger Flächenkorrosion orientierend bewertet werden dürfen. Später mögliche örtliche Korrosionsvorgänge, die eine Blasenbildung im Zink als Vorstufe durchlaufen, leiten zur Korrosion des Werkstoffs Stahl über. Dazu gelten andere Gesetzmäßigkeiten [9.48, 9.49], die hier allerdings nicht mehr erörtert werden sollen.

9.3.6.1 Deckschichtbildung

Über das Korrosionsverhalten feuerverzinkter Bauteile in Meerwasser liegen positive Erfahrungen vor. Sie sind durch die Eigenschaften der Zinküberzüge gekennzeichnet, in Reaktion mit Meerwasserinhaltsstoffen Deckschichten auszubilden, die zum Korrosionsschutz beitragen. Diese Deckschichtsubstanzen enthalten im Wesentlichen Verbindungen wie $ZnCl_2 \cdot 4\,Zn(OH)_2$, $ZnSO_4 \cdot 3\,Zn(OH)_2$ ZnO, Mg,(OH),Cl, aber auch $CaO \cdot Al_2O_3 \cdot SiO_2$, Phosphate und Eisenverbindungen (vgl. Abschnitt 9.1.1). Dabei bilden die Beanspruchungsbereiche, d. h. Spritzwasser-, Wechseltauch- und Dauertauchzone, weitere Einflussgrößen. Im Laufe der

Zeit wird die Deckschicht durch Meerwassereinflüsse abgetragen und aus dem Zinkuntergrund ständig erneuert, was letztlich einen Massenverlust bewirkt. Dieser Abtrag erfolgt, über größere Zeiträume gemittelt, mit zeitlich konstanter Geschwindigkeit Nach den in [9.50 und 9.51] beschriebenen Untersuchungsergebnissen sind folgende Richtwerte für die Zinkabtragungsrate anzusetzen:

- Spritzwasserzone = 8–10 µm/Jahr,
- Wechseltauchzone = 12 µm/Jahr
- Dauertauchzone = 12 µm/Jahr.

Nach Abzehrung der Reinzinkphase erfolgt ein zunehmender Einbau von Eisen-Korrosionsprodukten in die Deckschichten; sie entstammen nicht dem Stahluntergrund, sondern den Eisen-Zink-Legierungsphasen des Zinküberzuges. Dieser Vorgang geht mit zunehmender Braunfärbung der Beläge und Verminderung ihrer Löslichkeit einher. Dickere Zinküberzüge weisen, da sie immer einen größeren Anteil an Eisen-Zink-Legierungsphasen enthalten, auch aus diesem Grunde eine längere Schutzdauer auf.

Bei den in [9.51] beschriebenen Versuchen wurde auch das Korrosionsverhalten von Zinküberzügen untersucht, die eine Wärmebehandlung bei 630 °C zur Umwandlung des gesamten Zinküberzuges in Eisen-Zink-Legierungsphasen (δ_1-Phase) erfahren hatten (Galvannealing). Sie verhielten sich in den drei Auslagerungszonen deutlich korrosionsbeständiger. Die Korrosionsschutzwirkung der Feuerverzinkung bei Meerwasserbeanspruchung wird also nicht nur durch ihre Dicke, sondern auch durch den Aufbau der Verzinkungsschicht bestimmt.

Allerdings sind galvannealte bzw. an Eisen-Zink-Legierungsphasen reiche Zinküberzüge relativ spröde und neigen bei Stoßbeanspruchungen zu örtlichen Abplatzungen.

Nur in der ersten Zeit der Korrosionsbeanspruchung ist bei Zinküberzügen die Bewuchsbesiedlung im Vergleich zu anderen Bauteilen augenfällig schwächer. Eine Mitwirkung von Bewuchsvorgängen am Korrosionsverlauf der Zinküberzüge ist aber nicht erkennbar.

9.3.6.2 **Blasenbildung**

Bei der Zinkkorrosion entsteht neben Korrosionsprodukten auch atomarer Wasserstoff. Dieser kann, abhängig von den Oberflächenverhältnissen, atomar in den Zinküberzug eindiffundieren und bevorzugt im Bereich der Eisen-Zink-Legierungsphasen zu molekularem Wasserstoff rekombinieren und zu Werkstofftrennungen führen . Dabei kommt es örtlich, unter Einwirkung der entstehenden hohen Gasdrücke, zu blasenartigen Auftreibungen des Zinküberzuges [9.41, 9.50 und 9.51]. Bei kritischer Betrachtung sind solche Erscheinungen – unterschiedlich belegt mit den Deckschichtsubstanzen aus mineralisiertem Zink – im Wechsel- und Dauertauchbereich zu beobachten, aber in abgeschwächter Form auch in der Spritzwasserzone. Eine Minderung der Korrosionsschutzwirkung geht damit zunächst nicht einher. Nach längerer Zeit aufplatzende Blasen führen jedoch über die Freilegung des noch metallreinen Blasengrundes zu örtlicher Korrosion. An solchen Stellen entwickeln sich Rostpusteln, die sich allmählich flächenhaft verbreitern können oder zeitabhängig ineinander übergehen. Die Phase der Flächenrostbildung ist damit eingeleitet; die Korrosionsschutzwirkung der Feuerverzinkung geht allmählich zu Ende. Durch *kathodischen Korrosionsschutz* wird die Blasenbildung beschleunigt, aber die Blasen platzen nicht auf; der kathodische Schutz bleibt erhalten [9.52].

Feuerverzinkungsüberzüge lassen sich mittels Feinzinkanoden kathodisch schützen, da sich diese in Meerwasser nicht passivieren [9.58] (vgl. Abschnitt 9.1.1).

9.3.6.3 **Duplex-Systeme**

Es ist naheliegend, die Korrosionsschutzdauer der Zinküberzüge durch zusätzliche Beschichtungen zu verlängern [9.32]. Auf die Problematik der Haftung von Beschichtungen auf feuerverzinkten Oberflächen wird in Abschnitt 10 ausführlich eingegangen. Es wurden für die atmosphärische Korrosionsbelastung Vorbehandlungsverfahren und Beschichtungssysteme entwickelt, die erfolgreich eingesetzt werden und wesentliche wirtschaftliche und korrosionstechnische Vorteile erbringen. Bei Meerwasserbelastung beschichteter feuerverzinkter Bauteile ist die Gefahr des vorzeitigen Versagens der Beschichtung erhöht, insbesondere durch flächige Enthaftung oder Blasenbildung. Als Gegenmaßnahme ist die Anwendung größerer Schichtdicken nützlich, da auf diese Weise den für die Ausfälle ursächlichen Ionen-, Sauerstoff- und Wasserdampf-Permeationsvorgängen entgegengewirkt werden kann.

Allerdings zeigen die Erfahrungen, dass auch 500 bis 600 µm dicke Beschichtungen relativ frühzeitig durch Unterwanderung unwirksam werden können, Die Unterwanderung geht vornehmlich von Verletzungen oder Stellen mit örtlicher Druckbeanspruchung aus.

Biologische und Bewuchsvorgänge beeinflussen die im Meerwasser als Korrosionsschutz auch wegen ihrer guten mechanischen Eigenschaften bewährten TEP-Beschichtungen offenbar nicht. Anders aufgebaute Korrosionsschutzsysteme mit TEP-Deckbeschichtungen, beispielsweise auf gestrahlter Oberfläche oder mit Grundbeschichtungen auf 2-Komponenten-Zinkstaub-Epoxidharz- oder Zink-Ethylsilicat-Basis, verhalten sich vergleichsweise ebenfalls günstig. Auch auf galvannealten Feuerverzinkungen sind TEP-Deckbeschichtungen, die im Meerwasser-Korrosionsschutz bewährt sind, weniger durch Haftungsverlust und Blasenbildung gekennzeichnet.

Prinzipiell ist aber beim Einsatz des Duplex-Systems unter Meerwasserbeanspruchung Vorsicht geboten, da die Versagenswahrscheinlichkeit größer als bei atmosphärischer Bewitterung ist.

9.4
Korrosionsbelastung durch Erdböden

Feuerverzinkter Stahl kommt für Erderwerkstoffe [9.5, 9.53] und als Konstruktionswerkstoff bei Bewehrter Erde [9.54, 9.55] infrage. Das Korrosionsverhalten wird durch die Beschaffenheit des Erdbodens und zusätzlich durch elektrochemische Einflussgrößen bestimmt. Zu diesen zählen die Elementbildung mit anderen Bauteilkomponenten, Gleichstrom- und Wechselstrombeeinflussung. Eine umfassende Darstellung gibt [9.42].

9.4.1 Verhalten bei freier Korrosion

Entscheidend für die Korrosionsbeständigkeit von verzinktem Stahl ist die Ausbildung von Schutzschichten [9.53, 9.55–9.58]. Die Bodenbeurteilung kann nahezu in der gleichen Weise wie die für Stahl erfolgen. Hierzu liegen die Ergebnisse von umfangreichen Feldversuchen [9.59] vor, die in [9.53–9.55, 9.57] weiter ausgewertet wurden. Wesentlich ist der Befund, dass durch Deckschichtbildung auf verzinktem Stahl, wesentlich stärker als beim unverzinkten Stahl, die Korrosionsgeschwindigkeit mit der Zeit abnimmt. Näherungsweise kann die Zeitabhängigkeit des Dickenabtrags wie folgt angesehen werden:

(für den Versuchsabschnitt $t < t_0$) Gl. 9.19

$$s(t) = w_0 t$$

(für den Versuchsabschnitt $t > t_0$)

$$s(t) = w_0 t_a + w_{lin} (t - t_0)$$

s *Dickenabtrag durch Korrosion nach der Zeit t*
t *Versuchsdauer*
w_0 *Anfangsabtragungsrate für die Zeit bis t0*
w_{lin} *lineare Abtragungsrate für stationäre Korrosion nach der Zeit* t_{lin}

Die Tab. 9.4 enthält aufgrund der Angaben in [9.57] für verzinkten Stahl und im Vergleich dazu für unlegierten Stahl und Reinzinkplatten Mittelwerte von w_0 und w_{lin} für die einzelnen Bodenklassen. Die t_0-Werte gelten für wenige Jahre. Zusätzlich sind die Mittelwerte für den extrapolierten Dickenabtrag für $t = 50$ Jahre angegeben. Die drei Bodenklassen entsprechen der üblichen Bewertung nach DIN 50929–3. Auffallend ist, dass die stark aggressiven Böden der Klasse III sämtlich schlecht belüftet waren. Demnach ist für die Deckschichtbildung auf Zink insbesondere auch Luftsauerstoff erforderlich.

Die w_0-Werte geben insgesamt nur sehr geringe Informationen über das Langzeitverhalten. Dabei zeigt feuerverzinkter Stahl generell eine bessere Korrosionsbeständigkeit als Fe und Zn allein. Von besonderer Wichtigkeit ist der Befund, dass feuerverzinkter Stahl solange keine örtliche Korrosion erleidet, wie noch Zink auf der Oberfläche vorhanden ist. Für feuerverzinkte Bauteile in bewehrter Erde, kommen aber nur Böden der Bodenklasse I und II infrage.

9.4.2 Potenzialabhängigkeit der Korrosionsgeschwindigkeit

Im Erdboden kann feuerverzinkter Stahl durch Streuströme aus fremden Gleichstromanlagen und durch kathodische Korrosionsschutzanlagen belastet werden. Hierzu interessiert die Abhängigkeit der Korrosion von Gleichströmen bzw. vom Potenzial. Abb. 9.14 zeigt für Zink Untersuchungsergebnisse aus [9.58], [9.56], [9.60]. Das Freie Korrosionspotenzial liegt nach den Angaben in [9.60] um $U_H = -0{,}75$ V. Es kann für feuerverzinkten Stahl im Erdboden aber zwischen -0,5 und -0,8 V

Tab. 9.4 Erdbodenkorrosion von Fe, Zn und verzinktem Stahl nach [9.57] und [9.59]

Bodenklasse DIN 50929–3 (09.85)	**I schwach**	**II bedingt**	**III stark**
	Anfangsabtragungsrate w_0 ($\mu m\ a^{-1}$)		
Fe	50	60	68
Zn	7	15	55
verz. Stahl	13	30	55
	stationäre Korrosionsrate w_{lin} (μm a^{-1})		
Fe	7	15	68
Zn	5	7	44
verz. Stahl	2	3	36
	extrapolierter Dickenabtrag für 50 Jahre (µm)		
Fe	440	1920	3380
Zn	240	370	2230
verz. Stahl[1)]	120	200	1860

[1)] die extrapolierten Werte liegen teilweise über der realen Dicke von Zinküberzügen.

schwanken [9.53]. Die Ergebnisse zeigen, dass zur Deckschichtbildung nicht nur Erdalkalisalze, sondern vor allem Carbonate benötigt werden.

Aufgrund des amphoteren Charakters des Zinks kann es wie Aluminium eine kathodische Korrosion durch Laugen erleiden. Nähere Ausführungen über diese kathodische Korrosion befinden sich in Abschnitt 9.1.3, vgl. Gl. (9.18).

Nach Abb. 9.15 kann Zink bei einem Schutzpotenzial um $U_H = -0{,}9$ V kathodisch geschützt werden [9.58]. Bei sehr negativen Potenzialen nimmt wegen der Reaktion der Gl. (9.18) die Korrosionsrate wieder zu. Zweckmäßig sollten, wie bei Aluminium, Potenziale negativer als $U_H = -1$ V nicht unterschritten werden.

9.4.3 Verhalten bei Elementbildung und Streustrombeeinflussung

Wegen des verhältnismäßig negativen Freien Korrosionspotenzials ist verzinkter Stahl im Erdboden stets Anode von Korrosionselementen, auch bei Kontakt mit unverzinktem unlegierten Stahl. Bei einem Flächenverhältnis um 10 : 1 für Katode zu Anode können dabei Abtragungsraten um 0,1 mm/Jahr vorliegen [9.53]. In der Praxis ist bei verzinkten Erdern insbesondere die Elementbildung mit Stahl im Beton und mit Buntmetall-Erdern zu bedenken [9.47, 9.53, 9.61]. Nach Abb. 9.14 ist selbst beim Schutzpotenzial für unlegierten Stahl ($U_H = -0{,}53$ V) für Zink in Leitungswasser eine Abtragungsrate um 1 mm/Jahr möglich. Für feuerverzinkten Stahl im Erdboden kann naturgemäß das gleiche Schutzpotenzial wie für unlegierten Stahl herangezogen werden, wenn nur der Stahl geschützt werden soll. Um auch die Verzinkungsschicht zu erhalten, sollte ein Schutzpotenzial um $U_H = -0{,}85$ V angestrebt werden [9.63].

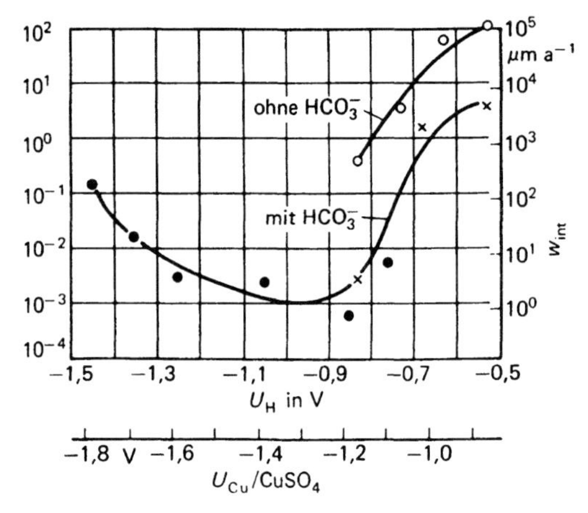

Abb. 9.14 Potenzialabhängigkeit der Korrosionsgeschwindigkeit von Reinzink (Mannesmann Forschungsinstitut, Duisburg [9.1])

x Trinkwasser (*pH* 7,1; 4 mol m^{-3} HCO^-_3; 4 mol m^{-3} Ca^{2+}; 2 mol m^{-3} Cl^-; 2,5 mol m^{-3} SO_4^{2-})

O künstliche Bodenlösung (2,5 mol m^{-3} $MgSO_4$; 5 mol m^{-3} $CaCl_2$; 5 mol m^{-3} $CaSO_4$)

• künstliche Bodenlösung (2,5 mol m^{-3} $MgSO_4$; 5 mol m^{-3} $CaCl_2$; 2,5 mol m^{-3} $CaSO_4$; 2,5 mol m^{-3} $NaHCO_3$

9.4.4
Verhalten bei Wechselstrombeeinflussung

Bei Erderwerkstoffen spielt auch die Wechselstrombeeinflussung eine Rolle. Nach den Ergebnissen in [9.53], [9.61] ist die Wechselstromkorrosion des Zinks aber kleiner als die ohnehin geringe Wechselstromkorrosion des Eisens und praktisch zu vernachlässigen.

9.5
Korrosionsbelastung durch Beton

Durch die hohe Alkalität des Porenwassers im Zementstein, die im Frischmörtel *um pH* 12 liegt und mit zunehmender Alterung auf über 13 ansteigen kann [9.62], sind Stahleinlagen in Beton und Mörtel, z. B. Konstruktionsteile und Bewehrungsstahl aus unlegierten und niedriglegierten Baustählen, nicht korrosionsgefährdet, weil sie im passiven Zustand vorliegen. Diese Passivität kann auch durch Potenzialveränderungen bei Mischinstallation nicht aufgehoben werden. Es gibt aber zwei Möglichkeiten einer Korrosionsgefährdung bei langzeitiger Nutzung:

- Erniedrigung des *pH*-Wertes durch Reaktion mit Säuren aus der Umgebung; dadurch kann der Stahl vom passiven in den aktiven (ungeschützten) Zustand übergehen,

- Eindringen von Chloridionen, die bei Erreichen einer kritischen Konzentration (um 1 Masse-%, bezogen auf das Zementgewicht [9.63], [9.64]) in Abhängigkeit vom Belüftungszustand (Potenzial) zu Lochkorrosion führen.

Der erste Vorgang ist allgemein als Carbonatisierung des Betons bekannt, weil CO_2 aus der Luft die wesentliche Säure-Komponente darstellt. In gleicher Weise wirken aber auch Hydrate der Schwefel- und Stickoxide (saurer Regen). In beiden Fällen können die Schadstoffe durch den Beton eindiffundieren, weshalb eine ausreichende Überdeckung wesentlich ist. Die Schadstoffe können aber auch entlang kleiner Risse im Beton zum Bewehrungsstahl vordringen. Entscheidend für den weiteren Korrosionsablauf ist der Tatbestand einer Elementbildung zwischen den Teilen des Bewehrungsstahls, die depassiviert sind (niedriger pH-Wert und/oder ausreichend hohe Chloridanteile) und somit eine Anode darstellen, sowie dem passivierten Bewehrungsstahl in der Umgebung als Katode. Da der Flächenanteil dieser Kathode als relativ groß anzusehen ist, ist die Korrosionsgefährdung im Prinzip sehr hoch und richtet sich nur noch nach dem Ausmaß der elektrischen Leitfähigkeit (Feuchte) des Betons und nach der Belüftung der kathodischen Bereiche (Luftzutritt über Poren des Zementsteins). Auf diese Weise ist zu verstehen, dass im völlig nassen (Unterwasser-Konstruktionen) [9.65, 9.66] und/oder im völlig trockenen Zustand keine Korrosionsgefahr besteht. Korrosionsfördernd sind also kritische Feuchten, wie man sie vom Stahlwasserbau im Bereich der Wasser/Luft-Grenze kennt.

Zum Korrosionsschutz des Bewehrungsstahls wird in neuerer Zeit der kathodische Korrosionsschutz versucht [9.67]. In ähnlicher Weise wirkt auch eine Verzinkung des Bewehrungsstahls. Dabei wird einmal wegen einer anderen Potenziallage des Systems Zink/Beton die Elementspannung verringert und zum anderen stellt die Feuerverzinkung am Ort eines carbonatisierten oder chloridreichen Betons sowie an durchgehenden Rissen einen wirksameren Schutz dar als die Passivschicht des unverzinkten Baustahls.

Im Gegensatz zu Stahl, der vom Porenwasser des Zementsteins passiviert wird, werden Zink und Zinküberzüge zunächst sehr schnell angegriffen (s. Abb. 9.1). Diese Korrosion wird jedoch nach kurzer Zeit verlangsamt, da sich sehr schnell dichte Schichten aus festhaftenden Calciumhydroxozinkaten bilden. Auf diese Weise werden in den ersten Tagen etwa 5 bis 10 µm Zink abgetragen. Danach kommt die Korrosion praktisch zum Stillstand [9.63, 9.68]. Bei einer Carbonatisierung wird feuerverzinkter Stahl im Gegensatz zu unverzinktem Stahl nicht korrosionsgefährdet. Nach Abb. 9.5 wird die Löslichkeit der Zinkkorrosionsprodukte sogar deutlich vermindert. Gehen Risse im Beton bis zu den Stahleinlagen durch, übt die Verzinkung zunächst noch eine Schutzwirkung aus. Rissbreiten ab 0,3 mm sind allerdings, bei gleichzeitig erhöhtem Chloridgehalt, für Zinküberzüge als kritisch anzusehen [9.64], auch wenn die Korrosion des Stahls durch diese um Jahre verzögert wird.

Der Vorteil des Zinks bei chloridhaltigem Beton ist dadurch gegeben, dass hierdurch die Chloridionen in Form von schwerlöslichen basischen Zinkchloriden abgebunden werden. Untersuchungen haben gezeigt, dass der Chloridgehalt im Porenwasser bei verzinktem Stahl etwa 100-mal so groß sein kann wie bei

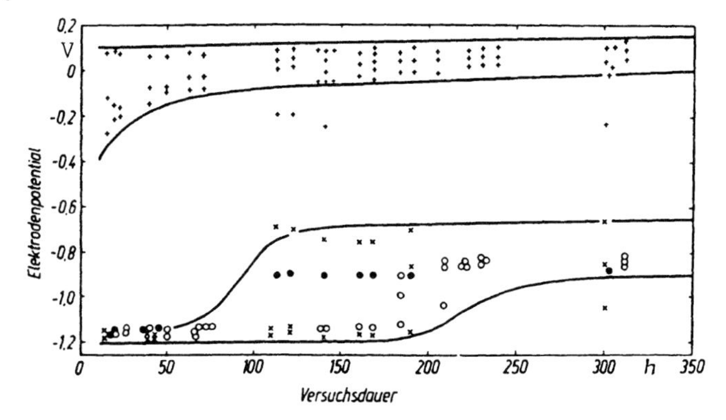

Abb. 9.15 Zeitlicher Verlauf des Ruhepotentials von unlegiertem, feuerverzinkten und mörtelumhüllten Stahl in einer Calciumhydroxidlösung (Max-Planck-Institut für Eisenforschung, Düsseldorf [9.1])
+ Stahl unverzinkt
x o Stahl feuerverzinkt
• Zinkblech

unverzinktem Stahl [9.69–9.72], was sich positiv sowohl auf das Korrosionsverhalten als auch auf die Mörtelhaftung auswirkt [9.65, 9.73].

Beim Einbetonieren stellt sich am verzinkten Stahl zunächst ein Potenzial von etwa U_H -1,2 V ein, das jedoch nach einiger Zeit auf Werte zwischen –1,0 und –0,8 V ansteigt. Bei unverzinkten Stählen liegt das Potenzial dagegen etwa zwischen 0 und –0,2 V (Abb. 9.15). Beim Kontakt zwischen unverzinkten und verzinkten Stählen stellt sich ein Mischpotenzial von etwa -0,8 V nach kurzer Zeit ein (Abb. 9.16). Dabei wirkt der Zinküberzug zunächst weiter als Anode und der freiliegende Stahl als Kathode. Da der anodische Vorgang aber nach kurzer Zeit praktisch zum Stillstand kommt, ist mit einer merklichen Wasserstoffabscheidung am freiliegenden Stahl nur kurz nach dem Einbetonieren zu rechnen. Daher lassen sich hochfeste, feuerverzinkte Stähle auch im vorgespannten Beton verwenden, denn die Gefahr wasserstoffinduzierter Spannungsrisskorrosion ist gering und nur kurze Zeit nach dem Einbau gegeben [9.74]. Außerdem werden kleine, bis zum Stahl durchgehende Risse im Zinküberzug sehr schnell durch Korrosionsprodukte des Zinks zugesetzt. Das im Beton meist vorhandene Chromat tut ein Übriges zur Entschärfung der Situation.

Das elektrochemische Verhalten von verzinktem Stahl im Beton bietet wesentliche Vorteile, wenn bei Erd- oder Wasserbauten Betonstahl mit anderen Stahlbauteilen metallenleitend verbunden ist. Die Ruhepotenziale von Stahl im Erdboden und in Wässern liegen um U_H = -0,3 V, die von Stahl im Beton bis zu U_H = + 0,1. Dadurch wird der dem Erdboden oder Wasser ausgesetzte Stahl z. B. im Bereich von Verletzungen einer Beschichtung durch Kontaktkorrosion stark gefährdet. Ähnliche Verhältnisse können auch in der Hausinstallation vorliegen (Abschnitt 4.6 in [9.4]). Verzinkter Stahl im Beton hat aber ein wesentlich negativeres Ruhepotenzial, das je nach Alter und Belüftungszustand bei U_H = -0,8 bis zu -0,2 V liegen kann. Auf jeden

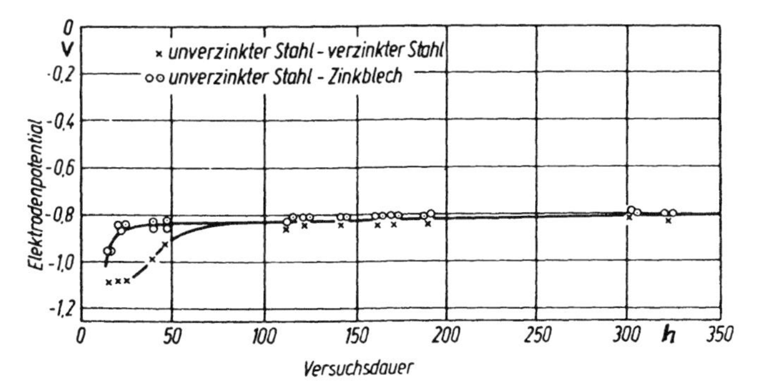

Abb. 9.16 Zeitlicher Verlauf des Ruhepotenzials von kurzgeschlossenen Paaren aus unverzinktem Stahlblech in einer Calciumhydroxidlösung, Mörtelumhüllung (Max-Planck-Institut für Eisenforschung, Düsseldorf [9.1])

Fall ist unter gleichen Einbau- und Belüftungsbedingungen das Potenzial des feuerverzinkten Stahls stets negativer als das des unverzinkten Stahls. Somit wird durch den Einsatz feuerverzinkten Bewehrungsstahls die Elementbildung zwischen Stahl im Erdboden (Anode) und Bewehrungsstahl z. B. in Betonfundamenten (Kathode) im Vergleich zum Einsatz unverzinkten Bewehrungsstahls deutlich vermindert [9.49, 9.58, 9.75].

Diese günstige Wirkung der Verzinkung zeigte sich auch bei Untersuchungen zur Korrosion im Wasser/Luft-Bereich [9.65]. Bei einer Überdeckung mit etwa 1 cm PZ-Mörtel stellten sich bei unverzinktem Stahl nach Lagerung in 4%iger NaCl-Lösung nach 1 bis 2 Jahren Zerstörungen mit Rostdurchbrüchen über der Wasser/Luft-Linie ein. Im Falle verzinkten Stahls (Überzugdicke etwa 70 µm) zeigten sich nach 5-jähriger Versuchsdauer nach dem Herausschlagen der Proben zwar Abzehrungen des Zinks im Wasser/Luft-Bereich, aber noch keine Eisenrostung. Im Unterwasserbereich war der Zinküberzug noch völlig intakt. Dies ist darauf zurückzuführen, dass im nassen Beton der für die Korrosion benötigte Sauerstoff nicht zutreten kann [9.62].

Im Bauwesen kommen Zink oder feuerverzinkte Teile häufig mit Beton, Mörtel oder Gips in Kontakt. Während dies bei Beton und Mörtel normalerweise unproblematisch ist, greift Gips in Verbindung mit Feuchtigkeit Zink stark an (von trockenem Gips allerdings wird Zink nicht angegriffen [9.63]). Auch die Übergangsbereiche zwischen unterschiedlichen Medien, z. B. Gips/Luft oder Gips/Mörtel, sind bei vorliegender Feuchtigkeit ungünstig, da sich dort zusätzlich Korrosionselemente ausbilden können [9.64, 9.76]. Dies gilt ähnlich auch dann, wenn andere Materialien wie z. B. Leichtbauplatten, Sand, Wärmedämmstoffe oder Holz bei gleichzeitig anwesender Feuchtigkeit mit verzinktem Stahl in Berührung stehen. Um Korrosionsschäden in diesen Fällen zu vermeiden, muss also der Zutritt von Feuchtigkeit unterbunden werden. Bei der Zulassung des Einsatzes feuerverzinkter Betonstähle hatte man zunächst Befürchtungen dahingehend, dass im Falle eines Kontaktes zwischen unverzinktem und feuerverzinktem Betonstahl bei erhöhter Temperatur infolge der sogenannte „Potenzialumkehr", d. h. einer Verschiebung des Zinkpotenzials zu positiveren Werten als denen des Stahls, eine

Gefährdung durch Kontaktkorrosion auftreten könnte [9.77]. Dies konnte aber durch Untersuchungen mit Proben in chloridfreiem sowie chloridhaltigem Mörtel bei 60 °C widerlegt werden [9.78]. Es findet bei dieser Temperatur keine Potenzialumkehr statt. Die Elementbildung bei Kontakt bewirkt lediglich eine Erhöhung des Zinkabtrages, was bei passivem Stahl ohne Bedeutung ist und sich bei gestörter Passivität durch kathodischen Schutz positiv auswirken dürfte.

9.6 Korrosionsbelastung bei landwirtschaftlichen Einrichtungen und durch landwirtschaftliche Erzeugnisse

Die eingesetzten natürlichen und künstlichen Düngemittel, Pflanzenschutzstoffe, die im Viehfutter enthaltenen Konservierungsstoffe, die für die Stallhygiene erforderlichen Desinfektionsmittel, Ernte- und Verarbeitungsmaschinen sowie Einrichtungen für Transport und Lagerung stellen landwirtschaftsspezifische Anforderungen an den Korrosionsschutz. Einen guten Überblick über diese Thematik geben die nachgenannten Literaturquellen [9.79–9.87].

9.6.1 Gebäude und Stalleinrichtungen

In Deutschland gehört es zum Stand der Technik, dass Gebäudeteile und Stalleinrichtungen aus Stahl feuerverzinkt werden. Die Korrosionsbelastung dieser Bauteile wird maßgeblich durch die Atmosphäre (vgl. Abschnitt 9.2.2) bzw. durch die Verhältnisse im Inneren der Gebäude (vgl. Abschnitt 9.2.3) bestimmt. Ställe weisen nach [9.80] ein Sonderklima auf, das durch das Zusammenwirken von Luft, Wärme, Feuchtigkeit sowie festen und gasförmigen Beimengungen der Luft gekennzeichnet ist. Der CO_2-Gehalt der Stallluft darf 3,5 l m^{-1} nicht überschreiten und die *MAK*-Werte sind für NH_3, mit 0,05 l m^{-3} sowie für H,S mit 0,01 l m^{-3} festgelegt. Darüber hinaus enthält [9.80] Angaben über Raumtemperaturen und relative Luftfeuchten in Abhängigkeit von der jeweiligen Tierart.

Unter diesen Bedingungen ist mit einer Zinkabtragungsrate von bis zu 4 µm/Jahr für den Bereich oberhalb 30 cm vom Stahlboden zu rechnen. Bei den genannten klimatischen Verhältnissen, angemessener Stallpflege und Berücksichtigung praxisüblicher Zinkauflagen ist mit einer Schutzdauer der Feuerverzinkung von 20 bis 25 Jahren zu rechnen. Größere Abtragungsraten können dann auftreten, wenn es als Folge unzureichender Be- und Entlüftung oder mangelnder Wärmedämmung häufiger zur Bildung von Kondenswasser kommt (vgl. Abschnitt 9.2.4). Im Bodenbereich unterliegen Stalleinrichtungen einer verstärkten Korrosionsbelastung durch Gülle, Harn, Futterreste, Reinigungs- und Desinfektionsmittel. Die Bodenzone feuerverzinkter Stahlteile muss deshalb vor der Montage z. B. durch Teerpech-Beschichtung, Schrumpfschlauch oder Pulverbeschichtung zusätzlich geschützt werden [9.81, 9.82]. Diese Maßnahmen sind jedoch nur dann erfolgreich, wenn der Schutz mindestens 5 cm tief im Beton beginnt und bis mindestens 30 cm über den Stallboden reicht.

9.6.2
Lagerung und Transport

Sowohl landwirtschaftliche Erzeugnisse als auch Futter- und Düngemittel müssen gelagert und transportiert werden. Hierzu gilt generell, dass der geringste Korrosionsangriff durch pulverförmige, feste bzw. trockene Mittel ausgeübt wird. Kommt Feuchtigkeit hinzu, so wird hierdurch die Korrosionsgefährdung normalerweise erhöht, weshalb die Kontaktdauer so kurz wie möglich sein sollte. Sind feuchte bzw. flüssige Mittel zu verarbeiten, zu transportieren oder zu lagern, müssen die verzinkten Stahlteile nach Gebrauch sorgfältig gereinigt und getrocknet werden [9.79, 9.83]. Dies gilt insbesondere für Fässer bzw. Tankwagen, in denen z. B. Silosäfte, Treber, Maische, Düngemittel, Pflanzenschutz- und Schädlingsbekämpfungsmittel transportiert werden. Lässt sich der Kontakt zeitlich nicht begrenzen, wie z. B. bei Flüssigmistsilos, ist eine zusätzliche Beschichtung des feuerverzinkten Stahls zweckmäßig [9.79].

Trockene, nicht hygroskopische Schüttgüter lassen sich problemlos in Maschinen und Geräten aus feuerverzinktem Stahl transportieren, be- und verarbeiten (z. B. Getreidetrockner, Sortier- und Absackgeräte, Fördergeräte, Heu-, Stroh- und Körnergebläse u. a.) und auch langfristig ohne Korrosionsgefährdung lagern (z. B. Getreidesilos) [9.84–9.86]. Der Einsatz feuerverzinkten Stahls für Schlepper, Ackerwagen, Pkw-Anhänger für den Viehtransport, Ladewagen und ähnliche land- und forstwirtschaftliche Fahrzeuge hat sich seit Jahrzehnten bewährt und ist Stand der Technik. Dies gilt auch für Rohrleitungen, Schnellkupplungsrohre und sonstige Zubehörteile für Beregnungsanlagen oder Viehtränken.

9.6.3
Lebensmittel

Ein Kontakt von Lebensmitteln mit feuerverzinktem Stahl sollte stets dann vermieden bzw. zeitlich begrenzt werden, wenn diese nicht trocken vorliegen. Dies gilt z. B. für Obst- und Gemüsesäfte, Milch und Speisen aller Art, da diese korrosiv wirken und damit Zink angreifen, wodurch der Geschmack und/oder die Bekömmlichkeit beeinträchtigt werden können. Eine Ausnahme bildet Trinkwasser, bei dem der Kontakt zu feuerverzinktem Stahl zulässig ist, wenn die entsprechenden Normen und Anwendungsregeln beachtet werden (vgl. Abschnitt 9.3.1).

Der Kontakt trockener, nicht hygroskopischer Schutt- und Stückgüter (z. B. von Getreide, Gemüse, Obst, Kartoffeln, Rüben u. Ä.) mit feuerverzinktem Stahl ist unbedenklich, solange Gär- oder Faulprozesse durch Beschränkung der Kontaktdauer und/oder durch gute Belüftung vermieden werden.

Eine allgemeine Übersicht über die Anwendung der Feuerverzinkung als Korrosionsschutz für Eisen- und Stahlteile in Erwerbsgartenbau und Landwirtschaft gibt [9.87].

9.7
Korrosionsbelastung durch nichtwässrige Medien

Zink ist gegenüber organischen Chemikalien meist gut beständig, wenn diese frei von Wasser sind und keine Säuren darstellen. Neben den vorliegenden Erfahrungen gilt dies z. B. für die in Tab. 9.5 genannten Produkte [9.88]. Das Verhalten von Zink gegenüber zahlreichen weiteren Chemikalien und Medien ist in [9.81 und 9.90]

Tab. 9.5 Chemikalien, die sich in Behältern aus feuerverzinktem Stahl gut lagern lassen

Chemische Hauptgruppe	Chemikalien innerhalb der jeweiligen Hauptgruppe
Kohlenwasserstoffe	Benzol, Toluol, Xylol, Cyclohexan, leichte Kohlenwasserstoffe, Petroleum, Schwerbenzine, Lackbenzin
Alkohole	Isopropanol, Glycol, Glycerin
Halogenide	sämtliche organischen Monohalogenide, z. B. Amylbromid, Butylbromid, Butylchlorid, Cyclohexylbromid, Ethylbromid, Propylbromid, Propylchlorid, Trimethylbromid, Brombenzol, Chlorbenzol Tetrachlorkohlenstoff und sonstige aromatische Halogenide
Nitrile (Cyanide)	Diphenylacetonitril (Diphenylmethylcyanid)
Ester	Allyl-Butyrat, -Caproat, -Formiat und -Propionat Amyl-Butyrat, -Isobutyrat, -Caproat und -Caprylat Benzyl-Butyrat, -Isobutyrat, -Propionat und -Succinat Butyl-Butyrat, -Isobutyrat, -Caproat, -Propionat und -Succinat Isobutyl-Benzonat, -Butyrat und -Caproat Cyclohexyl-Butyrat Ethyl-Butyrat, -Isobutyrat, -Caproat, -Caprylat, -Propionat und -Succinat Methyl-Butyrat, -Caproat, -Propionat und -Succinat Octyl-Butyrat und -Caproat Propyl-Butyrat, -Isobutyrat, -Caproat, -Formiat und -Propionat Isopropyl-Benzoat, -Caproat und -Formiat
Phenole	Phenol, Kresole (Methylphenole), Xylenole (Dimethylphenole), Biphenol (Dihydroxyphenol), 2,4-Dichlorphenol, Parachlorkresol und Chlorxylenole
aromatische Amine und Aminsalze	Pyridin, Pyrrolidin, Methylpiperazin, 2 :4-Diamino-5-(-Chlorphenyl) -6-Ethylpyrimidin, Hydroxyethylmorpholin (Hydroxyethylenimid-Oxid), Para-Aminobenzolsulfonylguanidin, Dicarbäthoxypiperazin, 1 -Benzhydryl 4-Methylpiperazin, Butylaminoleat, Piperazin-Hydrochlorid-Monohydrat und Carbäthhoxypiperazin-Hydrochlorid (trocken)
Amide	Formamid und Dimethylformamid
Sonstige	Traubenzucker (flüssig), Benzilidenaceton, Para-Chlorbenzophenon, Natrium-Azobensulfonat, Dimethylthianthren (Dimethyldiphenylen-Disulfid), Melaninharzlösungen, Polyesterharzlösungen und roher Cascarawurzelextrakt

dargelegt, wobei [9.90] nach Auswertung von knapp 900 Publikationen mehr als 1000 mögliche Kontaktmedien nennt.

Feuerverzinkte Stahlblechbehälter werden seit Jahrzehnten für die Lagerung und/oder den Transport von Heizöl sowie Dieselkraftstoff verwendet und haben sich in diesem Anwendungsbereich gut bewährt. Heizöl bzw. Dieselkraftstoff greift ungeschütztes Stahlblech zwar nicht an und so könnte man den Zinküberzug eigentlich als überflüssig ansehen, jedoch ist unter praktischen Gegebenheiten Heizöl lagerungs- und/oder transportbedingt nie wasserfrei. Wasser setzt sich am Behälterboden ab und bildet eine korrosive, meist chloridhaltige Bodenphase, die Schäden in Form von Lochfraß auslösen kann. Vergleichsversuche mit ungeschütztem Stahl und feuerverzinktem Stahl bei Belastung durch Heizöl mit unterschiedlichen Chloridzugaben und Additiven zeigten deutlich die durch eine Feuerverzinkung gegebene Schutzwirkung [9.91]. Während ungeschützter, gestrahlter Stahl nach zwei Jahren Durchbrüche (3 mm) und ungeschützter Stahl mit Walzhaut Lochfraß bis zu 1 mm Tiefe aufwies, waren bei den feuerverzinkten Probekörpern unter gleichen Versuchsbedingungen lediglich die Zinküberzüge angegriffen, der Stahl selbst jedoch intakt. Obwohl die korrosive Bodenphase mit Zink reagiert, konnten Befürchtungen über dadurch bedingte Funktionsstörungen an Ölbrennern nicht bestätigt werden [9.91].

9.8 Korrosionsschutzmaßnahmen an Fehlstellen

9.8.1 Allgemeines

Ein Feuerverzinkungsüberzug muss gemäß DIN EN ISO 1461 [9.92] zusammenhängend sein; er soll keine Fehlstellen aufweisen, die eine Verwendbarkeit des Verzinkungsgutes beeinträchtigen. Wenn nicht andere Vereinbarungen gelten, dürfen vom Verzinkungsbetrieb vor Auslieferung der Teile jedoch Ausbesserungen vorgenommen werden.

Dabei kann es sich um unverzinkte Stellen handeln, für die es vielfältige Ursachen gibt. Sie können sowohl im Verzinkungsgut (z. B. Schweißschlacke, Zunder-, Öl-, Schmutz-, Beschichtungsstoffreste) als auch im Verzinkungsvorgang begründet sein (z. B. Beizfehler, eingebranntes Flussmittel, Aschen- und Salmiakschlackenreste). Unverzinkte Stellen bedeuten einen örtlich verminderten Korrosionsschutz, den die Ausbesserung beheben und in einer der Verzinkung angepassten Güte gestalten soll.

Feuerverzinkte Bauteile können oftmals aus Abmessungsgründen nicht in einem Stück verzinkt, sondern müssen durch nachträgliches Schweißen zusammengefügt werden [9.93, 9.94]. Die Schweiße selbst ist bei diesem Vorgehen naturgemäß nicht korrosionsgeschützt; in der Wärmeeinflusszone ist zudem die Korrosionsschutzwirkung des Zinküberzuges beeinträchtigt, da in diesem Bereich die Zinküberzüge oft dünner ausfallen als auf der übrigen Fläche, meist aber den Anforderungen der DIN EN ISO 1461 genügen. Oftmals liegen die Fehlstellenursachen aber auch in

Vorgängen bei Transport, Lagerung oder Montage begründet. Für diese Mängelformen gelten die gleichen Zielsetzungen der Ausbesserung, z. T. allerdings auch andere, industriezweig-spezifische Regelwerke.

Um Diskussionen über eine Wertminderung ausgebesserter Bauteile vorzubeugen, wurde die Summe auszubessernder Teilflächen auf 0,5% der Gesamtoberfläche des Werkstücks begrenzt. Eine ausgebesserte Fehlstelle darf (einschl. der erforderlichen Überlappung des nachträglich aufgebrachten Schutzsystems) nicht größer als 10 cm^2 sein [9.92].

Für Zinküberzüge auf Verzinkungsgut, das zum Transport oder zur Aufbewahrung von Trinkwasser bestimmt ist, gelten Sonderanforderungen. Sie beziehen sich zum einen auf die Zinkzusammensetzung; diese muss aus hygienischen und korrosionschemischen Gründen den Anforderungen gemäß [9.95] entsprechen. Zum anderen ist festgelegt, dass Fehlstellen an der wasserbeaufschlagten Oberfläche, sowohl ohne als auch mit Ausbesserung, unzulässig sind [9.92].

9.8.2 Ausbesserungsverfahren

In Abhängigkeit vom Verwendungszweck des feuerverzinkten Bauteils und folglich der zu erwartenden Korrosionsbelastung ist das Ausbesserungsverfahren auszuwählen. Nach [9.92] wird das thermische Spritzen mit Zink (Schichtdicke mindestens 100 µm) bzw. das Beschichten mit speziellen Zinkstaub-Beschichtungsstoffen empfohlen. Andere Verfahren der Ausbesserung können vereinbart werden.

9.8.2.1 Thermisches Spritzen mit Zink

Beim Ausbessern durch Thermisches Spritzen sind die Vorschriften in [9.31] und [9.96] zu beachten. Nach den in [9.97] beschriebenen Untersuchungsergebnissen bewirkt das *Spritzverzinken* einen der Feuerverzinkung am besten vergleichbaren Korrosionsschutz. Er ist nach [9.92] in einer Dicke von mindestens 100 µm aufzubringen. Nach kurzer Bewitterungszeit ist die Spritzverzinkung dem im Schmelztauchverfahren aufgebrachten Überzug auch optisch ähnlich.

Bei erhöhter Korrosionsbelastung kann eine zusätzliche Beschichtung der Spritzschicht sinnvoll sein [9.31, 9.96].

Es ist zweckmäßig, die Umgebung des Ausbesserungsbereiches etwa 1–2 cm breit in die Oberflächenvorbereitung bzw. in den Spritzüberzug einzubeziehen.

9.8.2.2 Auftragen von Beschichtungsstoffen

In DIN EN ISO 1461 [9.92] sind zur Ausbesserung geeignete Zinkstaub-Beschichtungsstoffe empfohlen, Das können sein:

- Zweikomponenten-Epoxidharz-Zinkstaub-Beschichtungsstoffe,
- luftfeuchtigkeitshärtende Einkomponenten-Polyurethan-Zinkstaub-Beschichtungsstoffe,

oder bedingt auch

- luftfeuchtigkeitshärtende Einkomponenten-Ethylsilicat-Zinkstaub-Beschichtungsstoffe.

Die Beschichtung sollte mindestens 92 Masse-% Zinkstaub im Pigment aufweisen und mindestens 30 µm dicker sein als die geforderte örtliche Schichtdicke des Zinküberzuges. Die Oberflächenvorbereitung hierfür muss mindestens dem Oberflächenvorbereitungsgrad Sa 2,5 oder PMa nach DIN EN ISO 12944–4 [9.31] entsprechen. Ungenügende Oberflächenvorbereitung ist sehr oft der Grund für das Versagen von Ethylsilicat-Zinkstaub-Beschichtungsstoffen.

Beschichtungen mit vorgenannten Stoffen haben den Vorteil, dass sie beim Aufbringen zusätzlicher Beschichtungen erfahrungsgemäß kaum Probleme bereiten. Dies ist wichtig, wenn die Ausbesserung im Feuerverzinkungsbetrieb erfolgt, weil zu diesem Zeitpunkt oft nicht bekannt ist, ob und ggf. mit welchen Beschichtungsstoffen das Werkstück bzw. die Konstruktion zu einem späteren Zeitpunkt beschichtet wird.

Beim Ausbessern von Transport- und/oder Montageschäden ist sinngemäß zu verfahren, wobei u. U. andere Beschichtungsstoffe Anwendung finden können [9.31, 9.32].

9.8.2.3 **Auftragen von Loten**

Dieses in DIN EN ISO 1461 erwähnte Ausbesserungsverfahren ist nur für kleine Fehlstellen einsetzbar. Die in [9.99] beschriebenen Weichlote, aber auch die vom Fachhandel speziell für diesen Zweck angebotenen Reparaturlote in Form von Stangen, Pulvern, Pasten u. Ä. haben eine Reihe von Eigenschaften, die ihre Anwendbarkeit begrenzen. Der Reparaturbereich ist metallisch rein, beispielsweise durch Schleifen oder Strahlen, vorzubereiten. Für eine einwandfreie Lötung ist die Verflüssigung des Lotes, die Reaktion des Lot-Flussmittels und letztlich die des Lotmetalls mit dem Stahl und dem unmittelbar benachbarten Zink unerläßlich. Insbesondere die Durchwärmung des Untergrundes und die gleichzeitige Verflüssigung des Lotes bereiten infolge Wärmeaufnahme und -ableitung durch das Bauteil in der Regel technische Schwierigkeiten. Das gilt gleichermaßen für die Flamm- und Kolbenlötung. Darüber hinaus wirkt sich die längere bzw. höhere Erwärmung negativ auf das Flussmittel und seine Wirkung als Reaktionsvermittler für die Lötpartner aus.

Das häufig praktizierte Wischen oder Bürsten des verflüssigten Lotes zur Glättung oder Verteilung führt zu verminderter Schichtdicke und porösen Lötüberzügen.

Für das Ausbessern von Fehlstellen können auch andere Verfahren mit Erfolg angewandt werden, die allerdings – sofern sie im Feuerverzinkungsbetrieb zum Einsatz kommen sollen – gemäß [9.92] vereinbart werden müssen.

9.9
Untersuchung der Korrosionsbeständigkeit und Qualitätsprüfung

Die korrosionsschutztechnischen und sonstigen Anforderungen an durch Feuerverzinken von Stückgut hergestellte Überzüge sind in DIN EN ISO 1461 genormt.

Aussehen

Alle wesentlichen Flächen auf dem Verzinkungsgut müssen bei Betrachtung mit dem unbewaffneten Auge frei von Verdickungen, Stellen ohne Verbindung zum Stahluntergrund, rauen Stellen, Zinkspitzen (falls sie eine Verletzungsgefahr darstellen) und Fehlstellen über das erlaubte Maß hinaus sein. Außerdem sind Flussmittel –und Zinkascherückstände unzulässig, ebenso Zinkverdickungen, wenn sie den bestimmungsgemäßen Gebrauch des Stahlteiles behindern.

Zur Rauheit und Glätte macht die Norm folgende Ausführungen: „Rauheit und Glätte sind relative Begriffe und die Rauheit von stückverzinkten Überzügen unterscheidet sich von kontinuierlich feuerverzinkten Produkten."

Weiter schreibt sie: „Das Auftreten von dunkel- bzw. hellgrauen Bereichen ... oder eine geringe Oberflächenunebenheit ist kein Grund zur Zurückweisung, ebenso Weißrost, ... sofern der geforderte Mindestwert der Dicke des Zinküberzuges noch vorhanden ist."

Schichtdicke

Grundsätzlich notwendig ist die Prüfung der Dicke des Zinküberzuges, da die Lebensdauer eines Zinküberzuges hinsichtlich Korrosionsschutz eine lineare Funktion seiner Dicke ist. Empfohlen wird, die Schichtdicke zerstörungsfrei nach üblichen Methoden und Normen elektromagnetisch [9.100] oder magnetisch [9.101] zu messen. Im Falle von Unstimmigkeiten im Hinblick auf das Prüfverfahren wird das zerstörende gravimetrische Verfahren nach [9.102] empfohlen. Auch die Messung am metallografischen Schliff ist nach Vereinbarung möglich.

Die Anzahl der Prüfflächen ist abhängig von der Größe der zu prüfenden Einzelteile. DIN EN ISO 1461 [9.92] macht dazu genaue Angaben.

Haftfestigkeit

Zurzeit existieren zur Prüfung der Haftfestigkeit von Zinküberzügen auf stückverzinktem Material keine ISO- oder EN-Normen. Die Haftfestigkeit von nach dem Verfahren des Stückverzinkens hergestellten Zinküberzügen muss erfahrungsgemäß auch nicht geprüft werden, da für feuerverzinkte Überzüge eine ausreichende Haftfestigkeit typisch ist.

Für Forschungszwecke kann es trotzdem notwendig sein, die Haftfestigkeit von Zinküberzügen auf stückverzinktem Material objektiv zu messen. In [9.103] wird eine zerstörende Methode beschrieben, die mittels Stirnabzug eines aufgeklebten, freigeschnittenen Stempels Werte bis etwa 40–45 Nmm^{-2} messen kann. Die Autoren merken allerdings an, dass Haftfestigkeitsmessungen an nach dem Stückverzinken hergestellten Zinküberzügen durch eine hohe Streuung gekennzeichnet sind und Einzelmesswerte meist eine große Abweichung vom Mittelwert aufweisen. In [9.104] werden praktische Untersuchungen an üblichen Stählen beschrieben und ausgewertet.

Wenn in keiner der Normen Prüfungen zum Korrosionsverhalten der Zinküberzüge genannt werden, so hat dies seinen guten Grund: Das Verhalten von Zink bei Korrosionsbelastung lässt sich durch keinen Kurzzeitversuch ermitteln und auf die realen Verhältnisse übertragen. Dies liegt daran, dass bei derartigen Versuchen die Deckschichtbildung des Zinks, auf der die Schutzwirkung in der Praxis beruht, be- oder verhindert wird, sodass man eine Oberfläche prüfen würde, wie sie real gar nicht vorliegt. Somit reduzieren sich Kurzzeit-Korrosionsuntersuchungen, z. B. im Kondenswasser-Wechselklima mit oder ohne Schwefeldioxid bzw. in chloridhaltigem Sprühnebel, auf kostspielige Schichtdickenmessungen [9.105]. Für durch Feuerverzinken hergestellte Zinküberzüge kommt erschwerend hinzu, dass kein eindeutiger, praktikabel anwendbarer Indikator für das Auftreten von Grundmetallkorrosion (Rost) existiert, da die Zinküberzüge ja selbst eisenhaltig sind und die eisenhaltigen Eisen/Zink-Legierungsphasen, die zum Schutzsystem gehören, außerdem sehr unterschiedlich ausgeprägt sind. Dadurch ist eine seriöse Auswertung – z. B. im Unterschied zur Galvanotechnik – unmöglich.

Wenn man Zinküberzüge auf ihr Verhalten bei einer bestimmten Korrosionsbelastung prüfen will, muss man also stets Langzeitversuche durchführen. Die Versuchsintervalle sollten zur Eliminierung jahreszeitlicher Schwankungen mindestens ein Jahr betragen, wobei auch bei Auswertung derartiger Versuch die notwendige Vorsicht zu walten hat.

Literaturverzeichnis

[9.1] *Böttcher, H.-J., Friehe, W.. Horstmann, D.. Kleingarn, J.-P., Kruse, C.-L,* und *Schwenk, W.:* Korrosionsverhalten von feuerverzinktem Stahl. Merkblatt 400 (5. Auflage), Stahl-Informations-Zentrum, Düsseldorf 1990

[9.2] *Roetheli, B. E., Cox. G. L.,* und *Littreal, W. D.:* Effect of *pH* on the Corrosion Products and Corrosion Rate of Zinc in Oxygenated Aqueous Solutions, Metals and Alloys 3 (1932), S. 73–76

[9.3] *Grauer, K.,* und *Feitknecht. W.:* Thermodynamische Grundlagen der Zinkkorrosion in carbonathaltigen Lösungen, Corrosion Science 7 (1967), S. 629–644

[9.4] *Beccard. K. K., Friehe, W., Kruse, C.-L.,* und *Schwenk, W.:* Das Stahlrohr in der Hausinstallation -Vermeidung von Korrosionsschäden, Merkblatt 405 (4. Auflage), Beratungsstelle für Stahlverwendung, Düsseldorf 1981

[9.5] *Seiler, J.:* Bruch eines Stahldrahtseils durch fehlerhaften Einsatz eines Korrosionsschutzes. Korrosion (Dresden) 18 (1987)5, S. 270–276

[9.6] *Schwenk, W.:* Probleme der Kontaktkorrosion – Aufgaben der Materialprüfung für die Anwendung, Metalloberfläche 35 (1981) 5, S. 158–163

[9.7] *Pourbalx, M.:* Atlas d'Equilibres Elektrochimiques. Paris: Gauthier-Villar & Cie. 1963

[9.8] *Althatix, H.:* Die Freie Bildungsenthalpie der stöchiometrisch definierten Phasen des Systems Zn˙YH,O, Dissertation 1963, Universität Bern

[9.9] *Schindler, P., Reinen, M.,* und *Gamxjäger, H.:* Löslichkeitskonstanten und Freie Bildungsenthalpien von ZnCO, und Zn_5(OH)„(CO,), bei 25 °C, Helv. chim. Acta 52 (1969), S. 2327–2332

[9.10] *Feitknecht. W.,* und *P. Schindler:* Solubility Constants of Metal Oxides, Metal Hydroxides and Metal Hydroxide Salts in Aqueous Solution. London: 1963 Butterworths

[9.11] *Delahay, P., Pourhaix, M.,* und *Rysselberghe, P. van:* Potenzial-pH-Diagram of Zinc and its Applications to the Study of Zinc Corrosion, Journ. of the Electrochem. Soc. 98 (1951), S. 101–105

[9.12] *Stumm, W.,* und *Morgan, J.:* Aquatic Chemistry: An Introduction Emphasizing Chemical Equili-bria in Natural Waters. New York: John Wiley & Sons Publication

[9.13] *Mörbe, K., Morenz, W., Pohlmann, W. und Werner, H.:* Praktischer Korrosionsschutz, Korrosionsschutz wasserführender Anlagen. Wien/New York: Springer 1987

[9.14] *van Loyen, D.* in Institut für Korrosonsschutz Dresden: Vorlesungen über Korrosion und Korrosionsschutz von Werkstoffen, Bd. 1. Wuppertal: TAW-Verlag 1996

[9.15] *Schikorr, G.:* Korrosionsverhalten von Zink, Band l, Verhalten von Zink an der Atmosphäre. Berlin: Metall-Verlag GmbH

[9.16] *Rädeker, W.:* Das Korrosionsverhalten künstlich erzeugter Hartzinkschichten, Metalloberfläche 12 (1958)4, S. 102–104

[9.17] *Haarmann, R.:* Die Ursachen einer blumenlosen, matten und grauen Feuerverzinkung, Maschinenmarkt 72 (1966) 89, S. 26–27

[9.18] *Rädeker, W.,* und *Friehe, W.:* Beobachtungen bei der atmosphärischen Korrosion feuerverzinkter Oberflächen, Werkstoffe und Korrosion 21 (1970) 4, S. 263–266

[9.19] *van Eijnsbergen, J. F. H.:* Rostfleckenbildung auf feuerverzinkten Bauteilen, Industrie-Anzeiger 90 (1968)79, S. 15–16
[9.20] *Götzl, F.*, und *Hausleitner, L.:* Korrosion des abnormalen Zinküberzuges auf Si-haltigem Stahlmaterial, METALL 25 (1971) 9, S. 999–1000
[9.21] *Marberg, J., Huckshold, M.:* Mechanische Eigenschaften von Zinküberzügen, in Zink im Bauwesen, GfKorr-Tagung 2004, Würzburg. Frankfurt/M.: GfKorr, 2004
[9.22] N. N.: Zur Braunfärbung feuerverzinkten Stahls bei atmosphärischer Korrosionsbelastung. GAV-Bericht 112, Gemeinschaftsausschuß Verzinken e. V., Düsseldorf 1989
[9.23] *Knotkova, D., Porter, F.:* Longer life of galvanized steel in the atmosphäre due to reduced SO_2 population in europe. Proceedings Intergalva Paris 1994,
[9.24] *Seidel, M., Schulz, W-D.*: Veränderung der Korrosivität der Aimosphäre gegenüber metallischen Werkstoffen auf dem Gebiet der neuen Bundesländer seit 1989. Materials and Corrosion 46 (1995), S. 376–380
[9.25] *Rädeker, W., Peters, F.-K.*, und *Friehe, W.:* Die Wirkung von Legierungszusätzen auf die Eigenschaften von feuerverzinkten Überzügen, Stahl und Eisen 81 (1961) 20, S. 1313–1321
[9.26] *Becker, G., Friehe, W.*, und *Meuthen. B.:* Abwitterungsverhalten an teuerverzinkten, elektrolytisch verzinkten und feueraluminierten Drähten verschiedener Durchmesser in Industrie-, Land- und Meeresluft, Stahl und Eisen 90 (1970) 11, S. 559–566. *Hovick, E. W.:* The use of zinc in corrosion Service. Metals Handbook (8. Auflage 1961), American Society for Metals, Bd. l, S. 1162–1169
(9.27] *Schulz, W-D., Riedel, G.* in Kunze E.: Korrosion und Korrosionsschutz, Bd. 2, S. 1233 ff. Berlin/Weinheim: Wiley-VCH 2001
[9.28] *Wiegand, H.*, und *Kloos, K.-H.:* Werkstoff- und Korrosionsverhalten verzinkter Feinbleche unter besonderer Berücksichtigung der Erzeugungs- und Weiterverarbeitungsverfahren, Bänder · Bleche · Rohre 9 (1968) 5, S. 291–298 und 9 (1968) 6, S. 321–326
[9.29] *Haarmann, R.:* Maßnahmen gegen das Entstehen von Weißrost auf feuerverzinkten Erzeugnissen, Industrie-Anzeiger 90 (1968) 35, S. 20–22
[9.30] „Rokosil“, Fa. C. F. Spies & Sohn, Chemische Fabrik, 67271 Kleinkarlbach/Rheinpfalz
[9.31] DIN EN ISO 12944–4 (06.98): Korrosionsschutz von Stahlbauten durch Beschichtungssysteme; Arten von Oberflächen und Oberflächenvorbereitung
[9.32] DIN EN ISO 12944–5 (06.98). Korrosionsschutz von Stahlbauten durch Beschichtungssysteme; Beschichtungssysteme
[9.33] Duplexsysteme; Verbänderichtlinie Industrieverband Feuerverzinken u. a. Düsseldorf 2000
[9.34] *Kruse, C.-L.:* Über den Einfluß von Niederschlagwasser auf die atmosphärische Korrosion von Zink, Schrift „Vertrags- und Diskussionsveranstaltung 1974 des GAV2“, S. 35–52. Gemeinschaftsausschuß Verzinken e. V., Düsseldorf, 1975
[9.35] *Witt, C. A.:* Verhalten von Zink in Verbindung mit Bitumen; Korrosion und Prüfung. Band 4-II der Schriftenreihe „Korrosionsverhalten von Zink“, Hrsg. Zinkberatung e. V., Düsseldorf, 1980
[9.36] *Deiß, E.:* Das Verhalten des Zinks an Bauwerken gegenüber atmosphärischen Einflüssen, Wiss. Abhl. d. deutschen Materialprüf.-Anst., II. Folge, H. 2 (1941), S. 31–45
[9.37] *Rücken, J., Neubauer, F.*, und *Zietelmann, C.:* Einfluß von bituminösen Dachbelagsmaterialien auf das Korrosionsverhalten von Dachentwässerungssystemen aus Zink und verzinktem Stahl, Werkstoffe und Korrosion 34 (1983) 7, S. 355–364
[9.38] DIN EN 12502 (03.05): Korrosionsschutz metallischer Werkstoffe, Abschätzung der Korrosionswahrscheinlichkeit in Wasserverteilungs- und -speichersystemen, Einflussfaktoren für schmelztauchverzinkte Eisenwerkstoffe
[9.39] DIN 1988 Teil 7 (12.04): Technische Regeln für Trinkwasser-Installationen (TRWI): Vermeidung von Korrosionsschäden und Steinbildung; Technische Regeln des DVGW (siehe auch: Kommentar zu DIN 1988 Teil 7. Gentner Verlag. Stuttgart 1989)
[9.40] *Süthoff, Th.* und *Reichet, H.-H.:* Vergleichende Korrosionsversuche an Trockenkühlelementen für Trockenkühltürme, VGB Kraftwerkstechnik 65 (1985) 9, S. 835–844

[9.41] *Friehe, W.*: Ursache der Zinkblasenbildung und Möglichkeiten zu ihrer Vermeidung. Sanitär- und Heizungstechnik 3 (1969), S. 193–198

[9.42] *Nürnberger, U.*: Korrosion und Korrosionsschutz im Bauwesen. Wiesbaden/Berlin: Bauverlag 1995

[9.43] *Schröder, F.*: Zukunftssicher er Korrosionsschutz im Klärwerk Bonn-Bad Godesberg, Verzinken 5 (1976) 1, S. 18–20

[9.44] *Albrecht, D.*: Aspekte der Oberflächenbehandlung von Stahlteilen beim Bau und Betrieb von Abwasserreinigungsanlagen, Verzinken 3 (1974) 1, S. 12–19

[9.45] *Krank, L. A.*: Einsatz der Feuerverzinkung bei Stahlwasserbauten der niederländischen Wassergenossenschaften. Verzinken 5 (1976) 1, S. 16–17

[9.46] Empfehlungen zum Korrosionsschutz von Stahlteilen in Abwasserbehandlungsanlagen durch Beschichtungen und Überzüge, Merkblatt M 263 der Abwassertechnischen Vereinigung e. V., St. Augustin 1991

[9.47] *Hildebrand, H.*, *Kruse, C.-L*, und *Schwenk, W.*: Einflußgrößen der Fremdkathoden aus Bewehrungsstahl in Beton auf die Erdbodenkorrosion von Stahl, Werkstoffe und Korrosion 38 (1987) 11, S. 696–703

[9.48] *Brauns, W.*, und *Schwenk, W.*: Korrosion unlegierter Stähle in Seewasser, Stahl und Eisen 87 (1967), S. 713–718

[9.49] *Drodten, P.*, und *Grimme, D.*: Das Verhalten von unlegierten und niedriglegierten Stählen in Meerwasser, Schiff und Hafen, Februar 1983

[9.50] *Schwenk, W.*, und *Friehe, W.*: Korrosionsverhalten verzinkter Bleche mit und ohne Schutzanstrich auf dem Seewasserversuchsstand des Vereins Deutscher Eisenhüttenleute in Helgoland, Stahl und Eisen 92 (1972), S. 1030–1035

[9.51] *Friehe, W.*, und *Schwenk, W.*: Korrosionsverhalten von Stahlblechen mit unterschiedlichen Beschichtungssystemen in Meerwasser, Stahl und Eisen 100 (1980), S. 696–703

[9.52] *Schwenk, W.*: Korrosionsschutzeigenschaften von feuerverzinktem Stahlblech in warmen weichen Wässern mit CO,- und/oder O_2-Spülung, Werkst, und Korrosion 17 (1966), S. 1033–1039

[9.53] *Heim. G.*: Korrosionsverhalten von Erderwerkstoffen, Elektrizitätswirtschaft 81 (1982) 25, S. 875 bis 884

[9.54] *Rehm, G.*, *Nürnberger, U.*, und *Frey, K.*: Zur Nutzungsdauer von Bauwerken aus bewehrter Erde aus korrosionstechnischer Sicht, Stuttgart 1980, Gutachten der Fa. Bewehrte Erde Vertriebsgesellschaft mbH, Frankfurt/M.

[9.55] *Nürnberger, U.*: Korrosionsverhalten feuerverzinkter Bewehrungsbänder bei Bauwerken aus Bewehrter Erde (rd. 135 Seiten). Forschungs- und Materialprüfungsanstalt Baden-Württemberg/Otto-Graft-Institut (FMPA), Stuttgart, Hrsg.: Deutscher Verzinkerei Verband e. V. (DVV), Düsseldorf 1988

[9.56] *Schwenk, W.*: Korrosionsverhalten metallischer Werkstoffe im Erdboden, 3 R-international 18 (1979), S. 524–531

[9.57] *Heim G.*: Korrosionsverhalten von feuerverzinkten Bandstahl-Erdern, TU 18 (1977), S. 257–262

[9.58] *von Baeckmann, W.*, *Schwenk. W.*: Handbuch des kathodischen Korrosionsschutzes. Weinheim: Verlag Chemie 1999

[9.59] *Romanoff, M.*: Underground Corrosion, Nat. Bureau Stand. Circular 579, Washington DC, 1957

[9.60] *von Baechnann, W.*, und *Funk, D.*: Abtragungsraten von Zink bei Gleich- und Wechselstrombelastung, Werkstoffe und Korrosion 33 (1982), S. 542–546

[9.61] DIN 30676 (10.85): Planung und Anwendung des kathodischen Korrosionsschutzes für den Außenschutz

[9.62] *Schwenk, W.*: Prinzipien des korrosionschemischen Verhaltens von Baustahl. Beton + Fertigteil-Technik 51(1985)4,S. 216–223

[9.63] *Nürnberger, U.*: Korrosionsverhalten von feuerverzinktem Stahl bei Berührung mit Baustoffen, Berichtband über das IV. Korrosionum der AGK „Korrosion und Korrosionsschutz metallischer Bau- und Installationsteile innerhalb Gebäuden“, S. 11–17 (29. und 30. 11. 1984 in Mannheim)

[9.64] *Rehm, G., Nürnberger, U.,* und *Neubert, B.:* Chloridkorrosion von Stahl in gerissenem Beton; Auslagerung gerissener, mit unverzinkten und feuerverzinkten Stählen bewehrter Stahlbetonbalken auf Helgoland, Deutscher Ausschuß für Stahlbeton, Heft 390, S. 89–144, Beuth Verlag GmbH, Berlin 1988

[9.65] *Hildebrand, H.,* und *Schwenk, W.:* Einfluß einer Verzinkung auf die Korrosion von mit Zementmörtel beschichtetem Stahl in NaCI-Lösung, Werkstoffe und Korrosion 37 (1986) 4, S. 163–169

[9.66] *Hildebrand, H.,* und *Schulze, M.:* Korrosionsschutz durch Zementmörtelauskleidungen in Rohren, 3 R International 25 (1986) 5, S. 242–245

[9.67] *Hecke, B.:* Kathodischer Korrosionsschutz von Bewehrungsstahl, Handbuch des kathodischen Korrosionsschutzes, Kapitel 19, Hrsg.: W. v. Baeckmann und W. Schwenk, VCH-Verlag 1989

[9.68] *Martin, H.,* und *Rauen, A.:* Untersuchungen über das Verhalten verzinkter Bewehrung in Beton, Deutscher Ausschuß für Stahlbeton, Berlin, Heft 242 (Dez. 1974), S. 61–77

[9.69] *Kaesche, H.:* Zum Elektrodenverhalten des Zinks und des Eisens in Calciumhydroxidlösung und in Mörtel, Werkstoffe und Korrosion 20 (1969) 2, S. 119–124

[9.70] *Okamura, H.,* und *Hisamatsu, Y.:* Effect of Use of Galvanized Steel on the Durability of Reinforced Concrete, Material Performance (1976) 7, S. 43–47

[9.71] *Tonini, D. E.,* und *Gaidis, J. M.:* Corrosion of Reinforcing Steel in Concrete, Hrsg.: ASTM, Philadelphia 1980

[9.72] *Porter, F. C.:* Reinforced Concrete in Bermuda, Concrete/Journal of the Concrete Society (1976) 8 (Sonderdruck der Zinc Development Association, London)

[9.73] *Hildebrand, H., Schulze, M.,* und *Schwenk, W.:* Korrosionsverhalten von Stahl in Zementmörtel bei kathodischer Polarisation in Meerwasser und 0,5 N NaCl-Lösung, Werkstoffe und Korrosion 34 (1983), S. 281–286

[9.74] *Riecke, E.:* Untersuchungen über den Einfluß des Zink auf das Korrosionsverhalten von Spannstählen, Werkstoffe und Korrosion 30 (1979) 9, S. 619–631

[9.75] *Hildebrand, H.,* und *Schwenk, W.:* Korrosionsverhalten von Stahl in Zementmörtel, Kurzberichte 3 R International 18 (1979) 3/4, S. 285–287

[9.76] *Pelzel, W. R.:* Beständigkeit von Zink im Bauwesen, Deutsche Bauzeitung (1978) 5, S. 78–84

[9.77] Zulassung Z 1.7–1: Feuerverzinkte Betonstähle, Institut für Bautechnik, Berlin 1981 (Neufassung 1989)

[9.78] *Rückert, J.,* und *F. Neubauer:* Zum Kontaktverhalten von feuerverzinktem und unverzinktem Bewehrungsstahl in Beton bei erhöhter Temperatur, Werkstoffe und Korrosion 34 (1983) 6, S. 295–299

[9.79] *Dohne, E., van den Weghe, H.,* und *Kohl, F.-W.:* Stahlbehälter zur Lagerung und Ausbringung von Flüssigmist (1. Auflage), Merkblatt 113 der Beratungsstelle für Stahl Verwendung, Düsseldorf 1987

[9.80] DIN 18910–1 (11.04): Wärmeschutz geschlossener Ställe, Wärmedämmung und Lüftung, Planungs- und Berechnungsgrundlagen für geschlossene zwangsbelüftete Ställe

[9.81] *Johnen, H., Teumer, E.,* und *Perchert, H.:* Feuerverzinkte Bauteile in der Landwirtschaft, Industriegespräch Echem, Heft 2/1979, Zinkberatung e. V., Düsseldorf

[9.82] *Kohl, F. W.:* Feuerverzinkte Stallteile richtig einbauen, VERZINKEN 5 (1976) 3, S. 58–60

[9.83] *Kleingarn, J.-P.:* Pflege und Werterhalt von feuerverzinkten Güllesilos, Gülletankwagen und Güllefässern, FEUER VERZINKEN 17 (1988) 2, S. 27–30 (Sonderbeilage)

[9.84] *Wiederholt, W.:* Korrosion in der Landwirtschaft, VERZINKEN 5 (1976) 2, S. 27–32

[9.85] *Wiederholt, W.:* Korrosionsverhütung in der Landwirtschaft, VERZINKEN 5 (1976) 3, S. 51–57

[9.86] *Reitsma, R.:* Silos aus feuerverzinktem Stahl, VERZINKEN 5 (1976) 2, S. 33–34

[9.87] Feuerverzinken in der Landwirtschaft. Informationsschrift, kostenlos beziehbar bei der Beratung Feuerverzinken, Sohnstraße 70, 40237 Düsseldorf

[9.88] EGGA-Bulletin (1974) Nr. 14: Feuerverzinkter Stahl in Verarbeitungs- und Verladeanlagen

[9.89] *Slunder, C. J.*, und *Boyd, W. K.*: Zinc: Its corrosion resistance, Zinc Institute Inc., New York 1971

[9.90] *Wiederholt, W.*: Korrosionsverhalten von Zink, Band 3, Verhalten von Zink gegen Chemikalien. Berlin: Metall-Verlag GmbH 1976

[9.91] *Kruse, C.-L.*: Korrosionsverhalten von ungeschütztem und feuerverzinktem Stahl bei der Lagerung von Heizöl, Werkstoffe und Korrosion 35 (1984) 4, S. 150–156

[9.92] DIN EN ISO 1461 (03.99): Durch Feuerverzinken auf Stahl aufgebrachte Zinküberzüge (Stückverzinken), Anforderungen und Prüfungen

[9.93] *Böttcher, H.-J.*, und *Kleingarn, J.-P.*: Schweißen von stückverzinktem Stahl, Merkblatt 367 der Beratungsstelle für Stahl Verwendung, 3. Auflage, Düsseldorf 1979

[9.94] *Marberg, J.*: Schweißen vor und nach dem Feuerverzinken, Der Praktiker (1977) 8 und (1977) 10: Sonderdruck der Beratung Feuerverzinken, Düsseldorf 1982

[9.95] DIN EN 10240 (02.98): Innere und/oder äußere Schutzüberzüge, Festlegungen für durch Schmelztauchverzinken in automatischen Anlagen hergestellte Überzüge

[9.96] DIN EN ISO 2063 (05.05): Thermisches Spritzen, Metallische und andere anorganische Schichten, Zink und Aluminium

[9.97] *Friehe, W.*, und *Schwenk, W.*: Korrosionsbeständigkeit von nachbehandelten Schweißverbindungen feuerverzinkter Stahlkonstruktionen bei atmosphärischer Beanspruchung, Stahl und Eisen 99 (1979), S. 1391–1400

[9.98] *Schulz, W.-D.*: Thermisches Spritzen von Zink, Aluminium und deren Legierungen als Korrosionsschutz von Stahlkonstruktionen. Schweißen und Schneiden 48 (1996)2, S. 137

[9.99] DIN EN 29453 (02.01): Weichlote, Chemische Zusammensetzung und Lieferformen

[9.100] DIN EN ISO 2808 (01.05): Beschichtungsstoffe, Bestimmung der Schichtdicke

[9.101] DIN EN ISO 2178 (04.95): Nichtmagnetische Überzüge auf magnetischen Grundmetallen, Messen der Schichtdicke, Magnetverfahren

[9.102] DIN EN ISO 1460 (01.95): Metallische Überzüge, Feuerverzinken auf Eisenwerkstoffen, Gravimetrische Verfahren zur Bestimmung der flächenbezogenen Masse

[9.103] *Katzung, W., Rittig, R.*: Untersuchung zur Optimierung des Haftfestigkeitsprüfverfahrens mittels Abrissversuch für die Bestimmung der Haftfestigkeit von Zinküberzügen. FuE-Bericht 926/95, Institut für Stahlbau Leipzig 1995

[9.104] *Katzung, W. Rittig, R. Schubert, P. und Schulz, W.-D.*: Haftfestigkeitsprüfungen von Zinküberzügen mittels Abreißversuch. Metall 53 /(1999)12

[9.105] *Schulz, W.-D., Schütz, A. und Kaßner. W.*: Korrosionsprüfung kritisch hinterfragt. Galvanotechnik, (2005)11. S. 2589–2604

10
Beschichtungen auf Zinküberzügen – Duplex-Systeme

A. Schneider

10.1
Grundlagen, Anwendung, Ausführungsschwerpunkte

Für zahlreiche Anwendungsfälle stellt die Feuerverzinkung einen ausreichenden, den Anforderungen gerecht werdenden Korrosionsschutz dar. In zunehmendem Umfang werden jedoch feuerverzinkte Konstruktionen und Bauteile zusätzlich beschichtet. Die Kombination eines metallischen Überzuges mit einem Beschichtungssystem wird als Duplex-System bezeichnet. Durch Duplex-Systeme werden folgende Vorteile erzielt, die überwiegend die Gründe zur Entscheidung für eine zusätzliche Beschichtung sind:

- wesentliche Erhöhung des Korrosionsschutzes und damit Erschließung der Anwendungsmöglichkeit für höhere Korrosionsbelastungen, zum Beispiel in der chemischen Industrie in einer Korrosivitätskategorie C 5–I nach DIN EN ISO 12944–2 [10.1] (Abb. 10.1);
- wesentliche Verlängerung der Schutzdauer des Korrosionsschutzes und Senkung des Instandhaltungsaufwandes während der Nutzungsdauer des Objektes;
- Möglichkeit einer farblichen Gestaltung einschließlich der Ausführung erforderlicher Sicherheitskennzeichnungen der Objekte (Abb. 10.2);
- Möglichkeit der Nutzung der Beschichtung als Isolation bei konstruktiv bedingter Paarung unterschiedlicher Metalle zur Unterbindung einer Kontaktkorrosion.

Die aufgeführten Vorteile werden nur wirksam, wenn die Funktionsfähigkeit des Korrosionsschutzes während der gesamten Nutzungsdauer gewährleistet wird. In zahlreichen bekannten Schadensfällen von Duplex-Systemen, die sich überwiegend im Haftungsverlust (Abblätterung; Abb. 10.3) und in Blasenbildung (Abb. 10.4) der Beschichtung darstellen, ist der Korrosionsschutz vorzeitig unwirksam. Zur Vermeidung möglicher Schäden am Duplex-System und zur Realisierung der hohen Schutzdauer sind einige Besonderheiten gegenüber der Ausführung von

Handbuch Feuerverzinken. Herausgegeben von Peter Maaß und Peter Peißker

ISBN: 978-3-527-31858-2

Abb. 10.1 Anwendungen von Duplex-Systemen in der chemischen Industrie (Beratung Feuerverzinken)

Abb. 10.2 Freileitungsmast bei Stade an der Elbe; Beschichtung zur Sicherheitskennzeichnung Flugsicherheit (Beratung Feuerverzinken)

Beschichtungen auf Stahl zu beachten, die in folgenden Schwerpunkten zusammenzufassen sind:

- Konstruktive Ausführung der Objekte (Bauteile) bei gleichzeitiger Beachtung der feuerverzinkungsgerechten Gestaltung und der beschichtungsgerechten Gestaltung;
- Qualitätsanforderungen an den Zinküberzug, die über die Anforderungen an eine Feuerverzinkung ohne Beschichtung hinausgehen, vor allem unter Berücksichtigung einer Oberflächenvorbereitung des Zinküberzuges und einer beschichtungsgerechten Oberfläche;
- Anwendung geeigneter Oberflächenvorbereitungsverfahren vor der Beschichtung in Abhängigkeit vom Zeitpunkt der Beschichtungsausführung nach der Feuerverzinkung, von der Korrosionsbelastung während der Nutzungsdauer und vom auszuführenden Beschichtungssystem;
- Anwendung von zur Ausführung auf Zinküberzügen geeigneten Beschichtungsstoffen und Beschichtungssystemen;
- Auswahl der günstigsten Einordnung der Duplex-Ausführung in den Fertigungsablauf des Bauteiles, vor allem unter Berücksichtigung von Werkstattleistungen und Baustellenleistungen.

Die nachfolgenden Erläuterungen zu diesen Schwerpunkten erfolgen vorrangig durch Darstellung von Schwerpunkten und Zusammenhängen der gegenwärtigen praktischen Verfahrensweise der Duplex-Ausführung.

Abb. 10.3 Beschichtungsabblätterung aufgrund ungenügender Oberflächenvorbereitung und/oder ungeeigneter Beschichtungsstoffe (Schneider)

Abb. 10.4 Blasenbildung der Beschichtung verursacht durch Weißrost des Zinküberzuges (Schneider)

10.2
Begriffsdefinitionen

Für die Darstellung der Beschichtungsausführung auf Zinküberzüge werden folgende standardisierte Begriffe angewendet:

Oberflächenvorbereitung
Jedes Verfahren, eine Oberfläche zum Beschichten vorzubereiten [10.2], zum Beispiel:

- Reinigen mit Wasser und Lösungsmitteln sowie Chemikalien
- Mechanische Oberflächenvorbereitung

Sweep-Strahlen (Sweepen)
Reinigung und Aufrauung der zu beschichtenden Oberflächen durch schonendes Strahlen [10.2]

Überzug
Schichten aus Metall werden Überzüge genannt [10.3] (hier Zinküberzug durch Feuerverzinkung von Stückgut)

Beschichtung
Schichten aus Beschichtungsstoffen werden Beschichtungen genannt [10.4]

Beschichtungsstoff
Flüssiges, pastenförmiges oder pulverförmiges pigmentiertes Produkt, das auf einen Untergrund aufgebracht, eine deckende Beschichtung mit schützenden, dekorativen oder spezifischen Eigenschaften ergibt [10.4]

Beschichtungssystem
Gesamtheit der Schichten aus Beschichtungsstoffen, die auf einen Untergrund bzw. ein Substrat aufgetragen wurden, um Korrosionsschutz zu bewirken. [10.4]

Korrosionsschutzsystem
Gesamtheit der Schichten aus Metallen und/oder Beschichtungsstoffen, die auf einen Untergrund aufzutragen sind oder aufgetragen wurden, um Korrosionsschutz zu bewirken [10.4]

Duplex-System
Korrosionsschutzsystem, bestehend aus einem Überzug und einem Beschichtungssystem [10.5]

10.3 Schutzdauer von Duplex-Systemen

Duplex-Systeme erreichen eine höhere Schutzdauer als die Summe der erreichbaren einzelnen Schutzdauer des Zinküberzuges und einer Beschichtung. Diese Erhöhung der Schutzdauer wird als synergetischer Effekt bezeichnet und kann in folgender Gleichung dargestellt werden:

S_{Duplex} = $(S_{FeuZn} + S_{Besch})$ 1,2–2,5
S_{Duplex} = Schutzdauer des Duplex-Systems (Korrosionsschutzsystem)
S_{FeuZn} = Schutzdauer des Zinküberzuges
S_{Besch} = Schutzdauer des Beschichtungssystems

Der synergetische Effekt wird erreicht durch:
- Verhinderung der Unterrostung der Beschichtung durch den Zinküberzug,
- Verhinderung des Abtragens des Zinküberzuges bis zur vollständigen Abwitterung der Beschichtung,
- Vermeidung des Abhebens von Beschichtungen im Bereich von Poren, entstehenden Rissen und mechanischen Beschädigungen der Beschichtung durch niedrige Volumenausdehnung der Zinkkorrosionsprodukte (10%) gegenüber der Volumenausdehnung von Eisenkorrosionsprodukten (250%),
- Verschließen von Poren und Rissen der Beschichtung durch sich in diesen Bereichen bildende Zinkkorrosionsprodukte; dadurch Gewährleistung einer Abwitterung der Beschichtung von der Deckbeschichtung ausgehend über einen längeren Zeitraum.

Die schematische Darstellung des unterschiedlichen Verhaltens einer Beschichtung auf Stahl und auf Zinküberzügen ist aus Abb. 10.5 ersichtlich.

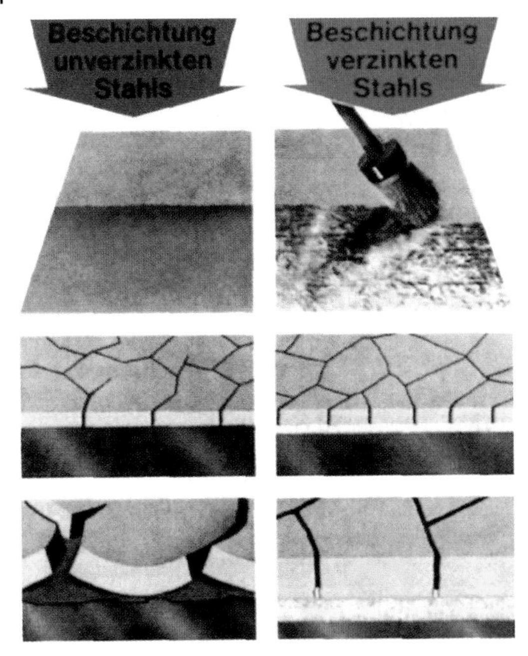

Abb. 10.5 Beschichtung auf Stahl und auf Zinküberzügen (schematische Darstellung)

10.4 Besonderheiten der konstruktiven Bauteilausführung

Zusätzlich zu den konstruktiven Bauteilausführungen für die Feuerverzinkung sind konstruktive Erfordernisse für eine Ausführung eines Beschichtungssystems zu beachten. Angaben dazu erfolgen in DIN EN ISO 12944–3 [10.6]. Zu beachtender Schwerpunkt ist dabei die Sicherstellung der Zugänglichkeit aller zu beschichtenden Flächen für das jeweilige Beschichtungsverfahren unter Beachtung der Fertigung, der Bauwerksnutzung sowie ggf. erforderlicher Instandsetzungsmaßnahmen.

Grundlage dafür sind einzuhaltende Mindestabstände der zu beschichtenden Flächen in Abhängigkeit von der Größe und der Lage der Flächen. Die DIN EN ISO 12944–3 [10.6] beinhaltet Angaben zu:

- einzuhaltenden Mindestabständen von Flansch- und Gurtkanten bei beidseitiger Erreichbarkeit,
- bevorzugter Anwendung einteiliger Profile,
- Erreichbarkeit der Beschichtungsfläche bei Schweißprofilen,
- Erreichbarkeit von zu beschichtenden Flächen nach der Montage (Bodenabstand, Abstand von anderen Baukörpern),
- einzuhaltenden Mindestabständen von zu beschichtenden Flächen bei zusammengesetzten Profilen,
- Vermeidung von Spalten, wie z. B. keine Ausführung von unterbrochenen Schweißnähten bei Korrosionsbelastungen in Freibewitterung bzw. bei Zusatzbelastungen,

- konstruktive Vermeidung der Möglichkeit der Schmutzablagerung und der Wasseransammlung im Bauteil während der Lagerung/Montage und während der Nutzung,
- konstruktive Vermeidung der Möglichkeit einer Kantenflucht der Beschichtung (z. B. Brechen der Kanten),
- Sicherung eines einheitlichen Korrosionsschutzes über das Gesamtobjekt einschließlich der Verbindungsmittel.

10.5 Qualitätsanforderungen an den Zinküberzug für eine Beschichtung

Der Zinküberzug als Oberfläche für ein Beschichtungssystem muss grundsätzlich die Qualitätsanforderungen nach DIN EN ISO 1461 [10.7] erfüllen. Zusätzlich ist abzusichern, dass der Zinküberzug keine die Beschichtung bzw. die erforderliche Oberflächenvorbereitung negativ beeinflussenden Eigenschaften aufweist, das heißt:

- Nachbehandlungen des Zinküberzuges, die eine negative Beeinflussung der Haftung des Beschichtungssystems haben, sind auszuschließen (z. B. Einölen, Einwachsen, Abkühlen im Wasserbad mit Weißrostbildung),
- bei einer höheren mechanischen Beanspruchung des Zinküberzuges bei der Ausführung der Oberflächenvorbereitung durch Sweepen muss eine ausreichende Haftung des Zinküberzuges vorliegen zur Verhinderung von Zinkabplatzungen (bei Einhaltung optimaler Ausführungsparameter des Sweepens), siehe Abschnitt 10.6.3.2.

Die Feuerverzinkerei muss deshalb Kenntnis haben von

- der vorgesehenen Duplex-Ausführung und
- dem vorgesehenen Oberflächenvorbereitungsverfahren.

In Abhängigkeit vom Ausführungszeitpunkt des Beschichtungssystems sind nach dem Nationalen Beiblatt der DIN EN ISO 1461 [10.7] folgende Verzinkungsqualitäten (Bezeichnungen) erforderlich:

- Überzug DIN EN ISO 1461 – tZnk; keine Nachbehandlung, Beschichtung erfolgt außerhalb des Leistungsbereiches der Feuerverzinkerei
- Überzug DIN EN ISO 1461 – tZnb; Beschichtung erfolgt im Leistungsbereich der Feuerverzinkerei

Bei der Ausführung einer Oberflächenvorbereitung des Zinküberzuges durch Sweepen können durch die Qualität des Zinküberzuges und/oder unsachgemäßer Ausführung des Sweepens mit erhöhter mechanischer Belastung Schäden im Zinküberzug entstehen (Risse, Enthaftungen). Die Sicherstellung einer ausreichenden Haftung des Zinküberzuges ist durch die Anwendung geeigneter

Stahlwerkstoffe und durch die Einhaltung bzw. Optimierung der Verzinkungsparameter möglich. Hohe Schichtdicken mit Haftungsminderungen sind dadurch zu vermeiden. Nach DIN EN ISO 1461 [10.7] wird die Ausführung und Bewertung eines Musters empfohlen.

Zusätzlich zur generell nach DIN EN ISO 1461 [10.7] erforderlichen Reinigung des Zinküberzuges von verfahrensbedingten Verunreinigungen (Flussmittel- und Zinkaschereste) ist für die Ausführung eines Beschichtungssystems eine Feinreinigung – „Feinverputzen" – erforderlich.

Das Feinverputzen erfolgt in Bereichen des Zinküberzuges, die zur erhöhten Kantenflucht der Beschichtung, zu Fehlbeschichtungen bzw. zu schlechtem dekorativen Aussehen der Oberfläche führen, wie z. B. Glätten von Hartzinkeinschlüssen, Freilegen von Freischnitten und Wasserablaufbohrungen, Glätten von Zinkverdickungen und Zinktropfen.

Das Feinverputzen kann als Zusatzleistung durch die Feuerverzinkerei oder durch den Beschichtungsausführenden im Rahmen der Oberflächenvorbereitung erfolgen. Werden höhere dekorative Anforderungen an die beschichtete Oberfläche gestellt, so ist zu beachten:

- Unebenheiten in der Oberfläche des Grundwerkstoffes, z. B. Überwalzungen, Schweißnähte, Zunder- und Rostnarben, bleiben nach dem Feuerverzinken erkennbar bzw. werden dadurch erst sichtbar.
- Die Anwendung von Grundwerkstoffen mit ungeeigneter oder kritischer Zusammensetzung für die Feuerverzinkung kann zu deutlich sichtbaren Oberflächenunebenheiten auf den Flächen oder an den Brennschnittkanten führen.
- Alle am Zinküberzug vorliegenden Oberflächenfehler und Unebenheiten sind nach der Beschichtung deutlich sichtbar.

Durch entsprechende geeignete Werkstoffauswahl, optimale Fertigung und ggf. durch die Durchführung einer Probeverzinkung können Oberflächenstörungen reduziert bzw. vermieden werden.

10.6 Oberflächenvorbereitung des Zinküberzuges für die Beschichtung

10.6.1 Verunreinigungen des Zinküberzuges

Vor der Ausführung eines Beschichtungssystems sind haftungsmindernde Oberflächenverunreinigungen des Zinküberzuges durch geeignete, auf das Beschichtungssystem und die zu erwartende Korrosionsbelastung abgestimmte Oberflächenvorbereitungsverfahren zu entfernen.

Als Verunreinigungen der Oberfläche des Zinküberzuges können vorliegen:

- *artfremde Verunreinigungen,* wie
  - Fett, Öl, Reste von Reinigungsmitteln,

Tab. 10.1 Arteigene Verunreinigungen

Korrosions-produkt	Aussehen	Entstehung	Auswirkung auf die Beschichtung
Zinkoxid	weiß	in der l. Phase unter atmosphärischen Bedingungen sofort nach Entstehung einer Zinkoberfläche	unkritisch
Zinkcarbonat	weiß	in der 2. Phase unter atmosphärischen Bedingungen	unkritisch
basisches Zinkcarbonat	hellgrau	in der 3. Phase unter atmosphärischen Bedingungen (Zinkpatina)	unkritisch
Zinkchlorid	weiß bis hellgrau, nicht sichtbar bei hoher Luftfeuchtigkeit	bei atmosphärischen Bedingungen mit Chloridbelastung	kritisch
Zinksulfat	weiß bis hellgrau	bei atmosphärischen Bedingungen mit Sulfatbelastung	kritisch
basisches Zinksulfat	weiß bis hellgrau	bei Industrieatmosphäre	kritisch
Zinkhydroxid	weiß bis hellgrau	bei atmosphärischen Bedingungen und hoher Luftfeuchtigkeit	kritisch
Zinkoxidchlorid	weiß bis hellgrau	Sonderfall, z. B. in Küstennähe	kritisch

  - Signierungen,
  - Staub, Schmutz, einschließlich Strahlstaub des Oberflächenvorbereitungsverfahrens,
  - Flussmittelreste mit kritischer Auswirkung auf das Haftverhalten der Beschichtung,
- *arteigene Verunreinigungen,* die in Abhängigkeit vom Umfang und der Zeitdauer einer möglichen Korrosionsbelastung des Zinküberzuges entstehen und unterschiedliche Auswirkungen auf das Haftungsverhalten der Beschichtung haben (Tab. 10.1).

10.6.2
Oberflächenvorbereitungsverfahren

Die Zinkkorrosionsprodukte haben alle ein weißes bis hellgraues Aussehen, sodass das Vorliegen von kritischen oder unkritischen arteigenen Verunreinigungen visuell nicht unterscheidbar ist. Die früher häufig angewandte Verfahrensweise des Bewitterns der Zinkoberfläche zur Verbesserung der Haftung der Beschichtung wird nicht mehr empfohlen, da die haftungsverbessernde Bildung einer „Zinkpatina“, bestehend aus Zinkoxid und basischem Zinkcarbonat, in Abhängigkeit von der chemischen Zusammensetzung des Zinküberzuges und von der korrosiven Belastung nicht sichergestellt und geprüft werden kann.

Für die Praxis ergeben sich folgende grundsätzliche Möglichkeiten der Sicherung der erforderlichen Oberflächenvorbereitungsqualität:

- weitgehende Vermeidung des Entstehens kritischer arteigener Verunreinigungen und örtliche Entfernung der Verunreinigungen oder
- Durchführung einer ganzflächigen Oberflächenvorbereitung mit einem geeigneten Verfahren zur sicheren Entfernung aller kritischen arteigenen und artfremden Verunreinigungen.

Der Umfang und das Verfahren der Oberflächenvorbereitung sind abhängig von

- der vorliegenden Oberflächenverunreinigung des Zinküberzuges,
- der Art der anzuwendenden Beschichtungsstoffe:
  - Flüssig-Beschichtungsstoffe,
  - Pulver-Beschichtungsstoffe.
- der vorliegenden Korrosionsbelastung während der Nutzung, unterteilbar in
  - normale atmosphärische Korrosionsbelastung mit niedrigen oder gemäßigten Gehalten an Schadstoffen (z. B. Schwefeldioxid, Chloride), z. B.: Korrosivitätskategorie C 1 bis C 3 (Innenraum, Land- und Stadtatmoshäre) nach DIN EN ISO 12944–2 [10.1];
  - erhöhte atmosphärische Belastung mit hohen Gehalten an Schadstoffen (z. B. Schwefeldioxid, Chloride), z. B.: Korrosivitätskategorie C 4, C 5-I und C 5-M (Industrie- und Meeresatmosphäre);
  - Sonderbelastungen (z. B. chemische Belastungen, mechanische Belastungen, Temperaturbelastung, kombinierte Belastungen) nach DIN EN ISO 12944–2, Anhang B [10.1].

Je größer die vorliegende Oberflächenverunreinigung, je höher die Korrosionsbelastung während der Nutzung und/oder je hochwertiger die Beschichtungsstoffe (z. B. 2-K-Beschichtungsstoffe) sind, desto wirksamer muss das auszuführende Oberflächenvorbereitungsverfahren sein; ggf. ist neben der Oberflächenreinigung eine Aufrauung des Zinküberzuges zur Haftungsverbesserung der Beschichtung erforderlich (z. B. bei 2-K-Beschichtungsstoffen). Für die Oberflächenvorbereitung von Feuerverzinkungsüberzügen sind zahlreiche Verfahren bekannt, die in folgende Gruppen eingeordnet werden können:

- Mechanische Oberflächenvorbereitungsverfahren,
- Nassreinigung,
- Nasschemische Reinigung,
- Chemische Oberflächenumwandlung.

In der heutigen Praxis werden hauptsächlich folgende Verfahren angewandt:

- Für Beschichtungssysteme mit Flüssig-Beschichtungsstoffen:
  - Druckwasserstrahlen oder Dampfstrahlen mit und ohne Zusätze einer ammoniakalischen Netzmittellösung (s. Abschnitt 10.6.3.1) bzw. von Strahlmitteln,
  - Sweep-Strahlen (s. Abschnitt 10.6.3.2),
  - Schleifen mit Schleifvlies, ggf. in Kombination mit ammoniakalischer Netzmittelwäsche (s. Abschnitt 10.6.3.3).
- Für Beschichtungssysteme mit Pulver-Beschichtungsstoffen:
  - Chromatierung,
  - Phosphatierung (s. Abschnitt 10.6.3.4).

Bei der Auswahl des für den Anwendungsfall geeigneten Oberflächenvorbereitungsverfahrens ist insbesondere zu beachten:

- Spezifische Vorgaben des Stoffherstellers zur Oberflächenvorbereitung, abgestimmt auf den Beschichtungsstoff.
- Erforderliche gründliche Nachtrocknung der Bauteile bei Ausführung einer Nassreinigung bzw. nasschemischen Reinigung, ggf. mit zusätzlich erforderlichen Spülgängen.

Die Möglichkeit einer Nachtrocknung ist abhängig von der Gestaltung des Bauteils und in der Praxis vor allem unter Baustellenbedingungen schwer realisierbar und kontrollierbar. Verbleibende Nässe unter der Beschichtung führt zum Schadensfall. Die Anwendung der Nassreinigung bzw. nasschemischen Reinigung sollte deshalb auf Ausnahmen beschränkt bleiben.

10.6.3
Beschreibung praktisch angewandter Oberflächenvorbereitungsverfahren

10.6.3.1 Sweep-Strahlen

Die Oberflächenreinigung erfolgt durch möglichst leichtes Strahlen der Zinkoberfläche unter Verwendung eines nichtmetallischen, kantigen Strahlmittels. Mit der Reinigung erfolgt gleichzeitig eine Aufrauung der Oberfläche. Das Sweepen ist das sicherste Oberflächenvorbereitungsverfahren und grundsätzlich generell anwendbar.

Zur Sicherung einer möglichst niedrigen mechanischen Belastung des Zinküberzuges mit hohem Effekt der Oberflächenreinigung sind folgende Ausführungsparameter beim Druckluftstrahlen erforderlich:

• Strahldruck	bis 0,3 MPa
• Auftreffwinkel des Strahlmittels	$\leq 30°$
• Abstand der Düse von der Oberfläche	0,5 bis 0,8 m
• Strahlmittel im Korngrößenbereich von	0,2 bis 0,5 mm

• überwiegend angewandte Strahlmittel	Kupferhüttenschlacke (MCU) oder Schmelzkammerschlacke (MSK) nach DIN 8201, Teil 9 [10.8].

In der Werkstattfertigung besteht auch die Möglichkeit des Sweepens in Schleuderradstrahlanlagen unter Verwendung von ferritfreien Strahlmitteln (z. B. hochlegiertes Fe Cr-Granulat).

Bei der Ausführung ist zu beachten:

- Gesweepte Oberflächen müssen ein mattgraues Aussehen haben, die Oberflächenrauheit sollte dem Rauheitsgrad fein (G) nach DIN EN ISO 8503–1 [10.9] entsprechen (Abb. 10.6).
- Mit den genannten Ausführungsparametern erfolgt ein Zinkabtrag von 10 bis 15 µm. Die Schichtdicke des Zinküberzuges sollte deshalb über den erforderlichen Schichtdickenvorgaben der DIN EN ISO 1461 [10.7] liegen, damit nach dem Sweepen die Toleranzgrenzen des Zinküberzuges noch eingehalten werden.
- Zinkabplatzungen beim „Sweepen" sind zu vermeiden. Nicht vermeidbare Zinkabplatzungen sind wie Verzinkungsfehlstellen nach DIN EN ISO 1461 [10.7] auszubessern durch Spritzverzinkung oder Beschichtung mit geeigneten Zinkstaubgrundbeschichtungsstoffen. Zu beachten ist, dass vorliegende, mit Beschichtungen ausgebesserte Fehlverzinkungen durch das „Sweepen" freigelegt werden und erneut ausgebessert werden müssen. Die Summe von Fehlverzinkungen und unvermeidbaren Zinkabplatzungen sollte die zulässige Größenordnung nach DIN EN ISO 1461 [10.7] nicht überschreiten.
- Vor der Beschichtung ist der Strahlstaub von der Oberfläche zu entfernen.
- Die Beschichtung sollte unmittelbar nach dem „Sweepen", spätestens innerhalb von 24 Stunden, erfolgen. Eine Zwischenbewitterung (Freibewitterung) bzw. Chloridbelastung durch Zwischenlagerung in der Verzinkerei ist auszuschließen.

Abb. 10.6 Gesweepter Zinküberzug matt (Schneider)

10.6.3.2 Hochdruckwasser- oder Dampfstrahlen

Die Oberflächenreinigung erfolgt durch Abwaschen mit einem versprühten Hochdruckwasser- oder -dampfstrahl mit oder ohne Netzmittelzusätzen (Abb. 10.7). Es wird eine gute Entfernung von Schmutz, Ölen und Fetten erreicht. Festhaftende Verunreinigungen, wie z. B. Weißrost, sind schwer bzw. nicht entfernbar. Sie müssen zusätzlich durch mechanische Oberflächenreinigung entfernt werden, z. B. durch

- örtliches Abschleifen mit Schleifvlies,
- Zumischung von Strahlmitteln zum Wasser- oder Dampfstrahl.

Das zuzumischende Strahlmittel entspricht in Art und Zusammensetzung dem des „Sweepens" und wird über eine Injektordüse am Sprühkopf zugemischt. Es erfolgt eine Oberflächenreinigung mit gleichzeitiger leichter Aufrauung bei niedriger mechanischer Belastung der Zinkoberfläche (Vermeidung von Zinkabplatzungen). Das Verfahren ist bei sachgerechter Ausführung dem Sweepen gleichzusetzen.

Das Hochdruckwasser- oder -dampfstrahlen erfolgt mit folgenden Parametern:

- Strahldruck: ca. 6–30 MPa
- Wasser-/Dampftemperatur: ca. 20–50 °C.

Bei der Ausführung ist zu beachten:

- Bei Netzmittelzusätzen ist die Oberfläche gründlich mit reinem Wasser nachzuwaschen.
- Es ist Wasser mit einem niedrigen Chlorgehalt anzuwenden (optimal deionisiertes Wasser).
- Vor der Beschichtung ist ein vollständiges Abtrocknen der Zinkoberfläche sicherzustellen. Die Anwendung höherer Wassertemperaturen beschleunigt die Trocknung. Wasseransammlungen an schöpfenden Bauteilen sind zu beachten. Bei Anwendung von Strahlmittelzusätzen sind diese nach dem Abtrocknen vom Bauteil zu entfernen.
- Die Beschichtungsausführung sollte unmittelbar nach Abtrocknung, spätestens innerhalb von 24 Stunden erfolgen.

Abb. 10.7 Hochdruckwasserstrahlen (Schneider)

10.6.3.3 Abschleifen mit Schleifvlies

Die Oberflächenreinigung erfolgt durch manuelles Schleifen der Oberfläche mit Korund-Kunststoffvlies mit und ohne Zusatz einer ammoniakalischen Netzmittellösung. Es wird eine gute Entfernung aller kritischen Verunreinigungen erreicht. Das Verfahren ist jedoch sehr zeitaufwendig und bleibt deshalb in der Praxis oft auf kleine Bauteile oder auf die örtliche Reinigung als Ergänzung, z. B. des Hochdruckstrahlens für örtliche Bereiche mit Weißrostbildung, begrenzt. Für das Abschleifen mit Schleifvlies werden folgende Parameter empfohlen:

Korund-Kunststoffvlies z. B. Scotch-Britt (keine metallhaltigen Schleifmittel), ggf. in Verbindung mit ammoniakalischer Netzmittellösung

Zusammensetzung: 10 l Wasser
+ 0,5 l Ammoniaklösung (25 %ig)
+ 2–4 cm^3 Netzmittel

Bei der Ausführung ist zu beachten:

- Das Verschleifen mit Zusätzen hat bis zur mattgrauen Färbung der Zinkoberfläche zu erfolgen (Abb. 10.8).
- Nach dem Schleifen mit Zusätzen ist die Zinkoberfläche gründlich mit klarem Wasser nachzuwaschen, um Haftungsschäden zu vermeiden (Abb. 10.9).

Abb. 10.8 Überschliffener Zinküberzug (Schneider)

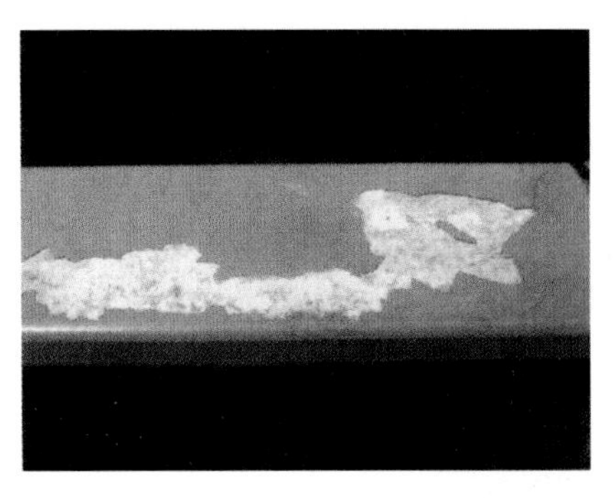

Abb. 10.9 Weißrostbildung durch ungenügendes Nachwaschen nach ammoniakalischer Netzmittelwäsche (Schneider)

- Vor der Beschichtung ist ein vollständiges Abtrocknen der Zinkoberfläche sicherzustellen.
- Die Beschichtung sollte unmittelbar nach Abtrocknung erfolgen, spätestens innerhalb von 24 Stunden.

10.6.3.4 **Chemische Umwandlung**

Die chemische Umwandlung der Oberfläche des Zinküberzuges erfolgt ausschließlich in der Werkstatt durch Chromatieren und Phosphatieren bzw. durch gleichwertige oder artverwandte Verfahren. Folgende technologische Schritte sind mindestens auszuführen:

Entfetten – Spülen – Aktivieren (Zwischenbeizen) – Spülen – Chromatieren/Phosphatieren – Spülen – Spülen mit deionisiertem Wasser – Trocknen

Die Beschichtung ist unmittelbar nach der chemischen Umwandlung auszuführen.

10.6.4
Einordnung der Oberflächenvorbereitung und der Beschichtung in die Fertigungstechnologie

Beschichtungssysteme mit Flüssig-Beschichtungsstoffen

Unter Berücksichtigung der aufgezeigten Prämissen werden in der heutigen Praxis die Oberflächenvorbereitung und die Beschichtung mit Flüssig-Beschichtungsstoffen nach folgenden Varianten fertigungstechnologisch eingeordnet:

1. Oberflächenvorbereitung und Beschichtung unmittelbar nach der Feuerverzinkung

Durch die Ausführung der Beschichtung unmittelbar nach der Feuerverzinkung ohne Zwischenbewitterung bzw. Schadstoffbelastung wird die mögliche Oberflächenverunreinigung weitestgehend minimiert. Voraussetzung dafür ist

- die Ausführung der Beschichtung innerhalb von 24 Stunden nach der Feuerverzinkung,
- der Ausschluss einer Zwischenbewitterung im Freien, einer Betauung sowie einer Korrosionsbelastung im unmittelbaren Bereich der Feuerverzinkung (Chloridbelastung durch Vorbehandlungsbäder).

Für 1-K-Beschichtungsstoffe in normaler Korrosionsbelastung ergibt sich die Möglichkeit einer vereinfachten Oberflächenvorbereitung durch örtliche mechanische Reinigung (z. B. Abschleifen mit Schleifvlies) sowie einer ganzflächigen Staubentfernung. Sehr gute Haftungseigenschaften werden mit Beschichtungsstoffen auf der Bindemittelbasis AY-Hydro erreicht, die auch mit 2-K-Beschichtungsstoffen überarbeitet werden können. Für 2-K-Beschichtungsstoffe auf der Bindemittelbasis EP sowie bei höheren Korrosionsbelastungen sollte eine Oberflächenvorbereitung mit einer Aufrauung durch Sweep-Strahlen erfolgen.

2. Oberflächenvorbereitung und Beschichtung nach kurzer Zwischenbewitterung
Die Oberflächenvorbereitung und die Beschichtung erfolgen außerhalb der Feuerverzinkerei, sodass ein Zwischentransport mit Freibewitterung erforderlich ist. Der Zeitraum zwischen Verzinkung und Beschichtung sollte 14 Tage nicht überschreiten. Für 1-K-Beschichtungsstoffe mit einer Anwendung in normaler Korrosionsbelastung ergibt sich die Möglichkeit der Oberflächenvorbereitung durch Hochdruckwasser- oder -dampfstrahlen; ggf. wird eine örtliche mechanische Reinigung (Abschleifen mit Schleifvlies) oder ein Zusatz von Strahlmitteln zum Hochdruckwasser- oder -dampfstrahlen beim Vorliegen größerer Verunreinigungen (z. B. Weißrost) erforderlich. Eine trockene Oberfläche ist vor der Beschichtung zwingend sicherzustellen.

Für 2-K-Beschichtungsstoffe auf der Bindemittelbasis EP sowie bei höheren Korrosionsbelastungen sollte eine Oberflächenreinigung mit einer Aufrauung durch „Sweepstrahlen" erfolgen.

3. Oberflächenvorbereitung und Beschichtung nach längerer Zwischenbewitterung
Ist die Ausführung der Oberflächenvorbereitung und der Beschichtung erst nach einem längeren Zeitraum (z. B. nach der Montage) möglich, so ist der vorliegende Verunreinigungsgrad nur schwer einschätzbar. In diesem Fall ist eine generelle Beurteilung zur Festlegung des Oberflächenvorbereitungsverfahrens anzuraten. Für 1-K-Beschichtungsstoffe kann eine Oberflächenvorbereitung analog der Ausführung nach kurzer Zwischenbewitterung ausreichend sein, es kann jedoch auch die Notwendigkeit der Oberflächenvorbereitung durch „Sweepstrahlen" bestehen.

Für 2-K-Beschichtungsstoffe auf der Bindemittelbasis EP und bei höheren Korrosionsbelastungen sollte eine Oberflächenreinigung mit Aufrauung durch „Sweepstrahlen" erfolgen.

Unabhängig von den möglichen aufgezeigten Varianten der fertigungstechnologischen Einordnung der Oberflächenvorbereitung und der Beschichtung wird eine Ausführung unter Werkstattbedingungen unmittelbar nach der Feuerverzinkung bzw. nach kurzer Zwischenbewitterung auch bei erforderlichem „Sweepstrahlen" bevorzugt.

Beschichtungssysteme mit Pulver-Beschichtungsstoffen
Die Oberflächenvorbereitung und die Beschichtung mit Pulver-Beschichtungsstoffen sind bedingt durch die erforderlichen Prozessstufen (siehe Abschnitt 10.6.3.4) nur in der Werkstatt ausführbar.

Die Oberflächenvorbereitung erfolgt durch chemische Umwandlung (Phosphatieren, Chromatieren siehe Abschnitt 10.6.3.4) oder durch Sweep-Strahlen (siehe Abschnitt 10.6.3.1).

Zur Ausführung der Beschichtung mit Pulver-Beschichtungsstoffen ist eine Aushärtung durch Einbrennen erforderlich (siehe Abschnitt 10.7.)

Eine Übersicht über die Oberflächenvorbereitungsverfahren und ihre fertigungstechnologische Einordnung ist in Tab. 10.2 dargestellt.

Tab. 10.2 Praktisch angewandte übliche Technologie der Oberflächenvorbereitung

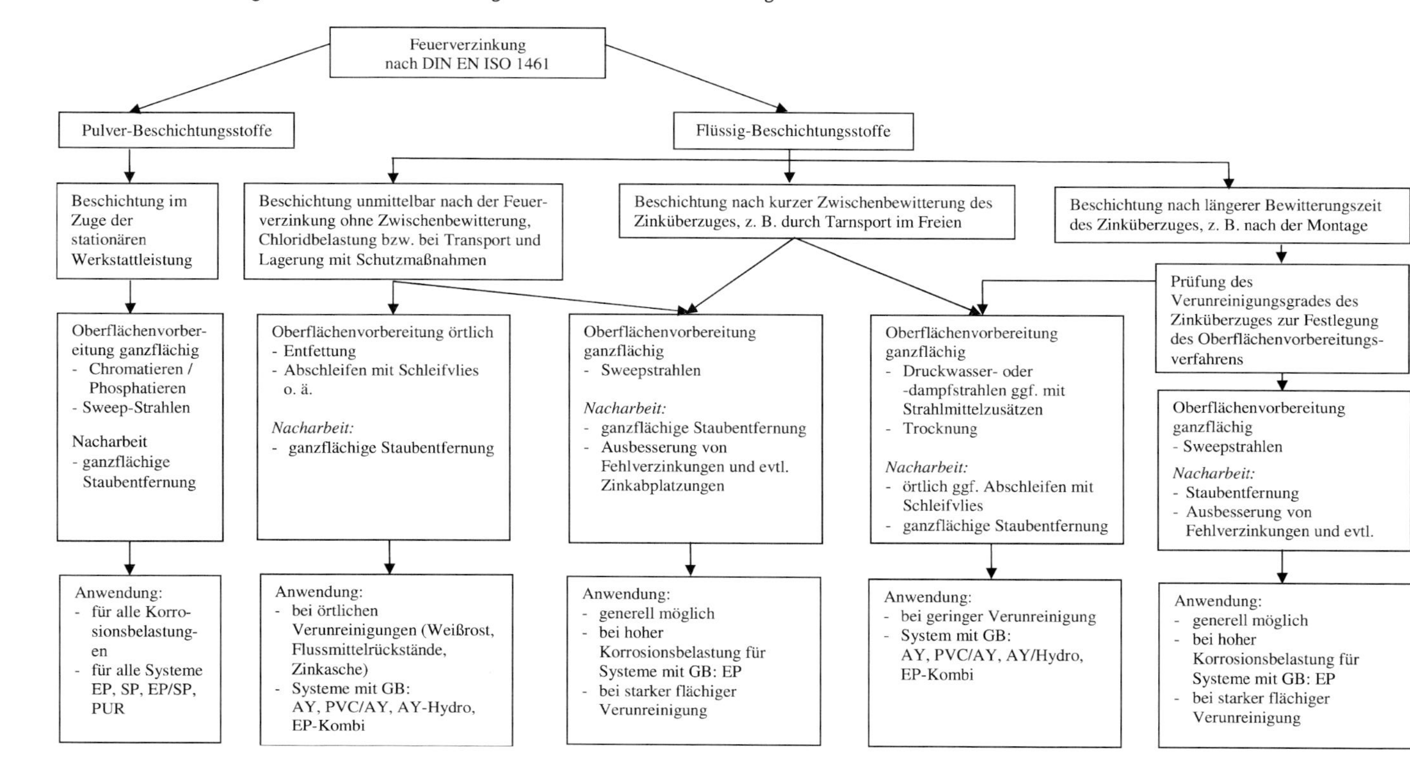

10.7 Beschichtungsstoffe, Beschichtungssysteme

Zur Beschichtung von Zinküberzügen müssen geeignete Beschichtungsstoffe angewandt werden.

Die früher häufig eingesetzte Haftvermittler (Primer) sind wegen ihrer festgestellten Nachteile heute bei der Beschichtung von Zinküberzügen nicht mehr anzuwenden. Die Gründe dafür sind:

- Ausführung mit einer zulässigen Schichtdicke bis zu 10 µm und damit nicht schichtbildend (zusätzliche Beschichtung zum Beschichtungssystem),
- bei Schichtdickenüberschreitung häufiges Auftreten von Haftverlusten der Beschichtung.
- Die Messung und Kontrolle der Schichtdicke von bis zu 10 µm ist unter Praxisbedingungen nicht möglich.

Heute werden Beschichtungsstoffe angewandt, die zum Direktauftrag auf feuerverzinkte Oberflächen geeignet sind. Für die Eignung sind Bindemitteltyp und Pigmentierung dieser Beschichtungsstoffe von Bedeutung. Geeignete Bindemitteltypen sind in Tabelle 10.3 für Flüssig-Beschichtungsstoffe und in Tabelle 10.4 für Pulver-Beschichtungsstoffe aufgeführt:

Bei der Auswahl von Beschichtungssystemen auf Zinküberzügen ist zu berücksichtigen:

- Bewertung des erforderlichen Korrosionsschutzes in Abhängigkeit von der Korrosivitätskategorie (Korrosionsbelastung) und der erforderlichen Schutzdauer (Zeitraum bis zur erforderlichen Instandsetzung der Beschichtung)
  - Korrosivitätskategorie nach DIN EN ISO 12944–2 [10.1]:
    C 2 gering
    C 3 mäßig
    C 4 stark
    C 5-I sehr stark (Industrieatmosphäre)
    C 5-M sehr stark (Meeresatmosphäre)
  - Schutzdauer nach DIN EN ISO 12944–1 [10.4]
    niedrig (L) 2–5 Jahre
    mittel (M) 5–15 Jahre
    hoch (H) > 15 Jahre
- Weitestgehende Ausführung der Beschichtung als Werkstattfertigung in folgenden Varianten:
  - Werkstattseitige Vollschutzausführung bei zu erwartendem niedrigem Beschädigungsgrad des Beschichtungssystems durch Transport- und Montageprozesse.
  - Werkstattseitige Ausführung einer Teilbeschichtung mit baustellenseitiger Vollschutzkomplettierung bei zu erwartendem höherem Beschädigungsgrad des Beschichtungssystems durch Transport- und Montageprozesse.

- Formulierung des Beschichtungssystems für die entsprechende Korrosivitätskategorie und Schutzdauer unter Angabe von:
  - Erforderliches Oberflächenvorbereitungsverfahren,
  - Beschichtungssystemaufbau mit möglicher Trennung in Werkstatt- und Baustellenleistung.
- Sollschichtdicken der Einzelbeschichtungen und des Beschichtungssystems.
- Farbtöne der Einzelbeschichtungen, die sich deutlich voneinander und vom Zinküberzug unterscheiden.

Übersichten über mögliche Beschichtungssysteme sind für Flüssig-Beschichtungsstoffe in Tab. 10.5 und für Pulver-Beschichtungsstoffe in Tab. 10.6 zusammengestellt.

Tab. 10.3 Flüssig-Beschichtungsstoffe

Bindemittelbasis	**Kurzzeichen**	**Charakterisierung**
Acrylharze	AY AY-Hydro	1-komponentige Verarbeitung physikalisch trocknend Lösemittel: organisch oder Wasser
Vinylchlorid-Copolymerisate	PVC/AY	1-komponentige Verarbeitung physikalisch trocknend Lösemittel: organisch
Epoxidharze	EP	2-komponentige Verarbeitung chemisch härtend Lösemittel: organisch oder Wasser
Epoxidharz-Kombinationen	EP-Kombi	2-komponentige Verarbeitung chemisch härtend/physikalisch trocknend Lösemittel: organisch
Polyurethanharze	PUR	2-komponentige Verarbeitung chemisch härtend Lösemittel: organisch oder Wasser

Tab. 10.4 Pulver-Beschichtungsstoffe

Bindemittelbasis	**Kurzzeichen**	**Charakterisierung**
Epoxidharze Epoxidharz/Polyesterharz Polyesterharz Polyurethan	EP EP/SP SP PUR	chemisch härtend bei thermischer Behandlung (150–220 °C) Lösemittel: keine

Tab. 10.5 Beschichtungssysteme für Zinküberzüge mit Flüssig-Beschichtungsstoffen

Beschichtungssystemaufbau mit möglicher Trennung in Werkstatt– und Baustellenleistung[1)]	**Variante 1**	**Variante 2**	**Variante 3**	**Variante 4**
Werkstattleistung	DB (80 µm)	DB (80 µm) GB o. DB (40 µm)	DB (80 µm) GB o. ZB (80 µm)	DB (80 µm) ZB (80 µm) GB o. DB (80 µm)
	Überzug durch Feuerverzinkung nach DIN EN ISO 1461 [10.7]			
Anzahl der Beschichtungen	einschichtig	zweischichtig	zweischichtig	dreischichtung
Schichtdicke des Beschichtungssystems	80 µm	120 µm	160 µm	240 µm
Schichtdicke der Teilbeschichtung Werkstattleistung	80 µm	40 µm	80 µm	160 µm
Bindemittelbasis Beschichtungsstoffe nach Tabelle 10.2	PVC/AY, EP, PUR, AY	PVC/AY, AY, EP, PUR	PVC/AY, AY, EP, EP-Kombi, AY-Hydro, PUR	AY, EP, EP-Kombi, AY-Hydro, PUR
Vorzugsweise Anwendung für Korrosionsbelastungen	gering	mäßig	stark	sehr stark, Sonderbelastung
Korrosivitätskategorie nach DIN EN ISO 12944–2 [10.1]	C 2	C 3	C 4	C 5-I, C 5-M

1) GB Grundbeschichtung
ZB Zwischenbeschichtung
DB Deckbeschichtung

Tab. 10.6 Beschichtungssysteme für Zinküberzüge mit Pulver-Beschichtungsstoffen

Beschichtungssystemaufbau[1]	Variante 1	Variante 2	Variante 3
Werkstattleistung		DB (60 µm)	DB (80 µm)
	DB (80 µm)	GB o. DB (60 µm)	GB (80 µm)
	Überzug durch Feuerverzinkung nach DIN EN ISO 1461 [10.7]		
Anzahl der Beschichtungen	einschichtig	zweischichtig	zweischichtig
Schichtdicke des Beschichtungssystems	80 µm	120 µm	160 µm
Bindemittelbasis Beschichtungsstoffe nach Tabelle 10.3	SP, EP/SP	EP, EP/SP, SP	EP, EP/SP, SP, PUR
Vorzugsweise Anwendung für Korrosionsbelastungen	mäßig	stark	sehr stark
Korrosivitätskategorie nach DIN EN ISO 12944–2 [10.1]	C 3	C 4	C 5-I, C 5-M

[1] GB Grundbeschichtung
DB Deckbeschichtung

Beispiele für konkrete Beschichtungssysteme mit Flüssig-Beschichtungsstoffen sind in DIN EN ISO 21944–5 [10.5] und in der Verbände-Richtlinie Duplex-Systeme [10.10] aufgeführt. Beschichtungssysteme mit Pulver-Beschichtungsstoffen werden zzt. für tragende Bauteile im Stahlbau genormt [10.14] und werden als Beispiele ebenfalls in der o. g. Richtlinie [10.10] genannt.

Für die Applikation von Flüssig-Beschichtungsstoffen auf Zinküberzügen bestehen keine besonderen Anforderungen an das Beschichtungsverfahren. Die Ausführung kann durch Spritzen, Streichen oder Rollen unter Beachtung der Angaben der Technischen Produktdatenblätter der Hersteller erfolgen.

Die Ausführung der Beschichtung mit Pulver-Beschichtungsstoffen erfolgt überwiegend durch elektrostatisches Sprühen mit einer Aushärtung durch Einbrennen bei 150–220 °C. Die Vorgaben der Pulverhersteller in den Produktdatenblättern sind zu beachten.

Die aufgeführten Grundlagen und zu beachtenden Schwerpunkte bei der Ausführung von Duplex-Systemen sind Verallgemeinerungen der gegenwärtigen praktischen Verfahrensweise. Abweichungen dazu sind ggf. möglich oder erforderlich. Die Ausführung der Duplex-Beschichtung sollte deshalb im Rahmen der Erarbeitung der Spezifikationen nach DIN EN ISO 12944–8 [10.8] mit dem Beschichtungsstoffhersteller für den konkreten Anwendungsfall abgestimmt und vereinbart werden. Die Durchführung und Überwachung der Beschichtungsausführungen richten sich nach DIN EN ISO 12944–6 [10.11]. Zusätzliche Hinweise werden in der Verbände-Richtlinie Duplex-Systeme [10.10] gegeben.

Bei der im Rahmen der Qualitätssicherung zu messenden Schichtdicke des Korrosionsschutzsystems ist zu beachten, dass die Schichtdicke des Zinküberzuges und der Beschichtung getrennt zu ermitteln sind und nicht gegeneinander aufgerechnet werden dürfen.

Für größere oder bedeutende Objekte wird eine Qualitäts- und Gewährleistungsabsicherung durch Kontrollflächen nach DIN EN ISO 12944–7 [10.12] und DIN EN ISO 12944–8 Anhang B [10.13] für die Beschichtung empfohlen.

Literaturverzeichnis

Normen, Richtlinien

[10.1] DIN EN ISO 12944–2 Korrosionsschutz von Stahlbauten durch Beschichtungssysteme, Teil 2 Einteilung der Umgebungsbedingungen

[10.2] DIN EN ISO 12944–4 Korrosionsschutz von Stahlbauten durch Beschichtungssysteme, Teil 4 Arten von Oberflächen und Oberflächenvorbereitung

[10.3] Merkblatt 329 Korrosionsschutz durch Feuerverzinken (Stückverzinken), Stahl-Informations-Zentrum

[10.4] DIN EN ISO 12944–1 Korrosionsschutz von Stahlbauten durch Beschichtungssysteme, Teil 1 Allgemeine Einleitung

[10.5] DIN EN ISO 21944–5 Korrosionsschutz von Stahlbauten durch Beschichtungssysteme, Teil 5 Beschichtungssysteme

[10.6] DIN EN ISO 12944–3 Korrosionsschutz von Stahlbauten durch Beschichtungssysteme, Teil 3 Grundregeln zur Gestaltung

[10.7] DIN EN ISO 1461 Durch Feuerverzinken auf Stahl aufgebrachte Zinküberzüge (Stückverzinken), Anforderungen und Prüfungen

[10.8] DIN 8201 Teil 9 Feste Strahlmittel, synthetisch, mineralisch, Kupferhüttenschlacke, Schmelzkammerschlacke

[10.9] DIN EN ISO 8503–1 Rauheitskenngrößen von gestrahlten Stahloberflächen, Teil 1 Anforderungen und Begriffe für ISO-Rauheitsvergleichsmuster

[10.10] Verbände Richtlinie Korrosionsschutz von Stahlbauten, Duplex-Systeme (Juni 2000)

[10.11] DIN EN ISO 12944–6 Korrosionsschutz von Stahlbauten durch Beschichtungssysteme Teil 6 Laborprüfungen zur Bewertung von Beschichtungssystemen

[10.12] DIN EN ISO 12944–7 Korrosionsschutz von Stahlbauten durch Beschichtungssysteme Teil 7 Ausführung und Überwachung der Beschichtungsarbeiten

[10.13] DIN EN ISO 12944–8 Korrosionsschutz von Stahlbauten durch Beschichtungssysteme Teil 8 Erarbeitung von Spezifikationen für Erstschutz und Instandsetzung

[10.14] E DIN 55633 Beschichtungsstoffe – Korrosionsschutz von Stahlbauten durch Pulver-Beschichtungssysteme – Bewertung, Ausführung und Überwachung der Beschichtungsarbeiten

Veröffentlichungen

[10.15] *van Oeteren, K. A.:* Feuerverzinkung und Beschichtung Duplex-System. Wiesbaden: Bauverlag GmbH 1983

[10.16] *van Oeteren-Panhäuser, K. A.:* Feuerverzinkung und Anstrich – ein ideales Korrosionsschutzsystem, Metalloberfläche, München 13 (1959) 11, S. 176–179

[10.17] *van Eijnsbergen. J. F. H.:* Zwanzig Jahre Duplexsysteme, Metall, Berlin (West) 29 (1975) 6, S. 585–591

[10.18] *Böttcher, H.-J.:* Das Duplex-System „Feuerverzinkung plus Beschichtung“, Feuerverzinken, Düsseldorf 16 (1987) 4, S. 58–59

[10.19] *Herms, R.*: Warum Duplex-Systeme ?, Vortrags- und Diskussionsveranstaltung 1987 des GAV

[10.20] *Haagen, H.*: Anforderungen an den Zinküberzug und an die Oberflächenvorbereitung vor dem Beschichten, Vortrags- und Diskussionsveranstaltung 1987 des GAV

[10.21] *van Eijnsbergen, J. F. H.*: Zinkpatina und Weißrost, Verzinken, Den Haag 4 (1975), S. 15–16

[10.22] *Schikorr, G.*: Korrosionsverhalten von Zink und Zinküberzügen an der Atmosphäre, Werkstoffe und Korrosion, Weinheim 15 (1964), S. 537–542

[10.23] *van Oeteren, K. A.*: Mängel an Duplex-Systemen und ihre Ursachen, Vortrags- und Diskussionsveranstaltung 1987 des GAV

[10.24] *Groß, H.*: Prüfung von Beschichtungsstoffen und -systemen für Duplex-Systeme, Vortrags- und Diskussionsveranstaltung 1987 des GAV

[10.25] *Horowitz, E. T. H.*: Handbuch über Strahltechnik und -anlagen Bd. I, Essen: Vulkan-Verlag 1982

[10.26] *Moree, J. C.*: Oberflächenvorbereitung für Beschichtungen auf feuerverzinktem Stahl, Feuerverzinken, Düsseldorf 18 (1989) 1, S. 2–3

[10.27] *Böttcher, H.-J.*: Duplexsysteme, Auszug aus Jahrbuch Oberflächentechnik, Sonderdruck aus Bd. 45 (1989)

[10.28] *Wolff, W.*: Duplex-Systeme im Korrosionsschutz ab Werk, Internationales Duplex-Forum 1988 in Karlsruhe

[10.29] Schütz, Triebert, Schubert: Duplex-Systeme – Moderne Vorbehandlungsverfahren für verzinkten Stahl, GAV-Bericht Nr. 156

[10.30] *van Eijnsbergen, J. F. H.*: Erfahrungen mit Duplex-Systemen auf Zink- und Zink-/Aluminiumoberflächen aus internationaler Sicht, Internationales Duplex-Forum 1988 in Karlsruhe

[10.31] *Haagen, H., Zeh, J.*, und *Martinovit; D.*: Einfluß der Feuerverzinkungsart und der Teilelagerung auf die Beschichtung, Farbe und Lack, Berlin (West) 90 (1984) 11, S. 903–909

[10.32] *Haagen, H.*: Wechselwirkungen zwischen Zink bzw. verzinkten Untergründen und Beschichtungen, Industrielackierbetrieb, Hannover 50 (1982) 6, S. 221–226

[10.33] *Schmidt, R.*: 1.) Duplex-Systeme: Feuerverzinkung und Beschichtung in WEKA Praxishandbuch. 2.) Korrosionsschutz durch Beschichtungen und Überzüge, Ausgabe April 1999, Augsburg: WEKA

[10.34] *Schubert, P.; Schulz, W.-D.; Katzung, W.; Rittig, R.*: 1.) Richtiges Sweepen von Feuerverzinkungsüberzügen nach DIN EN ISO 1461. 2.) Der Maler und Lackiermeister (1999) 7, S. 479

11
Wirtschaftlichkeit der Feuerverzinkung

P. Maaß

Jeder Werkstoff unterliegt in der Praxis einer mehr oder weniger starken korrosiven Belastung. Da sowohl Rohstoffe als auch Energieträger und qualifizierte Arbeitskräfte in den vergangenen Jahren immer knapper und damit auch teurer geworden sind, kommt der Frage einer wirtschaftlichen Korrosionsverhütung im gesamten Bereich der Technik eine ständig steigende Bedeutung zu. Dies gilt insbesondere für den wichtigsten metallischen Werkstoff, den Stahl, von dem derzeit in Deutschland jährlich ca. 50 Mio. t für unterschiedlichste Verwendungsbereiche eingesetzt werden.

Korrosionsschutz ist kein Selbstzweck, sondern ein wichtiger Punkt innerhalb der industriellen Schadensverhütung. Die für den Korrosionsschutz aufzuwendenden Kosten müssen in Relation zum Nutzen – also der Wirtschaftlichkeit – gesehen werden. Guter Korrosionsschutz kann teuer sein, fehlender oder ungenügender Korrosionsschutz kann jedoch noch teurer sein [11.1].

An ein Verfahren zum Schutz vor Korrosion, das optimal sein soll, werden heute hauptsächlich folgende Bedingungen gestellt:

- Es muss zuverlässig eine lange Haltbarkeit sicherstellen und möglichst vom Wartungszwang befreien.
- Es muss preiswürdig und wirtschaftlich sein.
- Es muss unabhängig sein von Zeit und Witterung (Temperatur, Feuchtigkeit).
- Es muss möglichst wenig Material, Energie und Arbeitskraft erfordern.
- Es sollte Mängel durch menschliche Unzulänglichkeiten ausschließen.
- Es sollte möglichst abrieb- und schlagfest sein, um auch mechanischen Belastungen standhalten zu können.

Diese Forderungen erfüllt die Feuerverzinkung als industriell durchgeführtes Tauchverfahren weitgehend.

Wenn man die Kosten unterschiedlicher Korrosionsschutzsysteme miteinander vergleichen will, muss man sich zunächst einmal darüber im klaren sein, dass die Erstkosten eines Schutzsystems allein kein Maßstab für die Wirtschaftlichkeit sein

Handbuch Feuerverzinken. Herausgegeben von Peter Maaß und Peter Peißker

ISBN: 978-3-527-31858-2

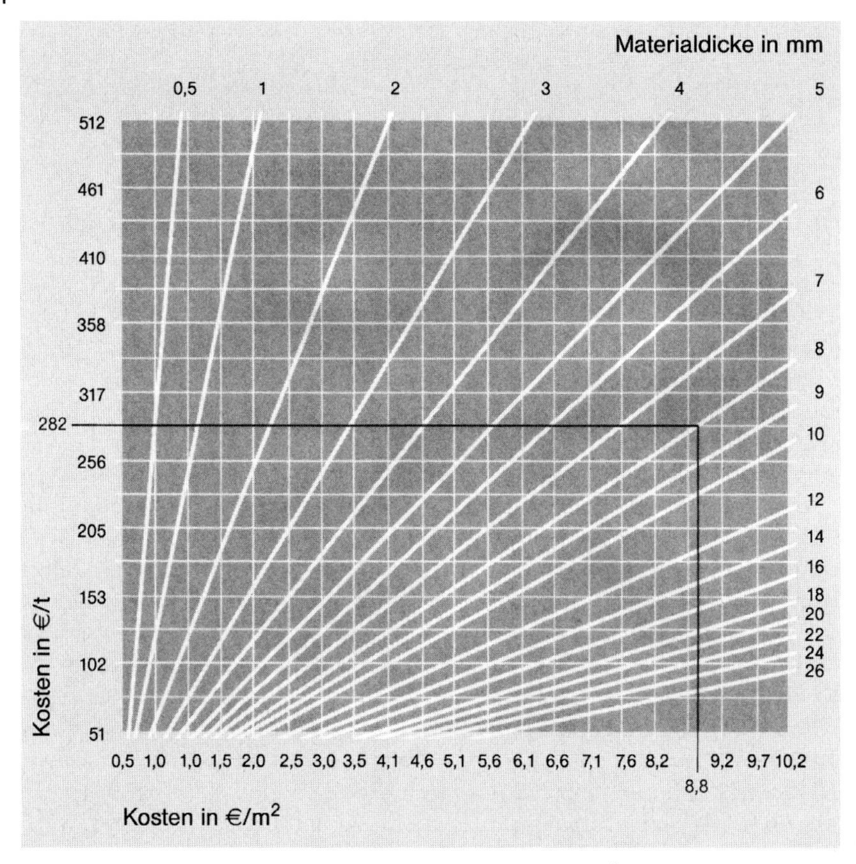

Abb. 11.1 Umrechnung der Verzinkungskosten von Euro/t in Euro/m²

können [11.2, 11.3]. Zumindest muss die Schutzdauer des Systems mitberücksichtigt werden, damit die Korrosionsschutzkosten pro Flächen- und Zeiteinheit ermittelt werden können. Sie allein sind bei unterschiedlichen Schutzsystemen vergleichbar. Selbstverständlich müssen auch die Kriterien Gebrauchsdauer der Konstruktion, zukünftige Erneuerungsarbeiten und daraus resultierende Stillstandszeiten, Entwicklung der Lohn- und Materialkosten und die Amortisierung des eingesetzten Kapitals bzw. die Verzinsung des eingesparten Kapitals Berücksichtigung finden.

Zur Vereinfachung der nachfolgenden Betrachtungen seien lediglich die beiden erstgenannten Kriterien zugrunde gelegt, also Herstellungskosten und Schutzdauer. Von Bedeutung bei diesen Überlegungen ist zunächst die Tatsache, dass die Kosten bei der Feuerverzinkung nach dem Gewicht des Verzinkungsgutes und nicht – wie z. B. bei Beschichtungssystemen – nach der Oberfläche berechnet werden. Aus diesem Grund muss also zunächst der Zusammenhang zwischen den Kosten pro Gewichtseinheit (Euro/t) und den Kosten pro Oberflächeneinheit (Euro/m²) verdeutlicht werden [11.4].

Die Zusammenhänge zwischen der Materialdicke und der Oberfläche einer Konstruktion ergeben sich anhand der Formel [11.5]

$$O = 2\left(\frac{1000}{SQ}\right)$$

S durchschnittliche Materialdicke [mm]
Q spezifische Dichte für Stahl [t m^{-3}]
O durchschnittliche Oberfläche [m^2 t^{-1}]

Unter Zuhilfenahme dieser Formel ist es dann einfach, das Strahlendiagramm in (Abb. 11.1) zur direkten Umrechnung der Verzinkungskosten von Euro/t auf Euro/m^2 zu entwickeln. Legt man z. B. bei einem Großauftrag einen Betrag von 246 Euro für die Feuerverzinkung einer Stahlkonstruktion je 1 t Gewicht zugrunde, so ergibt sich bei einer durchschnittlichen Materialdicke von 7 mm ein Betrag von etwa 8,80 Euro/m^2.

Normalerweise nimmt der Verzinkungspreis – in Euro/t gerechnet – mit dünner werdender Materialdicke zu, weil das dünnere Material wegen der größeren Oberfläche mehr Zink annimmt (und pro Gewichteinheit im Regelfall aufwendiger zu handhaben ist). Der Verzinkungspreis in Euro/m^2 verringert sich jedoch bei dünner werdendem Material, weil hier der Lohnkostenanteil nicht mehr so stark zu Buche schlägt. Dieser Umstand kommt dem Trend der Zeit entgegen, nämlich der gewichts- und damit auch kostensparenden Leichtbauweise. Die Zusammenhänge zwischen der Materialdicke und den Verzinkungskosten zeigt Abb. 11.2. Die hier dargestellten Kosten können naturgemäß nur Richtwerte sein, da sich je nach Art und Material der Konstruktion, Auftragsumfang und ggf. im Verzinkungspreis enthaltene Transportkosten eine natürliche Bandbreite ergibt. Vor allem im oberen Bereich, d. h. bei Oberflächen von etwa 50 m^2 t^{-1} an aufwärts, dürften in der Praxis häufig geringere Kosten als dargestellt anzutreffen sein. Anfang 1993 lag der Durchschnittserlös aller im VDF Verband der Deutschen Feuerverzinkungsindustrie e. V. zusammengeschlossenen Feuerverzinkereien bei 680,– DM/t. Dieser Durchschnittserlös umfasst sowohl schwere Massenartikel mit niedrigerem Preisniveau als auch leichte Einzelkonstruktionen, für die (evtl. noch mit Mindermengen- oder Sperrigkeitszuschlägen) deutlich höhere Preise erforderlich sein müssen [11.6]. Wie in Abschnitt 9 erläutert, verläuft der Zinkabtrag bei atmosphärischer Belastung praktisch linear. Deshalb kann man bei Kenntnis der vorhandenen Mindest-Zinküberzugdicke nach DIN EN ISO 1461 oder – bei bereits verzinkten Konstruktionen – anhand der in der Praxis meist höheren tatsächlichen Überzugdicke die voraussichtliche Schutzdauer durch einfache Division der Zinküberzugdicke durch den zu erwartenden Zinkabtrag ermitteln.

Hier muss natürlich mit einer gewissen Bandbreite gerechnet werden, da in der Praxis die klimatischen Verhältnisse nicht immer präzise zu erfassen sind und außerdem die Werte für die Zinkabtragung große Streuungen aufweisen. Für eine überschlägige Ermittlung der Kosten bzw. einen Vergleich mit anderen Verfahren zum Schutz vor Korrosion können diese Angaben jedoch bei Berücksichtigung der vorstehenden Einschränkungen durchaus verwendet werden. Um beim o. g. Beispiel zu bleiben:

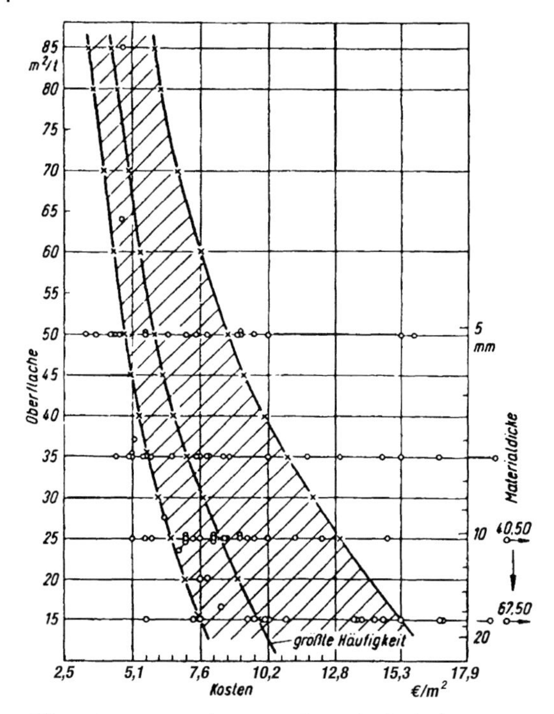

Abb. 11.2 Zusammenhang zwischen Oberfläche bzw. Materialdicke und Verzinkungskosten

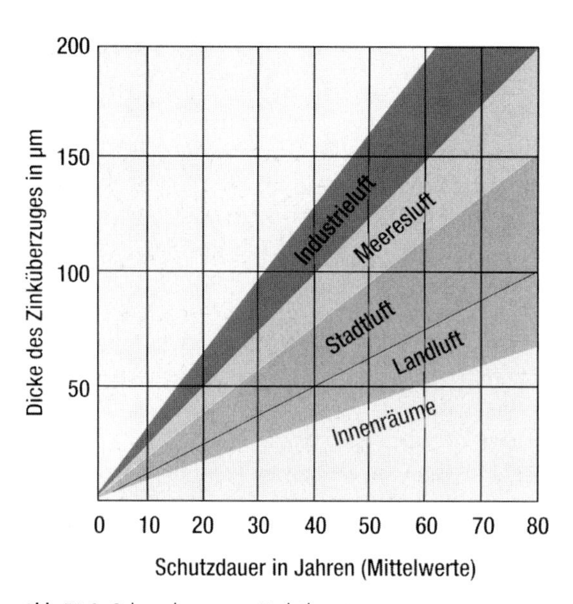

Abb. 11.3 Schutzdauer von Zinküberzügen

Die sich für den Korrosionsschutz ergebenden praktischen Auswirkungen der Verminderung der SO_2-Belastung in den Jahren 1985–1999 und die sich daraus ergebenden geringeren Zinkabtragswerte zeigt Abb. 11.3.

Bei leichten bis mittelschweren Stahlkonstruktionen mit einer durchschnittlichen Materialdicke von 8,0 mm liegt die Dicke des Zinküberzuges üblicherweise bei 100–140 µm. Geht man davon aus, dass die Schutzwirkung von Zinküberzügen bis zu einer Rest-Zinküberzugdicke von ca. 20 µm voll erhalten bleibt, dann ist unter Zugrundelegung eines Zinkabtrages für Stadt- oder Meeresatmosphäre entsprechend Abschn. 9 mit einer Schutzdauer zwischen etwa 30 und 60 Jahren zu rechnen.

Bei einem Verzinkungspreis gemäß Beispiel von 11,02 Euro/m^2 bewegen sich die jährlichen Korrosionsschutzkosten in einer Größenordnung von ca. 0,33–0,43 Euro/m^2. Wie bereits erwähnt, können diese Angaben wegen der Vielzahl und der Streubreite der denkbaren Einflussfaktoren lediglich Größenordnungen aufzeigen.

Die Feuerverzinkung steht in direktem Wettbewerb mit Beschichtungssystemen unterschiedlichster Art und Güte. Hier ist eine allgemeingültige Kostenangabe naturgemäß bedeutend schwieriger als bei der Feuerverzinkung, denn es gibt

- zahlreiche Beschichtungssysteme mit unterschiedlichem Aufbau, unterschiedlicher Oberflächenvorbereitung, unterschiedlicher Pigmentierung und unterschiedlicher Bindemittelzusammensetzung [11.7];
- in der Bundesrepublik Deutschland mehrere Hundert Hersteller, die diese unterschiedlichen Beschichtungsstoffe zu unterschiedlichen Preisen anbieten, und
- einige Tausend Betriebe, die zu unterschiedlichen Preisen Oberflächenschutzarbeiten durch Auftragen von Beschichtungsstoffen ausführen.

Für wirksame Beschichtungssysteme entsprechend DIN EN ISO 12944 muss man heute – je nach Aufwand bei der Oberflächenvorbereitung und beim Beschichtungsaufbau – mit Preisen in der Größenordnung 10,20–25,60 Euro/m^2 rechnen.

Normalerweise entstehen die niedrigsten Kosten, wenn die Oberflächenvorbereitungsarbeiten und das Auftragen des überwiegenden Beschichtungsteils witterungsunabhängig in der Werkstatt erfolgen können. Auf der Baustelle ist dann lediglich das Ausbessern von Transport- und Montageschäden und ggf. das Auftragen der Deckbeschichtung(en) erforderlich. Umgekehrt kann es sich verteuernd auswirken, wenn Korrosionsschutzarbeiten weitestgehend oder ganz auf der Baustelle erfolgen müssen – evtl. unter Inkaufnahme höherer Einrüst- und Umweltschutzkosten.

Hochwertige und sorgfältig aufgebrachte Beschichtungssysteme erreichen eine Schutzdauer von 10–15 Jahren; bei Bauwerken mit besonders hochwertigen Beschichtungssystemen sind z. T. auch erheblich längere Schutzzeiträume bekannt geworden.

Bei Beschichtungssystemen ist demnach – je nach Erstkosten des Systems und der Standzeit – mit jährlichen Korrosionsschutzkosten in einer Bandbreite 0,66–2,50 Euro/m^2 zu rechnen. Ein Vergleich der Korrosionsschutzkosten pro Flächen- und Zeiteinheit – und nur diese Kosten sind bei unterschiedlichen Schutzsystemen vergleichbar – zeigt, dass die Feuerverzinkung eines der preiswertesten Schutzsysteme ist, das nur noch von einer Kombination „Feuerverzinkung plus Beschichtung" übertroffen wird [11.8].

Abb. 11.4 zeigt die Kostenentwicklung von Korrosionsschutzsystemen (schematisiert). Entscheidende Kriterien sind die jährlichen Korrosionsschutzkosten.
Abb. 11.5 zeigt den Vergleich wichtiger Kriterien des Erstschutzes

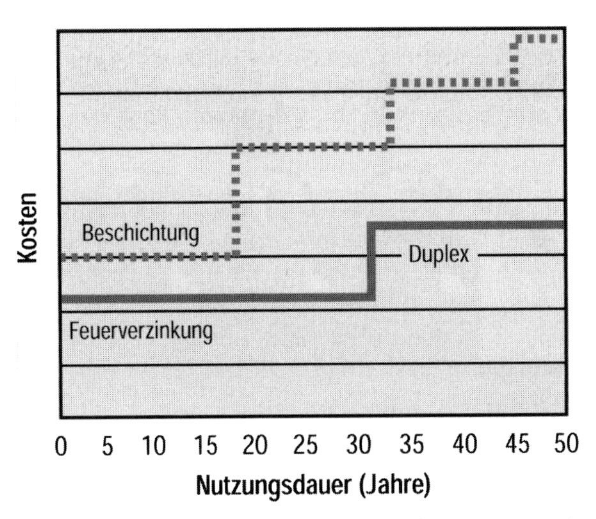

Abb. 11.4 Kostenentwicklung von Korrosionsschutzsystemen (schematisch)

Was kostet der Korrosionsschutz?

Wie lange hält der Korrosionsschutz?

Entscheidende Kriterien sind die jährlichen Korrosionsschutzkosten

$$\text{Jährliche Korrosionsschutzkosten} = \frac{\text{Erstschutzkosten} + \text{Instandhaltungskosten}}{\text{Jahre}}$$

Parameter	Beschichten	Feuerverzinken
1. Korrosionsschutz-applikationen	nur auf Außenseiten	auf Innen- und Außenseiten
2. Voraussetzungen	Beschichtungsgerechte Konstruktion	Feuerverzinkungsgerechte Konstruktion
3. Herstellung		
• Ab Werk	Ja, witterungsunabhängig	Ja, witterungsunabhängig
• Baustelle	Ja, witterungsabhängig	Nein
• Arbeitsgänge	Mehrere (systemabhängig)	Mehrere
• Werkstattdurchlauf	1-2 Tage	1-2 Tage
4. Eigenschaften der Schicht		
• Verbindung mit der Stahloberfläche	Haftung durch Adhäsion	Haftung durch Legierungs-verbund
• Schichtdicke	Verschieden	Verschieden
• Eigenschaften		
Korrosive Beständigkeit	Mittel	Hoch
Mechanische Beständigkeit	Mittel	Hoch
Verschleißwiderstand	Gering bis Mittel	Hoch
Kathodischer Schutz	Nein	Ja
Kantenschutz	Mäßig	Gut
5. Wirtschaftlichkeit		
Schutzdauer [1]	20 Jahre	60 Jahre
(Jährliche Korrosions-schutzkosten bezogen auf 60 Jahre)		
• Erstkosten in (€/m²)	ca. 17	ca. 12
• 1. Instandsetzung nach 20 Jahren (€/m²)	ca. 22	entfällt
• 2. Instandsetzung nach 40 Jahren (€/m²)	ca. 22	entfällt
• jährliche Korrosions-schutzkosten (€/m²/Jahr)	ca. 1,02	ca. 0,20

[1] Korrosivitätskategorie C3 nach DIN EN ISO 12944-2

Abb. 11.5 Vergleich wichtiger Kriterien des Erstschutzes durch Beschichten und Feuerverzinken

Literaturverzeichnis

[11.1] *van Öfteren, K.-A.*, und *J.-P., Kleingarn:* Versuch einer Kosten- und Nutzungsdauerermittlung der wichtigsten Korrosionsschutzsysteme für Stahlbauten, FEUERVERZINKEN 8 (1979) 1, S. 10–14

[11.2] *Blohm, H.:* Wirtschaftlichkeit des Korrosionsschutzes, Edition Lack und Chemie, Elvira Möller GmbH, Filderstadt, 1978

[11.3] *Landwehr, E.*, und *S. Scyslo:* Korrosionsschutz der Stahlbauten. In: *Vollrath, F.*, und *Tathoff, H.:* Handbuch der Brückeninstandhaltung. Düsseldorf: Beton-Verlag GmbH 1990, S. 119–187

[11.4] *Kleingarn, J.-P.:* Wirtschaftliche Korrosionsverhütung durch Feuerverzinken, VERZINKEN 4 (1975)2,8,36–38

[11.5] *Teumer, E.:* Wirtschaftliche Korrosionsschutzsysteme für den Stahlbau, Sonderdruck der überarbeiteten Fassung eines in Nr. 6/79 der Fachzeitschrift „Ingenieur-Digest" erstveröffentlichten Aufsatzes, herausgegeben von der Beratung Feuerverzinken, Sohnstraße 70, 40237 Düsseldorf

[11.6] *Kleingarn, J.-P.:* Weitere Rationalisierung unverzichtbar, Handelsblatt/Technische Linie B l vom 6. 10. 1992

[11.7] DIN EN ISO 12944, Korrosionsschutz von Stahlbauten durch Beschichtungssysteme

[11.8] *Schneider, A.:* Beschichtungen auf Zinküberzügen – Duplex-Systeme, siehe Abschnitt 10.

12
Anwendungsbeispiele

P. Maaß

Zurzeit werden in der Bundesrepublik Deutschland pro Jahr ca. 5,8 Mio. t Stahl durch die Feuerverzinkung vor Korrosion geschützt, davon ca. 1,5 Mio. t durch das Stückverzinken. Die Begrenzungskriterien liegen bei ca. 25 m Konstruktionslänge und maximalen Stückgewichten von 25 t.

Jedes Werkstück aus Stahl, vom Verbindungsmittel bis zur großen Stahlkonstruktion, kann feuerverzinkt werden.

Praktische Erfahrungswerte der Haltbarkeit dieses Korrosionsschutzverfahrens, das sich seit über 265 Jahren immer mehr bewährt, liegen für alle Einsatzgebiete, wie Hoch- und Tiefbau, Hausbau, Verkehrsbau, Sport- und Freizeitbau, Anlagen- und Industriebau, Bergbau, Landwirtschaft, Umweltschutz, sowie aus dem Handwerk und der Kunst vor.

Die nachfolgenden Anwendungsbeispiele des Feuerverzinkens sollen die Architekten, Baubehörden, Bauämter, Planungs- und Ingenieurbüros sowie alle Anwender und Nutzer von Stahl ansprechen, sich bei ihren gegenwärtigen und zukünftigen Entscheidungen von der Breite und Vielfalt der Einsatzgebiete dieses Korrosionsschutzverfahrens zu überzeugen. Bei ihren Entscheidungen stehen Ihnen die angegebenen Beratungsstellen sowie die Feuerverzinkereien für alle Fragen zur Beratung und Information zur Verfügung.

Während im Hochbau durch Ereignisse wie Expo 2000 oder die Fußballweltmeisterschaft die Feuerverzinkung wirksam in Architekturbauten zum Einsatz kam, sind auch neue Märkte entstanden. Speziell im Nutzfahrzeugbau und PKW-Bau gewinnt der Einsatz des Feuerverzinkens zunehmend an Bedeutung.

Zurzeit bemüht sich der Industriezweig um die Feuerverzinkung der Stahl-Bewehrung im Betonbau.

In Deutschland werden pro Jahr mehr als 6 Mio. t Betonstahl hergestellt, die in Betonkonstruktionen aller Art eingebaut werden. Die Erfahrung der vergangenen Jahrzehnte hat gezeigt, dass der Beton keineswegs völlig vor korrosiven Einflüssen geschützt ist. Der Begriff der „Betonkorrosion“ ist heute geläufig. Insbesondere bei sehr dünnwandigen Betonkonstruktionen oder bei Sichtbetonflächen kommt es auf einen zuverlässigen Korrosionsschutz der Stahlbewehrung an. Durch eine Reihe von Forschungsarbeiten konnte nachgewiesen werden, dass eine Feuerverzinkung der Stahlbewehrung diese zuverlässig vor Korrosion schützen kann. Aus diesem

Handbuch Feuerverzinken. Herausgegeben von Peter Maaß und Peter Peißker

ISBN: 978-3-527-31858-2

Grund besitzt das Institut Feuerverzinken GmbH bereits seit Jahren eine allgemeine bauaufsichtliche Zulassung für feuerverzinkten Betonstahl. Einen weiteren Impuls für die Anwendung der Feuerverzinkung in diesem Bereich wird die in Kürze gültige Euro-Norm DIN EN 10348 schaffen, die die Herstellung und Prüfung der Feuerverzinkung in diesem Bereich regelt.

Das Institut Feuerverzinken wird versuchen, den Einsatz der Feuerverzinkung in diesem Bereich durchzusetzen.

Die Feuerverzinkungsindustrie als Dienstleister ist die verlängerte Werkbank des Stahlbauers und des Metallhandwerkers.

(Quelle: Geschäftsbericht Industrieverband Feuerverzinken e. V. (2006)).

12.1 Hochbau/Hausbau

Die großzügige Halle des Maritim-Hotels in Köln, unmittelbar am Rhein gelegen, bietet mit seiner Weite und Klarheit ein imposantes Bild.

Der Rathausneubau in Augustdorf bei Detmold erhielt eine Fassade aus feuerverzinktem Stahl und Glas, auch das Dach wurde teilweise verglast. Die Fassade wurde im Werk in größtmöglichen Abschnitten vorgefertigt, feuerverzinkt und bereits dort zusätzlich grünblau beschichtet.

Der „Auenplatz“ der Kölner Messe, der zwischen zwei Messehallen liegt, wurde als Kreuzungspunkt der Besucherströme überdacht und als hochwertig ausgestattetes Foyer mit Ruhezonen eingerichtet. Die Überdachung erfolgte mit einem MERO-Raumfachwerk in feuerverzinkter Ausführung.

Das Kurmittelhaus in Bad Neustadt an der fränkischen Saale setzt mit seiner modernen Stahl/Glas-Konstruktion bewusst neue Akzente zu dem bereits vorhandenen, jedoch zu kleinen Altbau.

Neue Messe Leipzig (Foto: Geholit + Wiemer).

Außentreppen • Balkongitter • Blitzableiter • Blumenkästen • Briefkästen • Dachentwässerung • Fahnenmasten Fahrradständer • Fenstergitter • Fußabtreterroste • Garagentore • Gartenmöbel • Geländer • Gewächshäuser • Gitterroste Leuchten • Lichtmasten • Müllboxen • Pergolen • Schmiedegitter • Schneefanggitter • Teppichstangen • Tore Treppengeländer • Türen • Vorbauten • Wäschepfähle • Windfänge • Zäune

Beispiele feuerverzinkter Elemente am Haus (Quelle: Projektgruppe Marketing und Betriebswirtschaft der Regionalgruppe Nordost).

12.2
Tiefbau

Schutzplanken aus feuerverzinktem Stahl gehören seit Jahrzehnten zum gewohnten Bild an allen Autobahnen und Fernstraßen.

Eine mobile Hochwasserschutzwand aus feuerverzinkten Stahlelementen schützt Kölns Altstadt vor allzu hohem Hochwasser des Rheins; im Jahr 1988 bestand das System seine Bewährungsprobe.

Vielseitig einsetzbar sind „Korb-Bauwerke“; sie können für den Lärmschutz, zur Hangsicherung und auch als Uferschutz eingesetzt werden. Die feuerverzinkten Stahlmatten sorgen für den nötigen Halt, die Elemente können mit Erde gefüllt und bepflanzt werden.

12.3 Verkehrswesen

Fluggastbrücken am neuen Flughafen München II mit einer feuerverzinkten und beschichteten Tragkonstruktion. Vor dem Tower das geradlinige, insgesamt 1010 m lange Abfertigungsgebäude, dessen Fassade aus einer feuerverzinkten und zusätzlich beschichteten Stahl-/Glaskonstruktion besteht.

Beim neuen ICE-Bahnhof in Kassel-Wilhelmshöhe wurden sowohl im Bereich der Bahnsteige als auch bei der Überdachung des Bahnhofsvorplatzes feuerverzinkte Stahlkonstruktionen verwendet.

Feuerverzinkte Behelfsbrücke an der A7 zwischen Hannover-Süd und Hildesheim

Der Hauptbahnhof in Köln wurde erweitert; zusätzlich zur denkmalgeschützten Haupthalle des Bahnhofes wurden östlich davon weitere Bahnsteige mit einer filigranen Stahlkonstruktion, die im Entwurf die Kontur der Haupthalle aufgreift, überdacht.

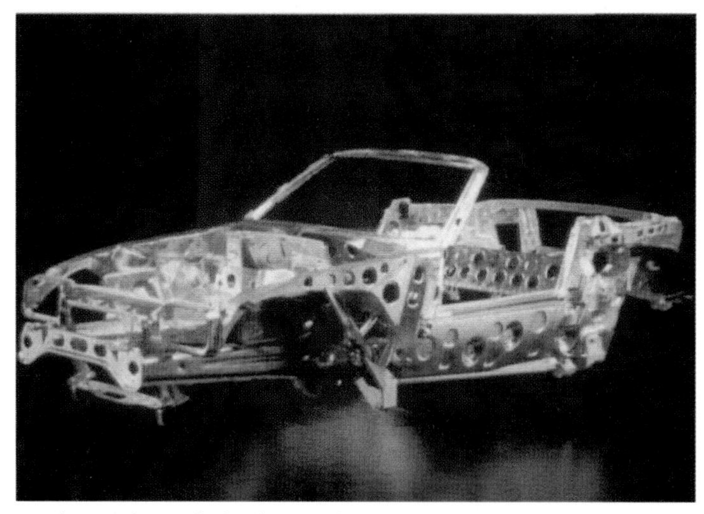

Stückverzinktes Blech-Chassis des Sportwagens BMW Z1; die Feuerverzinkung bietet hierbei nicht nur einen optimalen Korrosionsschutz, sondern erhöht durch den „Verlötungseffekt" an Schweißpunkten, Falzen und Verbindungen die Steifigkeit des Chassis erheblich.

Anwenderseitig gelang der Einsatz von Zinküberzügen im Automobilbau (Insider sagen moderner „Automotive"), insbesondere im LKW-Bau (Schmitz CargoBull), aber auch Dreiecklenker des Z3 bei BMW.

LKW mit feuerverzinkter Rahmenkonstruktion (Foto: Rietbergwerke GmbH & Co KG)

Feuerverzinktes Gelenktürgestell in geschraubter Bauweise (Institut Feuerverzinken GmbH, Düsseldorf)

12.4 Sport/Freizeit

Die Kuppel des neuen Freizeitbades „Aquadrom" in Bremen hat 50 m Durchmesser und ist 18 m hoch; sie besteht aus zusammengesetzten Knoten und Stäben des Octacube-Systems. Die gesamte Stahlkonstruktion ist feuerverzinkt und zusätzlich weiß beschichtet.

Die Globe-Arena in Stockholm ist die größte Hohlkugel auf Erden mit einem feuerverzinkten Tragwerk; sie wurde mit dem europäischen Stahlbaupreis ausgezeichnet. Die Kugel hat einen Durchmesser von 110 m und eine Höhe von 85 m.

Spielplatzgeräte aus feuerverzinktem Stahl sind sicher.

12.5 Anlagenbau

Auf das vorhandene Gebäude einer Brauerei wurde dieser 22 m hohe Drucktankraum aufgesetzt, der hier noch im Rohbau zu sehen ist.

Hochregallager erlauben es, große Materialmengen auf kleiner Grundfläche zu lagern, automatisierte Beschickungs- und Entnahmesysteme machen eine rationelle Nutzung möglich.

12.6
Bergbau

Neuartige Rohrgutförderer des Bergwerkes Ensdorf/Saar; mit seiner Hilfe wird Kohle und Gestein umweltfreundlich und staubarm über 350 m Entfernung und einen Höhenunterschied von 130 m transportiert.

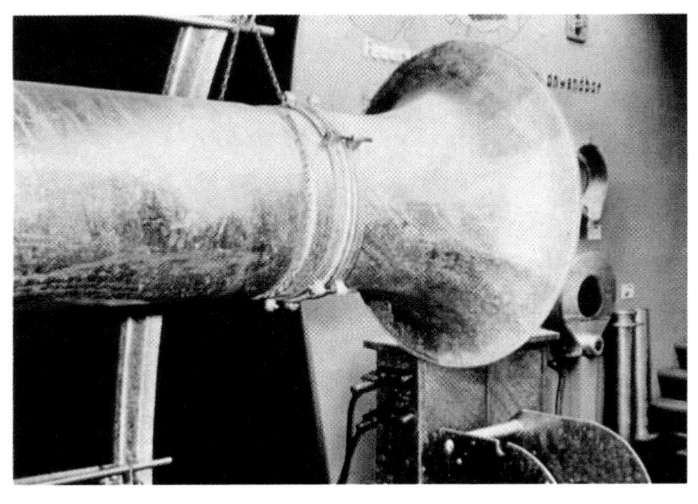

Feuerverzinkte Wetterlutte für die Bewetterung im Unterlage-Betrieb

12.7 Energieversorgung

Feuerverzinkte Masten für Hochspannungs-Freileitungen dienen der Stromversorgung.

Rauchgas-Filteranlagen mit einer feuerverzinkten Stahlkonstruktion an einem Großkraftwerk in Düsseldorf

Feuerverzinkter Hochspannungsmast in Stade (Unterelbe), 227 m hoch und aus Sicherheitsgründen noch zusätzlich beschichtet.

Funkmast der Fa. Thales Broadcast & Multimedia GmbH. Feuerverzinkung und rot-weiße Flugsicherungsbeschichtung auf Basis PVC/Acryl (Foto: Geholit + Wiemer).

12.8
Landwirtschaft

Melk-Karussell aus feuerverzinktem Stahl zum rationellen Melken von Milchkühen.

Güllesilo und Gülletankwagen sind durch Feuerverzinken vor Korrosion geschützt; das Silo wurde zusätzlich noch beschichtet.

Einschienen-Fördersystem für die Landwirtschaft (Weinbau)

12.9
Bauelemente/Verbindungsmittel

Das Zug-Stab-System BESISTA besteht aus feuerverzinkten Gussknoten, Knotenanschlüssen und Stäben; es ermöglicht eine Vielzahl von verschiedenen Gestaltungsvarianten beim Bau von Überdachungen.

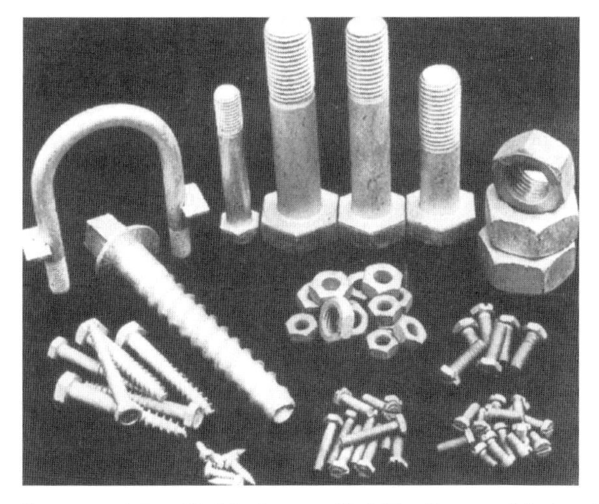

Feuerverzinkte Verbindungsmittel für die verschiedensten Anwendungsgebiete.

Feuerverzinktes Bausystem aus Stäben und Knoten (MERO) für Raumfachwerke.

12.10
Umweltschutz

Müllcontainer 1,1 m^3 in feuerverzinkungs-gerechter Ausführung

Das Rietberg-Vario-Set dient dazu, wassergefährdende Flüssigkeiten aufzunehmen und sicher zu transportieren; auf einer ebenfalls feuerverzinkten Palette können bis zu 4 Container untergebracht werden.

12.11 Handwerk

Im Rahmen einer Rekonstruktion wurde die stählerne Klappbrücke Kasenort im Kreis Steinburg, Schleswig-Holstein, neu errichtet und bei dieser Gelegenheit auch gleich durch Feuerverzinken vor Korrosion geschützt.

„Brücke der Freundschaft“ heißt diese Skulptur, die von Schmieden aus vielen Ländern der Erde anlässlich des l. Weltkongresses der Kunstschmiede in Aachen angefertigt wurde.

Für Geländer, Gitter und Brüstungen wird auch beim privaten Hausbau vielfach feuerverzinkter Stahl eingesetzt.

Wandrelief „Neues Rathaus in Hannover“ von Stefanos Patengos

12.12
Kunst

Relief auf feuerverzinkten Gitterrosten an einem Industriegebäude

Skulpturen aus feuerverzinktem Draht von Sophie Ryder, Steinbock

Klangskulptur von C. Schläge

12.13
Bandverzinken

Beim Feuerverzinken sind zwei Verfahrensvarianten zu unterscheiden:

- Das diskontinuierliche Feuerverzinken – Stückverzinken –, bei dem Stahlteile einzeln in schmelzflüssiges Zink getaucht werden, was bisher in der Anwendung beschrieben wurde und
- das kontinuierliche Feuerverzinken – Bandverzinken –, bei dem Stahlblech vom Coil, also Halbzeug vor der Weiterverarbeitung, kontinuierlich ein Zinkbad durchläuft.

Die Unterschiede beider Verfahren liegen neben der Verfahrenstechnik vor allem in der Schichtdicke:

- Bandverzinken unter 10 µm
- Stückverzinken > 20 µm.

Bandverzinktes Stahlblech wird eingesetzt:

- Bei allen namhaften Automobilhersteller für Karosserien.
- In der Klimatechnik.
- Bei Hausgeräteherstellern.
- Bei Garagenschwingtoren.
- In der Lüftungstechnik.
- Bei Isolierungen.

Eine zusätzliche Beschichtung von verzinktem Band ist nicht nur dekorativ, sondern verlängert die Lebensdauer des Korrosionsschutzes wesentlich.

12.14
Schlussbetrachtung

Der Wunsch der 1. Auflage des Handbuches Feuerverzinken 1970 war folgender Schlusssatz:

„Der Aufwand an Korrosionsschutzmaßnahmen könnte bei der Verringerung des Verunreinigungsgrades der Luft und des Wassers wesentlich reduziert werden. Das ist eine Aufgabe, die nicht nur dem Korrosionsschutz, sondern noch mehr der Gesundheit der Menschen dient."

Ein damals mutiger Satz in der DDR, der unzensiert durchkam. Heute, 2007, ist er nach 37 Jahren eingetreten – Dank der technischen Weiterentwicklung und des wachsenden Bewusstseins der Menschen für den Klimaschutz.

13
Anhang

P. Maaß

I
Fehlererscheinungen im Zinküberzug bzw. am feuerverzinkten Werkstück

Das Bildmaterial dieses Abschnittes wurde vom Verband der Deutschen Feuerverzinkungsindustrie und dem Gemeinschaftsausschuss Verzinken zur Verfügung gestellt sowie der folgenden Literatur entnommen:

Friehe, W.: DIN; Beuth-Kommentare, Korrosionsschutz; Feuerverzinken von Einzelteilen (Stückverzinken), Kommentar zur DIN 50976. DIN Deutsches Institut für Normung e. V. (Hrsg.). Berlin, Köln: Beuth Verlag
Horstmann, D.: Fehlererscheinungen beim Feuerverzinken, 2. Aufl. Max-Planck-Institut für Eisenforschung GmbH und Gemeinschaftsausschuß e. V. (Hrsg.). Düsseldorf: Verlag Stahleisen 1983
Kendler, E., P. Maaß und *P. Peißker:* Fehlerkatalog feuerverzinkter Konstruktionen. Dresden: Zentralstelle für Korrosionsschutz, Heft 11, 1973

13.1
Anforderungen an den Zinküberzug

Nach DIN EN ISO 1461 werden folgende Anforderungen an den Zinküberzug gestellt:

Konstruktion
Vor der Fertigung sollte im Zweifel der Rat des Verzinkungsbetriebes hinzugezogen werden, um Absprachen über Konstruktionsmerkmale zu erlangen (Fachbetriebe). Absprachen bzw. Informationen zwischen den Partnern über:

- nachfolgende Beschichtungen zur besonderen Beachtung,
- das gewählte Ausbesserungsverfahren, wenn anschließend beschichtet werden soll,
- nachfolgende Haftfestigkeitsprüfungen.

Handbuch Feuerverzinken. Herausgegeben von Peter Maaß und Peter Peißker

ISBN: 978-3-527-31858-2

Werkstückeigenschaften
Ob der angelieferte Stahl bzw. Gusswerkstoff zum Verzinken geeignet ist, sollten Muster oder Informationen klären. Schwefelhaltige Automatenstähle sind in der Regel nicht zum Feuerverzinken geeignet. Reaktive Elemente, wie z. B. Si und P haben einen erheblichen Einfluss auf Farbe und Ausbildung der Zinkschicht.

Alle angelieferten Oberflächen sollten frei von artfremden Verunreinigungen, wie z. B. Öle, Fette oder Schlacken sein, da diese durch die üblichen Beizverfahren nicht entfernt werden können. Sollten sie doch vorhanden sein, so ist deren Entfernen vorher abzustimmen. Gussteile sollten generell gestrahlt oder speziell gebeizt werden.

Eigenschaften des Überzuges
Aussehen

- Alle wesentlichen Flächen müssen für das unbewaffnete Auge frei von Fehlstellen sein.
- Farbe und Rauheit sind relative Begriffe und deshalb kein Reklamationsgrund, Weißrost in leichter Form ebenso nicht.
- Flussmittel- und Zinkascherückstände sind nicht zulässig.
- Zinkspitzen sind zu entfernen, wenn von ihnen eine Verletzungsgefahr ausgeht.

Schichtdicke
Die Dicke des Zinküberzuges muss den Angaben der DIN EN ISO 1461, Tabelle 2, Schichtdicken und entsprechende flächenbezogene Massen, entsprechen.

Ausbesserungen
Fehlstellen dürfen nicht mehr als 0,5% der Oberfläche betragen und ein Bereich ohne Überzug darf nur 10 cm^2 betragen (ohne Überdeckung).
Zugelassene Ausbesserungsverfahren (gleichrangig, nach Wahl des Verzinkungsbetriebes):

- Thermisches Spritzen von Zink,
- zinkstaubhaltige Beschichtungen (Bindemittel beachten),
- Lote auf Zinkbasis.

Schichtdicke der Ausbesserung: 30 µm zusätzlich zur Umgebung.

Haftvermögen
„Der Zinküberzug muss genügend fest auf dem Grundwerkstoff haften, um die beim sachgemäßen Transport, bei sachgemäßer Montage und bei bestimmungsgemäßem Gebrauch feuerverzinkter Werkstücke auftretenden mechanischen Belastungen auszuhalten.“

13.2
Beurteilungskriterien feuerverzinkter Überzüge auf Stahlkonstruktionen

Beurteilungskriterien feuerverzinkter Überzüge sind

- Schichtdicke und Gleichförmigkeit,
- Haftfestigkeit,
- Sprödigkeit,
- Aussehen,
- Fehler, die auf Konstruktion und Herstellung des zu verzinkenden Werkstückes zurückzuführen sind und
- Fehler, die als Prozessfehler beim Feuerverzinken auftreten können.

Aussehen, Dicke und Struktur des Zinküberzuges werden wesentlich beeinflusst

- von der chemischen Zusammensetzung des Grundwerkstoffes,
- von der Oberflächenbeschaffenheit des Grundwerkstoffes,
- von der feuerverzinkungsgerechten Konstruktion,
- von der feuerverzinkungsgerechten Herstellung,
- von Geometrie und Masse des Werkstückes und
- von den Feuerverzinkungsbedingungen.

Die Grundlage für die Prüfung und Abnahme von feuerverzinkten Konstruktionen stellt die DIN EN ISO 1461 „Durch Feuerverzinken auf Stahl aufgebrachte Zinküberzüge (Stückverzinken)“ dar.

Die fehlerfreie Ausführung der Verzinkung wird in der Regel durch eine Sichtprüfung (visuelle Prüfung) mit dem „unbewaffneten“ Auge, d. h. ohne Zuhilfenahme einer Lupe, eines Mikroskops oder sonstiger Hilfsmittel nachgewiesen. Eine Feuerverzinkung besitzt in der Regel keine verdeckten Mängel, Fehler sind sofort erkennbar. Daher ist eine Sichtprüfung zumeist ausreichend.

Prüfpunkte sind dabei u. a.:

- ist die Lieferung vollständig?
- sind unverzinkte Flächen vorhanden?
- sind Schadstellen fachgerecht ausgebessert?
- sind keine Transportschäden vorhanden?
- wurden scharfkantige Spitzen entfernt?
- sind Reste von Flussmitteln oder Zinkaschen entfernt?
- weist das Bauteil sonstige erkennbare Schäden auf?

Dunkel und hellgraue Stellen, z. B. netzförmige Muster von grauen Bereichen oder geringe Oberflächenunebenheiten sind gemäß Norm ebenso wie Weißrost kein Mangel und damit kein Grund zur Zurückweisung. Werden hier höhere, über die Norm hinausgehende Anforderungen an den Zinküberzug gestellt, so sind diese ausdrücklich in die Ausschreibung aufzunehmen bzw. mit dem Verzinker abzusprechen.

Durch Feuerverzinken hergestellte Zinküberzüge sind im Allgemeinen hell glänzend, und durch die Erstarrungsstruktur der äußeren Zinkschicht treten Zinkblumen auf.

Bei zusammengesetzten Werkstücken mit verschieden großen Wärmeinhalten können Werkstücke mit größerem Wärmeinhalt durch das Durchwachsen der Eisen-Zink-Legierungsschicht bis zur Oberfläche grau sein. Zinküberzüge mit kritischen Siliciumgehalten zwischen 0,03–0,12% sowie bei Gehalten über 0,30% sind häufig grau. Die Ursache ist das Durchwachsen der Eisen-Zink-Legierungsschichten bis zur Oberfläche. Gleichzeitig entstehen dickere Überzüge, da die Reaktion Eisen-Zink besonders rasch abläuft. Der Korrosionsschutzwert ist durch die dickere Zinkschicht höher, jedoch ist damit eine Verringerung des Haftvermögens des Zinküberzuges auf den Stahl verbunden.

Die Feuerverzinkung ist heute ein modernes Dienstleistungsverfahren. Erzeugnisse des Stahlbaues, der metallverarbeitenden Industrie und des Handwerks werden nach modernen technologischen Bedingungen dauerhaft vor Korrosion geschützt; trotzdem lassen sich Fehler, die nachfolgend beschrieben werden, nicht gänzlich vermeiden.

13.3 Wesentliche Fehler im Zinküberzug bzw. am feuerverzinkten Werkstück

Entsprechend dem Charakter dieses Buches soll auf wesentliche Fehler aufmerksam gemacht werden.

Ausführliche Beschreibungen sind der Literatur zu entnehmen.

Es werden unterschieden und mit dem entsprechenden Buchstaben (a, b, c) gekennzeichnet:
a) Fehlererscheinungen,
b) Fehlerursachen,
c) Fehlerabstellung.
Nachfolgend werden die einzelnen Fehler behandelt.

13.3.1 Fehler, die in der Konstruktion des Werkstückes ihre Ursache haben

Anhäufungen

a) Zinkanhäufungen an Stellen, von denen das Zink beim Ausziehvorgang nicht ungehindert und schnell auslaufen kann (Ecken, Kanten usw.).

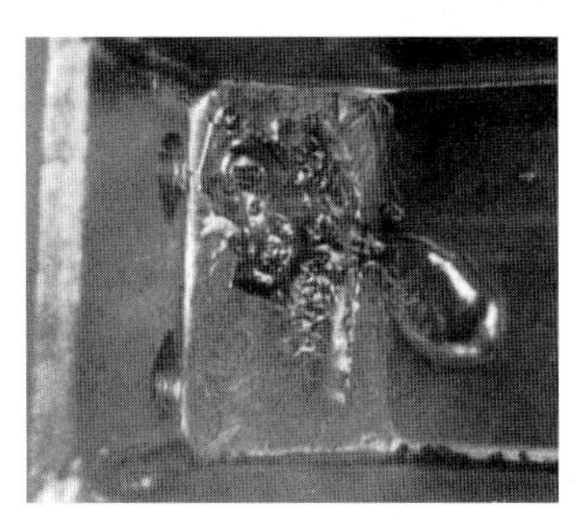

b) – Keine feuerverzinkungsgerechte Konstruktion,
   – falsche Tauchtechnologie.

c) Konstruktion und Tauchtechnologie so gestalten, dass das schmelzflüssige Zink ungehindert und schnell die Oberfläche der Bauteile berührt und während des Ausziehvorganges ungehindert und schnell ablaufen kann.

Zugelaufene Bohrungen

a) Bohrungen sind teilweise oder vollkommen mit Zink zugelaufen.

b – Lochdurchmesser zu gering,
  – Schichtaufmaß beachten,
  – falsche Tauchtechnologie.

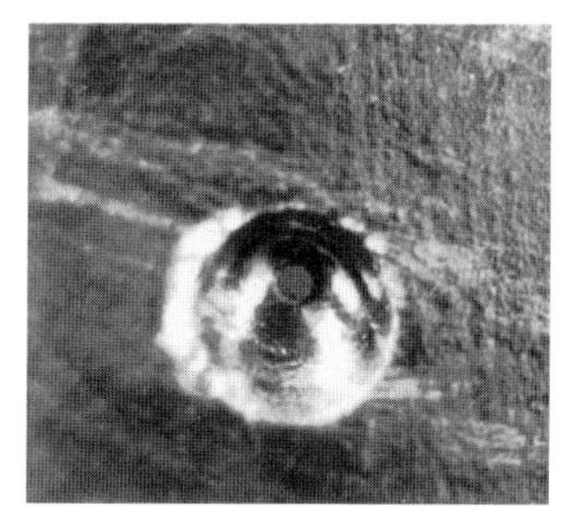

c) – Lochdurchmesser genügend groß wählen,
   – Schichtaufmaß beachten,
   – Bauteile so tauchen, dass das Zink aus den Bohrungen auslaufen kann.

Lötbruch

a) Entstehen von Rissen im zu verzinkenden Werkstück während des Feuerverzinkens; die Risse verlaufen entlang der Korngrenzen des Stahls.

b) Ursache sind Zugspannungen im Werkstück, die eine bestimmte Höhe überschreiten und während des Feuerverzinkens nicht abgebaut werden.

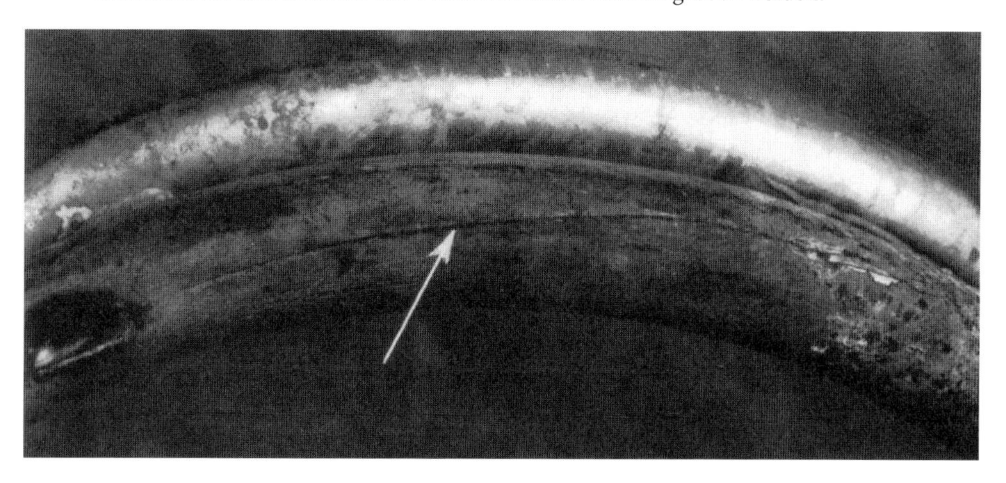

c) Zugeigenspannungen in den Oberflächenbereichen des Werkstückes sind vor dem Feuerverzinken durch Spannungsarmglühen oder spannungsfreie Werkstoffe zu beseitigen.

Grat

a) unverzinkte Stellen an Bohrungen, Durchbrüchen usw.
b) Bohrungen, Durchbrüche usw. an Bauteilen, die vor dem Feuerverzinken mit Grat behaftet sind, tragen nach dem Feuerverzinken einen feuerverzinkten Grat, der äußerst spröde ist und bei geringster mechanischer Beanspruchung zum Abplatzen neigt.

c) Verwendung einwandfreier Werkzeuge, die gratfrei arbeiten, bzw. vor dem Feuerverzinken entgraten.

Geschlossene Hohlkörper

a) Deformierung der Bauteile infolge Explosion.
b) In Hohlräumen eingeschlossene Luft führt beim Eintauchen des Bauteils in die Schmelze infolge Druckerhöhung zur Explosion.

c) Beachtung der Festlegungen der Schriftenreihe „Feuerverzinkungsgerechtes Konstruieren und weitere technische Hinweise zum Feuerverzinken (Hohlkörper)“.

Verbrannter Guss

a) Raue und ungleichmäßige, z. T. von schwarzen Stellen durchsetzte Zinküberzüge.

b) Beim Tempern von Gussteilen können die Oberflächenschichten durch eine innere Oxidation verändert werden.
Es bilden sich ungleichmäßige Zinküberzüge; z. T. wird die verbrannte Schicht schalenförmig hochgewölbt.

c) Es muss darauf geachtet werden, dass die Oberflächenschichten beim Tempern nicht innerlich oxidieren können, andererseits beseitigen durch Strahlen.

Verzug

a) Verzug ist eine Veränderung der Form und Maße des Verzinkungsgutes, die bis zum Aufreißen führen kann.

b) Eigenspannungen im Werkstück sowie durch Verziehen des Werkstückes beim Eintauchen in die Schmelze (A.7.).

c) Werkstücke sollten vor dem Feuerverzinken spannungsarm geglüht oder spannungsfrei eingesetzt werden. Tauchtechnologien so wählen, dass die unnötig hohen Wärmespannungen vermieden werden.

Ausblühungen von Salzen

a) Korrosion an überlappten Flächen.
b) Überlappte Flächen (hergestellt durch Bördeln, Falzen, Schritt- und Punktschweißen, Nieten usw.) werden bei zu geringem Abstand voneinander nicht beschichtet (Zutritt des schmelzflüssigen Zinks verhindert). Durch Verdampfen der Flüssigkeitsreste der Vorbehandlungslösungen kommt es zur Salzausscheidung. An der Außenatmosphäre kommt es durch Feuchtigkeitseinwirkung zur Ausbildung eines Elektrolyten und zur Korrosion.

c) Einhaltung der Richtlinien für das feuerverzinkungsgerechte Konstruieren; Überlappung so gestalten, dass die Vorbehandlungslösungen und das schmelzflüssige Zink ungehindert ein- und ausfließen können.

Eingeschlossene Beiz- und Flussmittelreste

a) In Hohlräumen, Spalten und Poren der Werkstücke treten rotbraune Ablauffahnen durch eingeschlossene Beiz- und Flussmittelreste auf.
b) Beiz- und Flussmittelreste können nicht zwangsfrei ablaufen. Diese sauer reagierenden Stoffe bilden in Verbindung mit der Atmosphäre rotbraune Ablauffahnen.
c) Konstruktion und Verarbeitung müssen verhindern, dass Poren auftreten.

13.3.2
Fehler durch Oberflächenbeläge auf dem Werkstück

Fehlstellen durch Farbe, Ölkreide, Teer usw.

a) Stellenweise beschichtete Flächen auf der Oberfläche.
b) Die genannten Oberflächenbeläge sind mit den üblichen Oberflächenvorbereitungsverfahren der Feuerverzinkung nicht entfernbar.

c) Vermeidung derartiger Oberflächenbeläge.
   - Anwendung geeigneter Oberflächenvorbereitungsverfahren (Strahlverfahren usw.).
   - Signierung der Bauteile durch geeignete Signiermittel, die sich leicht entfernen lassen (z. B. Schulkreide).

Fehlstellen durch Fett und Öl

a) Stellenweise beschichtete Flächen auf der Oberfläche.
b) Fette und Öle, die sich mit den handelsüblichen Industriereinigern nicht entfernen lassen.

c) – Verwendung leichtemulgier- und verseifbarer Fette und Öle.
   – Entfetten in dafür geeigneten Entfettungsmitteln (Kapitel 3).

Fehlstellen durch Schweißschlacke

a) Unbeschichtete Stellen auf der mit Schweißschlacke behafteten Oberfläche.
b) Schweißschlacke lässt sich durch Beizen in Salzsäuren nicht entfernen.

c) – Vermeiden der Schlackenbildung durch Wahl entsprechender Schweißverfahren und Schweißparameter.
   – Schweißnähte reinigen (z. B. durch Strahlverfahren).

Schwarze Stellen

a) Schwarzfleckigkeit in unregelmäßiger Form an Stellen, an denen kein Zinküberzug vorhanden ist.
b) Zinkschmelze benetzt diese Stellen nicht ausreichend, da die Stahl- bzw. Gussoberfläche nicht metallisch rein ist. Rückstände von vorhandenen eingebrannten Formsanden, Schweißschlacke, Zunderresten, Fetten und Farben, die durch den Beizvorgang nicht beseitigt wurden, führen zu schwarzen unbenetzten Stellen.

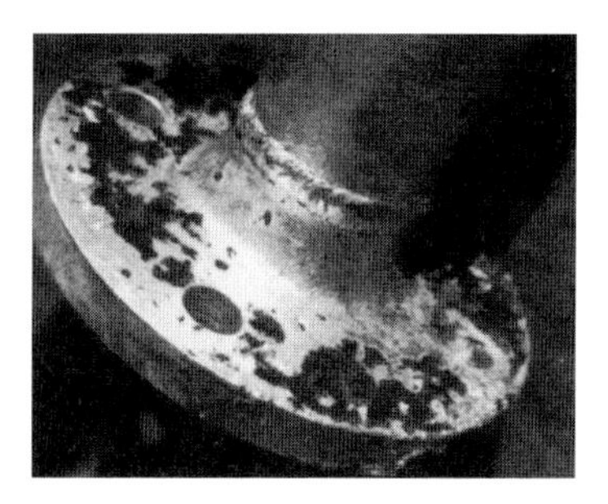

c) Eingebrannte Formsande, Schweißschlacken und Zunderreste sind durch Strahlen vor dem Beizen zu entfernen.

13.3.3
Fehler, die mit der Verfahrenstechnik des Feuerverzinkens entstehen können

Asche, Flussmittel

a) Anhaftende Asche bzw. Flussmittel auf der Oberfläche sind graue oder gelbliche nichtmetallische Ablagerungen aus Oxiden und Chloriden.

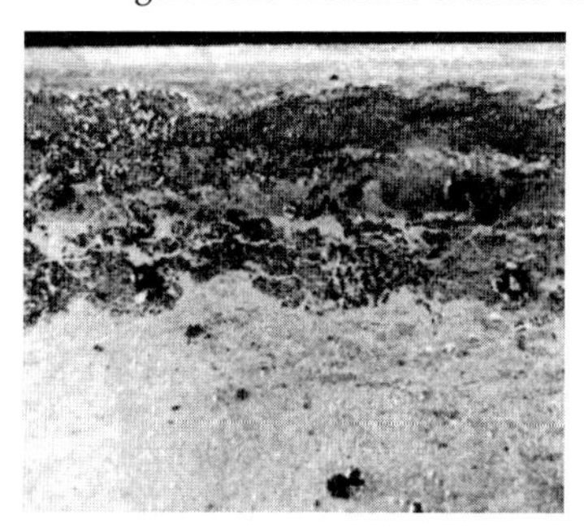

b) Asche/Flussmittel werden beim Ausziehvorgang von der Oberfläche der Schmelze nicht restlos abgestreift.

c) Oberfläche der Schmelze beim Ausziehvorgang sauber halten.

Starke Zinkauflage

a) Durch Sichtprüfung im allgemeinen nicht erkennbar, nur durch Schichtdickenmessung exakt messbar.

b) – Stahl mit hohem Si-Gehalt,
   – Oberflächenrauheit zu hoch.

c) – Möglichst andere Stahlqualität einsetzen.
   – Bei Anwendung von Strahlverfahren zur Oberflächenreinigung auf die mittlere Oberflächenrauheit R_z achten (näheres Kapitel 4).

Geringe Zinkauflage

a) Durch Sichtprüfung nicht erkennbar, nur durch Schichtdickenmessung messbar.

b) Die Temperatur der Schmelze und die Tauchzeit sind mit Masse und Form der Bauteile nicht abgestimmt und zu niedrig.
c) Abstimmung der Temperatur der Schmelze und der Tauchzeit mit Masse und Form der Bauteile, evtl. Probeverzinkung mit Variation der Arbeitsbedingungen durchführen.

Abblätterungen

a) Stellen, an denen sich die äußere Reinzinkschicht von der darunter liegenden Eisen-Zink-Legierungsschicht löst.
b) Reaktion läuft zwischen Zink und Stahl auch unterhalb des Zinkschmelzpunktes weiter. Zwischen Reinzinkschicht und den Eisen-Zink-Legierungsschichten entstehen Hohlräume, die dazu führen, dass sich das Zink löst und abblättert.
c) – Feuerverzinkte Werkstücke sollten nachdem Feuerverzinken schnell abkühlen.
   – Übereinanderstapeln von heißen Werkstücken vermeiden.
   – Feuerverzinkte Werkstücke sollten längere Zeit nicht Temperaturen über 200 °C ausgesetzt werden.

Klebestellen

a) Wenn nach dem Erstarren des Überzuges feuerverzinkte Werkstücke auseinandergerissen werden, reißt der gesamte Überzug ab und bleibt am anderen Werkstück kleben.

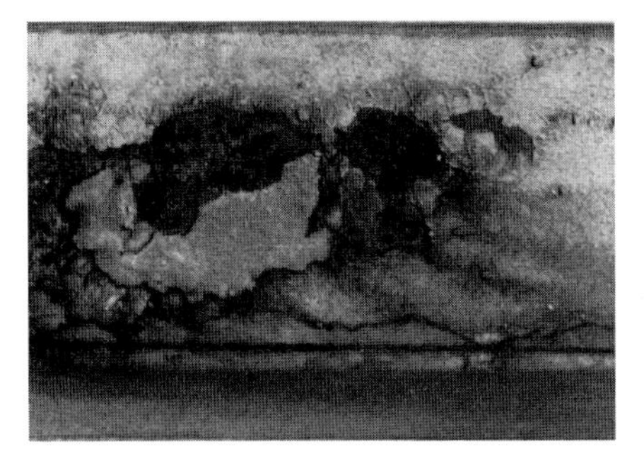

b) Werkstücke, die gleichzeitig feuerverzinkt werden und beim Herausziehen zusammenkleben.

c) Beim Ausziehvorgang darauf achten, dass die Werkstücke nicht zusammenkleben.

Pickel

a) Erhebungen im Überzug, die punktförmig einzeln oder gehäuft aus der Oberfläche herausragen.
b) – In der Zinkschmelze schwimmendes, sich im Überzug ablagerndes Hartzink.
   – Eisen-Aluminium-Verbindungen führen ebenfalls zu Pickeln.
c) – Schwimmendes Hartzink vermeiden; es entsteht, wenn die Oberflächenbereiche des Kessels härter sind als die anderen Bereiche.

   – Durch Zulegierung von Aluminium in der Zinkschmelze entstehende Eisen-Aluminium-Verbindungen sind von der Oberfläche des Verzinkungsbades abzustreifen, denn bedingt durch ihre geringe Dichte gegenüber der Zinkschmelze steigen sie zur Oberfläche auf.

Raue Oberfläche

a) Auftreten von teilweise oder flächenhaften rauen Stellen des Zinküberzuges
b) – Oberflächenrauheit des Werkstückes ist sehr groß.
   – Ungleichmäßiger Wachstum der Eisen-Zink-Legierungsschichten auch beim ebenen Untergrund des Werkstückes
c) – Der Zinküberzug kann die Oberflächenrauheit nicht ausgleichen.
   – Örtlich unterschiedlicher Kritischer Silicium- und Phosphorgehalt in dem oberen Bereich des Werkstückes.

Tränen- und Gardinenbildung

a) Örtliche bzw. flächenhafte Tropfenbildung auf der Oberfläche
b) Beim Ausziehvorgang verläuft das schmelzflüssige Zink nicht gleichmäßig auf der Oberfläche, sondern zieht sich zu Tropfen zusammen.

c) – Zinkoxid kann in der Zinkschmelze vorhanden sein.
   – Vorhandensein von Eisenoxiden auf der gebeizten Oberfläche.
   – Erzeugung einer metallisch reinen Oberfläche (Zunderreste).

Nasen, Tropfen, Spitzen

a) Unterschiedliche Anhäufungen von Zink an den Flächen der Bauteile, die mit der Schmelze während des Ausziehvorganges zuletzt in Berührung stehen.
b) – Bedingt durch die Verfahrenstechnik des Feuerverzinkens in einem bestimmten Umfang (Erstarrung des ablaufenden Zinks).
   – Zu hohe Ausziehgeschwindigkeit oder zu niedrige Temperatur der Schmelze.

c) – Verringerung durch Abstreifen mit Abstreifern, Abblasen mit Druckluft oder Drehen der Bauteile sofort nach dem Ausziehen der Bauteile, bevor das schmelzflüssige Zink erstarrt.
   – Die Bauteile sind so zu tauchen, dass die Fläche, die zuletzt mit der Schmelze in Berührung steht, so klein wie möglich ist.
   – Die Ausziehgeschwindigkeit und die Temperatur sind so zu wählen, dass das schmelzflüssige Zink genügend Zeit zum Ablaufen hat.

13.3.4
Fehler, die durch Transport, Lagerung und Montage entstehen

Fremdrost

a) Rotbraune Verfärbungen oder Ablagerungen aus Eisenhydroxiden auf Zinküberzügen.
b) Rostübertragung von ungeschützten Stahl- und Eisenteilen.
c) Feuerverzinkte Werkstücke sind nicht mit ungeschützten Stahl- und Eisenteilen zu verbinden.

Weißrost

a) Grauweiße, stellenweise oder auf der gesamten Oberfläche auftretende voluminöse Korrosionsprodukte.
b) – Schwitz- oder Regenwasser wirkt längere Zeit auf die beschichtete Oberfläche ein.
   – Unsachgemäße Verpackung.
   – Unsachgemäße Lagerung

c) Es ist zu verhindern, dass Schwitz- oder Regenwasser während der Lagerung, des Transportes usw. längere Zeit auf frisch verzinkte Oberflächen einwirken. Es ist für eine ausreichende Belüftung zu sorgen.
d) Beseitigung von Weißrost
   Hinweise zum Entfernen von Weißrost
   Weißrost ist voluminös, haftet locker und ist leicht abwischbar. Nur der unmittelbar mit der Zinkschicht verwachsene Weißrost haftet fest.
   Eine Entfernung von leichtem Weißrost ist in der Regel unnötig und aus wirtschaftlichen Gründen unzweckmäßig, da er sich bei längerer unge-

hinderter Einwirkung der Atmosphäre in die erwünschte Deckschicht umwandelt. Ist jedoch eine Beschichtung mit Anstrichstoffen vorgesehen oder ist eine Schadensbeseitigung notwendig, so lässt sich Weißrost mechanisch oder chemisch entfernen.

- Mechanische Verfahren
  Kleinflächiger Weißrostbefall kann mit einer harten Kunstfaserbürste, einer Drahtbürste, einem Drahtbesen oder einer rotierenden Drahtbürste auch unter Verwendung von Wasser (Trinkwasserqualität) entfernt werden. Bei Verwendung von Wasser muss anschließend eine ausreichende Trocknung gewährleistet sein.
  Großflächiger Weißrostbefall kann durch Druckluftstrahlen entfernt werden, wodurch jedoch ein Zinkabtrag unvermeidbar ist. Außerdem wird durch das Strahlen die Zinkschutzschicht aktiviert und ist damit wieder in hohem Maße gegenüber erneuter Weißrostbildung anfällig.
  Zur Sicherung eines minimalen Zinkabtrages sind beim Druckluftstrahlen folgende verfahrenstechnische Parameter einzuhalten:

Strahlmittel:	– quarzfreie Schlacke – Quarzsand ∅ etwa 2 mm (GAB beachten!)
Luftdruck:	$4 \cdot 10^5$ bis $5 \cdot 10^5$ Pa
Durchmesser der Strahldüse:	10 ... 30 mm
Leistung:	0,2 ... 0,5 m^2/min
Strahlmittelverbrauch:	5 ... 10 l/min

  Anmerkung: Durch entsprechende Wahl des Strahldüsendurchmessers und Strahlwinkels ist dafür zu sorgen, dass nur die Korrosionsprodukte entfernt werden und der Zinkabtrag äußerst gering bleibt.
- Chemische Verfahren
  Chemische Verfahren sollten nur dann zum Einsatz kommen, wenn eine mechanische Reinigung mittels Bürsten nicht zum Erfolg führt.
  Geeignete Verfahren sind Lösungen oder Pasten verschiedener Hersteller.

Abplatzungen

a) Abplatzungen sind Stellen auf der Werkstückoberseite, an denen sich der gesamte Zink-Überzug einschließlich der Eisen-Zink-Legierungsschichten vom Stahluntergrund gelöst hat.

b) Sie entstehen, wenn das Werkstück durch elastische oder plastische Verformung beansprucht wird (Lagerung, Transport, Montage).
c) Abplatzungen sind durch Zinkstaub-Beschichtungsstoffe auszubessern.

Braunfärbung

a) Rotbraune, stellenweise oder auf der gesamten Oberfläche auftretende Korrosionspunkte, die nach kürzerer oder längerer Bewitterung auftreten.
b) An der Atmosphäre entsteht auf Zinküberzügen eine schützende, elektrisch nur sehr schlecht leitende Schicht von Zinkcarbonaten. Mit fortschreitender Korrosion werden die Eisen-Zink-Legierungsschichten angegriffen.
   Die so entstehenden Eisenionen führen durch Aufoxidation mit Luftsauerstoff zu einem braunen Belag (keine Unterrostung, sondern Korrosion an der oberen Schicht).

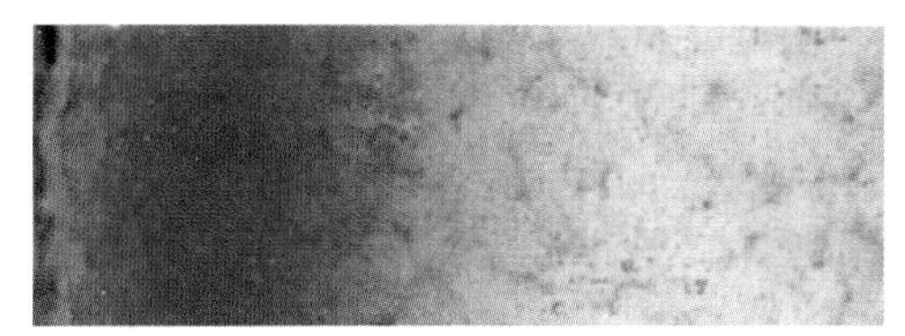

c) Die Braunfärbung hängt von den Korrosionsbedingungen ab. Durch die vorhandene Eisen-Zink-Legierungsschicht wird der Stahl auch weiterhin gegen Korrosion geschützt. Abbürsten ist eine Methode der Reinigung der Oberfläche.

Blasenbildung

a) Geschlossene bzw. offene Blasen mit unterschiedlichem Durchmesser und verschiedener Häufigkeit.
b) Wasserstoff, der bei der Korrosion in wässrigen Medien entsteht, führt zu Trennungen zwischen der Eisen-Zink-Legierungsschicht und der äußeren Reinzinkschicht oder in den Eisen-Zink-Legierungsschichten und bildet Blasen.
c) Da die Korrosionsbedingungen die Ursache bilden, sind diese zu verändern. Die Beizzeit ist zu verringern (Kapitel 3).

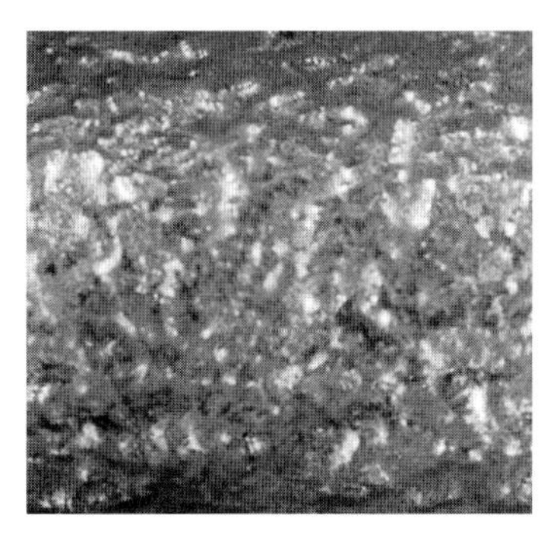

13.3.5
Handling und Montage von feuerverzinkten Bauteilen

1. Transport

Richtig	Falsch	Nachteil
Transport mit Fahrzeugen auf Stapelholz nur kurze Strecken mit Hebezeugen.	Schlepptransport	Beschädigungen, Deformationen
Kollierung in korrosionsgeschützten Spezialpaletten oder mit korrosionsgeschütztem Spannband/Draht	lose, unbefestigt	Scheuerstellen Abplatzungen Fremdrost

2. Lagerung

Richtig	Falsch	Nachteil
Lagerung erfolgt auf unbehandelten Hölzern	Erdboden oder Beton ohne Zwischenhölzer	Beschmutzung Weißrostgefahr Beschädigungen
Lagerung im Freien muss so erfolgen, dass Niederschlagwasser schnell ablaufen kann.	Wasseransammlungen auf feuerverzinkten Bereichen	Weißrostgefahr
Bauteile müssen so gelagert werden, dass Schwitzwasser und Feuchtigkeit schnell abtrocknen können. Luftzirkulation muss möglich sein. Stapelhöhe gering halten und Stapel durch Zwischenhölzer trennen, um Belüftung zu erreichen.	Dichte Stapelung (Bauteil auf Bauteil oder Stapel auf Stapel ohne Holz)	Weißrostgefahr Schwitzwasserkorrosion Ausbildung der Schutzschicht (Patina) nicht möglich
Bleche im Stapel nur trocken lagern und transportieren.	Transport unbeplant und Freilagerung	Weißrostgefahr
Getrennte Lagerung notwendig, besonders zu ungeschütztem („schwarzem") Stahl	Lagerung im Abtropfbereich und direkter Kontakt	Fremdrost und Belagskorrosion
Lagerung und Montageablauf	Umstapeln und häufiges Umsetzen	Beschädigungen Abplatzungen
Feuerverzinkte Kleinteile und Verbindungsmittel trocken und gut belüftet lagern.	Freilagerung und luftdichte Folienverpackungen	Weißrostgefahr Schwitzwasserkorrosion

3. Montage

Richtig	Falsch	Nachteil
Zwangsfreies Einbauen der Bauteile und Baugruppen	Schlagbeanspruchungen	Abplatzungen
Bereiche mit Weißrostanhaftungen sind vor der Montage zu säubern (Kräftiges Bürsten oder Fegen/Wischen)	Keine Säuberung	Weißrost ist hygroskopisch und Weisrostbildung geht weiter
Nach dem Bohren, Schleifen, Sägen, Brennen und Schweißen ist der zerstörte Bereich zu säubern und fachgerecht nachzubessern (siehe Punkt 4)	Keine Ausbesserung, keine Beseitigung der Späne und Funken	Korrosion Fremdrost durch Späne usw.
Abdecken der feuerverzinkten Bereiche bei Schleif-, Schweiß- und Schneidarbeiten im Bereich des Funkenfluges	ohne Schutzmaßnahmen	Fremdrost auf den feuerverzinkten Oberflächenbereichen
Verwendung von feuerverzinkten Verbindungsmitteln (alternativ: Edelstahl)	schwarze oder galvanisch verzinkte Verbindungsmittel	Korrosionsgefahr

4. Ausbesserung

Richtig	Falsch	Nachteil
Unter Montagebedingungen wird zur Ausbesserung von Beschädigungen oder/und Montageschweißnähten Zinkstaubbeschichtungsstoff empfohlen – mit einem hohen Anteil Zink im Pigment	ohne Oberflächenvorbereitung	Keine ausreichende Schutzdauer/unzureichender Korrosionsschutz
– Abstimmung auf nachfolgende Beschichtungen – Die Schichtdicke im ausgebesserten Bereich muss mindestens 30 pm mehr als die geforderte örtliche Dicke des Zinküberzugs betragen. (Hinweis: meist zweimaliges Auftragen notwendig) Die Oberflächenvorbereitung erfolgt durch Strahlen oder Bürsten bis zum Normreinheitsgrad Sa 2½ oder PMa. Weitere Hinweise der Beschichtungsstoffhersteller sind zu beachten.	nur Spray	zu geringe Schichtstärken

II
Beratungsstellen in der Bundesrepublik Deutschland

1. *Diskontinuierliches Feuerverzinken*
   (Stückverzinken von Einzelteilen aus Stahl)

Beratung Feuerverzinken
Sohnstraße 40
40237 Düsseldorf 1
Tel.: 0211 6790004, Fax: 0211 689599
Firmenneutrale Beratung und Informationen der Verbraucher bzw. der Anwender des Feuerverzinkens, speziell des diskontinuierlichen Feuerverzinkens, des Stückverzinkens

Verband der Deutschen Feuerverzinkungsindustrie e. V.
Sohnstraße 70
40237 Düsseldorf 1
Tel.: 0211 6790004, Fax: 0211 689599
Beratung und Informationen von Feuerverzinkungsunternehmen, Vertretung der Interessen der Feuerverzinkungsindustrie in der Öffentlichkeit

Industrieverband Feuerverzinken e. V.
Sohnstraße 66
40237 Düsseldorf
Tel.: 0211 6907650, Fax: 0211 689599
www.feuerverzinken.com

Institut Feuerverzinken GmbH
Sohnstraße 66
40237 Düsseldorf
Tel.: 0211 6907650, Fax: (0211) 689599
www.feuerverzinken.com

Untergliederung in Arbeitsbereiche

1. **Nordost:** Neue Bundesländer, Berlin, Schleswig-Holstein, Hamburg, Niedersachsen
   Büro Nordost
   Arno-Nitzsche-Straße 45
   04277 Leipzig
   Tel.: 0341 8841266, Fax: 0341 8841252

Institut Feuerverzinken GmbH
Büro Nordost
Gutsmuthsstraße 23
12163 Berlin
Telefon: 030 79013950, Fax: 030 79013953
www.feuerverzinken.com

2. **West:** Nordrhein-Westfalen, Rheinland-Pfalz, Hessen
Büro West
Sohnstraße 70
40237 Düsseldorf 1
Tel.: 0211 6790004, Fax: 0211 689599

Institut Feuerverzinken GmbH
Büro West
Sohnstraße 66
40237 Düsseldorf
Tel.: 0211 6907650, Fax: 0211 689599
www.feuerverzinken.com

3. **Süd:** Saarland, Baden-Württemberg, Bayern
Ulmer Straße 126
73431 Aalen
Tel.: 07361 360530, Fax: 07361 360541
www.feuerverzinken.com

2. Kontinuierliches Feuerverzinken sowie kontinuierliches elektrolytisches Verzinken u. a.
Deutsche Gesellschaft für Galvano- und Oberflächentechnik e. V. (DGO)
Itterpark 6
40724 Hilden
Tel.: 02103 255640, -50, Fax: 02103 245656
E-Mail: dgoinfo@zvo.org
www.dgo-online.de

3. Stück-, Draht-, Rohr- und Bandverzinken
Gemeinschaftsausschuss Verzinken e. V. (GAV)
Sohnstraße 70
40237 Düsseldorf 1
Tel.: 0211 685852
Organisieren und Koordinieren der industriellen Gemeinschaftsforschung und -entwicklung (FuE) auf dem Gebiet der Verzinkung

Gemeinschaftsausschuss Verzinken e. V.
Sohnstraße 66
40237 Düsseldorf
Tel.: 0211 6907720, Fax: 0211 689599
www.verzinken-gav.de

4. Zink
Zinkberatung e. V.
Friedrich-Ebert-Straße 37/39
40210 Düsseldorf 1
Tel.: 0211 340687, Fax: 0211 350869
Informationen und Beratung über die industrielle und gewerbliche Verarbeitung und Verwendung von Zink, Zink-Halbzeug und Zinklegierungen

Zinkberatung Ingenieurdienste GmbH
Vagedesstr. 4
40479 Düsseldorf
Tel.: 0211 350867, Fax: 0211 350869
www.Zinkberatung.de

5. Stahl
Stahl-Informations-Zentrum (SIZ)
Breite Straße 69
40213 Düsseldorf
Tel.: 0211 8290
Erstellung markt- und anwendungsorientierter, firmenneutraler Informationen über den Einsatz und die Verarbeitung des Werkstoffs Stahl – einschließlich seines Korrosionsschutzes durch Feuerverzinken

Bauberatung Stahl
Breite Straße 69
Postfach 104842
40213 Düsseldorf 1
Tel.: 0211 829339 und 829340, Fax: 0211 829231
Herstellerneutrale Informationen und Beratungsleistungen über wirtschaftliche Einsatzmöglichkeiten von Stahltragwerken im Hoch- und Brückenbau

Stahl-Informations-Zentrum
Sohnstraße 65
40237 Düsseldorf
Tel.: 0211 6707–0, Fax: 0211 6707–344
www.stahl-info.de

BAUEN MIT STAHL e. V.

Sohnstraße 65
40237 Düsseldorf
Tel.: 0211 6707828, Fax: 0211 6707829
www.bauen-mit-stahl.de

6. Korrosionsschutz

Institut für Korrosionsschutz Dresden GmbH

Gostritzer Straße 61–63
01217 Dresden
Tel.: 0351 871700, Fax: 0351 8717150, 8717123

Institut für Stahlbau GmbH

Handelsplatz 2
04319 Leipzig
Tel.: 0341 652270, Fax: 0341 6522729

III
Feuerverzinkungsbetriebe in Deutschland Stand 15. 8. 2005

Quelle: Institut für Feuerverzinken GmbH

75 % der deutschen Feuerverzinkereien sind im Industrieverband Feuerzinken e. V. Mitglied. 25 % sind dem Verband nicht angeschlossen, sodass ihre Anschriften nur im Internet oder den Gelben Seiten zu entnehmen sind.

	Kesselmaße in m		
	Länge	Breite	Tiefe
Postleitzahlenbereich 0			
Dresdener Feuerverzinkerei **Voigt Dewert Müller GmbH** Langer Weg 25 01257 Dresden Tel.: 0351 2845591, Fax: 0351 2845594 E-Mail: info@zinq.com www.zinq.com	7,50	1,60	3,10
Verzinkerei Radebeul GmbH Fabrikstraße 23 01445 Radebeul Tel.: 0351 83285–0, Fax: 0351 83285–50 E-Mail: verzinkerei.radebeul zinkpower.com wwwzinkpower.com	7,00 2,50	1,60 1,00	2,90 0,90
Wiegel Lauchhammer **Feuerverzinken GmbH** Salzseestraße 1–5 01979 Lauchhammer Tel.: 03574 8862–0, Fax: 03574 8862–28 E-Mail: info@wlf.wiegel.de Internet www.wiegel.de	7,00	1,70	2,60
Verzinkerei Lausitz GmbH & Co. KG Woschkower Weg 11 01983 Großräschen Tel.: 035753 2690–0, Fax: 035753 2690–3 E-Mail: info@zinq.com www.zinq.com	6,50	1,40	3,60
Wiegel Kittlitz **Feuerverzinken GmbH** Gewerbepark, Am Flössel 8 02708 Kittlitz Tel.: 03585 4126–0, Fax: 03585 4126–229 E-Mail: info@wkf.wiegel.de www.wiegel.de	7,00	1,70	2,60

	Kesselmaße in m		
	Länge	Breite	Tiefe
Wiegel Zittau **Korrosionsschutz GmbH** Dittelsdorfer Straße 8 02763 Zittau Tel.: 03583 77310, Fax 03583 773120 E-Mail info@ksz.wiegel.de www.wiegel.de	8,00	1,80	3,00
Verzinkerei Leipzig GmbH Stahlstraße 1 04827 Gerichshain Tel.: 034292 609–0, Fax: 034292 609–11 E-Mail: info@zinq.com www.zinq.com	7,00	1,50	2,70
Großverzinkerei Landsberg b. Halle **Voigt Peißker Dumont GmbH** Brehnaer Straße 5 06188 Landsberg b Halle Tel.: 034602 308–0, Fax: 034602 308–88 E-Mail: info@zinq.com www.zinq.com	15,50	2,00	3,20
Feuerverzinkerei Heldrungen GmbH Am Bahnhof 12–13 06577 Heldrungen Tel.: 034673 71310, Fax: 034673 71353 E-Mail: info@zinq.com www.zinq.com	7,00	1,30	2,50
Wiegel Jena Feuerverzinken GmbH & Co KG Göschwitzer Straße 44 07745 Jena Tel.: 03641 2884–3, Fax: 03641 2884–40 E-Mail: info@otj.wiegel.de www.wiegel.de	7,00	1,30	2,70
Verzinkerei Netzschkau GmbH Reinsdorfer Weg 2–4 08491 Netzschkau Tel.: 03765 3948–0, Fax: 03765 3948–10 E-Mail: info@zinq.com www.zinq.com	17,20	1,40	3,20

	Kesselmaße in m		
	Länge	Breite	Tiefe
Verzinkerei Plauen GmbH & Co. KG Auenstraße 42 08523 Plauen Postfach 400 126 08501 Plauen Tel.: 03741 2991–0, Fax: 03741 2991–568 E-Mail: info@zinq.com www.zinq.com	7,50	1,30	3,50
Wiegel Grüna **Feuerverzinken GmbH** Mittelbacher Straße 11 09224 Chemnitz, OT Grüna Tel.: 0371 84205–0, Fax: 0371 84205–20 E-Mail: info@wgf.wiegel.de www.wiegel.de	7,00	1,70	2,60
Freiberger Metallwarenfabrik **Paul Bachmann GmbH** Dresdner Straße 23 09599 Freiberg Tel.: 03731 22551, Fax: 03731 22552 E-Mail: metallwaren-freiberg@t-online.de	7,00	1,40	2,20
Postleitzahlenbereich 1			
Berliner Verzinkerei GmbH & Co. KG Industriestraße 27–29 12099 Berlin Tempelhof Tel.: 030 700001–0, Fax: 030 700001–38 E-Mail: berliner.verzinkerei@zinkpower.com www.zinkpower.com	7,00	1,60	2,93
BBV Feuerverzinkung **Brandenburg GmbH & Co. KG** Schulstraße 1 B 14774 Brandenburg/Kirchmöser Tel.: 03381 8056–0, Fax: 03381 8002–79	12,50	1,60	2,50
Feuerverzinkerei Voigt & Müller GmbH Frankfurt Oder Georg-Richter-Straße 18 15234 Frankfurt/Oder Postfach 1464 15204 Frankfurt/Oder Tel.: 0335 4149–233, Fax: 0335 4149–321 E-Mail: info@zinq.com www.zinq.com	7,00	1,20	3,50

	Kesselmaße in m		
	Länge	Breite	Tiefe
Verzinkerei Bernau GmbH & Co. KG Schönfelder Weg 23–31 16321 Bernau Tel.: 03338 3926–0, Fax: 03338 3926–28 E-Mail. verzinkerei.bernau@zinkpower.com www.zinkpower.com	7,00	1,30	2,70
OTR Neptun Oberflächentechnik Rostock GmbH & Co. KG Schonenfahrerstraße 10 18057 Rostok Tel.: 0381 80950–0, Fax: 0381 80950–110 E-Mail otr.rostock@zinkpowercom www.zinkpower.com	10,00	1,50	2,50
Feuerverzinkerei Waldhelm **Perleberg – Düpow GmbH** Werk II Mergelkuhlenweg 2 19348 Perleberg-Düpow Tel.: 03876 7897–28, Fax: 03876 7897–26 www.Waldhelm-Feuerverzinken.de (Siehe auch Werk I, 38112 Braunschweig)	6,50	1,50	2,20
Postleitzahlenbereich 2			
OTH Oberflächentechnik Hamburg GmbH Billstraße 156 20539 Hamburg Tel.: 040 780957–0, Fax: 040 780957–29 E-Mail: OTH.hamburg@zinkpower.com www.zinkpower.com	7,50	1,65	3,20
Verzinkerei Schönberg GmbH Sabower Höhe 8 23923 Schönberg Tel.: 038828 345–0, Fax: 038828 34171 E-Mail: verzinkerei.schoenberg@zinkpower.com www.zinkpower.com	7,00	1,80	3,00
OTN Oberflächentechnik Neumünster GmbH & Co. KG	15,50	1,90	2,70
Werk I und Verwaltung Stoverweg 26/28 24536 Neumünster Postfach 2249 24512 Neumünster Tel.: 04321 903–0, Fax: 04321 903–110 und 903–210 E-Mail OTN.Neumuenster@zinkpower.com www.zinkpower.com	2,00	1,00	1,00

	Kesselmaße in m		
	Länge	Breite	Tiefe
FR Feuerverzinkung Remels GmbH & Co. KG Am Industriepark 7 26670 Uplengen Tel.: 04956 9119–0, Fax: 04956 9119–50 E-Mail: feuerverzinkung.remels@zinkpower.com www.zinkpower.com	10,50	1,85	3,25
Feuerverzinkung Bremen GmbH & Co. KG Hüttenstraße 7 28237 Bremen Tel.: 0421 694488, Fax: 0421 694490 E-Mail: info-bremen@seppeler.de	7,00	1,60	2,80
Postleitzahlenbereich 3			
Feuerverzinkung Hannover GmbH & Co. KG Frankenring 41 30855 Langenhagen Tel.: 0511 97865–0, Fax: 0511 97865–43 E-Mail: info-hannover@seppeler.de www.seppeler.de	7,50	1,64	3,20
PROBAU **Komponenten und Verfahren GmbH** Feuerverzinkerei: Hindenburgstraße 43 31198 Lamspringe Tel.: 05183 9401–0, Fax: 05183 9401–23 E-Mail probau@probau.org www.probau.org	7,40	1,30	2,60
Verzinkerei Peine GmbH **Betriebsstätte der Verzinkerei Bochum GmbH** Ackerköpfe 7 31249 Hohenhameln-Mehrum Tel.: 05128 9406–0, Fax: 05128 9406–70 E-Mail: info@verzinkerei-peine.de www.verzinkerei-peine.de	7,00	1,80	3,00
A. Lewerken GmbH & Co. KG **Metallwarenfabrik** Gewerbegebiet Ost 2 Lindenweg 6 33129 Delbrück Postfach 1319 33121 Delbrück Tel.: 05250 98390, Fax: 05250 8665	7,00	1,50	2,80

	Kesselmaße in m		
	Länge	Breite	Tiefe
Thöne Metallwaren GmbH & Co. KG Franz-Kleine-Straße 26 33154 Salzkotten Tel.: 05258 5000–0, Fax: 05258 5000–30 E-Mail: verzinkerei@thoene-metall.de www.thoene-metall.de	8,40	1,60	3,00
Helling & Neuhaus GmbH & Co **Geschäftsbereich Feuerverzinkung** Gottlieb-Daimler-Straße 2 33334 Gütersloh Tel.: 05241 604–0, Fax: 05241 604–40/50 E-Mail: info-neuhaus@seppeler.de www.seppeler.de	4,00 7,00	1,20 1,40	2,50 2,90
Rietbergwerke GmbH & Co. KG **Geschäftsbereich Feuerverzinkung** 33397 RIETBERG Bahnhofstraße 55 Tel.: 05244 9830, Fax: 05244 983–360 E-Mail info-rietberg@seppelerde www.seppeler.de	17,70	1,80	3,20
Otto Heintz GmbH & Co. KG **Metall- und Kunststoffwerk, Verzinkerei** Industriestraße 35708 Haiger Postfach 1261 35702 Haiger Tel.: 02773 818–0, Fax: 02773 818–40 E-Mail: info@heintz-haiger.de	5,20 2,70	1,30 1,60	1,80 1,50
OTC Oberflächentechnik Calbe GmbH & Co. KG **Feuerverzinkerei Heinebach** Im Gehege 3 36211 Alheim Tel.: 05664 9478–0, Fax: 05664 9478–18 E-Mail: otc.heinebach@zinkpower.com www.zinkpower.com	7,00	1,60	2,40
OTB Oberflächentechnik Braunschweig GmbH Hansestraße 50 38112 Braunschweig Tel.: 0531 23181–0, Fax: 0531 23181–17 E-Mail: otb.braunschweig@zinkpower.com www.zinkpower.com	3,40 2,70	1,15 1,40	1,10 0,85

Postleitzahlenbereich 0	Kesselmaße in m Länge	Breite	Tiefe
Waldhelm Korrosionsschutz GmbH Werk I Grotrian-Steinweg-Straße 9 38112 Braunschweig Tel.: 0531 311171/72, Fax: 0531 312906 (Siehe auch Werk II 19348 Perleberg-Düpow)	4,00	1,00	2,00
Georg Langer GmbH & Co. KG **Verzinkerei** Innerstetal 9 38685 Langelsheim Postfach 1262 38680 Langelsheim Tel.: 05326 502–0, Fax: 05326 502–279 E-Mail: info@verzinkerei-langer.de www.verzinkerei-Ianger.de	4,20	1,20	1,80
OTC Oberflächentechnik Calbe GmbH & Co. KG Industriegelände 39240 Calbe Tel.: 039291 57–0, Fax: 039291 2364 E-Mail: otc.calbe@zinkpower.com www.zinkpower.com	17,50	1,90	3,20
Feuerverzinkung Schopsdorf GmbH & Co. KG Franz-Roßberg-Str. 3 39291 Schopsdorf Tel.: 03921 952–0, Fax: 03921 952–50 E-Mail: feuerverzinkung.schopsdorfj@zinkpower.com www.zinkpower.com	12,50	1,85	3,25
Feuerverzinkung Genthin GmbH & Co. KG Am Werder 3 39307 Genthin Tel.: 03933 8899–0, Fax: 03933 8899–33 E-Mail: info-genthin@seppeler.de www.seppeler.de	8,00	1,50	3,00
Graepel – STUV GmbH Waldemar-Estel-Straße 7 39615 Seehausen Tel.: 039386 27–0, Fax: 039386 27–181	6,30	0,80	1,80

	Kesselmaße in m		
	Länge	Breite	Tiefe
Postleitzahlenbereich 4			
Verzinkerei Krieger GmbH & Co. KG Düsseldorfer Straße 49 40721 Hilden Postfach 444 40704 Hilden Tel.: 02103 9880–0, Fax: 02103 9880–49 E-Mail: verzinkereikrieger@zinkpower.com www.zinkpower.com	8,50	1,50	2,50
Verzinkerei Hückelhoven GmbH & Co. KG Porschestraße 10–30 41836 Hückelhoven Tel.: 02433 9046–0, Fax: 02433 9046–46 E-Mail: verzinkerei.hueckelhoven@zinkpower.com www.zinkpower.com	7,00	1,30	3,00
Klaus Metzelaers **Feuerverzinkerei** Mermbacher Straße 16 42477 Radevormwald Postfach 1451 42463 Radevormwald Tel.: 02195 91915–0, Fax: 02195 91915–55 E-Mail: info@zink-statt-rost.de www.zink-statt-rost.de	3,50	1,00	1,00
Verzinkerei Dortmund **Kaufmann GmbH & Co. KG** Hannöversche Straße 69 44143 Dortmund Postfach 11 01 36 44057 Dortmund Tel.: 0231 593010, Fax: 596031 E-Mail: info@verzinkerei-dortmund.de www.verzinkerei-dortmund.de	6,50	1,10	1,40
Verzinkerei Castrop-Rauxel GmbH & Co. KG Lippestraße 9 44579 Castrop-Rauxel Tel.: 02305 97306–0, Fax: 02305 97306–30 E-Mail: info@zinq.com www.zinq.com	7,00	2,00	2,80

	Kesselmaße in m		
	Länge	Breite	Tiefe
Verzinkerei Bochum GmbH Carolinenglückstraße 6–10 44793 Bochum Tel.: 0234 52905–0, Fax: 0234 52905–30 E-Mail: info@verzinkerei-bochum.de www.verzinkerei-bochum.de	15,50 7,00	1,80 1,50	2,80 2,80
Verzinkerei Essen-Vogelheim GmbH Hafenstraße 280 45356 Essen Tel.: 0201 28956–0, Fax: 0201 28956–29 E-Mail: info@zinq.com www.zinq.com	7,00	1,50	2,70
Wirtz GmbH & Co. KG An den Schleusen 45881 Gelsenkirchen Postfach 102943 45829 Gelsenkirchen Feuerverzinkerei: Tel.: 0209 3896–0, Fax: 3896–140 Verwaltung: Tel.: 0209 9403–0, Fax: 0209 9403–166 E-Mail: info@zinq.com www.zinq.com	15,30	1,80	2,75
Verzinkerei Duisburg GmbH & Co. KG Paul-Rücker-Straße 6 47059 Duisburg Tel.: 0203 31871–0, Fax: 0203 31871–17 E-Mail: info@zinq.com www.zinq.com	7,00	1,50	2,70
LempHirz GmbH & Co. KG Walpurgisstraße 40 47441 Moers Postfach 101620 47406 Moers Tel.: 02841 142–0, Fax: 02841 142–42 E-Mail: info@lemphirz.de www.lemphirz.de	2,65	0,90	1,72
Verzinkerei Rheine-Hauenhorst GmbH & Co. KG Zinkstraße 2–8 48432 Rheine Tel.: 05971 89916–0, Fax: 05971 89916–20 E-Mail: info@zinq.com www.zinq.com	7,00	1,50	2,50

	Kesselmaße in m		
	Länge	Breite	Tiefe
Lichtgitter GmbH Siemensstraße 1 48703 Stadtlohn Tel.: 02563 911–0, Fax: 02563 911–187 E-Mail: info@lichtgitterde www.lichtqitter.de	7,50	1,50	3,20
Paul Heinemann GmbH & Co. Industriestraße 5 49492 Westerkappeln Tel.: 05456 84–0- Fax: 05456 84–34 E-Mail: info-heinemann@seppeler.de www.seppeler.de	9,50	2,10	3,10
Postleitzahlenbereich 5			
Verzinkerei Alsdorf GmbH Carl-Zeiss-Straße 13 52477 Alsdorf Tel.: 02404 4310, 93459, Fax: 02404 93348 E-Mail: info@zinq.com www.zinq.com	6,50	1,50	2,60
Verzinkerei Meckenheim GmbH & Co. KG Heidestraße 20 53340 Meckenheim Tel.: 02225 91450–0, Fax: 02225 91450–20 E-Mail: verzinkerei.meckenheim@zinkpowercom www.zinkpower.com	7,00	1,75	3,20
Niedax GmbH & Co. KG	7,00	1,60	2,80
Ges. für Verlegungsmaterial Verwaltung Asbacher Straße 141 53545 Linz Postfach 86 53542 Linz Tel.: 02644 5606–0, Fax: 02644 5606–13 Feuerverzinkerei Industriegebiet 53562 St Katharinen E-Mail: info@niedax.de www.niedax.de	2,50	1,00	1,20
Verzinkerei Sahm GmbH	7,00	1,80	2,70
Salzburger Straße 13 56479 Oberrossbach Tel.: 02667 9511–0, Fax: 02667 9511–34 E-Mail info@sahm-verzinkerei.de www.sahm-verzinkerei.de	3,25	1,40	2,00

	Kesselmaße in m		
	Länge	Breite	Tiefe
Wiegel Rheinbrohl Feuerverzinken GmbH & Co. KG Fährstraße 1 56598 Rheinbrohl Tel.: 02635 9523–0, Fax 02635 9523–22 E-Mail: info@wrfwiegel.de www.wiegel.de	15,50	1,80	2,70
Walter Birlenbach GmbH & Co. KG **Feuerverzinkerei** Industriestraße 14 57076 Siegen Tel.: 0271 77203–13, Fax 0271 77203–35 E-Mail: birlenbach@feuerverzinkerei.de www.feuerverzinkerei.de			
Siegener Verzinkerei GmbH Hüttenstraße 45 57223 Kreuztal Tel.: 02732 796–0, Fax 02732 796–240 E-Mail: info@siegener-verzinkerei.de www.siegener-verzinkerei.de	15,50 4,50	1,80 1,20	2,80 2,40
Verzinkerei Freudenberg GmbH Asdorfer Straße 138 57258 Freudenberg Postfach 1113 57251 Freudenberg Tel.: 02734 2736–0, Fax 02734 2736–36	9,50	1,80	3,00
Feuerverzinkerei Lennetal GmbH Industriegebiet Unteres Lennetal, Tiegelstraße 12 58093 Hagen Postfach 7536 58126 Hagen Tel.: 02331 41580, Fax 02331 45420 www.pfingsten-feuerverzinkung.de	7,00	1,40	2,70
Verzinkerei Pfingsten GmbH & Co. Voerder Straße 53–55 58135 Hagen Postfach 7536 58126 Hagen Tel.: 02331 41580, Fax 02331 45420 www.pfingsten-feuerverzinkung.de	3,00 2,00	1,20 1,00	1,80 0,80

	Kesselmaße in m		
	Länge	Breite	Tiefe
Verzinkerei Schulze GmbH & Co. KG An der Hütte 29–31 58135 Hagen Postfach 7543 58126 Hagen Tel.: 02331 9487–50, Fax 02331 9487–90 E-Mail: info@zinq.com www.zinq.com	7,00 4,00	1,50 1,00	2,70 1,20
OBO Bettermann GmbH & Co Sitz 58710 Menden Feuerverzinkerei Sümmern Industriegebiet Rombrock Köbbingser Mühle 12 58640 Iserlohn Tel.: 02371 41615, Fax 02371 460405 E-Mail: verzinkerei.suemmern@bettermann.de Kostenabrechnugsstelle Hüingser Ring 52 58710 Menden Postfach 1120 58694 Menden Tel.: 02373 890, Fax 02373 89238 www.obo-bettermann.de	6,50	1,20	2,50
Verzinkerei Rentrop GmbH Ebbetalstraße 26 58840 Plettenberg Postfach 6006 58831 Plettenberg Tel.: 02391 9787–0, Fax 02391 70633 E-Mail: verzinkerei-rentrop@t-online.de www.verzinkerei-rentrop.de	4,50 4,50 Nur Schleuderverzinkung für Teile mit einer Länge bis 1150 mm	1,00 1,00	1,80 1,32
Dur.Metall GmbH & Co. KG Weststraße 13 59302 Oelde Postfach 3509 59284 Oelde Tel.: 02522 9319–0, Fax 02522 9319–41 E-Mail: info@durmetall.de www.durmetall.de	7,00	1,50	3,00
Feuerverzinkerei Picker GmbH & Co. KG Borkshagenstraße 12 59757 Arnsberg Industriegebiet Wiebelsheide Tel.: 02932 9653–0, Fax 02932 9653–35 E-Mail: info@picker-arnsberg.de www.picker-arnsberg.de	6,70	1,30	2,70

	Kesselmaße in m		
	Länge	Breite	Tiefe
Postleitzahlenbereich 6			
Henssler GmbH & Co. KG Feuerverzinkerei Gutenbergstraße 7 63477 Maintal Postfach 200180 63468 Maintal Tel.: 06109 7662–0, Fax: 06109 7662–66 E-Mail: info@zinq.com www.zinq.com Siehe auch: Henssler GmbH & Co. KG, 71717 Beilstein Verzinkerei Aschaffenburg, 63741 Aschaffenburg	8,50 2,00	1,40 1,00	2,40 1,30
Verzinkerei Aschaffenburg GmbH & Co. KG **Feuerverzinkerei, Sandstrahlerei, Kunststoffbeschichtung** Hafenrandstraße 20 63741 Aschaffenburg Postfach 150008 63725 Aschaffenburg Tel.: 06021 8644–0, Fax 06021 8644–44 E-Mail: info@zinq.com www.zinq.com Siehe auch: Henssler GmbH & Co. KG, 63477 Maintal Henssler GmbH & Co. KG, 71717 Beilstein	10,00	1,40	2,60
Wiegel Großostheim Feuerverzinken GmbH Bauhofstraße 21 63762 Großostheim Tel.: 06026 9720–0, Fax: 06026 9720–49 E-Mail: info@sgf.wiegel.de www.wiegel.de	7,00	1,70	2,60
Großverzinkerei Neunkirchen/Saar GmbH & Co. KG Gewerbegebiet Heinitz 66540 Neunkirchen Postfach 1558 66515 Neunkirchen Tel.: 06821 9709–0, Fax: 06821 730545 E-Mail: info@zinq.com www.zinq.com	10,50	1,50	2,75

	Kesselmaße in m		
	Länge	Breite	Tiefe
Verzinkerei Becker GmbH	10,50	1,65	2,35
An der Saar 17			
66740 Saarlouis			
Tel.: 06831 8907–0, Fax: 06831 8907–33			
E-Mail: info@verzinkerei-becker.de			
www.verzinkerei-becker.de			
Limbacher Verzinkerei GmbH	6,50	1,40	2,50
Bahnhofstraße	6,50	1,40	2,50
66839 Schmelz			
Tel.: 06887 9128–0, Fax: 06887 9128–20			
E-Mail: patrick.thieser@zinq.com			
www.zinq.com			
Verzinkerei Mannheim-Rheinau GmbH & Co. KG	4,00	1,20	3,00
Ruhrorter Straße 40			
68219 Mannheim			
Tel.: 0621 892019, 892010, Fax: 0621 8060972			
E-Mail: info@zinq.com			
www.zinq.com			
Verzinkerei Rhein-Main GmbH	15,50	1,60	3,20
Industriestraße 7			
68649 Groß-Rohrheim			
Postfach 9			
68649 Groß-Rohrheim			
Tel.: 06245 22–0, Fax: 06245 22–38			
E-Mail: info@verzinkerei-rhein-main.de			
www.verzinkerei-rhein-main.de			
Postleitzahlenbereich 7			
Wiegel Stuttgart	17,00	1,80	3,20
Feuerverzinken GmbH & Co. KG			
Wernerstraße 61			
70469 Stuttgart			
Postfach 30 10 80			
70450 Stuttgart			
Tel.: 0711 98176–0, Fax: 0711 98176–18			
E-Mail: info@ssf-wiegel.de			
www.wiegel.de			

	Kesselmaße in m		
	Länge	Breite	Tiefe
Henssler GmbH & Co. KG Forstbergweg 15 71717 Beilstein Postfach 100 71715 Beilstein Tel.: 07062 262–0 und -75, Fax: 07062 262–52 u -73 (Verzinkerei) E-Mail: info@zinq.com www.zinq.com Siehe auch Henssler GmbH & Co. KG, 63477 Maintal Verzinkerei Aschaffenburg, 63741 Aschaffenburg	7,00	1,50	2,70
Gebr. Möck GmbH & Co. KG **Röhrenfabrik – Verzinkerei** Reutlinger Straße 47 72072 Tübingen Postfach 2025 72010 Tübingen Tel.: 07071 1596–0, Fax: 07071 1596–190 Feuerverzinkerei Werk II Alte Landstraße 50 72072 Tübingen-Weilheim Tel.: 07071 1596–246, Fax: 07071 1596–241 E-Mail: gebr.moeck@moeck.de www.moeck.de	4,00	1,10	2,50
Verzinkerei Sulz GmbH Bahnhofstraße 72172 Sulz a. N. Postfach 1296 72196 Sulz a. N. Tel.: 07454 9690–0, Fax: 07454 9690–33 E-Mail: verzinkerei.sulz@t-online.de	6,50	1,70	2,40
Wiegel Bodelshausen Feuerverzinken GmbH Höfelstraße 11 72411 Bodelshausen Tel.: 07471 96011–0, Fax: 07471 96011–99 E-Mail: info@wof.wiegel.de www.wiegel.de	7,00	1,70	2,60

	Kesselmaße in m		
	Länge	Breite	Tiefe
Bachofer GmbH & Co. KG	7,00	1,40	2,50
Metall- und Verzinkwerk	4,00	1,20	1,20
Carl-Benz-Straße 2	4,00	1,20	1,20
73235 Weilheim Postfach 1153 73231 Weilheim Tel.: 07023 90031–0, Fax: 07023 90031–99 E-Mail: info@bachofer.de www.bachofer.de			
Feuerverzinkerei Willi Kopf Siemensstraße 27 73278 Schlierbach Tel.: 07021 9755–0, Fax: 07021 9755–10 E-Mail: verzinkerei.kopf@zinkpower.de www.zinkpower.com	7,00	1,60	3,30
Wiegel Bopfingen Feuerverzinken GmbH Carl-Zeiss-Straße 7 73441 Bopfingen Tel.: 07362 9663–0, Fax: 07362 9663–16 E-Mail: info@fbf.wiegel.de www.wiegel.de	7,00	1,70	2,60
Wilhelm Layher GmbH & Co. KG Ochsenbacher Straße 56 74363 Güglingen Postfach 40 74361 Güglingen Tel.: 07135 70–0, Fax: 07135 70–265 E-Mail: info@layher-gerueste.de www.layher-gerueste.de	7,00	1,75	2,60
Salmet GmbH & Co. KG **Metallverarbeitung- Feuerverzinkung** Hilsbacher Straße 40 74930 Ittlingen Tel.: 07266 209–0, Fax: 07266 209–60 E-Mail: office@ittlingen.salmet.de	2,50	1,00	1,40
Feuerverzinkerei FZK Karlsruhe GmbH Dieselstraße 14–16 76227 Karlsruhe Tel.: 0721 465930, Fax: 0721 4659310 E-Mail: fzk-karlsruhe@t-online.de	7,00	1,50	2,70

	Kesselmaße in m		
	Länge	Breite	Tiefe
Verzinkerei Bruchsal GmbH & Co. KG Industriestraße 68 76646 Bruchsal Tel.: 07251 18077, Fax: 07251 18079 E-Mail: info@zinq.com www.zinq.com	8,50	1,70	3,50
Verzinkerei Lahr GmbH & Co. KG An den Stegmatten 1 77933 Lahr Tel.: 07821 4033 und 4034, Fax: 07821 51354 E-Mail: verzinkerei.lahr@zinkpower.com www.zinkpower.com	8,50	1,70	3,50
Postleitzahlenbereich 8			
Verzinkerei Schörg GmbH & Co. KG Fraunhoferstraße 3 82256 Fürstenfeldbruck Tel.: 08141 3125–0, Fax: 08141 3125–17 E-Mai: schoerg.ffb@zinkpower.com www.zinkpower.com	10,50	2,00	3,40
Wiegel Essenbach Feuerverzinken GmbH & Co KG Gewerbegebiet Altheim Siemensstraße 15 84051 Essenbach Tel.: 08703 9307–0, Fax: 08703 9307–10 E-Mail info@otewiegel.de www.wiegel.de	7,00	1,30	2,70
Feuerverzinkerei Karl Hülmeyer Weiherstraße 25 85051 Ingolstadt Tel.: 08450 317, Fax: 08450 1012	6,50	0,90	2,00
Wiegel Eching Feuerverzinken GmbH Dieselstraße 31 85386 Eching Tel.: 08165 9407–0, Fax: 08165 9407–70 E-Mail: info@wef.wiegel.de www.wiegel.de	15,50	1,75	2,60
Verzinkerei Zimmermann GmbH Gewerbegebiet 7 88213 Ravensburg Tel.: 0751 79115–0, Fax: 0751 79115–20 E-Mail:wkain@collini.at www.collini.at	7,00	1,40	3,20

	Kesselmaße in m		
	Länge	Breite	Tiefe
Wiegel Aitrach Feuerverzinken GmbH & Co. KG An der Chaussee 5 88319 Aitrach Tel.: 07565 9802–0, Fax: 07565 9802–29 E-Mail: info@whf.wiegel.de www.wiegel.de	7,00	1,80	2,60
Verzinkerei Bühler GmbH Obere Bergenstraße 10 88518 Herbertingen Tel.: 07586 9202–0, Fax: 07586 9202–22 E-Mail: info@verzinkerei-buehler.de www verzinkerei-buehler.de	4,00	1,30	2,80
Postleitzahlenbereich 9			
Wiegel Nürnberg Feuerverzinken GmbH Hans-Bunte-Straße 25 90431 Nürnberg Tel.: 0911 32420–0, Fax: 0911 32420–199 E-Mail: info@wnf.wiegel.de www.wiegel.de	15,50	1,80	2,60
Meindl Verzinkerei GmbH Hausener Weg 17 90587 Veitsbronn Tel.: 09101 9090–0, Fax: 09101 9090–19 E-Mail: info@meindl-verzinkerei.de www.meindl-verzinkerei.de	8,50 2,25	1,80 0,80	3,50 0,80
Otto Lehmann GmbH **Feuerverzinkung, Bauartikel** Berliner Straße 21 93073 Neutraubling Postfach 1561 93070 Neutraubling Tel.: 09401 786–0- Fax: 09401 786–47 Feuerverzinkerei Hartinger Straße 2 Tel.: 09401 786–94 E-Mail: verzinkerei@otto-lehmann-gmbh.de www.otto-lehmann-gmbh.de	15,00	1,50	2,80

	Kesselmaße in m		
	Länge	Breite	Tiefe
Wilhelm Helgert GmbH & Co. KG **Feuerverzinkerei** Heideweg 41 93149 Nittenau Postfach 1225 93144 Nittenau Tel.: 09436 944 40, Fax: 09436 1406 E-Mail: InfoHelgert@aol.com www.helgert-feuerverzinkerei.de	7,00 2,20	1,30 1,00	2,50 1,20
Wiegel Plattling Feuerverzinken GmbH Pankofen – Mühle 2 94447 Plattling Tel.: 09931 91580- Fax: 09931 5441 E-Mail: info@kpf.wiegel.de www.wiegel.de	10,50	1,20	2,70
Bacou-Dalloz Christian Dalloz **Holding Deutschland GmbH & Co. KG** Seligenweg 10 95028 Hof Postfach 1646 95015 Hof Tel.: 09281 8302–32, Fax: 09281 8302–24 E-Mail: mroedel@soell-gmbh.com www.soell-gmbh.com	7,00	1,20	2,50
Weimann GmbH & Co. Metallverarbeitung KG **Feuerverzinkerei** Pottensteiner Straße 6a 95447 Bayreuth Tel.: 0921 75972–0, Fax: 0921 53259	5,40	1,20	2,10
Wiegel Breitengüßbach Feuerverzinken GmbH Industriering 23 96149 Breitengüßbach Tel.: 09544 9492–0, Fax: 09544 9492–29 E-Mail info@wbf.wiegel.de www.wiegel.de	7,00	1,70	2,60
Verzinkerei Würzburg GmbH Edekastraße 5 97228 Rottendorf Tel.: 09302 9061–0, Fax: 09302 2279 E-Mail info@verzinkerei-wuerzburg.de www verzinkerei-wuerzburg.de	8,00	1,70	3,15

	Kesselmaße in m		
	Länge	Breite	Tiefe
Wiegel Trusetal Feuerverzinken GmbH	7,00	1,70	2,60
Im Beierstal 9	2,20	1,00	1,00
98596 Trusetal			
Tel.: 036840 856–0/10, Fax 036840 856–11			
E-Mail info@wtf.wiegel.de			
www.wiegel.de			
Wiegel Ichtershausen Feuerverzinken GmbH	7,00	1,70	2,60
Industriestraße / Thörey			
99334 Ichtershausen			
Tel.: 036202 216–0, Fax: 036202 216–20			
E-Mail: info@wif.wiegel.de			
www.wiegel.de			
HTM Feuerverzinkerei GmbH	3,50	1,20	1,50
Windeberger Landstraße 36			
99974 Mühlhausen			
Tel.: 03601 4662–16, Fax: 03601 4662–46			
E-Mail: HTM@t-online.de			
Diedorfer Feuerverzinkerei GmbH	8,00	1,50	2,80
Katharinenberger Straße 20			
99988 Diedorf/Eichsfeld			
Tel.: 036024 52600, 88266, Fax: 036024 52601			
E-Mail: diedorfer@t-online.de			
www.diedorfer.de			

Stichwortverzeichnis

Handbuch Feuerverzinken. Herausgegeben von Peter Maaß und Peter Peißker

ISBN: 978-3-527-31858-2

W

Z